Oldenbourgs Steuerfachbücher

Einkommensteuer Lohnsteuer

BASIC

Von

Ernst Porsche

Dozent an der Landesfinanzschule Rotenburg

R. Oldenbourg Verlag München Wien

CIP-Titelaufnahme der Deutschen Bibliothek

Porsche, Ernst:
Einkommensteuer – Lohnsteuer – BASIC / von Ernst Porsche. –
München ; Wien : Oldenbourg, 1989
(Oldenbourgs Steuerfachbücher)
ISBN 3-486-21045-9

Satz: Falkner GmbH, Inning/A.
Druck und Bindung: R. Oldenbourg Graphische Betriebe GmbH, München

ISBN 3-486-21045-9

Inhaltsverzeichnis

Vorwort

Dieses Buch soll Ihnen als Besitzer von Heim-, Personal- und Bürocomputern, die Anwendungsprogramme in der BASIC-Sprache eingeben können, die Möglichkeit eröffnen, die für Sie wichtigsten Einkommensteuer- (ESt-) und Lohnsteuer- (LSt-) Berechnungen von Ihrem Computer durchführen zu lassen.

Diese Programme sind für private Anwender geschrieben. Aber auch professionelle Anwender, d.h. Angehörige eines steuerberatenden Berufes oder LSt-Hilfsvereine oder unselbständig in solchen Berufen Tätige können diese Programme zur Optimierung Ihrer Berufstätigkeit verwenden.

Nachdem Sie den amtlichen Einkommensteuer- und Lohnsteuer-Jahresausgleichs-Vordruck (ESt/LStJA-Vordruck) samt zugehörigen Anlagen ausgefüllt und die Daten aus diesen Erklärungen in Ihren Computer eingegeben haben, rechnen Ihnen die Programme des Systems „ESt/LStJA“ für den jeweils eingegebenen ESt-Veranlagungs- oder LSt-Jahresausgleichszeitraum die festzusetzende Jahres-ESt oder Jahres-LSt aus, ziehen davon die einbehaltenen Steuerabzugsbeträge – wie die einbehaltenen LST oder Kapitalertragssteuer – und die Steueranrechnungsbeträge – wie die anrechenbare Körperschaftsteuer – ab und zeigen Ihnen den jeweils zu erwartenden Nachzahlungs- oder Erstattungsbetrag für den eingegebenen Zeitraum an.

Wahlweise können die auf dem Bildschirm angezeigten Besteuerungsgrundlagen und Verarbeitungsergebnisse auch ausgedruckt werden. Dadurch kann sofort nach dem Ausfüllen des ESt-/LSt-Vordrucks, noch bevor dieser dem Finanzamt eingereicht worden ist, festgestellt werden, ob sich für den betreffenden Zeitraum ein Nachzahlungs- oder ein Erstattungsbetrag ergibt. Bestehen beim Ausfüllen des Erklärungsvordrucks Wahlmöglichkeiten (z.B. ob der Abzug von Bausparbeiträgen als Sonderausgabe oder die Beantragung von Wohnungsbausparprämie vorteilhafter ist), können die Programme auch vorweg für Probeberechnungen eingesetzt und es kann erst nach Beurteilung der alternativen Ergebnisse aus diesen Berechnungen das Ausfüllen der an das Finanzamt abzusendenden Erklärungsvordrucke vorgenommen werden.

Das Programm „LAUFDLST“ ermittelt nach Eingabe von insgesamt nur zehn Daten, die maximal zur LSt-Berechnung für einen Arbeitnehmer erforderlich sind, die Lohnsteuer und die Kirchenlohnsteuer für den jeweils eingegebenen Lohnzahlungszeitraum (Tag, Woche, Monat oder Jahr). Dabei werden die anteilig auf diesen Zeitraum entfallenden Alters-. Kinder- oder LSt-Freibeträge vom Bruttolohn dieses Zeitraums abgesetzt.

Auch dieses Programm kann zu Probeberechnungen eingesetzt werden. So kann beispielsweise mit diesem Programm sofort ermittelt werden, in welcher Höhe beim laufenden Lohnsteuerabzug eine Verminderung eintritt, wenn durch Fahrten zwischen Wohnung und Arbeitsstätte mit dem eigenen PKW statt der seitherigen Benutzung öffentlicher Verkehrsmittel einem Arbeitnehmer höhere laufende Aufwendungen entstehen.

Die Programme des Systems „ESt/LStJA“ sind nicht nur auf die Ermittlung von Überschußeinkünften, d.h. auf Einkünfte aus nichtselbständiger Arbeit, Kapitalvermögen, Vermietung und Verpachtung und sonstige Einkünften im Sinne der §§ 22, 23 EStG ausgerichtet. Auch die Ermittlung von Gewinneinkünften, d.h. von Einkünften aus Land- und Forstwirtschaft, Gewerbebetrieb und aus selbständiger Arbeit ist mit diesen Programmen möglich.

Alle Programme wurden auf dem Heimcomputer Commodore 64 erstellt und ausgetestet.

Das Programm „LAUFDLST“ wurde auch auf einem SHARP-Pocket-Computer PC 1247 erstellt und ausgetestet.

Da in allen Programmen nur der BASIC-Grundwortschatz benutzt wurde und Poke- und Peek-Befehle nicht verwendet wurden, können die Programme auch auf jedem anderen Heim-, Personal- oder Bürocomputer eingegeben werden.

Statt der umfangreichen Eingaben können Sie auch die dem Buch beigefügte Diskette benutzen, falls Sie eine Floppy-Diskettenstation Commodore VC 1541 besitzen.

Ich habe versucht, alle Möglichkeiten der ESt- oder LSt-Ermittlung, die sich bei der Erzielung von steuerpflichtigen Einkünften bei einem unbeschränkt ESt- oder LSt-Pflichtigen ergeben, in diesen Programmen zu berücksichtigen. Bei der Vielzahl der Lebensvorgänge und Rechtsvorschriften, die bei dieser Berechnung zu berücksichtigen sind, ist es möglich, daß die Eingabe von Falldaten in besonderen Fällen nicht zu zutreffenden Ergebnissen führt. Stellen Sie mir bitte die Eingabedaten solcher Fälle zwecks Modifikation der Programme zur Verfügung.

Der Verfasser

Abkürzungsverzeichnis

Abkürzung	Bedeutung
A	Abschnitt
AfA	Absetzung für Abnutzung
Anlage FW	Daten zur Ermittlung der Abzugswerte zur Förderung des Wohneigentums
Anlage GSE	Einkünftedaten aus Gewerbebetrieb u./o. aus selbständiger Arbeit
Anlage KSO	Einkünftedaten aus Kapitalvermögen und aus sonstigen Einkünften
Anlage L	Einkünftedaten aus Land- und Forstwirtschaft
Anlage N	Einkünftedaten aus nichtselbständiger Arbeit
Anlage V	Einkünftedaten aus Vermietung und Verpachtung
BA	Betriebsausgabe bei Gewinneinkünften
BAL	Bruttoarbeitslohn aus einem Dienst(Arbeits)verhältnis
BE	Betriebseinnahme bei Gewinneinkünften
BFT	Benutzerführungstext am Bildschirm
BV	Betriebsvermögen bei L.+F, Gewerbebetrieb u./o. selbständiger Arbeit
E	Einnahme bei Überschußeinkünften
ESt	Einkommensteuer
EStDV	Einkommensteuerdurchführungsverordnung
EStG	Einkommensteuergesetz
EStR	Einkommensteuerrichtlinien
EV	Einzelveranlagung
GbR	Gesellschaft bürgerlichen Rechts
GV	Getrenntveranlagung von Ehegatten
J	Ja
JJ	Eingabeformat für ein Jahresdatum (z.B. 86)
Kj.	Kalenderjahr
KG	Kommanditgesellschaft
L.+F.	Land- und Forstwirtschaft
LSt	Lohnsteuer
LStDV	Lohnsteuerdurchführungsverordnung
LStJA	Lohnsteuerjahresausgleich
LStR	Lohnsteuerrichtlinien
N	Nein
OHG	Offene Handelsgesellschaft
PGM	Programm
Stpfl.	Steuerpflichtiger
Tz.	Laufende Textziffer in einer Anleitung oder Beschreibung
TT.MM.JJ	Eingabeformat für ein Tagesdatum (z.B. 01.03.86)
UA	Unterabschnitt in den Beschreibungen zur Dateneingabe
VZ	Veranlagungszeitraum (=Kj. der ESt-Veranlagung oder des LStJA)
Wj.	Wirtschaftsjahr bei L.+F. und bei Gewerbebetrieben
WK	Werbungskosten (=abzugsfähige Kosten bei Überschußeinkünften)
ZV	Zusammenveranlagung von Ehegatten

Kapitel 1:

Funktionsbeschreibung zum Programmsystem „EST/LStJA“

1. Das Programm- (PGM) System „ESt/LStJA“ wurde auf einem Commodore- (C) System, bestehend aus dem C 64-Computer, der C-Floppy-Diskstation 1541, dem C-Drucker MPS 803 und einem zugehörigen Monitor erstellt bzw. gespeichert oder ausgedruckt. Da der Arbeitsspeicher des C 64 nur einen Randombereich von 38911 Bytes hat, für das System aber etwa 150 Kilobytes benötigt werden, mußte dieses System in die Programme „ESt/LStJA“, „Gewinne“, „Einkommen“ und „Folgesteuern“ gesplittet werden.

2. Dabei ist zunächst das PGM „EST/LStJA“ von der Diskette zu laden und danach zu starten.

Es fordert in seinem Ablauf den Anwender durch allgemein verständliche Benutzerführungstexte (BFT) auf, die Daten aus den Seiten 1 und 2 des ESt/LStJA-Erklärungsvordrukkes (Mantelbogen) sowie aus den zugehörigen Anlagen L, GSE, N, KSO, FW oder V einzugeben.

Die BFT weisen auf die Zeilen des Mantelbogens bzw. der jeweiligen Anlage hin, dessen Erklärungsdaten eingegeben werden sollen. Hierbei wird in dem jeweiligen BFT angegeben, ob die Daten als Text, Schlüssel oder als numerischer Wert eingegeben werden sollen. Bei der Eingabe numerischer Werte wird im BFT auch darauf hingewiesen, ob die Eingabe abgerundet nur in DM oder in DM **und** Dpf erfolgen soll.

3. Die Eingabedaten werden weitestgehend auf Gültigkeit und Zulässigkeit geprüft.

Wird bei einer dieser Plausibilitätsprüfungen ein implausibles Datum festgestellt, wird dieses entweder durch Ausgabe einer Fehlermeldung und anschließender Neuausgabe des letzten BFT oder nur durch Ausgabe des letzten BFT angezeigt.

Daraufhin ist die Eingabe in richtiger und zulässiger Form zu wiederholen.

4. Aufgrund der Eingaben aus den Zeilen der Seiten 1 und 2 des Mantelbogens werden die relevanten Daten in Form von Werten oder Schlüsseln in Variablen abgespeichert und bis zum Ende des Programmsystems, d.h. nicht nur während des Ablaufs des Programmes „ESt/LStJA“, sondern auch während der Programme „Gewinne“, „Einkommen“ und „Folgesteuern“ gespeichert gehalten, da sie bis zur Ausgabe der Ergebnisdaten weiterhin benötigt werden.

Dies betrifft insbesondere die Daten und Schlüssel, die zur Bestimmung und Ermittlung der Veranlagungsform (Einzel-, Zusammen-, Getrenntveranlagung oder besondere Veranlagung für den Veranlagungszeitraum der Eheschließung), des Veranlagungszeitraumes, der berücksichtigungsfähigen Kinder, der Kinder- und Sonderfreibeträge (Haushalts und/oder Altersfreibetrag) sowie des anzuwendenden Einkommensteuertarifs (Grund- oder Splittingtabelle) oder zur Ermittlung des besonderen Steuersatzes bei Vorhandensein von Einkünften, für die der Progressionsvorbehalt Anwendung findet (Arbeitslosen-, Kurzarbeiter- und/oder Schlechtwettergeld, Arbeitslosenhilfe und nach Doppelbesteuerungsabkommen steuerfreie ausländische Einkünfte) oder zur Ermittlung des ermäßigten Steuersatzes bei Vorliegen von außerordentlichen Einkünften benötigt werden.

5. Wurde bei den Abfragen zu den Zeilen Nr. 49 und 50 des ESt-Mantelbogens bejaht, daß die Anlage GSE und/oder die Anlage L mit der ESt-Erklärung abgegeben wird, ruft das PGM „ESt/LStJA“ das PGM „Gewinne“ auf.

6. Sobald das PGM „Gewinne“ geladen ist, prüft es zunächst aufgrund des vom PGM „ESt/LStJA“ gesetzten Merkers, ob die Anlage L mit Daten über Einkünfte aus Land- und Forstwirtschaft (L. + F.) vorliegt.

Ist dies der Fall, verzweigt dieses PGM zu einer Unterroutine, die den Eingebenden auffordert, die Daten aus der jeweils aufgerufenen Zeile der Anlage L zunächst für den Steuerpflichtigen/Ehemann und danach – im Falle der Zusammenveranlagung – für den Ehegatten einzugeben.

7. Nach den Eingaben zu den Zeilen 1-7 der Anlage L ermittelt dieses PGM den für den jeweiligen Veranlagungszeitraum anzusetzenden laufenden Gewinn aus L. u. F. für den Ehemann und gegebenenfalls auch für die Ehefrau.

8. Nach den Eingaben aus und zu den Zeilen 9-13 der Anlage L ermittelt das PGM „Gewinne“, welcher Freibetrag nach den §§ 14, 14a oder 16 Abs. 4 EStG jeweils in Betracht kommt und in welcher Höhe er vom speziellen Veräußerungs-, Entnahme- oder Aufgabegewinn abzusetzen ist.

Der abgesetzte Freibetrag wird dem Eingebenden am Bildschirm angezeigt.

Verbleibt nach Absetzung des Freibetrages ein steuerpflichtiger Veräußerungs- oder Aufgabegewinn, zeigt das PGM den steuerplichtigen Gewinnteil an und fragt, ob dieser mit dem ermäßigten Steuersatz nach § 34 Abs. 1 EStG zu besteuern ist. Wird dies bejaht, rechnet das PGM den steuerpflichtigen Teil eines solchen Gewinns den nach dieser Vorschrift mit dem ermäßigten (hälftigen) Steuersatz zu versteuernden Einkünften zu.

9. Danach fragt das PGM, ob im laufenden Gewinn, das heißt in den Eingaben zu den Zeilen 2-7 der Anlage L noch zu begünstigende Gewinne nach § 34 Abs. 2 EStG enthalten sind.

Nach Eingabe solcher Gewinne werden auch diese den mit dem ermäßigten Steuersatz zu versteuernden Einkünften hinzugerechnet.

10. Das PGM schließt die Routine zur Ermittlung der Einkünfte aus L. und F. mit der Frage zu Zeile 23 der Anlage L ab, welche Gewinne – nach Abzug der Freibeträge nach §§ 14, 14a Abs. 1 EStG – bei Wohnsitz in Berlin/West nicht aus Berlin/West sind.

11. Nachdem das PGM „Gewinne“ die Einkünfte aus L. und F. nach Abzug der in Betracht kommenden Freibeträge nach §§ 14 und 14a EStG ermittelt und die Ermittlungsergebnisse am Datensichtgerät angezeigt hat, prüft es, ob der Merker für das Vorliegen einer Anlage GSE gesetzt ist. Dieser Schlüssel wird vom PGM „ESt/LStJA“ gesetzt, wenn die entsprechende PGM-Abfrage zu Zeile 49 des ESt-Mantelbogens, ob Einkünfte aus Gewerbebetrieb und/oder selbstständiger Arbeit vorliegen, durch Eingabe des Schlüssels 1 bejaht wurde.

Wurde der Merker für das Vorliegen der Anlage GSE gesetzt, wird auf dem Bildschirm eine neue Schlüsselübersicht angezeigt, die den Benutzer auffordert, entweder den Schlüssel

1 einzugeben, wenn **nur Einkünfte aus Gewerbebetrieb** vorliegen oder den Schlüssel
2 einzugeben, wenn **nur Einkünfte aus selbständiger Arbeit** vorhanden sind oder eine
3 einzugeben,wenn **sowohl Einkünfte aus Gewerbebetrieb als auch solche aus selbständiger Arbeit** vorliegen.

12. Nach Eingabe des Schlüssels 1 oder des Schlüssels 3 fordert das PGM „Gewinne“ den Eingebenden zur Eingabe der Summe der gewerblichen Gewinne des Steuerpflichtigen/Ehemannes aus Einzelunternehmen (Zeilen 2-4 der Anlage GSE) und anschließend, falls Zusammenveranlagung beantragt wurde, zur Eingabe der Summe der Gewerbegewinne aus Einzelunternehmen der Ehefrau (ebenfalls Zeilen 2-4 der Anlage GSE) auf.

13. Nach der Eingabe der Gewerbegewinne aus Einzelunternehmen wird der Anwender zur Eingabe der Summe der Gewinnanteile des Steuerpflichtigen/Ehemannes als Mitunternehmer (Zeilen 5-7 der Anlage GSE) und danach im Falle der Zusammenveranlagung zur Eingabe der Summe der Gewinnanteile der Ehefrau als Mitunternehmerin (ebenfalls Zeilen 4-7 der Anlage GSE) aufgefordert.

14. Nach der Eingabe der Summe der Gewinnanteile als Mitunternehmer fragt das PGM zunächst, ob der Steuerpflichtige/Ehemann im Veranlagungszeitraum einen ganzen Einzelbetrieb veräußert oder aufgegeben hat. Wird dies durch Eingabe von „J" bejaht, wird zur Eingabe der Höhe dieses Veräußerungsgewinns aufgefordert.

Danach wird gefragt, ob diese Veräußerung wegen dauernder Erwerbsunfähigkeit oder nach dem 55. Lebensjahr erfolgt ist (Zeile 9 der Anlage GSE).

Wird dieses auch bejaht, wird der Freibetrag nach § 16 Abs. 4 Sätze 1-3 EStG ermittelt.

Im Verneinungsfall (Zeile 10 der Anlage GSE) erfolgt die Ermittlung des Freibetrages nur nach § 16 Abs. 4 Sätze 1 und 2 EStG. Verbleibt nach Absetzen des jeweils ermittelten Freibetrages ein steuerpflichtiger Teil des Veräußerungsgewinns, wird der verbleibende Betrag auf dem Bildschirm angezeigt und es wird gefragt, ob dieser steuerpflichtige Teil des Veräußerungsgewinns nach § 34 Abs. 1 EStG nur mit dem halben Steuersatz besteuert werden soll.

Wird auch dies bejaht, wird der steuerpflichtige Teil dieses Veräußerungsgewinns den nach § 34 Abs. 1 EStG zu versteuernden Einkünften hinzugerechnet.

Danach wird auch der abgezogene Freibetrag auf dem Bildschirm angezeigt.

15. Anschließend wird der Anwender aufgefordert, die Anzahl aller weiteren Verkäufe und/oder Aufgaben ganzer Betriebe (Zeile 11 der Anlage GSE) im Veranlagungszeitraum einzugeben. Liegen weitere Verkäufe ganzer Betriebe vor, werden die vorgenannten Eingaben zur Höhe des jeweiligen Veräußerungs- oder Aufgabengewinnes sowie zum Grund der Veräußerung (dauernde Erwerbsunfähigkeit oder Vollendung des 55. Lebensjahres) für jeden Veräußerungs- oder Aufgabenvorgang gefordert und es wird – wie vorstehend – der jeweils in Betracht kommende Freibetrag ermittelt und vom Veräußerungs- oder Aufgabegewinn abgezogen. Auch werden wiederum sowohl der verbleibende steuerpflichtige Teil des Gewinns und der im Einzelfall abgezogenen Freibetrag am Bildschirm angezeigt.

Der Eingebende wird auch hier gefragt, ob der angezeigte steuerpflichtige Teil des jeweiligen Gewinns nach § 34 Abs. 1 EStG nur mit dem hälftigen Steuersatz versteuert werden soll.

16. Nachdem die steuerpflichtigen Teile der Veräußerungs- oder Aufgabegewinne der Veräußerung und/oder Aufgaben aller weiteren Betriebe ermittelt sind, fordert das PGM zur Eingabe der Zahl der Verkäufe von Teilbetrieben und/oder Betriebsvermögensanteilen auf. Sind solche Veräußerungen vorhanden, ist für jeden einzelnen Verkauf der prozentuale Anteil des veräußerten Teilbetriebs am ganzen Betrieb bzw. der prozentuale Anteil des veräußerten Betriebsvermögensanteils am ganzen Betriebsvermögen einzugeben.

Danach werden für jede Teilbetriebs- oder Anteilsveräußerung die Freibeträge nach § 16 Abs. 4 Sätze 1-2 EStG sowie die steuerpflichtigen Gewinnanteile ermittelt und am Bildschirm angezeigt, wie dies nach Tz. 15 und Tz. 16 bei Verkäufen ganzer Betriebe geschieht.

17. Nach der Ermittlung der steuerpflichtigen Gewinnanteile und Freibeträge aus Veräußerungen von Teilbetrieben und Betriebsvermögensanteilen fragt das PGM, ob in den laufenden Gewinnen und Gewinnanteilen der Zeilen 2-7 der Anlage GSE noch sonstige zu begünstigende Gewinne enthalten sind, die mit dem halben Steuersatz zu versteuern sind.

Wird dies durch Eingabe von „J" bejaht, fragt das PGM zunächst, ob dies Entschädigungen für entgangene oder entgehende Einnahmen und/oder für die Aufgabe oder Nichtausübung einer Gewinnbeteiligung und/oder Gewinnanwartschaft und/oder Vergütungen für mehr als 3 Kalenderjahre öffentliche Grundstücksnutzung des Steuerpfl./Ehemannes sind.

Wird dies durch Eingabe von „N" verneint, gibt das PGM die Hinweismeldung:

„Andere Gewinne sind nach § 34 Abs. 2 EStG nicht begünstigt" aus

und der Ablauf wird mit der in Tz. 18 genannten Abfrage nach dem Wohnsitz im Veranlagungszeitraum fortgesetzt. Wird „J" eingegeben, fordert das PGM die Eingabe der Höhe dieser Entschädigungen und/oder Vergütungen an und rechnet sie den mit dem hälftigen Steuersatz zu versteuernden Einkünften zu.

Danach prüft das PGM, ob der Merker für Zusammenveranlagung gesetzt ist. Ist dies nicht der Fall, wird der PGM-Lauf mit der in Tz. 18 genannten Abfrage nach dem Wohnsitz in dem Veranlagungszeitraum fortgesetzt.

Ist eine Zusammenveranlagung durchzuführen, werden die unter Tz. 14-17 beschriebenen Abfragen, Eingaben und Ermittlungen für den Ehegatten durchgeführt.

18. Nach den vorgenannten Abfragen und Eingaben für den Steuerpflichtigen und – bei Zusammenveranlagung – für den Ehegatten setzt das PGM den Ablauf mit der Abfrage fort, ob der Wohnsitz des Steuerpfl. im Veranlagungszeitraum in Berlin/West war.

Wird dies durch Eingabe von „N" verneint, setzt das PGM den Ablauf mit der in der nachfolgenden Tz. beschriebenen Abfrage fort.

Wird durch Eingabe von „J" bestätigt, daß der Wohnsitz des Steuerpfl. im Veranlagungszeitraum in Berlin/West war, vermerkt dies das PGM durch Setzen eines Merkers für den Steuerpfl. und – bei Zusammenveranlagung – nach Vornahme der nachfolgenden entsprechenden Abfrage auch für den Ehegatten, daß der Wohnsitz in Berlin/West war und rechnet die Gewerbegewinne für die Berlinermäßigung den nach dieser Vorschrift begünstigten Einkünften zu.

Danach fordert es zur Eingabe der steuerpflichtigen Teile der Veräußerungsgewinne auf, die nicht in Berlin/West erzielt wurden, falls der Wohnsitz in Berlin/West war.

Wurde durch Eingabe von „N" verneint, daß der Wohnsitz des Steuerpfl. und – bei Zusammenveranlagung – des Ehegatten in Berlin/West war, wird gefragt, in welcher Höhe steuerpflichtige Teile der Veräußerungsgewinne in Berlin/West erzielt wurden.

Die entsprechenden Eingaben werden – abhängig von dem gesetzten Wohnsitzmerker – entweder von den Berlineinkünften abgezogen oder diesen hinzugerechnet.

Danach zeigt das PGM die auf die Verkäufe in Berlin/West bzw. nicht in Berlin/West entfallenden Freibeträge nach § 16 Abs. 4 EStG sowie die restlichen Einkünfte aus der jeweiligen Einkunftsart und die steuerpflichtigen Teile der Veräußerungsgewinne an.

19. Der PGM-Lauf wird mit der Ausgabe der Frage fortgesetzt, ob der Steuerpfl. im Veranlagungszeitraum Gewinne aus dem Verkauf von Anteilen an oder der Auflösung oder der Kapitalherabsetzung und -rückzahlung einer Kapitalgesellschaft erzielt hat, an der er in den letzten fünf Jahren zu mehr als einem Viertel beteiligt war und diese Anteile 1% des Gesellschaftskapitals überstiegen.

Wird diese Frage verneint, wird der Ablauf mit der in Tz. 20 beschriebenen Abfrage fortgesetzt.

Im Bejahungsfall wird danach zur Eingabe des Veräußerungs-, Auflösungs- oder Rückzahlungsgewinnes und anschließend zur Eingabe des Vomhundertsatzes aufgefordert, mit dem der veräußerte Anteil am Kapital der Kapitalgesellschaft (= Nominalkapital abzüglich Eigenanteile der Gesellschaft) beteiligt war. Entsprechend diesen Eingaben wird danach der Freibetrag nach § 17 Abs. 3 EStG für den veräußerten Anteil ermittelt und von dem Veräußerungsgewinn abgezogen. Verbleibt nach dem Abzug ein steuerpflichtiger Teil des Veräußerungsgewinns, wird gefragt, ob dieser mit dem halben Steuersatz besteuert werden soll.

Wird dies durch Eingabe von „J" bejaht, wird der steuerpflichtige Teil des Veräußerungsgewinns den mit dem hälftigen Steuersatz zu versteuernden Einkünften hinzugerechnet.

Danach werden – sowohl im Bejahungs- als auch im Verneinungsfall – der Veräußerungsgewinn und der davon abgezogene Freibetrag nach § 17 Abs. 3 EStG am Bildschirm angezeigt.

20. Nach Hinzurechnung des steuerpflichtigen Teils des Veräußerungsgewinnes zu den kumulierten Einkünften aus Gewerbebetrieb wird die Abfrage nach dem zugerechnenden Einkommen beherrschter Organgesellschaften ausgegeben. Liegt dies vor, wird es den Einkünften aus Gewerbebetrieb des Steuerpfl. oder – wenn es sich bei einer Zusammenveranlagung um die Ermittlung der Einkünfte aus Gewerbebetrieb der Ehefrau handelt, deren Einkünften aus Gewerbebetrieb hinzugerechnet.

Nachdem auf diese Weise die Ermittlungen der Einkünfte aus Gewerbebetrieb für den Steuerpfl. und – bei Zusammenveranlagung – für den Ehegatten abgeschlossen ist, wird anhand des gesetzten Merkers (= Schlüssel 3 nach Tz. 11) geprüft, ob noch Einkünfte aus selbständiger Arbeit zu ermitteln sind.

Ist dies der Fall, wird der Ablauf – wie ab Tz. 21 beschrieben – mit der Ermittlung der Einkünfte aus selbständiger Arbeit fortgesetzt.

War nach Tz. 11 nur der Schlüssel 1 eingegeben, wird wieder das PGM „ESt/LStJA" geladen und der Ablauf mit der Abfrage fortgesetzt, ob Daten aus der Anlage N vorliegen. Hierzu Hinweis auf Tz 22.

21. Wurde nach Ausgabe der in Tz. 11 genannten Schlüsselübersicht der Schlüssel = 3 eingegeben, steuert das PGM, nachdem es die Einkünfte aus Gewerbebetrieb ermittelt hat, die Routine zur Ermittlung der Einkünfte aus selbständiger Arbeit an. Ohne die Ermittlungen nach Tz. 12-20 geschieht dies sofort, wenn nach Tz. 11 der Schlüssel = 2 eingegeben wurde.

In dieser Routine wird der Steuerpfl. zunächst zur Eingabe der laufenden Gewinne aufgefordert, die er als Einzelunternehmer aus freiberuflicher Tätigkeit (Zeilen 32-33 der Anlage GSE) im Veranlagungszeitraum hatte. Danach sind die Betriebseinnahmen (Zeile 30 der Anlage GSE) einzugeben, die das Einzelunternehmen im Veranlagungszeitraum erzielte. Anschließend sind die Gewinnanteile aus Beteiligungen an freiberuflich tätigen Gesellschaften einzugeben, die der Steuerpfl. im Veranlagungszeitraum hatte. Wurden solche erzielt, sind darauf folgend die Betriebseinnahmen der Gesellschaft in DM sowie der Gewinnbeteiligungssatz in % einzugeben.

Danach fordert das PGM den Anwender zur Eingabe der im Veranlagungszeitraum erzielten Gewinne aus anderer selbständiger Arbeit (z. B. aus Vermögensverwaltung) auf und rechnet – falls solche vorliegen – diese den laufenden Einkünfte aus selbständiger Arbeit zu. Danach wird der PGM-Lauf mit den Routinen fortgesetzt, die unter Tz. 14 bis 18 für die Veräußerungen und/oder Aufgaben gewerblicher Einzelbetriebe, Teilbetriebe und/oder Verkäufe von Betriebsvermögensanteilen beschrieben worden sind. Diese Routinen sind auch bei Verkäufen und/oder Aufgaben von Einzelbetrieben, Teilbetrieben und/oder Vermögensanteilen, aus denen Einkünfte aus selbständiger Arbeit erzielt wurden, zu durchlaufen, weil nach § 18 Abs. 3 EStG zu den Einkünften aus selbständiger Arbeit auch der Gewinn gehört, der bei Veräußerungen des Vermögens oder eines Anteils am Vermögen, das der selbständigen Arbeit dient, erzielt wird und die Vorschriften des § 16 Abs. 1 Nr.

1 letzter Halbsatz und Absätze 2-4 EStG zur Veräußerung gewerblicher Betriebe nach § 18 Abs. 3 Satz 2 EStG auch für Veräußerungen von Betrieben der selbständigen Arbeit gelten. Sind diese Routinen durchlaufen, setzt das PGM den Ablauf mit der Aufforderung fort, die vom Steuerpfl. im Veranlagungszeitraum vereinnahmten Aufwandsentschädigungen für die Tätigkeit als nebenberuflicher Ausbilder, Erzieher, Übungsleiter für öffentliche oder steuerbefreite Körperschaften einzugeben.

Werden solche Entschädigungen eingegeben, fragt das PGM, ob diese in den Gewinnen nach den Zeilen 32-36 der Anlage GSE enthalten sind.

Wird dies durch Eingabe von „N“ verneint, rechnet das PGM die eingegebene Entschädigung den laufenden Gewinnen aus freiberuflicher Tätigkeit zu.

Danach wird der PGM-Ablauf – wie auch im Bejahungsfall – mit der Abfrage forgesetzt, ob für diese Entschädigung der Freibetrag nach § 3 Nr. 26 Satz 2 EStG von maximal 2400 DM noch abzusetzen ist.

Wird dies durch Eingabe von „J“ bejaht, zieht das PGM die als Freibetrag im Einzelfall in Betracht kommenden Aufwandsentschädigungen (=erhaltene Entschädigungen, höchstens jedoch 2400 DM) von den laufenden Gewinnen aus freiberuflicher Tätigkeit des Steuerpfl. ab. Bei Zusammenveranlagung werden anschließend die in dieser Textziffer beschriebenen Routinen noch einmal für den Ehegatten durchlaufen.

Sind auf diese Weise für den Steuerpfl. und – bei Zusammenveranlagung – auch für dessen Ehegatten die Einkünfte aus selbständiger Arbeit ermittelt, lädt das PGM „Gewinne“ wieder das PGM „ESt/LStJA“ und der Ablauf wird – wie in der nachstehenden Tz. geschildert – fortgesetzt.

22. Zunächst wird nach dem Laden vom PGM „ESt/LStJA“ die Abfrage ausgegeben, wieviel Anlagen „N“ mit Daten zur Einkunftsart „Nichtselbständiger Arbeit“ für den Steuerpfl./Ehemann abgegeben werden.

Nach der Eingabe der Anzahl der abzugebenden Anlagen N wird im Fall der Zusammenveranlagung diese Abfrage für den Ehegatten wiederholt.

Danach fragt das PGM, wieviel Anlagen V nach Zeile 50 des ESt-Mantelbogens einzugeben sind.

Anschließend wird gefragt, ob nach der Zeile 51 des ESt-Mantelbogens eine Anlage für Sonstige Einkünfte und eine Anlage für Einkünfte aus Kapitalvermögen mit der ESt/LStJA-Erklärung abzugeben sind.

Entsprechend diesen Eingaben setzt das PGM die entsprechenden Merker.

23. Wird keine Anlage KSO mit Daten über Sonstige Einkünfte eingegeben, fordert das PGM anschließend zur Eingabe des Jahresbetrags der Altersrente des Steuerpflichtigen nach Zeile 52 des ESt-Mantelbogens auf. Wird ein solcher Jahresbetrag eingegeben (Eingabe › 0), wird der Benutzer zur Eingabe des Beginndatums dieser Altersrente (Zeile 53 erste Spalte des ESt-Mantelbogens) aufgefordert. Wird eine sechsstelliges Beginndatum eingegeben, wird dies auf Gültigkeit und Zulässigkeit geprüft.

Bei einem implausiblen Eingabedatum wird zur erneuten Eingabe eines gültigen Datums aufgefordert.

Nach Eingabe des Beginndatums der Altersrente für den Steuerpflichtigen werden im Falle der Zusammenveranlagung die vorgenannten Aufforderungen (Eingabe des Jahresbetrages der Altersrente und dessen Beginndatum) für den Ehegatten wiederholt.

24. Danach wird, wenn keine Anlage KSO mit Daten über Kapitaleinkünfte abgegeben wird, vom PGM die Eingabe von Spar- und Bausparzinsen des Steuerpflichtigen (Zeile 52 des Mantelbogens) verlangt. Werden solche eingegeben (Eingabe > 0), wird anschließend zur Eingabe der Dividenden (= Summe aus Nettodividende + einbehaltener Kapitalertragssteuer + anrechenbarer Körperschaftssteuer) des Steuerpfl. (Zeile 53 des ESt-Mantelbogens) aufgefordert. Im Falle der Zusammenveranlagung werden daraufhin auch die Abfragen zur Eingabe der Spar- und Bausparzinsen sowie der Dividenden des Ehegatten gestellt.

25. Nach der Eingabe der Daten zu den Kapitaleinkünften fordert das PGM zur Eingabe der im Veranlagungszeitraum anrechenbaren Körperschaftsteuer und zur Eingabe der einbehaltenen Kapitalertragsteuer (jeweils Zeile 54 des ESt-Mantelbogens) auf.

Diese Eingaben sind in DM und Pfenning – getrennt durch einen Dezimal**punkt** – vorzunehmen.

26. Wurden gemäß Zeilen 30-34 steuerlich berücksichtigungsfähige Kinder eingegeben, gibt das PGM anschließend die Abfrage aus, ob der Steuerpflichtige im Veranlagungs-/Ausgleichszeitraum für ein(e) selbstgenutzte(s) Eigentumswohnung, Ein- oder Zweifamilienhaus, die bzw. das nach dem 29.07.81 errichtet oder erworben wurde, erhöhte Absetzungen nach § 7b (für Veranlagungszeiträume vor 1987) oder den Abzug nach § 10e (für Veranlagungszeiträume nach 1986) und die Steuerermäßigung nach § 34f EStG beantragt.

Wird dies durch Eingabe von „J“ bejaht, wird zur Eingabe der Anzahl der Kinder nach Zeilen 30-47 des ESt/LStJA-Mantelbogens aufgefordert, die während des Veranlagungs-/Ausgleichszeitraums dauernd zum Haushalt des Steuerpflichtigen gehörten.

27. Nach der Eingabe der Anzahl der Kinder prüft das PGM „ESt/LStJA“, ob für den Steuerpfl. – und danach bei Zusammenveranlagung – und/oder für den Ehegatten – eine Anlage N oder mehrere Anlagen N zur ESt/LStJA-Erklärung abgegeben wird bzw. werden.

Ist dies der Fall, wird der PGM-Lauf – wie nachstehend geschildert – mit den Aufforderungen zur Eingabe der Daten aus der Anlage bzw. den Anlagen N fortgesetzt.

28. Nach der Eingabe und Abspeicherung der Daten aus den Seiten 1 und 2 des Mantelbogens fordert das PGM „ESt/LStJA“ den Anwender zur Eingabe der Daten aus der bzw. den zugehörigen Anlage(n) N für den Steuerpflichtigen und/oder – bei Zusammenveranlagung – für den Ehegatten auf.

Hierbei ist die Anzahl der Anlagen N, aus denen Daten zur Ermittlung der Einkünfte aus nichtselbständiger Arbeit für den Steuerpflichtigen/Ehemann und ggf. für seinen mit ihm zusammen zu veranlagenden Ehegatten eingegeben werden können, durch das PGM „ESt/LStJA“ nicht beschränkt.

29. Auch bei der Eingabe der Daten aus der bzw. den Anlage(n) N wird der Anwender durch BFT geführt, die ihm im jeweiligen Einzelfall sagen, ob er eine Frage mit J (= ja) oder N (= nein) zu beantworten oder einen Text oder einen Wert als Schlüssel, DM- oder DM **und** Dpf-Betrag einzugeben hat.

Auch diese Eingabedaten werden weitestgehend auf Gültigkeit, Schlüssigkeit und Zulässigkeit geprüft und führen bei Implausibilität zur Ausgabe von Fehlermeldungen und programmierten Stops, bis die entsprechenden gültigen und zulässigen Daten eingegeben werden.

30. Bis auf die Eingabe der Daten aus den Zeilen 16 und 17 (Angaben über Zeiten und Gründe der Nichtbeschäftigung), der Zeile 22 (Angaben zur Ein- oder Nichteinbeziehung von Arbeitnehmer-Erfindervergütungen) und Zeile 28 (Angabe des Arbeitslohnes in ausländischer Währung für Grenzgänger) werden alle Daten aus den Zeilen 1-63 der Anlage N zur Eingabe aufgerufen.

31. Nach der Eingabe und Prüfung der Daten aus den Zeilen 1 bis 30 ermittelt das PGM „ESt/LStJA“ den steuerpflichtigen Arbeitslohn – getrennt für den Steuerpfl. und seinen mit ihm zusammen zu veranlagenden Ehegatten – und speichert diesen für die spätere Ermittlung der Einkünfte aus nichtselbständiger Arbeit ab.

32. Aus den Zeilen 14, 15 und 18 werden die steuerfreien Bezüge und Arbeitslöhne in Variablen festgehalten, da sie für die Ermittlung des besonderen Steuersatzes nach § 32b EStG benötigt werden.

33. Bei der Eingabe von Daten aus den Zahlen 19 bis 21 der Anlage N werden die Eingabedaten zunächst in Variablen zwischengespeichert, bis sie zur Festsetzung der ESt (bei beantragter Verteilung des Arbeitslohnes für mehrere Jahre nach § 34 Abs. 3 EStG) oder zur Anwendung des ermäßigten Steuersatzes oder zur Ermittlung der Jahreslohnsteuer (bei beantragter Einbeziehung dieser Arbeitslöhne in den LStJA) benötigt werden.

34. Die Eingaben der Daten aus der Zeile 23 der Anlage N werden ebenfalls in Variablen zwischengespeichert, da sie später mehrfach (z.B. zur Ermittlung des Vorsorgebetrages nach § 19 (2)EStG und des Altersentlastungsbetrages nach § 24a EStG) zur Einkunftsermittlung benötigt werden.

35. Auch die Eingaben aus den Daten der Zeilen 25 bis 27 der Anlagen N werden zunächst durch das PGM in Variablen zwischengespeichert, bis sie durch das nachzuladende PGM „Folgesteuern“ zur Ermittlung der Steuerermäßigungen nach §§ 21, 22 und 26 Berlinförderungsgesetz benötigt werden.

36. Die Angaben aus den Zeilen 29 und 30 werden sofort nach der Eingabe zur Ermittlung des Bruttoarbeitslohnes (BAL) herangezogen, soweit es sich um steuerpflichtige Bezüge handelt. Hierbei wird jedoch der Teil der Aufwandsentschädigungen ausgegliedert, der nach § 3 Nr. 26 EStG steuerfrei ist (=Aufwandsentschädigungen bis zur Höhe von 2400 DM jährlich aus den in dieser Vorschrift genannten nebenberuflichen Tätigkeiten.).

37. Die Eingabedaten aus den Zeilen 31-36 werden zunächst ebenfalls in Variablen zwischengespeichert, bis sie durch das nachzuladende PGM „Einkommen“ zur Einkommensermittlung (z.B. zur Ermittlung des Vorwegabzugs nach § 10 Abs. 3 Nr. 2 EStG oder zur Ermittlung der Vorsorgepauschale nach § 10c Absätze 3-6 EStG) herangezogen werden.

38. Aufgrund der Eingaben aus den Zeilen 37 bis 42 der Anlage N ermittelt das PGM „ESt/LStJA“ die als Werbungskosten (WK) abzugsfähigen Fahrkosten bei der Benutzung von eigenen Fahrzeugen (PKW, Motorrad, Motorroller, Mofa oder Fahrrad) für die Fahrten zwischen Wohnung und Arbeitsstätte(n).

Hierbei wird die Ermittlung nach § 9 Abs. 1 Nr. 4 EStG (Beschränkung auf die Pauschbeträge von 0,36 DM je Entfernungskilometer bei Benutzung eines Kraftwagens bzw. 0,16 DM je Entfernungskilometer bei Benutzung eines Motorrades oder Motorrollers) durchgeführt, falls nicht ein erhöhter Kilometersatz wegen Körperbehinderung von mindestens 70 v.H. oder von mindestens 50 v.H. und erheblicher Gehbehinderung in Betracht kommt oder Fahrten zwischen Wohnung und ständig wechselnden Einsatzstellen vorliegen.

Kommt ein erhöhter Kilometersatz wegen Körperbehinderung aus den vorgenannten Gründen in Betracht oder liegen Fahrten zwischen Wohnung und ständig wechselnden Einsatzstellen vor, werden die Fahrtkosten mit den in Abschnitt 25 Abs. 7 Nr. 3 Satz 2 der Lohnsteuerrichtlinien 1987 (LStR 1987) genannten Kostensätzen je Fahrzeugart berücksichtigt.

Die durch die Zeilen 40-43 gegebene Beschränkung auf drei Arbeitsstätten mit unterschiedlicher Entfernung zur Wohnung existiert für das PGM „ESt/LStJA" nicht. Da das PGM die Eingabe der tatsächlich vorhandenen Arbeitsstätten mit unterschiedlicher Entfernung zur Wohnung verlangt, können die Fahrtkosten auch für Fahrten mit eigenem Fahrzeug zwischen Wohnung und mehr als drei Arbeitsstätten vom Programm ermittelt und jeweils danach sofort in zusammengefaßter (kumulativer) Form auf dem Bildschirm angezeigt werden.

39. Die Eingabedaten aus den Zeilen 43 und 44 dienen ebenfalls noch zur Ermittlung der als WK aus nichtselbständiger Arbeit abzugsfähigen Fahrtkosten, wobei die Aufwendungen nach der Zeile 43 etwaigen Aufwendungen für Fahrten mit dem eigenen Fahrzeug hinzugerechnet und die nach Zeile 44 der Anlage N vom Arbeitgeber steuerfrei ersetzten Fahrtkosten von der jeweils aufgelaufenen Summe der Fahrtkosten abgesetzt werden.

Auch hier wird nach jeder Eingabe die verbleibende WK-Summe auf dem Bildschirm angezeigt.

40. Die aus den Zeilen 49-54 verlangten Eingabedaten führen zur Ermittlung der als WK aus nichtselbständiger Arbeit mit Pauschsätzen abzugsfähigen Mehraufwendungen für Verpflegung für die Eingabetage, an denen der Steuerpflichtige entweder

a) nicht auf ständig wechselnden Einsatzstellen tätig, aber über 12 Std. oder
b) an ständig wechselnden Einsatzstellen tätig und über 10 Std. oder
c) als Berufskraftfahrer mit Fahrtätigkeit über 6 Std., aber nicht mehr als 12 Stunden oder
d) als Berufskraftfahrer mit Fahrtätigkeit mehr als 12 Stunden

an diesen Tagen von der Wohnung abwesend war.

Nach jeder Eingabe wird wiederum die sich unter Berücksichtigung der jeweiligen Eingabe neu ergebende WK-Summe auf dem Bildschirm angezeigt. Dies gilt auch für die Eingabe der vom Arbeitgeber steuerfrei ersetzten Mehraufwendungen für Verpflegung (Zeile 54 der Anlage N), die zu einer Verminderung der aufgelaufenen WK-Summe um den eingegebenen Ersatzbetrag führt.

41. Die Eingabedaten aus den Zeilen 55-62 führen zur programmgesteuerten Ermittlung der als WK aus nichtselbständiger Arbeit abzugsfähigen notwendigen Mehraufwendungen einer aus beruflichen Anlaß begründeten doppelten Haushaltsführung – § 9 Abs. 1 Nr. 5 S. 1 EStG.

Hierbei werden die Aufwendungen für Familienheimfahrten, die einmal wöchentlich unter Benutzung eines eigenen Fahrzeugs (PKW, Motorrad oder Motorroller) durchgeführt werden, unter Anwendung der Pauschsätze nach § 9 Abs. 1 Nr. 4 Satz 2 EStG (bei Benutzung eines Kraftwagens 0,36 DM, bei Benutzung eines Motorrades oder Motorrollers 0,16 DM jeweils je Entfernungskilometer) berücksichtigt. Liegen die Voraussetzungen des § 9 Abs. 2 Nr. 1 EStG (=Körperbehinderung von mindestens 70 v.H.) oder § 9 Abs. 2 Nr. 2 EStG (=Körperbehinderung von mindestens 50 v.H. aber weniger als 70 v.H. und erhebliche Gehbehinderung) vor, werden auch für Familienheimfahrten die Aufwendungen für die Familienheimfahrten mit den Kostensätzen nach Abschnitt 25 Abs. 7 Nr. 3 Satz 2 LStR 1987 (= 0,42 DM bei Benutzung eines PKW oder 0,18 DM bei Benutzung eines Motorrades oder Motorrollers jeweils je tatsächlich gefahrenen Kilometer) abgezogen.

Die notwendigen Mehraufwendungen für Verpflegung werden für die ersten zwei Wochen mit einem Pauschsatz von 42 DM, für die Folgezeit mit einem solchen von 16 DM täglich berücksichtigt.

Ging den ersten zwei Wochen der Beschäftigung am neuen Beschäftigungsort eine Dienstreise an diesem Beschäftigungsort unmittelbar voraus, so wird deren Dauer auf die Tage, für die ein Pauschsatz von 42 DM Anwendung findet, angerechnet.

Auch hierbei führt jedes angegebene Datum wiederum sofort zur Bildschirmausgabe der insoweit erhöhten bzw. – bei Eingabe des steuerfreien Arbeitgebersatzes nach der Zeile 62 der Anlage N – verminderten WK-Summe.

42. Die Eingaben aus der Zeile 63 der Anlage N führen zur Ermittlung der WK-Pauschsätze für bestimmte Berufsgruppen nach Abschnitt 23 der LStR 1987. Diese Pauschsätze werden in Abhängigkeit von der eingegebenen Berufsgruppe und Berufsart und der Anzahl der Beschäftigungsmonate und der Höhe des Arbeitslohnes in diesen Monaten unter Berücksichtigung des jeweils maßgeblichen Vomhundertsatzes und Monatshöchstbetrages vom PGM „ESt/LStJA“ ermittelt und auf dem Bildschirm in kumulativer Form angezeigt.

Bei der Ermittlung der Pauschsätze beachtet das PGM auch die Bestimmung des Abschnittes 27 Abs. 2 LStR 1987, d. h. bei Beschäftigung in mehreren Berufsarten während des Veranlagungs- oder Ausgleichsjahres wird der jeweils günstigste Jahreshöchstbetrag abgesetzt. Neben den WK-Pauschsätzen werden Umzugskosten voll und Fahrtkosten zwischen Wohnung und Arbeitsstätte insoweit berücksichtigt, als sie 15 DM je Monat übersteigen.

Auch hier wird nach jeder Eingabe die aufgelaufene WK-Summe angezeigt.

Sind die eingegebenen WK höher als die abzugsfähigen WK-Pauschsätze zuzüglich der außerdem abzugsfähigen vorgenannten Einzelkosten wird der jeweils für den Steuerpflichtigen/Ehemann und/oder seinen Ehegatten günstigere WK-Abzug bei der Ermittlung der Einkünfte aus nichtselbständiger Arbeit des Steuerpflichtigen/Ehemanns und/oder seines Ehegatten durchgeführt.

43. Nach der Eingabe aus der(n) Anlage(n) N und der Ermittlung der Einkünfte aus nichtselbständiger Arbeit für den Steuerpflichtigen und – im Falle der Zusammenveranlagung – erforderlichenfalls für dessen Ehegatten prüft das PGM „ESt/LStJA“ anhand des gesetzten Merkers, ob Daten aus einer Anlage V oder aus Anlagen V einzugeben sind.

Ist dies der Fall, fragt es, falls es sich um Veranlagungszeiträume vor 1987 handelt, ob im Veranlagungszeitraum ein eigenes Haus oder eine Eigentumswohnung ausschließlich oder überwiegend für eigene Wohnzwecke des Steuerpfl. und – bei Zusammenveranlagung – seines Ehegatten genutzt wurde. Wird dies durch Eingabe von „J“ bejaht, wird zur Eingabe der Daten aus den Zeilen 3-6 und den Zeilen 53-58 aufgefordert bzw. es werden die dazu erforderlichen Abfragen gestellt, um prüfen zu können, ob der Nutzungswert des voll oder teilweise selbst genutzten Hauses nach § 21a EStG aufgrund des maßgeblichen Einheitswertes zu ermitteln ist. Hierbei wird insbesondere gefragt, ob bei Zwei- und Mehrfamilienhäusern oder gemischtgenutzten Grundstücken eine volle Selbstnutzung zu eigenen Wohnzwecken erfolgte oder mindestens eine Wohnung oder eine Einheit von anderen Räumen zur dauernden Nutzung vermietet wurde oder für eigenberufliche Zwecke genutzt wurde und mindestens 33 1/3 der gesamten Nutzfläche des Hauses umfaßte.

Die Fragen werden gestellt, wenn zuvor die Frage bejaht wurde, ob für das Zweifamilienhaus oder das andere Haus Bauantrag, Bestellung oder Erwerb vor dem 30.07.81 oder nach dem 29.07.81 erfolgten.

44. Stellt das PGM nach der Eingabe der Daten zu den Zeilen 2-6 der Anlage V und nach der Beantwortung der Fragen zu den Zeilen 53-58 der Anlage V fest, daß für das voll oder teilweise zu eigenen Wohnzwecken genutzte Objekt (Eigentumswohnung, Einfamilien-, Zweifamilien- oder anderes Haus) der Nutzugswert der Selbstnutzung im eigenen Haus nach § 21a EStG aufgrund des Einheitswerts des Grundstücks zu ermitteln, d. h. zu pauschalieren ist, errechnet es den maßgeblichen Einheitswert (= 140 v.H. des festgestellten Einheitswerts) und davon mit 1 v.H. den Grundbetrag (§ 21a Abs. 1 S. 4 EStG). Wurde die Eigenwohnung nicht während des ganzen Veranlagungszeitraums genutzt, wird der Grund betrag nur für die vollen Monate der Selbstnutzung angesetzt (§ 21a Abs. 1 Satz 5 EStG).

Beispiel: Einzug am 15.08.86 in ein voll selbstgenutztes in 1985/86 errichtetes Einfamilienhaus (Einheitswert 01.01.87 = 30000 DM).

Lösung:	Maßgeblicher Einheitswert = 30000 × 140% =	42000 DM
	Davon Grundbetrag 1 v.H. =	420 DM
	anzusetzender Grundbetrag für 1986 (für September bis Dezember 1986) =	140 DM

Der anzusetzende Grundbetrag wird auf dem Bildschirm entweder nur für den Steuerpflichtigen oder – im Falle der Zusammenveranlagung und des gemeinschaftlichen Eigentums an dem Objekt – auch zugleich für den Ehegatten angezeigt. Danach fordert das PGM zur Eingabe der Daten aus den Zeilen 7-13 der Anlage V auf. Im Falle der Zusammenveranlagung weist das PGM darauf hin, daß diese Daten jeweils in einer Summe einzugeben und nicht auf den Steuerpflichtigen/Ehemann und den Ehegatten aufzuteilen sind.

45. Nach der Eingabe der Schuldzinsen ermittelt das PGM zunächst die nach § 21a Abs. 3 Nr. 1 EStG bis zur Höhe des anzusetzenden Grundbetrags abzugsfähigen Schuldzinsen. Danach werden, falls für das Objekt der Antrag auf Baugenehmigung nach dem 30.09.82 gestellt wurde oder die Fertigstellung oder der Erwerb nach diesem Zeitpunkt erfolgten und es sich bei dem Veranlagungszeitraum um das Jahr des Erwerbs oder Bezugs oder um die darauf folgenden beiden Jahre handelt, bis zu insgesamt 10000 DM über den Grundbetrag hinaus nach § 21a Abs. 4 S. 1 EStG als Werbungskosten berücksichtigt, falls Werbungskosten nach Zeile 8 der Anlage V eingegeben wurden.

Konnte im Erstjahr der Abzugshöchstbetrag von 10000 DM nicht ausgeschöpft werden, weil Schuldzinsen in dieser Höhe im Jahr des Erwerbs oder Bezugs noch nicht angefallen sind, und handelt es sich bei dem Veranlagungszeitraum um das Drittjahr nach dem Erwerbs- oder dem Fertigstellungsjahr des Objekts (z.B. Veranlagungszeitraum 86 ist Drittjahr, wenn Fertigstellung = Bezug des Objekts in 83), fragt das PGM, in welcher Höhe bei der Veranlagung des Fertigstellungs- oder Erwerbsjahres Schuldzinsen nach § 21a Abs. 4 EStG bei der Nutzungswertermittlung als Werbungskosten vom Grundbetrag nach § 21a EStG abgesetzt wurden.

Danach ermittelt das PGM für das dritte Folgejahr die nach § 21a Abs. 4 Satz 2 EStG noch vom Grundbetrag abzugsfähigen Schuldzinsen, d.h. den Unterschiedsbetrag zwischen 10000 DM und den im Erwerbs- oder Bezugsjahr nach § 21a Abs. 4 Satz 1 EStG abgesetzten Zinsen, und setzt diesen Unterschiedsbetrag nach § 21a Abs. 4 Satz 2 EStG vom Grundbetrag ab.

Schuldzinsen und andere Werbungskosten (= Eingabedaten nach Zeile 9 der Anlage V), die auf die Zeit vor dem Ansatz des Grundbetrages nach § 21a Abs. 1 Sätze 4 und 5 EStG angefallen sind, werden in voller Höhe abgezogen (Abschnitt 164c Abs. 5 und 6 ESt-Richtlinien 84).

46. Nach der Berücksichtigung der Schuldzinsen fragt das PGM, ob erhöhte Absetzungen nach § 7b EStG oder § 15 Berlinförderungsgesetz und/oder Absetzungen nach § 82a, g, und/ oder i der ESt-Durchführungsverordnung beantragt werden.

Im Bejahungsfall fordert es, nachdem auf Befragen eingegeben wurde, daß das voll oder teilweise eigengenutzte Objekt im Inland liegt, eine Eigentumswohnung oder ein Ein- oder Zweifamilienhaus ist und zu mehr als 66 2/3 Wohnzwecken dient (§ 7 Abs. 1 EStG) und keine Ausschlußsachverhalte nach § 7 Abs. 1 S. 4 EStG vorliegen und das Objekt vor dem 30.07.81 oder nach dem 29.07.81 erworben oder hergestellt wurde, zur Eingabe der Bemessungsgrundlagen (begünstigte Anschaffungs- oder Herstellungskosten) für diese Absetzungen auf. Es ermittelt danach unter Berücksichtigung der jeweils geltenden Rechtsvorschriften die höchstzulässigen Absetzungsbeträge und rechnet sie den abzugsfähigen Werbungskosten zu. Nach jeder Hinzurechnung werden die bis dahin absetzbaren Werbungskosten am Bildschirm angezeigt.

47. Werden Teile eines im übrigen zu eigenen Wohnzwecken selbstgenutzten Objekts zu eigengewerblichen oder eigenberuflichen Zwecken genutzt, wird der maßgebliche Einheitswert (siehe oben) vor Ermittlung des Grundbetrags um den Teil vermindert, der bei der Aufteilung nach dem Verhältnis der Nutzflächen auf den eigengewerblich oder eigenberuflich genutzten Grundstücksteil entfällt (§ 21a Abs. 5 Satz 1 EStG).

Nach diesem Aufteilungsverhältnis werden auch die Werbungskosten des Objekts vermindert, und es wird nur der verbleibende Teil der WK nach den Zeilen 7-11 der Anlage V bei der Nutzungswertermittlung nach § 21a EStG berücksichtigt.

Werden auf die folgende Abfrage nach Einkünften aus der Vermietung von Teilen des Einfamilienhauses oder von Teilen der Wohnung in einem anderen Haus (Zeile 12 der Anlage V) solche eingegeben und übersteigen diese das Dreifache des anteilig auf diese Räume entfallenden Grundbetrags und betragen sie mindestens 1000 DM, so wird der Überschuß aus dieser Teilvermietung durch Abzug der anteiligen WK der vermieteten Räume von den Mieteinnahmen besonders ermittelt und hinzugerechnet. Dafür wird der anteilige Einheitswert der vermieteten Räume von dem maßgeblichen Einheitswert vor Ermittlung des Grundbetrags abgesetzt (§ 21a Abs. 5 Satz 2 EStG). Nachdem auf diese Weise der Nutzungswert nach § 21a EStG ermittelt ist, wird auf dem Bildschirm angezeigt, in welcher Höhe Schuldzinsen nach § 21 Abs. 3 Nr. 1 und Abs. 4 EStG, erhöhte Absetzungen nach § 7b EStG oder § 15 Berlinförderungsgesetz, Werbungskosten vor Beginn und nach Ende der Selbstnutzung sowie gegebenenfalls Absetzungen nach § 82a – i ESt-Durchführungsverordnung vom Grundbetrag abgesetzt werden.

Der danach verbleibende positive oder negative Überschuß wird abschließend für den Steuerpflichtigen und im Falle der Zusammenveranlagung und des gemeinschaftlichen Eigentums an dem Objekt, dessen Nutzungswert nach § 21a EStG ermittelt wurde, zugleich auch für den Ehegatten am Bildschirm angezeigt.

48. Nach der Ermittlung und Ausgabe des § 21a EStG pauschalierten Nutzungswerts oder – wenn ein solcher Nutzungswert nicht zu ermitteln war (weil kein Objekt bei Veranlagungszeiträumen vor 1987 ausschließlich oder fast ausschließlich selbstgenutzt wurde oder es sich um Veranlagungszeiträume nach 1986 und um Objekte handelt, für die nach § 52 Abs. 21 Satz 1 EStG 1987 § 21a EStG weggefallen ist), setzt das PGM den Ablauf mit der Anfrage fort, ob Daten für Einkünfte aus Vermietung und Verpachtung nach den Zeilen 29 bis 51 der Anlage V (= Einkünfte aus einem bebauten Grundstück) einzugeben sind. Wird diese Frage durch Eingabe von „J" bejaht, wird zunächst weiter gefragt, ob es sich bei dem vermieteten Grundstück um eine Eigentumswohnung oder ein Einfamilienhaus oder um ein Zweifamilienhaus handelt. Nachdem auf diese Weise die Gebäudeart festgestellt und festgehalten wurde, ist das Baujahr des vermieteten Gebäudes einzugeben.

Danach wird zur Eingabe der Einnahmen aus den Zeilen 30-34 der jeweiligen Anlage V und der Nutzungsfläche der vermieteten Wohnungen aufgefordert. Aus diesen Angaben ermittelt das PGM den ortsüblichen, durchschnittlichen Mietpreis/qm aus den vermieteten Wohnungen. Die jeweilige Summe der Einnahmen aus Vermietung wird nach jeder Eingabe einer Einnahme aus den Zeilen 30-34 auf dem Bildschirm angezeigt.

Danach wird zur Eingabe der Nutzflächen der für eigene Wohnzwecke genutzten und anderen Personen unentgeltlich ohne gesicherte Rechtsposition überlassenen Wohnungen und Garagen (Zeilen 35-37 der Anlage V) aufgefordert. Aufgrund dieser Angaben wird der Mietwert dieser Wohnungen und Garagen unter Zugrundelegung der festgestellten Mietpreise für die vermieteten Wohnungen und Garagen ermittelt.

Danach wird die Summe der so ermittelten tatsächlichen Einnahmen und Mietwerte (= fiktive Einnahmen) auf dem Bildschirm angezeigt.

49. Nach der Ausgabe der Summe der Einnahmen und Mietwerte, die das PGM aus den Eingabedaten der Zeilen 30-37 der Anlage V ermittelt hat, wird nacheinander zur Eingabe der Werbungskosten nach den Zeilen 40-45 aufgefordert. Nach jeder Eingabe wird die Summe der bis dahin entstandenen Werbungskosten durch Aufsummierung ermittelt und am Bildschirm angezeigt.

50. Danach wird – entsprechend den Angaben unter Zeile 46 der Anlage V – gefragt, ob die Absetzung für Abnutzung nach § 7 Abs. 4 oder § 7 Abs. 5 oder nach § 7b EStG oder nach §§ 14a, 15 Berlinförderungsgesetz ermittelt oder wie im Vorjahr angesetzt werden sollen.

Soll die Absetzung oder die erhöhte Absetzung vom PGM ermittelt werden, wird zur Eingabe der Bemessungsgrundlage für die Absetzung (Anschaffungs- oder Herstellkosten) oder die erhöhte Absetzung (begünstigte Anschaffungs- oder Herstellkosten) sowie zur Eingabe des Anschaffungs- oder Fertigstellungsjahres aufgefordert. Das PGM ermittelt aufgrund dieser Eingabedaten unter Berücksichtigung der für das Fertigstellungsjahr des Objekts jeweils in Betracht kommenden AfA-Sätze nach § 7 Abs. 4 EStG oder bei beantragten erhöhten Absetzungen unter Betrachtung der für das Anschaffungs- oder Fertigstellungsjahr jeweils geltenden berücksichtigungsfähigen Höchstbeträge die jeweils in Betracht kommende Absetzung nach § 7 Abs. 4 oder 5 EStG oder die höchstzulässige erhöhte Absetzung nach § 7b EStG oder § 14a oder § 15 Berlinförderungsgesetz.

Wird die Frage, ob die Absetzung oder die erhöhte Absetzung wie im Vorjahr anzusetzen ist, durch Eingabe von „J“ bejaht, wird zur Eingabe der Vorjahresabsetzung aufgefordert, die dann ohne weitere rechtliche Prüfung den Werbungskosten aus den Zeilen 40-45 der Anlage V hinzugerechnet wird.

51. Nach den Eingaben zur Ermittlung der Absetzung oder erhöhten Absetzung fragt das PGM, ob erhöhte Absetzungen nach §§ 82a, 82g, 82i EStDV oder § 14b Berlinförderungsgesetz beantragt werden.

Wird dieses bejaht, wird zur Eingabe der entsprechenden Daten aus der Zeile 47 der Anlage V sowie der für die jeweils beantragte Absetzungsberechnung benötigten Bemessungsgrundlagen (Anschaffungs- bzw. Herstellungskosten abzüglich erhaltener Zuschüsse) aufgefordert. Danach wird die höchstzulässige Absetzung vom PGM im Einzelfall ermittelt, falls nicht eingegeben wird, daß die erhöhte Absetzung mit dem Vorjahresbetrag anzusetzen ist.

Im letztgenannten Fall wird der eingegebene Vorjahresbetrag wiederum ohne weitere Prüfung den erklärten und aufsummierten Werbungskosten hinzugerechnet.

Wird Absetzung nach § 7 Abs. 4 EStG begehrt, wird, nachdem der Zeitpunkt des Erwerbs oder der Fertigstellung eingegeben wurde, gefragt, ob die Absetzung nach einer tatsächlich kürzeren Nutzungsdauer als der im EStG unterstellten Nutzungsdauer von 50 bzw. 40 Jahren berechnet werden soll.

Im Bejahungsfall wird zur Eingabe der tatsächlich kürzeren Nutzungsdauer aufgefordert, und die Absetzung nach § 7 Abs. 4 EStG wird unter Zugrundelegung dieser kürzeren Nutzungsdauer berechnet.

Nachdem die erhöhte Absetzung und/oder die Absetzung nach § 7 Abs. 4 oder § 7 Abs. 5 EStG berechnet ist, wird sie den bis dahin aufsummierten Werbungskosten hinzugerechnet. Die akkumulierte Summe der Werbungskosten wird auf dem Bildschirm angezeigt.

52. Nach der Ermittlung der Absetzung fordert das PGM zur Eingabe der im Veranlagungszeitraum von öffentlichen Körperschaften vereinnahmten Zuschüsse für Erhaltungsaufwand auf.

Werden solche eingegeben (Eingabe größer als 0 DM) werden diese von der Summe der aufgelaufenen Werbungskosten abgesetzt.

Danach wird gefragt, wieviel von der – am Bildschirm angezeigten – Summe der Werbungskosten auf die eigenberuflich und/oder eigengewerblich genutzten Räume entfällt. Ein daraufhin in DM eingegebener Betrag wird von der angezeigten Summe der Werbungskosten abgesetzt.

Die verbleibende Summe wird wiederum auf dem Bildschirm ausgegeben.

Anschließend wird gefragt, wieviel DM von der angezeigten verbleibenden Summe auf die aufgrund von Leihverträgen für mindestens ein Jahr ganz unentgeltlich Dritten zur Nutzung überlassenen Wohnungen/Räume entfällt. Der Eingabebetrag wird wiederum von der angezeigten Summe der Werbungskosten abgezogen, und es wird dann wieder die verbleibende Summe am Bildschirm angezeigt.

53. Dann wird, wenn es sich um Veranlagungszeiträume vor 1987 handelt, zur Eingabe der Anzahl der Wohnungen/Räume aufgefordert, die aufgrund von Mietverträgen Dritten teilweise unentgeltlich zur Nutzung überlassen wurden.

Wird daraufhin eine Anzahl von mehr als 0 eingegeben, ist der durchschnittliche Mietpreis je qm dieser Räume einzugeben. Danach ist einzugeben, wieviel von den auf Bildschirm angezeigten verbleibenden Werbungskosten auf diese Räume entfällt. Die eingegebenen Werbungskosten für diese Räume werden nur in dem Verhältnis zum Abzug als Werbungskosten zugelassen, in dem der eingegebene Durchschnittsmietpreis dieser Wohnungen im Verhältnis zum ortsüblichen Marktmietpreis steht. Als anzusetzende fiktive Mieteinnahme wird der Unterschiedsbetrag zwischen der Marktmiete und der gezahlten Miete errechnet. Dann wird zur Eingabe der gezahlten abzüglich der erstatteten Ausgaben für diese Wohnungen aufgefordert. Der eingegebene verbleibende Aufwand wird von den wie vorstehend ermittelten fiktiven Mieteinnahmen abgezogen. Die sich dann ergebenden Mieteinkünfte des Steuerpflichtigen/Ehemanns werden auf dem Bildschirm ausgegeben.

Ist eine Zusammenveranlagung durchzuführen, werden die in dieser Textziffer genannten Abfragen und Ermittlungen sowie die Ausgabe der Mieteinkünfte für den Ehegatten durchgeführt.

54. Der Programmablauf wird, wenn es sich um Veranlagungszeiträume vor 1987 handelt, mit der Ausgabe der Abfrage auf Bildschirm fortgesetzt, ob dem Steuerpflichtigen/Ehemann aufgrund von Leihverträgen für mindestens ein Jahr Wohnungen zur Nutzung ganz unentgeltlich überlassen wurden.

Wird dies durch Eingabe von „J“ bejaht, wird zur Eingabe der Nutzfläche dieser Wohnungen in qm und danach zur Eingabe der Normal(= Markt-)miete dieser Wohnungen je qm aufgefordert. Aus diesen Angaben wird im Anschluß an die letztgenannte Eingabe der anzusetzende Mietwert für den Steuerpflichtigen/Ehemann ermittelt. Dann sind die gezahlten

– erstatteten Ausgaben für diese Wohnungen in DM einzugeben, die vom ermittelten Mietwert (= fiktive Mieteinnahmen) abgesetzt werden.

Die ermittelten Mieteinkünfte des Steuerpflichtigen/Ehemanns werden anschließend auf dem Bildschirm angezeigt.

Ist eine Zusammenveranlagung durchzuführen, werden die in dieser Textziffer geschilderten Abfragen und Ermittlungen sowie die Bildschirmausgabe danach für den Ehegatten durchgeführt.

55. Nach der Ermittlung der nach den Textziffern Nr. 53 und Nr. 54 bei Veranlagungszeiträumen vor 1987 anzusetzenden fiktiven Mieteinkünfte oder – wenn es sich um Veranlagungszeiträume nach 1986 handelt – sofort nach den Eingaben in Textziffer 52 setzt das PGM den Ablauf mit der Aufforderung fort, die im Veranlagungszeitraum erzielten Einkünfte aus Vermietung und Verpachtung unbebauter Grundstücke, von Sachinbegriffen und Überlassung von Rechten in DM einzugeben.

Der eingegebene Wert wird den bis dahin aufsummierten Mieteinkünften des Steuerpflichtigen/Ehemanns hinzugerechnet.

Anschließend werden die bis dahin akkumulierten Mieteinkünfte am Bildschirm angezeigt.

Ist eine Zusammenveranlagung durchzuführen, werden die in dieser Textziffer genannten Aufforderungen sowie die Ermittlung und Ausgabe der Mieteinkünfte für den Ehegatten durchgeführt.

56. Als nächstes sind die Einkünfte aus der Untervermietung von gemieteten Räumen (Zeile 19 der Anlage V) in DM zunächst für den Steuerpflichtigen/Ehemann und – bei Zusammenveranlagung – für den Ehegatten einzugeben. Danach wird zur Eingabe der Einkünfte aus Anteilen an Grundstücksgemeinschaften aufgerufen, zunächst für den Steuerpflichtigen/Ehemann und anschließend – falls Zusammenveranlagung – für den Ehegatten.

Nach der jeweiligen Eingabe werden jeweils die bis dahin aufsummierten Mieteinkünfte des Steuerpflichtigen/Ehemanns und des Ehegatten am Bildschirm angezeigt.

57. Der PGM-Lauf wird mit der Bildschirmausgabe der Frage fortgesetzt, ob die Steuererklärung in Berlin/West abgegeben wurde bzw. wird.

Wird dies durch Eingabe von „J" bejaht, wird zur Eingabe der Mieteinkünfte des Steuerpflichtigen/Ehemanns aufgefordert, die nicht in Berlin/West erzielt wurden. Wurde die vorgenannte Frage durch Eingabe von „N" verneint, wird gefragt, ob der Wohnsitz des Steuerpflichtigen/Ehemanns im Veranlagungszeitraum in Berlin/West war.

Im Bejahungsfall wird zur Eingabe der Mieteinkünfte aus Berlin/West aufgefordert.

Aufgrund dieser Eingaben werden die entsprechenden Merker gesetzt und es werden die zur Berechnung der Berlinermäßigung benötigten Mieteinkünfte zwischengespeichert.

Im Falle der Zusammenveranlagung geschieht dies anschließend auch für die entsprechenden Daten des Ehegatten. Danach kehrt das PGM aus den Routinen zur Ermittlung der Mieteinkünfte in das Hauptprogramm zurück und prüft, ob weitere Anlagen V vorliegen.

Ist dies der Fall, werden die in den Textziffern bis 57 genannten Abfragen, Ermittlungen und Ausgaben für die Daten der nächsten Anlage V durchgeführt.

58. Sind auf die Art und Weise die gesamten Mieteinkünfte aus allen Anlagen V ermittelt, prüft das Programm aufgrund des gesetzten Merkers, ob eine Anlage KSO mit Daten über Kapitaleinkünfte abzugeben ist.

Trifft dies zu, wird zunächst der Bildschirminhalt gelöscht und dann folgender Hinweis auf dem Bildschirm ausgegeben:

„Bitte nehmen Sie jetzt die Anlage KSO zur Hand und geben Sie aus dieser die Daten ein".

Darauf wird zur Eingabe der Summe der inländischen Kapitalerträge (Einnahmen + Kapitalertrag- + Körperschaftsteuer) laut Zeile-Nr. 14 der Anlage KSO des Steuerpflichtigen/Ehemanns in DM aufgefordert. Ist eine Zusammenveranlagung durchzuführen, ist anschließend die Summe dieser Kapitalerträge für den Ehegatten einzugeben.

Als nächstes fordert das PGM zur Eingabe der Summe der in- und ausländischen Kapitalerträge des Steuerpflichtigen/Ehemanns aus der Zeile 22 der Anlage KSO in DM auf.

Dann sind im Falle der Zusammenveranlagung die Kapitalerträge aus dieser Zeile der Anlage KSO für den Ehegatten einzugeben.

59. Nach der Eingabe der Kapitalerträge wird zur Eingabe der Werbungskosten (Zeile 23 der Anlage KSO) zunächst für den Steuerpflichtigen/Ehemann und dann – bei Zusammenveranlagung – für den Ehegatten aufgefordert.

Nach der jeweiligen Eingabe und Abspeicherung der Werbungskosten wird gefragt, ob die Erklärung in Berlin/West abgegeben wird.

Wird dies durch Eingabe von „J" bejaht, wird gefragt, welche Kapitalerträge des Steuerpflichtigen/Ehemanns nicht aus Berlin/West sind (Zeile 24 der Anlage KSO) und welche Werbungskosten darauf entfallen (Zeile 25 der Anlage KSO).

Im Verneinungsfall fragt das PGM, ob im Veranlagungszeitraum der Wohnsitz des Steuerpflichtigen/Ehemanns in Berlin/West war.

Wird dies bejaht, wird zur Eingabe der Kapitalerträge aufgefordert, die aus Berlin/West sind (Zeile 26 der Anlage KSO) sowie zur Eingabe der auf diese Erträge entfallenden Werbungskosten (Zeile 27 der Anlage KSO). Im Falle der Zusammenveranlagung sind die in dieser Textziffer geschilderten Eingaben anschließend für den Ehegatten durchzuführen.

60. Nach der Eingabe der Kapitalerträge und der darauf entfallenden Werbungskosten prüft das Programm, ob von den Kapitalerträgen die eingegebenen Werbungskosten (weil höher als 100 bzw. 200 DM) oder der Werbungskosten-Pauschbetrag bis zu 100 DM oder – bei Zusammenveranlagung – bis zu 200 DM von den Kapitalerträgen abzuziehen ist (§ 9a Satz 1 Nr. 3 und Satz 2 EStG).

Nach dem entsprechenden Abzug der nachgewiesenen höheren Werbungskosten oder des Werbungskostenpauschbetrages und – bei Zusammenveranlagung – dessen anteiligem Abzug von den Kapitalerträgen der Ehegatten prüft das PGM, ob noch eine bzw. Zwischensummen zum Abzug des Sparer-Freibetrags vorhanden sind, und zieht danach den jeweils in Betracht kommenden vollen oder anteiligen Sparer-Freibetrag von der Zwischensumme bzw. – bei Zusammenveranlagung – von den nach Abzug der Werbungskosten oder des Werbungskostenpauschbetrags verbleibenden Kapitalerträgen des Steuerpflichtigen und/oder bei Zusammenveranlagung von denjenigen des Ehegatten unter Berücksichtigung der Vorschriften des § 20 Abs. 4 EStG ab.

Nach dieser Ermittlung werden die eingegebenen Kapitalerträge sowie die davon abgezogenen Werbungskosten und der Sparerfreibeträge – bei Zusammenveranlagung aufgeteilt auf die Ehegatten – am Bildschirm angezeigt. Danach wird das Programm „Einkommen" geladen und der Ablauf mit der Prüfung fortgesetzt, ob Daten in der Anlage KSO zu sonstigen Einkünften vorliegen.

Siehe hierzu die Funktionsbeschreibung ab der Textziffer 62.

61. Stellt das Programm bei der Prüfung nach Textziffer 58 anhand des gesetzten Merkers fest, daß keine Daten über Kapitaleinkünfte nach der Anlage KSO einzugeben sind, rechnet es die Eingaben aus den Zeilen 52 und 53 des ESt-Mantelbogens (Spar- und Bausparzinsen und Dividenden) für den Steuerpflichtigen, die es zwischengespeichert hat, zusammen. Liegt eine Zusammenveranlagung vor, werden auch die entsprechenden Eingaben des Ehegatten aus diesen Zeilen des Erklärungsvordrucks aufsummiert.

Danach wird auf die gleiche Art und Weise, wie dies nach der vorstehenden Textziffer bei der Verarbeitung der Daten über Kapitaleinkünfte aus der Anlage KSO geschieht, der jeweils in Betracht kommende Werbungskostenpauschbetrag (maximal 100 DM bzw. höchstens 200 DM) ermittelt und – bei Ehegatten aufgeteilt – von der Summe der Kapitalerträge unter Berücksichtigung des § 9a Satz 2 EStG (Abzug bis zur Höhe der Einnahmen) abgezogen.

Danach erfolgt ebenso, wie unter Textziffer 60 geschildert, die Ermittlung des Sparerfreibetrags oder – im Falle der Zusammenveranlagung – des gemeinsamen Sparerfreibetrags sowie der Abzug des Sparerfreibetrags oder – nach entsprechender Aufteilung auf die Ehegatten – der Abzug des jeweils anteiligen Sparerfreibetrags von der bzw. den nach Abzug des vollen oder anteiligen Werbungskostenpauschbetrags verbleibende(n) Zwischensumme(n). Auch dieser Abzug geschieht unter Beachtung des § 20 Abs. 4 letzter Satz EStG (Abzug nur bis zur Höhe der nach Abzug des vollen oder anteiligen Werbungskostenpauschbetrags verbleibenden Zwischensumme).

Danach erfolgt auch hier – wie unter Textziffer 60 letzter Absatz geschildert – die Ausgabe der Kapitalerträge, des abgezogenen vollen oder anteiligen Werbungskostenpauschbetrags sowie des vollen oder des anteilig aufgeteilten gemeinsamen Sparerfreibetrags und des verbleibenden Überschusses für den Steuerpflichtigen/Ehemann und bei Zusammenveranlagung auch für den Ehegatten auf dem Bildschirm.

Nach der Anzeige, die aufgrund einer eingebauten Zeitschleife für einen gewissen Zeitraum auf dem Bildschirm stehenbleibt, wird das Programm „Einkommen" geladen, dieses setzt den Ablauf – wie nachstehend geschildert – fort.

62. Nach dem Laden des PGM „Einkommen" prüft dieses PGM zuerst, ob eine Anlage KSO mit Daten über sonstige Einkünfte (Daten in den Zeilen 30-56 der Anlage KSO) abzugeben ist.

Ist dies der Fall, wird gefragt, ob der Steuerpflichtige/Ehemann im Veranlagungszeitraum Leibrenten bezog, die durch Zeitablauf und/oder mit dem Tod enden (Zeile 30-35 der Anlage KSO).

Wird dies durch Eingabe von „J" bejaht, ist das Beginndatum der 1. Rente in der Form „TT.MM.JJ" (z.B. 01.07.83) einzugeben. Das eingegebene Datum wird vom PGM auf Gültigkeit und Zulässigkeit geprüft. Ein Eingabefehler führt zu Ausgabe der Fehlermeldung:

„Bitte Neueingabe, da Eingabefehler!"

und zur nochmaligen Aufforderung zur Eingabe eines gültigen Beginndatums.

Nach Eingabe desselben wird gefragt, ob die Rente **nur** mit dem Tode des Steuerpflichtigen/Ehemanns erlischt, d.h. ob eine reine Leibrente vorliegt.

Im Bejahungsfall, d.h. wenn die Frage durch Eingabe von „J" beantwortet wird, wird der PGM-Lauf sofort mit der in der Textziffer 63 beschriebenen Eingabeaufforderung fortgesetzt.

Wird durch Eingabe von „N" verneint, daß die Leibrente **nur** mit dem Tode des Rentenberechtigten erlischt, wird zur Eingabe des spätestens Endedatums der Rente aufgefordert, weil es sich dann um eine abgekürzte Leibrente handeln muß, die entweder im Zeitpunkt des Ablebens des Rentenberechtigten endet, wenn dieses vor dem festgelegten Endedatum durch Zeitablauf erfolgt oder spätestens zu diesem Endedatum endet.

Auch das Endedatum ist in der vorgenannten Form „TT.MM.JJ" einzugeben und wird wie das Beginndatum vom PGM auf Gültigkeit und Zulässigkeit geprüft. Deshalb wird bei einer ungültigen Datumseingabe auch hier die vorgenannte Fehlermeldung ausgegeben und die Eingabe ist zu wiederholen.

63. Bei einer reinen Leibrente wird nach der Eingabe des Beginndatums der PGM-Lauf mit der Aufforderung zur Eingabe des im Veranlagungszeitraums zugeflossenen Beträge (Bruttojahresbetrag in DM) der Rente – wie ab der nachstehenden Textziffer 64 geschildert – fortgesetzt.

Bei einer abgekürzten Leibrente wird nach Eingabe und Prüfung des Eingabedatums (Tz. 62) der Ablauf gemäß Tz. 71 fortgesetzt.

64. Handelt es sich um den Bruttobetrag einer reinen Leibrente (Erlöschen nur durch Ableben des Rentenberechtigten) wird zunächst aus der Zeitdifferenz zwischen dem Beginndatum der Rente und dem Geburtsdatum des Rentenberechtigten das für die Ermittlung des Ertragsanteils nach der Tabelle in § 22 Nr. 1a Buchstabe a) benötigte vollendete Lebensjahr bei Beginn des Rentenenzugs ermittelt. Bei dieser Ermittlung wird beachtet, daß die Rente schon vom Beginn des Monats gezahlt wird, in dem das jeweilige Lebensjahr, das die Anspruchsvoraussetzung für den Rentenbezug bildet (z.B. Vollendung des 62. Lebensjahrs), vollendet wird.

Nachdem dieses Lebensjahr ermittelt ist, wird anhand dieses Lebensjahres der Ertragsanteil nach § 22 Nr. 1 Buchstabe a) ermittelt und zwischengespeichert.

Anschließend wird zur Eingabe der Nachzahlungen aufgefordert, die in der ersten Rente des Steuerpflichtigen/Ehemanns enthalten **und** auf frühere Jahre zu verteilen sind.

65. Nach Zwischenspeicherung der – auf die Vorjahre zu verteilenden – Nachzahlung der 1. Rente wird gefragt, ob der Steuerpflichtige/Ehemann eine zweite Rente bezog. Wird dies durch Eingabe von „J" bejaht, wird zur Eingabe der in den Textziffern 62 bis 64 beschriebenen Daten für die zweite Rente aufgefordert, und es werden die in Textziffer 64 beschriebenen Ermittlungen und gegebenenfalls die dort genannte Zwischenspeicherung der auf die Vorjahre zu verteilenden Nachzahlung der zweiten Rente durchgeführt.

Danach wird – wie auch in dem Fall, daß durch Eingabe von „N" verneint wurde, daß eine zweite Rente vorliegt – der PGM-Lauf mit der Aufforderung zur Eingabe der Summe der Werbungskosten für die erste und zweite Rente des Steuerpflichtigen/Ehemanns fortgesetzt.

66. Nachdem diese Eingabe erfolgt und zwischengespeichert wurde, wird vom PGM geprüft, ob eine Zusammenveranlagung durchzuführen ist.

Im Bejahungsfall werden die in den Textziffern 62 bis 65 genannten Fragen, Aufforderungen zu Dateneingaben, Ermittlungen und Zwischenspeicherungen wegen der Daten der Ehefrau in den Zeilen 30-42 der Anlage KSO durchgeführt.

67. Sind die Daten aufgrund der Zeilen 30-42 der Anlage KSO für den Steuerpflichtigen/ Ehemann und – bei Zusammenveranlagung auch – für die Ehefrau eingegeben und gemäß den Textziffern 62-66 ermittelt und zwischengespeichert, wird für jeden Rentenbezug des Steuerpflichtigen/Ehemanns und – im Falle der Zusammenveranlagung auch – des Ehegatten der jeweils als Einnahme im Sinne des § 22 Nr. 1 Buchstabe a) Satz 2 EStG anzusetzende Ertragsanteil in DM ermittelt und auf dem Bildschirm angezeigt.

68. Danach wird zur Eingabe der Einnahmen des Steuerpflichtigen/Ehemanns aus anderen wiederkehrenden Bezügen und Unterhaltsleistungen (Zeilen 44 und 45 der Anlage KSO) aufgefordert.

Werden solche Einnahmen eingegeben (Eingabe mehr als 0 DM), wird anschließend zur Eingabe der Summe der Werbungskosten aus diesem anderen wiederkehrenden Bezügen und Unterhaltsleistungen (Zeile 46 der Anlage KSO) aufgerufen.

Ist eine Zusammenveranlagung durchzuführen, sind anschließend wie vorstehend die Daten aus den Zeilen 40-46 der Anlage KSO für den Ehegatten einzugeben.

69. Sobald dies geschehen ist, werden die Summe aus den ermittelten Ertragsteilen der Renten und den eingegebenen anderen wiederkehrenden Bezügen und die Summe aus den zugehörigen Werbungskosten ermittelt. Falls die ermittelte Summe der Werbungskosten kleiner als 200 DM ist, wird statt den eingegebenen Werbungskosten der Werbungskostenpauschbetrag von 200 DM, höchstens jedoch die Summe dieser Einnahmen, andernfalls werden die tatsächlichen Werbungskosten von diesen Einnahmen abgezogen (§ 9a Satz 1 Nr. 3 und Satz 2 EStG).

Sowohl die Summe der Einnahmen aus Leibrenten (= Ertragsanteile) und anderen wiederkehrenden Bezügen als auch die Summe der darauf entfallenden tatsächlichen Werbungskosten oder des abzugsfähigen Werbungskostenpauschbetrages werden danach für den Steuerpflichtigen/Ehemann und – bei Zusammenveranlagung auch – für den Ehegatten auf dem Bildschirm ausgegeben.

Wegen der weiteren Fortsetzung des PGM-Laufs nach dieser Ausgabe Hinweis auf die Textziffer 72.

70. Liegt nach den Eingaben unter Textziffern 62 und 63 für den Steuerpflichtigen und/oder – im Falle der Zusammenveranlagung – den Ehegatten eine abgekürzte Leibrente vor und sind Beginn- und Enddatum der Rente eingegeben und nach den vorgenommenen Plausibilitätsprüfungen (Tz. 62 und 63) gültig, so ermittelt das PGM zunächst das vollendete Lebensjahr zu Beginn des Rentebezugs und danach die Laufzeit der Rente bei Beendigung durch Zeitablauf.

Nachdem dies geschehen ist, prüft das Programm, ob der Ertragsanteil der Rente unter Zugrundelegung des Vomhundertsatzes nach Spalte 2 der Tabelle zu § 55 EStDV oder, falls im Einzelfall das in Spalte 3 dieser Tabelle genannte Lebensjahr schon vollendet war, nach dem Vomhundertsatz nach der Tabelle in § 22 Nr. 1 Buchstabe a) EStG zu berechnen ist. Ist dieser Vomhundertsatz ermittelt und zwischengespeichert, setzt das PGM den Ablauf – wie vorstehend unter Tz. 64 bis 70 für die reine Leibrente schon beschrieben – auch bei einer abgekürzten Leibrente fort.

71. Nach der Ausgabe der Einkünfte aus wiederkehrenden Bezügen (Tz. 69) wird zur Eingabe der Veräußerungspreise des Steuerpflichtigen/Ehemanns aus Spekulationsgeschäften (§ 22 Nr. 2 in Verbindung mit § 23 EStG) nach der Zeile 47 der Anlage KSO aufgefordert. Anschließend sind die Anschaffungs- bzw. Herstellungs- oder Werbungskosten, die zu den Veräußerungspreisen aus Spekulationsgeschäften gehören, einzugeben.

Diese Kosten zieht das PGM von den eingegebenen Veräußerungspreisen ab.

Danach prüft es, ob eine Zusammenveranlagung durchzuführen ist. Im Falle einer Zusammenveranlagung werden die vorgenannten Eingaben anschließend auch von dem Ehegatten gefordert.

Betragen nach Abzug der Anschaffungs-, Herstellungs- oder Werbungskosten von den Veräußerungspreisen die verbleibenden Einkünfte aus Spekulationsgeschäften weniger als 1000 DM, setzt das PGM diese Einkünfte jeweils auf 0 DM.

72. Nach der Eingabe der Daten zur Ermittlung der Einkünfte aus Spekulationsgeschäften fordert das PGM zur Eingabe der Einnahmen aus Leistungen (Zeile 50 der Anlage KSO) und anschließend zur Eingabe der Werbungskosten für diese Leistungen für den Steuerpflichtigen/Ehemann auf. Danach sind bei Zusammenveranlagung die Daten aus diesen Zeilen der Anlage KSO für den Ehegatten einzugeben.

Nach diesen Eingaben wird vom PGM die Ermittlung der Einkünfte aus Leistungen durchgeführt.

Betragen bei dem Steuerpflichtigen oder dem Ehegatten die errechneten Einkünfte aus Leistungen weniger als 500 DM, setzt das PGM diese Einkünfte jeweils auf 0 DM (§ 22 Nr. 3 Satz 2 EStG).

73. Nach der Ermittlung der Einkünfte aus Leistungen sind die steuerpflichtigen Einnahmen einschließlich der Vergütungen für mehrere Jahre aus Abgeordnetenbezüge für den Steuerpflichtigen/Ehemann (Zeile 54 der Anlage KSO) einzugeben.

Dann wird gefragt, in welcher Höhe darin Nachzahlungen für die Vorjahre enthalten sind (Zeile 56 der Anlage KSO) und in welcher Höhe Versorgungsbezüge, die auf den Veranlagungszeitraum entfallen, in den gesamten Einnahmen laut Zeile 54 enthalten sind (Zeile 55 der Anlage KSO).

Ist eine Zusammenveranlagung durchzuführen, werden die Eingaben anschließend auch für die entsprechenden Bezüge des Ehegatten gefordert.

Nachdem diese Daten eingegeben sind, prüft das PGM, falls in den Einnahmen Versorgungsbezüge aufgrund des Abgeordnetengesetzes oder des Europaabgeordnetengesetzes oder vergleichbarer Bezüge (§ 22 Nr. 4 Satz 1 EStG) enthalten sind, ob dem Steuerpflichtigen/Ehemann und/oder – bei Zusammenveranlagung – dem Ehegatten schon für Versorgungsbezüge aus früheren Dienstleistungen (§ 19 Abs. 1 Nr. 2 EStG) der Versorgungsfreibetrag in Höhe des Höchstbetrages von 4800 DM abgezogen wurde (§ 19 Abs. 2 EStG).

Ist dies geschehen, kann für die Versorgungsbezüge aufgrund von Abgeordnetenversorgungsgesetzen kein Versorgungsfreibetrag mehr abgezogen werden, da beim Zusammentreffen von Abgeordnetenversorgungsbezügen und Versorgungsbezügen aus früheren Dienstleistungen im Sinne des § 19 Abs. 2 EStG (insbesondere Warte-, Ruhe-, Witwen- und Waisengelder) für alle Versorgungsbezüge insgesamt nur ein Versorgungsfreibetrag von höchstens 4800 DM abgezogen werden darf (§ 22 Nr. 4 Satz 4 Buchstabe b) letzter Halbsatz EStG).

Liegen keine Versorgungsbezüge aus früheren Dienstleistungen vor oder beträgt für diese der bei den Einkünften aus nichtselbständiger Arbeit berücksichtigte Versorgungsfreibetrag beim Steuerpflichtigen/Ehemann oder beim Ehegatten nicht 4800 DM, wird für die Abgeordnetenbezüge bis zu insgesamt 4800 DM beim betreffenden Steuerpflichtigen (Ehemann oder Ehefrau) der Versorgungsfreibetrag berücksichtigt.

74. Nachdem auf die vorstehend geschilderte Art und Weise die sonstigen Einkünfte ermittelt wurden, werden die Ergebnisse dieser Einkünfteermittlung – aufgegliedert nach Ertragsanteilen aus Leibrenten, anderen wiederkehrenden Bezügen, Spekulationsgeschäften, Leistungen und Abgeordnetenbezügen am Bildschirm angezeigt, wobei der Abzug der Werbungskosten oder des Werbungskostenpauschbetrags, der von der Summe der Ertragsanteile aus Leibrenten und der anderen wiederkehrenden Bezüge vorgenommen wurde und der Versorgungsfreibetrag, der von den Abgeordnetenbezügen abgesetzt wurde, ebenfalls am Bildschirm angezeigt werden.

Im Falle der Zusammenveranlagung und bei Vorliegen von sonstigen Einkünften für den Ehegatten erfolgt diese Bildschirmausgabe auch für den Ehegatten.

Danach wird eine Zeitschleife durchlaufen, damit die Ausgabe der sonstigen Einkünfte auch vom Anwender gelesen werden kann.

Nach Durchlaufen dieser Schleife setzt das PGM mit den ab Tz. 76 beschriebenen Aufforderungen zur Eingabe der Daten aus der Seite 3 des ESt-Erklärungsvordrucks (= Sonderausgaben) den Ablauf fort.

75. Wird nach dem gesetzten Merker keine Anlage KSO mit Daten über sonstige Einkünfte abgegeben, prüft das PGM, ob aufgrund der Eingabe aus der Zeile 52 des ESt-Mantelbogens (Eingabe größer als 0 DM) der Steuerpflichtige/Ehemann eine Altersrente bezogen hat.

Ist dies der Fall, wird aus dem aus Zeile 53 des ESt-Erklärungsvordrucks eingegebenen Beginndatum dieser Rente und aus dem Geburtsdatum des Steuerpflichtigen/Ehemanns das vollendete Lebensjahr ermittelt, das der Ermittlung des Ertragsanteils dieser Leibrente nach der Tabelle in § 22 Nr. 1 Buchstabe a) EStG zugrunde zu legen ist.

Anschließend ermittelt dann das PGM den jeweils nach diesem Lebensjahr in Betracht kommenden Vomhundertsatz nach der Tabelle in § 22 Nr. 1 Buchstabe a) EStG und errechnet den Ertragsanteil dieser Altersrente des Steuerpflichtigen/Ehemanns in DM. Von diesem Ertragsanteil zieht es den Werbungskostenpauschbetrag nach § 9a Nr. 3 EStG von 200 DM oder, falls der Ertragsanteil unter 200 DM liegt, den Ertragsanteil ab (§ 9a Nr. 3 in Verbindung mit § 9a Satz 2 EStG).

Bei Zusammenveranlagung und Eingabe eines Altersruhegeldes für den Ehegatten nach Zeile 52 des ESt-Erklärungsvordrucks wird die vorstehende Ermittlung der sonstigen Einkünfte auch für die Ehefrau durchgeführt. Abschließend werden die aus dem jeweiligen Altersruhegeld ermittelten sonstigen Einkünfte auf dem Bildschirm ausgegeben.

76. Sind alle Eingabedaten aus allen zum Erklärungsvordruck zugehörigen Anlagen eingegeben, wird das PGM „Einkommen" geladen. Dieses PGM „Einkommen" fordert den Anwender auf, wieder den ESt/LStJA-Erklärungsvordruck (Mantelbogen) zur Hand zu nehmen und ab Seite 3 dieses Vordrucks die Daten aus den aufgerufenen Zeilen einzugeben.

77. Nach diesem Hinweis führt das PGM „Einkommen" den Ablauf mit den Einzelaufforderungen zur Eingabe der Daten aus den Zeilen 63-80 fort. Dann fordert es den Anwender auf, die Dateneingabe fortzusetzen, nachdem die ermittelten Einkünfte auf dem Bildschirm ausgegeben sind.

Danach wird – sobald eine programmierte Zeitschleife durchlaufen ist – das Ergebnis der durchgeführten Ermittlung der Einkünfte aus allen Einkunftsarten für den Steuerpfl. und/oder seinen Ehegatten – bei Zusammenveranlagung – einschließlich der Ermittlung der Einkünftesummen sowie der Ermittlung des Gesamtbetrages der Einkünfte (§ 2 Abs. 3 EStG) auf dem Bildschirm angezeigt. Diese Anzeige wird mit der Aufforderung beendet, durch die Eingabe von „J" (für ja) oder „N" (für nein) anzugeben, ob der Bildschirminhalt ausgedruckt werden soll oder ob nicht.

Im Bejahungsfall wird der Bildschirminhalt als erster Abschnitt der Ergebnisausgabe ausgedruckt.

78. Im Verneinungsfall oder nach Ausdruck des Bildschirminhalts setzt das PGM „Einkommen" den Ablauf mit den Einzelaufforderungen zur Eingabe der Daten aus den Zeilen 75-85 des Erklärungsvordruckes fort.

Dabei werden die Eingabedaten zunächst für die spätere Sonderausgabenberechnung zwischengespeichert.

Hierbei werden wiederum in Einzelfällen die Eingabedaten auf Gültigkeit und Zulässigkeit geprüft und – falls dies jeweils erforderlich ist – auf die gesetzlich zulässigen Höchstabzugsbeträge begrenzt.

So werden beispielsweise die eingegebenen Unterhaltsleistungen an geschiedene oder getrennt lebende Ehegatten bei Veranlagungszeiträumen bis 1985 auf 9000 DM, bei späteren Veranlagungszeiträumen nach § 10 Abs. 1 Nr. 1 EStG 1986 auf den Höchstbetrag von 18000 DM begrenzt, falls die eingegebenen Unterhaltsleistungen diese Höchstbeträge überschreiten.

Aufwendungen des Steuerpflichtigen und/oder – bei Zusammenveranlagung – seines Ehegatten für seine Berufsausbildung oder seine Weiterbildung in einem nicht ausgeübten Beruf werden bei nicht auswärtiger Unterbringung auf den gesetzlichen Höchstbetrag von 900 DM (§ 10 Abs. 1 Nr. 7 Sätze 1 und 3 EStG), bei auswärtiger Unterbringung auf den Höchstbetrag von 1200 DM (§ 10 Abs. 1 Nr. 7 Sätze 2 und 3 EStG) begrenzt, falls das entsprechende Eingabedatum diesen Höchstbetrag überschreitet.

79. Spenden zur Förderung mildtätiger, kirchlicher, religiöser und staatspolitischer Zwecke werden auf 5 v.H. des Gesamtbetrages der Einkünfte (§ 10 Abs. 1 S. 1 EStG), Spenden für wissenschaftliche oder als besonders förderungswürdig anerkannte kulturelle Zwecke auf 10 v.H. dieses Gesamtbetrages (§ 10 Abs. 1 S. 3 EStG) beschränkt, falls die entsprechenden Eingabedaten insgesamt diesen Anteil am Gesamtbetrag der Einkünfte überschreiten.

Handelt es sich um Ausgaben zur Förderung staatspolitischer Zwecke in Form von Spenden und Mitgliedsbeiträgen an politische Parteien, wird das Eingabedatum zunächst daraufhin geprüft, inwieweit es unter die Steuerermäßigung nach § 34g EStG fällt. Nur soweit es die in dieser Vorschrift genannten Höchstbeträge von 1200 DM bei Einzel- oder 2400 DM bei Zusammenveranlagung übersteigt, werden die Ausgaben zur Förderung staatspolitischer Zwecke im Rahmen der Höchstbeträge des § 10b Abs. 1 S. 1 EStG als Sonderausgaben berücksichtigt.

80. Nach der Eingabe aller als Sonderausgaben nach § 10 oder § 10b EStG in Betracht kommenden Aufwendungen wird zunächst geprüft, ob die Summe aller eingegebenen Sonderausgaben im Sinne des § 10 Abs. 1 Nr. 1, 1a, 4-7 und § 10b EStG den Sonderausgabenpauschbetrag von 270 DM (§ 10c Abs. 1 EStG), bei Zusammenveranlagung den verdoppelten Sonderausgabenpauschbetrag (§ 10c Abs. 4 EStG) unterschreitet.

Ist dies der Fall, wird anstelle der Summe dieser Eingabedaten der jeweils in Betracht kommende Pauschbetrag für diese Sonderausgaben bei der Einkommensermittlung abgezogen.

81. Für die eingegebenen Sonderausgaben nach § 10 Abs. 1 Nr. 2 und 3 EStG (Vorsorgeaufwendungen) wird anschließend die Höchstbetragsberechnung nach § 10 Abs. 3 EStG unter Berücksichtigung der für den jeweils eingegebenen Veranlagungszeitraum, die in diesem Zeitraum in Betracht kommende oder gewählte Veranlagungsform und – bei Veranlagungszeiträumen vor 1985 – der berücksichtigungsfähigen Kinder durchgeführt.

Dabei wird zunächst der Vorwegabzug für Versicherungsbeträge nach § 10 Abs. 3 Nr. 2 EStG ermittelt.

Danach werden die abzugsfähigen Höchstbeträge nach § 10 Abs. 3 Nr. 1 und 3 EStG errechnet.

Im Anschluß an diese Höchstbetragsermittlung wird die Errechnung der Sonderausgabenpauschale nach § 10 Abs. 3 bis 6 EStG 1986 bzw. nach den entsprechenden Vorschriften bei Veranlagungszeiträumen vor 1986 durchgeführt.

Anschließend wird der nach § 10c Abs. 3 EStG ermittelte Höchstbetrag der abzugsfähigen Vorsorgeaufwendungen mit der nach § 10c Abs. 3 bis 6 EStG errechneten Vorsorgepauschale verglichen.

Der jeweils höhere Betrag wird, falls er den Mindestbetrag nach § 10c Abs. 3 Satz 2 letzter Halbsatz EStG bzw. bei Zusammenveranlagung den verdoppelten Mindestbetrag (§ 10c Abs. 4 EStG) überschreitet, als Abzugswert für den Vorsorgeaufwand bei der Einkommensermittlung abgezogen.

Wird der jeweils in Betracht kommende Mindestbetrag bei der Ermittlung der abzugsfähigen Vorsorgeaufwendungen nach § 10 Abs. 3 EStG oder der Errechnung der Vorsorgepauschale nach § 10c Absätze 3-6 EStG 1986 unterschritten, wird der jeweils maßgebliche Mindestbetrag der Vorsorgepauschale bei der Einkommensermittlung als Vorsorgeaufwand abgezogen.

82. Nachdem der Abzugswert des Vorsorgeraufwandes ermittelt worden ist, wird wieder das PGM „Gewinne“ geladen, und es werden von diesem PGM die bei der Einkommensermittlung abzugsfähigen Sonderausgaben – aufgegliedert nach Vorsorgeaufwendungen, übrigen Sonderausgaben und Verlustabzügen – auf dem Bildschirm ausgegeben. Hierbei ist beim Vorsorgeaufwand angegeben, ob die Höchstbetragsberechnung nach § 10 Abs. 3 EStG oder die Vorsorgepauschale nach § 10c Abs. 3-6 EStG bei der Einkommensermittlung Berücksichtigung gefunden hat.

83. Das PGM „Gewinne“ prüft nach der Ausgabe der nach §§ 10, 10b EStG abzugsfähigen Sonderausgaben auf Bildschirm, ob es sich um eine Veranlagung für einen Zeitraum vor 1987 handelt.

Ist dies nicht der Fall, setzt es den Ablauf mit der unter Tz. 96 beschriebenen Abfrage, ob eine Person der Haushaltsgemeinschaft Hinterbliebene oder körperbehindert ist, fort.

Handelt es sich um einen Fall mit einem Veranlagungszeitraum nach 1986, wird gefragt, ob **nach 1986** eine Eigentumswohnung oder ein Haus angeschafft oder fertiggestellt wurde, die bzw. das voll oder teilweise als Eigenwohnung genutzt wird und für die bzw. das der Abzug nach § 10e EStG 1987 oder § 82a, g, i der ESt-Durchführungsverordnung begehrt wird.

Wird dies durch Eingabe von „J“ bejaht, wird der Ablauf wie ab Textziffer 89 geschildert fortgesetzt.

84. Wird die unter der vorgenannten Tz. 83 genannte Abfrage durch Eingabe von „N“ verneint, wird gefragt, ob **vor 86** eine Eigentumswohnung oder ein Haus angeschafft oder fertiggestellt wurde und dafür der Abzug erhöhter Absetzungen wie in 1986 begehrt wird.

Wird auch dies durch Eingabe von „N“ verneint, setzt das PGM auch in einem solchen Fall den Ablauf mit der unter Tz. 96 beschriebenen Abfrage, ob eine Person der Haushaltsgemeinschaft Hinterbliebene oder körperbehindert ist, fort.

85. Wird durch Eingabe von „J“ bejaht, daß für ein vor 1987 errichtetes Objekt in Veranlagungszeiträumen nach 1986 weiter der Abzug erhöhter Absetzungen wie in 1986 begehrt wird, setzt das PGM einen entsprechenden Merker und fragt, ob das gesamte Objekt in 1986 voll als Eigenwohnung genutzt wurde. Wird auch dies mit der Eingabe von „J“ bejaht, wird gefragt, ob in 86 der Nutzungswert der Eigenwohnung nach § 21a EStG mit 1% des Einheitswertes ermittelt wurde.

Im Bejahungsfall wird zur Eingabe der erhöhten Absetzungen aufgefordert, die im laufenden Veranlagungszeitraum abgesetzt werden sollen.

Nach der Eingabe des erhöhten Absetzungsbetrags in DM ist das Anschaffungs-/Fertigstellungsjahr des Objekts zweistellig in der Form „JJ“ (z.B. 83) einzugeben, für das der Nutzungswert der Eigenwohnung nach § 21a EStG 1986 ermittelt wurde.

Nach dieser Jahreseingabe prüft das PGM, ob der Begünstigungszeitraum von insgesamt 8 Jahren für den Abzug erhöhter Absetzungen nach § 7b EStG 1986, die nach § 52 Abs. 21 EStG ab 1987 wie Sonderausgaben weiterhin absetzbar sind, im jeweiligen Veranlagungszeitraum schon ausgelaufen ist. Trifft dies im Einzelfall zu, wird die Hinweismeldung

„Par. 7b EStG in ... (= Angabe des Veranlagungszeitraums) ausgelaufen“

ausgegeben und der Ablauf mit der unter Tz. 96 beschriebenen Abfrage nach dem Vorhandensein von körperbehinderten Personen fortgesetzt.

Ist der Begünstigungszeitraum für den weiteren Abzug erhöhter Absetzungen nach § 7b EStG noch nicht ausgelaufen, wird der eingegebene Absetzungsbetrag für den Abzug nach § 52 Abs. 21 EStG 87 zwischengespeichert.

86. Nach der Zwischenspeicherung des Abzugswertes für die erhöhten Absetzungen nach § 52 Absatz 21 EStG 87 fordert das PGM auf, das Kj. der Herstellungskosten nach § 82a, g, i der EStDV (= ESt-Durchführungsverordnung) im Gebäude mit einer Eigenwohnung einzugeben.

Wird weiterhin der Abzug erhöhter Absetzungen nach diesen Vorschriften der EStDV geltend gemacht, ist das Kj. zweistellig (z.B. 83) einzugeben.

Werden solche Absetzungen **nicht** beansprucht, ist **0** einzugeben.

Wird ein Kj. nach 91 eingegeben, gibt das PGM den Hinweis aus

„Kj. falsch, da > 91“

und fordert erneut zur Eingabe des Kj. dieser Herstellkosten auf.

Wurde ein gültiges Kj. (Kj. vor 92) eingegeben, wird mit den Bildschirmausgaben „Herstellungskosten“ nach § 82a/g/i EStDV im Gebäude mit einer Eigenwohnung in DM“ und “Absetzung nach § 82a EStDV = höchstens 10% des Verteilungsaufwands in --- (= Verteilungszeitraum) in DM“ zur Eingabe der Bemessungsgrundlage und des Absetzungsbetrags dieser Absetzung jeweils in DM aufgefordert.

Nach diesen Eingaben prüft das PGM, ob der eingegebene Absetzungsbetrag nicht höher als 10% der Herstellkosten ist oder ob der Absetzungszeitraum von 10 Jahren schon ausgelaufen ist.

Trifft eine dieser Bedingungen zu, wird der Hinweis

„Abzug nach § 82a = höchstens 10% des
Verteilungsaufwands > 10% oder Kj. > ...
(= letztes mögliches Absetzungsjahr)“

auf dem Bildschirm ausgegeben und zur Neueingabe des Absetzungsbetrags aufgefordert. Ist der Absetzungszeitraum verstrichen, ist bei der Neueingabe in einem solchen Fall **0** einzugeben.

Beträgt der eingegebene Absetzungsbetrag nach § 82a/g/i EStDV nicht mehr als 10% der zugrunde zu legenden Herstellungskosten und liegt der jeweilige Veranlagungszeitraum noch innerhalb des gesetzlichen Absetzungszeitraums von 10 Jahren, wird der eingegebene Absetzungsbetrag als Abzugswert nach § 52 Abs. 21 Satz 6 EStG 87 zwischengespeichert.

87. Nach der Zwischenspeicherung eines Abzugswerts nach § 52 Abs. 21 Satz 6 EStG 87 (siehe vorletzter Satz) oder, falls auf die in Tz. 86 geschilderte Aufforderung zur Eingabe des Kj. der Herstellungskosten nach § 82a/g/i EStDV 0 eingegeben wurde, sofort danach wird der PGM-Lauf mit der Aufforderung fortgesetzt, die erhöhten Schuldzinsen nach § 21a Abs. 4 EStG 86, wenn sie bis zu höchstens 10000 DM über den Grundbetrag hinaus in 86 absetzbar waren, mit dem Abzugsbetrag des Veranlagungszeitraums einzugeben. Lagen in 86 die Voraussetzungen für diesen erhöhten Schuldzinsabzug vor und ist der Begünstigungszeitraum von drei bzw. vier Jahren für einen solchen Abzug im jeweiligen Veranlagungszeitraum nach 1986 noch nicht ausgelaufen, ist dieser erhöhte Schuldzinsabzug nach § 52 Abs. 21 Satz 5 EStG 87 wie Sonderausgaben weiterhin möglich. Wird durch Eingabe eines Betrages von mehr als 0 DM ein solcher Abzug in Veranlagungszeiträumen nach 1986 beantragt, fordert das PGM zur Eingabe des Anschaffungs- oder Fertigstellungsjahres für das gesamte Objekt auf. Dieses Kj. ist zweistellig (z.B. 86) einzugeben.

Ist das eingegebene Anschaffungs- oder Fertigstellungsjahr kleiner als 84 oder größer als 86, wird der Fehlerhinweis

„Wert oder Kj. falsch“

auf Bildschirm ausgegeben und das PGM fordert zur erneuten Eingabe des Schuldzinsenbetrags aus. Bei der erneuten Eingabe ist 0 einzugeben, wenn das Anschaffungs- oder Fertigstellungsjahr zutreffend vor 84 oder nach 86 liegt, da in einem solchen Fall ein weiterer Abzug von Schuldzinsen nach § 52 Abs. 21 Satz 5 EStG 87 nicht mehr zulässig ist.

Nach Eingabe eines gültigen Kj. ist ein im Anschaffungs- bzw. Fertigstellungsjahr nach § 21a Abs. 4 EStG 86 abgezogener Schuldzinsbetrag einzugeben. Ist der Veranlagungszeitraum das erste oder zweite Kj. nach dem Kj. der Anschaffung oder Fertigstellung, wird ein eingegebener Schuldzinsbetrag bis zu insgesamt 10000 DM als gültig betrachtet und als Abzugswert nach § 52 Abs. 21 Satz 5 EStG 87 zwischengespeichert. Im Drittjahr nach der Anschaffung oder Herstellung wird nur noch der Unterschiedsbetrag zwischen 10000 DM und dem im Kj. der Anschaffung oder Fertigstellung vorgenommen Schuldzinsabzug nach § 21a Abs. 21 Satz 5 EStG als Abzugswert nach § 52 Abs. 21 Satz 5 EStG zwischengespeichert. Liegt der Veranlagungszeitraum mehr als 3 Jahre nach dem eingegebenen Kj. der Anschaffung oder Fertigstellung wird der Fehlerhinweis

„Schuldzinsen nach § 21a Abs. 4 EStG 86 – bis 10000 DM über Grundbetrag – in ...
(= letztes Abzugsjahr) ausgelaufen“

auf Bildschirm ausgegeben und zur Neueingabe des Schuldzinsbetrags im Veranlagungszeitraum zurückverzweigt, andernfalls wird der Fehlerhinweis

„Eingabe oder Kj. falsch“

ausgegeben und dorthin zurückverzweigt.

Wurde ein – nach § 52 Abs. 21 Satz 5 EStG absetzbarer-gültiger Wert eingegeben bzw. ermittelt und zwischengespeichert, werden abschließend alle nach § 10e EStG und/oder § 52 Abs. 21 EStG im Veranlagungszeitraum wie Sonderausgaben abziehbaren Abzugswerte aufsummiert und mit dem Hinweis

„Abziehbar nach § 10e und 52 Abs. 21 EStG 1987 sind in ...
(= Summe dieser Abzugswerte) DM“

auf Bildschirm ausgegeben.

Nach dieser Ausgabe der gesamten Abzugswerte nach §§ 10e und 52 Abs. 21 EStG 87 setzt das PGM den Ablauf mit der unter Tz. 96 beschriebenen Abfrage fort, ob eine Person der Haushaltsgemeinschaft Hinterbliebene oder körperbehindert ist.

88. Wird die in Tz. 85 Satz 1 genannte Abfrage, ob das Objekt in 86 voll als Eigenwohnung genutzt wurde, durch Eingabe von „N“ verneint, wird gefragt, ob das gesamte Objekt in 86 vermietet wurde. Wird dies bejaht, wird der Hinweis ausgegeben:

„Kein Abzug nach § 52 Abs. 21 EStG, da § 21 EStG 86 weiter gültig".

Dann setzt das PGM den Ablauf mit der in Tz. 96 beschriebenen Anfrage fort.

Wird die Frage nach der Vermietung des gesamten Objekts verneint, wird gefragt, ob in 86 der Mietwert der Eigenwohnung nach § 21 EStG ermittelt wurde. Wird die Frage, ob in 86 der Mietwert der Eigenwohnung nach § 21 EStG, d.h. durch Abzug der Werbungskosten von dem ortsüblichen Mietwert ermittelt wurde, verneint, setzt das PGM den Ablauf – wie ab Tz. 85 geschildert – mit der Ausgabe der Frage fort, ob in 86 der Nutzungswert der Eigenwohnung mit 1% des Einheitswertes ermittelt wurde. Wird bejaht, daß in 86 der Mietwert der Eigenwohnung nach § 21 EStG ermittelt wurde, wird am Bildschirm folgenden Auswahlübersicht ausgegeben:

1 = EStG 86 (Mietwertansatz und Steuervergünstigungen bis 1998)
2 = EStG 87 (kein Mietwertansatz und keine Steuervergünstigungen)

Anschließend ist entweder der Schlüssel 1 oder der Schlüssel 2 einzugeben. Wird ein anderer Schlüssel als 1 oder 2 eingegeben, wird zunächst der Fehlerhinweis

„Bitte Neueingabe"

und danach wieder die vorgenannte Schlüsselübersicht zur Neueingabe eines gültigen Schlüssels ausgegeben. Der Schlüssel 1 ist einzugeben, wenn sich der jeweilige Steuerpflichtige dafür entschieden hat, daß im betreffenden Zeitraum die bis zum 31.12.86 geltende Rechtslage für das teils für Eigenwohnzwecke genutzte und teils vermietete und/oder eigengewerblich oder eigenberuflich genutzte Objekt weiter Anwendung finden soll. In einem solchen Fall ist – wie in 86 – der Mietwert der Eigenwohnung mit dem ortsüblichen Mietwert anzusetzen, und es können von ihm die in dem Mietwertansatz berücksichtigten Werbungskosten (beim Ansatz von Bruttomietwerten alle darauf entfallenden Werbungskosten, beim Ansatz eines Nettomietwertes nur die nicht umlagefähigen Werbungskosten) abgezogen werden. Auch die nach der alten Rechtslage abziehbaren Absetzungen oder erhöhten Absetzungen sind weiter abzugsfähig. Deshalb wird nach Eingabe des Schlüssels 1 ebenfalls der in Satz 2 dieser Tz. zitierte Hinweis ausgegeben und der PGM-Lauf wie dort beschrieben fortgesetzt.

Wird der Schlüssel 2 eingegeben, ist ab diesem Veranlagungszeitraum unwiderruflich die neue Rechtslage nach dem EStG 87 anzuwenden. Ein Mietwert für die selbstgenutzte Eigenwohnung ist ab diesem Zeitraum nicht mehr anzusetzen. Die erhöhten Absetzungen können ab diesem Zeitpunkt nur noch unter den Voraussetzungen des § 52 Abs. 21 EStG wie Sonderausgaben abgezogen werden.

Der PGM-Lauf wird nach Eingabe des Schlüssels 2 deshalb mit der unter Tz. 85 erwähnten Aufforderung zur Eingabe des erhöhten Absetzungsbetrags für den jeweiligen Veranlagungszeitraum fortgesetzt, der nach § 52 Abs. 21 Satz 4 EStG 87 abgezogen werden soll.

89. Wurde nach 1986 ein Objekt angeschafft oder fertiggestellt, das voll oder teilweise als Eigenwohnung genutzt wird und für das ein Abzug nach § 10e EStG 87 begehrt wird (= Eingabe = „J" nach Tz. 83 letzter Satz) wird zunächst gefragt, ob das Objekt im Inland liegt.

Im Verneinungsfall setzt das PGM den Lauf mit der in Tz. 96 beschriebenen Frage fort, da ein Abzug nach § 10e EStG 87 nur für ein Objekt mit einer Eigenwohnung zulässig ist, das im Inland liegt, § 10e Abs. 1 Satz 1 EStG 87.

Wird bejaht, daß das angeschaffte oder fertiggestellte Objekt im Inland liegt, wird gefragt, ob es sich um eine Anschaffung vom Ehegatten oder um eine Anschaffung in Form eines Tausches oder Rückkaufs handelt.

Wird dies durch Eingabe von „J" bejaht, setzt das PGM den Ablauf mit der in Tz. 96 beschriebenen Frage fort, weil solche Anschaffungen nicht begünstigt sind; Hinweis hierzu auf § 10e Abs. 1 letzter Satz EStG 87.

Wird die letztgenannte Frage verneint, wird folgende Schlüsselübersicht zur Verursachungsart auf dem Bildschirm angezeigt:

„Schlüssel zur Verursachungsart"
1 = Anschaffung oder Fertigstellung in ... (Veranlagungszeitraum)
2 = Ausbau oder Erweiterung in ...(= Veranlagungszeitraum)
3 = Nachholung eines Abzugs im 1.-4. Kj. der Abzugsjahre
4 = Nachträgliche Herstellungskosten in den 8 Kj. der Abzugsjahre
5 = Maßnahmen nach § 82a/g/i EStDV

Nach Eingabe eines Schlüssels prüft das PGM zunächst, ob ein ungültiger Schlüssel (kleiner als 1 oder größer als 5) eingegeben wurde. Ist dies der Fall, wird der Fehlerhinweis

„Bitte Neueingabe"

und anschließend wiederum die vorgenannte Schlüsselübersicht zur Eingabe eines gültigen Schlüssels ausgegeben.

90.

1. Wird der Schlüssel 1 eingegeben, weil es sich bei dem angeschafften oder fertiggestellten Objekt um eine Anschaffung (Erwerb) oder Fertigstellung (Errichtung) im Veranlagungszeitraum handelt, wird anschließend gefragt, ob sich im erworbenen oder hergestellten Objekt nur eine Eigenwohnung befindet. Wird dies bejaht, sind danach die Größe der Eigenwohnung in qm (= Quadratmeter) und die Größe der gesamten Nutzfläche in qm einzugeben. Die letztgenannte Frage wird gestellt, weil ein Steuerpflichtiger einen Abzug nach § 10e EStG 87 grundsätzlich nur für eine Wohnung oder einen Ausbau oder eine Erweiterung vornehmen darf. Nur wenn die Voraussetzungen für eine Zusammenveranlagung im Veranlagungszeitraum vorliegen (Ehegatten, die beide unbeschränkt einkommensteuerpflichtig sind, nicht dauernd getrennt leben und ihren Wohnsitz im Inland haben), darf ein Abzug für insgesamt zwei Objekte erfolgen, vorausgesetzt die beiden Abzugsobjekte (Wohnungen, Ausbauten, Erweiterungen) sind nicht gleichzeitig angeschafft oder fertiggestellt und befinden sich nicht in dem selben Haus, § 10e Abs. 4 Sätze 1 und 2 EStG 87.

2. Wurde eingegeben, daß sich im erworbenen oder hergestellten Objekt nur eine Eigenwohnung befindet, wird nach der Eingabe der Nutzflächen gefragt, ob seit 1964 schon § 7b oder 10e EStG bei einem erworbenen/hergestellten Objekten beansprucht wurde. Diese Frage resultiert aus § 10e Abs. 4 Satz 3 EStG 87, nach dem Abzugsbeträgen nach § 10e EStG 87 erhöhte Absetzungen nach § 7b in der jeweiligen Fassung ab Inkrafttreten des Gesetzes vom 16. Juni 1964 (BGBl I S. 353) und der jeweiligen Fassung ab Inkrafttreten des Gesetzes vom 11. Juli 1977 (BGBl I S. 113) gleichstehen.

3. Wird durch Eingabe von „N" verneint, daß ab 1964 schon § 7b oder § 10e EStG für ein Objekt beansprucht wurde, ist anschließend das Anschaffungs- oder Fertigstellungsjahr des erworbenen oder hergestellten Objekts mit der Eigenwohnung zweistellig in der Form JJ (z.B. 87) einzugeben.

Danach sind die bis zum Ende des Veranlagungszeitraums entstandenen Anschaffungs- oder Herstellungskosten des erworbenen oder hergestellten Objekts **ohne** Anschaffungskosten des Grund und Bodens, aufgerundet auf volle DM einzugeben.

Erst danach sind die Anschaffungskosten einschließlich zugehöriger Nebenkosten (z.B. Grunderwerbsteuer und Notargebühren für die Kaufvertragsbeurkundung), die bis zum Ende des Veranlagungszeitraums für den Grundstückserwerb entstanden sind – aufgerundet auf volle DM – einzugeben. Dies gilt auch, wenn die letztgenannten Kosten vor dem 01.01.87 oder sogar schon vor dem 21.06.48 entstanden sind oder wenn ein unentgeltlicher Erwerb durch Gesamtrechtsnachfrage infolge Erbfalls vorliegt. Bei Erwerb vor dem 21.06.48 ist der anteilige Einheitswert des Grundstücks, soweit er auf den Grund und Boden entfällt, einzugeben.

4. Nach der Eingabe der Anschaffungskosten für den Grund und Boden wird gefragt, ob nur der Steuerpflichtige Eigentümer des erworbenen oder hergestellten Objekts ist.

Wird dies bejaht, wird der Höchstbetrag des Abzugswerts nach § 10e EStG ermittelt und auf Bildschirm ausgegeben. Danach wird gefragt, ob der – auf dem Bildschirm angezeigte – Höchstbetrag voll in ... (= Veranlagungszeitraum) abgesetzt werden soll.

Wird dies bejaht, wird der Ablauf mit der in der nachstehenden Tz. 91 beschriebenen Aufforderung fortgesetzt.

Wird die letztgenannte Frage, ob der ermittelte Höchstbetrag des Abzugswertes nach § 10e EStG 87 voll im Veranlagungszeitraum abgesetzt werden soll, durch Eingabe von „N" verneint, wird anschließend gefragt, in welcher Höhe der angezeigte Höchstbetrag im Veranlagungszeitraum abgesetzt werden soll. Der gewünschte Absetzungsbetrag ist – aufgerundet auf volle DM – einzugeben. Wird daraufhin ein Absetzungsbetrag eingegeben, der negativ oder größer als der angezeigte Höchstbetrag ist, werden der Fehlerhinweis:

„Bitte Neueingabe"

und anschließend nochmal die Frage, in welcher Höhe der Höchstbetrag nach § 10e EStG im Veranlagungszeitraum abgesetzt werden soll, auf dem Bildschirm ausgegeben. Danach ist der gewünschte Absetzungsbetrag in zulässiger Höhe einzugeben. Der eingegebene Absetzungsbetrag wird für die spätere Bildschirmausgabe zwischengespeichert. Dann wird auch in einem solchen Fall der Ablauf mit der in Tz. 91 beschriebenen Aufforderung fortgesetzt.

5. Wird die in Tz. 90 Nr. 1 beschriebene Frage, ob sich im erworbenen oder hergestellten Objekt nur eine Eigenwohnung befindet, durch Eingabe von „N" verneint, ist anschließend zunächst die Größe der begünstigten Eigenwohnung im erworbenen oder hergestellten Objekt in qm und danach die Größe der gesamten Nutzfläche des erworbenen oder hergestellten Objekts in qm einzugeben. Welche Wohnung im Einzelfall begünstigte Wohnung ist, obliegt der Entscheidung des Steuerpflichtigen.

Nach den o.a. Eingaben der Nutzflächen wird auch in solchen Fällen der Ablauf wie unter Tz. 90 Nr. 3 und 4 beschrieben, fortgesetzt.

6. Wurde die in Tz. 90 Nr. 2 beschriebene Frage, ob seit 1964 für ein erworbenes oder hergestelltes Objekt schon § 7b oder § 10e EStG beansprucht wurde, durch Eingabe von „J" bejaht, wird anschließend gefragt, ob es sich bei dem Objekt um ein Folgeobjekt handelt. Wird auch dies bejaht, sind darauf folgend zunächst das Anschaffungs- oder Fertigstellungsjahr des Folgeobjekts, dann das Kj. der letztmaligen Nutzung des Erstobjekts und schließlich das Kj. der Anschaffung oder Fertigstellung des Erstobjekts jeweils zweistellig in der Form JJ (z.B. 87) einzugeben.

Nach diesen Eingaben prüft das PGM, ob das Folgeobjekt nicht früher als zwei und nicht später als drei Jahre nach dem Kj. der letztmaligen Nutzung des Erstobjekts zu Eigenwohnzwecken angeschafft oder hergestellt wurde, § 10e Abs. 4 Satz 4 EStG 87.

Liegt die Anschaffung der Herstellung des Folgeobjekts nicht innerhalb des vorgenannten Zeitraums, wird der Fehlerhinweis:

„Bei dem erworbenen/hergestellten Objekt handelt es sich nicht um ein Folgeobjekt, weil sein Anschaffungs-/Fertigstellungsjahr nicht innerhalb von 2 Kj. vor und 3 Kj. nach der letztmaligen Nutzung des Erstobjekts als Eigenwohnung liegt!"

auf Bildschirm ausgegeben.

Stellt das PGM bei der vorstehend geschilderten Prüfung fest, daß das Folgeobjekt innerhalb der vorgenannten Zeiträume angeschafft oder fertiggestellt wurde, ermittelt es anschließend den beim Erstobjekt schon zulässigen Begünstigungszeitraum.

Danach prüft es, ob beim Erst- und beim Folgeobjekt der Begünstigungszeitraum zusammen schon mehr als 8 Jahre betragen hat. Ist dies der Fall, wird der Fehlerhinweis:

„Da Folgeobjekt Abzug nur bis ... (= letztes zulässiges Abzugsjahr) zulässig"

auf dem Bildschirm ausgegeben.

Anschließend prüft das PGM in solchen Fällen, ob eine Zusammenveranlagung durchzuführen ist. Ist keine Zusammenveranlagung durchzuführen, wird ein Fehlermerker gesetzt und das PGM mit der in Tz. 96 beschriebenen Frage fortgesetzt.

7. Ist eine Zusammenveranlagung durchzuführen, wird nach Ausgabe des vorgenannten Fehlerhinweises oder – wenn die in Nr. 6 Satz 1 gestellte Frage nach Eingabe von „N" verneint wurde – sofort der PGM-Lauf mit der Frage fortgesetzt, ob es sich bei dem erworbenen/hergestellten Objekt um ein Zweitobjekt handelt.

Wird dies durch Eingabe von „N" verneint, wird ebenfalls der in Nr. 6 letzter Satz genannte Fehlermerker gesetzt und das PGM wie dort mit der in Tz. 96 beschriebenen Frage fortgesetzt.

Wird die Frage nach Vorliegen eines Zweitobjekts bejaht, wird gefragt, ob sich in dem erworbenen oder hergestellten Objekt sowohl die erste als auch die zweite Eigenwohnung befinden.

Wird dies bejaht, wird gefragt, ob für die 1. Eigenwohnung nach § 10e EStG beansprucht wird. Im Bejahungsfall setzt das PGM den Ablauf, ohne einen Abzug nach § 10e EStG 87 vorzunehmen, mit der in Tz. 96 beschriebenen Frage fort, weil auch im Falle einer Zusammenveranlagung ein Abzugsbetrag nicht gleichzeitig für in räumlichen Zusammenhang belegene Objekte beansprucht werden kann, § 10e Abs. 4 Satz 2 EStG 87.

Befindet sich das Zweitobjekt nicht in dem Haus, in dem sich die 1. Eigenwohnung befindet, oder wird für die 1. Eigenwohnung § 10e EStG 87 nicht oder nicht mehr beansprucht, wird der Ablauf wie unter Nr. 3 und 4 beschrieben fortgesetzt.

91. Nach der in Tz. 90 Nr. 4 geschilderten Ausgabe des Höchstbetrages nach § 10e Abs. 1-5 EStG 87 und der anschließenden Eingabe des im Veranlagungszeitraum begehrten Abzugs fordert das PGM zur Eingabe der Ausgaben (z.B. Zinsen) auf, die bis zum Bezug der Eigenwohnung bei erworbenen oder hergestellten Objekt anfielen und nicht Anschaffungskosten des Grund und Bodens einschließlich zugehöriger Nebenkosten dieses Objekts sind. Diese Ausgaben sind im Jahr der Anschaffung oder Fertigstellung des Objekts mit der begünstigten Eigenwohnung ebenfalls wie Sonderausgaben abzugsfähig, § 10e Abs. 6 EStG 87.

Nach der Eingabe dieser bis zum Bezug der Eigenwohnung **angefallenen** – nicht bis zu diesem Zeitpunkt geleisteten – laufenden Hausausgaben sind die Herstellkosten nach § 82a/g/i der EStDV (= ESt-Durchführungsverordnung) im Gebäude mit einer Eigenwohnung einzugeben, wenn solche angefallen sind, und die Herstellungskosten nicht in die Bemessungsgrundlage des § 10e EStG 87 einbezogen wurden, § 52 Abs. 21 Satz 6 EStG 87, sondern nach den vorgenannten Vorschriften der EStDV erhöht wie Sonderausgaben abgesetzt werden sollen.

Sind keine solchen Herstellkosten im Veranlagungszeitraum angefallen oder wurden diese in die Bemessungsgrundlage des § 10e EStG 87 einbezogen, ist **0** einzugeben.

Werden solche Herstellungskosten – aufgerundet auf volle DM – eingegeben, fordert das PGM unter Hinweis darauf, daß höchstens 10% des Aufwands absetzbar sind, zur Eingabe der Absetzung nach § 82a EStDV für den Veranlagungszeitraum auf.

Ist die eingegebene Absetzung größer als 10% der vorher eingegebenen Herstellungskosten, wird der Fehlerhinweis

„Abzug nach § 82a EStDV = höchsten 10% des
Verteilungsaufwands > 10% oder Kj. > ...
(= Herstellungsjahr × 9)"

auf Bildschirm ausgegeben, und es wird erneut zur Eingabe der Absetzung aufgefordert.

Sind Abzugswerte nach § 10e Abs. 1-5 und/oder Abs. 6 und/oder § 52 Abs. 21 EStG 87 vorhanden, werden diese nach Eingabe einer zulässigen Absetzung nach § 82a/g/i EStDV auf Bildschirm angezeigt, und es wird gefragt, ob sie – für die Ergebnisausgabe – ausgedruckt werden sollen.

Nach dem Ergebnisausdruck oder, falls ein solcher durch Eingabe von „N" nicht gewünscht wird, sofort nach der letztgenannten Eingabe setzt das PGM den Ablauf mit der in Tz. 96 beschriebenen Frage fort.

92. Wurde nach Ausgabe der in Tz. 89 letzter Absatz beschriebenen Übersicht zur Verursachungsart **der Schlüssel 2** eingegeben, weil im Veranlagungsjahr ein zu eigenen Wohnzwekken genutzter Ausbau oder eine Erweiterung an einer im Inland gelegenen, zu eigenen Wohnzwecken genutzten Wohnung durchgeführt wurde, für den bzw. die § 10e Abs. 1 ESTG 87 ebenfalls gilt, § 10e Abs. 2 EStG 87, so wird danach der Ablauf wie in Tz. 90 und 91 beschrieben fortgesetzt.

Nach § 10e Abs. 2 in Verbindung mit Abs. 4 Satz 1 EStG 87 steht der Ausbau oder die Erweiterung einer eigengenutzten Wohnung dem Erwerb oder der Herstellung einer solchen Wohnung gleich.

93. Wurde nach Ausgabe der Übersicht zur Verursachungsart (Tz. 89 letzter Absatz) **der Schlüssel 3** eingegeben, weil ein Abzugsbetrag nach § 10e EStG 87, der in den ersten drei Jahren des Abzugszeitraums nicht ausgenutzt wurde, im zweiten bis vierten Abzugsjahr nachgeholt werden soll, § 10e Abs. 3 EStG 87, so werden zunächst ebenfalls die Fragen nach Tz. 90 Nr. 1-4 gestellt. Hierbei sind die Anschaffungs- oder Herstellungskosten bis zum Ende des Veranlagungszeitraums, in dem die Nachholung begehrt wird – jeweils auf volle DM aufgerundet – einzugeben.

Zunächst prüft das PGM nach Eingabe des Schlüssels 3, ob der Veranlagungszeitraum das zweite bis vierte Abzugsjahr ist. Falls dies nicht der Fall ist, wird der Fehlerhinweis:

„Bitte Neueingabe, da ... (= Veranlagungszeitraum) kein Nachholfall"

auf Bildschirm ausgegeben. Danach wird wiederum die Schlüsselübersicht angezeigt, damit erforderlichenfalls die Eingaben ab der Eingabe des Schlüssels zur Verursachungsart berichtigt werden können.

Wird ein für die Nachholung gültiges Abzugsjahr eingegeben, wird anschließend die Eingabe der Summe der Abzugswerte nach § 10e EStG für die Abzugsjahre bis zum Vorjahr des Veranlagungszeitraums in DM gefordert. Nach dieser Eingabe wird der Höchstbetrag angezeigt, der im – ebenfalls angezeigten – Veranlagungszeitraum nach § 10e Abs. 3 EStG 87, d.h. unter Berücksichtigung der in den Vorjahren (Erst-, Zweit- und/oder Drittjahr ab Anschaffungs- oder Fertigstellungsjahr) nicht ausgenutzten Nachholbeträge abgezogen werden kann.

Danach wird der Ablauf wie in Tz. 90 Nr. 4 ab der Ausgabe des Höchstbetrags beschrieben fortgesetzt.

Hierbei findet jedoch bei Schlüssel 3 Tz. 90 Nr. 4 letzter Satz keine Anwendung. Bei einem Nachholfall wird nach der Anzeige des Höchstbetrags auf Bildschirm ebenfalls gefragt, ob der angezeigte Höchstbetrag voll im Veranlagungszeitraum abgesetzt werden soll. Im Verneinungsfall ist wiederum der im Veranlagungszeitraum begehrte Abzugsbetrag einzugeben. Nach der Eingabe von „J“ wird der Ablauf sofort, nach der Eingabe von „N“ nach der Eingabe des gewünschten Abzugsbetrags mit der Bildschirmanzeige des insgesamt nach § 10e EStG 87 und § 52 Abs. 21 EStG 87 im Veranlagungszeitraum abzuziehenden Betrags und der Frage fortgesetzt, ob die Anzeige für die Ergebnisausgabe ausgedruckt werden soll.

Danach wird der Ablauf wie in Tz. 91 letzter Satz beschrieben fortgesetzt.

Bis auf die beiden vorgenannten Sätze gilt Tz. 91 für Nachholfälle nach § 10e Abs. 3 EStG 87 nicht.

94. Wurde nach Ausgabe der Übersicht zur Verursachungsart (Tz. 89 letzter Absatz) **der Schlüssel 4** eingegeben, weil nachträgliche Anschaffungs- oder Herstellungskosten bis zum Ende des Veranlagungszeitraums entstanden sind und ab dem ersten Abzugsjahr als Abzugsbetrag behandelt werden sollen, § 10e Abs. 3 Satz 2 EStG 87, so werden zunächst wiederum die in Tz. 90 Nr. 1-4 beschriebenen Fragen gestellt.

Hierbei ist die Summe der bis zum Ende des Veranlagungszeitraums (in dem die Berücksichtigung nachträglicher Anschaffungs- oder Herstellungskosten begehrt wird) entstandenen Anschaffungs- oder Herstellungskosten – jeweils aufgerundet auf volle DM – einzugeben.

Nach diesen Eingaben fordert das PGM – wegen der besonderen Wichtigkeit – noch einmal zur Eingabe des 1. Anschaffungs- oder Bezugsjahres des erworbenen oder hergestellten Objekts (z.B. 87) auf. Danach prüft es, ob der Veranlagungszeitraum nicht das Jahr der Anschaffung oder der Fertigstellung ist oder mehr als 7 Jahre nach diesem Jahr liegt.

Trifft eine dieser Bedingungen zu, wird nochmals gefragt, ob das angegebene Kj. wirklich das 1. Anschaffungs- oder Bezugsjahr des erworbenen oder hergestellten Objekts ist. Wird dies wiederum durch Eingabe von „J“ bejaht und ist der Abzugszeitraum von insgesamt acht Jahren verstrichen, wird ein Fehlermerker gesetzt und der Fehlerhinweis:

„Kein Abzug nach § 10e, da Erstbezug schon ... “ (= Jahr des Erstbezugs)

auf Bildschirm ausgegeben.

Dann wird in einem solchen Fall der Ablauf mit der in Tz. 96 beschriebenen Frage fortgesetzt.

Wurde irrtümlich ein zu frühes Erstbezugsjahr eingegeben, kann es durch Neueingabe berichtigt werden.

Liegt der Veranlagungszeitraum von vornherein oder nach der Neueingabe des Erstbezugsjahres innerhalb der acht Jahre des Abzugszeitraums, setzt sich der Ablauf – wie in Tz. 93 bei Eingabe des Schlüssels 3 beschrieben – mit der Aufforderung zur Eingabe der Summe der bisherigen Abzugswerte nach § 10e ab dem Erstbezugs- bis zum Vorjahr fort.

Ab dieser Eingabe gelten die Ausführungen unter Tz. 93 auch für Fälle der Berücksichtigung nachträglicher Anschaffungs- und/oder Herstellungskosten.

95. Wurde nach Ausgabe der Übersicht zur Verursachungsart (Tz. 89 letzter Absatz) **der Schlüssel 5** eingegeben, weil an einer zu eigenen Wohnzwecken genutzten Wohnung im eigenen Haus nach dem 31. Dezember 1986 und vor dem 01. Januar 1992 Herstellkosten für Maßnahmen im Sinne des § 51 Abs. 1 Nr. 2 Buchstaben q, x oder y EStG aufgewendet wurden, die im Fall der Vermietung der Eigenwohnung nach § 82a, g, oder i der EStDV in der jeweils anzuwendenden Fassung zur Vornahme von erhöhten Absetzungen berechtigt würden und für die auf die Dauer von 10 Jahren jeweils bis zu 10 v.H. dieser Kosten wie Sonderausgaben abgezogen werden sollen, § 52 Abs. 21 Satz 6 EStG 87, sind wegen der weiteren

Eingaben die im nachfolgenden Absatz beschriebenen Voraussetzungen für diesen Abzug zu beachten.

Voraussetzung für diesen besonderen Abzug ist, daß diese Herstellkosten nicht in die Bemessungsgrundlage des § 10e EStG eingezogen wurden. Zu den Maßnahmen nach § 51 Abs. 1 Nr. 2 **Buchstabe a)** EStG gehören;

a) der Anschluß eines im Inland gelegenen Gebäudes an eine Fernwärmeversorgung, wenn diese überwiegend aus Anlagen der Kraft-Wärme-Kopplung, zur Verbrennung von Müll oder zur Verwertung von Abwärme gespeist wird,
b) der Einbau von Wärmepumpen-, Solar- und Wärmerückgewinnungsanlagen in einem im Inland belegenen Gebäude,
c) die Errichtung von Windkraftanlagen, wenn die mit diesen Anlagen erzeugte Energie überwiegend zur Versorgung eines im Inland befindlichen Gebäudes verwendet wird,
d) die Errichtung von Anlagen zur Gewinnung von Gas aus pflanzlichen und tierischen Abfallstoffen, wenn das Gas zur Beheizung eines im Inland belegenen Gebäudes oder zur Warmwasserbereitung in einem solchen Gebäude verwendet wird,
e) der Einbau einer zentralen Warmwasser- und/oder Heizungsanlage oder von wesentlichen Elementen solcher Anlagen (Heizkessel, Brenner, Steuerungs- oder Wärmeabgabeeinrichtung) in ein Gebäude oder eine Eigentumswohnung, welche(s) im Inland liegt, wenn mit dem Einbau nicht vor Ablauf von 10 Jahren seit Fertigstellung des Gebäudes begonnen und der Einbau nach dem 30.06.85 und vor dem 01.01.1992 fertiggestellt worden ist.

Die erhöhten Absetzungen dürfen für die Maßnahmen nicht gewährt werden, für die Investitionszulagen in Anspruch genommen werden.

Maßnahmen nach § 51 Abs. 1 Nr. 2 **Buchstabe x** sind Modernisierungs- und Instandsetzungsmaßnahmen im Sinne des § 39e Bundesbaugesetz und/oder § 43 Abs. 3 Satz 2 Städtebauförderungsgesetz an Gebäuden, die in einem förmlich festgelegten Sanierungsgebiet oder städtebaulichen Entwicklungsbereich liegen.

Maßnahmen nach § 51 Abs. 2 Nr. 2 **Buchstabe y** sind Maßnahmen an Gebäuden, die nach landesrechtlichen Vorschriften Baudenkmäler sind, soweit diese Maßnahmen nach Art und Umfang zur Erhaltung des Gebäudes als Baudenkmal und zu seiner sinnvollen Nutzung erforderlich sind.

Nach der Eingabe des Schlüssels 5 werden zunächst wiederum die in Tz. 90 Nr. 1 und 5 erwähnten Fragen nach der Nutzfläche der Eigenwohnung und der gesamten Nutzfläche des Objekts gestellt. Danach ist sofort das Kj. der Herstellkosten nach § 82a/g/i EStDV im Gebäude mit einer Eigenwohnung zweistellig in der Form JJ (z.B. 87) einzugeben.

Wurde der Schlüssel 5 irrtümlich gewählt, weil entweder solche Herstellkosten nicht entstanden sind oder sie vor dem 01.01.87 oder nach dem 31.12.91 aufgewendet wurden, kann die weitere Eingabe der Daten für einen solchen Abzug durch Eingabe von 0 abgebrochen werden. Das PGM setzt dann den Ablauf mit der in Tz. 96 beschriebenen Frage fort. Wird dagegen ein Kj. zweistellig eingegeben, das nach 91 liegt, wird der Fehlerhinweis:

„Kj. falsch, da > 91“

auf dem Bildschirm ausgegeben und anschließend erneut zur Eingabe des Kj. dieser Herstellungskosten aufgefordert. Nach Eingabe eines Kj., das nach 86 und vor 92 liegt, sind die Herstellungskosten nach § 82a/g/i EStDV so einzugeben, wie dies in Tz. 91 schon beschrieben ist. Wegen des weiteren Ablaufs und der Ausgabe des Fehlerhinweises bei Eingabe einer zu hohen Absetzung oder der Geltendmachung dieses Abzuges für Veranlagungszeiträume nach Ablauf des Abzugszeitraumes von 10 Jahren wird auf die dortigen Ausführungen hingewiesen.

Nach Ausgabe bzw. Ausdruck des Gesamtabzugswerts nach § 10e und § 52 Abs. 21 EStG 87 wird auch hier der Ablauf mit der in der nachstehenden Tz. beschriebenen Frage fortgesetzt.

96. Nach Ausgabe bzw. Ausdruck des Abzugswertes nach § 10e und § 52 Abs. 21 EStG 87 (Tz. 87, 91) oder – falls ein solcher Abzug nicht vorzunehmen ist oder in Betracht kommt – sofort nach der entsprechenden Bejahungs- oder Verneinungseingabe (Tz. 84, 89, 95) oder Prüfung (Tz. 85, 88, 90. 6, 90 7., 94) wird der Ablauf mit der Frage fortgesetzt, ob der Steuerpflichtige, sein Ehegatte oder ein bei ihm steuerlich zu berücksichtigendes Kind körperbehindert und/oder Hinterbliebener ist.

Wird dies durch Eingabe von „J" bejaht, ist anschließend die Anzahl der Familienangehörigen, die körperbehindert oder Hinterbliebene sind, einzugeben.

Danach wird für jede Person, die körperbehindert und/oder Hinterbliebene ist, gefragt, ob sie Hinterbliebene oder Körperbehinderte, oder nur Körperbehinderte ist. Anschließend ist der festgestellte Erwerbsminderungsgrad in % (größer als 0 und kleiner als 100) einzugeben. Nach der Eingabe wird noch gefragt, ob die betreffende Person blind oder ständig pflegebedürftig ist.

Nach diesen Eingaben für alle in Betracht kommenden körperbehinderten oder hinterbliebenen Personen oder, falls die vorgenannte entsprechende Frage durch Eingabe von „N" verneint wurde, sofort danach lädt das PGM „Gewinne" das PGM „Folgesteuern".

Dieses PGM fordert zunächst – wie nachstehend beschrieben wird – die weiteren Eingabedaten ab der Zeile 90 aus den Seiten 3 und 4 des ESt-Erklärungsvordrucks an.

97. Nachdem das PGM „Folgesteuern" geladen ist, setzt es den Ablauf mit den Fragen zu den Eingabedaten nach Zeile 90 bis 119 auf den Seiten 3 und 4 des Erklärungsvordrucks fort.

Nachdem sämtliche dort aufgeführten Eingabedaten über außergewöhnliche Belastungen eingegeben sind, wird vom PGM die Ermittlung der abzugsfähigen außergewöhnlichen Belastung nach den Vorschriften der §§ 33 bis 33c EStG durchgeführt. Die danach abzugsfähigen Aufwendungen, Höchst-, Frei- oder Pauschbeträge werden, soweit sie bei der Einkommensermittlung abzugsfähig sind, anschließend zusammen mit dem sich ergebenden steuerlichen Einkommen (§ 2 Abs. 4 EStG) auf dem Bildschirm angezeigt und können entsprechend den Ausführungen unter Nr. 77 vorletzter Satz dieser Beschreibung auch sofort ausgedruckt werden.

Hierbei wird bei einer beantragten Getrenntveranlagung auch die Aufteilung der Sonderausgaben und der außergewöhnlichen Belastungen nach § 26a Abs. 2 EStG durchgeführt.

98. Nach Ausdruck der abzugsfähigen außergewöhnlichen Belastungen und des steuerlichen Einkommens oder, falls ein Bildschirmausdruck nicht gewünscht wird, sofort nach der Eingabe des Verneinungsschlüssels „N" werden vom PGM „Folgesteuern" die Kinder- und Sonderfreibeträge (Haushalts- und Altersfreibeträge) ermittelt und vom steuerlichen Einkommen zur Ermittlung des zu versteuernden Einkommens (§ 2 Abs. 5 EStG) abgezogen.

Danach werden diese Freibeträge zusammen mit dem zu versteuernden Einkommen auf dem Bildschirm angezeigt und können entsprechend den Ausführungen unter Nr. 77 vorletzter Satz dieser Beschreibung auch sofort ausgedruckt werden.

99. Dann prüft das PGM aufgrund der entsprechenden Eingabedaten und Zwischenergebnisse, ob die Einkommen- oder Jahreslohnsteuer auf das zu versteuernde Einkommen ausschließlich unter Anwendung des ESt-Tarifs nach § 32a EStG zu ermitteln ist.

Ist dies der Fall, wird die tarifliche Einkommensteuer nach der für den jeweiligen Veranlagungs- oder Ausgleichszeitraum (zulässig sind die Kj. ab 82) und die maßgebliche Veranlagungsform gültigen ESt-Tarifformel des § 32a EStG ermittelt und auf dem Bildschirm ausgegeben.

Entsprechend den Ausführungen unter Tz. 77 vorletzter Satz kann auch die tarifliche Steuer sofort ausgedruckt werden.

100. Wurden steuerfreie Bezüge und Arbeitslöhne nach Nr. 32 dieser Beschreibung eingegeben, wird statt der tariflichen ESt nach § 32a EStG der besondere Steuersatz nach § 32b Abs. 2 EStG unter Einbeziehung der nach Nr. 32 eingegebenen steuerfreien Progressionsvorbehaltbezüge und -einkünfte im Sinne des § 32b Abs. 1 EStG ermittelt. Dieser ermittelte besondere Steuersatz wird anschließend auf das zu versteuernde Einkommen nach § 32a Abs. 1 EStG angewendet.

Sowohl der nach § 32b EStG ermittelte besondere Steuersatz als auch die danach ermittelte Einkommen- oder Jahreslohnsteuer und das zugrunde gelegte zu versteuernde Einkommen im Sinne des § 32a Abs. 1 EStG werden danach auf dem Bildschirm angezeigt und können entsprechend den Ausführungen unter Nr. 77 vorletzter Satz auch sofort ausgedruckt werden.

101. Wurden nach Nr. 33 Arbeitslöhne eingegeben, die außerordentliche Einkünfte darstellen und für die der ermäßigte Steuersatz nach § 34 Abs. 1 EStG beantragt wurde, wird statt der Steuerermittlung nach § 33 oder § 34 zunächst der ermäßigte Steuersatz nach § 34 Abs. 1 EStG ermittelt. Danach wird die Einkommensteuer auf die außerordentlichen Einkünfte unter Zugrundelegung dieses ermäßigten Steuersatzes errechnet.

Auf das restliche zu versteuernde Einkommen wird gemäß § 34 Abs. 1 Satz 2 EStG die jeweils für den Veranlagungszeitraum und die Veranlagungsformen maßgebliche ESt-Tarifformel nach § 32a EStG angewendet.

Der ermäßigte Steuersatz, die diesem Steuersatz unterliegenden außerordentlichen Einkünfte, die tarifliche ESt und das restliche Einkommen, auf das der ESt-Tarif Anwendung findet, sowie die ESt auf die außerordentlichen Einkünfte werden nach ihrer Ermittlung auf dem Bildschirm angezeigt. Diese Anzeige schließt mit der Ausgabe der Summe der ESt nach § 32a und § 34 Abs. 1 EStG ab und kann unter den Voraussetzungen der Nr. 77 dieser Beschreibung (vorletzter Satz) ebenfalls sofort ausgedruckt werden.

102. Wurden nach Nr. 33 dieser Beschreibung Arbeitslöhne für meherere Jahre eingegeben, für die eine Verteilung nach § 34 Abs. 3 EStG auf die Jahre der Einkünfteerzielung – höchstens auf drei Jahre – beantragt wurde, so fragt das PGM „Folgesteuern" zunächst durch eine entsprechende Ausgabe auf dem Bildschirm, auf wieviel Jahre der Arbeitslohn, der nicht auf den Veranlagungs- oder Ausgleichszeitraum entfällt, zu verteilen ist.

Für drei Jahre fordert das PGM „Folgesteuern" anschließend die bisherigen zu versteuernden Einkommen dieser Jahre sowie die bisher für diese zu versteuernden Einkommen festgesetzten Einkommensteuern an.

Nach Eingabe dieser Daten führt das Programm für diese Jahre eine Nachberechnung durch und rechnet die sich für diese Jahre ergebenden Differenzbeträge der für den Veranlagungs- oder Ausgleichszeitraum ermittelten Einkommen- oder Jahreslohnsteuer zu.

Die diesbezüglichen Eingaben und die danach ermittelten Differenzbeträge gegenüber den bisherigen ESt-Sollbeträgen werden zusammen mit der nach § 2 Abs. 6 EStG festzusetzenden Einkommen- oder Jahreslohnsteuer am Bildschirm ausgegeben. Auch sie können unter Berücksichtigung der Ausführungen nach Nr. 77 vorletzter Satz sofort nach der Bildschirmausgabe ausgedruckt werden.

103. Wurden Daten nach Nr. 35 eingegeben, wird nach der Ausgabe der nach § 32a EStG oder § 32b EStG oder § 34 Abs. 1 EStG ermittelten Einkommen- oder Jahreslohnsteuer die Steuerermäßigung nach §§ 21, 22 und/oder 26 Berlin-Förderungsgesetz ermittelt und als Abzugswert zusammen mit der festzusetzenden ESt nach § 2 Abs. 6 EStG auf dem Bildschirm angezeigt.

Auch diese Ausgabedaten können entsprechend Nr. 77 vorletzter Satz dieser Beschreibung sofort ausgedruckt werden.

104. Sind nach Nr. 79 Spenden und Mitgliedsbeiträge an politische Parteien eingegeben worden, werden 50 v.H. dieser Aufwendungen, höchstens jedoch 50 v.H. der dort genannten Höchstbeträge von 1200 DM (bei Einzelveranlagung) oder 2400 DM (bei Zusammenveranlagung) als Steuerermäßigung nach § 34g EStG von der nach § 32a EStG bzw. § 32b EStG oder nach § 34 EStG ermittelten Einkommen- oder Jahreslohnsteuer abgezogen.

Der Abzugswert wird zusammen mit der festzusetzenden Einkommensteuer nach § 2 Abs. 6 EStG auf dem Bildschirm angezeigt und kann nach Nr. 77 vorletzter Satz dieser Beschreibung sofort ausgedruckt werden.

105. Nach der Ausgabe der festzusetzenden ESt nach § 2 Abs. 6 EStG prüft das PGM, ob Steuerabzugs- oder Steueranrechnungsbeträge eingegeben wurden. Sind anzurechnende Lohn- oder Kapitalertragsteuer- oder Körperschaftsteuerbeträge vorhanden, werden diese von der festgesetzten Einkommen- oder Jahreslohnsteuer abgesetzt.

Das danach verbleibende ESt- oder Jahres-LSt-Soll stellt, wenn es ein Positivbetrag ist, die bei der durchzuführenden ESt-Veranlagung sich ergebende Nachzahlung dar.

Bei einem Negativbetrag handelt es sich dagegen um den Erstattungsanspruch, der aus der durchzuführenden ESt-Veranlagung oder dem zu beantragenden LSt-Jahresausgleich zu erwarten ist.

Hinsichtlich des Ausdrucks der Anwendungsbeträge und des verbleibenden ESt-Soll gelten auch hier die Ausführungen unter Nr. 77 vorletzter Satz dieser Beschreibung.

106. Nach der Ausgabe des verbleibenden ESt-Solls wird, nachdem der gewünschte Ausdruck beendet oder der Verneinungsschlüssel „N“ nach Nr. 77 vorletzter Satz eingegeben ist, der Ablauf mit der Ausgabe einer Hinweismeldung zur Eingabe des landesspezifischen Kirchensteuersatzes fortgesetzt.

In dieser Hinweismeldung wird angezeigt, für welche Länder der Kirchensteuersatz von 8 v.H. gilt und darauf hingewiesen, daß für die übrigen Länder der Satz von 9 v.H. einzugeben ist.

Wird ein anderer Satz als 8 oder 9 eingegeben, gibt das PGM „Folgesteuern“ die Fehlermeldung

„Eingabefehler! Bitte Neueingabe!“

und danach erneut die vorerwähnte Hinweismeldung zur Neueingabe des Kirchensteuersatzes aus.

107. Nach der Eingabe eines gültigen Kirchensteuersatzes prüft das Programm „Folgesteuern“ zunächst, ob es sich um einen Fall der Zusammenveranlagung handelt, bei dem der allein Einkünfte erzielende Steuerpflichtige keiner, aber der Ehegatte einer kirchensteuererhebenden Religionsgemeinschaft angehört und das zu versteuernde Einkommen mehr als 48000 DM beträgt.

Ist dies der Fall, wird statt der Kirchensteuer das besondere Kirchgeld ermittelt, das – abhängig von dem zu versteuernden Einkommen – mindestens 240 DM und höchstens 4800 DM beträgt.

108. Ist kein besonderes Kirchgeld zu ermitteln, sondern Kirchensteuer festzusetzen, wird unter Berücksichtigung der im eingegebenen Veranlagungs- oder Ausgleichszeit geltenden Fassung des EStG die Maßstabsteuer für die Kirchensteuer nach § 51a EStG ermittelt.

Auf diese Maßstabsteuer wird anschließend zur Berechnung der festzusetzenden Kirchensteuer der eingegebene Kirchensteuersatz angewendet.

Die festzusetzende Kirchensteuer und die darauf anzurechnende Kirchenlohnsteuer werden danach auf dem Bildschirm angezeigt und können entsprechend den Ausführungen unter Nr. 22 vorletzter Satz auch wieder sofort ausgedruckt werden.

Ist das verbleibende Kirchensteuersoll ein Positivbetrag, ergibt sich bei der ESt-Veranlagung eine Nachzahlung, falls nicht Kirchensteuervorauszahlungen geleistet wurden und auf diese Nachzahlungen noch anzurechnen sind. Ist es ein Negativbetrag, handelt es sich um einen Erstattungsanspruch, der sich bei geleisteten Kirchensteuervorauszahlungen noch um diese erhöhen kann, im LSt-Jahresausgleich jedoch in dieser Höhe auszuzahlen oder zu verrechnen ist.

109. Nach der Ausgabe oder dem Ausdruck des verbleibenden Kirchensteuersolls fragt das Programm durch die Ausgabe der Hinweismeldung

„Neuer ESt-Fall J/N?“

den Anwender, ob ein weiterer Fall einzugeben ist.

Ist dies der Fall und wird „J“ eingegeben, löscht das Programm alle Variablen im Hauptspeicher und lädt danach wieder das Programm „ESt/LStJA“.

Nach dem Laden dieses Programms wird sofort wieder die Hinweismeldung zur Angabe des Veranlagungszeitraumes des nächsten Falles ausgegeben und der neue Fall kann mit der Eingabe der Daten aus den Seiten 1 und 2 des Mantelbogens dieses Falles fortgesetzt werden.

Ist kein neuer Fall einzugeben und wird deshalb die vorerwähnte Hinweismeldung mit „N“ beantwortet, beendet das Programm „Folgesteuern“ den Programmlauf.

110. Durchschnittlich wird für einen Fall vom Beginn der Eingabe bis zur Ausgabe des letzten Teilergebnisses einschließlich zwischenzeitlichem Nachladen der Programme ein Zeitraum von etwa 30 Minuten benötigt.

Dieser Zeitraum ließe sich noch erheblich verkürzen, wenn entweder

a) ein Rechner mit einem Hauptspeicher von mehr als 100 KB Randombereich verwendet würde, so daß ein Aufsplitten dieses Systems in vier Programme entfiele oder
b) für das Laden der Programme ein Turbolader eingesetzt würde, der das relativ langsame Laden erheblich beschleunigen würde und/oder
c) statt der sehr langsamen eine sehr schnelle Hardcopyroutine benutzt würde.

111. Mit diesem Programmsystem kann ein Anwender nicht nur die alljährliche Nachzahlung oder Erstattung jederzeit und bevor er seine Steuererklärung zum Finanzamt gibt, genau und in kürzester Zeit sich ermitteln, anzeigen und/oder ausdrucken lassen.

Das System ermöglicht ihm auch bei jeder erforderlichen oder wünschenswerten Gelegenheit, Probeberechnungen durchzuführen.

Er sollte dies insbesondere immer dann tun, wenn er eine Maßnahme oder Vereinbarung beabsichtigt, die Auswirkungen auf sein zu versteuerndes Einkommen hat, damit er sich noch im Stadium der Entscheidungsfreiheit die positiven und negativen Auswirkungen der beabsichtigten Maßnahme vor Augen führen und präzise zur Entscheidungsfindung heranziehen kann.

Dies gilt beispielsweise für alle Dispositionen, die zu Werbungskosten im Rahmen seiner Erwerbstätigkeit führen, sei es, daß er statt der Benutzung öffentlicher Verkehrsmittel künftig mit dem eigenen Fahrzeug zu seiner Arbeitsstätte fahren will, daß er sich einen Computer als Arbeitsmittel anschaffen oder wegen einer beruflichen Veränderung eine doppelte Haushaltsführung begründen will. Aber auch für andere Aufwendungen, die der Anwender im ESt-Veranlagungsverfahren oder im LSt-Jahresausgleichsverfahren oder sofort durch Eintragung eines Freibetrages nach § 39a EStG auf der Lohnsteuerkarte beim laufenden LSt-Abzug berücksichtigt haben will, ist die Durchführung einer solchen Probeberechnung empfehlenswert. Sie zeigt ihm sofort auf, welcher steuerliche Vorteil ihm aus einer beabsichtigten Maßnahme erwächst.

Noch wichtiger erscheint mir die Durchführung von Probeberechnungen wegen beabsichtigter Maßnahmen im Bereich der Vorsorgeaufwendungen zu sein. Hier läßt durch solche Berechnungen, die vor Vertragsabschlüssen durchgeführt werden sollten, aufzeigen, ob beispielsweise der Abschluß eines weiteren Versicherungs- oder Bausparvertrags überhaupt noch und bejahendenfalls in welcher betragsmäßigen Höhe er noch von steuerlicher Auswirkung ist.

Ebenso kann durch solche Berechnungen schon im Vorfeld ermittelt werden, in welcher Höhe sich beispielsweise Unterhaltsleistungen an den geschiedenen oder getrennt lebenden unbeschränkt steuerpflichtigen Ehegatten auf die Höhe der ESt-Schuld des Leistenden auswirkt oder welche steuerlichen Auswirkungen Aufwendungen haben, die der Steuerpflichtige und/oder sein Ehegatte für seine Berufsausbildung oder seine Weiterbildung in einem nicht ausgeübten Beruf erbringt.

Auch vor der Leistung von Ausgaben zur Förderung kirchlicher, religiöser, wissenschaftlicher und staatspolitischer Zwecke und der als besonders förderungswürdig anerkannten gemeinnützigen Zwecke sollten solche Probeberechnungen durchgeführt werden, damit noch vor der Leistung festgestellt werden kann, welcher steuerliche Nutzen durch den Sonderausgabenabzug oder durch die Steuerermäßigung nach § 34g EStG aus diesen Ausgaben erwächst. Probeberechnungen sollten auch im Bereich der außergewöhnlichen Belastungen durchgeführt werden. Beispielsweise, wenn es um die Prüfung geht, ob für die verbleibenden Eigenaufwendungen wegen Krankheiten des Steuerpflichtigen und seiner Angehörigen noch eine steuerliche Berücksichtigung im Rahmen des § 33 Abs. 1 EStG möglich ist oder ob diese Aufwendungen noch innerhalb der zumutbaren Belastung nach § 33 Abs. 3 EStG liegen.

Von gleicher Bedeutung sind solche Probeberechnungen auch, wenn Steuerpflichtigen außergewöhnliche Belastungen in besonderen Fällen nach § 33a EStG oder Alleinstehenden Kinderbetreuungskosten nach § 33c EStG erwachsen.

Aufwendungen für den Unterhalt und eine etwaige Berufsausbildung für eine Person, für die weder der Steuerpflichtige noch sein Ehegatte einen Anspruch auf einen Kinderfreibetrag hat, sind nach § 33a Abs. 1 EStG nur bis zu den dort genannten Höchstgrenzen (z.B. 4500 DM bzw. 2484 DM) vom Gesamtbetrag der Einkünfte abzugsfähig, wobei auf diese Beträge noch Einkünfte und Bezüge des Unterhaltenen ab einer bestimmten Höhe angerechnet werden. Das Programm ermittelt die Höchstbeträge und führt die Kürzung um die anrechenbaren eigenen Einkünfte und Bezüge des Unterhaltenen durch.

Auf die gleiche Weise wird verfahren, wenn dem Steuerpflichtigen und gegebenenfalls seinem mit ihm zusammen zu veranlagenden Ehegatten für die Berufsausbildung eines Kindes, für das er einen Kinderfreibetrag erhält, Aufwendungen erwachsen, deren steuerlichen Abzug er in Form eines Ausbildungsfreibetrages nach § 33a Abs. 2 EStG beantragt.

Die Höhe des abzugsfähigen Freibetrages ist vom Alter des ausgebildeten Kindes und vom Ort seiner Unterbringung abhängig und beträgt deshalb beispielsweise im Jahre 1986 entweder 1800 DM oder 3000 DM oder 1200 DM.

Auf diese Beträge sind wieder eigene Bezüge und Einkünfte des unterhaltenen Kindes ab einer bestimmten Höhe anzurechnen. Auch hier ermittelt das Programm den abzugsfähigen Ausbildungsfreibetrag unter Anrechnung eigener Bezüge des Kindes, falls eine solche Anrechnung im Einzelfall in Betracht kommt.

Da sowohl die Steuerermäßigung nach dem vorgenannten § 33a Abs. 1 EStG als auch der Abzug eines Ausbildungsfreibetrages nach § 33a Abs. 2 EStG nur für die vollen oder angefangenen Monate gewährt werden, in denen die Voraussetzungen des § 33a Abs. 1 und 2 EStG vorliegen, ist nach § 33a Abs. 4 EStG für die vollen Kalendermonate, in denen diese Voraussetzungen nicht vorlagen, eine Ermäßigung um je ein Zwölftel dieser Beträge durchzuführen. Auch diese Ermäßigung wird vom Programm bei einer Probeberechnung vorgenommen.

Diese nur beispielhafte Aufzählung von empfehlenswerten Probeberechnungen könnte noch erweitert werden um die Fälle, bei denen nach

a) § 32 EStG erstmals oder wieder Kinder-, Haushalts- und Altersfreibeträge abzuziehen sind;
b) § 32b EStG erstmals oder erneut Progressionsvorbehaltsbezüge oder -einkünfte erzielt wurden;
c) § 33a Abs. 1a EStG berücksichtigungsfähige Aufwendungen zur Pflege des Eltern-Kind-Verhältnisses für Kinder vorliegen, die dem anderen Elternteil zugeordnet sind und für die der Steuerpflichtige einen Kinderfreibetrag erhält;
d) § 33a Abs. 3 EStG berücksichtigungsfähige Aufwendungen für die Beschäftigung einer Hausgehilfin oder Haushaltshilfe oder für Heim- und Pflegekosten erstmals oder erneut entstehen;
e) § 33b EStG Pauschbeträge für Körperbehinderte erstmals oder wegen geändertem Erwerbsminderungsbetrag in veränderter Höhe abzuziehen sind;
f) § 33 EStG berücksichtigungsfähige Aufwendungen für Paketsendungen in und für Angehörigenbesuche aus und in Ostblockstaaten entstanden sind;
g) § 33c EStG berücksichtigungsfähige Aufwendungen für Dienstleistungen zur Betreuung von Kindern, die zum Haushalt eines erwerbstätigen Kranken oder behinderten Alleinstehenden gehören, entstanden sind oder entstehen;
h) § 33c Abs. 5 EStG berücksichtigungsfähige Aufwendungen zur Betreuung eines behinderten oder kranken Ehegatten erstmals oder in veränderter Höhe entstehen;
i) § 34 Abs. 3 EStG zu verteilende Einkünfte aus einer Tätigkeit, die sich über mehrere Jahre erstreckt, erstmals zufließen;
j) § 34 Abs. 1 EStG zu berechnende außerordentliche Einkünfte erstmals oder erneut zufließen;
k) § 26a Abs. 2 EStG aufzuteilende oder zu übertragende Sonderausgaben und außergewöhnliche Belastungen bei beabsichtigter oder beantragter Getrenntveranlagung vorliegen;
l) § 26c EStG für den Veranlagungszeitraum der Eheschließung besondere Veranlagungen für die Ehegatten durchgeführt werden sollen;
m) § 2 Abs. 1 Nr. 1 EStG Gewinneinkünfte (Einkünfte aus Land- und Forstwirtschaft, Gewerbebetrieb und/oder selbständiger Arbeit) vorliegen und diese Einkünfte Gewinne

aus der Veräußerung von ganzen Betrieben, Teilbetrieben und/oder Betriebsvermögensanteilen enthalten, für die Freibeträge nach §§ 14, 14a, 16-18 EStG in Betracht kommen;

n) § 52 Abs. 21 EStG 87 erstmals für einen Veranlagungszeitraum nach 1986 die Ermittlung des Nutzungswertes der Wohnung im eigenen Haus nach § 21a EStG 86 oder § 21 Abs. 2 EStG wegfällt und dafür ein wie Sonderausgaben abzugsfähiger Wert für noch zu berücksichtigende erhöhte Absetzungen nach § 7b EStG 86 gewährt wird;

o) § 22 Nr. 1 Buchstabe a EStG oder nach § 55 EStDV zu ermittelnde Einkünfte aus wiederkehrenden Bezügen, insbesondere aus Altersruhegeldern sowie Berufs- und Erwerbsunfähigkeitsrenten aus der gesetzlichen Rentenversicherung erstmals zufließen;

p) § 10e EStG 87 erstmals für einen Veranlagungszeitraum nach 1986 ein wie Sonderausgaben abzusetzender Abzugswert für ein nach 1986 angeschafftes oder fertiggestelltes Objekt (Eigentumswohnung oder Haus) mit einer für eigene Wohnzwecke genutzten Wohnung in Betracht kommt.

Kapitel 2:

Amtlicher Erklärungsvordruck mit Anlagen und Anleitung

Grüne Felder nur vom Finanzamt auszufüllen

12 Nummer	15 Zeitr.	11 StNr.	10	87	Vorg.	Fallgruppe

1987

Eingangsstempel

An das Finanzamt

Zutreffende weiße Felder bitte ausfüllen oder ☒ ankreuzen

☐ **Antrag auf Lohnsteuer-Jahresausgleich**

☐ **Einkommensteuererklärung**

☐ Ich rechne mit einer Einkommensteuererstattung

Kenn-Nr. / Steuernummer / Aktenzeichen des Jahres 1986

Steuernummer

99 10

Allgemeine Angaben

Steuerpflichtige Person (Stpfl.), **bei Ehegatten: Ehemann**

Telefonisch tagsüber erreichbar unter Nr.

Zeile			
			68 Kenn-Nr. des Vorjahrs/Aktenzeichen
2	11	Name	69 Anschrift
3	13	Vorname	14 Titel des Stpfl./Ehemanns
4	72	Geburtsdatum Tag Monat Jahr · Religion · Ausgeübter Beruf	18 Titel der Ehefrau
5	22	Straße und Hausnummer	10 Anrede des Stpfl.
6	20	Postleitzahl · derzeitiger Wohnort	40 Anrede des Postempfängers
7		Anschrift wie 1986? ☐ Ja ☐ Nein · Von Zeilen 5 und 6 abweichender Wohnsitz am 31.12.1987	Kz · Wert
8		Verheiratet seit dem · Verwitwet seit dem · Geschieden seit dem · Dauernd getrennt lebend seit dem	
9	15	**Ehefrau** (Vorname)	
10	16	ggf. von Zeile 2 abweichender Name	**99 17**
11	73	Geburtsdatum Tag Monat Jahr · Religion · Ausgeübter Beruf	10 Art der Steuerfestsetzung
12		Straße und Hausnummer, Postleitzahl, derzeitiger Wohnort (falls von Zeilen 5 und 6 abweichend)	11 KFB 1 · Alter A B · Relig. A
13		Von Zeile 12 abweichender Wohnsitz am 31.12.1987	24 KFB 0,5 · 14 Zugeordnete Kinder
14		**Nur bei Einkommensteuererklärung von Ehegatten ausfüllen:** ☐ Zusammenveranlagung ☐ Getrennte Veranlagung ☐ Besondere Veranlagung für das Jahr der Eheschließung · Wir haben Gütergemeinschaft vereinbart ☐ Nein ☐ Ja	86 Haushaltsfreibetrag Ja = 1 · Kz · Wert
15		**Bankverbindung** **Bitte stets angeben!** · Konto wie 1986? ☐ Ja ☐ Nein	77 von · bis · A Dauer KiSt-Pflicht von M bis M
16	31	Nummer des Bankkontos, Postgirokontos, Sparbuchs, Postsparbuchs · Bankleitzahl 30	78 von · bis · B
17	34	Geldinstitut (Zweigstelle) und Ort	73 Angaben zur Erstattung · 83 Bescheid Ans. Ja =
18		Kontoinhaber ☐ Stpfl. (Zeilen 2 u. 3) oder: 32 Name (im Fall der Abtretung bitte amtlichen Abtretungsvordruck beifügen)	74 Veranlagungsart · 75 Zahl d. zu Besch.
19		**Der Steuerbescheid soll nicht mir/uns zugesandt werden, sondern**	N Anzahl 19 · V 23
20	41	Name	KSO 22 · FW 53
21	42	Vorname	GSE 21 · L 20
22	43	Straße und Hausnummer oder Postfach	FA 52 · GV 51
23	45	Postleitzahl · Wohnort	Kz · Wert

24	**Unterschrift**
25	Die mit der Steuererklärung angeforderten Daten werden aufgrund der §§ 149 ff. der Abgabenordnung und der §§ 25, 42 des Einkommensteuergesetzes erhoben.
26	Ich versichere, daß ich die Angaben in diesem Vordruck und den Anlagen wahrheitsgemäß nach bestem Wissen und Gewissen gemacht habe. Mir ist bekannt, daß Angaben über Kindschaftsverhältnisse erforderlichenfalls der für die Ausstellung von Lohnsteuerkarten zuständigen Gemeinde mitgeteilt werden. Wir sind damit einverstanden, daß der Steuerbescheid und Änderungsbescheide jedem der unterzeichnenden Ehegatten zugleich mit Wirkung für und gegen den anderen Ehegatten bekanntgegeben werden.
27	Datum, Unterschrift(en) Anträge/Steuererklärungen sind eigenhändig – bei Ehegatten von beiden – zu unterschreiben.

Bei der Anfertigung dieses Antrags/dieser Steuererklärung und der Anlagen hat mitgewirkt:

325 OFD Frankfurt am Main 10.87 A.POM (210)

ESt/LSt 1 A

– 2 –

Zeile

Angaben zu Kindern mit Wohnsitz im Inland

Zeile	Vorname des Kindes (ggf. auch abweichender Familienname)	Geboren am	Wohnort im Inland	Kindschaftsverhältnis zum/zur Stpfl./Ehemann: leibliches Kind/Adoptivkind	Stpfl./Ehemann: Pflegekind	Ehefrau: leibliches Kind/Adoptivkind	Ehefrau: Pflegekind	Bei Pflegekindern: Empfangene Unterhaltsleistungen/Pflegegelder DM
29/30	1			☐	☐	☐	☐	
31	2			☐	☐	☐	☐	
32	3			☐	☐	☐	☐	
33	4			☐	☐	☐	☐	
34	5			☐	☐	☐	☐	

35 **Von diesen Kindern sind vor dem 2. 1. 1971 – bei a bis d nach dem 1. 1. 1960 – geboren und**
a) standen in Berufsausbildung (Angabe der Schule, des Lehrherrn usw.)
b) konnten eine Berufsausbildung mangels Ausbildungsplatzes nicht beginnen oder fortsetzen — vom – bis
36 c) leisteten Grundwehrdienst, Zivildienst, befreienden Dienst (nur bei Unterbrechung der Berufsausbildung; bitte erläutern)
d) leisteten ein freiwilliges soziales Jahr
37 e) konnten sich wegen körperlicher, geistiger oder seelischer Behinderung nicht selbst unterhalten

Zeile	zu Nr.		vom – bis
38			
39			
40			

41 **Von den in Zeilen 30 bis 34 genannten Kindern stehen folgende zu weiteren Personen in einem Kindschaftsverhältnis:**

Angaben nur bei leiblichen Eltern (Elternteil) eines Pflegekindes, falls das Pflegekindschaftsverhältnis am 1. 1. 1987 bestand:

Zeile	zu Nr.	Name und Anschrift dieser Personen, Art des Kindschaftsverhältnisses	Höhe der Unterhaltsverpflichtung DM	Geleisteter Unterhalt DM
42				
43				

44 Das Kind lt. Zeile 42/43 war am 1.1.1987 (oder erstmals 1987) mit Hauptwohnung gemeldet

Zeile	zu Nr.	beim Stpfl./nicht dauernd getrennt lebenden Ehegatten	und/oder bei sonstigen Personen (Name und Anschrift, ggf. Verwandtschaftsverhältnis zum Kind) oder in (Anschrift)	Gehörte das Kind lt. – beigefügter – Bescheinigung der zuständigen Behörde zum Haushalt des Vaters?		Ich beantrage den vollen Kinderfreibetrag, weil der andere Elternteil keinen wesentlichen Unterhaltsbeitrag geleistet hat	der Übertragung lt. beigefügter Erklärung zugestimmt hat	Ich habe der Übertragung des Kinderfreibetrags auf den anderen Elternteil zugestimmt
46		☐		☐ Ja	☐ Nein	☐ Ja	☐ Ja	☐ Ja
47		☐		☐ Ja	☐ Nein	☐ Ja	☐ Ja	☐ Ja

Einkünfte im Kalenderjahr 1987 (inländische und ausländische steuerpflichtige Einkünfte) — 99 | 18

48 aus

49 **Nichtselbständiger Arbeit** lt. **Anlage N** für ☐ Stpfl./Ehemann ☐ Ehefrau — **Gewerbebetrieb/Selbständiger Arbeit** ☐ lt. **Anlage GSE** — 32, 33

50 **Land- und Forstwirtschaft** ☐ lt. **Anlage L** — **Kapitalvermögen** ☐ lt. **Anlage KSO** — 81

51 **Sonstige Einkünfte** ☐ lt. **Anlage KSO** — oder ohne Anlage KSO nur bei Spar- und Bausparzinsen: 32 Einnahmen Stpfl./Ehem. DM | 33 Einnahmen Ehefrau DM — 82; § 22 EStG – A –

52 oder ohne Anlage KSO nur bei Altersrenten (Einnahmen): Stpfl./Ehemann DM | Ehefrau DM — Dividenden: 81 DM | 82 DM — 34; § 22 EStG – B –

53 laufen seit dem — **Vermietung und Verpachtung** ☐ lt. **Anlage(n) V** Anzahl — 35; V. u. V. – A –; 36

Sonstige Angaben

54 Steuerbegünstigung zur **Förderung des Wohneigentums** ☐ lt. **Anlage(n) FW** Anzahl — V. u. V. – B –; 37

55 Anzurechnende Steuern ▶ Körperschaftsteuer ▶ 55 DM Pf — Kapitalertragsteuer 25 v. H. ▶ 47 DM Pf — DM Pf; 55

56 Aufgrund von Doppelbesteuerungsabkommen steuerfreie ausländische Einkünfte ohne Arbeitslohn lt. Anlage N Zeile 17 (Einzelangaben je Staat auf besonderem Blatt) — Staat — 40 Einkünfte (Stpfl./Ehem.) | 41 Einkünfte (Ehefrau) — 47

57 Ausländische Einkünfte (in den Anlagen enthalten) i. S. d. § 34 c EStG ☐ Abs. 1 ☐ Antrag n. Abs. 2 ☐ Abs. 5 — 1. Staat — 42 Einkünfte | 43 Ausländ. Steuer — Antrag n. § 34 c Abs. 2 EStG Staat Nr. Nr. Nr.; 84; Kz Wert

58 Ausländische Einkünfte (in den Anlagen enthalten) i. S. d. § 34 c EStG ☐ Abs. 1 ☐ Antrag n. Abs. 2 ☐ Abs. 5 — 2. Staat — 44 Einkünfte | 45 Ausländ. Steuer

59 ☐ Beteiligung i. S. des § 7 des Außensteuergesetzes oder Berechtigung i. S. des § 15 des Außensteuergesetzes — Ausländische Steuern vom Einkommen im Sinne des § 34 c Abs. 3 EStG ▶ DM

60 Im Kalenderjahr 1987 **hingegebene** Darlehen im Sinne d. §§ 16, 17 BerlinFG lt. **beigefügter Anlage B** — Darlehnsbetrag DM — 49 Ermäßigungsbetrag DM

61 Vermögenswirksame Leistungen **als Arbeitgeber,** die über den geschuldeten Arbeitslohn hinaus erbracht wurden — Zahl der Arbeitnehmer am 1. 10. 1986 — Verm. Leistungen DM — 50 Ermäßigungsbetrag DM

– 3 –

Zeile				Bitte nur volle DM-Beträge eintragen	99 13
62	**Sonderausgaben**				
	– Nicht rentenversicherungspflichtige Arbeitnehmer bitte die Zeilen 31 bis 36 der Anlage N ausfüllen –				
63	Gesetzliche **Sozialversicherung** (nur Arbeit**nehmer**anteil) und/oder befreiende Lebensversicherung sowie andere gleichgestellte Aufwendungen		Stpfl./Ehemann	30	30
64	(ohne steuerfreie Zuschüsse des Arbeitgebers) – In der Regel auf der Lohnsteuerkarte bescheinigt –		Ehefrau	31	31
65	Gesetzlicher Arbeit**geber**anteil zur gesetzlichen **Rentenversicherung**, steuerfreie Zuschüsse des Arbeitgebers zu gleichgestellten Aufwendungen (In der Regel auf der Lohnsteuerkarte bescheinigt),		Stpfl./Ehemann	32	32
66	steuerfreie Beträge der Künstlersozialkasse an die BfA ☐ Es bestand Knappschaftsversicherungspflicht		Ehefrau	33	33
67	**Freiwillige** Angestellten-, Arbeiterrenten-, Höher**versicherung** (abzüglich steuerfreier Arbeitgeberzuschuß) sowie Beiträge von Nichtarbeitnehmern zur gesetzlichen Altersversorgung			41 Stpfl./Ehegatten	41
68	**Krankenversicherung** (freiwillige Beiträge sowie Beiträge von Nichtarbeitnehmern zur gesetzlichen Krankenversicherung – abzüglich steuerfreie Zuschüsse, z. B. des Arbeitgebers –)	in 1987 gezahlt	in 1987 erstattet –	40	40
69	**Unfallversicherung**		–	42	42
70	**Lebensversicherung** ohne vermögenswirksame Leistungen (einschl. Sterbekasse u. Zusatzversorgung; ohne Beiträge in Zeilen 63 u. 64)		–	44	44
71	**Haftpflichtversicherung** (ohne Kasko-, Hausrat- und Rechtsschutzversicherung)		–	43	43
72	Beiträge an **Bausparkassen,** die als Sonderausgaben geltend gemacht werden – ohne vermögenswirksame Leistungen –				34
73	Institut, Vertrags-Nr. und Vertragsbeginn			35 Beiträge	35
74	Für 1987 habe(n) ich/wir und die nach dem 1. 1. 1970 geborenen Kinder eine **Wohnungsbauprämie beantragt:** ☐ Nein ☐ Ja				Eingangsdatum 38
75	**Renten**		11 tatsächlich gezahlt	12 abziehbar v. H.	11
76	**Dauernde Lasten**			10	12 v. H.
77	**Unterhaltsleistungen** an den geschiedenen/dauernd getrennt lebenden Ehegatten lt. **Anlage U**			39	10 / 39
78	**Kirchensteuer**		13 in 1987 gezahlt	14 in 1987 erstattet	13
79	**Steuerberatungskosten**			16	14
80	Aufwendungen für die eigene **Berufsausbildung** oder die Weiterbildung in einem nicht ausgeübten Beruf	Art der Aus-/Weiterbildung		17	16 / 17
81	**Spenden** und Beiträge für wissenschaftliche und kulturelle Zwecke	lt. beigef. Bestätigungen	lt. Nachweis Betriebsfinanzamt +	18	18
82	für mildtätige, kirchliche, religiöse und gemeinnützige Zwecke		+	19	19
83	**Mitgliedsbeiträge und Spenden** an politische Parteien (§§ 34 g, 10 b EStG)		+	20	20
84	Nur bei Einkommensteuererklärung ausfüllen: **Verlustabzug** nach § 10 d EStG und/oder § 2 Abs. 1 Satz 2 Auslandsinvestitionsgesetz (Bitte weder in Rot noch mit Minuszeichen eintragen)	24 aus 1982	25 aus 1983	26 aus 1984	Summe der Umsätze, Gehälter und Löhne 21
85		Verlustrücktrag	27 aus 1985	28 aus 1986	Kz Wert

Zeile										
86	**Außergewöhnliche Belastungen** **Körperbehinderte und Hinterbliebene**			Nachweis ☐ ist beigefügt. ☐ hat bereits vorgelegen.						
87	Name	Ausweis/Rentenbescheid/Bescheinigung ausgestellt am	gültig bis	Hinterbliebener	Körperbehinderter	blind/ständig pflegebedürftig	geh- und stehbehindert	Grad der Behinderung		
88				☐	☐	☐	☐	56	56 1. Person *)	
89				☐	☐	☐	☐	57	57 2. Person *)	

Zeile				
90	**Beschäftigung** einer ☐ Hausgehilfin / Haushaltshilfe	Aufwendungen DM	☐ **Heim- oder Pflegeunterbringung**	Unterbringung: Art der Dienstleistungskosten	*) bei Blinden und ständig Pflegebedürftigen: „300" eintragen
91	vom – bis	Antragsgrund, Name und Anschrift der Beschäftigten / der untergebrachten Person		Hinterblieb. Pauschbetrag 58 Anzahl
92	**Freibetrag für besondere Fälle** (bitte Ausweis beifügen) ☐ Flüchtling ☐ Vertriebener ☐ Heimatvertriebener ☐ Spätaussiedler ☐ Politisch Verfolgter			Hausgehilfin/Unterbr. 60
93	**Freibetrag für Aufwendungen zur Pflege des Eltern-Kind-Verhältnisses,** wenn das Kind dem anderen Elternteil zuzuordnen ist. Vorname des Kindes	Aufwendungen vom – bis	Vorname des Kindes	Aufwendungen vom – bis	Freibetrag f. bes. Fälle 63 Ja = 1
94					Freibetrag nach § 33 a Abs. 1 a EStG 66

– 4 –

Zeile		Summe der Unterstützungszeiträume in Monaten insgesamt
95	**Unterstützung bedürftiger Personen** Name und Anschrift der unterstützten Person, Beruf, Familienstand	50
96	Hatte jemand Anspruch auf einen Kinderfreibetrag für diese Person? ☐ Nein ☐ Ja · Verwandtschaftsverhältnis zu dieser Person · Geburtsdatum	Eigene Einnahmen der unterstützten Person(en), ggf. „0"
97	Aufwand für diese Person vom – bis · DM · Grund der Unterstützung	51
98	Diese Person hatte im Unterstützungszeitraum · Bruttoarbeitslohn DM · Renten DM · andere Einkünfte/Bezüge sowie Vermögen (Art und Höhe)	Betriebsausgaben, Werbungskosten/Unkosten-Pauschbetrag 52
99	außerhalb des Unterstützungszeitraums · Einnahmen ☐ (Art und Höhe auf bes. Blatt erläutern) · Diese Person lebte ☐ in meinem Haushalt ☐ im eigenen/anderen Haushalt · zusammen mit folgenden Angehörigen	Unterhaltsleistungen Dritter
100	Zum Unterhalt dieser Person haben auch beigetragen (Name, Anschrift, Zeitraum und Höhe der Unterstützung)	53 · Tatsächl. Unterhaltsaufwendungen des Antragstellers
101	**Ausbildungsfreibetrag (1. Kind)** Vorname, Familienstand und Anschrift des Kindes	54 · Ausbildungsfreibeträge
102	Auswärtige Unterbringung · vom – bis · Ausbildungsort · Aufwendungen für die Berufsausbildung entstanden · vom – bis	65
103	Einnahmen d. Kindes im maßgeb. Ausbildungszeitraum · Bruttoarbeitslohn DM · Öfftl. Ausbildungshilfen DM · andere Einkünfte/Bezüge (Art und Höhe)	Kz · Wert
104	außerhalb des maßgebenden Ausbildungszeitraums · Bruttoarbeitslohn DM · Öfftl. Ausbildungshilfen DM · andere Einkünfte/Bezüge (Art und Höhe)	
105	**Ausbildungsfreibetrag (2. Kind)** Vorname, Familienstand und Anschrift des Kindes	
106	Auswärtige Unterbringung · vom – bis · Ausbildungsort · Aufwendungen für die Berufsausbildung entstanden · vom – bis	Kinderbetreuungskosten Aufwendungen 84
107	Einnahmen d. Kindes im maßgeb. Ausbildungszeitraum · Bruttoarbeitslohn DM · Öfftl. Ausbildungshilfen DM · andere Einkünfte/Bezüge (Art und Höhe)	Höchstbetrag 85
108	außerhalb des maßgebenden Ausbildungszeitraums · Bruttoarbeitslohn DM · Öfftl. Ausbildungshilfen DM · andere Einkünfte/Bezüge (Art und Höhe)	Pauschbetrag 86
109	**Kinderbetreuungskosten** für haushaltszugehörige Kinder bis 16 Jahre · Bei Alleinstehenden: Es bestand ein gemeinsamer Haushalt der Elternteile · vom – bis	Personell berechneter Betrag (§§ 33a, 33b EStG) 61
110	Ich war vom – bis · erwerbstätig · körperbehindert · krank	Anerkannte außergewöhnliche Belastung – vor Abzug der zumutbaren Belastung –
111	Der Ehegatte bzw. der andere Elternteil bei gemeinsamem Haushalt war vom – bis · erwerbstätig · körperbehindert · krank	62
112	Vorname und Anschrift des Kindes · Das Kind gehörte zu meinem Haushalt · vom – bis	
113	Pauschbetrag ☐ · oder Art und Höhe der Aufwendungen · Dienstleistungen · vom – bis	99 · 12
114	**Andere außergewöhnliche Belastungen** Art der Belastung · Gesamtaufwand im Kalenderjahr DM · Erhaltene/zu erwartende Versicherungsleistungen, Beihilfen, Unterstützungen; Wert des Nachlasses usw. DM	Nr. · Wert
115		
116		
117		
118	**Nur bei geschiedenen oder dauernd getrennt lebenden Elternpaaren oder bei Eltern nichtehelicher Kinder:** ☐ Laut beigefügtem gemeinsamen Antrag sind die Ausbildungsfreibeträge auf einen Elternteil zu übertragen und/oder die für Kinder zu gewährenden Pauschbeträge für Körperbehinderte/Hinterbliebene in einem anderen Verhältnis als je zur Hälfte aufzuteilen.	
119	**Nur bei getrennter Veranlagung von Ehegatten ausfüllen:** ☐ Laut beigefügtem gemeinsamen Antrag beträgt der bei mir zu berücksichtigende Anteil an den · Sonderausgaben v. H. · außergewöhnlichen Belastungen v. H.	

99	30	12 LSt / ESt	14 KiSt A DM Pf	15 KiSt B DM Pf	18 Sparzulage A	31 Sparzulage B
Bisher festgesetzte Beträge – ggf. in Rot –		10 Versp. Zuschl. in v.H.	11 Versp. Zuschl. in DM	38 Vorauszahlungen	Kz Wert	Kz Wert

Verfügung 1. Die aufgeführten Daten sind mit Hilfe des geprüften und genehmigten Programms sowie unter Berücksichtigung der ggf. gespeicherten Daten maschinell zu verarbeiten. In Höhe des maschinell ermittelten Ergebnisses werden die Steuern, die Nachzahlungen oder Rückforderungen von Arbeitnehmer-Sparzulagen, der Verspätungszuschlag und die Vorauszahlungen festgesetzt oder es wird die Nichtveranlagung verfügt. Das Ergebnis ist bekanntzugeben.

	Erledigt (Namensz., Datum)		Erledigt (Namensz., Datum)
2. ☐ Grunddaten prüfen		7. ☐ In V-Liste/Z-Kartei vermerken	
3. ☐ KM fertigen		8. ☐ Auf LSt-Karte vermerken	
4. ☐ Belege zurückgeben		9. ☐ Bescheid ergänzen (Anlage beifügen)	
5. ☐ Änderung/Berichtigung vermerken		10. Z. d. A.	
6. Zur Datenerfassung			

Erfaßt

Kontrollzahl

Sachgebietsleiter · Datum · Bearbeiter

Name und Vorname des Arbeitnehmers
Kenn-Nr. des Jahres 1985/Aktenzeichen/Steuernummer

Anlage N

Einkünfte aus nichtselbständiger Arbeit

1986

99 | 2 | Stpfl./ Ehem. = 7 Ehefr. = 8

89

Jeder Ehegatte mit Einkünften aus nichtselbständiger Arbeit hat eine eigene Anlage N abzugeben

Zeile				DM Pf (Erste Lohnsteuerkarte)	DM Pf (Weitere Lohnsteuerkarte(n))
1	**Steuerklasse, Zahl d. Kinderfreibeträge u. d. Kinder** lt. Lohnsteuerkarte	**Bei Ehegatten:** Ist auch für den Ehegatten eine Lohnsteuerkarte ausgestellt? Nein / Ja, und zwar Steuerklasse			
2	**Angaben zum Arbeitslohn**				
3	**Bruttoarbeitslohn**			10	11
4	**Lohnsteuer**		nach Abzug der vom Arbeitgeber im Jahresausgleich erstatteten Beträge	40	41
5	**Kirchensteuer des Arbeitnehmers**			42	43
6	**Nur bei konfessionsverschiedener Ehe: Kirchensteuer für den Ehegatten** (lt. Abschnitt IV Nr. 6 Ihrer Lohnsteuerkarte)			44	45
7	**Vermögenswirksame Leistungen**	Lebensversicherungsvertrag	Versicherungsunternehmen und Vertragsnummer		54
8	**Zulagensatz 16/26 v. H.**	Nach dem 12. 11. 1980 abgeschlossener anderer Vertrag	Vertragsart, Unternehmen, Nr. und Datum des Vertrags		58
9		Vor dem 13. 11. 1980 abgeschlossener anderer Vertrag			62
10		Kapitalbeteiligungen	Anlageart, Unternehmen und Datum des Vertrags		52
11	**Zulagensatz 23/33 v. H.**	Bausparbeiträge	Bausparkasse, Nr. und Datum des Vertrags		56
12		Andere Anlage(n)	Anlageart, Unternehmen, Nr. und Datum des Vertrags		60
13	**Ausgezahlte Arbeitnehmer-Sparzulage**				51
14	**Kurzarbeiter- und Schlechtwettergeld** (Beträge lt. Lohnsteuerkarte)			34 Ausgezahlter Betrag	19 Bruttobetrag
15	**Arbeitslosengeld, Arbeitslosenhilfe** (Bruttobetrag lt. Bescheinigung des Arbeitsamts)				20
16	**Angaben über Zeiten und Gründe der Nichtbeschäftigung** (Nachweise bitte beifügen)				
17					
18	**Steuerfreier Arbeitslohn für Tätigkeit im Ausland** nach Doppelbesteuerungsabkommen (DBA), Auslandstätigkeitserlaß (ATE)		Staat	39 DBA	36 ATE
19	**Arbeitslohn für mehrere Jahre** Antrag auf Verteilung auf mehrere Jahre durch Veranlagung (§ 34 Abs. 3 EStG)			auf andere Jahre entfallender Arbeitslohn ▸	14
20	Bei Jahresausgleich: Einbeziehung wird beantragt	13 Arbeitslohn	46 Lohnsteuer	48 Kirchenst. Arbeitn.	49 Kirchenst. Ehegatte
21	**Entschädigungen** sind einzubeziehen: zur Anwendung des ermäß. Steuersatzes / in d. Jahresausgleich (ohne Ermäßigung)	66 Arbeitslohn	80 Lohnsteuer	84 Kirchenst. Arbeitn.	87 Kirchenst. Ehegatte
22	**Arbeitnehmer-Erfindervergütungen** sollen nicht einbezogen werden. / sollen einbezogen werden.	Arbeitslohn	Lohnsteuer	Kirchenst. Arbeitn.	Kirchenst. Ehegatte
23	**Versorgungsbezüge** (im Bruttoarbeitslohn – Zeilen 3 und 20 – enthalten)		aus einem früheren Dienstverhältnis	aus allen weiteren früheren Dienstverhältnissen	davon Bezüge mit ausgezahlter Berlin-Zulage lt. Lohnsteuerkarte
24			32	33	23
25	**Berlinvergünstigung**	Nach dem Berlinförderungsgesetz ausgezahlte **Arbeitnehmerzulagen** lt. Lohnsteuerkarte			26
26		**Nur ausfüllen** bei Abgabe des Vordrucks **in** Berlin (West)	In Zeilen 3 und 20 enthaltene Arbeitslöhne (ohne Versorgungsbezüge), die **nicht** aus Berlin (West) sind		22
27		**Nur ausfüllen** bei Abgabe des Vordrucks **außerhalb** von Berlin (West)	In Zeilen 3 und 20 enthaltene Arbeitslöhne, für die **Berlin-Zulagen** ausgezahlt worden sind		
28	Grenzgänger nach	Beschäftigungsland		Arbeitslohn ▸	16 in ausländ. Währung
29	Steuerpflichtiger Arbeitslohn, von dem kein Steuerabzug vorgenommen worden ist			65 Streikgelder	15 andere Beträge
30	Steuerfrei erhaltene Aufwandsentschädigung	aus der Tätigkeit als			Betrag

Rechte Spalte (Kennzahlen): 85 Veranlagungsgrund; 10; 40; 42; 44; 11; 41; 43; 45; 54; Institutsschlüssel zu Kz 54; 55; 58; Institutsschlüssel zu Kz 58; 59; 62; Institutsschlüssel zu Kz 62; 63; 52; Institutsschlüssel zu Kz 52; 64; 56; Institutsschlüssel zu Kz 56; 57; 60; Institutsschlüssel zu Kz 60; 61; 51; 34; 19; 20; 14; 47 ESt zu Kz 14; 32; 33; Kz Wert; 26; 22; zu Zeile 27: § 22 BerlinFG; 38; zu Zeile 27: § 21 BerlinFG; 21; 16; 17; 65; Länderschlüssel (Arbeitgeber-FA); 67; St-Kl.; Gesch; 68; 69

328c OFD Frankfurt am Main 10.86 O.JÄH (210)

– 2 –

Zeile			
31	Ich habe in 1986 bezogen: ☐ beamtenrechtliche od. gleichgestellte Versorgungsbezüge ☐ Altersruhegeld aus der gesetzlichen Rentenversicherung		Vorsorgepauschale gekürzt = 1 ungekürzt = 2
32	Es bestand 1986 **keine gesetzliche Rentenversicherungspflicht** a) jedoch eine Anwartschaft auf Altersversorgung (ganz oder teilweise ohne eigene Beitragsleistung) aus dem aktiven Dienstverhältnis als		35
33	☐ als Beamter ☐ als Vorstandsmitglied		Kz Wert
34	Das aktive Beschäftigungsverhältnis bestand 1986 ☐ während des ganzen Jahres nur vom – bis	Arbeitslohn für diesen Teil des Jahres ▸ DM	
35	b) und auch keine Anwartschaft auf Altersversorgung oder eine Anwartschaft nur aufgrund eigener Beitragsleistung aus der Tätigkeit		Summe der Zeilen 34 und 36
36	☐ als Vorstandsmitglied/GmbH-Gesellschafter-Geschäftsführer ☐ im Rahmen v. Ehegattenarbeitsverträgen, die vor dem 1. 1. 1967 abgeschlossen wurden als (z. B. Praktikant, Student)	Arbeitslohn DM	12

Werbungskosten

Zeile						
37	**Fahrten zwischen Wohnung und Arbeitsstätte**					Kz Wert
38	Aufwendungen für Fahrten mit eigenem ☐ Pkw ☐ Motorrad/Motorroller	Letztes amtl. Kennzeichen ☐ Moped/Mofa ☐ Fahrrad				
39	Arbeitstage je Woche; Urlaubs- und Krankheitstage	Erhöhter Kilometersatz wegen Körperbehinderung ☐ von mindestens 70 v. H. ☐ von mindestens 50 v. H. und erheblicher Gehbehinderung				
40	Arbeitsstätte in (Ort und Straße) – ggf. nach besonderer Aufstellung –	benutzt an Tagen	einfache Entf. (km)	Ständig wechselnde Einsatzstelle vom – bis		Tage km Pf 70
41						71
42						72
43	Aufwendungen für Fahrten mit öffentlichen Verkehrsmitteln				74	74
44	Vom Arbeitgeber in 1986 für Fahrten zwischen Wohnung und Arbeitsstätte **steuerfrei** ersetzte Fahrkosten				73	73
45	**Beiträge zu Berufsverbänden** (Bezeichnung der Verbände)			DM		Kz Wert
46	**Aufwendungen für Arbeitsmittel** (Art der Aufwendungen)			+		
47	**Weitere Werbungskosten** (z. B. Fortbildungs- und Reisekosten) – soweit nicht steuerfrei ersetzt –			+		
48				+ ▸	77	77

Zeile							
49	**Mehraufwendungen für Verpflegung** bei über zwölfstündiger Abwesenheit von der Wohnung						Kz Wert
50	Arbeitszeit von – bis Uhr	Abwesenheit von – bis Uhr	Zahl d. Tage × 3 DM	= DM			
51	ständig wechselnden Einsatzstellen und über zehnstündiger Abwesenheit von der Wohnung						
52	Arbeitszeit von – bis Uhr	Abwesenheit von – bis Uhr	Zahl d. Tage × 5 DM	= DM	**Vom Arbeitgeber steuerfrei ersetzt** ▾		
53	Berufskraftfahrern mit Fahrtätigkeit	über 6 Stunden Zahl der Tage	über 12 Stunden Zahl der Tage	DM			
54	Art der Tätigkeit			Summe Zeilen 50 bis 53 DM	– DM ▸	76	76
55	**Mehraufwendungen für doppelte Haushaltsführung** Der doppelte Haushalt wurde aus beruflichem Anlaß begründet			Beschäftigungsort			
56	Grund	am	und hat seitdem ununterbrochen bestanden bis 1986	Mein Ehegatte hat sich an meinem Beschäftigungsort aufgehalten	vom – bis		Werbungskosten zu Kz 21 oder 38
57	Eigener Hausstand ☐ Nein Ja, in		seit	Falls nein, wurde Unterkunft am bisherigen Ort beibehalten? ☐ Nein	☐ Ja		25
58	**Kosten d. ersten Fahrt zum Beschäftigungsort u. d. letzten Fahrt zum eigenen Hausstand** ☐ mit öffentlichen Verkehrsmitteln ☐ mit eigenem Kfz. (Entfernung km)			= DM			Werbungskosten zu Kz 22
59	**Fahrkosten für Heimfahrten** ☐ mit öffentlichen Verkehrsmitteln ☐ m. eigenem Kfz. (Entfernung km)		Einzelfahrt DM × Anzahl	= DM			28
60	**Kosten der Unterkunft am Arbeitsort** (lt. Nachweis)			DM	**Vom Arbeitgeber steuerfrei ersetzt** ▾		Werbungskosten zu Versorgungsbezügen
61	**Mehraufwendungen für Verpflegung** täglich DM		Zahl der Tage ×	= DM			27
62			Summe Zeilen 58 bis 61	DM	– DM ▸	75	75
63	**Besondere Pauschsätze für bestimmte Berufsgruppen** – bitte die Berufsgruppe genau bezeichnen –					78	78

Name und Vorname/Gesellschaft/Körperschaft

Steuernummer

Anlage L

1986

- [ ] zur Einkommensteuererklärung
- [ ] zur Körperschaftsteuererklärung
- [ ] zur Erklärung zur gesonderten – und einheitlichen – Feststellung

Einkünfte aus Land- und Forstwirtschaft

Zeile		Steuerpflichtiger/ Ehemann/ Gesellschaft (DM)	Ehefrau (DM)
	Gewinn (ohne die Beträge in Zeilen 10 bis 14 und ggf. 19)	Bitte nur volle DM-Beträge eintragen	
1	als Einzelunternehmer/der Gesellschaft — im Wirtschaftsjahr vom (Tag, Monat) bis (Tag, Monat) — nach § 13 a EStG / nach § 4 Abs. 1 od. 3 EStG ermittelter Gewinn DM / DM		
2	1985/86 — auf das Kalenderjahr 1986 entfallen →	10	11
3	1986/87 — auf das Kalenderjahr 1986 entfallen →	12	13
4	[ ] als Mitunternehmer der Gesellschaft [ ] lt. gesonderter Feststellung		
5	Finanzamt, Steuernummer		
6	Braucht nur ausgefüllt zu werden, wenn Feststellungsbescheid vorliegt → Gewinn, wenn § 34 e EStG nicht in Betracht kommt	36	37
7	Gewinn, wenn § 34 e EStG in Betracht kommt	38	39
8	Freibetrag nach § 14 a Abs. 4 EStG, der auf das Kj. 1986 entfällt (bitte Name, Anschrift und Geburtsdatum des – künftigen – Hoferben und des abgefundenen weichenden Erben sowie für diesen früher gewährte Freibeträge auf besonderem Blatt angeben und Vertragsunterlagen beifügen)	24	25
9	Freibetrag nach § 14 a Abs. 5 EStG, der auf das Kj. 1986 entfällt (Unterlagen über die Höhe der Betriebsschuld am 30. 6. 1985 und ihre Entwicklung bis zur Tilgung bitte beifügen)	56	57
10	**Veräußerungsgewinn** vor Abzug etwaiger Freibeträge — **bei Veräußerung/Aufgabe**		
11	**eines ganzen** Betriebs als Einzelunternehmer wegen dauernder Berufsunfähigkeit oder nach Vollendung des 55. Lebensjahrs (§§ 14, 16 Abs. 4 Satz 3 EStG)	18	19
12	**eines ganzen** Betriebs als Einzelunternehmer aus anderen Gründen	22	23
13	**eines ganzen** Betriebs im Sinne des § 14 a Abs. 1 bis 3 EStG als Einzelunternehmer	20	21
14	**aller weiteren** Betriebe, Teilbetriebe, Mitunternehmeranteile [ ] lt. gesonderter Feststellung [ ] wegen dauernder Berufsunfähigkeit oder nach Vollendung des 55. Lebensjahrs [ ] aus anderen Gründen	60	61
15	**Sonstiges** — Nach § 34 Abs. 2 EStG zu begünstigende sonstige Gewinne (in Zeilen 2 bis 7 enthalten)	26	27
16	Im Kj. 1986 zugeflossene finanzielle Hilfen zur Schaffung von zusätzlichen Ausbildungsplätzen (§ 24 b EStG)	75	76
17	Der Gewinnabzug nach § 78 EStDV wird für das Wj. 1986/87 in Anspruch genommen in Höhe von (Einzelangaben auf besonderem Blatt)		
18	Erhöhte Absetzung n. § 7 b EStG, § 15 BerlinFG im Wj. 1986/87 (ggf. Kj. 1986) bei Anschaffung oder Herstellung vor dem 1. 1. 1987 – Zeile 61 ESt/LSt 1 A beachten – [ ] wie im Vorjahr [ ] lt. bes. Blatt — Objektverbrauch [ ] Nein [ ] Ja		
19	In Zeilen 2 bis 14 [ ] wegen der Abzugsbeschränkung außer Ansatz gelassene Verluste [ ] enthaltene ungekürzte Gewinne i. S. des § 2 a EStG — Staat		
20	In Zeilen 2 bis 14 verrechnete Verluste nach § 2 a EStG aus anderen Jahren		
21	Steuervergünstigungen nach dem Zonenrandförderungsgesetz [ ] werden beantragt — wurden beantragt am		
22	Einkünfte aus Holznutzungen, die in den Zeilen 2 bis 7 enthalten sind und den ermäßigten Steuersätzen des § 34 b EStG unterworfen werden sollen, und zwar nach — 50 (§ 34 b Abs. 3 Nr. 2 EStG)	53 (§ 34 b Abs. 3 Nr. 1 EStG)	54 (§ 34 b Abs. 3 Nr. 3 a EStG)
23	Gründe für die außerordentlichen Holznutzungen, ggf. auf besonderem Blatt erläutern	52 (§ 34 b Abs. 3 Nr. 3 b EStG)	51 (§ 34 b Abs. 3 Nr. 3 c EStG)
24	**Nur bei Wohnsitz in Berlin (West): Gewinne, die nicht aus Berlin (West) sind** — Nach Abzug des Freibetrags (§§ 14, 14a Abs. 1 EStG) von DM	58	59
25	Kraftfahrzeugkosten für [ ] Pkw [ ] Motorrad — Fabrikat — Gesamtfahrleistung im Wj. km	Gesamtkosten (einschl. AfA) DM	privat gebuchter Kostenanteil DM

Kennzahlenleiste (rechter Rand): 99 · 20 · 89 · 10 · 11 · 12 · 34 (§ 34 e: Gewinn 85/8…) · 13 · 35 (§ 34 e: Gewinn 86/8…) · 36 · 37 · 38 · 40 (§ 34 e: Höchstbetr…) · 39 · 41 (§ 34 e: Höchstbetr…) · 24 · 25 · 56 · 57 · 18 · 19 · 22 · 23 · 81 (Freibetr. § 14 ES…) · 82 (Freibetr. § 14 ES…) · Sonderschlüssel L … · 70 · Kz · Wert

Antrag nach § 13 a Abs. 2 EStG

26 **für die Wirtschaftsjahre 1986/87 bis 1989/90** — Stellen Sie den Antrag und ermitteln Sie den Gewinn durch Betriebsvermögensvergleich, so sind Sie auch für di… Wj. 1987/88, 1988/89 und 1989/90 verpflichtet, den Gewinn in gleicher Weise zu ermitteln. Entsprechendes gilt bei einem Antra… auf Besteuerung des durch Vergleich der Betriebseinnahmen mit den Betriebsausgaben ermittelten Gewinns, es sei denn, da… Sie vorher buchführungspflichtig werden.

27 [ ] Ich/Wir habe(n) den Gewinn für das Wj. 1986/87 ermittelt durch [ ] Betriebsvermögensvergleich [ ] Aufzeichnung und Vergleich der Betriebseinnahmen mit den Betriebsausgaben

und beantrage(n), den so ermittelten Gewinn der Besteuerung zugrunde zu legen.

28

328a OFD Frankfurt am Main 10.86 ECAT (209)

Anlage L für Einkünfte aus Land- und Forstwirtschaft

– 2 –

Bitte die Seiten 2 und 3 (ausgenommen Zeilen 51 bis 60 auf Seite 3) unabhängig von der Art der Gewinnermittlung ausfüllen.

Zeile	Flächenangaben					DM
29	Am 1.1.1986 maßgebende(r) Einheitswert(e) des land- und forstwirtschaftlichen Betriebs auf den 1.1.19					
30		Name und Anschrift des Pächters/ Verpächters/Überlassenden	Katastermäßige Bezeichnung	Verausgabte/ Vereinnahmte Pachtzinsen DM	Landwirtschaftliche Nutzung (ohne Spalte 5) ha | ar | m²	Hopfenbau/ Spargelbau ha | ar | m²
31		1	2	3	4	5
32	Im Einheitswert lt. Zeile 29 berücksichtigte Flächen					
33	**Flächenzugänge** (einschl. Nutzungsänd.) zwischen d. letzten Feststellungszeitpunkt und dem Beginn des Wj. 1986/87					
34	Dem **Grundvermögen** zugerechnete Flächen, die zu Beginn des Wj. 1986/87 land- und forstwirtschaftlich genutzt worden sind					
35						
36	Zu Beginn des Wj. 1986/87 **zugepachtete** oder unentgeltlich von Dritten überlassene Flächen					
37						
38						
39						
40			Summe Zeilen 32 bis 39			
41	**Flächenabgänge** (einschl. Nutzungsänd.) zwischen d. letzten Feststellungszeitpunkt und dem Beginn des Wj. 1986/87					
42	Zu Beginn des Wj. 1986/87 **verpachtete** oder unentgeltlich an Dritte überlassene Flächen		Betriebsvermögen			
43						
44			Privatvermögen			
45						
46	Selbstbewirtschaftete Flächen insgesamt (Zeile 40 abzügl. Zeilen 41 bis 45) →					
47			Zusammen (Zeilen 42 bis 45)			

Zeile				
48	Arbeitslöhne	DM	Von der landwirtschaftl. Nutzung (vgl. Zeile 46 Spalte 4) entfallen auf	Dauergrünland | Zuckerrübenbau
49	Zahlungen an Lohnunternehmer	DM		Tabakbau | Weizen

Zeile	Veräußerung/Entnahme von Grundstücken						
50					☐ Bei Veräußerung: Gewinnübertragung nach §§ 6b, 6c EStG wird beantragt.		
51		Katastermäßige Bezeichnung	Größe ha | ar | m²	Tag der Veräußerung/Entnahme	Erlös/ Entnahmewert DM	Entstandene Kosten DM	Anschaffungskosten (ggf. Wert nach § 55 EStG) DM
52	Veräußerung						
53							
54	Entnahme durch Schenkung usw.						

Zeile	Betriebsverpachtung		
55	Der Betrieb ist seit dem	☐ im ganzen verpachtet.	☐ parzellenweise verpachtet.

Zeile	Nutzungswert von Wohnungen	vom – bis	Größe m²	Baujahr	Ausstattung: Ofenheizung	Sammelheizung	Bad	Warmwasserversorg.	WC
56									
57	Selbstgenutzte Wohnung				☐	☐	☐	☐	☐
58	Altenteilerwohnung				☐	☐	☐	☐	☐

59 Zum Betriebsvermögen gehörte(n) am 31. 12. 1986 ☐ keine ☐ die in der beigefügten **Anlage W** aufgeführte(n) im Kj. 1986 wenigstens zeitweise selbstgenutzte(n) und/oder unentgeltlich zur Nutzung überlassene(n) Wohnung(en).

60 ☐ Ich/Wir beantrage(n) unwiderruflich, den Nutzungswert für das Kalenderjahr 1987 nicht mehr zu besteuern, und zwar für die Wohnung(en) lt. Zeile(n) der Anlage W.

– 3 –

Aktenzeichen						Eigentümer														
Weinbau			Gärtnerische Nutzung: Gemüse-, Blumen- u. Zierpflanzenbau			Obstbau			Baumschulen			Sonstige land- u. forstw. Nutzung, Abbauland			Geringstland			Forstwirtschaftliche Nutzung		
ha	ar	m²	ha	ar	m²	ha	ar	m²	ha	ar	m²	ha	ar	m²	ha	ar	m²	ha	ar	m²
6			7			8			9			10			11			12		

Pflanzkartoffelbau	Frühkartoffelbau	Sonstiger Kartoffelbau	Sonst. Hackfruchtbau	Futterbau	Ölfrüchte	Hof- u. Gebäudefläche
Roggen	Gerste	Hafer, Gemenge	Körnermais	Hülsenfrüchte	Obstbau mit landw. Unternutzung	Almen u. Hutungen

Arbeitsleistung Nur bei Gewinnermittlung nach § 13 a EStG ausfüllen.

Im Betrieb waren im Wj. 1986/87 tätig nicht aufgrund eines Arbeitsvertrags (Name und Geburtsdatum)	Betriebs-Inhab.	Angehöriger (auch Kinder)	Zahl der Monate	nur zu v. H.	wegen	davon entfallen auf Nutzungen lt. Zeile 31 Spalten 5 bis 12 v. H.	(Art)
aufgrund eines Arbeitsvertrags (Name und Anschrift)				Arbeitslohn DM	Zahl der Monate		
Name der haushaltsführenden Person				Anzahl der im Haushalt voll beköstigten und untergebrachten Personen			

– 4 –

Zeile	**Besondere Betriebseinnahmen im Wj. 1986/87** (Nicht ausfüllen, wenn der Gewinn insgesamt durch Buchführung oder Einnahme-Überschuß-Rechnung ermittelt wird)					(einschl. Entschädigungen – z. B. Versicherungsleistungen – für entgangene/entgehende Betriebseinnahmen sowie Zuschüsse und Beihilfen) *) Art und Fläche der einzelnen Kulturen, Einnahmen (bei Tieren je Tier) auf besonderem Blatt angeben.			
61		ha	ar	m²	DM		DM		DM
62	Spargelbau					Deckgelder		Jagdverpachtung	
63	Hopfenbau					Fischerei, Teichwirtschaft		Holzverkauf auf dem Stamm	
64	Tabakbau					Imkerei, Wanderschäferei		übrige Holzerlöse	
65	Baumschulen					Lohnaufzucht		übrige forstwirtschaftliche Einnahmen	
66	Freiland-Gemüsebau *)					Fuhrleistungen		Beteiligungen an Genossenschaften	
67	Gemüsebau unter Glas *)					Maschinen-gestellung		andere betriebliche Beteiligungen	
68	Blumen- und Zierpflanzenbau *)					Arbeiten für Dritte		Vermietung von Grundstücken und Wohnräumen	
69	Obstbau einschl. Beerenobst *)					Beherbergung von Feriengästen		Zinsen aus betriebl. Guthaben	
70	andere Kulturen *) (z. B. Weihnachtsbaumk., Arzneipflanzen, Saatzucht)					Reitschule		Nebenbetriebe (Art)	
71	Weinbau, Rebveredelung *)					Vermietung von Reitpferden		andere Lieferungen und Leistungen *)	
	Verkauf von	Stück			DM	Haltung von Pensionsreitpferden		(Art)	
72	Zucht- u. Reitpferden *)								
73	Zuchtbullen, -rindern, -kühen *)					sonstige Pensionsviehhaltung		Veräußerung/Entnahme des toten/lebenden Inventars	
74	Zuchtebern u. -sauen u. a. *)					Nebentätigkeit (Art)		Nichtvermarktungsprämien, Milchrente u. ä.	

Zeile				
75	**Schuldzinsen im Wj. 1986/87** (Grund und Höhe der Schulden bitte auf besonderem Blatt erläutern) DM	Zinszuschüsse – DM	verbleiben DM	davon entf. auf besondere Betriebseinnahmen lt. Zeile(n) DM
76	**Weitere Betriebsausgaben** (auf besonderem Blatt aufgliedern)	Zu Einnahmen lt. Zeile DM	Zu Einnahmen lt. Zeile DM	Zu Einnahmen lt. Zeile DM
77	Nur bei forstwirtschaftlicher Nutzung und Gewinnermittlung nach § 13 a oder § 4 Abs. 3 EStG:	Pauschale Abgeltung der Betriebsausgaben wird beantragt nach	☐ § 51 EStDV	☐ Forstschäden-Ausgleichsgesetz

Viehbestand

Zeile	**(Bitte stets ausfüllen)**						Nur bei Lohnaufzucht:	
78								
79	Durchschnittsbestand im Wirtschaftsjahr 1986/87	Stück		Stück		Stück		Stück
80	**Pferde** unter 3 Jahre (0,7 VE)		Kühe (1 VE)		**Geflügel** Legehennen (0,02 VE)		Junghennen	
81	3 Jahre alt und älter (1,1 VE)		Färsen (1 VE)		Legehennen aus zugekauften Junghennen (0,0183 VE)		Mastschweine	
82	**Rindvieh** Kälber und Jungvieh unter 1 Jahr (0,3 VE)		**Schafe** unter 1 Jahr (0,05 VE)		Zuchtenten, Zuchtputen und Zuchtgänse (0,04 VE)		Jungvieh	
83	Jungvieh 1–2 Jahre (0,7 VE)		1 Jahr alt und älter (0,1 VE)		**Damtiere** Damkälber (0,04 VE)		Kälber	
84	Zuchtbullen und Ochsen (1,2 VE)		**Ziegen** (0,08 VE)		Damhirsche – Alt- und Schmaltiere – (0,08 VE)			
85	Masttiere – Mastdauer unter 1 Jahr – (1 VE)		**Schweine** Zuchtschweine (0,33 VE)		**Kaninchen** Zucht- u. Angorakaninchen (0,025 VE)			
86	Erzeugung (verkauft oder verbraucht) im Wirtschaftsjahr 1986/87	Stück		Stück		Stück	Nur bei Legehennenhaltung:	
87	**Rindvieh** Mastkälber aus zugekauften Absatzkälbern (0,15 VE)		Mastschweine aus zugekauften Läufern (0,1 VE)		**Geflügel** Jungmasthühner (bis 40 Tage je Durchgang) (0,0013 VE)		Die Eier wurden verkauft,	
88	übrige Mastkälber (0,2 VE)		Mastschweine aus zugekauften schweren Ferkeln (0,12 VE)		Jungmasthühner (über 40 Tage je Durchgang) Jungputen- und -hennen (0,0017 VE)		an den Großhandel/an Sammelstellen	
89	Masttiere – Mastdauer über 1 Jahr – (1 VE)		Mastschweine aus zugekauften leichten Ferkeln (0,14 VE)		Mastenten (0,0033 VE)		zu v. H.	
90	**Schweine** Leichte Ferkel (0,02 VE)		Mastschweine aus selbsterzeugten Ferkeln (0,16 VE)		Mastputen aus zugekauften Jungputen (0,005 VE)		an Einzelhandel und Endverbraucher	
91	Schwere Ferkel, Läufer aus zugekauften leichten Ferkeln (0,04 VE)		**Kaninchen** Mastkaninchen (0,0025 VE)		Mastgänse, Mastputen aus selbsterzeugten Jungputen (0,0067 VE)		zu v. H.	
92	Läufer aus selbsterzeugten Ferkeln (0,06 VE)				Nur bei Pensionsviehhaltung (z. B. Pferde, Rinder): Tierart Stück		Tierart Stück	

Name und Vorname/Gesellschaft
Steuernummer

Anlage GSE

☐ zur Einkommensteuererklärung

☐ zur Erklärung zur gesonderten – und einheitlichen – Feststellung

1986

99	21
89	

Einkünfte aus Gewerbebetrieb

Zeile		Steuerpflichtiger/Ehemann/Gesellschaft DM	Ehefrau DM
	Bitte nur volle DM-Beträge eintragen		
1	**Gewinn** (ohne die Beträge in Zeilen 8 bis 12, 15, 18 und 19) als Einzelunternehmer/der Gesellschaft		
2	(Art des Gewerbes) 1. Betrieb	10	11
3	Weitere Betriebe	12	13
4	lt. gesonderter Feststellung (Betriebsfinanzamt und Steuernummer)	58	59
5	als Mitunternehmer (Gesellschaft, Finanzamt, Steuernummer) 1.	14	15
6	2.	16	17
7	Weitere Beteiligungen	22	23
8	**Veräußerungsgewinn** im Sinne des § 16 EStG **vor Abzug etwaiger Freibeträge bei Veräußerung/Aufgabe**		
9	**eines ganzen** Betriebs als Einzelunternehmer wegen dauernder Berufsunfähigkeit oder nach Vollendung des 55. Lebensjahrs	24	25
10	**eines ganzen** Betriebs als Einzelunternehmer aus anderen Gründen	26	27
11	**aller weiteren** Betriebe, Teilbetriebe und Mitunternehmeranteile ☐ wegen dauernder Berufsunfähigkeit oder nach Vollendung des 55. Lebensjahrs ☐ aus anderen Gründen	30	31
12	**Veräußerungsgewinne** i. S. des § 17 EStG und Vermögenszuwachs i. S. des § 6 des Außensteuergesetzes **vor Abzug etwaiger Freibeträge**	28	29
13	**Sonstiges** Nach § 34 Abs. 2 EStG zu begünstigende sonstige Gewinne (in Zeilen 2 bis 7 enthalten)	55	56
14	Ausländische Einkünfte aus dem Betrieb von Handelsschiffen (§ 34 c Abs. 4 EStG), die in Zeilen 2 bis 7 enthalten sind	40	41
15	Ausgleich/Hinzurechnung nach § 2 Auslandsinvestitionsgesetz (Ausgleichsbeträge bitte in Rot eintragen) — Staat	38	39
16	Im Kalenderjahr 1986 zugeflossene finanzielle Hilfen zur Schaffung von zusätzlichen Ausbildungsplätzen (§ 24 b EStG)	75	76
17	Einnahmen aus einer im ganzen Kalenderjahr 1986 ausgeübten Tätigkeit, mit der Anwartschaftsrechte auf Altersversorgung ohne eigene Beitragsleistung erworben wurden (§ 10 Abs. 3 Nr. 2 b, bb EStG)	77	78
18	Zuzurechnendes Einkommen der Organgesellschaft (Gesellschaft, Finanzamt, Steuer-Nr.)	66	67
19	In Zeilen 2 bis 12 wegen der Abzugsbeschränkung außer Ansatz gelassene Verluste 1986 i. S. des ☐ § 2 a EStG Staat ☐ § 15 Abs. 4 EStG		
20	In Zeilen 2 bis 12 enthaltene ungekürzte Gewinne 1986 i. S. des ☐ § 2 a EStG Staat ☐ § 15 Abs. 4 EStG		
21	**Nur bei Einkommensteuererklärung ausfüllen:** In Zeilen 2 bis 12 verrechnete Verluste aus anderen Jahren nach ☐ § 2 a EStG ☐ § 15 Abs. 4 EStG		
22	Vergütungen an den Ehegatten, die als Betriebsausgaben abgezogen wurden		
23	**Berlinvergünstigung** — **Nur ausfüllen bei** Abgabe des Vordrucks **in Berlin (West)**: Gewinne, die **nicht** aus Berlin (West) sind, nach Abzug des Freibetrags nach § 16 Abs. 4 EStG	62	63
24	**Nur ausfüllen bei** Abgabe des Vordrucks **außerhalb** von Berlin (West): Gewinne aus Berlin (West) nach Abzug des Freibetrags nach § 16 Abs. 4 EStG	32	33
25	In den Zeilen 23 oder 24 abgezogener Freibetrag nach § 16 Abs. 4 EStG ___ DM	Zahl der je Berliner Betriebsstätte durchschnittlich regelmäßig beschäftigten Arbeitnehmer (§ 21 Abs. 3 BerlinFG):	
26	Zum Betriebsvermögen gehörten am 31. 12. 1986 ☐ keine ☐ die in der beigefügten **Anlage W** aufgeführte(n) im Kj. 1986 wenigstens zeitweise selbstgenutzte(n) und/oder unentgeltlich zur Nutzung überlassene(n) Wohnung(en).		
27	Steuervergünstigungen nach dem Zonenrandförderungsgesetz ☐ werden beantragt — wurden beantragt am		
28	Kraftfahrzeugkosten für (bei Gesellschaften/mehreren Kfz: Entsprechende Angaben auf besonderem Blatt) ☐ Pkw ☐ Motorrad — Fabrikat — Gesamtfahrleistung im Wj. km	Gesamtkosten (einschl. AfA) DM	
29	für Fahrten zwischen Wohnung und Betrieb: Zahl der Tage — regelm. benutzte Straßenverbindung (Entfernung) km — Betriebsausgaben gemindert um DM	für private Fahrten: privat gebuchter Kostenanteil DM	

Kz	Wert
10	
11	
12	
13	
58	
59	
14	
15	
16	
17	
22	
23	
24	
25	
26	
27	
30	
31	
28	
29	
55	
56	
40	
41	
62	
63	
32	
33	
81	Freibetr. § 16 EStG
82	Freibetr. § 16 EStG

328b OFD Frankfurt am Main 10.86 PPPT (210)

Anlage GSE für Einkünfte aus Gewerbebetrieb und selbständiger Arbeit

– 2 –

Einkünfte aus selbständiger Arbeit

Zeile		Steuerpflichtiger/ Ehemann/ Gesellschaft DM	Ehefrau DM
	Bitte nur volle DM-Beträge eintragen		
30	**Betriebseinnahmen** aus freiberuflicher Tätigkeit	10	11
31	**Gewinn** (ohne Veräußerungsgewinne in Zeilen 40 bis 43) aus freiberuflicher Tätigkeit (genaue Berufsbezeichnung oder Tätigkeit, bei gesondert festgestelltem Gewinn auch Feststellungsfinanzamt und Steuernummer)		
32		12	13
33			
34	aus Beteiligung (Gesellschaft, Finanzamt, Steuernummer) 1. Beteiligung		
35		16	17
36	weitere Beteiligungen	18	19
37	aus anderer selbständiger Arbeit tätig als (genau bezeichnen)	20	21
38	weitere Tätigkeiten (genau bezeichnen)	22	23
39			
40	**Veräußerungsgewinn** im Sinne des § 18 Abs. 3 EStG **vor Abzug etwaiger Freibeträge bei Veräußerung/Aufgabe**		
41	**eines ganzen** Betriebs als Alleininhaber wegen dauernder Berufsunfähigkeit oder nach Vollendung des 55. Lebensjahrs	24	25
42	**eines ganzen** Betriebs als Alleininhaber aus anderen Gründen	26	27
43	**aller weiteren** Betriebe, Teilbetriebe und Beteiligungen ☐ wegen dauernder Berufsunfähigkeit oder nach Vollendung des 55. Lebensjahrs ☐ aus anderen Gründen	28	29
44			
45	**Sonstiges** Nach § 34 Abs. 2 EStG zu begünstigende sonstige Gewinne (in Zeilen 33 bis 39 enthalten)	50	51
46	Im Kalenderjahr 1986 zugeflossene finanzielle Hilfen zur Schaffung von zusätzlichen Ausbildungsplätzen (§ 24 b EStG)	75	76
47	Einnahmen aus einer im ganzen Kalenderjahr 1986 ausgeübten Tätigkeit, mit der Anwartschaftsrechte auf Altersversorgung ohne eigene Beitragsleistung erworben wurden (§ 10 Abs. 3 Nr. 2 b, bb EStG)	77	78
48			
49	**Berlinvergünstigung** — **Nur ausfüllen** bei Abgabe des Vordrucks **in** Berlin (West): Gewinne, die **nicht** aus Berlin (West) sind, nach Abzug des Freibetrags nach § 18 Abs. 3 EStG	60	61
50	**Berlinvergünstigung** — **Nur ausfüllen** bei Wohnsitz in Berlin (West) und Abgabe des Vordrucks **außerhalb** von Berlin (West): Gewinne aus Berlin (West) nach Abzug des Freibetrags nach § 18 Abs. 3 EStG	30	31
51	In den Zeilen 49 oder 50 abgezogener Freibetrag nach § 18 Abs. 3 EStG ____ DM		
52	Vergütungen an den Ehegatten, die als Betriebsausgaben abgezogen wurden		
53	Steuerermäßigung für freie Erfinder wird beantragt (Betrag der begünstigten Einkünfte lt. beigefügter Erläuterung)	40 Stpfl./Ehegatten	
54	Aufwandsentschädigung aus der Tätigkeit als ____ Gesamtbetrag ____ DM	davon als steuerfrei behandelt ____ DM	Rest enthalten in Zeile(n)
55	Zum Betriebsvermögen gehörten am 31. 12. 1986 ☐ keine ☐ die in der beigefügten **Anlage W** aufgeführte(n) im Kj. 1986 wenigstens zeitweise selbstgenutzte(n) und/oder unentgeltlich zur Nutzung überlassene(n) Wohnung(en).		
56	Steuervergünstigungen nach dem Zonenrandförderungsgesetz ☐ werden beantragt — wurden beantragt am		
57	Kraftfahrzeugkosten für (bei Gesellschaften/mehreren Kfz: Entsprechende Angaben auf besonderem Blatt) ☐ Pkw ☐ Motorrad — Fabrikat — Gesamtfahrleistung im Kj. ____ km	Gesamtkosten (einschl. AfA) ____ DM	
58	für Fahrten zwischen Wohnung und Betrieb: Zahl der Tage — regelm. benutzte Straßenverbindung (Entfernung) ____ km — Betriebsausgaben gemindert um ____ DM	für private Fahrten: privat gebuchter Kostenanteil ____ DM	

99	22
89	

Kennzahlen: 10, 11, 12, 13, 16, 17, 18, 19, 20, 21, 22, 23, 24, 25, 26, 27, 28, 29, 50, 51, 75, 76, 77, 78, 60, 61, 30, 31, 40, 81 Freibetr. § 18 EStG, 82 Freibetr. § 18 EStG, 70 Sonderschlüssel für freie Berufe — Kz — Wert

Name und Vorname/Gemeinschaft/Körperschaft
Steuernummer

Anlage KSO

☐ zur Einkommensteuererklärung

☐ zur Körperschaftsteuererklärung

☐ zur Erklärung zur gesonderten und einheitlichen Feststellung

198

Einkünfte aus Kapitalvermögen

99	26
89	

Zeile	Inländische Kapitalerträge	Anzurechnende Körperschaftsteuer DM	Pf	Anzurechnende Kapitalertragsteuer (bei Freistellung 0 DM) DM	Pf	Zu versteuernde Einnahmen (einschließlich anzurechnender/vergüteter Körperschaftsteuer und Kapitalertragsteuer) Stpfl./Ehemann Gemeinschaft DM	Ehefrau DM	Kz	Wert
1									
2		lt. beigefügter Nachweise				Bitte nur volle DM-Beträge eintragen			
3	Zinsen aus Sparguthaben und sonstigen Kapitalforderungen								
4	Zinsen aus Bausparguthaben								
5	Erträge aus festverzinslichen Wertpapieren (z.B. Anleihen, Pfandbriefe)								
6	Gewinnausschüttungen, z.B. Dividenden (Bezeichnung)								
7									
8	Erträge aus Investmentanteilen (ausländische Quellensteuer vgl. Vordruck ESt/LSt 1 A, Zeilen 57 bis 59)								
9	Zinsen aus Hypotheken und Grundschulden								
10	Einnahmen aus der Veräußerung von Dividendenscheinen u.a. (ohne Stammrecht) – Steuern auch als Einnahmen in Zeile 6 eintragen –								
11	Zinsen aus Sparanteilen bestimmter Versicherungsbeiträge								
12	Erträge als stiller Gesellschafter/partiarischer Darlehnsgeber bei								
13									
14	Erträge aus Beteiligung (Gemeinschaft, Finanzamt, Steuernummer)							30	
15								31	
16	Vermögensauskehrungen bei Kapitalherabsetzung oder Liquidation							32	
17	Zinsen aus Wandelschuldverschreibungen, Gewinnobligationen und Genußrechten							33	
18	Sonstige							16	
19	**Summe** der Zeilen 3 bis 18 Steuern in den Vordruck ESt/LSt 1 A (Zeile 55), ESt 1 B (Zeilen 31, 32) oder KSt 1 B übertragen.					30	31	17	
20								24	
21	**Ausländische Kapitalerträge** (einschließlich der ausländischen Quellensteuer, die außerdem in Zeilen 57 bis 59 des Vordrucks ESt/LSt 1 A einzutragen ist)							25	
22	Zinsen aus Sparguthaben, Dividenden, Hinzurechnungsbetrag nach § 10 AStG u.a.					32	33	28	
23	**Werbungskosten** (ggf. einschließlich gesondert und einheitlich festgestellter Beträge DM)					16	17	29	
24	**Berlinvergünstigung** **Nur ausfüllen** bei Abgabe des Vordrucks **in** Berlin (West) — Oben enthaltene Einnahmen, die **nicht** aus Berlin (West) sind					24	25	22	
25	darauf entfallende Werbungskosten					28	29	23	
26	**Nur ausfüllen** bei Wohnsitz **in** Berlin (West) und Abgabe des Vordrucks **außerhalb** von Berlin (West) — Oben enthaltene begünstigte Einnahmen **aus Berlin (West)**					22	23	26	
27	darauf entfallende Werbungskosten					26	27	27	

328d OFD Frankfurt am Main 10.87 E.AM (208)

Anlage KSO für Einkünfte aus Kapitalvermögen und sonstige Einkünfte

– 2 –

Sonstige Einkünfte

Zeile	Leibrenten	Stpfl./Ehemann 1. Rente	Stpfl./Ehemann 2. Rente	Ehefrau 1. Rente	Ehefrau 2. Rente
29	Einnahmen				
30	Altersruhegeld (Arbeiterrenten- oder Angest.-Vers.)				
31	Berufs- oder Erwerbsunfähigkeitsrenten (Arbeiterrenten- oder Angest.-Vers.)				
32	Witwen-/Witwerrenten				
33	Sonstige Renten (z. B. Bergmannsrenten, Knappschaftsruhegeld)				
34	Renten aus Grundstücksveräußerungen				
35	Renten aus Versicherungsverträgen				
36	Renten aus (bitte angeben)				
37	Die Rente läuft seit	Tag Monat Jahr	Tag Monat Jahr	Tag Monat Jahr	Tag Monat Jahr
38	Die Rente erlischt mit dem Tod von				
39	Die Rente erlischt/wird umgewandelt spätest. am	Tag Monat Jahr	Tag Monat Jahr	Tag Monat Jahr	Tag Monat Jahr
40	1987 zugeflossene Beträge (ohne steuerfreie Zuschüsse zur Krankenversicherung)	50 DM	54 DM	51 DM	55 DM
41	Ertragsanteil der Rente	52 v. H.	56 v. H.	53 v. H.	57 v. H.
42	Werbungskosten (Summen aus 1. und 2. Rente)	48 DM		49 DM	
43	In Zeile 40 enth. Nachzahlungen für frühere Jahre	DM	DM	DM	DM

Zeile		Stpfl./Ehemann volle DM	Ehefrau volle DM
	Andere wiederkehrende Bezüge/Unterhaltsleistungen		
44	Einnahmen aus		
45		58	59
46	Unterhaltsleistungen, soweit sie vom Geber als Sonderausgaben abgezogen werden können	46	47
47	Werbungskosten zu Zeilen 45 und 46	60	61
	Spekulationsgeschäfte		
48	Veräußerungspreis		
49	Anschaffungs-/Herstellungs-/Werbungskosten (ggf. Aufstellung beifügen)	–	–
50	Einkünfte	62	63
	Leistungen		
51	Einnahmen (z.B. aus gelegentlichen Vermittlungen)		
52	Werbungskosten	–	–
53	Einkünfte	64	65
	Abgeordnetenbezüge		
54		vom – bis	vom – bis
55	Steuerpflichtige Einnahmen einschließlich Vergütungen für mehrere Jahre	70	71
56	In Zeile 55 enthaltene Versorgungsbezüge	72	73
57	Von den in Zeile 55 enthaltenen Vergütungen für mehrere Jahre entfallen auf andere Jahre lt. Angaben auf besonderem Blatt	74	75

Kz	Wert
50	
52	v. H.
54	
56	v. H.
48	
51	
53	v. H.
55	
57	v. H.
49	
58	
59	
46	
47	
60	
61	
62	
63	
64	
65	
70	
71	
72	
73	
74	
75	
76	ESt zu Kz 74
77	ESt zu Kz 75

Name und Vorname/Gemeinschaft/Körperschaft
Steuernummer

Anlage V

- [ ] zur Einkommensteuererklärung
- [ ] zur Körperschaftsteuererklärung
- [ ] zur Erklärung zur gesonderten und einheitlichen Feststellung

1987

Einkünfte aus Vermietung und Verpachtung

Zeile	**Einkünfte aus dem bebauten Grundstück**				Bitte nur volle DM-Beträge eintragen
1	Lage des Grundstücks (Ort, Straße, Hausnummer)		Angeschafft am	Fertiggestellt am	DM
2	Vereinnahmte Mieten für das Kj. 1987 ohne Zeile 3	für Erdgeschoß DM	+ 1. Obergeschoß DM	+ 2. Obergeschoß DM / + weitere Geschosse DM	
3	Vereinnahmte Mieten bei verbilligter Überlassung	-geschoß	Größe m²	Durchschnittliche Miete aus Zeile 2 DM/m²	
4	Vereinnahmte Mieten für frühere Jahre/auf das Kalenderjahr entfallende Mietvorauszahlungen aus Baukostenzuschüssen				
5	Einnahmen aus Umlagen, z. B. Wassergeld, Flur- und Kellerbeleuchtung, Müllabfuhr, Zentralheizung usw.	[ ] in den Zeilen 2 und 3 enthalten	oder	falls nicht in den Zeilen 2 und 3 enthalten ▸	
6	Einnahmen aus Vermietung von Garagen, Werbeflächen, Grund und Boden für Kioske usw.				
7	Eigengenutzte Wohnung	-geschoß	Größe m²	[ ] Wegfall der Nutzungswertbesteuerung ab 1.1.1987 wird unwiderruflich beantragt.	Mietwert bei Nutzungswertbesteuerung ▸
8	Unentgeltlich ohne gesicherte Rechtsposition an Dritte überlassene Wohnung	-geschoß	m²	[ ] Wegfall der Nutzungswertbesteuerung ab 1.1.1987 wird unwiderruflich beantragt.	▸
9	Unentgeltlich mit gesicherter Rechtsposition an Dritte überlassene Wohnung	-geschoß	m²		—
10	Eigengenutzte und unentgeltlich an Dritte überlassene Garagen	zu Zeile 7 Anzahl	zu Zeile 8 Anzahl	zu Zeile 9 Anzahl	Mietwert bei Nutzungswertbesteuerung ▸
11	Bei Nutzungswertbesteuerung: Umlagen, soweit sie auf die Wohnungen lt. Zeilen 7 und 8 entfallen				
12	Öffentliche Zuschüsse zu Erhaltungs- und Herstellungskosten (soweit nicht von diesen abgesetzt), Aufwendungszuschüsse, Guthabenzinsen aus Bausparverträgen und sonstige Einnahmen	Gesamtbetrag DM	davon entfallen auf Wohnungen, für die in Zeilen 7–9 kein Nutzungswert angesetzt ist – DM =		
13	**Summe der Einnahmen**				
14	**Summe der Werbungskosten** (Übertrag aus Zeile 52)				–
15	**Überschuß** (zu übertragen nach Zeile 18 oder nach Zeile 19 der zusammenfassenden Anlage V)				=

Zeile		Stpfl./Ehemann Gemeinschaft	Ehefrau		
16				99	25
17		Bitte nur volle DM-Beträge eintragen DM	DM	89	
18	**Zurechnung des Betrags aus Zeile 15**	20	21	20	
19	Summe der Beträge aus Zeile 15 aller weiteren Anlagen V	50	51	21	
20	**Anteile an Einkünften** aus (Gemeinschaft, Finanzamt, Steuer-Nr.)			50	
21	Bauherrengemeinschaften/Erwerbergemeinschaften	76	77	51	
22	geschlossenen Immobilienfonds	74	75	76	
23	Grundstücksgemeinschaften	56	57	77	
24		58	59	74	
25	**Andere Einkünfte** **Einkünfte aus Untervermietung von gemieteten Räumen** (Berechnung auf bes. Blatt)	66	67	75	
26	**Einkünfte aus Vermietung und Verpachtung unbebauter Grundstücke**, von anderem **unbeweglichem Vermögen**, von **Sachinbegriffen** sowie aus **Überlassung von Rechten** (Erläuterung auf besonderem Blatt)	52	53	56	
27	**Berlinvergünstigung** **Nur ausfüllen** bei Abgabe des Vordrucks **in** Berlin (West) — Oben enthaltene Einkünfte, die nicht aus Berlin (West) sind	80	81	57	
28	**Nur ausfüllen** bei Wohnsitz in Berlin (West) und Abgabe des Vordrucks **außerhalb** von Berlin (West) — Oben enthaltene begünstigte Einkünfte aus Berlin (West)	60	61	58	

Right margin codes continued: 59, 80, 81, 85 Kinder i.S.d. § 34f ESt

328e OFD Frankfurt am Main 10.87 E.M (210)

Anlage V Einkünfte aus Vermietung und Verpachtung

- 2 -

Zeile	**Werbungskosten** aus dem bebauten Grundstück in Zeile 1	Nur ausfüllen, wenn in Zeilen 7 bis 10 kein Mietwert anzusetzen ist, bei teilentgeltlicher Nutzungsüberlassung (Zeile 3) oder bei gewerblicher/beruflicher Eigennutzung				Werbungskosten DM
31–32		Gesamtbetrag DM	Ausgaben, die nicht mit Vermietungseinkünften zusammenhängen (deshalb nicht abziehbar): ermittelt durch direkte Zuordnung	ermittelt verhältnismäßig	nicht abziehbarer Betrag DM	(ggf. Spalte 1 abzüglich Spalte 4)
33		1	2	3	4	5
34	Schuldzinsen (ohne Tilgungsbeträge), Geldbeschaffungskosten		☐	☐		
35	Renten, dauernde Lasten (Einzelangaben auf besonderem Blatt)		☐	☐		
36	Erhaltungsaufwendungen in 1987 voll abzuziehen		☐	☐		
37	auf bis zu 5 Jahre zu verteilen: Gesamtaufwand DM / davon 1987 abzuziehen DM		☐	☐		
38	aus früheren Jahren: aus 1983 DM + aus 1984 DM ▶		☐	☐		
39	aus 1985 DM + aus 1986 DM ▶		☐	☐		
40	Bei Wegfall der Nutzungswertbesteuerung ab 1988: Vollabzug der aus 1984–1986 verbliebenen Beträge					
41	Grundsteuer, Straßenreinigung, Müllabfuhr		☐	☐		
42	Wasserversorgung, Entwässerung, Hausbeleuchtung		☐	☐		
43	Heizung, Warmwasser		☐	☐		
44	Schornsteinreinigung, Hausversicherungen		☐	☐		
45	Hauswart, Treppenreinigung, Fahrstuhl		☐	☐		
46	Sonstiges		☐	☐		
47	Absetzung für Abnutzung nach § 7 Abs. 4 und 5 EStG ☐ linear ☐ degressiv v.H. ☐ wie 1986 ☐ lt. bes. Blatt		☐	☐		
48	Erhöhte Absetzungen nach § 14 a BerlinFG (§ 34 f EStG nicht anwendbar)		☐	☐		
49	nach § 7 b EStG/§ 15 BerlinFG (siehe Antrag in Zeile 56) ☐ wie 1986 ☐ lt. bes. Blatt		☐	☐		
50	nach § 82 a EStDV, § 14 b BerlinFG ☐ wie 1986 ☐ lt. bes. Blatt		☐	☐		
51	nach §§ 82 g, 82 i EStDV, Schutzbaugesetz ☐ wie 1986 ☐ lt. bes. Blatt		☐	☐		
52	**Summe der Werbungskosten** (zu übertragen nach Zeile 14)					
53						

54 **Steuerermäßigung für Kinder bei Inanspruchnahme erhöhter Absetzung nach § 7 b EStG, § 15 BerlinFG**

55 **Antrag auf Steuerermäßigung nach § 34 f Abs. 1 EStG:**

56 Im bisherigen Begünstigungszeitraum gehörten auf Dauer zum Haushalt die **Kinder** lt. Vordruck ESt/LSt 1 A, Zeilen ☐ 30 ☐ 31 ☐ 32 ☐ 33 ☐ 34

57

Zusätzliche Angaben

Zeile		DM	DM
58		DM	DM
59	In 1987 vereinnahmte Zuschüsse aus öffentlichen Mitteln, soweit von den Anschaffungs-/Herstellungskosten abgezogen		
60	Ausländische Verluste nach § 2 a EStG aus Vorjahren, die in den Zeilen 18 bis 26 verrechnet worden sind	Stpfl./Ehemann	Ehefrau
61	☐ die wegen der Abzugsbeschränkung in den Zeilen 18–26 außer Ansatz geblieben sind ☐ in den Zeilen 18–26 enthaltene ungekürzte positive Überschüsse — Staat		

hierfür ist, daß die Grundfläche der Wohnzwecken dienenden Räume des Gebäudes mehr als die Hälfte der gesamten Nutzfläche beträgt. Größere Aufwendungen zur Erhaltung eines Gebäudes für Maßnahmen im Sinne des § 43 Abs. 3 Satz 2 des Städtebauförderungsgesetzes (§ 82 h EStDV; § 177 Baugesetzbuch) sowie zur Erhaltung von Baudenkmälern (§ 82 k EStDV) können unabhängig von der Art der Nutzung ebenfalls auf 2 bis 5 Jahre gleichmäßig verteilt werden.

Zeile 40

Werden Sie für 1988 beantragen, daß der Nutzungswert einer zu eigenen Wohnzwecken genutzten oder unentgeltlich überlassenen Wohnung nicht mehr besteuert werden soll, so kann die Verteilung der auf diese Wohnung entfallenden Aufwendungen nicht mehr fortgesetzt werden. Soweit sie auf die Jahre ab 1988 entfallen, können sie in 1987 in einem Betrag abgezogen werden.

Zeilen 47 und 48

Die Absetzungen für Abnutzung nach § 7 Abs. 4 EStG betragen

- bei vor dem 1. 1. 1925 fertiggestellten Gebäuden jährlich 2,5 v. H.,
- bei nach dem 31. 12. 1924 fertiggestellten Gebäuden jährlich 2 v. H.

der Anschaffungs- oder Herstellungskosten des Gebäudes.

Davon abweichend können Sie nach § 7 Abs. 5 EStG bei Gebäuden und Eigentumswohnungen im Inland die folgenden Beträge als degressive Absetzung für Abnutzung abziehen:

- im Jahr der Fertigstellung und in den folgenden 7 Jahren jeweils 5 v. H.,
- in den darauffolgenden 6 Jahren jeweils 2,5 v. H.
- und in den darauffolgenden 36 Jahren jeweils 1,25 v. H.

der Anschaffungs- oder Herstellungskosten. Bei Erwerb gilt das aber nur, wenn das Gebäude von Ihnen bis zum Ende des Jahres der Fertigstellung angeschafft worden ist; weitere Voraussetzung ist, daß der Hersteller selbst keine degressiven oder erhöhten Absetzungen oder Sonderabschreibungen für das Gebäude in Anspruch genommen hat. Die Anwendung höherer oder niedrigerer v. H.-Sätze ist ausgeschlossen.

Wurde ein Gebäude oder eine Eigentumswohnung unentgeltlich erworben, so ist die Absetzung für Abnutzung im Normalfall nach dem Hundertsatz vorzunehmen, der für den Rechtsvorgänger maßgebend sein würde, wenn er noch Eigentümer wäre.

Nach **§ 14 a BerlinFG** können bei Mehrfamilienhäusern in Berlin (West) erhöhte Absetzungen in Betracht kommen.

Zeile 49

Bei im Inland belegenen Einfamilienhäusern, Zweifamilienhäusern und Eigentumswohnungen, die Sie **vor dem 1. 1. 1987** hergestellt oder entgeltlich erworben haben und die zu mehr als 66⅔ v. H. Wohnzwecken dienen, können Sie nach **§ 7 b EStG** im Jahr der Fertigstellung oder der Anschaffung und in den sieben folgenden Jahren (Begünstigungszeitraum) erhöhte Absetzungen jeweils bis zu 5 v. H. von höchstens 150 000/200 000 DM (bei Zweifamilienhäusern 200 000/250 000 DM) der Anschaffungs- oder Herstellungskosten (ohne Kosten für Grund und Boden) vornehmen. Im Rahmen der Höchstbeträge können auch erhöhte Absetzungen für nachträgliche Herstellungskosten beansprucht werden. Außerdem können erhöhte Absetzungen lt. Zeilen 50 und 51 in Betracht kommen.

Bei in **Berlin (West)** belegenen Einfamilienhäusern, Zweifamilienhäusern und Eigentumswohnungen, die Sie vor dem 1. 1. 1987 hergestellt oder entgeltlich erworben haben, können im Jahr der Anschaffung oder Herstellung und in dem darauffolgenden Jahr jeweils bis zu 10 v. H. und in den folgenden zehn Jahren jeweils bis zu 3 v. H. der Anschaffungs- oder Herstellungskosten (höchstens 200 000 bzw. 250 000 DM) abgesetzt werden **(§ 15 Abs. 1 BerlinFG)**. Voraussetzung ist, daß die Objekte zu mehr als 66⅔ v. H. Wohnzwecken dienen.

Anstelle dieser Absetzungen können bei in **Berlin (West)** belegenen Einfamilienhäusern, Zweifamilienhäusern und Eigentumswohnungen im steuerbegünstigten oder frei finanzierten Wohnungsbau, die Sie vor dem 1. 1. 1987 hergestellt haben und die mindestens drei Jahre nach ihrer Fertigstellung zu mehr als 80 v. H. Wohnzwecken dienen, in den ersten drei Jahren erhöhte Absetzungen bis zu insgesamt 50 v. H. der Anschaffungs- oder Herstellungskosten vorgenommen werden. Diese erhöhten Absetzungen sind bei einem Folgeobjekt nicht zulässig **(§ 15 Abs. 2 bis 4 BerlinFG)**.

Nicht ausgenutzte erhöhte Absetzungen im Sinne des § 7 b EStG, § 15 Abs. 1 BerlinFG können vom Berechtigten innerhalb der ersten vier Jahre nachgeholt werden. Dabei können nachträgliche Herstellungskosten vom Jahr ihrer Entstehung an so berücksichtigt werden, als wären sie bereits im Jahr der Fertigstellung entstanden. In jedem Jahr müssen jedoch mindestens die Absetzungen nach § 7 Abs. 4 EStG (vgl. Erläuterungen zu Zeile 47) vorgenommen werden.

Wegen der **Steuerermäßigung für Kinder** nach § 34 f EStG bei Inanspruchnahme von erhöhten Absetzungen nach § 7 b EStG/§ 15 BerlinFG vgl. Erläuterungen zu Zeilen 54 bis 56.

Zeile 50

Nach **§ 82 a EStDV** können Sie anstelle der normalen Absetzungen für Abnutzung im Jahr der Fertigstellung und in den folgenden 9 Jahren jeweils bis zu 10 v.H. der Herstellungskosten für Maßnahmen absetzen, die für den Anschluß eines im Inland belegenen Gebäudes an eine Fernwärmeversorgung einschließlich der Anbindung an das Heizsystem erforderlich sind, wenn die Fernwärmeversorgung überwiegend aus Anlagen der Kraft-Wärme-Kopplung, zur Verbrennung von Müll oder zur Verwertung von Abwärme gespeist wird. Das Gebäude muß vor dem 1. 7. 1983 hergestellt worden sein, es sei denn, der Anschluß war nicht schon im Zusammenhang mit der Errichtung des Gebäudes möglich.

Unabhängig von dem Alter des Gebäudes können Herstellungskosten erhöht abgesetzt werden für

- den Einbau von Wärmepumpenanlagen, Solaranlagen und Anlagen zur Wärmerückgewinnung in einem im Inland belegenen Gebäude einschließlich der Anbindung an das Heizsystem,
- Windkraftanlagen, wenn die mit diesen Anlagen erzeugte Energie überwiegend entweder unmittelbar oder durch Verrechnung mit Elektrizitätsbezügen des Steuerpflichtigen von einem Elektrizitätsversorgungsunternehmen zur Versorgung eines im Inland belegenen Gebäudes des Steuerpflichtigen verwendet wird, einschließlich der Anbindung an das Versorgungssystem des Gebäudes,
- Anlagen zur Gewinnung von Gas, das aus pflanzlichen oder tierischen Abfallstoffen durch Gärung unter Sauerstoffabschluß entsteht, wenn dieses Gas zur Beheizung eines im Inland belegenen Gebäudes des Steuerpflichtigen oder zur Warmwasserbereitung in einem solchen Gebäude des Steuerpflichtigen verwendet wird, einschließlich der Anbindung an das Versorgungssystem des Gebäudes.

Begünstigt sind auch Aufwendungen für den Einbau einer Warmwasseranlage zur Versorgung von mehr als einer Zapfstelle und einer zentralen Heizungsanlage oder bei einer zentralen Heizungs- und Warmwasseranlage für den Einbau eines Heizkessels, eines Brenners, einer zentralen Steuerungseinrichtung, einer Wärmeabgabeeinrichtung und eine Änderung der Abgasanlage in einem im Inland belegenen Gebäude oder in einer im Inland belegenen Eigentumswohnung, wenn mit der Maßnahme nicht vor Ablauf von zehn Jahren seit Fertigstellung dieses Gebäudes begonnen worden ist.

Nach **§ 14 b BerlinFG** können bei Mehrfamilienhäusern in Berlin (West) die Herstellungskosten für bestimmte Modernisierungsmaßnahmen im Jahr der Fertigstellung und in den beiden folgenden Jahren bis zur Höhe von insgesamt 50 v.H. erhöht abgesetzt werden. Die Vergünstigung ist von einer amtlichen Bescheinigung abhängig.

Fügen Sie bitte eine **Einzelaufstellung** Ihrer Aufwendungen bei.

Zeile 51

Nach **§ 82 g EStDV** können Sie von den Herstellungskosten, die für Maßnahmen im Sinne des § 43 Abs. 3 Satz 2 des Städtebauförderungsgesetzes (§ 177 Baugesetzbuch), die für Gebäude in einem förmlich festgelegten Sanierungsgebiet oder städtebaulichen Entwicklungsbereich aufgewendet worden sind, anstelle der nach § 7 Abs. 4 oder 5, § 7 b EStG oder §§ 14 a, 15 BerlinFG zu bemessenden Absetzungen für Abnutzung im Jahr der Herstellung und in den folgenden 9 Jahren jeweils bis zu 10 v.H. absetzen. Voraussetzung für die erhöhten Absetzungen nach § 82 g EStDV ist der Nachweis durch eine Bescheinigung der zuständigen Gemeindebehörde, daß Sie Baumaßnahmen in dem genannten Sinne durchgeführt und die Aufwendungen hierfür selbst getragen haben.

Nach **§ 82 i EStDV** können Sie von den Herstellungskosten für bestimmte Baumaßnahmen bei Baudenkmälern anstelle der Absetzungen nach § 7 Abs. 4 EStG im Jahr der Herstellung und in den folgenden 9 Jahren jeweils bis zu 10 v.H. absetzen, wenn die Voraussetzungen durch eine amtliche Bescheinigung nachgewiesen werden.

Fügen Sie bitte eine **Einzelaufstellung** Ihrer Aufwendungen bei.

Zeilen 54 bis 56

Die Steuerermäßigung nach § 34 f Abs. 1 EStG wird auf Antrag gewährt. Sie setzt voraus, daß der Steuerpflichtige erhöhte Absetzungen nach § 7 b EStG/§ 15 BerlinFG für Gebäude in Anspruch nimmt, deren Baubeginn oder Erwerb nach dem 29. 7. 1981 lag, und daß er die Wohnung, für die er die Absetzungen erhält, zu eigenen Wohnzwecken nutzt. Weiter ist Voraussetzung, daß es sich um Kinder i. S. des § 32 Abs. 1 bis 5 EStG handelt; es ist nicht erforderlich, daß der Steuerpflichtige für jedes dieser Kinder einen Kinderfreibetrag erhält. Außerdem müssen die Kinder während des Begünstigungszeitraums der erhöhten Absetzungen auf Dauer zum Haushalt des Steuerpflichtigen gehören oder gehört haben.

Die Steuerermäßigung wird erst ab dem zweiten Kind gewährt. Geben Sie dennoch in Zeile 56 alle haushaltszugehörigen Kinder an.

Zeilen 60 und 61

Ausländische Verluste dürfen nur mit positiven Einkünften aus Vermietung und Verpachtung aus demselben Staat ausgeglichen werden.

Anleitung zur Anlage V 1987

In **einer** Anlage V können erklärt werden: Einkünfte aus

- **einem** bebauten Grundstück, z. B. vermietetes Einfamilienhaus, vermietetes Zwei- oder Mehrfamilienhaus, Geschäftsgrundstück (Zeilen 1 bis 15 und 30 bis 52),
- **einem** selbstgenutzten eigenen Einfamilienhaus/Eigentumswohnung oder einem selbstgenutzten Zweifamilienhaus oder anderen Haus, wenn in dem Haus einzelne Räume vermietet werden (Zeilen 1 bis 15 und 30 bis 52),
- **allen** unbebauten Grundstücken (z. B. Parkplatz), anderem unbeweglichem Vermögen (z. B. Schiffe) und Sachinbegriffen (z. B. Geschäftseinrichtung) sowie aus Überlassung von Rechten, z. B. Urheberrechte, Kiesausbeuterechte (Zeile 26),
- Untervermietung von gemieteten Räumen (Zeile 25),
- **allen** Beteiligungen, z. B. Grundstücks- oder Erbengemeinschaften (Zeilen 20 bis 24).

Die Einkünfte aus **weiteren** bebauten Grundstücken sind für jedes Grundstück getrennt jeweils in einer weiteren Anlage V zu erklären. Die in diesen Anlagen auf Seite 1 ermittelten Überschüsse sind zusammengerechnet in Zeile 19 der ersten (zusammenfassenden) Anlage V zu übertragen.

Keine Anlage V ist jedoch auszufüllen u. a. für ausschließlich zu eigenen Wohnzwecken bzw. eigenen gewerblichen/beruflichen Zwecken genutzte Einfamilienhäuser und Eigentumswohnungen sowie Zweifamilienhäuser, deren Nutzungswert 1986 pauschal nach § 21a EStG ermittelt wurde. Haben in 1986 die Voraussetzungen für die Inanspruchnahme erhöhter Absetzungen (und ggf. des erweiterten Schuldzinsenabzugs) vorgelegen, so können die entsprechenden Beträge 1987 wie Sonderausgaben abgezogen werden. Diesen Abzug können Sie in der **Anlage FW** geltend machen. Liegt Ihnen die Anlage FW nicht vor, so fordern Sie diese bitte beim Finanzamt an.

Zeile 2

Eine Aufteilung kann unterbleiben, wenn ein Mietwert lt. Zeilen 7 und 8 nicht anzusetzen ist. Haben Sie auf die Umsatzsteuerbefreiung verzichtet, so tragen Sie bitte die Mieten einschließlich der vereinnahmten Umsatzsteuer in Zeile 2 und die vom Finanzamt erstatteten Vorsteuerbeträge in Zeile 12 ein.

Zeile 3

Beträgt die vereinbarte Miete weniger als 50 v. H. der ortsüblichen Miete, so sind die Werbungskosten anteilig zu kürzen (vgl. Erläuterungen zu Zeilen 30 bis 51). Geben Sie deshalb bitte die durchschnittliche Quadratmetermiete der übrigen vermieteten Wohnungen (Zeile 2) an.

Zeilen 7 bis 11

Ab 1987 entfällt grundsätzlich die Besteuerung des Nutzungswerts der in den Zeilen 7 bis 9 aufgeführten Wohnungen. Der Nutzungswert einer solchen Wohnung, die vor dem 1. 1. 1987 fertiggestellt oder angeschafft worden ist, kann ab 1987 für den Zeitraum der Selbstnutzung weiterhin als Überschuß des Mietwerts über die Werbungskosten ermittelt werden, wenn bereits 1986 der Nutzungswert der Wohnung im eigenen Haus als Überschuß des Mietwerts über die Werbungskosten zu ermitteln war. Weitere Voraussetzung ist, daß die Wohnung sowohl 1986 als auch 1987, wenn auch nur für kurze Zeit, von Ihnen

- zu eigenen Wohnzwecken genutzt worden ist oder
- unentgeltlich einem Dritten ohne gesicherte Rechtsposition zu Wohnzwecken überlassen worden ist oder
- aufgrund eines vorbehaltenen oder eines durch Vermächtnis eingeräumten dinglichen Rechts zu eigenen Wohnzwecken genutzt worden ist oder
- aufgrund eines Nutzungsrechts zu eigenen Wohnzwecken genutzt worden ist, das durch Ihre eigenen Baumaßnahmen als Nutzungsberechtigter entstanden ist.

Der Mietwert ist nach der ortsüblichen mittleren Miete für Wohnungen bzw. Garagen vergleichbarer Art, Lage und Ausstattung anzusetzen. Bei Wohnungen in einem Mietwohngrundstück sind in der Regel die tatsächlich erzielten Mieten aus fremdvermieteten Wohnungen als Vergleichs- und Schätzungsmaßstab heranzuziehen.

Eine gesicherte Rechtsposition ist im allgemeinen gegeben, wenn dem Nutzenden der Gebrauch der Wohnung für eine festgelegte Zeit nicht entzogen werden kann.

Ein **Mietwert** für die zu eigenen Wohnzwecken genutzte Wohnung ist 1987 u. a. **nicht anzusetzen,** wenn Sie als Eigentümer

- erstmals eine Wohnung Ihres bisher vermieteten Hauses oder eines in 1986 leerstehenden Hauses zu eigenen Wohnzwecken nutzen oder
- das Haus Ende 1986 fertiggestellt oder angeschafft haben, aber eine Wohnung erst nach dem 31. 12. 1986 zu eigenen Wohnzwecken nutzen oder
- in 1986 ein Zweifamilienhaus fertiggestellt oder angeschafft und eine Wohnung selbst genutzt haben, die andere Wohnung aber erst nach Ablauf von 6 Monaten nach Fertigstellung oder Anschaffung des Hauses in 1987 vermietet haben oder
- bei einem in einem Zug errichteten Zweifamilienhaus eine Wohnung in 1986 fertiggestellt und zu eigenen Wohnzwecken genutzt haben, die andere Wohnung aber erst nach Ablauf von 6 Monaten nach ihrer Fertigstellung vermietet haben oder
- **unwiderruflich** beantragen, den Nutzungswert der zu eigenen Wohnzwecken genutzten Wohnung nicht mehr zu besteuern. Der Antrag kann für die eigengenutzte und die unentgeltlich ohne gesicherte Rechtsposition überlassene Wohnung getrennt in Zeilen 7 und 8 gestellt werden.

Soweit ein Mietwert nicht angesetzt wird, entfällt der Abzug der auf diese Wohnung entfallenden Ausgaben (vgl. Erläuterungen zu Zeilen 30 bis 51).

Haben in 1986 die Voraussetzungen für die Inanspruchnahme erhöhter Absetzungen (und ggf. des erhöhten Schuldzinsenabzugs) vorgelegen, können die entsprechenden Beträge 1987 wie Sonderausgaben abgezogen werden (vgl. Vordruck Anlage FW).

Wird eine Wohnung in einem ausländischen Wohngrundstück genutzt, so ist von der Miete auszugehen, die im Fall der Vermietung an Dritte im Durchschnitt erzielbar wäre (Marktmiete). Vgl. auch Erläuterungen zu den Zeilen 60 und 61.

Füllen Sie deshalb die Zeilen 7 bis 9 hinsichtlich der Lage und Größe der Wohnung bitte stets aus.

Zeilen 12 und 59

Zuschüsse aus öffentlichen Mitteln zur Finanzierung von Herstellungskosten können Sie wahlweise entweder von diesen absetzen oder als Einnahmen behandeln. Zuschüsse zur Finanzierung von Erhaltungsaufwendungen sowie Aufwendungszuschüsse, z. B. zur Minderung der Zins- und Mietbelastung, sind im Jahr des Zuflusses als Einnahmen in Zeile 12 einzutragen.

Guthabenzinsen aus Bausparverträgen gehören z. B. zu den Einnahmen aus Vermietung und Verpachtung, wenn der Bausparvertrag für dieses Gebäude vor- oder zwischenfinanziert worden ist.

Der Gesamtbetrag ist um den Anteil zu mindern, der auf Wohnungen entfällt, für die ein Mietwert nicht angesetzt wird (vgl. Erläuterungen zu Zeilen 7 bis 11).

Zeilen 30 bis 51

Ausgaben, die im Zusammenhang mit einer Wohnung oder einzelnen Räumen anfallen, sind nur dann Werbungskosten bei den Einkünften aus Vermietung und Verpachtung, wenn aus der Wohnung (den Räumen) entsprechende Einnahmen erzielt werden oder in Zukunft erzielt werden sollen.

Stehen die Ausgaben im Zusammenhang mit einer Wohnung, für die Sie wegen Wegfalls der Nutzungswertbesteuerung in den Zeilen 7 bis 10 keinen Mietwert angesetzt haben (vgl. Erläuterungen zu Zeilen 7 bis 11), so können die Ausgaben nicht als Werbungskosten abgezogen werden.

Ebenso können Ausgaben, die im Zusammenhang mit Räumen stehen, die zu eigenen beruflichen oder gewerblichen Zwecken genutzt werden, nicht als Werbungskosten bei den Einkünften aus Vermietung und Verpachtung, sondern nur als Werbungskosten oder Betriebsausgaben bei den Einnahmen abgezogen werden, die im Zusammenhang mit der Nutzung dieser Räume erzielt werden.

Die Spalten 1 bis 4 sind nur dann auszufüllen, wenn sich in Ihrem Haus eine Wohnung befindet, die Sie 1987 – zumindest zeitweise –

- zu eigenen Wohnzwecken genutzt, bei der Sie aber in Zeile 7 oder 10 für diesen Zeitraum keinen Mietwert angesetzt haben, oder
- unentgeltlich ohne gesicherte Rechtsposition überlassen haben, bei der Sie aber in Zeile 8 oder 10 für diesen Zeitraum keinen Mietwert angesetzt haben, oder
- unentgeltlich mit gesicherter Rechtsposition überlassen haben (Zeile 9) oder
- zu eigenen beruflichen oder gewerblichen Zwecken genutzt haben oder
- zu einer Miete überlassen haben, die weniger als 50 v. H. der ortsüblichen Miete beträgt (vgl. Erläuterungen zu Zeile 3).

Tragen Sie bitte in der Spalte 1 den Gesamtbetrag der jeweiligen Aufwendungen ein. Geben Sie bitte in den Spalten 2 und 3 an, ob Sie den nicht abziehbaren Anteil dadurch ermittelt haben, daß Sie die einzelnen Aufwendungen jeder Wohnung zugeordnet haben (direkte Zuordnung), oder ob Sie die Aufwendungen, weil eine direkte Zuordnung nicht möglich war (wie z. B. bei einer Dachreparatur) in anderer Weise – z. B. nach dem Verhältnis der Nutzflächen – den Wohnungen zugeordnet haben. Erläutern Sie die Zuordnung und den Aufteilungsmaßstab bitte auf einem besonderen Blatt. Den danach nicht abziehbaren Betrag tragen Sie bitte in die Spalte 4 ein. Die Differenz zwischen der Spalte 1 und der Spalte 4 ergibt die Werbungskosten. Entsprechendes gilt, wenn Sie eine Wohnung zu einer Miete überlassen haben, die weniger als 50 v. H. der ortsüblichen Miete beträgt (vgl. Erläuterungen zu Zeile 3). In diesem Fall sind die auf diese Wohnung entfallenden Ausgaben im Verhältnis der ortsüblichen Miete zur vereinbarten Miete aufzuteilen.

Zeile 34

Wie Schuldzinsen sind auch Geldbeschaffungskosten (Schätzungsgebühren, Gebühren für die Hypothekenvermittlung, Bereitstellungszinsen, Notariatsgebühren für die Hypothekenbestellung) sowie Erbbauzinsen zu behandeln.

Zu den Schuldzinsen gehört auch ein Darlehnsabgeld (Damnum, Disagio). Ein Darlehnsabgeld gilt im Zeitpunkt der Auszahlung des um das Abgeld gekürzten Darlehens als geleistet. Wird ein zusätzliches Darlehen in Höhe des Darlehnsabgeldes aufgenommen (Tilgungsstreckungsdarlehen), so ist das Darlehnsabgeld entsprechend der Tilgung des Zusatzdarlehens geleistet.

Zuschüsse zur Zinsverbilligung sind in Zeile 12 einzutragen.

Zeilen 36 und 37

In einer Einzelaufstellung geben Sie bitte neben dem gezahlten Rechnungsbetrag auch das Rechnungsdatum, den Gegenstand der Leistung sowie das ausführende Unternehmen an.

Zeilen 37 bis 39

Größere Aufwendungen für die Erhaltung von Gebäuden können auf 2 bis 5 Jahre gleichmäßig verteilt werden (§ 82 b EStDV). Voraussetzung

Name und Vorname/Gemeinschaft

Steuernummer

Anlage FW

1987

☐ zur Einkommensteuererklärung

☐ zur Erklärung zur gesonderten und einheitlichen Feststellung

Förderung des Wohneigentums

Weiterführung von Steuerbegünstigungen (z.B. § 7b EStG) nach Wegfall der Nutzungswertbesteuerung (Anschaffung/Herstellung v o r dem 1. 1. 1987)

Zeile				
1	Lage der Wohnung (Ort, Straße, Hausnummer)			99 46
2	**Bis 31. 12. 1986 pauschal nach § 21 a EStG besteuerte Wohnung/Gebäude**		DM	89
3	Den Absetzungen entsprechende Beträge ☐ wie Vorjahr nach ☐ § 7 b EStG ☐ § 15 BerlinFG		76	76
4	☐ § 82 a EStDV ☐ § 82 g EStDV ☐ § 82 i EStDV ☐ Schutzbaugesetz		77	77
5	☐ nach besonderer Berechnung für 1987	Anschaffungs-/Herstellungskosten bis 31. 12. 1986		
6		Nachträgliche Anschaffungs-/Herstellungskosten in 1987	+	
7		Bemessungsgrundlage	=	
8		Erhöhte Absetzungen für 1987 nach ☐ § 7 b EStG ☐ § 15 BerlinFG — v. H. des Betrags lt. Zeile 7	78	78
9	zuzüglich Nachholung bei Anschaffung/Herstellung in 1984 bis 1986	Bis Ende 1986 höchstmögliche erhöhte Absetzungen — v. H. des Betrags lt. Zeile 7		75 Günstigerprüfung Ja = 1
10		In den Vorjahren berücksichtigte Beträge	–	
11		1987 nachholbar		
12		Davon werden 1987 in Anspruch genommen	79	79
13	Aufwendungen für 1987 fertiggestellte Baumaßnahmen im Sinne der §§ 82 a, 82 g, 82 i EStDV, Schutzbaugesetz	DM davon 10 v. H. =	80	80
14	Schuldzinsen	bei Bauantrag oder Baubeginn nach dem 30. 9. 1982 und Anschaffung/Fertigstellung a) nach dem 31. 12. 1984 b) in 1984, wenn erhöhter Schuldzinsenabzug nachgeholt wird	81	81
15				
16	**Im eigenen Haus selbstgenutzte Wohnung, deren Nutzungswert nicht mehr besteuert wird**			
17	Gesamtbetrag der erhöhten Absetzungen nach § 7 b EStG, §§ 14 a, 15 BerlinFG (z. B. Zeile 49 Spalte 1 Anlage V)	DM davon entfallen auf die selbstgenutzte Wohnung	82	82
18	§§ 82 a, 82 g, 82 i EStDV, § 14 b BerlinFG, Schutzbaugesetz (z. B. Zeilen 50/51 Spalte 1 Anlage V)	DM	83	83
19				
20	**Steuerermäßigung für Kinder** bei Inanspruchnahme erhöhter Absetzungen nach § 7 b EStG, § 15 BerlinFG für eine eigengenutzte Wohnung			
21	**Antrag auf Steuerermäßigung nach § 34 f Abs. 1 EStG:**			
22	Im bisherigen Begünstigungszeitraum gehörten auf Dauer zum Haushalt die **Kinder** lt. Vordruck ESt/LSt 1 A Zeilen ☐ 30 ☐ 31 ☐ 32 ☐ 33 ☐ 34			84 Kinder i.S.d. § 34 f ES
23				
24	**Anteile an den Steuerbegünstigungen**			
25	Gemeinschaft, Finanzamt, Steuernummer			
26	Gesondert und einheitlich festgestellter Abzugsbetrag		85	85

328 g OFD Frankfurt am Main 10.87 CHHT (247)

Anlage FW zur Förderung des Wohneigentums –

– 2 –

Steuerbegünstigungen für die Anschaffung/Herstellung von Wohneigentum ab 1. 1. 1987

Zeile					
30	Lage der Wohnung (Ort, Straße, Hausnummer)			Eigentümer (Namen, Anteile)	
31	☐ Einfamilienhaus Eigentumswohng.	☐ Anderes Haus mit	Wohnungen davon eigengenutzt: Anzahl	☐ Ausbau/Erweiterung einer eigengenutzten Wohnung	☐ Ferien- oder Wochenendhaus · ☐ Freifinanzierter oder steuerbegünst. Wohnungsbau in Berlin (West)
32	Angeschafft/Fertiggestellt am	Eigengenutzt ab · ☐ In 1987 noch nicht fertiggestellt	Nutzfläche des Hauses m²	Fläche d. eigengen. Wohnung/Anbaus/Erweiterung m²	davon eigengewerblich/beruflich genutzt oder vermietet m²
33	Für folgende Objekte wurde(n) bereits der Abzugsbetrag/die erhöhten Absetzungen beansprucht:			☐ Der Abzugsbetrag wird für ein Folgeobjekt beansprucht	☐ Anschaffung/Herstellung erfolgte anläßlich Verlegung des Wohnsitzes und der Berufstätigkeit nach Berlin (West)

Abzugsbetrag nach § 10 e EStG/§ 15 b BerlinFG

Zeile		Grund und Boden insgesamt DM	davon 50 v. H. DM	Gebäude DM		
34						
35						
36	Anschaffungs-/Herstellungskosten				Eine Zusammenstellung der Aufwendungen ☐ ist beigefügt. ☐ hat vorgelegen.	
37	Nachträgliche Anschaffungs-/Herstellungskosten in 1987		+	+	DM	
38	Summe			+ ▸		
39	Auf die eigengenutzte Wohnung entfallen			v. H. =		
40	Von Zeile 39 entfallen auf eigengewerblich/beruflich genutzte oder vermietete Räume		Art der Nutzung	v. H. =	–	
41	Bemessungsgrundlage (höchstens 300 000 DM)					18 Günstigerprüfung Ja = 1
42	Abzugsbetrag nach ☐ § 10 e EStG: bis zu 5 v. H. ☐ § 15 b Abs. 1 BerlinFG: 1. und 2. Jahr bis zu je 10 v. H., danach bis zu 3 v. H. ☐ § 15 b Abs. 2 BerlinFG: in den ersten 3 Jahren bis zu insges. 50 v. H.				10	10

Absetzungen für begünstigte Baumaßnahmen

Zeile			
43			
44	Aufwendungen für 1987 fertiggestellte Maßnahmen i. S. der §§ 82 a, 82 g, 82 i EStDV und des Schutzbaugesetzes an der eigengenutzten Wohnung		
45	Absetzungsbetrag 10 v. H. des Betrags von Zeile 44	11	11

Aufwendungen vor Bezug

Zeile				
46				
47	Vor Beginn der erstmaligen Nutzung zu eigenen Wohnzwecken entstandene und 1987 geleistete Aufwendungen, die weder Werbungskosten noch Betriebsausgaben sind (§ 10 e Abs. 6 EStG)			
48	Schuldzinsen, Damnum, Geldbeschaffungskosten	DM		
49	Erhaltungsaufwendungen	+		
50	Andere Aufwendungen (keine Anschaffungs-/Herstellungskosten)	+ ▸	12	12

Steuerermäßigung für Kinder bei Inanspruchnahme des Abzugsbetrags lt. Zeile 42

Zeile		
51		
52	**Antrag auf Steuerermäßigung nach § 34 f Abs. 2 EStG:**	
53	Im Begünstigungszeitraum gehörten auf Dauer zum Haushalt die Kinder lt. Vordruck ESt/LSt 1 A Zeilen ☐ 30 ☐ 31 ☐ 32 ☐ 33 ☐ 34	13 Kinder i. S. d. § 34 f EStG

Anteile an den Steuerbegünstigungen

Zeile			
54			
55	Gemeinschaft, Finanzamt, Steuernummer		
56	Gesondert und einheitlich festgestellter Abzugsbetrag	14	14

Anleitung zur Anlage FW 1987

In der **Anlage FW** (Förderung des Wohneigentums) können Sie Steuerbegünstigungen für eigengenutzte Wohnungen im Inland beantragen, deren Mietwert nicht besteuert wird. Auch in Fällen des Miteigentums brauchen Sie für jede Wohnung nur eine Anlage FW der jeweiligen Steuererklärung beizufügen.

Die **Seite 1** des Vordrucks füllen Sie bitte dann aus, wenn Sie die Wohnung bereits vor dem 1. 1. 1987 angeschafft oder fertiggestellt haben und der Nutzungswert entweder von Gesetzes wegen oder auf Ihren Antrag (z.B. in Zeilen 7 oder 8 der Anlage V) ab 1987 nicht mehr besteuert wird.

Die **Seite 2** verwenden Sie bitte, wenn Sie die Wohnung nach dem 31. 12. 1986 angeschafft oder als Bauherr fertiggestellt haben.

Seite 1

Füllen Sie bitte die Seite 1 nur dann aus, wenn Sie bereits vor dem 1. 1. 1987 ein Wohngebäude mit einer Wohnung hatten, für die ab 1987 ein Nutzungswert nicht mehr besteuert wird (vgl. auch Absatz 2 der Erläuterungen zu Zeilen 16 bis 18). Die durch die Nutzung dieser Wohnung veranlaßten Aufwendungen sind dann nicht mehr als Werbungskosten oder Betriebsausgaben abziehbar; lagen jedoch 1986 die Voraussetzungen für erhöhte Absetzungen vor (z.B. § 7b EStG, § 15 BerlinFG, § 82a EStDV), so können die diesen entsprechenden Beträge ab 1987 für den restlichen Begünstigungszeitraum wie Sonderausgaben weiter abgesetzt werden.

Zeilen 2 bis 14

In diesen Zeilen machen Sie bitte die Steuerbegünstigungen für jene Wohnungen geltend, deren Nutzungswert 1986 pauschal nach § 21 a EStG ermittelt worden ist. Dies sind selbstgenutzte Eigentumswohnungen, Einfamilienhäuser und insgesamt selbstgenutzte andere Häuser, die nach dem 29. 7. 1981 angeschafft worden sind oder für die Sie als Bauherr nach diesem Zeitpunkt die Baugenehmigung beantragt hatten.

Wird die Wohnung teilweise zu beruflichen oder betrieblichen Zwekken genutzt (z. B. als Arbeitszimmer), so sind nur die auf die übrigen Räume der Wohnung entfallenden Beträge anzusetzen. Die auf die beruflich oder betrieblich genutzten Räume entfallenden Aufwendungen können als Werbungskosten oder Betriebsausgaben von den Einnahmen abgezogen werden, die im Zusammenhang mit der Nutzung dieser Räume erzielt werden.

Zeile 14

Außer den in Zeilen 3 bis 13 genannten Absetzungen können in den angegebenen Fällen auch 1987 geleistete **Schuldzinsen,** das Damnum und andere Geldbeschaffungskosten abgesetzt werden, und zwar im Jahr der Anschaffung oder Herstellung des Hauses oder der Eigentumswohnung und in den beiden folgenden Kalenderjahren jeweils bis zu 10 000 DM. Im Fall der Anschaffung ist dieser Schuldzinsenabzug nur möglich, wenn Sie das Haus oder die Eigentumswohnung spätestens im Jahr der Fertigstellung erworben haben. Soweit der Betrag von 10 000 DM 1984 nicht ausgeschöpft werden konnte, ist eine Nachholung 1987 möglich.

Zeilen 16 bis 18

Diese Angaben sind für andere Gebäude mit einer vom Eigentümer bewohnten oder ohne gesicherte Rechtsposition unentgeltlich zur Nutzung überlassenen Wohnung vorgesehen, für die im Kalenderjahr 1986 ein Nutzungswert als Überschuß des Mietwerts über die Werbungskosten oder im Rahmen der Gewinnermittlung besteuert worden ist und für die 1987 kein Nutzungswert angesetzt wird. Haben Sie aus dem Haus 1987 noch Einkünfte bezogen und deshalb eine Anlage V abgegeben, so können Sie diese Beträge im allgemeinen aus Zeilen 48 bis 51 der Anlage V entnehmen. In den übrigen Fällen erläutern Sie die Angaben bitte auf einem besonderen Blatt.

Die auf die Wohnung entfallenden, den erhöhten Absetzungen entsprechenden Beträge können Sie auch geltend machen, wenn Sie erstmals 1987 eine bisher vermietete, leerstehende oder in 1986 fertiggestellte Wohnung in Ihrem Haus selbst bewohnen.

Zeile 20 bis 22

Haben Sie Kinder, die zu Ihrem Haushalt gehören und haben Sie für Ihre Wohnung erhöhte Absetzungen nach § 7b EStG/§ 15 BerlinFG in den Zeilen 3, 8, 12 oder 17 geltend gemacht, so vergessen Sie bitte nicht, auch die **Steuerermäßigung für Kinder nach § 34 f Abs. 1 EStG** zu beantragen. Die Ermäßigung besteht in einem Abzug von der Steuer, den das Finanzamt für das zweite und jedes weitere im Begünstigungszeitraum zu Ihrem Haushalt gehörende Kind, für das Ihnen ein Kinderfreibetrag zusteht, in Höhe von 600 DM vornehmen wird. Kreuzen Sie deshalb bitte in Zeile 22 an, welche der in der entsprechenden Zeile des Hauptvordrucks ESt/LSt 1 A genannten Kinder im Abzugszeitraum zu Ihrem Haushalt gehört haben.

Seite 2

Zeilen 30 bis 42

Für die Wohnung, die Sie als Eigentümer zu eigenen Wohnzwecken nutzen und nach dem 31. 12. 1986 angeschafft oder fertiggestellt haben, können Sie nach § 10 e EStG bis zu 5 v.H. der Anschaffungs- oder Herstellungskosten zuzüglich 50 v.H. der Anschaffungskosten des Bauplatzes (ergibt zusammen die sogenannte Bemessungsgrundlage), höchstens jedoch 15 000 DM wie Sonderausgaben abziehen. Diesen **Abzugsbetrag** können Sie im Jahr der Anschaffung oder Fertigstellung und in den folgenden sieben Jahren in Anspruch nehmen, wenn Sie die Wohnung in dem jeweiligen Kalenderjahr auch tatsächlich selbst bewohnen. Für das Jahr der Anschaffung oder Herstellung geht deshalb der Abzugsbetrag verloren, wenn Sie in diesem Jahr nicht eingezogen sind.

Liegt die Wohnung in Berlin (West), so beträgt der Abzugsbetrag nach § 15 b Abs. 1 BerlinFG unter denselben Voraussetzungen im Jahr der Anschaffung oder Fertigstellung und in dem folgenden Kalenderjahr bis zu 10 v.H. der vorgenannten Bemessungsgrundlage, höchstens jeweils 30 000 DM, und in den darauffolgenden zehn Kalenderjahren jeweils bis zu 3 v.H. der Bemessungsgrundlage, höchstens jeweils 9000 DM (§ 15 b Abs.1 Nr.1 BerlinFG). Haben Sie Ihre Berliner Wohnung im steuerbegünstigten oder frei finanzierten Wohnungsbau errichtet und dient sie Ihnen für mindestens drei Jahre nach der Fertigstellung zu eigenen Wohnzwecken, so können Sie als Bauherr im Jahr der Fertigstellung und in den beiden folgenden Jahren bis zu insgesamt 50 v.H. der vorgenannten Bemessungsgrundlage, höchstens insgesamt 150 000 DM absetzen (§ 15 b Abs.2 BerlinFG).

Die Bemessungsgrundlage beträgt höchstens 300 000 DM, bei Miteigentum höchstens einem dem Miteigentumsanteil entsprechenden Teil von 300 000 DM.

Vermietete oder anderen Personen unentgeltlich zur Nutzung überlassene Wohnungen sowie Ferien- und Wochenendwohnungen sind nicht begünstigt.

Haben Sie Ihre eigengenutzte Wohnung erweitert oder weiteren Wohnraum ausgebaut, so kreuzen Sie das entsprechende Auswahlkästchen in Zeile 31 an, denn auch für diese Herstellungskosten kann der Abzugsbetrag in Anspruch genommen werden, wenn der Ausbau oder die Erweiterung nach dem 31. 12. 1986 fertiggestellt worden ist. Die Flächenangaben in Zeile 32 dienen dazu, jene Räume der Wohnung aus der Steuerbegünstigung auszuscheiden, die Sie zur Einkunftserzielung nutzen; denn die Anschaffungs- und Herstellungskosten für die vermieteten sowie für die zu eigenen gewerblichen oder beruflichen Zwecken genutzten Räume müssen in Zeile 40 von der Bemessungsgrundlage ausgeschieden werden.

Zeile 33

Diese Angaben sind deshalb notwendig, weil Sie den Abzugsbetrag nur für **eine** Wohnung in Anspruch nehmen können (Objektbeschränkung). Der begünstigte Ausbau oder die begünstigte Erweiterung einer Wohnung gelten ebenfalls als ein Objekt. Entsprechendes gilt für den Miteigentumsanteil an einer Wohnung, es sei denn, sie gehört zusammenlebenden und im Inland wohnenden Ehegatten. Wird die Anlage für eine Grundstücksgemeinschaft abgegeben, so ist zusätzlich ggf. auf besonderem Blatt anzugeben, welcher Miteigentümer die Vergünstigung für ein früheres Objekt beansprucht hat. Vor dem 1. 1. 1987 angeschaffte oder fertiggestellte Objekte, für die erhöhte Absetzungen nach § 7 b EStG, § 15 BerlinFG vorgenommen worden sind, werden bei der Objektbeschränkung angerechnet.

Nicht angerechnet werden hingegen solche Gebäude, für die Sie den Antrag auf Baugenehmigung vor dem 1. 1. 1965 gestellt hatten. Objekte in Berlin (West) bleiben dann außer Betracht, wenn für sie erhöhte Absetzungen nach den vor dem 15. 7. 1977 geltenden Vorschriften beansprucht worden sind. Außerdem dürfen Berliner Objekte dann nicht angerechnet werden, wenn sie im Zusammenhang mit der Begründung des ausschließlichen Wohnsitzes in Berlin (West) anläßlich der Aufnahme einer gewerblichen Tätigkeit oder einer selbständigen oder nichtselbständigen Arbeit in Berlin (West) angeschafft oder hergestellt worden sind. Voraussetzung ist, daß die Anschaffung oder Herstellung innerhalb von fünf Jahren nach Aufnahme der Tätigkeit in Berlin (West) erfolgte und das Objekt im Veranlagungszeitraum selbst bewohnt wird.

Erfüllt die Wohnung nicht bis zum Ablauf des Abzugszeitraums die Voraussetzungen für die Begünstigung (weil sie z.B. veräußert oder vom Eigentümer nicht mehr selbst bewohnt wird), so kann der Abzug bei einer weiteren eigengenutzten Wohnung bis zu insgesamt 8 Jahren (für nach § 15 Abs. 1 Nr. 1 BerlinFG begünstigte Objekte bis zu insgesamt 12 Jahren) fortgesetzt werden. Voraussetzung ist, daß dieses **Folgeobjekt** innerhalb eines Zeitraums von zwei Jahren vor und drei Jahren nach Ablauf des Kalenderjahrs, in dem das Erstobjekt letztmals die Voraussetzungen für die Begünstigung erfüllt hat, angeschafft oder fertiggestellt wird. Erstobjekt kann auch eine vor dem 1. 1. 1987 angeschaffte oder fertiggestellte Wohnung sein, für die erhöhte Absetzungen nach § 7 b EStG, § 15 BerlinFG vorgenommen worden sind. Die vorgenannten Abzugsbeträge nach § 15 Abs. 2 BerlinFG von 50 v.H. der Bemessungsgrundlage in den ersten drei Jahren können jedoch nicht bei einem Folgeobjekt weitergeführt werden. Bitte machen Sie nähere Angaben auf besonderem Blatt.

Ehegatten, die im Inland nicht dauernd getrennt leben, können die Begünstigung für insgesamt zwei Objekte in Anspruch nehmen. Waren sie aber bereits im Zeitpunkt der Anschaffung oder Fertigstellung der Wohnungen verheiratet, so kann der Abzugsbetrag nicht gleichzeitig für beide Wohnungen nebeneinander berücksichtigt werden, wenn die beiden Wohnungen im räumlichen Zusammenhang zueinander liegen.

Zeile 36

Bei Ausbauten und Erweiterungen bilden allein die Herstellungskosten die Bemessungsgrundlage für den Abzugsbetrag.

Zeile 37

Nachträgliche Anschaffungskosten des Grund und Bodens sind z.B. Erschließungsbeiträge; nachträgliche Herstellungskosten des Gebäudes sind z.B. Aufwendungen für den Einbau neuer Anlagen (z.B. eines Bades).

Zeilen 43 bis 45

Weitere Aufwendungen können Sie (ggf. neben dem Abzugsbetrag) in Höhe von 10 v.H. wie Sonderausgaben absetzen, wenn Sie damit Baumaßnahmen durchführen, die nach §§ 82 a, 82 g, 82 i EStDV oder nach dem Schutzbaugesetz begünstigt sind, und die hergestellten Einrichtungen in den Jahren 1987 bis 1991 fertiggestellt werden (§ 52 Abs. 21 Satz 6 EStG). Diesen Absetzungsbetrag können Sie im Jahr der Fertigstellung und jeweils in den folgenden neun Jahren berücksichtigen. Für Baumaßnahmen nach dem Schutzbaugesetz kann der Absetzungsbetrag im Jahr der Fertigstellung und in den elf folgenden Jahren berücksichtigt werden.

Nach **§ 82 a EStDV** sind Baumaßnahmen begünstigt für den Anschluß eines im Inland belegenen Gebäudes an eine Fernwärmeversorgung einschließlich der Anbindung an das Heizsystem, wenn die Fernwärmeversorgung überwiegend aus Anlagen der Kraft-Wärme-Kopplung, zur Verbrennung von Müll oder zur Verwertung von Abwärme gespeist wird. Das Gebäude muß vor dem 1. 7. 1983 hergestellt worden sein, es sei denn, der Anschluß war nicht schon im Zusammenhang mit der Errichtung des Gebäudes möglich.

Unabhängig von dem Alter des Gebäudes können Herstellungskosten erhöht abgesetzt werden für

- den Einbau von Wärmepumpenanlagen, Solaranlagen und Anlagen zur Wärmerückgewinnung in einem im Inland belegenen Gebäude einschließlich der Anbindung an das Heizsystem,
- Windkraftanlagen, wenn die mit diesen Anlagen erzeugte Energie überwiegend entweder unmittelbar oder durch Verrechnung mit Elektrizitätsbezügen des Steuerpflichtigen von einem Elektrizitätsversorgungsunternehmen zur Versorgung eines im Inland belegenen Gebäudes des Steuerpflichtigen verwendet wird, einschließlich der Anbindung an das Versorgungssystem des Gebäudes,
- Anlagen zur Gewinnung von Gas, das aus pflanzlichen oder tierischen Abfallstoffen durch Gärung unter Sauerstoffabschluß entsteht, wenn dieses Gas zur Beheizung eines im Inland belegenen Gebäudes des Steuerpflichtigen oder zur Warmwasserbereitung in einem solchen Gebäude des Steuerpflichtigen verwendet wird, einschließlich der Anbindung an das Versorgungssystem des Gebäudes.

Begünstigt sind auch Aufwendungen für den Einbau einer Warmwasseranlage zur Versorgung von mehr als einer Zapfstelle und einer zentralen Heizungsanlage oder bei einer zentralen Heizungs- und Warmwasseranlage für den Einbau eines Heizkessels, eines Brenners, einer zentralen Steuerungseinrichtung, einer Wärmeabgabeeinrichtung und eine Änderung der Abgasanlage in einem im Inland belegenen Gebäude oder in einer im Inland belegenen Eigentumswohnung, wenn mit der Maßnahme nicht vor Ablauf von zehn Jahren seit Fertigstellung dieses Gebäudes begonnen worden ist.

Nach **§ 82 g EStDV** sind Herstellungskosten für Städtebausanierungsmaßnahmen im Sinne des § 43 Abs. 3 Satz 2 des Städtebauförderungsgesetzes (§ 177 Baugesetzbuch) begünstigt, die für Gebäude in einem förmlich festgelegten Sanierungs- oder Entwicklungsgebiet aufgewendet werden.

Nach **§ 82 i EStDV** können Herstellungskosten für Baumaßnahmen an Baudenkmälern in der vorgenannten Weise wie Sonderausgaben abgesetzt werden.

Nach dem **Schutzbaugesetz** sind bis zu bestimmten Höchstbeträgen Herstellungskosten für Schutzräume begünstigt.

Zeile 46 bis 50

Nach § 10 e Abs. 6 EStG können Sie die in den Zeilen 48 bis 50 genannten Aufwendungen in voller Höhe im Jahr der Bezahlung wie Sonderausgaben absetzen, wenn die **Aufwendungen** in jenen Tagen wirtschaftlich entstanden sind, **bevor Sie erstmals in Ihre Wohnung eingezogen sind.** Die Aufwendungen dürfen nicht zu den Anschaffungs- oder Herstellungskosten der Wohnung gehören, müssen jedoch mit der Anschaffung oder Herstellung der Wohnung in engem wirtschaftlichen Zusammenhang stehen.

Die Aufwendungen können unter diesen Voraussetzungen auch dann abgezogen werden, wenn Sie den vorgenannten Abzugsbetrag nach § 10 e EStG, § 15 b BerlinFG nicht in Anspruch nehmen wollen oder können (z.B. wegen der Objektbeschränkung). Fügen Sie bitte eine **Einzelaufstellung** Ihrer Aufwendungen bei.

Zeilen 51 bis 53

Haben Sie Kinder, die zu Ihrem Haushalt gehören und haben Sie für Ihre Wohnung den Abzugsbetrag nach § 10 e EStG / § 15 b BerlinFG in den Zeilen 34 bis 42 beantragt, so vergessen Sie bitte nicht, auch die **Steuerermäßigung für Kinder nach § 34 f Abs. 2 EStG** geltend zu machen. Die Ermäßigung besteht in einem Abzug von der Steuer, den das Finanzamt für jedes im Abzugszeitraum zu Ihrem Haushalt gehörende Kind, für das Ihnen ein Kinderfreibetrag zusteht, in Höhe von 600 DM vornehmen wird. Kreuzen Sie deshalb bitte in Zeile 53 an, welche der in der entsprechenden Zeile des Hauptvordrucks ESt/LSt 1 A genannten Kinder im Abzugszeitraum zu Ihrem Haushalt gehört haben.

Anleitung 1987

zum Antrag auf Lohnsteuer-Jahresausgleich und zur Einkommensteuererklärung

Abgabefrist:
Antrag auf Lohnsteuer-Jahresausgleich bis 31. Dezember 1989
Einkommensteuererklärung bis 31. Mai 1988

Stichwortverzeichnis siehe Seite 14

Diese Anleitung soll Sie informieren

- wie Sie die Vordrucke richtig ausfüllen
- über Ihre Möglichkeiten, Steuern zu sparen
- aber auch über Ihre steuerlichen Pflichten.

Sie kann allerdings nicht alle Fragen beantworten.

Antrag auf Lohnsteuer-Jahresausgleich

Zum Antrag auf Lohnsteuer-Jahresausgleich gehören der vierseitige **Hauptvordruck** und die **„Anlage N"** (für Angaben zum Arbeitslohn und zu den Werbungskosten). **Jeder Ehegatte, der Arbeitslohn, bestimmte Lohnersatzleistungen** (vgl. Erläuterungen zu Zeilen 13 und 14 der Anlage N), **steuerfreien Arbeitslohn für eine Auslandstätigkeit** (vgl. Erläuterungen zu Zeile 17 der Anlage N) **oder vermögenswirksame Leistungen hat, muß eine eigene Anlage N abgeben.**

Einkommensteuererklärung

Zur Einkommensteuererklärung gehören der vierseitige **Hauptvordruck** und **zusätzlich** für

jeden Arbeitnehmer	die **Anlage N** (Einkünfte aus nichtselbständiger Arbeit, bestimmte Lohnersatzleistungen – vgl. Erläuterungen zu Zeilen 13 und 14 der Anlage N –, steuerfreier Arbeitslohn für eine Auslandstätigkeit – vgl. Erläuterungen zu Zeile 17 der Anlage N –, vermögenswirksame Leistungen)
Land- und Forstwirte	die **Anlage L** (Einkünfte aus Land- und Forstwirtschaft)
Gewerbetreibende und Freiberufler	die **Anlage GSE** (Einkünfte aus Gewerbebetrieb und aus selbständiger Arbeit)
Sparer und Rentner	die **Anlage KSO** (Einkünfte aus Kapitalvermögen und sonstige Einkünfte)
Haus- und Wohnungseigentümer	die **Anlage V** (Einkünfte aus Vermietung und Verpachtung) und/oder die **Anlage FW** (Steuerbegünstigung zur Förderung des Wohneigentums).

Außerdem können in besonderen Fällen weitere Anlagen erforderlich sein, auf die dann in den Vordrucken hingewiesen wird.

Lohnsteuer-Jahresausgleich oder Einkommensteuerveranlagung?

Zwischen diesen beiden Verfahren besteht kein Wahlrecht. In beiden Fällen ergibt sich grundsätzlich dieselbe Jahressteuer.

Wann Lohnsteuer-Jahresausgleich?

Bei **Arbeitnehmern,** die keine oder nur geringfügige Nebeneinkünfte haben und deren Einkommen bestimmte Grenzen nicht übersteigt, wird in der Regel ein Lohnsteuer-Jahresausgleich in Betracht kommen.

Wann Einkommensteuerveranlagung?

Verheiratete **Arbeitnehmer,** die mit ihrem Ehegatten im Inland wohnen und von ihm nicht dauernd getrennt leben, werden zur Einkommensteuer veranlagt, wenn das gemeinsame Einkommen mehr als 48 000 DM beträgt. Für alle anderen Arbeitnehmer gilt eine Einkommensgrenze von 24 000 DM.

Übersteigt das Einkommen die vorgenannten Grenzen nicht, so ist eine Veranlagung nur in bestimmten Fällen erforderlich. Ein solcher Veranlagungsfall liegt z. B. vor,

- wenn die Einkünfte, von denen keine Lohnsteuer einbehalten worden ist, mehr als 800 DM betragen;
- wenn ein Arbeitnehmer von mehreren Arbeitgebern gleichzeitig Arbeitslohn bezogen hat und das zu versteuernde Einkommen bei Verheirateten 36 000 DM und bei Alleinstehenden 18 000 DM übersteigt;
- wenn der Arbeitnehmer Kurzarbeiter- oder Schlechtwettergeld bezogen hat und kein Lohnsteuer-Jahresausgleich durchzuführen ist;
- wenn beide Ehegatten Arbeitslohn bezogen haben, einer von ihnen für das Kalenderjahr oder für einen Teil des Kalenderjahrs nach der Steuerklasse V oder VI besteuert worden ist und das zu versteuernde Einkommen 36 000 DM übersteigt;
- wenn ein Ehegatte Arbeitslosengeld oder Arbeitslosenhilfe bezogen hat und der andere Ehegatte in Steuerklasse III war;
- wenn bei einem Arbeitnehmer nur die gekürzte Vorsorgepauschale anzusetzen ist, der Lohnsteuerabzug jedoch nach der allgemeinen Lohnsteuertabelle mit der ungekürzten Vorsorgepauschale vorgenommen wurde;
- wenn Versorgungsbezüge (z. B. Werkspensionen) aus mehr als einem früheren Dienstverhältnis bezogen wurden und die Versorgungsbezüge insgesamt höher als 12 000 DM jährlich sind;
- wenn der Arbeitnehmer älter als 64 Jahre ist und gleichzeitig von mehreren Arbeitgebern für eine Beschäftigung Arbeitslohn von insgesamt mehr als 7 500 DM jährlich bezogen hat;
- wenn bei geschiedenen oder dauernd getrennt lebenden Elternpaaren oder bei Eltern nichtehelicher Kinder ein Elternteil die Übertragung des Kinderfreibetrags oder des Ausbildungsfreibetrags beantragt oder beide Elternteile eine Aufteilung des einem Kind zustehenden Pauschbetrags für Körperbehinderte/Hinterbliebene in einem anderen Verhältnis als je zur Hälfte beantragen.

Nur auf **Antrag** wird eine **Einkommensteuerveranlagung** z. B. durchgeführt,

- wenn Verluste aus anderen Einkunftsarten berücksichtigt werden sollen;
- wenn der Arbeitnehmer oder sein Ehegatte sich getrennt zur Einkommensteuer veranlagen lassen will;
- wenn der Arbeitnehmer und sein Ehegatte für das Jahr der Eheschließung die besondere Veranlagung beantragen;
- wenn eine Steuerbegünstigung zur Förderung des Wohneigentums (Anlage FW) beantragt wird;
- wenn bei Inanspruchnahme von Abzugsbeträgen (Anlage FW) oder erhöhten Absetzungen eine Steuerermäßigung für Kinder beantragt wird (§ 34 f des Einkommensteuergesetzes - EStG);
- wenn einbehaltene Kapitalertragsteuer oder Körperschaftsteuer angerechnet werden soll.

Personen, **die keinen Arbeitslohn bezogen haben,** werden mit ihren steuerpflichtigen Einkünften zur Einkommensteuer veranlagt.

Steuererstattung

Ein Antrag auf Lohnsteuer-Jahresausgleich oder die Abgabe der Einkommensteuererklärung kann sich insbesondere lohnen,

- wenn Sie nicht ununterbrochen in einem Dienstverhältnis gestanden haben;
- wenn die Höhe Ihres Arbeitslohns im Laufe des Jahres geschwankt hat und ein Lohnsteuer-Jahresausgleich noch nicht von Ihrem Arbeitgeber durchgeführt worden ist;
- wenn sich Ihre Steuerklasse, die Zahl der Kinderfreibeträge oder die Zahl Ihrer Kinder im Laufe des Jahres zu Ihren Gunsten geändert hat und dies noch nicht bei einem Lohnsteuer-Jahresausgleich durch Ihren Arbeitgeber berücksichtigt worden ist;
- wenn Sie **und** Ihr Ehegatte Arbeitslohn bezogen haben;
- wenn Ihnen Werbungskosten, Sonderausgaben oder außergewöhnliche Belastungen entstanden sind, für die kein Freibetrag auf Ihrer Lohnsteuerkarte eingetragen worden ist;
- wenn bei Ihnen ein höherer Kinderfreibetrag zu berücksichtigen ist als auf Ihrer Lohnsteuerkarte bescheinigt, z. B. weil der andere Elternteil während des ganzen Jahres im Ausland lebte, vor Beginn des Jahres verstorben ist oder keinen wesentlichen Unterhalt geleistet hat;
- wenn Ihnen ein Freibetrag auf Ihrer Lohnsteuerkarte für 1987 eingetragen worden ist und Ihr Jahresarbeitslohn nach Abzug dieses Freibetrags z. B. folgende Beträge nicht überstiegen hat:

Steuerklasse	I	II	III	IV
allgemeine Tabelle DM	26 599	26 599	52 599	26 599
besondere Tabelle DM	11 699	11 699	22 799	11 699

(wenn Sie über 64 Jahre alt oder Empfänger von Versorgungsbezügen sind, erhöhen sich die Beträge um den Altersentlastungsbetrag oder Versorgungs-Freibetrag).

Steuernachzahlung

Durch die Veranlagung zur Einkommensteuer können sich auch Abschlußzahlungen und höhere Vorauszahlungen ergeben. Halten Sie bitte in Ihrem eigenen Interesse Mittel für diese Zahlungen bereit, damit Sie die Zahlungstermine einhalten können.

Zuständiges Finanzamt

Arbeitnehmer müssen den Antrag auf Lohnsteuer-Jahresausgleich oder die Einkommensteuererklärung bei dem Finanzamt abgeben, in dessen Bezirk sie am 31. 12. 1987 gewohnt haben.

Für nichtverheiratete Berufssoldaten und Soldaten auf Zeit ist das Finanzamt zuständig, zu dessen Bezirk der Standort des Soldaten gehört. Entsprechendes gilt für Angehörige des Bundesgrenzschutzes und der Polizei, die in Kasernen oder ähnlichen Unterkünften zusammengezogen sind.

Abgabefrist versäumt?

Der **Antrag auf Lohnsteuer-Jahresausgleich** 1987 und der **Antrag auf Einkommensteuerveranlagung** 1987 müssen bis zum 31. 12. 1989 beim zuständigen Finanzamt eingegangen sein. Diese Frist kann nicht verlängert werden. Nach dem 31. 12. 1989 eingehende Anträge muß das Finanzamt ablehnen. Eine Ausnahme kann nur gemacht werden, wenn Sie diesen Termin unverschuldet versäumen. Bei der Prüfung dieser Frage muß das Finanzamt einen strengen Maßstab anlegen.

Die allgemeine Frist für die Abgabe der **Einkommensteuererklärung** 1987 läuft bis zum 31. 5. 1988. Bei Land- und Forstwirten endet die Abgabefrist spätestens drei Monate nach Ablauf des Wirtschaftsjahrs 1987/88. Diese Fristen können auf Antrag verlängert werden. Bei verspäteter Abgabe oder Nichtabgabe der Einkommensteuererklärung kann das Finanzamt einen Verspätungszuschlag bis zu 10 v. H. der Einkommensteuer oder erforderlichenfalls Zwangsgelder festsetzen.

So werden die Vordrucke ausgefüllt

Füllen Sie nur die weißen Felder der Vordrucke deutlich und vollständig aus. Vollständige Angaben sind auch dann erforderlich, wenn auf der Lohnsteuerkarte bereits ein Freibetrag eingetragen worden ist. Reicht der vorgesehene Platz nicht aus, machen Sie die Angaben bitte auf einem besonderen Blatt. Fügen Sie bitte die erforderlichen Anlagen, Einzelaufstellungen und Belege bei.

Tragen Sie grundsätzlich nur volle DM-Beträge ein. Pfennig-Beträge runden Sie bitte zu Ihren Gunsten auf volle DM-Beträge auf oder ab, soweit die Vordrucke nicht ausdrücklich die Eintragung von Pfennig-Beträgen vorsehen. **Verluste** bitte in **Rot** eintragen, soweit in den Vordrucken nichts anderes gesagt ist.

Wie Sie die Vordrucke im einzelnen ausfüllen müssen, soll Ihnen nachstehend erläutert und am Beispiel der Familie Huber veranschaulicht werden.

Die Eheleute Huber wollen für 1987 einen Lohnsteuer-Jahresausgleich beantragen. Herr Huber kreuzt deshalb zunächst einmal das Kästchen auf der Seite 1 ganz oben links an. Da für sie im Vorjahr ein Lohnsteuer-Jahresausgleich durchgeführt worden ist, trägt er außerdem die Nummer aus dem Lohnsteuer-Jahresausgleichsbescheid 1986 ein.

Allgemeine Angaben

(Seite 1 des Hauptvordrucks)

Herr Huber ist Kraftfahrzeugschlosser. Er heißt mit Vornamen Heribert, ist am 18. 10. 1941 geboren und wohnt zusammen mit seiner Ehefrau Hannelore in Köln. Sie haben am 10. 1. 1967 geheiratet. Frau Huber ist am 17. 6. 1946 geboren; sie arbeitete in der Nähe ihrer Wohnung das ganze Jahr über halbtags in einer Exportfirma als Buchhalterin.

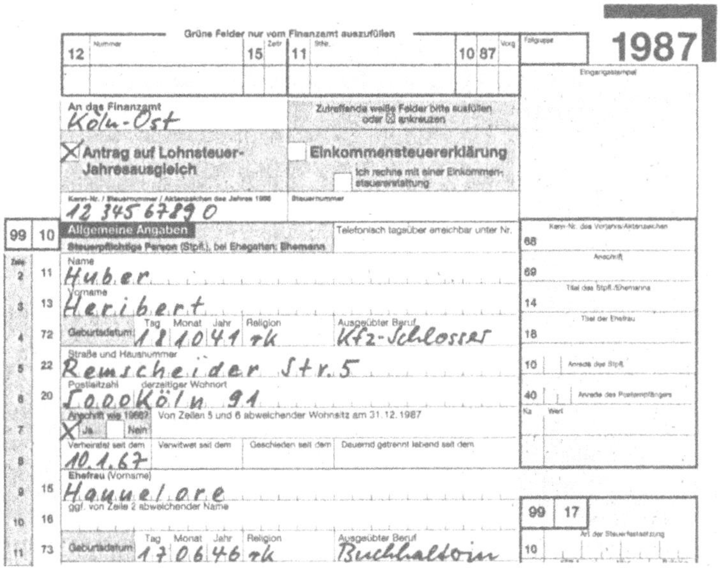

Was müssen Sie eintragen?

Zeilen 2 bis 6 und 9 bis 12

Tragen Sie Ihren Namen und die jetzige Anschrift ein. Reichen die Schreibstellen nicht aus, kürzen Sie bitte ab. Bei Angabe der Religionszugehörigkeit können Arbeitnehmer regelmäßig die in der Lohnsteuerkarte eingetragene Abkürzung übernehmen.

Machen Sie bitte die für den Ehegatten vorgesehenen Angaben auch dann, wenn dieser keine Einkünfte bezogen hat.

Zeilen 7 und 13

Ihren Wohnsitz am 31. 12. 1987 müssen Sie nur angeben, wenn Sie danach umgezogen sind. Hatten Sie am 31. 12. 1987 mehrere Wohnungen und

- waren Sie nicht verheiratet oder zwar verheiratet, lebten jedoch dauernd getrennt von Ihrem Ehegatten, so geben Sie bitte den Wohnsitz an, an dem Sie sich im Kalenderjahr 1987 vorwiegend aufgehalten haben;
- waren Sie verheiratet und lebten von Ihrem Ehegatten nicht dauernd getrennt, so tragen Sie bitte den Wohnsitz ein, an dem sich Ihre Familie im Kalenderjahr 1987 vorwiegend aufgehalten hat.

Zeile 8

Wenn Sie nach dem 1. 1. 1987 geschieden worden sind, geben Sie bitte auch an, seit wann Sie vor der Ehescheidung von Ihrem Ehegatten dauernd getrennt gelebt haben. Eine dauernde Trennung liegt nicht vor, wenn die Ehegatten nur vorübergehend, z. B. bei auswärtiger beruflicher Tätigkeit, nicht zusammen leben.

Zeile 14

Bei der **Einkommensteuer** können Ehegatten, die in 1987 im Inland zusammen gelebt haben, zwischen getrennter Veranlagung und Zusammenveranlagung wählen. Ehegatten werden getrennt veranlagt, wenn **einer** der Ehegatten die getrennte Veranlagung wählt. In diesem Fall muß jeder Ehegatte eine Einkommensteuererklärung abgeben. Ehegatten werden zusammenveranlagt, wenn **beide** die Zusammenveranlagung wählen.

Für das Jahr der Eheschließung können beide Ehegatten die besondere Veranlagung wählen, bei der sie dann wie Unverheiratete behandelt werden. Dies kann günstiger sein, wenn mindestens ein Ehegatte vor der Eheschließung Anspruch auf den Haushaltsfreibetrag (bei Arbeitnehmern: die Steuerklasse II) oder als Verwitweter Anspruch auf Anwendung der Splittingtabelle (bei Arbeitnehmern: die Steuerklasse III) hatte. Für die besondere Veranlagung muß jeder Ehegatte eine Einkommensteuererklärung so ausfüllen, als wäre er unverheiratet.

Wird eine Erklärung über die Wahl der Veranlagungsart nicht abgegeben, so unterstellt das Finanzamt, daß die Ehegatten die Zusammenveranlagung wählen; diese Veranlagungsart ist im Regelfall die günstigere.

Zeilen 15 bis 18

Steuererstattungen erhalten Sie vom Finanzamt grundsätzlich nur unbar. Geben Sie bitte Ihre **Kontonummer** und die **Bankleitzahl** an (diese ist im allgemeinen auf Ihren Scheck-/Überweisungsvordrucken eingedruckt). Reichen die Schreibstellen für die Angabe Ihres Geldinstituts nicht aus, so kürzen Sie die Angaben bitte in geeigneter Weise ab.

Ändert sich vor Überweisung des Erstattungsbetrags Ihre Anschrift oder Ihre Bankverbindung, so teilen Sie dies bitte sofort dem Finanzamt mit.

Den amtlichen Abtretungsvordruck erhalten Sie beim Finanzamt; beachten Sie bitte die besonderen Hinweise auf diesem Vordruck.

Unterschrift

Vergessen Sie nicht, den Antrag bzw. die Erklärung zu unterschreiben. Waren Sie 1987 verheiratet und haben Sie von Ihrem Ehegatten nicht dauernd getrennt gelebt, so muß auch Ihr Ehegatte unterschreiben, selbst dann, wenn er keine eigenen Einkünfte hatte. Wählen Sie die getrennte oder die besondere Veranlagung, so hat jeder Ehegatte nur seine Erklärung zu unterschreiben. Für Geschäftsunfähige oder beschränkt Geschäftsfähige hat der gesetzliche Vertreter zu unterschreiben.

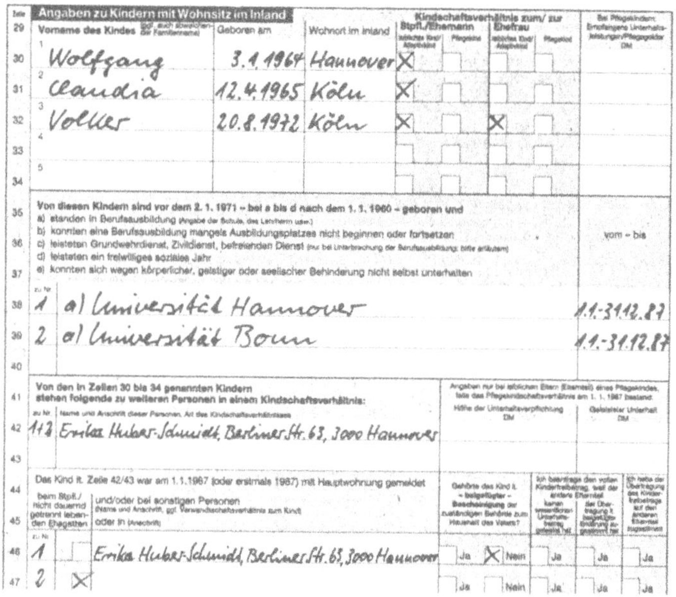

Angaben zu Kindern mit Wohnsitz im Inland

Zeile	Vorname des Kindes	Geboren am	Wohnort im Inland	Kindschaftsverhältnis zum Stpfl./Ehemann: leibliches Kind/Adoptivkind	Pflegekind	Kindschaftsverhältnis zur Ehefrau: leibliches Kind/Adoptivkind	Pflegekind	Bei Pflegekindern: Empfangene Unterhaltsleistungen/Pflegegelder DM
30	1 Wolfgang	3.1.1964	Hannover	X				
31	2 Claudia	12.4.1965	Köln	X				
32	3 Volker	20.8.1972	Köln	X		X		
33	4							
34	5							

35 Von diesen Kindern sind vor dem 2. 1. 1971 – bei a bis d nach dem 1. 1. 1960 – geboren und
a) standen in Berufsausbildung (Angabe der Schule, des Lehrherrn usw.)
b) konnten eine Berufsausbildung mangels Ausbildungsplatzes nicht beginnen oder fortsetzen
36 c) leisteten Grundwehrdienst, Zivildienst, befreienden Dienst (nur bei Unterbrechung der Berufsausbildung; bitte erläutern)
d) leisteten ein freiwilliges soziales Jahr
37 e) konnten sich wegen körperlicher, geistiger oder seelischer Behinderung nicht selbst unterhalten

Zeile	zu Nr.		vom – bis
38	1	a) Universität Hannover	1.1.-31.12.87
39	2	a) Universität Bonn	1.1.-31.12.87
40			

41 Von den in Zeilen 30 bis 34 genannten Kindern stehen folgende zu weiteren Personen in einem Kindschaftsverhältnis:

Zeile	zu Nr.	Name und Anschrift dieser Personen, Art des Kindschaftsverhältnisses	Angaben nur bei leiblichen Eltern (Elternteil) eines Pflegekindes, falls das Pflegekindschaftsverhältnis am 1. 1. 1987 bestand: Höhe der Unterhaltsverpflichtung DM	Geleisteter Unterhalt DM
42	1+2	Erika Huber-Schmidt, Berliner Str. 63, 3000 Hannover		
43				

44 Das Kind lt. Zeile 42/43 war am 1.1.1987 (oder erstmals 1987) mit Hauptwohnung gemeldet

Zeile	zu Nr.	beim Stpfl./nicht dauernd getrennt lebenden Ehegatten	und/oder bei sonstigen Personen (Name und Anschrift, ggf. Verwandtschaftsverhältnis zum Kind) oder in (Anschrift)	Gehörte das Kind lt. – beigefügter – Bescheinigung der zuständigen Behörde zum Haushalt des Vaters?	Ich beantrage den vollen Kinderfreibetrag, weil der andere Elternteil keinen wesentlichen Unterhaltsbetrag geleistet hat	der Übertragung lt. beigefügter Erklärung zugestimmt hat	Ich habe der Übertragung des Kinderfreibetrags auf den anderen Elternteil zugestimmt
46	1		Erika Huber-Schmidt, Berliner Str. 63, 3000 Hannover	Ja / X Nein	Ja	Ja	Ja
47	2	X		Ja / Nein	Ja	Ja	Ja

Angaben zu Kindern mit Wohnsitz im Inland

(Seite 2 des Hauptvordrucks)

Kinder werden insbesondere durch Kinderfreibeträge und bei der Bemessung der Kirchensteuer und der Arbeitnehmer-Sparzulage berücksichtigt. Geben Sie deshalb Ihre Kinder an, unabhängig davon, ob sie auf der Lohnsteuerkarte eingetragen sind oder nicht. Kinder, die in 1987 im Inland keinen Wohnsitz oder gewöhnlichen Aufenthalt hatten, dürfen hier nicht eingetragen werden (vgl. Erläuterungen zu Zeilen 95 bis 100); Kinder deutscher Staatsangehöriger im Ausland mit Bezügen aus einer inländischen öffentlichen Kasse können jedoch eingetragen werden. Das gleiche gilt unter bestimmten Voraussetzungen aus Billigkeitsgründen für Kinder von Deutschen, wenn die Kinder in der DDR oder Berlin (Ost) oder als Kinder von Aussiedlern noch im Herkunftsland leben.

Bei den Hubers liegen die Verhältnisse so: Sie haben ein gemeinsames Kind, den Sohn Volker, der am 20. 8. 1972 geboren ist. Herr Huber ist zum zweitenmal verheiratet, seine erste Ehe ist geschieden worden. Aus dieser Ehe hat Herr Huber den Sohn Wolfgang und die Tochter Claudia. Wolfgang ist am 3. 1. 1964 geboren und studiert in Hannover; er lebt bei seiner Mutter, Frau Erika Huber-Schmidt, die in Hannover wohnt. Herr Huber zahlt für Wolfgang Unterhalt. Claudia ist am 12. 4. 1965 geboren und studiert in Bonn. An vielen Wochenenden lebt Claudia bei den Hubers; sie ist bei ihnen auch mit ihrer Hauptwohnung gemeldet. Bei ihrer Mutter hält sich Claudia nur besuchsweise auf. Die Mutter trägt einen Teil der Unterhaltskosten für Claudia.

Haben Sie Kinder, beachten Sie bitte folgendes:

Zeilen 29 bis 47

Kinder sind leibliche Kinder, angenommene Kinder (Adoptivkinder), Pflegekinder.

Ein leibliches Kind dürfen Sie nicht mehr angeben, wenn das Verwandtschaftsverhältnis zwischen Ihnen und dem Kind vor dem 1. 1. 1987 durch Adoption erloschen ist. Leibliche Kinder, die am 1. 1. 1987 gleichzeitig zu anderen Personen in einem Pflege- oder Adoptivkindschaftsverhältnis standen, können bei den leiblichen Eltern nur dann berücksichtigt werden, wenn diese ihrer Unterhaltsverpflichtung im wesentlichen nachgekommen sind (siehe Zeilen 41 bis 43).

Pflegekinder sind Kinder, mit denen Sie durch ein familienähnliches, auf längere Dauer berechnetes Band verbunden sind und die Sie in Ihren Haushalt aufgenommen haben. Voraussetzung ist, daß das Obhuts- und Pflegeverhältnis zu den leiblichen Eltern nicht mehr besteht und Sie die Unterhaltskosten für das Kind zu einem nicht unwesentlichen Teil getragen haben (siehe Zeilen 29 bis 34, letzte Spalte).

Für Kinder, die **nach dem 1. 1. 1971 geboren** sind, machen Sie Angaben nur in den Zeilen 30 bis 34 und 42 bis 47. War ein Kind 1987 bei Ihnen nicht mit Hauptwohnung gemeldet, müssen Sie durch eine steuerliche Lebensbescheinigung der Wohnsitzgemeinde des Kindes nachweisen, daß das Kind im Inland seinen Wohnsitz oder gewöhnlichen Aufenthalt hatte. Dies gilt nicht, wenn das Kind auf Ihrer Lohnsteuerkarte bei der Zahl der Kinderfreibeträge berücksichtigt worden ist.

Für über 16 Jahre alte Kinder **(vor dem 2. 1. 1971 geboren)**, die jedoch das 27. Lebensjahr noch nicht vollendet haben **(nach dem 1. 1. 1960 geboren)**, sind außerdem Angaben in den Zeilen 38 bis 40 erforderlich. Denn diese Kinder können nur berücksichtigt werden, wenn sie zu irgendeinem Zeitpunkt im Kalenderjahr 1987

- für einen Beruf ausgebildet worden sind oder
- eine Berufsausbildung mangels Ausbildungsplatzes nicht beginnen oder fortsetzen konnten oder
- den gesetzlichen Grundwehrdienst, Grenzschutzgrunddienst oder Zivildienst geleistet haben und hierdurch die Berufsausbildung unterbrochen worden ist oder
- anstelle des gesetzlichen Grundwehrdienstes oder Zivildienstes freiwillig für nicht länger als drei Jahre Wehr- oder Polizeivollzugsdienst geleistet haben und hierdurch die Berufsausbildung unterbrochen worden ist oder
- als Entwicklungshelfer gearbeitet haben, hierdurch vom gesetzlichen Grundwehrdienst oder Zivildienst befreit worden sind und ihre Berufsausbildung unterbrochen haben oder
- ein freiwilliges soziales Jahr im Sinne des Gesetzes zur Förderung eines freiwilligen sozialen Jahres geleistet haben.

Über 16 Jahre alte Kinder werden ohne Altersbegrenzung berücksichtigt, wenn sie sich wegen körperlicher, geistiger oder seelischer **Behinderung** nicht selbst unterhalten konnten.

Bitte fügen Sie für die über 16 Jahre alten Kinder die entsprechenden **Unterlagen oder Bescheinigungen** (z. B. Studienbescheinigung, Lehrvertrag) bei.

Insbesondere in folgenden Fällen geben Sie bitte in den Zeilen 46 und 47 genau an, wo Ihr Kind am 1. 1. 1987 oder – bei späterer Geburt oder späterem Zuzug aus dem Ausland – erstmals im Kalenderjahr 1987 mit Hauptwohnung gemeldet war,

- wenn Sie nicht verheiratet waren,
- wenn Sie verheiratet waren und von Ihrem Ehegatten dauernd getrennt lebten,
- wenn Sie für das Jahr der Eheschließung die besondere Veranlagung wählten,
- wenn Sie verheiratet waren und Kinder hatten, die nur zu Ihnen oder Ihrem Ehegatten in einem Kindschaftsverhältnis standen.

Denn in diesen Fällen müssen die Kinder für die Gewährung des **Haushaltsfreibetrags** bzw. der Arbeitnehmer-Sparzulage und der Berlin-Zulage einem Elternteil zugeordnet werden. Die Kinder werden in erster Linie bei dem Elternteil berücksichtigt, bei dem sie mit Hauptwohnung gemeldet waren. War ein Kind weder in der Wohnung der Mutter noch in der Wohnung des Vaters oder war es in einer gemeinsamen Wohnung der Eltern gemeldet, so wird es bei der **Mutter** berücksichtigt. Anstelle der Zuordnung bei der Mutter wird das Kind dann beim **Vater** berücksichtigt, wenn er durch eine Bescheinigung der zuständigen Behörde (z. B. Jugendamt, Meldebehörde) nachweist, daß es am 1. 1. 1987 zu seinem Haushalt gehört hat.

Lebte nur ein Elternteil im Inland, so ist das Kind bei diesem stets zu berücksichtigen, unabhängig davon, wer für das Kind Unterhalt geleistet hat.

Der **Kinderfreibetrag** wird jedem Elternteil in Höhe von 1 242 DM gewährt. Werden die Elternteile zusammen veranlagt oder ist der andere Elternteil vor dem 1. 1. 1987 gestorben oder lebte er während des ganzen Jahres im Ausland oder besteht nur zu Ihnen ein Pflege- oder Adoptivkindschaftsverhältnis, so beträgt der Kinderfreibetrag 2 484 DM. Der Kinderfreibetrag von 2 484 DM wird auch dann gewährt, wenn der Wohnsitz oder Aufenthalt des anderen Elternteils nicht zu ermitteln oder der Kindesvater amtlich nicht feststellbar ist (machen Sie bitte die entsprechenden Angaben in den Zeilen 42 und 43).

Bei geschiedenen oder dauernd getrennt lebenden Eltern sowie bei Eltern nichtehelicher Kinder kann ein Elternteil in den Zeilen 46 und 47 beantragen, daß der Kinderfreibetrag des anderen Elternteils auf ihn übertragen wird, wenn der andere Elternteil

- seiner Unterhaltsverpflichtung gegenüber dem Kind für 1987 nicht oder nur zu einem unwesentlichen Teil (weniger als zur Hälfte) nachgekommen ist oder
- der Übertragung des Kinderfreibetrags zugestimmt hat.

Wird der Kinderfreibetrag auf den anderen Elternteil übertragen, so gehen auch der Ausbildungsfreibetrag und der Pauschbetrag für Körperbehinderte/Hinterbliebene auf den anderen Elternteil über; ein an dieses Kind geknüpfter Haushaltsfreibetrag oder Freibetrag für Aufwendungen zur Pflege des Eltern-Kind-Verhältnisses (vgl. Erläuterungen zu Zeilen 93 und 94) geht ggf. dem übertragenden Elternteil verloren.

Steuerermäßigungen für Kinder können Sie ggf. auch in den Zeilen 88 und 89, 94 bis 118 geltend machen.

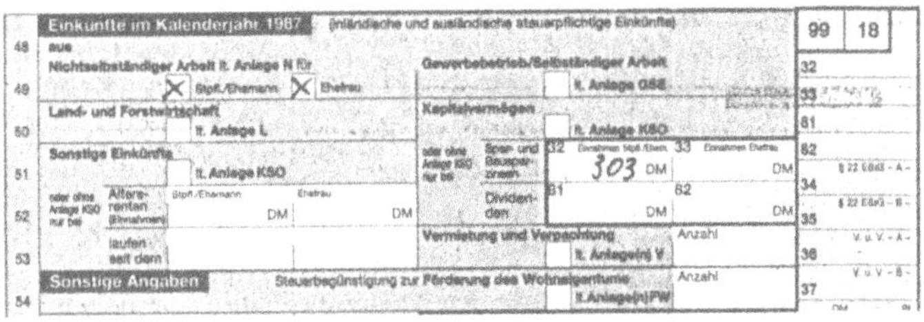

Einkünfte im Kalenderjahr 1987

(Seite 2 des Hauptvordrucks)

Zeile 48

Einkünfte sind bei Land- und Forstwirten, Gewerbetreibenden und Freiberuflern der Gewinn, im übrigen der Unterschied zwischen Einnahmen und Werbungskosten.

Welche Einkünfte hatten die Hubers? Herr und Frau Huber haben beide Arbeitslohn bezogen. Herr Huber kreuzt deshalb in Zeile 49 bei „Nichtselbständiger Arbeit" (in der „Steuersprache" beziehen Arbeitnehmer „Einkünfte aus nichtselbständiger Arbeit") die beiden Kästchen an, da er für sich selbst und seine Ehefrau jeweils eine Anlage N beifügt.

Herr Huber hat für seine Ersparnisse Zinsen erhalten. Er trägt in Zeile 51 die gutgeschriebenen Sparzinsen bei „Einnahmen Stpfl./Ehem." ein, weil er wegen der geringen Höhe seiner Zinsen keine Anlage KSO abgibt.

So geben Sie Ihre Einkünfte an:

Zeile 49

Die Angaben zu den Einkünften aus nichtselbständiger Arbeit machen Sie bitte in der Anlage N. **Ggf. haben beide Ehegatten eine eigene Anlage N abzugeben.**

Zeilen 49 bis 53

Die anderen Einkünfte müssen Sie in den dafür vorgesehenen Anlagen erklären. Liegt Ihnen eine benötigte Anlage nicht vor, so fordern Sie diese bitte beim Finanzamt an. Von der Abgabe der Anlage KSO kann abgesehen werden, wenn die Einnahmen geringfügig sind, Anträge auf Steuervergünstigungen nicht gestellt werden und das Finanzamt nicht ausdrücklich auf der Abgabe besteht. Nur in diesen Fällen sind die Einnahmen in den Zeilen 51 bis 53 anzugeben. Welche Einkünfte steuerpflichtig sind, entscheidet das Finanzamt.

Zu den **sonstigen Einkünften** gehören z. B.

- Renten,
- Unterhaltsleistungen, die Sie von Ihrem geschiedenen oder dauernd getrennt lebenden Ehegatten erhalten haben, soweit dieser die Unterhaltsleistungen mit Ihrer Zustimmung als Sonderausgaben abzieht,
- Einkünfte aus gelegentlichen Vermittlungen oder aus der Vermietung beweglicher Gegenstände.

Zu den Renten (Leibrenten) gehören u. a.

- Renten, zu denen Arbeitnehmer oder Arbeitgeber Beiträge geleistet haben, insbesondere Renten aus der Angestellten-, Arbeiterrenten- und Knappschaftsrentenversicherung (ohne Kinderzuschüsse aus den gesetzlichen Rentenversicherungen und Leistungen nach dem Kindererziehungsleistungs-Gesetz),
- private Leibrenten.

Beziehen Sie eine Altersrente, so können Sie die Angaben hierzu in den Zeilen 52 und 53 machen. Einzutragen ist der Rentenbetrag ohne den steuerfreien Zuschuß zur Krankenversicherung und vor Abzug des Krankenversicherungsbeitrags. Den Eigenanteil am Krankenversicherungsbeitrag tragen Sie in Zeile 68 ein.

Andere Renten (z. B. Erwerbs- und Berufsunfähigkeitsrenten) müssen Sie stets in der Anlage KSO erklären.

Leibrenten sind nur in Höhe eines bestimmten Prozentsatzes (Ertragsanteil) steuerpflichtig. Der Ertragsanteil richtet sich nach dem Lebensalter zu Beginn des Rentenbezugs und beträgt z. B. bei Beginn der Rente mit dem 65. Lebensjahr in der Regel 24 v. H. Ändert sich die Rentenart (z. B. Berufsunfähigkeitsrente in Altersruhegeld), so wird der Ertragsanteil neu berechnet. Den Werbungskosten-Pauschbetrag berücksichtigt das Finanzamt.

Zu den Einnahmen aus **Kapitalvermögen** gehören Zinsen aus Sparkassen- und Bankguthaben (einschließlich der Guthaben aus Bausparverträgen) sowie aus Hypotheken, Grundschulden und Darlehen. Wertpapiererträge (z. B. aus Aktien und Investmentanteilen) sind einschließlich der anzurechnenden oder zu vergütenden Körperschaftsteuer und der einbehaltenen Kapitalertragsteuer ebenfalls Einnahmen aus Kapitalvermögen. Die genannten Erträge müssen Sie auch dann angeben, wenn diese aus steuer- oder prämienbegünstigt sowie aus vermögenswirksam angelegten Beträgen stammen. Wenn Sie nicht die Anlage KSO verwenden, tragen Sie nur die **Einnahmen** ein; den Werbungskosten-Pauschbetrag und den Sparer-Freibetrag berücksichtigt das Finanzamt. Bei ausländischen Kapitalerträgen bitte stets die Anlage KSO ausfüllen.

Zeile 54

Steht Ihnen eine Steuerbegünstigung für eine eigengenutzte Wohnung zu, deren Nutzungswert nicht besteuert wird, so füllen Sie bitte die Anlage FW aus.

Zeile 55

Die einbehaltenen und anzurechnenden Kapitalertragsteuerbeträge müssen Sie durch Bescheinigungen **nachweisen.** Das gilt auch für die anzurechnende Körperschaftsteuer.

Sonderausgaben

(Seite 3 des Hauptvordrucks)

Sonderausgaben sind Aufwendungen der Lebensführung, die steuerlich begünstigt werden. Sonderausgaben von Ehegatten, die nicht dauernd getrennt leben, werden – außer bei der besonderen Veranlagung – einheitlich berücksichtigt; es ist also gleichgültig, ob die Ausgaben von Ihnen oder Ihrem Ehegatten gemacht worden sind.

Herr Huber stellt fest, daß er folgende Sonderausgaben für sich und seine Frau eintragen kann:

Sowohl von seinem Arbeitslohn als auch vom Arbeitslohn seiner Ehefrau sind Sozialversicherungsbeiträge einbehalten worden. Die Arbeitgeber haben die Beiträge und auch den Arbeitgeberanteil zur Rentenversicherung auf den Lohnsteuerkarten bescheinigt. Herr Huber übernimmt diese Beträge und trägt sie gesondert für sich und seine Frau in den Zeilen 63 bis 66 ein.

Herr Huber hat für sich sowohl eine Auto-Unfallversicherung als auch eine Freizeit-Unfallversicherung abgeschlossen. Für beide Versicherungen hat er 1987 insgesamt 136 DM überwiesen. Diesen Betrag trägt er in Zeile 69 ein.

Als Sterbekassenbeitrag hat Herr Huber 72 DM gezahlt, die er in Zeile 70 einträgt. Außerdem hat er für seinen Sohn Volker eine Ausbildungsversicherung abgeschlossen; als Beiträge hat er vom Arbeitgeber insgesamt 624 DM vermögenswirksame Leistungen überweisen lassen. Diese Beträge darf er in Zeile 70 nicht eintragen, weil sie vermögenswirksame Leistungen sind (vgl. Erläuterungen zu Zeilen 7 bis 12 der Anlage N).

Die Kfz-Haftpflichtversicherung hat Herrn Huber 380 DM an Beiträgen gekostet. Die Beiträge für die Kaskoversicherung sind hierin nicht enthalten. Außerdem hat Herr Huber 48 DM für eine private Haftpflicht-Versicherung gezahlt. Die Summe beider Beträge (428 DM) kann Herr Huber in Zeile 71 eintragen. Aus der Kfz-Haftpflichtversicherung hat Herr Huber jedoch 1987 auch eine Beitragsrückvergütung von 35 DM erhalten. Herr Huber trägt diesen Betrag gesondert in den Vordruck ein, zieht ihn von den gezahlten Beiträgen ab und macht dann nur den verbleibenden Betrag (393 DM) als Sonderausgaben geltend.

Herr Huber und seine Frau haben auch Kirchensteuer gezahlt. Die Beträge sind auf den Lohnsteuerkarten von den Arbeitgebern genau angegeben. Die Summe der Beträge setzt Herr Huber in Zeile 78 ein. Herr Huber hat jedoch beim Lohnsteuer-Jahresausgleich für 1986 im Mai 1987 Kirchensteuer zurückerhalten; er trägt daher auch diesen Betrag in Zeile 78 ein.

Um sich eingehend über die Steuerersparnis-Möglichkeiten zu informieren, hat sich Herr Huber im Buchhandel eine Lohnsteuer-Broschüre gekauft. Den Kaufpreis (28 DM) macht er nun in Zeile 79 als Steuerberatungskosten geltend. Die 28 DM könnte er stattdessen als Werbungskosten in Zeile 47 der Anlage N eintragen. Bei Steuerberatungskosten bis 1 000 DM besteht insoweit ein Wahlrecht.

Frau Huber hat sich durch einen Nähkurs hauswirtschaftlich weitergebildet. Hierfür hat sie im Januar 1987 die Kursgebühr von 125 DM bezahlt. Herr Huber weiß, daß er diesen Betrag in Zeile 80 als Sonderausgaben eintragen kann.

Frau Huber hat dem Deutschen Roten Kreuz 120 DM gespendet. Da sie eine entsprechende Spendenbestätigung erhalten hat, kann Herr Huber diesen Betrag in Zeile 82 eintragen.

Zeile	Sonderausgaben			Bitte nur volle DM-Beträge eintragen	99 13
62	– Nicht rentenversicherungspflichtige Arbeitnehmer bitte die Zeilen 31 bis 36 der Anlage N ausfüllen –				
63	Gesetzliche Sozialversicherung (nur Arbeitnehmeranteil) und/oder befreiende Lebensversicherung sowie andere gleichgestellte Aufwendungen	Stpfl./Ehemann		30 5560	30
64	(ohne steuerfreie Zuschüsse des Arbeitgebers) – in der Regel auf der Lohnsteuerkarte bescheinigt –	Ehefrau		31 3335	31
65	Gesetzlicher Arbeitgeberanteil zur gesetzlichen Rentenversicherung, steuerfreie Zuschüsse des Arbeitgebers zu gleichgestellten Aufwendungen (in der Regel auf der Lohnsteuerkarte bescheinigt), steuerfreie Beträge der Künstlersozialkasse an die BfA	Stpfl./Ehemann		32 3034	32
66	Es bestand Knappschaftsversicherungspflicht	Ehefrau		33 1815	33
67	Freiwillige Angestellten-, Arbeiterrenten-, Höherversicherung abzüglich steuerfreier Arbeitgeberzuschuß sowie Beiträge von Nichtarbeitnehmern zur gesetzlichen Altersversorgung			41 Stpfl./Ehegatten	41
68	Krankenversicherung (freiwillige Beiträge sowie Beiträge von Nichtarbeitnehmern zur gesetzlichen Krankenversicherung – abzüglich steuerfreie Zuschüsse, z. B. des Arbeitgebers –)	in 1987 gezahlt	in 1987 erstattet –	40	40
69	Unfallversicherung	136	–	42 136	42
70	Lebensversicherung ohne vermögenswirksame Leistungen (einschl. Sterbekasse u. Zusatzversorgung; ohne Beiträge in Zeilen 63 u. 64)	72	–	44 72	44
71	Haftpflichtversicherung (ohne Kasko-, Hausrat- und Rechtsschutzversicherung)	428	– 35	43 393	43
72	Beiträge an Bausparkassen, die als Sonderausgaben geltend gemacht werden – ohne vermögenswirksame Leistungen –				34
73	Institut, Vertrags-Nr. und Vertragsbeginn			35 Beiträge	35
74	Für 1987 habe(n) ich/wir und die nach dem 1. 1. 1970 geborenen Kinder eine Wohnungsbauprämie beantragt: Nein / Ja				Eingangsdatum 38
75	Renten		11 tatsächlich gezahlt	abziehbar 12 v. H.	11
76	Dauernde Lasten			10	12 v. H. / 10
77	Unterhaltsleistungen an den geschiedenen/dauernd getrennt lebenden Ehegatten lt. Anlage U			39	39
78	Kirchensteuer		13 in 1987 gezahlt 519	14 in 1987 erstattet 147	13
79	Steuerberatungskosten			16 28	14
80	Aufwendungen für die eigene Berufsausbildung oder die Weiterbildung in einem nicht ausgeübten Beruf	Art der Aus-/Weiterbildung Nähkurs		17 125	16 / 17
81	Spenden und Beiträge für wissenschaftliche und kulturelle Zwecke	lt. beigef. Bestätigungen	lt. Nachweis Betriebsfinanzamt +	18	18
82	für mildtätige, kirchliche, religiöse und gemeinnützige Zwecke	120	+	19 120	19 / 20

Vorsorgeaufwendungen

Zeilen 63 bis 74

Beiträge zu bestimmten Versicherungen sowie Bausparbeiträge sind Vorsorgeaufwendungen. Diese sind nur bis zu bestimmten Höchstbeträgen abziehbar. Ohne Nachweis wird mindestens der Vorsorge-Pauschbetrag, bei Arbeitnehmern eine Vorsorgepauschale, berücksichtigt. Da die Berechnung der Höchstbeträge und der Vorsorgepauschale nicht einfach ist, empfiehlt es sich, daß Sie Ihre tatsächlichen Vorsorgeaufwendungen in die dafür vorgesehenen Zeilen des Vordrucks eintragen. Dies gilt insbesondere für Arbeitnehmer, bei denen nur die gekürzte Vorsorgepauschale berücksichtigt würde (z. B. Beamte); vgl. auch Erläuterungen zu Zeilen 31 bis 36 der Anlage N. Das Finanzamt prüft in jedem Falle, welche Berechnung für Sie günstiger ist.

Bausparbeiträge und Versicherungsbeiträge mit Sparanteil können Sie jedoch nur geltend machen, wenn sie weder unmittelbar noch mittelbar in wirtschaftlichem Zusammenhang mit der Aufnahme eines Kredits stehen.

Nicht einzutragen sind Versicherungsbeiträge, die in unmittelbarem Zusammenhang mit steuerfreien Einnahmen stehen (z. B. steuerfreier Arbeitslohn bei Auslandstätigkeit).

Gesetzliche Sozialversicherung und gleichgestellte Aufwendungen

Zeilen 63 und 64

Hier können Sie nur den Arbeitnehmeranteil der Beiträge zur gesetzlichen Sozialversicherung geltend machen. Tragen Sie bitte den Beitragsanteil für sich und ggf. für Ihren Ehegatten in den Vordruck getrennt ein.

Wenn Sie von der gesetzlichen Rentenversicherung befreit sind, tragen Sie bitte Ihre Aufwendungen für die befreiende Lebensversicherung, für die freiwillige Weiterversicherung in der gesetzlichen Rentenversicherung oder für eine öffentlich-rechtliche Versicherungs- oder Versorgungseinrichtung Ihrer Berufsgruppe ein. Vorher müssen Sie die Aufwendungen um etwaige steuerfreie Zuschüsse Ihres Arbeitgebers zu diesen Versicherungsbeiträgen kürzen. Ebenso müssen Sie etwaige Beitragsrückzahlungen und ausgezahlte Gewinnanteile von den Versicherungsbeiträgen abziehen.

Arbeitgeberanteil zur gesetzlichen Rentenversicherung

Zeilen 65 und 66

Der Arbeitgeberanteil der Beiträge zur gesetzlichen Rentenversicherung (also nicht Kranken- und Arbeitslosenversicherung) ist für die Berechnung der abziehbaren Vorsorgeaufwendungen notwendig. Dasselbe gilt für die steuerfreien Arbeitgeberzuschüsse zu befreienden Lebensversicherungen und gleichgestellten Aufwendungen. Wenn Sie keine Angaben machen, wird der Betrag aufgrund Ihres Bruttoarbeitslohns geschätzt.

Freiwillige Angestellten-, Renten- und Höherversicherung

Zeile 67

Die Beiträge zur freiwilligen Angestelltenversicherung, Rentenversicherung und Höherversicherung gehören ebenso wie die gesetzlichen Sozialversicherungsbeiträge zu den Vorsorgeaufwendungen.

Freiwillige Krankenversicherung

Zeile 68

Hier können Sie die Beiträge für eine freiwillige Krankenversicherung einschließlich der Krankenhaustagegeld- und der Krankentagegeldversicherung geltend machen. Soweit Ihr Arbeitgeber oder der Rentenversicherungsträger zu diesen Beiträgen steuerfreie Zuschüsse gezahlt hat, sind jedoch nur die übersteigenden Beitragsleistungen berücksichtigungsfähig. Beitragsrückzahlungen der Krankenkasse oder des Versicherungsunternehmens müssen Sie gesondert angeben und von den Beitragsaufwendungen abziehen.

Unfallversicherung

Zeile 69

Beiträge für eine private Unfallversicherung gehören zu den Vorsorgeaufwendungen, wenn die Unfallversicherung nicht nur berufsbedingte Risiken abdeckt. Andernfalls sind die Versicherungsbeiträge Werbungskosten oder Betriebsausgaben.

Lebensversicherung und Sterbekasse

Zeile 70

Zu den Lebensversicherungen gehören auch Ausbildungs- und Aussteuerversicherungen sowie Unfallversicherungen mit Prämienrückgewähr. Außerdem fallen hierunter Beiträge zu Witwen-, Waisen-, Sterbe-, Versorgungs- und Pensionskassen einschließlich der von Ihrem Arbeitgeber für Sie erbrachten Zukunftssicherungsleistungen (z. B. an Zusatzversorgungskassen des öffentlichen Dienstes), die zu Ihren Lasten besteuert worden sind. Das gilt aber nicht für solche Aufwendungen, die von Ihrem Arbeitgeber steuerfrei gezahlt, ersetzt oder pauschal versteuert worden sind.

Beiträge für eine Lebensversicherung dürfen Sie hier nur eintragen, soweit sie **keine vermögenswirksamen Leistungen** sind; vermögenswirksame Leistungen sind stets in Zeile 7 der Anlage N einzutragen (vgl. die Erläuterungen dazu).

Haftpflichtversicherung

Zeile 71

Hier können Sie Beiträge für private Haftpflichtversicherungen geltend machen. Arbeitnehmer können Beiträge für eine Kfz-Haftpflichtversicherung auch dann in voller Höhe als Vorsorgeaufwendungen ansetzen, wenn für Fahrten zwischen Wohnung und Arbeitsstätte oder für Familienheimfahrten bei doppelter Haushaltsführung die gesetzlichen Pauschbeträge (36 Pfennig bzw. 16 Pfennig je Entfernungskilometer) als Werbungskosten anzusetzen sind. Die Aufteilung der Beiträge in private und berufliche Ausgaben ist in diesem Falle nicht nötig. Beiträge zu Kasko-, Hausrat- und Rechtsschutzversicherungen sind nicht abziehbar.

Tragen Sie bitte die Summe Ihrer Haftpflichtversicherungsbeiträge in die dafür vorgesehene Spalte ein. Maßgebend sind die tatsächlichen Beitragszahlungen, also nach Kürzung um den Schadenfreiheitsrabatt. Eine Beitragsrückvergütung muß gesondert angegeben und von den Beitragszahlungen abgezogen werden.

Beiträge an Bausparkassen

Zeilen 72 bis 74

Bausparbeiträge dürfen Sie hier nur eintragen, soweit sie **keine vermögenswirksamen Leistungen** sind; vermögenswirksame Leistungen sind stets in Zeile 10 der Anlage N einzutragen (vgl. die Erläuterungen dazu).

Tragen Sie Ihre anderen Bausparbeiträge hier nur ein, wenn Sie statt einer Prämie nach dem Wohnungsbau-Prämiengesetz den Sonderausgabenabzug beanspruchen. Dieses Wahlrecht kann für alle Bausparbeiträge eines Kalenderjahrs nur einheitlich ausgeübt werden. Kreuzen Sie deshalb das zutreffende Kästchen in Zeile 74 an. Das Wahlrecht gilt einheitlich für Ehegatten, die während des ganzen Kalenderjahrs 1987 verheiratet waren und nicht dauernd getrennt gelebt haben und für ihre nach dem 1. 1. 1970 geborenen Kinder; die Bausparbeiträge dieser Kinder können Sie jedoch nicht als Sonderausgaben geltend machen.

Zum Nachweis der – ggf. unter Berücksichtigung des sog. Eineinhalbfachen – abziehbaren Bausparbeiträge fügen Sie bitte den Kontoauszug der Bausparkasse bei. Übrigens: Zu den Bausparbeiträgen gehören auch die Abschlußgebühren, wenn sie nicht bei den Einkünften aus Vermietung und Verpachtung zu berücksichtigen sind, und die Bausparzinsen.

Übrige Sonderausgaben

Übrige Sonderausgaben sind die in den Zeilen 75 bis 83 näher bezeichneten Aufwendungen. Ohne Nachweis wird ein Pauschbetrag von 270 DM und für Ehegatten sowie für Verwitwete im Todesjahr des Ehegatten und in dem darauf folgenden Jahr im Regelfall ein Pauschbetrag von 540 DM berücksichtigt. Sie brauchen hier nur dann Angaben zu machen, wenn die bezeichneten Sonderausgaben bei Ihnen – ggf. zusammen mit denen Ihres Ehegatten – den maßgebenden Pauschbetrag übersteigen. Mitgliedsbeiträge und Spenden an politische Parteien sollten Sie stets in voller Höhe eintragen (vgl. Erläuterungen zu den Zeilen 81 bis 83).

Renten und dauernde Lasten

Zeilen 75 und 76

Rentenzahlungen oder dauernde Lasten, die Sie geleistet haben, können Sie nur dann als Sonderausgaben geltend machen, wenn sie auf besonderen Verpflichtungsgründen beruhen (z. B. Sie haben ein Grundstück geerbt und müssen deshalb eine Rente zahlen) und nicht mit steuerfreien Einkünften in Zusammenhang stehen.

Keine Sonderausgaben sind Renten und dauernde Lasten, die Sie freiwillig oder aufgrund einer freiwillig begründeten Verpflichtung geleistet haben. Dasselbe gilt für Zuwendungen an Personen, die Ihnen oder Ihrem Ehegatten gegenüber gesetzlich unterhaltsberechtigt sind, oder an deren Ehegatten. Unterhaltszahlungen an Ihre Eltern oder Kinder können Sie also nicht als Sonderausgaben geltend machen. Wegen Unterhaltszahlungen an Ehegatten siehe Erläuterungen zu Zeile 77.

Machen Sie erstmals Renten oder dauernde Lasten geltend, teilen Sie bitte auf besonderem Blatt mit, an wen die Zahlungen geleistet werden, auf welcher Rechtsgrundlage die Leistungspflicht beruht, seit wann sie besteht und wann sie erlischt. Hängt die Dauer einer Rente nicht von Ihrer Lebenszeit, sondern von der einer anderen Person oder mehrerer Personen ab, geben Sie bitte deren Namen, Anschriften und Geburtsdaten an.

Unterhaltsleistungen an den geschiedenen oder dauernd getrennt lebenden Ehegatten

Zeile 77

Unterhaltsleistungen an den geschiedenen oder dauernd getrennt lebenden Ehegatten sind bis zum Höchstbetrag von 18 000 DM jährlich als Sonderausgaben abziehbar, wenn der Geber dies mit Zustimmung des Empfängers beantragt und der Empfänger im Inland lebt. Die als Sonderausgaben abgezogenen Unterhaltsleistungen sind beim Empfänger steuerpflichtig (vgl. Erläuterungen zu Zeilen 49 bis 53).

Für den Antrag und die Zustimmung verwenden Sie bitte die beim Finanzamt erhältliche Anlage U; sie ist von Ihnen und vom Unterhaltsempfänger zu unterschreiben. Antrag und Zustimmung gelten nur für ein Kalenderjahr und können nicht zurückgenommen werden.

Wird der Sonderausgabenabzug nicht beantragt oder fehlt hierzu die Zustimmung des Empfängers der Unterhaltsleistungen, so können diese als außergewöhnliche Belastungen (Zeilen 95 bis 100) geltend gemacht werden. Die Unterhaltsleistungen können nur insgesamt als Sonderausgaben oder als außergewöhnliche Belastung berücksichtigt werden.

Aufwendungen für die eigene Berufsausbildung

Zeile 80

Aufwendungen für Ihre eigene Berufsausbildung oder für die Berufsausbildung Ihres Ehegatten werden bis zu einem Höchstbetrag von je 900 DM jährlich als Sonderausgaben anerkannt. Der Höchstbetrag erhöht sich auf 1 200 DM, wenn Sie oder Ihr Ehegatte wegen der Berufsausbildung auswärts untergebracht waren.

Den Aufwendungen für die Berufsausbildung sind gleichgestellt

- die Aufwendungen für die Weiterbildung in einem erlernten, aber zur Zeit nicht ausgeübten Beruf und
- die Aufwendungen für eine hauswirtschaftliche Aus- oder Weiterbildung für den eigenen Bedarf (z. B. Näh- oder Kochkurs).

Aufwendungen für Hobbykurse sind nicht abziehbar.

Zu den Ausbildungs- bzw. Weiterbildungskosten gehören nicht nur Lehrgangs- und Studiengebühren sowie die Aufwendungen für Fachbücher und anderes Lernmaterial, sondern auch die tatsächlichen Aufwendungen für Fahrten zwischen Wohnung und Ausbildungs-(Weiterbildungs-)stätte sowie Unterkunftskosten und Verpflegungsmehraufwendungen bei einer auswärtigen Unterbringung. Bei Fahrten mit eigenem Kraftwagen wird ohne Nachweis der tatsächlich entstandenen Kosten ein Pauschsatz von 42 Pfennig je Fahrkilometer anerkannt. Zweckgebundene steuerfreie Bezüge zur unmittelbaren Förderung der Aus- oder Weiterbildung sind von den Aufwendungen abzuziehen.

Spenden und Beiträge für steuerbegünstigte Zwecke

Zeilen 81 bis 83

Spenden und Beiträge zur Förderung mildtätiger, kirchlicher, religiöser und wissenschaftlicher Zwecke und der als besonders förderungswürdig anerkannten gemeinnützigen oder kulturellen Zwecke werden nur in begrenzter Höhe berücksichtigt (u. a. höchstens jährlich 5 v. H. Ihrer Einkünfte, für wissenschaftliche oder kulturelle Zwecke weitere 5 v. H.). Für in Zeile 83 eingetragene Mitgliedsbeiträge und Spenden an politische Parteien ermäßigt sich die Einkommensteuer um 50 v. H. der Ausgaben, höchstens um 600 DM, im Fall der Zusammenveranlagung von Ehegatten höchstens um 1 200 DM. Soweit die Ausgaben 1 200 DM bzw. 2 400 DM übersteigen, werden sie vorläufig als Sonderausgaben bis zu 100 000 DM (Ehegatten 200 000 DM) berücksichtigt.

Lose einer Wohlfahrtslotterie und Zuschläge bei Wohlfahrtsbriefmarken sind keine Spenden. Auch Zahlungen an gemeinnützige Einrichtungen, die als Bewährungsauflage im Straf- oder Gnadenverfahren auferlegt werden, können nicht als Spenden geltend gemacht werden.

Weisen Sie bitte Ihre Spenden durch entsprechende Spendenbestätigungen nach. Wenn der Empfänger der Spende eine juristische Person des öffentlichen Rechts, eine öffentliche Dienststelle, eine Religionsgesellschaft, ein Spitzenverband der freien Wohlfahrtspflege einschließlich seiner Mitgliedsorganisationen, der Deutsche Sportbund einschließlich der Landessportbünde oder die Stiftung Deutsche Sporthilfe ist und die Spende jeweils 100 DM nicht übersteigt, genügt als Spendennachweis ein Zahlungsbeleg der Post oder eines Kreditinstituts.

Außergewöhnliche Belastungen

(Seiten 3 und 4 des Hauptvordrucks)

Außergewöhnliche Belastungen sind Ausgaben, die aufgrund besonderer Umstände zwangsläufig anfallen, z. B. die Ausgaben, die durch Krankheit, Körperbehinderung, Todesfall, Unwetterschäden, Ehescheidung entstehen. Das Finanzamt hilft in diesen Fällen durch eine Steuerermäßigung, wenn die Ausgaben nicht ersetzt werden.

Welche außergewöhnlichen Belastungen haben Hubers?

Sohn Wolfgang wird Herrn Huber steuerlich nicht zugeordnet (vgl. Seite 4); deshalb ist er bei der Bescheinigung der Kinderzahl auf der Lohnsteuerkarte 1987 auch nicht berücksichtigt. Da Herrn Huber Aufwendungen zur Pflege des Eltern-Kind-Verhältnisses entstehen und er für Wolfgang einen Kinderfreibetrag erhält, kann er einen Freibetrag von 600 DM beanspruchen; er füllt deshalb die Zeile 94 aus.

Der Vater von Herrn Huber ist verwitwet; er lebt in Hamburg in seiner eigenen Wohnung und bezieht aus der Rentenversicherung eine Rente von 6 012 DM jährlich. Herr Huber hat deshalb seinen Vater das ganze Jahr über mit monatlich 250 DM unterstützt und beantragt hierfür eine Steuerermäßigung in den Zeilen 95 bis 100.

Sohn Wolfgang, der in Hannover studiert, hat eine Ausbildungshilfe aus öffentlichen Mitteln in Höhe von 1 000 DM erhalten. Eine entsprechende Bescheinigung kann Herr Huber vorlegen. Während der Semesterferien hat Wolfgang gearbeitet und brutto 2 000 DM verdient. Herr Huber trägt auch einen Teil der Ausbildungskosten für Wolfgang. Deshalb hat er Anspruch auf den halben Ausbildungsfreibetrag (vgl. Erläuterungen zu Zeile 118) und füllt die Zeilen 101 bis 104 aus. Da Wolfgang im Haushalt seiner Mutter lebt, ist er nicht auswärtig im Sinne der steuerlichen Vorschriften untergebracht. Deshalb trägt Herr Huber in Zeile 102 nur den Ausbildungszeitraum ein. Tochter Claudia studiert und wohnt in Bonn. Sie hat 2 800 DM Arbeitslohn bezogen. Herr Huber hat sie zusätzlich unterstützt. Er beantragt deshalb in den Zeilen 105 bis 108 auch für Claudia einen Ausbildungsfreibetrag. Diesen erhält er aber ebenfalls nur zur Hälfte, da seiner geschiedenen Frau für Claudia auch ein Kinderfreibetrag gewährt wird.

Frau Huber war mehrere Wochen schwer krank. Der Krankenhausaufenthalt hat insgesamt 9 500 DM gekostet. Davon hat die Krankenkasse nur 6 800 DM bezahlt. Ferner hat Frau Huber von ihrem Arbeitgeber eine steuerfreie Unterstützung von 500 DM erhalten. Diese Beträge trägt Herr Huber bei Zeile 115 ein. Er weiß, daß die verbleibenden Kosten von 2 200 DM nicht in voller Höhe berücksichtigt werden, sondern vom Finanzamt um die sog. zumutbare Belastung gekürzt werden müssen.

Zeile			
92	**Freibetrag für besondere Fälle** (bitte Ausweis beifügen) ☐ Flüchtling ☐ Vertriebener ☐ Heimatvertriebener ☐ Spätaussiedler ☐ Politisch Verfolgter		60
93	**Freibetrag für Aufwendungen zur Pflege des Eltern-Kind-Verhältnisses**, wenn das Kind dem anderen Elternteil zuzuordnen ist — Vorname des Kindes / Aufwendungen vom – bis	Vorname des Kindes / Aufwendungen vom – bis	63
94	Wolfgang — 1.1.-31.12.87		66

Zeile		
95	**Unterstützung bedürftiger Personen** Name und Anschrift der unterstützten Person, Beruf, Familienstand: Friedrich Huber, Königsberger Str. 17, 2000 Hamburg 70, Rentner, verwitwet	Summe der Unterstützungszeiträume in Monaten insgesamt
96	Hatte jemand Anspruch auf einen Kinderfreibetrag für diese Person? ☒ Nein ☐ Ja — Verwandtschaftsverhältnis zu dieser Person: Vater — Geburtsdatum: 25.4.1914	50
97	Aufwand für diese Person vom – bis 1.1.-31.12.1987 — DM 3000 — Grund der Unterstützung: geringe Rente	51
98	Diese Person hatte im Unterstützungszeitraum: Bruttoarbeitslohn DM — Renten 6012 DM — andere Einkünfte/Bezüge sowie Vermögen (Art und Höhe)	52
99	außerhalb des Unterstützungszeitraums: ☐ Einnahmen (Art und Höhe auf bes. Blatt erläutern) — Diese Person lebte ☐ in meinem Haushalt ☒ im eigenen/anderen Haushalt — zusammen mit folgenden Angehörigen	53
100	Zum Unterhalt dieser Person haben auch beigetragen (Name, Anschrift, Zeitraum und Höhe der Unterstützung)	54
101	**Ausbildungsfreibetrag (1. Kind)** Vorname, Familienstand und Anschrift des Kindes: Wolfgang, ledig, Berliner Str. 63, 3000 Hannover	
102	Auswärtige Unterbringung vom – bis — Ausbildungsort — Aufwendungen für die Berufsausbildung entstanden vom – bis 1.1.-31.12.87	65
103	Einnahmen d. Kindes im maßgeb. Ausbildungszeitraum: Bruttoarbeitslohn 2000 DM — Öffl. Ausbildungshilfen 1000 DM — andere Einkünfte/Bezüge (Art und Höhe)	
104	außerhalb des maßgebenden Ausbildungszeitraums: Bruttoarbeitslohn DM — Öffl. Ausbildungshilfen DM — andere Einkünfte/Bezüge (Art und Höhe)	
105	**Ausbildungsfreibetrag (2. Kind)** Vorname, Familienstand und Anschrift des Kindes: Claudia, ledig, Römerstr. 117, 5300 Bonn	
106	Auswärtige Unterbringung vom – bis 1.1.-31.12.87 — Ausbildungsort Bonn — Aufwendungen für die Berufsausbildung entstanden vom – bis 1.1.-31.12.87	84
107	Einnahmen d. Kindes im maßgeb. Ausbildungszeitraum: Bruttoarbeitslohn 2800 DM — Öffl. Ausbildungshilfen DM — andere Einkünfte/Bezüge (Art und Höhe)	88

Zeile	**Andere außergewöhnliche Belastungen** Art der Belastung	Gesamtaufwand im Kalenderjahr DM	Erhaltene/zu erwartende Versicherungsleistungen, Beihilfen, Unterstützungen, Wert des Nachlasses usw. DM
114			
115	Krankheitskosten u. Aufstellung	9500	7300

Hatten auch Sie „außergewöhnliche Belastungen"? Dann lesen Sie hier, wie Sie diese geltend machen können.

Körperbehinderte und Hinterbliebene

Zeilen 86 bis 89

Sind Sie körperbehindert, können Sie einen Pauschbetrag beanspruchen, wenn Sie Ihre Aufwendungen nicht im einzelnen nachweisen wollen. Im Falle des Einzelnachweises müssen Sie Ihre Aufwendungen in den Zeilen 115 bis 117 eintragen.

Der Pauschbetrag ist nach dem Grad der Behinderung (Erwerbsminderung) gestaffelt. Er beträgt bei einem Grad der Behinderung von

	DM		DM
25 bis 34	600	65 bis 74	1 740
35 bis 44	840	75 bis 84	2 070
45 bis 54	1 110	85 bis 90	2 400
55 bis 64	1 410	91 bis 100 (Erwerbsunfähigkeit)	2 760

Blinde sowie dauernd pflegebedürftige Körperbehinderte erhalten einen Pauschbetrag von 7 200 DM jährlich.

Körperbehinderten mit einem Grad der Behinderung von weniger als 50 steht der entsprechende Pauschbetrag jedoch nur zu,

- wenn wegen der Behinderung ein gesetzlicher Anspruch auf Rente (z. B. Unfallrente, **nicht** aber aus der gesetzlichen Rentenversicherung) oder andere laufende Bezüge besteht oder
- wenn die Körperbehinderung zu einer äußerlich erkennbaren dauernden Einbuße der körperlichen Beweglichkeit geführt hat oder auf einer typischen Berufskrankheit beruht.

Neben dem Pauschbetrag können Sie unter bestimmten Voraussetzungen weitere Aufwendungen geltend machen (siehe Hinweise zu Zeilen 90 und 91 sowie 109 bis 117).

Sind Ihnen laufende Hinterbliebenenbezüge bewilligt, z. B. nach dem Bundesversorgungsgesetz oder aus der gesetzlichen Unfallversicherung, so können Sie einen Pauschbetrag von 720 DM beantragen. Den Pauschbetrag erhalten Sie auch dann, wenn das Recht auf die Bezüge ruht oder der Anspruch auf die Bezüge durch Zahlung eines Kapitalbetrags abgefunden worden ist.

Steht Ihrem Ehegatten ein Pauschbetrag für Körperbehinderte zu, so können Sie auch diesen geltend machen. Das gleiche gilt für Ihre im Inland lebenden Kinder, wenn diese den Pauschbetrag nicht selber in Anspruch nehmen. Besonderheiten gelten für Kinder bei geschiedenen oder dauernd getrennt lebenden Elternpaaren und bei Eltern nichtehelicher Kinder (vgl. die Erläuterungen zu Zeile 118). Geben Sie bitte an, für wen Sie den Pauschbetrag in Anspruch nehmen wollen.

Geben Sie den Grad der Behinderung an und fügen Sie die Nachweisunterlagen bei, falls diese dem Finanzamt nicht bereits vorgelegen haben. Die notwendigen Nachweisunterlagen erhalten Sie bei Körperbehinderung in der Regel vom Versorgungsamt; bei Hinterbliebenenbezügen ist der Nachweis durch amtliche Unterlagen zu erbringen. Der Rentenbescheid eines Trägers der gesetzlichen Rentenversicherung der Arbeiter und Angestellten genügt nicht als Nachweis.

Beschäftigung einer Hausgehilfin/Haushaltshilfe

Zeilen 90 und 91

Hatten Sie eine Hausgehilfin oder Haushaltshilfe, so können Sie den aufgrund eines Dienstverhältnisses gezahlten Arbeitslohn oder entsprechende Aufwendungen nur geltend machen,

- wenn Sie oder Ihr Ehegatte mindestens 60 Jahre alt waren oder
- wenn Sie, Ihr Ehegatte, eines Ihrer Kinder oder sonst jemand, der zu Ihrem Haushalt gehörte und von Ihnen unterhalten wurde, schwer körperbehindert oder krank war.

Das Finanzamt berücksichtigt höchstens 100 DM monatlich.

Heim- oder Pflegeunterbringung

Zeilen 90 und 91

Waren Sie oder Ihr Ehegatte in einem Altenheim, Pflegeheim o. ä. untergebracht, so können Sie einen Freibetrag von 100 DM monatlich beanspruchen, wenn

- in den Heimkosten auch Kosten der Zimmerreinigung, Wäsche, Essenzubereitung enthalten sind (auf die Höhe der Kosten kommt es nicht an) **und**
- Sie oder Ihr Ehegatte das 60. Lebensjahr vollendet hatten oder einer von Ihnen krank, nicht nur vorübergehend körperlich hilflos oder schwer körperbehindert war.

Beachten Sie bitte: Für den gleichen Zeitraum wird entweder der Freibetrag für die Beschäftigung einer Hausgehilfin/Haushaltshilfe oder der Freibetrag für Heim- oder Pflegeunterbringung gewährt. Vgl. auch Hinweise zu Zeilen 114 bis 117 unter Pflegekosten.

Freibetrag für besondere Fälle

Zeile 92

Diesen Freibetrag können Sie erhalten, wenn Sie als Flüchtling, Spätaussiedler usw. anerkannt sind. Der Freibetrag wird grundsätzlich für das Jahr gewährt, in dem Sie erstmals zu diesen Personengruppen gehörten, und für die beiden folgenden Kalenderjahre. Bei Verheirateten mit einem Kind wird z. B. ein Pauschbetrag von 840 DM berücksichtigt. Werden Aufwendungen für die Wiederbeschaffung von Hausrat und Kleidung nachgewiesen, die zu einem höheren Abzugsbetrag führen, so kann anstelle des Pauschbetrags dieser höhere Betrag berücksichtigt werden. Vergleichen Sie hierzu die Hinweise zu Zeilen 114 bis 117.

Freibetrag für Aufwendungen zur Pflege des Eltern-Kind-Verhältnisses

Zeilen 93 und 94

Hatten Sie derartige Aufwendungen für ein Kind, für das Sie einen Kinderfreibetrag erhalten, das Ihnen aber steuerlich nicht zugeordnet wird (vgl. die Erläuterungen zu Zeilen 29 bis 47 drittletzter Absatz), so können Sie auf Antrag einen Freibetrag von 600 DM jährlich erhalten. Geben Sie hier bitte an, um welches Kind es sich handelt und in welchem Zeitraum diese Aufwendungen entstanden sind. Vergessen Sie aber nicht, die Angaben zu dem Kind auch auf Seite 2 des Hauptvordrucks zu machen.

Ein Freibetrag kann nicht gewährt werden für Zeiträume, in denen Sie mit dem Kind und dem anderen Elternteil zusammen wohnten.

Unterstützung bedürftiger Personen

Zeilen 95 bis 100

Haben Sie bedürftige Angehörige unterstützt, z. B. Eltern, Geschwister oder Kinder ohne Wohnsitz oder gewöhnlichen Aufenthalt im Inland, so können Sie Ihre nachgewiesenen Aufwendungen für jede unterhaltene Person geltend machen, und zwar

- bis zu 4 500 DM, wenn die unterhaltene Person das 18. Lebensjahr vollendet hat,
- bis zu 2 484 DM, wenn die unterhaltene Person das 18. Lebensjahr noch nicht vollendet hat.

Das gilt auch für Unterhaltsleistungen an den dauernd getrennt lebenden oder geschiedenen Ehegatten (vgl. hierzu auch Erläuterungen zu Zeile 77). Auf den Höchstbetrag der Unterhaltsleistungen werden die eigenen Einkünfte und Bezüge der unterhaltenen Person im Unterstützungszeitraum angerechnet, jedoch nur, soweit sie 4 500 DM jährlich übersteigen. Lebt die unterhaltene Person nicht im Inland, so können Aufwendungen nur abgezogen werden, soweit sie nach den Verhältnissen des Wohnsitzstaates der unterhaltenen Person notwendig und angemessen sind. Deshalb erkennt das Finanzamt folgende Beträge an:

Höchstbetrag für Unterhaltsleistungen DM	Anrechnungsfreier Betrag DM	Land (auszugsweise)
4 500/2 484	4 500	Australien, Belgien, Dänemark, Finnland, Frankreich, Griechenland, Großbritannien, Irland, Israel, Italien, Japan, Kanada, Luxemburg, Niederlande, Norwegen, Österreich, Schweden, Schweiz, Spanien, Vereinigte Staaten von Amerika
3 000/1 656	3 000	Algerien, Argentinien, Bulgarien, Chile, Jugoslawien, Korea (Republik), Libanon, Panama, Polen, Portugal, Rumänien, Sowjetunion, Südafrika, Taiwan, Tschechoslowakei, Türkei, Ungarn
1 500/828	1 500	Ägypten, Äthiopien, Afghanistan, Bangladesch, Bolivien, Brasilien, China (Volksrepublik), Ghana, Indien, Indonesien, Irak, Iran, Jordanien, Marokko, Nigeria, Pakistan, Philippinen, Sri Lanka, Syrien, Thailand, Tunesien, Vietnam

Zu den anrechenbaren Bezügen gehören alle Einnahmen, die zur Bestreitung des Lebensunterhalts bestimmt oder geeignet sind. Von den Bezügen werden die damit zusammenhängenden Aufwendungen, mindestens aber ein Pauschbetrag von 360 DM, abgezogen.

Die Jahresbeträge ermäßigen sich um 1/12 für jeden vollen Monat, in dem die Voraussetzungen nicht vorgelegen haben.

Aufwendungen für die Unterstützung von Kindern können nur dann anerkannt werden, wenn weder Sie noch jemand anders Anspruch auf einen Kinderfreibetrag hatten.

Haben Sie Verwandte oder sonstige Angehörige in der DDR, in Berlin (Ost) oder in der Sowjetunion, Tschechoslowakei, in Polen, Rumänien, Ungarn oder Bulgarien, so können Sie typische Unterhaltsleistungen an diese geltend machen. Von der Prüfung der Einkommens- und Vermögensverhältnisse der unterstützten Personen wird grundsätzlich abgesehen. Schicken Sie Pakete oder Päckchen, erkennt das Finanzamt für jedes Paket 40 DM und für jedes Päckchen 30 DM an. Fügen Sie die Paketabschnitte oder von der Post abgestempelte Bescheinigungen (bei Päckchen) bei. Haben Sie insgesamt höhere typische Unterhaltsaufwendungen gehabt, so werden auch diese anerkannt, wenn Sie sie für alle Sendungen des Kalenderjahrs nachweisen. Hatten Sie Besuch von Angehörigen aus den vorbezeichneten Gebieten, so werden ohne Nachweis Ihrer Aufwendungen 10 DM je Besucher und Besuchstag anerkannt.

Haben Sie mehrere Personen unterstützt, so machen Sie bitte für jede unterstützte Person Angaben auf einem besonderen Blatt.

Erwachsen Ihnen aufgrund außergewöhnlicher Umstände besondere Aufwendungen für die unterhaltene Person, so können diese als andere außergewöhnliche Belastungen berücksichtigt werden (vgl. Hinweise zu Zeilen 114 bis 117).

Ausbildungsfreibetrag

Zeilen 101 bis 108

In bestimmten Fällen werden auch Ausbildungskosten für Ihre Kinder berücksichtigt. Das gilt nur dann, wenn Sie für das Kind einen Kinderfreibetrag erhalten. Besonderheiten gelten für Kinder bei geschiedenen oder dauernd getrennt lebenden Elternpaaren und bei Eltern nichtehelicher Kinder (vgl. Erläuterungen zu Zeile 118).

Auf die Höhe der Ausbildungskosten kommt es nicht an. Es gibt folgende Freibeträge:

	für Kinder unter 18	für Kinder über 18
Auswärts untergebracht	1 200 DM	3 000 DM
In allen anderen Fällen	kein Freibetrag	1 800 DM

Eigene Einkünfte und Bezüge (vgl. Absatz 2 der Erläuterungen zu Zeilen 95 bis 100) des Kindes innerhalb des maßgebenden Ausbildungszeitraums 1987, die insgesamt 2 400 DM jährlich übersteigen, werden von dem Ausbildungsfreibetrag abgezogen. Maßgebender Ausbildungszeitraum ist der Zeitraum, für den der Ausbildungsfreibetrag gewährt wird. Ist Ihr Kind verheiratet, werden auch Unterhaltsleistungen seines Ehegatten angerechnet.

Außerdem vermindert sich der Ausbildungsfreibetrag stets um Ausbildungshilfen aus öffentlichen Mitteln oder von Förderungseinrichtungen, die hierfür öffentliche Mittel erhalten. Darlehnsweise gewährte Leistungen werden nicht angerechnet.

Für jeden vollen Monat, in dem eine der Voraussetzungen nicht vorgelegen hat, ermäßigt sich der Ausbildungsfreibetrag um 1/12.

Vergessen Sie nicht, den Ausbildungsort Ihres Kindes, bei einem Wechsel alle Ausbildungsorte, anzugeben.

Im übrigen: Zur Ausbildung gehört auch die Schulausbildung!

Kinderbetreuungskosten

Zeilen 109 bis 113

Aufwendungen für Dienstleistungen zur Betreuung eines zu Ihrem Haushalt gehörenden Kindes, das zu Beginn des Kalenderjahrs das 16. Lebensjahr noch nicht vollendet hat und für das Ihnen ein Kinderfreibetrag zusteht, gelten als außergewöhnliche Belastungen. Es können z.B. anerkannt werden:

Aufwendungen für

- die Unterbringung von Kindern in Kindergärten, Kindertagesstätten, Kinderhorten, Kinderheimen und Kinderkrippen sowie bei Tagesmüttern, Wochenmüttern und in Ganztagspflegestellen,
- die Beschäftigung von Kinderpflegerinnen, Erzieherinnen und Kinderschwestern,
- die Beschäftigung von Hausgehilfinnen oder Hausgehilfen, soweit sie Kinder betreuen,
- die Beaufsichtigung von Kindern bei der Erledigung der häuslichen Schulaufgaben.

Hingegen können Aufwendungen für (Nachhilfe-) Unterricht, für die Vermittlung besonderer Fähigkeiten und für sportliche und andere Freizeitbetätigungen nicht berücksichtigt werden.

Voraussetzung ist

- bei **Alleinstehenden,** daß die Aufwendungen wegen ihrer Erwerbstätigkeit oder wegen körperlicher, geistiger oder seelischer Behinderung oder wegen Krankheit erwachsen;
- bei **Ehegatten,** daß die Aufwendungen wegen körperlicher, geistiger oder seelischer Behinderung oder wegen Krankheit erwachsen, wenn der andere Ehegatte erwerbstätig oder ebenfalls krank oder behindert ist.

Die Krankheit muß innerhalb eines zusammenhängenden Zeitraums von mindestens drei Monaten bestanden haben, es sei denn, die Krankheit tritt unmittelbar im Anschluß an eine Erwerbstätigkeit ein.

Alleinstehend sind Unverheiratete sowie Verheiratete, die von ihrem Ehegatten dauernd getrennt leben. Als alleinstehend gelten auch Verheiratete, deren Ehegatte nicht im Inland wohnt.

Die Aufwendungen werden um die zumutbare Belastung (vgl. Erläuterungen zu den Zeilen 114 bis 117) gekürzt. Von dem verbleibenden Betrag werden bei einem Kind höchstens 4 000 DM zuzüglich 2 000 DM für jedes weitere Kind berücksichtigt. Für jedes Kind wird mindestens ein Pauschbetrag von 480 DM abgezogen. Gehörte das Kind gleichzeitig zum Haushalt zweier Alleinstehender, so werden die vorbezeichneten Beträge halbiert. Die Jahresbeträge ermäßigen sich um 1/12 für jeden vollen Monat, in dem die Voraussetzungen nicht vorgelegen haben.

Sind Betreuungskosten für mehrere Kinder entstanden, so machen Sie bitte für jedes Kind Angaben auf einem besonderen Blatt.

Andere außergewöhnliche Belastungen

Zeilen 114 bis 117

Neben den bisher erläuterten Fällen können Sie noch andere außergewöhnliche Belastungen geltend machen. Diese führen jedoch nur dann zu einer Steuerermäßigung, wenn sie einen bestimmten Teil Ihrer Einkünfte übersteigen. Diese „zumutbare Belastung" ist im Einkommensteuergesetz im einzelnen geregelt und wird vom Finanzamt berücksichtigt.

Andere außergewöhnliche Belastungen sind zum Beispiel:

Beerdigungskosten

für Angehörige, soweit sie den Nachlaß und etwaige Versicherungsleistungen übersteigen. Es können aber nur Kosten berücksichtigt werden, die mit der Beerdigung unmittelbar zusammenhängen (z. B. für Grabstätte, Sarg, Blumen, Kränze, Todesanzeigen usw.). Die Kosten für die Trauerkleidung und die Bewirtung der Trauergäste werden nicht anerkannt.

Ehescheidungskosten,

zu denen Gerichts- und Anwaltskosten gehören, nicht jedoch Unterhaltszahlungen und der Vermögensausgleich.

Kfz-Kosten

für Privatfahrten von Körperbehinderten mit einem Grad der Behinderung von mindestens 80 oder von Körperbehinderten, deren Grad der Behinderung mindestens 70 beträgt und die zugleich geh- und stehbehindert sind (Merkzeichen „G" oder orangefarbener Flächenaufdruck im Schwerbehindertenausweis). Ohne Nachweis der Kosten werden im allgemeinen 1 260 DM (3000 km zu 42 Pfennig) anerkannt. Eine höhere Fahrleistung für Privatfahrten kann nur berücksichtigt werden, wenn nachgewiesen wird, daß die Fahrten durch die Behinderung verursacht sind. Bei Gehbehinderten, die sich außerhalb des Hauses nur mit Hilfe eines Kfz bewegen können (Merkzeichen „aG"), werden im allgemeinen alle Privatfahrten anerkannt. Im übrigen können statt des Kilometersatzes von 42 Pfennig auch höhere nachgewiesene Kfz-Kosten berücksichtigt werden.

Krankheitskosten,

soweit sie nicht von dritter Seite, z. B. einer Krankenkasse steuerfrei ersetzt worden sind oder noch ersetzt werden.

Kurkosten,

wenn die Notwendigkeit der Kur durch Vorlage eines amtsärztlichen Zeugnisses nachgewiesen wird, sofern dies nicht schon aus anderen Unterlagen (z. B. bei Pflichtversicherten aus einer Bescheinigung der Versicherungsanstalt) offensichtlich ist. Die amtsärztliche Bescheinigung muß übrigens vor Kurbeginn ausgestellt worden sein.

Pflegekosten,

die Ihnen oder Ihrem Ehegatten durch Unterbringung in einem Pflegeheim, in der Pflegestation eines Altenheims oder in einem Altenpflegeheim erwachsen. Sie können wie Kosten einer Unterbringung in einem Krankenhaus als außergewöhnliche Belastung berücksichtigt werden, sofern die Kosten nicht bereits durch die Inanspruchnahme des erhöhten Pauschbetrags für Körperbehinderte von 7 200 DM (siehe Hinweise zu Zeilen 86 bis 89) und ggf. des Freibetrags wegen Heim- und Pflegeunterbringung (siehe Hinweise zu Zeilen 90 und 91) abgegolten sind.

Ein Abzug ist auch für Aufwendungen möglich, die Ihnen wegen der Unterbringung eines nahen Angehörigen in einer Blinden-, Taubstummen- oder Heil- oder Pflegeanstalt oder in der Pflegestation eines Altenheims zwangsläufig erwachsen.

Wiederbeschaffungskosten

für Hausrat und Kleidung, die durch ein unabwendbares Ereignis wie Brand, Hochwasser, Spätaussiedlung usw. verloren wurden.

Aufteilung der Steuerermäßigungen für Kinder

Zeile 118

Ist bei geschiedenen Elternpaaren, bei dauernd getrennt lebenden Elternpaaren oder bei Eltern nichtehelicher Kinder ein Ausbildungsfreibetrag zu gewähren bzw. ein dem Kind zustehender Pauschbetrag für Körperbehinderte/Hinterbliebene zu übertragen, so werden diese Beträge grundsätzlich auf die Elternteile je zur Hälfte aufgeteilt. Voraussetzung ist, daß jeder Elternteil einen Kinderfreibetrag erhält. Auf gemeinsamen Antrag beider Elternteile kann der einem Elternteil zustehende Ausbildungsfreibetrag auf den anderen Elternteil übertragen und der Pauschbetrag für Körperbehinderte/Hinterbliebene in einem beliebigen Verhältnis aufgeteilt werden. Kreuzen Sie ggf. das Kästchen in Zeile 118 an und fügen Sie den gemeinsamen Antrag bei.

Anlage N

Dieser Vordruck ist für Angaben über den Arbeitslohn, über bestimmte Lohnersatzleistungen (Kurzarbeiter- und Schlechtwettergeld sowie Arbeitslosengeld und Arbeitslosenhilfe), über steuerfreien Arbeitslohn für Auslandstätigkeit, über die vermögenswirksamen Leistungen und über die Werbungskosten vorgesehen. Jeder Ehegatte muß seine Angaben in einer eigenen Anlage N machen.

Angaben über den Arbeitslohn

(Seite 1 der Anlage N)

Herr Huber war vom 27. 1. 1987 bis zum 31. 12. 1987 als Autoschlosser tätig. Im Juli 1987 bezog er wegen Kurzarbeit in seiner Firma Kurzarbeitergeld. Bis zum 26. 1. 1987 war Herr Huber arbeitslos und erhielt Arbeitslosengeld.

Die Angaben zu Zeile 1 und die Beträge zu den Zeilen 3 bis 13 entnimmt Herr Huber seiner Lohnsteuerkarte; in Zeile 13 trägt er den ausgezahlten Betrag und den Bruttobetrag ein.

In Zeile 1 macht er zusätzlich die Angaben zur Lohnsteuerkarte seiner Ehefrau.

In Zeile 14 trägt Herr Huber den Bruttobetrag des Arbeitslosengelds ein; dieser Betrag ergibt sich aus einer Bescheinigung, die das Arbeitsamt ihm ohne besondere Anforderung zugeschickt hat und die er diesem Antrag beifügt.

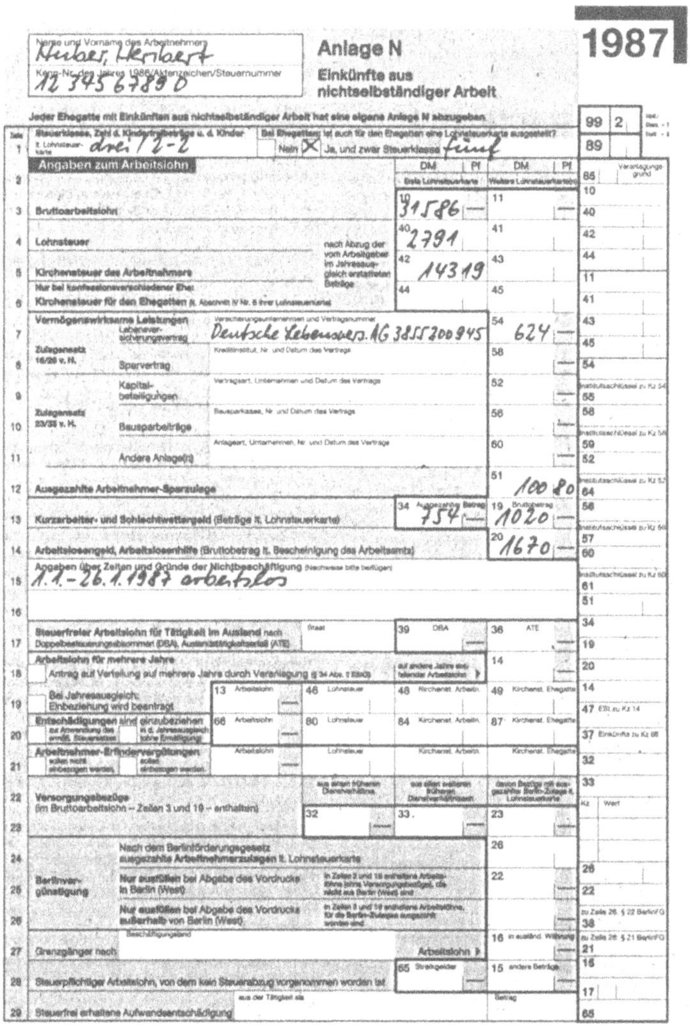

1987

Anlage N
Einkünfte aus nichtselbständiger Arbeit

Name und Vorname des Arbeitnehmers: Huber, Heribert
Kenn-Nr. des Jahres 1986/Aktenzeichen/Steuernummer: 12 345 678 90

Jeder Ehegatte mit Einkünften aus nichtselbständiger Arbeit hat eine eigene Anlage N abzugeben.

Zeile		Erste Lohnsteuerkarte DM	Weitere Lohnsteuerkarte(n) DM
1	Steuerklasse, Zahl d. Kinderfreibeträge u. d. Kinder lt. Lohnsteuerkarte: drei / 2 - 2. Bei Ehegatten: Ist auch für den Ehegatten eine Lohnsteuerkarte ausgestellt? Nein ☐ ☒ Ja, und zwar Steuerklasse fünf		
2	Angaben zum Arbeitslohn		
3	Bruttoarbeitslohn	10: 31586,—	11
4	Lohnsteuer (nach Abzug der vom Arbeitgeber im Jahresausgleich erstatteten Beträge)	40: 2791	41
5	Kirchensteuer des Arbeitnehmers	42: 143 19	43
6	Nur bei konfessionsverschiedener Ehe: Kirchensteuer für den Ehegatten lt. Abschnitt IV Nr. 5 ihrer Lohnsteuerkarte	44	45
7	Vermögenswirksame Leistungen – Zulagensatz 16/26 v. H. – Lebensversicherungsvertrag (Versicherungsunternehmen und Vertragsnummer): Deutsche Lebensvers. AG 3855200945		54: 624,—
8	Sparvertrag (Kreditinstitut, Nr. und Datum des Vertrags)		58
9	Kapitalbeteiligungen (Vertragsart, Unternehmen und Datum des Vertrags)		52
10	Zulagensatz 23/33 v. H. – Bausparbeiträge (Bausparkasse, Nr. und Datum des Vertrags)		56
11	Andere Anlage(n) (Anlageart, Unternehmen, Nr. und Datum des Vertrags)		60
12	Ausgezahlte Arbeitnehmer-Sparzulage		51: 100 80
13	Kurzarbeiter- und Schlechtwettergeld (Beträge lt. Lohnsteuerkarte)	34 Ausgezahlter Betrag: 754,—	19 Bruttobetrag: 1020,—
14	Arbeitslosengeld, Arbeitslosenhilfe (Bruttobetrag lt. Bescheinigung des Arbeitsamts)		20: 1670,—
15	Angaben über Zeiten und Gründe der Nichtbeschäftigung (Nachweise bitte beifügen): 1.1.–26.1.1987 arbeitslos		
16			
17	Steuerfreier Arbeitslohn für Tätigkeit im Ausland nach Doppelbesteuerungsabkommen (DBA), Auslandstätigkeitserlaß (ATE) – Staat	39 DBA	36 ATE
18	Arbeitslohn für mehrere Jahre – Antrag auf Verteilung auf mehrere Jahre durch Veranlagung (§ 34 Abs. 3 EStG) – auf andere Jahre entfallender Arbeitslohn		14
19	Bei Jahresausgleich: Einbeziehung wird beantragt	13 Arbeitslohn; 46 Lohnsteuer	48 Kirchenst. Arbeitn.; 49 Kirchenst. Ehegatte
20	Entschädigungen sind einzubeziehen (zur Anwendung des ermäß. Steuersatzes; in d. Jahresausgleich ohne Ermäßigung)	66 Arbeitslohn; 80 Lohnsteuer	84 Kirchenst. Arbeitn.; 87 Kirchenst. Ehegatte
21	Arbeitnehmer-Erfindervergütungen (sollen nicht einbezogen werden; sollen einbezogen werden)	Arbeitslohn; Lohnsteuer	Kirchenst. Arbeitn.; Kirchenst. Ehegatte
22	Versorgungsbezüge (im Bruttoarbeitslohn – Zeilen 3 und 19 – enthalten)	32 aus einem früheren Dienstverhältnis	33 aus allen weiteren früheren Dienstverhältnissen; 23 davon Bezüge mit ausgezahlter Berlin-Zulage lt. Lohnsteuerkarte
23			
24	Berlinvergünstigung – Nach dem Berlinförderungsgesetz ausgezahlte Arbeitnehmerzulagen lt. Lohnsteuerkarte		26
25	Nur ausfüllen bei Abgabe des Vordrucks in Berlin (West) – In Zeilen 3 und 19 enthaltene Arbeitslöhne (ohne Versorgungsbezüge), die nicht aus Berlin (West) sind		22
26	Nur ausfüllen bei Abgabe des Vordrucks außerhalb von Berlin (West) – In Zeilen 3 und 19 enthaltene Arbeitslöhne, für die Berlin-Zulage ausgezahlt worden sind		
27	Grenzgänger nach (Beschäftigungsland) – Arbeitslohn		16 in ausländ. Währung
28	Steuerpflichtiger Arbeitslohn, von dem kein Steuerabzug vorgenommen worden ist	65 Streikgelder	15 andere Beträge
29	Steuerfrei erhaltene Aufwandsentschädigung aus der Tätigkeit als		Betrag

Für Frau Huber muß eine eigene Anlage N ausgefüllt werden.

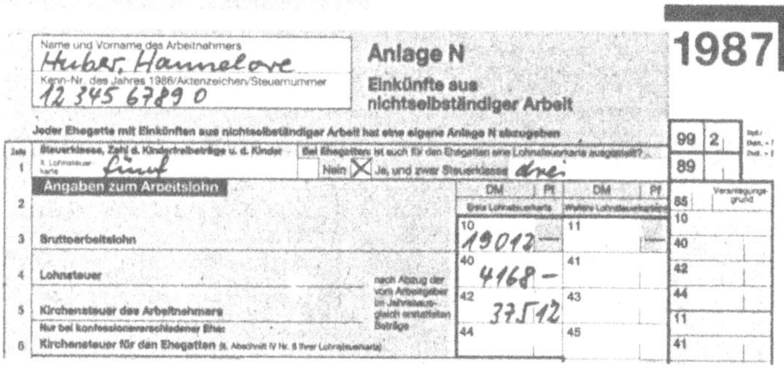
Name und Vorname des Arbeitnehmers: Huber, Hannelore
Kenn-Nr. des Jahres 1986/Aktenzeichen/Steuernummer: 12 345 6789 0

Anlage N 1987
Einkünfte aus nichtselbständiger Arbeit

Jeder Ehegatte mit Einkünften aus nichtselbständiger Arbeit hat eine eigene Anlage N abzugeben

Zeile			DM Pf (Erste Lohnsteuerkarte)	DM Pf (Weitere Lohnsteuerkarte(n))
1	Steuerklasse, Zahl d. Kinderfreibeträge u. d. Kinder lt. Lohnsteuerkarte: fünf	Bei Ehegatten: Ist auch für den Ehegatten eine Lohnsteuerkarte ausgestellt? Nein [X] Ja, und zwar Steuerklasse drei		
2	Angaben zum Arbeitslohn			
3	Bruttoarbeitslohn		10: 19012 —	11: —
4	Lohnsteuer	nach Abzug der vom Arbeitgeber im Jahresausgleich erstatteten Beträge	40: 4168 —	41
5	Kirchensteuer des Arbeitnehmers		42: 375 12	43
6	Nur bei konfessionsverschiedener Ehe: Kirchensteuer für den Ehegatten (s. Abschnitt IV Nr. 8 Ihrer Lohnsteuerkarte)		44	45

Steuerklasse

Zeile 1

Steuerklasse, Zahl der Kinderfreibeträge und Zahl der Kinder stehen auf der ersten Seite Ihrer Lohnsteuerkarte 1987. Bei mehreren Eintragungen geben Sie bitte die zuletzt gültige an.

Zeilen 2 bis 6

Was Sie hier eintragen müssen, entnehmen Sie einfach aus den Nummern 3 bis 6 der Rückseite Ihrer Lohnsteuerkarte.

Sie müssen noch auf folgendes achten:

- Hat Ihr Arbeitgeber unter Nummern 11 bis 13 Erstattungsbeträge eingetragen, so müssen Sie diese von den unter Nummern 4 bis 6 eingetragenen Steuern abziehen. Nur die **Restbeträge** übernehmen Sie bitte in den Vordruck.
- Waren Sie bei mehreren Arbeitgebern gleichzeitig beschäftigt, so tragen Sie bitte die Angaben aus der ersten Lohnsteuerkarte in die erste Spalte und daneben die zusammengerechneten Beträge aus allen weiteren Lohnsteuerkarten ein. Entsprechendes gilt für Dienstverhältnisse, für die zu Unrecht keine Lohnsteuerkarte vorgelegen hat.

Bitte fügen Sie Ihre Lohnsteuerkarte 1987 (auch eine zweite oder weitere Lohnsteuerkarte oder Lohnsteuerkarten Ihres Ehegatten) unbedingt dem Antrag (der Steuererklärung) bei, und zwar auch dann, wenn die Lohnsteuerkarte keine Eintragung eines Arbeitgebers enthält.

Vermögenswirksame Leistungen

Zeilen 7 bis 12

Für vermögenswirksame Leistungen werden je nach Anlageart Arbeitnehmer-Sparzulagen in unterschiedlicher Höhe gewährt. Der Zulagensatz beträgt 16 v.H. oder 23 v.H.; er erhöht sich auf 26 v.H. oder 33 v.H., wenn bei dem Arbeitnehmer drei oder mehr Kinder zu berücksichtigen sind. Der Arbeitgeber hat die vermögenswirksamen Leistungen getrennt nach den Zulagensätzen von 16/26 v.H. und 23/33 v.H. auf der Lohnsteuerkarte eingetragen. Übernehmen Sie die Eintragung des Arbeitgebers in die Zeilen 7 bis 12 und beachten Sie dabei folgendes:

In **Zeile 7** gehören alle vermögenswirksamen Leistungen auf Lebensversicherungsverträge. Diese Lebensversicherungsbeiträge können nicht als Sonderausgaben abgezogen werden, wenn sie mit Arbeitnehmer-Sparzulage begünstigt sind. Stellt das Finanzamt fest, daß eine Sparzulagenbegünstigung nicht in Frage kommt (z. B. wegen Überschreitens der Einkommensgrenze), so berücksichtigt es diese Lebensversicherungsbeiträge bei der Berechnung der abziehbaren Sonderausgaben.

In **Zeile 8** gehören vermögenswirksame Leistungen auf einen Sparvertrag, für die der Arbeitgeber einen Zulagensatz von 16/26 v.H. bescheinigt hat.

In **Zeile 9** gehören vermögenswirksame Leistungen, die aufgrund eines Sparvertrags über Wertpapiere oder andere Vermögensbeteiligungen, eines Wertpapier-Kaufvertrags, eines Beteiligungsvertrags oder eines Beteiligungs-Kaufvertrags angelegt worden sind. Zu den Vermögensbeteiligungen, die im Rahmen solcher Verträge erworben werden können, gehören z. B. Aktien, Genossenschaftsanteile oder Darlehensforderungen gegen den Arbeitgeber. Die vermögenswirksamen Leistungen aufgrund solcher Verträge sind bis zu einem Höchstbetrag von 936 DM zulagebegünstigt.

In **Zeile 10** gehören alle Bausparbeiträge, die der Arbeitgeber als vermögenswirksame Leistungen überwiesen hat. Diese Einzahlungen können nicht als Sonderausgaben berücksichtigt werden, wenn sie mit Arbeitnehmer-Sparzulagen begünstigt sind. Stellt das Finanzamt fest, daß eine Sparzulagenbegünstigung nicht in Frage kommt (z. B. wegen Überschreitens der Einkommensgrenze), so berücksichtigt es diese Bausparbeiträge bei der Berechnung der abziehbaren Sonderausgaben. Voraussetzung hierfür ist allerdings, daß Sie den Sonderausgabenabzug der Bausparbeiträge und nicht die Prämienbegünstigung gewählt haben (vgl. die Erläuterungen zu Zeilen 72 bis 74 des Hauptvordrucks). Den Sonderausgabenabzug haben Sie gewählt, wenn Sie Bausparbeiträge, die keine vermögenswirksamen Leistungen sind (z.B. Bausparzinsen), in Zeile 73 des Hauptvordrucks eingetragen haben.

In **Zeile 11** gehören die übrigen vermögenswirksamen Leistungen, die der Arbeitgeber mit einem Zulagensatz von 23/33 v.H. bescheinigt hat. Geben Sie bitte auch hier die genaue Anlageart an (z. B. Grundstücksentschuldung).

In **Zeile 12** tragen Sie bitte die Summe der vom Arbeitgeber ausgezahlten Arbeitnehmer-Sparzulagen ein. Die vermögenswirksamen Leistungen sind grundsätzlich bis zu 624 DM mit Arbeitnehmer-Sparzulagen begünstigt. Für Kapitalbeteiligungen (vgl. Zeile 9) erhöht sich dieser Höchstbetrag auf 936 DM. Übersteigen die vermögenswirksamen Leistungen die Höchstbeträge und entfallen sie auf verschiedene Anlagearten, so berücksichtigt das Finanzamt die vermögenswirksamen Leistungen mit Sparzulagen in der Reihenfolge der Zeilen 9, 11, 10, 8 und 7. Diese Reihenfolge ist im Regelfall für Sie am günstigsten. Nur wenn Sie eine andere Reihenfolge wünschen, beantragen Sie dies auf einem besonderen Blatt.

Kurzarbeitergeld, Schlechtwettergeld

Zeile 13

Haben Sie in 1987 Kurzarbeiter- oder Schlechtwettergeld von Ihrem Arbeitgeber erhalten, sind der ausgezahlte Betrag und der Bruttobetrag auf der Lohnsteuerkarte eingetragen. Geben Sie bitte beide Beträge in Zeile 13 an. Kurzarbeiter- und Schlechtwettergeld sind zwar steuerfrei, sie beeinflussen aber die Höhe der Steuer auf den Arbeitslohn und etwaige weitere Einkünfte.

Arbeitslosengeld, Arbeitslosenhilfe

Zeile 14

Haben Sie in 1987 Arbeitslosengeld oder Arbeitslosenhilfe bezogen, so bekommen Sie vom Arbeitsamt hierüber ohne besondere Anforderung eine Bescheinigung (Leistungsnachweis). In dieser Bescheinigung ist neben dem ausgezahlten Betrag auch der „Bruttobetrag für Finanzamt" angegeben; **nur** den **Bruttobetrag** tragen Sie bitte in Zeile 14 ein.

Die Bescheinigung des Arbeitsamts fügen Sie bitte bei.

Arbeitslosengeld und Arbeitslosenhilfe sind zwar steuerfrei, sie beeinflussen aber die Höhe der Steuer auf den Arbeitslohn und etwaige weitere Einkünfte.

Zeiten der Nichtbeschäftigung

Zeilen 15 und 16

Standen Sie 1987 zeitweise nicht in einem Arbeitsverhältnis, so geben Sie bitte an, wie lange und warum (z. B. Arbeitslosigkeit, Schulausbildung, Studienzeit). Fügen Sie hierüber – ggf. neben der Bescheinigung des Arbeitsamts (vgl. Erläuterung zu Zeile 14) – Belege bei (Studienbescheinigung usw.). Krankheitszeiten brauchen Sie nicht anzugeben, **wenn das Arbeitsverhältnis während der Erkrankung fortbestanden hat.**

Steuerfreier Arbeitslohn für eine Tätigkeit im Ausland

Zeile 17

Arbeitslohn für eine Tätigkeit im Ausland kann unter bestimmten Voraussetzungen nach einem Doppelbesteuerungsabkommen bzw. nach dem Auslandstätigkeitserlaß von der Einkommensteuer (Lohnsteuer) freigestellt sein. Er beeinflußt aber die Höhe der Steuer auf den im Inland bezogenen Arbeitslohn und etwaige weitere Einkünfte. Die in Zeile 17 anzugebenden Beträge sind auf der Rückseite der Lohnsteuerkarte unter Nummer 17 eingetragen.

Arbeitslohn für mehrere Jahre, Entschädigungen und Erfindervergütungen

Zeilen 18 bis 21

Diese Vergütungen und die davon einbehaltenen Steuerabzugsbeträge sind auf der Rückseite Ihrer Lohnsteuerkarte unter den Nummern 7 bis 10 bescheinigt. Übernehmen Sie bitte diese Beträge – unabhängig von der gewählten steuerlichen Behandlung – je nach Art der Vergütung in die Zeilen 19 bis 21, ggf. nach entsprechender Aufteilung durch Ihren Arbeitgeber.

Arbeitslohn für mehrere Jahre

Zeilen 18 und 19

Arbeitslohn für mehrere Jahre (z. B. steuerpflichtige Jubiläumszuwendungen) und die davon einbehaltenen Steuerabzugsbeträge werden in den **Lohnsteuer-Jahresausgleich** grundsätzlich nicht einbezogen, was für Sie im Regelfall günstiger ist. Kreuzen Sie an, wenn die Vergütungen ausnahmsweise in den Lohnsteuer-Jahresausgleich einbezogen werden sollen.

Die Vergütungen können im **Einkommensteuer-Veranlagungsverfahren** auch auf die Jahre verteilt werden, in deren Verlauf sie erzielt wurden, höchstens jedoch auf 3 Jahre. Wollen Sie davon Gebrauch machen, so kreuzen Sie bitte in Zeile 18 das Kästchen an und tragen den auf andere Jahre entfallenden Betrag der Vergütungen ein. Geben Sie auf besonderem Blatt an, auf welche Kalenderjahre dieser verteilt werden soll sowie bei welchem Finanzamt und unter welcher Steuernummer oder Lohnsteuer-Jahresausgleichsnummer für diese Kalenderjahre eine Veranlagung zur Einkommensteuer oder ein Lohnsteuer-Jahresausgleich durchgeführt worden ist.

Entschädigungen

Zeile 20

Bestimmte Entschädigungen (z. B. der steuerpflichtige Teil von Entlassungsentschädigungen) können unabhängig vom Steuerabzug durch den Arbeitgeber bei der Einkommensteuerveranlagung mit dem halben Steuersatz besteuert werden. Wollen Sie diese regelmäßig günstigere Steuerberechnung, so kreuzen Sie bitte das erste Kästchen an.

In den Lohnsteuer-Jahresausgleich werden diese Beträge grundsätzlich nicht einbezogen, es sei denn, Sie beantragen die Einbeziehung durch Ankreuzen des zweiten Kästchens. In diesem Fall unterliegt die Entschädigung dem vollen Steuersatz; in Ausnahmefällen kann die Einbeziehung der Entschädigung in den Lohnsteuer-Jahresausgleich, z. B. wegen hoher Freibeträge, zu einer Erstattung der von dieser einbehaltenen Steuerabzugsbeträge führen.

Arbeitnehmer-Erfindervergütungen

Zeile 21

Arbeitnehmer-Erfindervergütungen werden grundsätzlich weder in den Lohnsteuer-Jahresausgleich noch in die Einkommensteuerveranlagung einbezogen. Dies ist im Regelfall für Sie günstiger. In Ausnahmefällen kann jedoch die Einbeziehung zu einer Erstattung der von der Vergütung einbehaltenen Steuerabzugsbeträge führen. Kreuzen Sie bitte an, wofür Sie sich entscheiden.

Soweit die einzubeziehenden Arbeitnehmer-Erfindervergütungen auf mehrere Jahre entfallen, tragen Sie diese Vergütungen ebenso wie anderen Arbeitslohn für mehrere Jahre bitte auch in Zeilen 18 und 19 ein.

Arbeitslohn ohne Steuerabzug

Zeile 28

Zum steuerpflichtigen Arbeitslohn, von dem kein Steuerabzug vorgenommen worden ist, gehören

- Streikgelder (Streik- und Aussperrungsunterstützungen),
- andere Beträge, z. B. Arbeitslohn von einem ausländischen Arbeitgeber, von Dritten gezahlter Arbeitslohn, Verdienstausfallentschädigungen.

Aufwandsentschädigungen

Zeile 29

Hier sind steuerfreie Aufwandsentschädigungen anzugeben, die Sie als Arbeitnehmer aus öffentlichen Kassen oder als nebenberuflicher Übungsleiter, Ausbilder, Erzieher oder für eine vergleichbare nebenberufliche Tätigkeit erhalten haben.

Ergänzende Angaben zu den Vorsorgeaufwendungen und zur Vorsorgepauschale

(Seite 2 der Anlage N)

Zeilen 31 bis 36

Diese Zeilen sind von Arbeitnehmern auszufüllen, die während des ganzen oder eines Teils des Kalenderjahrs 1987 nicht rentenversicherungspflichtig waren. Hierzu gehören nach § 10 c Absatz 5 EStG insbesondere

- Beamte, Richter, Berufssoldaten, Beamtenpensionäre, deren Hinterbliebene,
- weiterbeschäftigte Altersrentner, Werkspensionäre mit Altersrente,
- Geistliche und andere Personen mit beamtenähnlichen Versorgungsansprüchen,
- Vorstandsmitglieder von Aktiengesellschaften und GmbH-Gesellschafter-Geschäftsführer.

Die Angaben dienen der Berechnung der Vorsorgepauschale bzw. der abziehbaren tatsächlichen Vorsorgeaufwendungen.

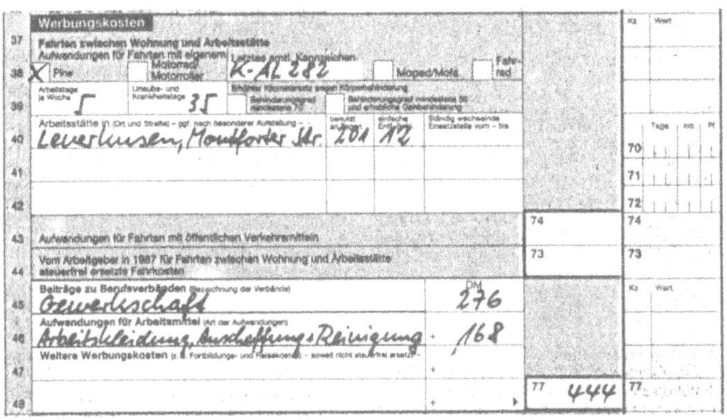
Werbungskosten
37 Fahrten zwischen Wohnung und Arbeitsstätte
38 Aufwendungen für Fahrten mit eigenem [X] Pkw [ ] Motorrad/Motorroller — Letztes amtl. Kennzeichen: K-AL 282 — [ ] Moped/Mofa [ ] Fahrrad
39 Arbeitstage je Woche: 5 — Urlaubs- und Krankheitstage: 35
40 Arbeitsstätte in (Ort und Straße): Leverkusen, Monforter Str. — benutzt an Tagen: 201 — einfache Entfernung: 12
43 Aufwendungen für Fahrten mit öffentlichen Verkehrsmitteln — 74
44 Vom Arbeitgeber in 1987 für Fahrten zwischen Wohnung und Arbeitsstätte steuerfrei ersetzte Fahrkosten — 73
45 Beiträge zu Berufsverbänden (Bezeichnung der Verbände): Gewerkschaft — DM 276
46 Aufwendungen für Arbeitsmittel (Art der Aufwendungen): Arbeitskleidung, Anschaffung + Reinigung — 168
47 Weitere Werbungskosten (z. B. Fortbildungs- und Reisekosten) – soweit nicht steuerfrei ersetzt –
48 77: 444

Werbungskosten

(Seite 2 der Anlage N)

Werbungskosten im steuerlichen Sinne sind alle Aufwendungen, die durch Ihr Arbeitsverhältnis veranlaßt sind. Sie können jedoch nur berücksichtigt werden, soweit sie steuerfreie Ersatzleistungen Ihres Arbeitgebers übersteigen. Die Kosten Ihrer Lebensführung gehören nicht zu den Werbungskosten, selbst wenn sie Ihrer beruflichen Tätigkeit zugute kommen. Das Finanzamt berücksichtigt von sich aus für Werbungskosten einen Pauschbetrag von 564 DM jährlich.

> *Welche Werbungskosten hat Herr Huber? Wie trägt er sie in den Vordruck ein?*
>
> *Herr Huber hat ein eigenes Auto, mit dem er an 5 Tagen je Woche zur Arbeit gefahren ist. Er rechnet aus, daß er das Auto an 201 Tagen im Jahr benutzt hat. Damit das Finanzamt seine Angaben nachprüfen kann, rechnet er auch seine Krankheits- und Urlaubstage zusammen (35 Tage) und trägt diese extra ein. Seine Arbeitsstelle ist von der Wohnung 12 km entfernt. Weiter braucht Herr Huber nicht zu rechnen. Dies erledigt das Finanzamt mit dem Computer.*
>
> *An die Gewerkschaft hat Herr Huber 276 DM Beiträge gezahlt, die er in Zeile 45 einträgt.*
>
> *Im April und im September hat er sich jeweils einen Monteuranzug für 65 DM gekauft. Für Flicken und Reinigung sind 38 DM angefallen. Die Quittungen hat Herr Huber aufbewahrt. Beide Posten trägt er zusammen unter „Arbeitsmittel" ein (Zeile 46).*
>
> *Bei Frau Huber sind zwar auch Werbungskosten angefallen; sie liegen jedoch unter dem Pauschbetrag von 564 DM. Sie kann es sich deshalb ersparen, ihre Aufwendungen im einzelnen in ihrer Anlage N einzutragen.*

Welche Werbungskosten haben Sie?

Aufwendungen für Fahrten zwischen Wohnung und Arbeitsstätte

Zeilen 37 bis 44

Benutzen Sie Ihr eigenes Kraftfahrzeug, so werden anstelle der tatsächlichen Kosten nur die gesetzlich vorgeschriebenen Kilometerpauschbeträge anerkannt. Diese betragen bei einem Pkw 36 Pfennig und bei einem Motorrad oder Motorroller 16 Pfennig je Entfernungskilometer.

Moped-, Mofa- und Radfahrer können die tatsächlichen Kosten geltend machen; ohne Nachweis erkennt hier das Finanzamt bei Mopeds und Mofas 22 Pfennig und bei einem Fahrrad 12 Pfennig je Entfernungskilometer an.

In drei Fällen werden auch bei Benutzung Ihres eigenen Pkw die tatsächlichen Kosten oder – ohne Einzelnachweis – 84 Pfennig je Entfernungskilometer anerkannt:

1. Wenn Sie an ständig wechselnden Einsatzstellen beschäftigt waren (z. B. als Bauarbeiter oder Monteur) und die Entfernung zwischen der Wohnung und der jeweiligen Einsatzstelle mehr als 30 km betragen hat, und zwar für längstens 3 Monate. Eine neue 3-Monats-Frist beginnt, wenn eine neue Einsatzstelle mindestens 15 km von der Einsatzstelle entfernt ist, bei der die letzte 3-Monats-Frist begann.
2. Wenn Sie behindert waren und der Grad der Behinderung mindestens 70 betragen hat oder bei einem Grad der Behinderung von mindestens 50 **gleichzeitig** eine **erhebliche Gehbehinderung** bestand. Achten Sie bitte darauf, daß in der Bescheinigung über den Grad Ihrer Behinderung (Erwerbsminderung) ggf. eine Aussage über die Gehbehinderung enthalten ist; kreuzen Sie bitte bei Zeile 39 das zutreffende Kästchen an.
3. Wenn Sie aus betrieblichen Gründen außerhalb Ihrer normalen Arbeitszeit zusätzlich zu Ihrer Arbeitsstätte fahren müssen.

Im übrigen ist noch folgendes wichtig:

Für die Angabe der Entfernungskilometer zwischen Wohnung und Arbeitsstätte ist die kürzeste benutzbare Straßenverbindung maßgebend. Längere Wege werden vom Finanzamt nur berücksichtigt, wenn sie verkehrsgünstiger sind und auch regelmäßig benutzt werden.

Das Finanzamt erkennt in der Regel nur einmal je Arbeitstag die Kilometer für die einfache Entfernung zwischen Wohnung und Arbeitsstätte an, selbst wenn Sie den Weg zwischen Wohnung und Arbeitsstätte mehrmals arbeitstäglich zurücklegen. Das gilt auch für Arbeitnehmer mit ständig wechselnden Einsatzstellen oder für erwerbsgeminderte Arbeitnehmer.

Mit den gesetzlich vorgeschriebenen Kilometerpauschbeträgen werden sämtliche Fahrzeugkosten abgegolten, also z. B. auch die Garagenmiete, Parkgebühren und Reparaturkosten. Unfallkosten, die Sie selbst tragen müssen, werden jedoch daneben berücksichtigt, wenn sich der Unfall auf der Fahrt zwischen Wohnung und Arbeitsstelle ereignet hat und von Ihnen nicht absichtlich oder nicht unter Alkoholeinfluß verursacht worden ist. Wird der besondere Kilometersatz von 84 Pfennig angesetzt, so sind zusätzlich die Parkgebühren am Arbeitsplatz abziehbar.

Sind Sie Mitglied einer **Fahrgemeinschaft**, deren Teilnehmer ihren Pkw abwechselnd einsetzen, so können Sie die Kilometerpauschbeträge nur für die Tage geltend machen, an denen Sie Ihren eigenen Pkw benutzt haben. Dabei können Sie auch die erforderlichen Umwegstrecken angeben.

Fahren Sie mit einem öffentlichen Verkehrsmittel zur Arbeit, so tragen Sie den von Ihnen gezahlten Fahrpreis in Zeile 43 ein.

Einen steuerfreien Ersatz der Fahrkosten durch Ihren Arbeitgeber dürfen Sie von Ihren Aufwendungen nicht abziehen; der Betrag ist in Zeile 44 einzutragen.

Aufwendungen für Arbeitsmittel

Zeile 46

Zu den Arbeitsmitteln gehören Werkzeuge, typische Berufsbekleidung, Fachzeitschriften usw. Dabei können Sie nicht nur die Anschaffungskosten, sondern auch die Kosten für Reparaturen und Reinigungen ansetzen. Arbeitsmittel, die nicht mehr als 800 DM (einschließlich Umsatzsteuer) kosten, können Sie im Jahr der Bezahlung voll absetzen. Betragen die Anschaffungskosten mehr als 800 DM, so müssen Sie diese auf die Jahre der üblichen Nutzungsdauer verteilen. Sie können nur den halben Jahresbetrag geltend machen, wenn Sie das Arbeitsmittel erst im 2. Halbjahr 1987 angeschafft haben.

Weitere Werbungskosten

Zeilen 47 und 48

Bewerbungskosten

Wenn Sie 1987 eine Arbeitsstelle gesucht haben, können Sie die dadurch entstandenen Kosten hier geltend machen: z. B. Inseratkosten, Telefonkosten, Porto, Kosten für Fotokopien von Zeugnissen sowie Reisekosten anläßlich einer Vorstellung. Es kommt nicht darauf an, ob Ihre Bewerbung Erfolg hatte.

Fortbildungskosten

Als Berufsfortbildung werden vom Finanzamt anerkannt:

Der Besuch von Lehrgängen, Kursen, Tagungen und Vortragsveranstaltungen sowie von Tages- und Abendschulen, wenn dort berufsbezogener Lehrstoff vermittelt wird. Verwechseln Sie Berufsfortbildungskosten aber nicht mit Ausbildungskosten. Letztere dürfen nämlich nur in beschränktem Umfang als Sonderausgaben abgezogen werden (siehe Hinweis zu Zeile 80 des Hauptvordrucks).

Neben den Aufwendungen, die sich direkt auf die Fortbildung beziehen, wie z. B. Prüfungsgebühren, Fachliteratur, Schreibmaterial usw., können Sie auch die durch die Fortbildung veranlaßten Fahrkosten und Verpflegungsmehraufwendungen im allgemeinen wie Reisekosten geltend machen. Ersatzleistungen von dritter Seite, auch zweckgebundene Leistungen nach dem Arbeitsförderungsgesetz oder nach dem Bundesausbildungsförderungsgesetz, müssen Sie jedoch von den Aufwendungen abziehen.

Kontoführungsgebühren

Kontoführungsgebühren sind Werbungskosten, soweit sie auf die Gutschrift von Arbeitslohn und auf beruflich veranlaßte Überweisungen entfallen. Ohne Einzelnachweis erkennt das Finanzamt 30 DM jährlich an. Von den nachgewiesenen oder pauschal geltend gemachten Gebühren sind steuerfreie Ersatzleistungen des Arbeitgebers abzuziehen.

Reisekosten

Aufwendungen anläßlich eines Dienstgangs oder einer Dienstreise sind ebenfalls Werbungskosten. Ein Dienstgang liegt vor, wenn Sie aus beruflichen Gründen vorübergehend in einer Entfernung bis 15 km außerhalb Ihrer regelmäßigen Arbeitsstelle tätig werden. Sind Sie hiervon 15 km oder weiter entfernt beschäftigt, so machen Sie eine Dienstreise.

Zu den Reisekosten gehören Fahrkosten, Verpflegungsmehraufwendungen, Unterbringungskosten bei mehrtägigen Reisen sowie Nebenkosten, z. B. Aufwendungen für die Beförderung und Aufbewahrung von Gepäck, für Telefon, Telegramme, Porto, Garage und Parkplatz. Sie müssen die Aufwendungen im einzelnen nachweisen, bis auf zwei Ausnahmen:

1. Bei Benutzung eines eigenen Fahrzeugs können Sie anstelle der nachgewiesenen Kosten einen Pauschsatz für den gefahrenen Kilometer geltend machen: beim Pkw 42 Pfennig, beim Motorrad oder Motorroller 18 Pfennig, beim Moped oder Mofa 11 Pfennig und beim Fahrrad 6 Pfennig. Bei Mitnahme eines Arbeitskollegen erhöht sich der Betrag von 42 Pfennig um 3 Pfennig und der Betrag von 18 Pfennig um 2 Pfennig.
2. Anstelle der tatsächlichen Verpflegungsmehraufwendungen können bei Dienstgängen und Dienstreisen mit mehr als 5 Stunden Dauer Pauschbeträge geltend gemacht werden: beim Dienstgang 3 DM; bei Dienstreisen in gestaffelter Höhe (vgl. Tabelle):

bei einem Jahresarbeitslohn des Arbeitnehmers	bis 25 000 DM		25 001 DM bis 50 000 DM		mehr als 50 000 DM	
bei einer Reisedauer von	eintägig	mehrtägig	eintägig	mehrtägig	eintägig	mehrtägig
mehr als 5 bis 7 Stunden	9,30	12,60	9,90	13,20	10,50	13,80
mehr als 7 bis 10 Stunden	15,50	21,00	16,50	22,00	17,50	23,00
mehr als 10 bis 12 Stunden	24,80	33,60	26,40	35,20	28,00	36,80
mehr als 12 Stunden	31,00	42,00	33,00	44,00	35,00	46,00

Im Einzelfall kann das Finanzamt die Pauschbeträge kürzen, wenn sie offensichtlich zu einer unzutreffenden Besteuerung führen.

Für Auslandsdienstreisen gelten andere Pauschbeträge.

Hat Ihnen Ihr Arbeitgeber Reisekosten steuerfrei erstattet, so müssen Sie diese von den Aufwendungen abziehen. Nur den Restbetrag können Sie als Werbungskosten geltend machen.

Umzugskosten

Umzugskosten können Sie als Werbungskosten geltend machen, wenn Sie Ihre Wohnung aus beruflichen Gründen gewechselt haben. Berufliche Gründe liegen vor, wenn Sie erstmals eine Stellung antreten oder Ihren Arbeitgeber wechseln. Bei Umzügen innerhalb derselben Gemeinde ist ein beruflicher Anlaß u. a. dann gegeben, wenn der Umzug vom Arbeitgeber gefordert wird (z. B. Bezug oder Räumung einer Dienstwohnung).

Ihre Umzugskosten werden bis zu der Höhe anerkannt, die ein vergleichbarer Bundesbeamter als Umzugskostenvergütung erhalten würde. Wegen der Einzelheiten erkundigen Sie sich bitte beim Finanzamt.

Mehraufwendungen für Verpflegung wegen längerer Abwesenheit von der Wohnung

Zeilen 49 bis 54

Waren Sie aus beruflichen Gründen täglich **länger als 12 Stunden** von Ihrer Wohnung abwesend, weil Sie z. B. Überstunden machten oder Ihr Arbeitsplatz weit entfernt war, so können Sie ohne Einzelnachweis als Verpflegungsmehraufwendungen 3 DM für jeden dieser Arbeitstage ansetzen.

Hatten Sie im Betrieb selbst keine Arbeiten zu verrichten und waren Sie nur an ständig wechselnden Einsatzstellen beschäftigt (z. B. Bauarbeiter), so können Sie ohne Einzelnachweis als Verpflegungsmehraufwendungen 5 DM für jeden Arbeitstag geltend machen, an dem Sie aus beruflichen Gründen **länger als 10 Stunden** von Ihrer Wohnung abwesend waren. Dies gilt unabhängig von der Entfernung zwischen Wohnung und Einsatzstelle und der Dauer des Einsatzes.

Berufskraftfahrer und vergleichbare Personen, die am Betriebssitz keine regelmäßige Arbeitsstätte hatten und täglich zur Wohnung zurückkehrten, können ohne Nachweis der Kosten folgende Beträge ansetzen:

– 8 DM für jeden Arbeitstag, an dem sie mehr als 6 Stunden,
– 16 DM für jeden Arbeitstag, an dem sie mehr als 12 Stunden

mit dem Fahrzeug vom Betriebssitz aus unterwegs waren. Wurde die Fahrtätigkeit unmittelbar von der Wohnung aus angetreten, so beginnt die maßgebende Zeit beim Verlassen der Wohnung. Im Einzelfall kann das Finanzamt die Pauschbeträge kürzen, wenn sie offensichtlich zu einer unzutreffenden Besteuerung führen.

Steuerfreie Verpflegungszuschüsse des Arbeitgebers ziehen Sie bitte ab.

Mehraufwendungen für doppelte Haushaltsführung

Zeilen 55 bis 62

Wenn Sie aus **beruflichem Anlaß** einen doppelten Haushalt **begründet** und diesen Haushalt – sei es aus beruflichem oder privatem Grund – ununterbrochen beibehalten haben, können Sie die notwendigen Mehraufwendungen als Werbungskosten geltend machen. Ein doppelter Haushalt liegt vor, wenn Sie außerhalb des Ortes, in dem Sie einen eigenen Hausstand unterhalten, beschäftigt sind und auch am Beschäftigungsort wohnen.

Eigener Hausstand

Ein eigener Hausstand liegt im allgemeinen nur bei verheirateten Arbeitnehmern vor; bei anderen Arbeitnehmern nur dann, wenn sie einen Hausstand mit finanziell von ihnen abhängigen Angehörigen unterhalten.

Das Finanzamt berücksichtigt als notwendige Mehraufwendungen für die

erste und letzte Fahrt

die Kosten für die erste Fahrt zum Arbeitsort bei Beginn der Tätigkeit und die letzte Fahrt vom Arbeitsort zum Familienwohnort nach Abschluß der Tätigkeit. Haben Sie für diese Fahrten ein eigenes Kraftfahrzeug benutzt, so werden ohne Kostennachweis bei Benutzung eines Pkw 42 Pfennig, bei Benutzung eines Motorrads oder Motorrollers 18 Pfennig je **gefahrenen** Kilometer anerkannt.

Familienheimfahrten

die Fahrkosten für tatsächlich durchgeführte Familienheimfahrten (höchstens eine Fahrt wöchentlich). Haben Sie ein öffentliches Verkehrsmittel benutzt, so setzen Sie die Kosten der Fahrkarten ein. Sind Sie mit dem eigenen Kraftfahrzeug nach Hause gefahren, so dürfen Sie wie bei Fahrten zwischen Wohnung und Arbeitsstätte nur die Kilometerpauschbeträge (bei Benutzung eines Pkw 36 Pfennig, bei Benutzung eines Motorrads oder Motorrollers 16 Pfennig) für jeden Kilometer der **Entfernung** zwischen Beschäftigungsort und Familienwohnort ansetzen.

Unterkunft

die notwendigen Kosten der Unterkunft (Zimmermiete einschließlich Nebenkosten) in nachgewiesener Höhe; Pauschbeträge werden nicht anerkannt.

Verpflegung

die Mehraufwendungen für Verpflegung ohne Einzelnachweis für die ersten zwei Wochen (bei Arbeitnehmern an ständig wechselnden Einsatzstellen für die ersten 3 Monate) der Tätigkeit am inländischen Arbeitsort mit den für mehrtägige Dienstreisen maßgebenden Pauschbeträgen (vgl. Erläuterungen zu Zeilen 47 und 48, Reisekosten) und 16 DM täglich für die Folgezeit. Im Einzelfall kann das Finanzamt die Pauschbeträge kürzen, wenn sie offensichtlich zu einer unzutreffenden Besteuerung führen.

Anstelle der Pauschbeträge können die tatsächlichen Aufwendungen für Verpflegung aufgrund von Einzelnachweis nach Abzug der Haushaltsersparnis (1/5 der Aufwendungen, höchstens 6 DM täglich) geltend gemacht werden, höchstens jedoch für die ersten zwei Wochen (bei Arbeitnehmern an ständig wechselnden Einsatzstellen für die ersten 3 Monate) seit Beginn der Tätigkeit am Arbeitsort 64 DM täglich und für die nachfolgende Zeit 22 DM täglich.

Kein eigener Hausstand

Auch wenn Sie keinen eigenen Hausstand haben, können Sie für die ersten zwei Wochen (bei Arbeitnehmern an ständig wechselnden Einsatzstellen für die ersten 3 Monate) der Tätigkeit am auswärtigen Arbeitsort Übernachtungskosten und Mehraufwendungen für Verpflegung geltend machen, und zwar in gleicher Höhe wie Arbeitnehmer mit eigenem Hausstand. Die Kosten für die erste Fahrt zum Arbeitsort bei Beginn der Tätigkeit und für die letzte Fahrt zum Wohnort nach Beendigung der Tätigkeit werden ebenfalls anerkannt.

Nach Ablauf der ersten zwei Wochen bzw. drei Monate werden Werbungskosten nur dann berücksichtigt, wenn die Tätigkeit am neuen Arbeitsort

- höchstens zwei Jahre dauert (z. B. befristete Abordnung, Probezeit, Lehrgang) und ein Umzug an den neuen Arbeitsort nicht zumutbar ist oder
- zwar eine längerfristige oder auf Dauer abgestellte auswärtige Beschäftigung darstellt, der Arbeitnehmer aber am neuen Arbeitsort eine angemessene Wohnung noch nicht erlangen konnte und die Unterkunft am bisherigen Wohnort als Mittelpunkt des Lebens beibehalten wird.

Als Werbungskosten werden dann anerkannt

- die Fahrkosten für eine Heimfahrt wöchentlich, und zwar in gleicher Höhe wie bei Familienheimfahrten;
- die notwendigen Kosten der Unterkunft (Zimmermiete einschließlich Nebenkosten) in nachgewiesener Höhe;
- die tatsächlichen Mehraufwendungen für Verpflegung aufgrund von Einzelnachweis, höchstens 22 DM täglich.

Ersatzleistungen des Arbeitgebers

Die Summe der Aufwendungen kürzen Sie bitte um die entsprechenden Ersatzleistungen (z. B. Trennungsentschädigungen, Auslösungen oder Verpflegungskostenersatz bei Dienstreisen während der doppelten Haushaltsführung), die der Arbeitgeber steuerfrei gezahlt hat.

Stichwortverzeichnis

(Angegeben sind die Seitenzahlen dieser Anleitung; L = linke Textspalte, R = rechte Textspalte)

Schema zur Selbstberechnung 1987:

Fußnoten siehe Seite 16

	Stpfl./Ehemann DM	Ehefrau DM	Stpfl./Ehemann DM	Ehefrau DM	Zeile
1. Einkünfte aus Land- und Forstwirtschaft					1
2. Einkünfte aus Gewerbebetrieb			+	+	2
3. Einkünfte aus selbständiger Arbeit			+	+	3
4. Einkünfte aus nichtselbständiger Arbeit					
Bruttoarbeitslohn					4
Versorgungs-Freibetrag (40 v.H. d. Versorgungsbezüge, höchst. 4800 DM je Pers.)	–	–			5
Weihnachts-Freibetrag	– 600	– 600			6
verbleiben					7
Arbeitnehmer-Freibetrag	– 480	– 480			8
Werbungskosten (ggf. Pauschbetrag von je 564 DM)	–	–	▶ +	▶ +	9
5. Einkünfte aus Kapitalvermögen					
Einnahmen					10
Werbungskosten (ggf. Pauschbetrag von 100 DM; bei Ehegatten 200 DM)	–	–			11
Sparer-Freibetrag (300 DM; bei Ehegatten 600 DM)	–	–	▶ +	▶ +	12
6. Einkünfte aus Vermietung und Verpachtung			+	+	13
7. Sonstige Einkünfte					
Einnahmen (bei Leibrenten nur Ertragsanteil)					14
Werbungskosten (ggf. Pauschbetrag von 200 DM)	–	–	▶ +	▶ +	15
Zwischensumme					16
Altersentlastungsbetrag für vor dem 2. 1. 1923 Geborene Bruttoarbeitslohn, **ohne** Versorgungsbezüge			▶	+	17
Positive Summe der Einkünfte lt. Nummern 1 bis 3 und 5 bis 7 (jedoch ohne Einkünfte aus Leibrenten)	+	+	**Summe der Einkünfte**		18
zusammen					19
Davon 40 v. H., höchstens je 3000 DM	+		▶	–	20
Freibetrag für Land- und Forstwirte (ggf. 2000 DM, bei Ehegatten 4000 DM)				–	21
			Gesamtbetrag der Einkünfte		22

		DM		Zeile
Sonderausgaben, die nicht Vorsorgeaufwendungen sind:				
Sonderausgaben lt. Zeilen 75 bis 79 des Vordrucks ESt/LSt 1 A				23
Aufwendungen für die eigene Berufsausbildung lt. Zeile 80 des Vordrucks ESt/LSt 1 A		+		24
Abziehbarer Betrag der Spenden und Beiträge (Z. 81 u. 82, Z. 83 d. Vordrucks ESt/LSt 1 A, soweit nicht in Z. 87 d. Schemas zu berücksichtigen)		+		25
Abziehbar (mindestens Pauschbetrag von 270 DM, bei Anwendung der Splittingtabelle 540 DM)			▶ –	26
		Übertrag nach Zeile 74		27
Vorsorgeaufwendungen (Versicherungsbeiträge und Bausparbeiträge)				
Versicherungsbeiträge (Zeilen 63, 64 und 67 bis 71 des Vordrucks ESt/LSt 1A)				28
Vorweg abziehbar (3000 DM/bei Ehegatten 6000 DM)				29
Davon ab: (insgesamt höchstens 3000/6000 DM) Beiträge lt. Zeilen 65 und 66 des Vordrucks ESt/LSt 1 A	–			30
bei Beamten, Abgeordneten usw. 9 v.H. d. Einnahmen	–	▶ –		31
verbleiben (nicht negativ)				32
Niedrigerer Betrag der Zeile 28 oder 31 (2. Spalte)				33
Beiträge an Bausparkassen (Zeile 73 des Vordrucks ESt/LSt 1 A)		+		34
Summe				35
Höchstbetrag (2340 DM, bei Ehegatten 4680 DM)		–		36
Niedrigerer Betrag der Zeile 35 oder 36			+	37
Übersteigender Betrag				38
Hälfte des Betrags aus Zeile 38				39
Höchstens 50 v. H. des Betrags aus Zeile 36				40
Niedrigerer Betrag der Zeile 39 oder 40			+	41
			Summe	42

	Stpfl./Ehemann DM	Ehefrau DM	Summe	Zeile
Bemessungsgrundlage für Vorsorgepauschale				
Maßgebender Arbeitslohn lt. Zeile 7				43
Abzüglich 40 v. H. des Betrags aus Zeile 17 (Vorspalten), höchstens je 3000 DM	–	–		44
Maßgebender Betrag		+	▶	45
Berechnung der ungekürzten Vorsorgepauschale (Personenkreis A) [1] **oder der gekürzten Vorsorgepauschale (Personenkreis B)** [2]				
9 v. H. des Betrags aus Zeile 45 (bei Ehegatten: Summe)				46
Für Personenkreis A [1]: höchstens 2340 DM/bei Ehegatten 4680 DM Für Personenkreis B [2]: höchstens 1000 DM/bei Ehegatten 2000 DM				47
Niedrigerer Betrag der Zeile 46 oder 47				48
9 v. H. des Betrags aus Zeile 45 (bei Ehegatten: Summe)				49
Für Personenkreis A [1]: höchstens 1170 DM/bei Ehegatten 2340 DM Für Personenkreis B [2]: höchstens 1000 DM/bei Ehegatten 2000 DM				50
Niedrigerer Betrag der Zeile 49 oder 50			+	51
			Summe	52
Abgerundet auf den nächsten durch 54 ohne Rest teilbaren vollen DM-Betrag (mindest. ist jedoch ein Betrag von 300 DM/600 DM anzusetzen)				53

Berechnung der Vorsorgepauschale für Ehegatten, die beide Arbeitslohn beziehen und von denen einer zum Personenkreis A [1] und der andere zum Personenkreis B [2] gehört

			Zeile
1. Für den Ehegatten, der zum Personenkreis A [1] gehört:			
18 v. H. seines maßgebenden Betrags aus Zeile 45			54
2. Für den Ehegatten, der zum Personenkreis B [2] gehört:			
18 v. H. seines maßgebenden Betrags aus Zeile 45			55
Höchstens	2000		56
Niedrigerer Betrag der Zeile 55 oder 56		+	57
Summe			58
3. Höchstbetragsberechnung — Betrag aus Zeile 58			59
Höchstens	4680		60
Niedrigerer Betrag der Zeile 59 oder 60			61
Übersteigender Betrag (Zeile 59 abzüglich Zeile 60)			62
Hiervon die Hälfte			63
Höchstens	2340		64
Niedrigerer Betrag der Zeile 63 oder 64		+	65
Summe			66
4. Mindestbetragsberechnung			
Für den Ehegatten, der zum Personenkreis B [2] gehört:			
18 v. H. seines maßgebenden Betrags aus Zeile 45			67
Höchstens	4000		68
Niedrigerer Betrag der Zeile 67 oder 68			69
5. Maßgebende Vorsorgepauschale			
Höherer Betrag der Zeile 66 oder 69			70
Abgerundet auf den nächsten durch 54 ohne Rest teilbaren vollen DM-Betrag (mindestens ist jedoch ein Betrag von 600 DM anzusetzen)			71

Abziehbarer Betrag für Vorsorgeaufwendungen

				Zeile
– Vorsorgeaufwendungen aus Zeile 42			Übertrag aus Zeile 27	72
– Vorsorgepauschbetrag 300 DM, bei Ehegatten 600 DM (wenn Steuerpflichtiger und Ehegatte keinen Arbeitslohn bezogen haben)				73
– Vorsorgepauschale aus Zeile 53 oder 71				74
Höherer Betrag der Zeile 72, 73 oder 74 (Vorspalte)				75
Freibetrag für freie Berufe (sind beide Ehegatten freiberuflich tätig, ggf. Summe der Freibeträge, höchstens je 1200 DM)		+		76
Außergewöhnliche Belastungen nach §§ 33 bis 33 c EStG		+		77
Steuerbegünstigung zur Förderung des Wohneigentums		+		78
		+	–	79
Einkommen				80
Kinderfreibetrag je Kind 2484 DM/1242 DM				81
Haushaltsfreibetrag für Alleinstehende mit mindestens einem Kind bei Grundtabelle (4536 DM)		+		82
Altersfreibetrag für vor dem 2. 1. 1923 Geborene (je Ehegatte 720 DM)		+		83
Härteausgleich nach § 46 Abs. 3 EStG, § 70 EStDV		+	–	84
Zu versteuerndes Einkommen				85
Steuer 1987 (ggf. Sonderberechnung, z. B. bei Bezug bestimmter Lohnersatzleistungen)				86
Steuerermäßigungen (z. B. für Kinder nach § 34 f EStG und für Mitgliedsbeiträge und Spenden an politische Parteien)			–	87
Davon ab: Lohnsteuer ______ DM + Kapitalertragsteuer ______ DM + Körperschaftsteuer ______ DM			–	88
Geleistete Vorauszahlungen			–	89
Erstattungsbetrag/Abschlußzahlung				90

1) Arbeitnehmer und ggf. Ehegatte sind rentenversicherungspflichtig.
2) Arbeitnehmer und ggf. Ehegatte gehören zum Personenkreis des § 10 c Abs. 5 EStG (vgl. Erläuterungen zu Zeilen 31 bis 36 der Anlage N).

Kapitel 3:

Hinweise zur Dateneingabe zur Ermittlung der Einkommensteuer bei Überschußeinkünften (Einkünften aus nicht selbständiger Arbeit Vermietung und Verpachtung, Kapitalvermögen und sonstigen Einkünften)

I. Eingaben aus den Zeilen 1-61 (Seiten 1 und 2) des Erklärungsvordrucks

1. Bitte nehmen Sie zur Dateneingabe entweder die ausgefüllte Einkommensteuererklärung oder den ausgefüllten Antrag auf Lohnsteuer-Jahresausgleich für das abgelaufene Kalenderjahr und die zugehörige Anleitung zur Hand oder die entsprechenden Ablichtungen des Erklärungsvordrucks (Vordruck ESt/LSt 1A) und der Anleitung (Vordruck 326 Anleitung ESt/LSt) aus dem ersten Teil dieses Buches.

2. Veranlagungs- oder Ausgleichsjahr

Nach dem Start des Programms erscheint der Hinweis:

„Bitte ESt/LStA-Erklärungsvordruck zur Hand nehmen und die Daten aus den aufgerufenen Zeilen eingeben."

Danach wird der **Bedienerführungstext (BFT) Nr. 1** ausgegeben:

„Jahr (z.B. 86)".

Geben Sie bitte danach das Jahr der Einkommensteuerveranlagung (ESt-VL) oder des Lohnsteuer-Jahresausgleichs (LStJA) zweistellig (unter Weglassung der Zahl 19 für das Jahrhundert) ein.

Wird eine Jahreszahl eingegeben, die **kleiner als 82 ist**,

wird die **Fehlermeldung (FM) Nr. 1: „Bitte Neueingabe"**

auf dem Bildschirm ausgegeben. Danach wird noch einmal der vorgenannte BFT Nr. 1 ausgegeben. Anschließend ist die jeweils zulässige Jahreszahl (z.B. 82 oder Eingabejahr -1) zweistellig mit ihren beiden letzten Ziffern einzugeben.

3. Geburtsdatum Steuerpfl./Ehemann

Nach Eingabe des zulässigen Veranlagungs- oder Ausgleichsjahres erscheint der **BFT Nr. 2**:

„Geburtsdatum Steuerpfl./Ehemann(s) (Zeile Nr. 4) (z.B. 06.03.48)"

auf dem Bildschirm.

Geben Sie bitte darauf das Geburtsdatum des steuerpflichtigen Ehemanns **achtstellig** in der im **BFT Nr. 2** beispielhaft angegebenen Form ein.

Wird das Geburtsdatum:

a) **nicht achtstellig** -in der beispielhaft angegebenen Form-**eingeben** oder
b) enthält es ein **unzulässiges Tagesdatum** (kleiner als 1 oder größer als 31 oder bei Monaten-Nr. 4, 6 oder 9 größer als 30 oder bei Monat Februar und Schaltjahr größer als 29 oder Monat Februar ohne Schaltjahr größer als 28) oder
c) enthält es ein **unzulässiges Monatsdatum** (kleiner als 1 oder größer als 12),

so wird die in Tz. genannte **FM-Nr. 1** und danach wieder der vorgenanntes **BFT-Nr. 2** auf dem Bildschirm ausgegeben.

Anschließend ist das Geburtsdatum erneut in der zulässigen Form (achtstellig) und mit gültigen Datenelementen einzugeben.

4. Religion Steuerpflichtiger/Ehemann

Nach Eingabe des zulässigen Geburtsdatums für den Steuerpflichtigen/Ehemann erscheint der **BFT-Nr. 3**:

„Religion Steuerpfl./Ehemann(s) (Zeile-Nr. 4) (J oder N)?"

auf dem Bildschirm.

Wird „J" eingegeben, wird als Schlüssel für die Religionszugehörigkeit „1", bei „N" der Schlüssel „0" gespeichert. Wird weder „J" noch „N" eingegeben, wird erneut der **BFT-Nr. 3** ausgegeben und danach ist die jeweils zutreffende Antwort in der vorgenannten zulässigen Form einzugeben.

5. Familienstand

Nach Eingabe einer zulässigen Antwort zur Religionszugehörigkeit des Steuerpflichtigen/Ehemann wird der **BFT-Nr. 4**:

„Familienstand (z.B. verheiratet) (Zeile-Nr. 8)"

auf dem Bildschirm ausgeben.

Als Antwort ist als Familienstand der Text aus der nachstehenden Tabelle einzugeben, der dem bestehenden Familienstand entspricht:

Tabelle der zulässigen Texte:

Verheiratet
Verwitwet
Geschieden
Dauernd getrennt lebend
Ledig
Diese Texte sind in Großbuchstaben einzugeben.

Wird ein anderer als einer der vorgenannten Texte eingeben oder erfolgt die Eingabe eines solchen Textes in verkürzter oder verstümmelter Form, werden die **FM-Nr. 1 und** dann erneut der **BFT-Nr. 4** ausgegeben. Danach ist der den Familienstand kennzeichnende Text richtig und in der zulässigen Form einzugeben.

Einzugeben ist der Familienstand, der am letzten Tag des Veranlagungs- oder Ausgleichsjahres bestanden hat (z.B. bei einer Trauung am 31.12.85 „verheiratet").

6. Beginndatum des Familienstandes

Wird nach Tz. 5 für den Familienstand ein anderer Text als „ledig" eingegeben, erfolgt auf dem Bildschirm die Ausgabe des **BFT-Nr. 5**:

„Familienstand seit (z.B. 06.03.48) (Zeile-Nr. 8)?"

Darauf ist der Beginn des in Tz. 5 eingegebenen Familienstandes achtstellig in der beispielhaft angegebenen Form einzugeben.

Erfolgt die Eingabe nicht achtstellig in der eingegebenen Form,

werden die **FM-Nr. 1** und dann erneut der **BFT-Nr. 5** auf dem Bildschirm ausgegeben.

Danach ist das Beginndatum des eingegebenen Familienstandes achtstellig in der angegebenen Form oder richtig einzugeben.

7. Frage nach der Wiederverheiratung des Ehegatten

Wird nach Tz. 5 als Familienstand „geschieden“ eingetragen, wird der **BFT-Nr. 6**:

> **„Hat ihr bisheriger Ehegatte im Scheidungsjahr wieder geheiratet und wohnt er mit seinem neuen Ehegatten im Inland (J oder N)?“**

auf dem Bildschirm ausgegeben.

Wird nicht „J“ oder „N“ eingegeben, wird der **BFT-Nr. 6 erneut** ausgegeben und es ist eine zutreffende Antwort in der vorgenannten zulässigen Form einzugeben.

8. Geburtsdatum der Ehefrau

War nach den Eingaben unter Tz. 5 und 6 der Steuerpflichtige im Veranlagungs- oder Ausgleichsjahr entweder zu Beginn und/oder am Ende des Jahres verheiratet, erscheint der **BFT-Nr. 7**:

> **„Geburtsdatum Ehegatte(n) (Zeile-Nr. 11) (z.B. 06.03.48)?“**

auf dem Bildschirm.

Danach ist das Geburtsdatum des Ehegatten **achtstellig** in der beispielhaft dargestellten Form einzugeben. Erfolgt die Eingabe nicht achtstellig in der vorgenannten Form oder enthält das Datum einen der in Tz. 3a)-c) aufgeführten Datumsfehler, werden die **FM-Nr. 1** und der **BFT-Nr. 7** ausgegeben.

Danach ist das Geburtsdatum richtig und in der zulässigen Form einzugeben.

9. Religion des Ehegatten

Nach Eingabe des Geburtsdatums des Ehegatten in zulässiger Form wird der **BFT-Nr. 8**:

> **„Religion Ehegatte(n) (Zeile-Nr.) (J oder N)?“**

auf dem Bildschirm ausgegeben.

Darauf ist als Antwort entweder „J“ oder „N“ einzugeben.

Wird weder „J“ noch „N“ eingegeben, werden die **FM-Nr. 1** und danach der **BFT-Nr. 8** auf dem Bildschirm ausgegeben.

Danach ist die zutreffende Antwort einzugeben.

10. Wahl der Veranlagungsform bei Ehegatten

Wurde als Familienstand „verheiratet“ eingegeben (Tz. 5) und liegen für den Steuerpflichtigen und seinen Ehegatten im Veranlagungsjahr die Voraussetzungen für die Ausübung des Wahlrechts zwischen Zusammenveranlagung und Getrenntveranlagung (beide unbeschränkt steuerpflichtig, nicht dauernd getrennt lebend und Wohnsitz im Inland) entweder zu Beginn dieses Kj. vor oder sind diese Voraussetzungen im Laufe des Kj. eingetreten, so wird nach der Eingabe unter Tz. 9 der **BFT-Nr. 9**:

> **„Bitte eingeben: ZV (= Zusammen-) oder GV (= Getrenntveranlagung)“**

auf dem Bildschirm ausgegeben.

Nur bei der Eingabe von **„ZV“** wird der Steuerpflichtige im weiteren Verlauf der Einkommens- und Steuerermittlung mit seiner Ehefrau zusammen veranlagt.

Eine Getrenntveranlagung findet nur bei der Eingabe von **„GV"** statt. Wird keine der beiden Buchstabenkombinationen eingegeben, geht das Programm im weiteren Verlauf von einer Einzelveranlagung aus.

Anmerkung: Das das Programm nur für unbeschränkt Steuerpflichtige geschrieben ist, wird bei der Eingabe des Familienstandes „verheiratet" unterstellt, daß der Steuerpflichtige und sein Ehegatte ihren Wohnsitz im Inland haben und sie somit unbeschränkt einkommensteuerpflichtig nach § 1 Abs. 1 EStG sind.

11. Anzahl der Kinder

Nach den Eingaben unter Tz. 8-10 (für Verheiratete) oder den Eingaben unter Tz. 5-7 (für Nichtverheiratete) wird auf dem Bildschirm der **BFT-Nr. 10**:

> **„Gesamtzahl der Kinder laut Zeilen 29-47"**

ausgegeben.

Danach ist die Gesamtzahl der Kinder nach den vorgenannten Zeilen des Erklärungsvordrucks einzugeben, unabhängig davon, ob sie bei dem Steuerpflichtigen und seinem Ehegatten steuerlich zugeordnet werden oder ob sie dem anderen Elternteil des Kindes zugeordnet werden und der Steuerpflichtige oder seine Ehefrau für Kinder, die bei dem anderen Elternteil wohnen (gemeldet sind) nur zum Unterhalt beiträgt.

Lesen Sie hierzu bitte unbedingt die Ausführungen zu den Zeilen 29-47 in der Anleitung zum Antrag auf LStJA und zur ESt-Erklärung 1987 in diesem Buch.

Sind keine Kinder steuerlich zu berücksichtigen, ist **0** einzugeben.

12. Anzahl der Kinder, die dem anderen Elternteil steuerlich zuzuordnen sind bzw. (bei VZ nach 86) die gemeinsame Kinder sind

Wurde gemäß Tz. 11 als Gesamtzahl der Kinder mindestens ein Kind eingegeben, wird nach dieser Eingabe der **BFT-Nr. 11**:

> **„Davon Kinder, die Ihrem geschiedenen/dauernd getrennt lebenden Ehegatten zuzuordnen sind und für die Sie Unterhalt zahlen bzw. (bei VZ nach 86) die gemeinsame (leibliche, Adoptiv- oder Pflegekinder sind?"**

auf dem Bildschirm ausgegeben.

Geben Sie bitte danach die Anzahl Ihrer Kinder oder der Kinder Ihres Ehegatten ein, bei denen im Veranlagungs- oder Ausgleichszeitraum die vorgenannten Voraussetzungen vorlagen.

Lesen Sie auch hierzu vor der Eingabe die Ausführungen zu den Zeilen 29-47 zu der in Tz. 11 genannten Anleitung.

13. Anzahl der Anlagen für Einkünfte aus nichtselbständiger Arbeit des Steuerpflichtigen/Ehemanns

Nach der Eingabe nach Tz. 12 wird auf dem Bildschirm der **BFT-Nr. 12**:

> **„Anzahl der Anlagen für Einkünfte aus nichtselbständiger Arbeit des Steuerpflichtigen/Ehemann(s) (Zeile-Nr. 49)?"**

ausgegeben.

Danach ist die **Anzahl der** für den Steuerpfl./Ehemann ausgefüllten **Anlagen N** einzugeben.

Ist der Steuerpflichtige/Ehemann nicht Arbeitnehmer oder bestand im Ausgleichs- oder Veranlagungsjahr kein Dienstverhältnis, aus dem Einkünfte aus nichtselbständiger Arbeit bezogen wurden und wurden in diesem Kj. auch keine Lohnersatzleistungen (Kurzarbeiter-

und Schlechtwettergeld – siehe Zeile 14 der Anlage N) sowie Arbeitslosengeld und/oder -hilfe (siehe Zeile 15 der Anlage N) und kein steuerfreier Arbeitslohn für eine Tätigkeit im Ausland (siehe Zeile 18 der Anlage N) bezogen, ist **0** einzugeben.

14. Anzahl der Anlagen für Einkünfte aus nichtselbständiger Arbeit der Ehefrau

Ist nach der Eingabe unter Tz. 10 im Ausgleichs- oder Veranlagungsjahr eine Zusammenveranlagung durchzuführen, wird nach der Eingabe gemäß Tz. 13 der **BFT-Nr. 13**:

„Anzahl der Anlagen für Einkünfte aus nichtselbständiger Arbeit des Ehegatte(n) (Zeile-Nr. 49)?“

auf dem Bildschirm ausgegeben.

Danach ist die Anzahl der für den Ehegatten ausgefüllten Anlagen N einzugeben.

Erzielte die Ehefrau im Ausgleichs- oder Veranlagungsjahr keinen Arbeitslohn aus einem gegenwärtigen oder früheren Dienstverhältnis und bezog sie in diesem Kj. keine Lohnersatzleistungen oder steuerfreien Arbeitslohn für eine Auslandstätigkeit (siehe Tz. 13 letzter Satz), ist **0** einzugeben.

15. Anzahl der Anlagen für Einkünfte aus Vermietung und Verpachtung

Nach der Eingabe gemäß Tz. 13 bzw. Tz. 14 wird der **BFT-Nr. 14**:

„Anzahl der Anlagen für Einkünfte aus Vermietung und Verpachtung (Zeile-Nr. 50)?“

ausgegeben.

Danach ist, falls Einkünfte aus Vermietung und Verpachtung bzw. der Selbstnutzung von Wohnungen im eigenen Haus erzielt wurden und somit mindestens eine **Anlage V** als Anlage zum ESt/LStJA-Erklärungsvordruck ausgefüllt wurde, die Anzahl der Anlagen V einzugeben.

Wurde keine Anlage V ausgefüllt, weil keine Einkünfte aus Vermietung oder Verpachtung bzw. Selbstnutzung von Wohnungen im eigenen Haus erzielt wurden, ist **0** einzugeben.

16. Anzahl der Anlagen für Sonstige Einkünfte

Nach der Eingabe gemäß Tz. 15 wird der **BFT-Nr. 15**:

„Anzahl der Anlagen für Sonstige Einkünfte (Zeile-Nr. 51) (0 oder 1)?“

auf dem Bildschirm ausgegeben.

Wurden „Sonstige Einkünfte“ im Sinne der §§ 22, 23 EStG erzielt und in den Zeilen 29-56 einer Anlage KSO angegeben, ist **1**, andernfalls **0** einzugeben.

Als Anzahl ist **0** auch dann einzugeben, wenn für den Steuerpfl. und/oder seine Ehefrau nur Altersrenten erzielt und die zur Besteuerung dieser Renten erforderlichen Angaben ohne entsprechende Ausfüllung der Zeilen 29-41 einer Anlage KSO in den Zeilen 52 und 53 des Erklärungsvordrucks (siehe hierzu Tz. 20/21) eingetragen wurden.

17. Anzahl der Anlagen für Einkünfte aus Kapitalvermögen

Nach der Eingabe gemäß Tz. 16 wird auf dem Bildschirm der **BFT-Nr. 16**:

„Anzahl der Anlagen für Einkünfte aus Kapitalvermögen (Zeile-Nr. 51) (0 oder 1)?“

ausgegeben.

Wurden im Veranlagungsjahr Einkünfte aus Kapitalvermögen erzielt und in Zeile 1-27 einer Anlage KSO angegeben, ist **1**, sonst ist **0** einzugeben.

Die Zahl **0** ist auch dann einzugeben, wenn der Steuerpfl. und/oder seine Ehefrau als Einkünfte aus Kapitalvermögen nur Einnahmen aus Spar- und Bausparzinsen und/oder Dividenden bezogen und diese ohne Ausfüllung der Zeilen 1-22 einer Anlage KSO in den Zeilen 52 und 53 des Erklärungsvordrucks angegeben haben (siehe hierzu Tz. 22-25).

18. Sonstige Einkünfte lt. Zeile 52 des Erklärungsvordrucks für Steuerpflichtigen/Ehemann

Wurde gemäß Tz. 17 eine Null eingegeben, wird auf dem Bildschirm nach der Eingabe derselben der **BFT-Nr. 17**:

> **„Jahresbetrag der Altersrente des Steuerpflichtigen/Ehemann(s) (Zeile-Nr. 52)?"**

ausgegeben.

Einzugeben sind daraufhin die Einnahmen (**nicht** der Ertragsanteil) der Altersrente, **abgerundet auf volle DM**!

Ist keine Altersrente bezogen worden, ist **0** einzugeben.

19. Beginn der Altersrente des Steuerpflichtigen/Ehemanns

Wurde nach Tz. 18 **nicht** Null eingegeben, wird **nach** der Eingabe der Einnahmen der Altersrente nach Tz. 18 der **BFT-Nr. 18**:

> **„Beginn der Rentenzahlung für Steuerpflichtigen/Ehemann (Zeile-Nr. 53) (z.B. 06.03.48)?"**

auf dem Bildschirm ausgegeben.

Daraufhin ist das Beginndatum dieser Rentenzahlung **achtstellig** in der beispielhaft aufgeführten Form einzugeben.

Wird das Beginndatum nicht achtstellig oder nicht in der beispielhaft aufgeführten Form eingegeben, werden die **FM-Nr. 1 und** danach erneut der **BFT-Nr. 18** auf dem Bildschirm ausgegeben. Dann ist das Beginndatum noch einmal, aber richtig und in der gültigen Form einzugeben.

20. Sonstige Einkünfte lt. Zeile 52 des Erklärungsvordrucks für Ehefrau

Im Falle der Zusammenveranlagung (tz. 10) wird, wenn keine Anlage KSO ausgefüllt wurde (Tz. 16), nach der Eingabe gemäß Tz. 19 der **BFT-Nr. 19**:

> **„Jahresbetrag der Altersrente des Ehegatte(n) (Zeile-Nr. 52)"**

auf dem Bildschirm ausgegeben.

Danach sind die im Veranlagungsjahr bezogenen Einnahmen aus der Altersrente des Ehegatten (**nicht** der Ertragsanteil) **abgerundet auf volle DM** einzugeben.

Hat der Ehegatte in diesem Zeitraum kein Altersruhegeld bezogen, ist **0** einzugeben.

21. Beginn der Altersrente des Ehegatten

Wurde nach Tz. 20 **nicht** Null eingegeben, erscheint nach der Eingabe der Einnahmen aus der Altersrente der **BFT-Nr. 20**:

> **„Beginn der Rentenzahlung für Ehegatten (Zeile-Nr. 53) (z.B. 06.03.48)?"**

auf dem Bildschirm.

Danach ist das Beginndatum dieser Rentenzahlung **achtstellig in der beispielhaft dargestellten Form** einzugeben.

Geschieht dies nicht in dieser Form, werden die **FM-Nr. 1** und danach erneut der **BFT-Nr. 20** auf dem Bildschirm ausgegeben. Danach ist die Eingabe des Beginndatums erneut, aber in der richtigen Form vorzunehmen.

22. Einkünfte aus Kapitalvermögen des Steuerpflichtigen/Ehemanns lt. Zeile 52 des Erklärungsvordrucks

Wurde nach Tz. 17 eine Null eingegeben, erscheint nach der richtigen Eingabe gemäß Tz. 21 der **BFT-Nr. 21**:

> **„Spar- und Bausparzinsen des Steuerpflichtigen/Ehemann(s) (Zeile-Nr. 52)?"**

auf dem Bildschirm.

Danach sind die **Einnahmen** aus Spar- und Bausparzinsen ungekürzt, d.h. ohne Kürzung um Werbungskosten und Sparer-Freibetrag, aber **abgerundet auf volle DM** einzugeben.

Wurden solche Einnahmen nicht bezogen, ist **0** einzugeben.

23. Einkünfte aus Kapitalvermögen des Steuerpflichtigen/Ehemanns lt. Zeile 53 des Erklärungsvordrucks

Nach der Eingabe gemäß Tz. 22 wird auf dem Bildschirm der **BFT-Nr. 22**:

> **„Dividenden (Nettodividende + Kapitalertrag- + Körperschaftsteuer) des Steuerpfl./Ehemann(s) (Zeile-Nr. 53)?"**

ausgegeben.

Danach ist als Dividendeneinnahme die Summe der Bruttodividenden, die sich aus der Summe der bezogenen Nettodividenden und der darauf entfallenden einbehaltenen Kapitalertrag- und anrechenbaren Körperschaftsteuern zusammensetzt, einzugeben. Die einzugebende Bruttodividende ist **auf volle DM abzurunden**. Wurde keine Dividende bezogen, ist **0** einzugeben.

24. Einkünfte aus Kapitalvermögen des Ehegatten lt. Zeile 52 des Erklärungsvordrucks

Wurde nach Tz. 17 eine Null eingegeben, erscheint nach der Eingabe gemäß Tz. 23 der **BFT-Nr. 23**:

> **„Spar- und Bausparzinsen des Ehegatte(n) (Zeile-Nr. 52)?"**

auf dem Bildschirm.

Danach sind – wie in Tz. 22 geschildert – die Einnahmen des Ehegatten aus Spar- und Bausparzinsen **ungekürzt, aber auf volle DM abgerundet** einzugeben.

Wurden solche Einnahmen vom Ehegatten nicht bezogen, ist **0** einzugeben.

25. Einkünfte aus Kapitalvermögen des Ehegatten laut Zeile 53 des Erklärungsvordrucks

Nach der Eingabe gemäß Tz. 24 wird der **BFT-Nr. 24**:

> **„Dividenden (Nettodividende + Kapitalertrag- + Körperschaftsteuer) des Ehegatte(n) (Zeile-Nr. 53)?"**

auf dem Bildschirm ausgegeben.

Danach ist – wie in Tz. 23 aufgeführt – die Summe der **auf volle DM abgerundeten Bruttodividenden** des Ehegatten einzugeben. Hat der Ehegatte keine Dividenden bezogen, ist **0** einzugeben.

26. Anrechenbare Körperschaftsteuer

Nach der Eingabe gemäß Tz. 25 wird der **BFT-Nr. 25**:

„Körperschaftsteuer in DM.PF (Zeile-Nr. 54)?“

auf dem Bildschirm ausgegeben.

Einzugeben ist die Summe der anrechenbaren Körperschaftsteuer aus den Steuerbescheinigungen, die die Dividendenschuldner dem Steuerpflichtigen und/oder seiner Ehefrau für Dividendenbezüge im Veranlagungsjahr ausgestellt haben.

Wurden im Veranlagungsjahr keine Dividenden mit anrechenbarer Körperschaftsteuer bezogen, ist **0** einzugeben.

27. Einbehaltene Kapitalertragsteuer

Nach der Eingabe gemäß Tz. 26 wird der **BFT-Nr. 26**:

„Kapitalertragsteuer in DM.PF“

auf dem Bildschirm ausgegeben.

Danach ist hier – wie in Tz. 26 für die Körperschaftsteuer ausgeführt – die Summe der einbehaltenen Kapitalsteuer laut Steuerbescheinigungen in DM.PF einzugeben.

Wurden keine kapitalertragsteuerpflichtigen Erträge bezogen, ist **0** einzugeben.

28. Anzahl der Kinder für die Steuerermäßigung nach § 34f EStG

Nach der Eingabe gemäß Tz. 27 wird, wenn die Gesamtzahl der Kinder laut Tz. 11 zwei oder mehr ist, der **BFT-Nr. 27**:

„Beantragen Sie für ein(e) selbstgenutzte(s) Eigentumswohnung, Ein- oder Zweifamilienhaus, die/das Sie nach dem 29.07.1981 erwarben oder bauten, erhöhte Absetzungen nach § 34f EStG (Zeile-Nr. 61) (J oder N)?“

auf dem Bildschirm ausgegeben.

Wird „J“ eingegeben, erscheint der **BFT-Nr. 28**:

„Anzahl der Kinder (Zeile-Nr. 30-47), die in xx (= Veranlagungsjahr) dauernd zu Ihrem Haushalt gehörten?“

auf dem Bildschirm.

Geben Sie bitte danach die Anzahl der haushaltszugehörigen Kinder im Veranlagungsjahr ein.

Nur wenn sämtliche der unter Tz. 11 eingegebenen Kinder im Veranlagungszeitraum nicht mehr zum Haushalt des Steuerpflichtigen gehörten, ist **0** einzugeben.

II. Eingaben aus der Anlage N des Steuerpflichtigen/Ehemanns

29. Bruttoarbeitslohn

Falls nach der Eingabe unter Tz. 13 für den Steuerpflichtigen/Ehemann eine Anlage N zum Erklärungsvordruck abgegeben wird, erscheint auf dem Bildschirm nach der Eingabe gemäß Tz. 28 der Hinweis:

> **„Nehmen Sie jetzt bitte die Anlage N für Steuerpflichtigen/Ehemann(s) zur Hand und geben Sie bitte die Daten aus den aufgerufenen Zeilen ein."**

Danach wird der **BFT-Nr. 29**:

> **„Summe des/der Bruttoarbeitslohn(s) (Zeile-Nr. N3) in DM aus allen Lohnsteuerkarten ohne Lohn laut Zeile N19?"**

auf dem Bildschirm ausgegeben.

Darauf ist die Summe der Bruttoarbeitslöhne des Ausgleichs- bzw. Veranlagungsjahres des Steuerpflichtigen/Ehemanns ohne etwaigen Arbeitslohn für mehrere Jahre (Zeile 19 der Anlage N) – abgerundet auf volle DM – einzugeben.

30. Lohnsteuer

Nach der Eingabe des Bruttoarbeitslohns gemäß Tz. 29 wird der **BFT-Nr. 30**:

> **„Summe der Lohnsteuer (Zeile-Nr. N4) in DM.PF aus allen Lohnsteuerkarten ohne Lohn in Zeile N19?"**

auf dem Bildschirm ausgegeben.

Darauf ist die Summe der Lohnsteuer, die laut sämtlichen LSt-Karten des Steuerpflichtigen/Ehemanns im Ausgleichs-/Veranlagungsjahres einbehalten wurde, in **DM und Pfennig** (z.B. 2400.50) einzugeben.

Hierzu gehört nicht die Lohnsteuer laut Zeile 19 der Anlage N, die aus dem Arbeitslohn für mehrere Jahre einbehalten wurde und nicht der Arbeitslohn laut Zeile 21 der Anlage N.

Wegen der Eingabe der Lohnsteuer laut Zeile 19 siehe Hinweis auf Tz. 44.

31. Summe der 1. Kirchensteuer

Nach der Eingabe der Lohnsteuer gemäß Tz. 30 wird auf dem Bildschirm der **BFT-Nr. 31**:

> **„Summe der 1. Kirchensteuer(n) (Zeile-Nr. N5) in DM.PF aus allen Lohnsteuerkarten ohne Zeile N19?"**

ausgegeben.

Danach ist die Summe der gesamten Kirchensteuern (bei konfessionsgleichen Ehen oder Alleinstehenden) oder bei konfessionsverschiedenen Ehen die Summe der ersten einbehaltenen Kirchenlohnsteuer in DM.PF einzugeben.

Nicht dazu gehört die Kirchenlohnsteuer, die auf den Arbeitslohn für mehrere Jahre (Zeile 19 der Anlage N) entfällt. Wegen dieser Kirchenlohnsteuer Hinweis auf Tz. 44.

Wurde keine Kirchenlohnsteuer einbehalten, ist **0** einzugeben.

32. Summe der 2. Kirchenlohnsteuer

Nach der Eingabe der ersten Kirchenlohnsteuer gemäß Tz. 31 wird der **BFT-Nr. 32**:

> **„Summe der 2. Kirchensteuer(n) (Zeile-Nr. N6) in DM.PF aus allen Lohnsteuerkarten ohne Zeile N19?"**

auf dem Bildschirm ausgegeben.

Danach ist bei konfessionsverschiedenen Ehen die zweite Kirchenlohnsteuer in DM.PF einzugeben.

Im übrigen wird hierzu auf die beiden letzten Sätze der vorgenannten Tz. verwiesen, die hier entsprechend gelten.

33. Summe der vermögenswirksamen Leistungen mit Zulagesatz 16/26 v.H.

Nach der Eingabe gemäß Tz. 32 wird der **BFT-Nr. 33**:

> **„Summe der vermögenswirksamen Leistungen mit Zulagesatz 16/26 v.H. (Zeile N7-N9) in DM.?"**

auf dem Bildschirm ausgegeben.

Einzugeben ist danach die Summe der vermögenswirksamen Leistungen mit einem Zulagesatz 16/26 v.H., die sich aus den Zeilen N7-N9 der Anlage N ergibt.

Sind solche zulagenbegünstigten vermögenswirksamen Leistungen laut diesen Zeilen im VZ nicht angefallen, ist **0** einzugeben.

34. Summe der vermögenswirksamen Leistungen mit Zulagensatz 23/33 v.H.

Nach der Eingabe mit Tz. 33 erscheint der **BFT-Nr. 34**:

> **„Summe der vermögenswirksamen Leistungen mit Zulagensatz 23/33 v.H. (Zeile N10-N12) in DM.?"**

auf dem Bildschirm.

Daraufhin ist die auf volle DM abgerundete Summe dieser vermögenswirksamen Leistungen aus den Zeilen N10-N12 der Anlage N einzugeben. Tz. 33 letzter Satz gilt hier entsprechend.

35. Ausgezahlte Arbeitnehmersparzulage

Nach der Eingabe unter Tz. 34 wird der **BFT-Nr. 35**:

> **„Ausgezahlte Arbeitnehmer-Sparzulage (Zeile-Nr. N13) in DM.PF?"**

auf dem Bildschirm ausgegeben.

Daraufhin ist die ausgezahlte Sparzulage laut dieser Zeile in DM und Pfennig einzugeben.

Tz. 33 letzter Satz gilt entsprechend.

36. Auszahlungsbetrag des Kurzarbeiter- und Schlechtwettergeldes

Nach der Eingabe zur vorgenannten Tz. wird der **BFT-Nr. 36**:

> **„Auszahlungsbetrag des Kurzarbeiter- und Schlechtwettergelds (Zeile-Nr. N14) in DM?"**

auf dem Bildschirm ausgegeben.

Einzugeben ist der auf volle DM abgerundete Betrag laut Zeile 14 der Anlage N.

Tz. 33 letzter Satz gilt entsprechend.

37. Bruttobetrag des Kurzarbeiter- und Schlechtwettergelds

Wurde nach Tz. 36 nicht Null eingegeben, wird im Anschluß nach dieser Eingabe der **BFT-Nr. 37**:

> **„Bruttobetrag des Kurzarbeiter- und Schlechtwettergelds (Zeile-Nr. N14) in DM?"**

auf dem Bildschirm ausgegeben.

Einzugeben ist wiederum der auf volle DM abgerundete Betrag laut der vorgenannten Zeile der Anlage N.

Tz. 33 letzter Satz gilt hier ebenfalls.

38. Bruttobetrag an Arbeitslosengeld/ -hilfe

Nach der Nulleingabe gemäß Tz. 36 bzw. gemäß der Eingabe unter Tz. 37 wird der **BFT-Nr. 38**:

> **„Bruttobetrag an Arbeitslosengeld/ -hilfe (Zeile-Nr. N15)?"**

auf dem Bildschirm ausgegeben.

Einzugeben ist darauf der auf volle DM abgerundete Betrag laut Zeile 15 der Anlage N.

Tz. 33 letzter Satz gilt entsprechend.

39. Steuerfreier Arbeitslohn für eine Tätigkeit im Ausland, wenn mit dem ausländischen Staat ein Doppelbesteuerungsabkommen besteht

Nach der Eingabe nach Tz. 38 erscheint der **BFT-Nr. 39**:

> **„Steuerfreier Arbeitslohn für Tätigkeit im Ausland nach Doppelbesteuerungsabkommen (Zeile-Nr. N18) in DM?"**

auf dem Bildschirm.

Einzugeben ist daraufhin ggf. der für eine solche Tätigkeit im Ausland bezogene steuerfreie Arbeitslohn laut Zeile 18, Spalte DBA der Anlage N.

Tz. 33 letzter Satz gilt entsprechend.

40. Steuerfreier Arbeitslohn für eine Tätigkeit im Ausland nach dem Auslandstätigkeitserlaß

Nach der Eingabe gemäß Tz. 39 wird der **BFT-Nr. 40**:

> **„Steuerfreier Arbeitslohn für Tätigkeit im Ausland nach Auslandstätigkeitserlaß (Zeile-Nr. N18) in DM?"**

auf dem Bildschirm ausgegeben.

Einzugeben ist daraufhin der entsprechende Arbeitslohn laut Zeile 18 der Anlage N, Spalte ATE.

Tz. 33 letzter Satz gilt hier entsprechend.

41. Arbeitslohn für mehrere Jahre

Nach der Eingabe in der vorgenannten Tz. erscheint der **BFT-Nr. 41**:

> **„Bezogen Sie in XX (= Veranlagungsjahr) Arbeitslohn für mehrere Jahre (J oder N)?"**

auf dem Bildschirm.

Falls anschließend „N" eingegeben wird, Fortsetzung unter Tz. 49, bei der Eingabe von „J" unter der nachgenannten Tz.

42. Eingabe, ob ESt-Veranlagung oder LStJA beantragt wird

War die Eingabe unter der vorgenannten Tz. „J", wird anschließend der **BFT-Nr. 42**:

> **„Bitte ESt (wenn ESt-Veranlagung) oder LSt (wenn Lohnsteuer-Jahresausgleich beantragt) eingeben."**

auf dem Bildschirm ausgegeben.

Wird „ESt" eingegeben, Fortsetzung unter Tz. 44, bei „LSt" unter Tz. 43.

Wird weder „J" noch „N" eingegeben, wird der **BFT-Nr. 42** erneut und solange wiederholt ausgegeben, bis entweder „ESt" oder ,,LSt" eingegeben werden.

43. Eingabe, ob Arbeitslohn für mehrere Jahre in den LStJA erfolgen soll

Wurde nach der Tz. 42 „LSt" eingegeben, erscheint der **BFT-Nr. 43**:

> **„Soll ausnahmsweise der Arbeitslohn für mehrere Jahre in den LStJA einbezogen werden (J oder N)?"**

auf dem Bildschirm.

Wird diese Frage mit „N" beantwortet, Fortsetzung unter Tz. 49. Bei Eingabe von „J", Fortsetzung unter der nachgenannten Tz. Wird weder „J" noch „N" eingegeben, wird der vorgenannte **BFT-Nr. 43** erneut und solange wiederholt auf dem Bildschirm ausgegeben, bis entweder „J" oder „N" eingegeben sind.

44. Eingabe des Arbeitslohns für mehrere Jahre

Falls nach Tz. 42 ESt-Veranlagung beantragt wird oder unter Tz. 43 die ausnahmsweise Einbeziehung des steuerfreien Arbeitslohns für mehrere Jahre in den LStJA bejaht wurde, erscheint der **BFT-Nr. 44**:

> **„Arbeitslohn für mehrere Jahre (Zeile-Nr. N19) in DM?"**

auf dem Bildschirm.

Daraufhin ist der unter Zeile Nr. 19 der Anlage N angegebene Arbeitslohn für mehrere Jahre – abgerundet auf volle DM – einzugeben.

45. Eingabe der einbehaltenen Lohnsteuer auf den Arbeitslohn für mehrere Jahre

Nach der Eingabe unter Tz. 44 wird auf dem Bildschirm der **BFT-Nr. 45**:

> **„Lohnsteuer aus Arbeitslohn für mehrere Jahre (Zeile-Nr. N19) in DM.PF?"**

ausgegeben.

Danach ist die in Zeile 19 der Anlage N angegebene Lohnsteuer auf den Arbeitslohn für mehrere Jahre in DM.PF einzugeben.

Tz. 33 letzter Satz gilt hier entsprechend.

46. Eingabe der einbehaltenen Kirchenlohnsteuer auf den Arbeitslohn für mehrere Jahre

Nach der Eingabe unter Tz. 45 wird der **BFT-Nr. 46**:

> **„Summe des/der Kirchensteuer(n) aus Arbeitslohn für mehrere Jahre (Zeile-Nr. N19 + N20) in DM.PF?"**

auf dem Bildschirm angezeigt.

Einzugeben ist danach die Summe der Kirchensteuern aus den Zeilen 19 und 20 der Anlage N in DM und Pfennig.

Tz. 33 letzter Satz gilt hier ebenfalls.

47. Frage nach der Verteilung des Arbeitslohns auf die Erzielungsjahre bei der ESt-Veranlagung

Wurde nach Tz. 44 die Frage nach Durchführung einer ESt-Veranlagung bejaht, wird nach der Eingabe unter Tz. 46 der **BFT-Nr. 47**:

„Soll der Arbeitslohn für mehrere Jahre auf die Erzielungsjahre verteilt werden?"

auf dem Bildschirm ausgegeben.

Wird „J" eingegeben, Fortsetzung unter Tz. 48, sonst unter Tz. 49.

48. Arbeitslohn für mehrere Jahre, der nicht auf den Veranlagungszeitraum entfällt

Falls unter Tz. 47 „J" eingegeben wurde, wird der **BFT-Nr. 48**:

„Arbeitslohn für mehrere Jahre, der nicht auf 84 bzw. 85 entfällt?"

auf dem Bildschirm ausgegeben.

Einzugeben ist daraufhin der Arbeitslohn für mehrere Jahre, der nicht auf den Veranlagungszeitraum, sondern auf die anderen Erzielungsjahre entfällt.

Einzugeben ist der auf volle DM abgerundete Betrag.

49. Versorgungsbezüge

Nach der Eingabe in Tz. 43, 47 oder 48 wird der **BFT-Nr. 49**:

„Summe der im Bruttoarbeitslohn enthaltenen Versorgungsbezüge (Zeile-Nr. N24) in DM?"

auf dem Bildschirm ausgegeben.

Einzugeben ist danach die Summe der Versorgungsbezüge aus **allen** früheren Dienstverhältnissen – abgerundet auf volle DM – laut Zeile 24 der Anlage N.

Tz. 33 letzter Satz gilt hier entsprechend.

50. Versorgungsbezüge mit ausgezahlter Berlin-Zulage

Wurden nach Tz. 49 Versorgungsbezüge von mehr als 0 DM eingegeben, wird im Anschluß an diese Eingabe der **BFT-Nr. 50** auf dem Bildschirm ausgegeben:

„Davon Versorgungsbezüge mit ausgezahlter Berlin-Zulage (Zeile-Nr. N24)?"

Sind auf der Lohnsteuerkarte des Steuerpflichtigen/Ehemanns solche Versorgungsbezüge bescheinigt, sind diese – abgerundet auf volle DM – daraufhin einzugeben.

Tz. 33 letzter Satz gilt hier entsprechend.

51. Arbeitnehmerzulagen nach Berlinförderungsgesetz

Nach der Eingabe gemäß Tz. 50 erscheint auf dem Bildschirm der **BFT-Nr. 51**:

„Nach Berlinförderungsgesetz ausgezahlte Arbeitnehmerzulagen (Zeile-Nr. N25) in DM.PF?"

Sind auf der/den LSt-Karte(n) des Steuerpflichtigen/Ehemanns solche Arbeitnehmerzulagen bescheinigt, ist die Summe dieser Zulagen in DM.PF einzugeben.

Tz. 33 letzter Satz gilt hier entsprechend.

52. Frage nach der Abgabe der Erklärung in Berlin (West)

Nach der Eingabe in der vorgenannten Tz. wird der **BFT-Nr. 52**:

„Wird Erklärung in Berlin (West) abgegeben?"

auf dem Bildschirm ausgegeben.

Bei der Eingabe von „J", Fortsetzung unter Tz. 53, bei „N" unter Tz. 54.

Wird weder „J" noch „N" eingegeben, wird der **BFT-Nr. 52** erneut und solange ausgegeben bis entweder „J" oder „N" eingegeben sind.

53. Arbeitslöhne, die nicht aus Berlin (West) sind

Wird die Frage in Tz. 52 bejaht, wird auf dem Bildschirm der **BFT-Nr. 53**:

> **„In Zeilen N3 und N19 enthaltene Arbeitslöhne (ohne Versorgungsbezüge), die nicht aus Berlin (West) sind (Zeile-Nr. N26) in DM?“**

ausgegeben.

Einzugeben ist daraufhin die Summe der Bruttoarbeitslöhne, die **nicht aus Versorgungsbezügen** bestehen **und** die **nicht in Berlin (West) bezogen** wurden, abgerundet auf volle DM.

Tz. 33 letzter Satz gilt hier entsprechend.

Fortsetzung unter Tz. 55.

54. Arbeitslöhne, für die Berlin-Zulagen gezahlt wurden, aber die Erklärung nicht in Berlin (West) abgegeben wird

Wurde die Frage in Tz. 52 verneint, wird der **BFT-Nr. 54**:

> **„In Zeilen N3 und N19 enthaltene Arbeitslöhne, für die Berlin-Zulagen gezahlt worden sind (Zeile-Nr. N27) in DM?“**

auf dem Bildschirm ausgegeben.

Einzugeben sind die auf volle DM abgerundeten Arbeitslöhne für die laut Steuerkarte Berlin-Zulagen gezahlt worden sind.

Tz. 33 letzter Satz gilt hier entsprechend.

55. Entschädigungen, für die der ermäßigte Steuersatz beantragt wird

Nach der Eingabe unter Tz. 54 erscheint auf dem Bildschirm der **BFT-Nr. 55**:

> **„Entschädigungen, für die der ermäßigte Steuersatz beantragt wird (Zeile-Nr. N21) in DM?“**

Falls nach Tz. 41 ESt-Veranlagung beantragt wurde und im VZ steuerpflichtige Entschädigungen (z.B. steuerpflichtiger Teil der Entlassungsentschädigungen) enthalten sind, für die Besteuerung mit dem halben Steuersatz begehrt wird, geben Sie bitte den steuerpflichtigen Teil einer solchen Entschädigung – abgerundet auf volle DM – ein.

Wurde LSt-Jahresausgleich beantragt, ist der steuerpflichtige Teil dieser Entschädigung nur dann hier einzugeben, wenn ausdrücklich die Einbeziehung einer solchen Entschädigung in den LStJA beantragt wird. In einem solchen Fall wird der steuerpflichtige Teil der Entschädigung beim LStJA mit dem vollen Steuersatz versteuert.

Soll beim LStJA die Einbeziehung einer solchen Entschädigung nicht erfolgen, ist **0** einzugeben.

Im übrigen gilt Tz. 33 letzter Satz hier ebenfalls entsprechend.

56. Steuerpflichtiger Arbeitslohn, von dem kein Steuerabzug vorgenommen wurde

Nach der Eingabe unter Tz. 55 wird der **BFT-Nr. 56**:

> **„Summe der erhaltenen Streikgelder und anderer steuerpflichtiger Beträge ohne LSt-Abzug (Zeile-Nr. N21) in DM?“**

auf dem Bildschirm ausgegeben.

Einzugeben ist daraufhin die Summe aus den Feldern „Streikgelder“ und „andere Beträge“ in Zeile 29 der Anlage N und zwar abgerundet auf volle DM.

Tz. 33 letzter Satz gilt entsprechend.

57. Steuerfreie Aufwandsentschädigungen

Nach der Eingabe gemäß Tz. 56 erscheint auf dem Bildschirm der **BFT-Nr. 57**:

> **„Steuerfreie Aufwandsentschädigungen, die Sie als Arbeitnehmer oder als nebenberuflicher Ausbilder, Erzieher oder Übungsleiter erhielten (Zeile-Nr. N30) in DM?“**

Einzugeben ist der volle erhaltene Betrag für eine solche Tätigkeit abgerundet auf volle DM. Diese Entschädigungen werden nur soweit dem steuerpflichtigen Arbeitslohn hinzugerechnet, als sie 2400 DM im VZ übersteigen.

Tz. 33 letzter Satz gilt hier entsprechend.

58. Versorgungsbezüge und Altersruhegeld

Nach der Eingabe gemäß Tz. 57 erscheint der **BFT-Nr. 58**:

> **„Erhielten Sie in xx (= Veranlagungsjahr) Versorgungsbezüge oder Altersruhegeld aus der gesetzlichen Rentenversicherung (Zeile-Nr. 31) (J oder N)?“**

auf dem Bildschirm.

Daraufhin ist entweder „J“ oder „N“ einzugeben. Bei der Eingabe von „J“ wird nach der entsprechenden Merkersetzung, bei „N“ sofort die Ausgabe unter der nachgenannten Tz. fortgesetzt.

59. Gesetzliche Rentenversicherungspflicht

Nach der Eingabe unter der vorgenannten Tz. wird der **BFT-Nr. 59**:

> **„Bestand in xx (= Veranlagungsjahr) gesetzliche Rentenversicherungspflicht (Zeile-Nr. N33) (J oder N)?“**

auf dem Bildschirm ausgegeben.

Falls Sie dies bejahen, Fortsetzung unter Tz. 64, im Falle der Verneinung unter der nachfolgenden Tz. Wird weder „J“ noch „N“ eingegeben, wird der vorgenannte **BFT** erneut und solange wiederholt auf dem Bildschirm ausgegeben bis entweder „J“ oder „N“ eingegeben werden.

60. Anwartschaft auf Altersversorgung aus dem aktiven Dienstverhältnis

Falls gemäß der vorgenannten Tz. „N“ eingegeben wurde, wird der **BFT-Nr. 60**:

> **„Bestand in xx (= Veranlagungsjahr) eine Anwartschaft auf Altersversorgung (z.B. als Beamter) ganz oder teilweise ohne eigene Beitragsleistung (J oder N)?“**

auf dem Bildschirm ausgegeben.

Falls „N“ eingegeben wird, Fortsetzung unter Tz. 63, bei „J“ unter der nachgenannten Tz.

Wird weder „J“ noch „N“ eingegeben, wird der vorgenannte BFT wiederholt auf dem Bildschirm ausgegeben bis eine dieser Pflichteingaben zutreffend erfolgt.

61. Dauer des aktiven Dienstverhältnisses

Nach der Eingabe „J“ unter der vorgenannten Tz. erscheint der **BFT-Nr. 61**:

> **„Bestand in xx (= Veranlagungsjahr) das aktive Dienstverhältnis während des ganzen Jahres (J oder N)?“**

auf dem Bildschirm.

Bei der Eingabe „J“ Fortsetzung unter Tz. 64, bei „N“ unter der nachgenannten Tz.

Wird weder „J“ noch „N“ eingegeben, wird der vorgenannte BFT erneut auf dem Bildschirm ausgegeben bis entweder „J“ oder „N“ eingegeben wird.

62. Arbeitslohn aus dem aktiven Dienstverhältnis

Nach der Eingabe von „N“ unter Tz. 61 wird der **BFT-Nr. 62**:

> **„Arbeitslohn aus aktivem Dienstverhältnis für diesen Teil des Kj. xx (= Veranlagungsjahr)?“**

auf dem Bildschirm ausgegeben.

Einzugeben ist danach der auf volle DM abgerundete Arbeitslohn für den Teil des VZ, in dem das aktive Dienstverhältnis noch bestand. Fortsetzung unter Tz. 64.

63. Anwartschaft auf Altersversorgung nur aufgrund eigener Beitragsleistung

Wurde gemäß Tz. 60 „N“ eingegeben, erscheint der **BFT-Nr. 63**:

> **„Bestand in xx (= Veranlagungjahr) eine Anwartschaft auf Altersversorgung nur aufgrund eigener Beitragsleistung oder bestand keine Anwartschaft auf Altersversorgung (J oder N)?“**

auf dem Bildschirm.

Wird „J“ eingegeben, Fortsetzung ohne Merkersetzung in der nachgenannten Tz., bei „N“ erst Merkersetzung und dann Fortsetzung unter der nachgenannten Tz.

Wird weder „J“ noch „N“ eingegeben, wird der vorgenannte BFT erneut auf dem Bildschirm ausgegeben bis eine der vorstehenden zulässigen Eingaben erfolgt.

64. Aufwendungen für Fahrten mit eigenem Kraftfahrzeug

Nach der Eingabe unter Tz. 59, 61, 62 oder 63 wird der **BFT-Nr. 64**:

> **„Hatten Sie in xx (= Veranlagungsjahr) Aufwendungen für Fahrten zwischen Wohnung und Arbeitsstätte(n) mit eigenem Fahrzeug (J oder N)?“**

auf dem Bildschirm ausgegeben.

Wird „N“ eingegeben, Fortsetzung unter Tz. 66, bei „J“ unter der nachgenannten Tz.

Wird weder „J“ noch „N“ eingegeben, wird nach jeder unzulässigen Eingabe der vorgenannte BFT erneut auf dem Bildschirm ausgegeben.

65. Fahrzeugart

Wurde unter Tz. 64 „J“ eingegeben, wird der **BFT-Nr. 65**:

> **„Fahrzeugart (z.B. PKW) (Zeile-Nr. N38)?“**

auf dem Bildschirm ausgegeben.

Einzugeben ist der Text der im Einzelfall verwendeten Fahrzeugart **in Großbuchstaben**.

Zulässige Texte sind nur:
„PKW“
„Motorrad“
„Motorroller“
„Moped“
„Mofa“
„Fahrrad“

Wird keiner dieser Texte richtig und vollständig eingegeben, erscheinen auf dem Bildschirm die **FM.1** und danach erneut der vorgenannte BFT. Danach ist die Fahrzeugart erneut und mit dem im Einzelfall richtigen Text einzugeben.

66. Körperbehinderung

Nach der Eingabe der Fahrzeugart (Tz. 65) wird der **BFT-Nr. 66**:

> **„Körperbehinderung in v.H. (Zeile-Nr. N39)?"**

auf dem Bildschirm ausgegeben.

Danach ist der für den VZ maßgebliche Vomhundertsatz der Erwerbsminderung (bei Änderung im Laufe des VZ höchste Erwerbsminderung) als maximal dreistellige Zahl einzugeben. Bei Eingabe eines Erwerbsminderungsgrades, der größer als 69 ist Fortsetzung unter Tz. 68, sonst unter der nachfolgenden Tz.

67. Körperbehinderung wegen Gehbehinderung

Sind für alle eingegebenen Arbeitsstätten Tage und Entfernungskilometer eingegeben, wird der **BFT-Nr. 67**:

> **„Körperbehinderung wegen Gehbehinderung (Zeile-Nr. N39) (J oder N)?"**

auf dem Bildschirm ausgegeben.

Diese Frage ist entweder mit „J" oder „N" zu beantworten. Jede andere Eingabe wird nicht angenommen!

68. Anzahl der Arbeitsstätten mit unterschiedlicher Entfernung im Veranlagungszeitraum

Nach der Eingabe der Körperbehinderung wird der **BFT-Nr. 68**:

> **„Anzahl der Arbeitsstätten mit unterschiedlicher Entfernung in 8 X** (= Veranlagungsjahr)"

auf dem Bildschirm ausgegeben.

Daraufhin ist die Anzahl der Arbeitsstätten einzugeben. Für jede Arbeitsstätte werden anschließend die nachfolgenden Fragen gesondert gestellt.

69. Anzahl der Tage mit Fahrten zwischen Wohnung und jeweiliger Arbeitsstätte

Einzugeben ist nach Ausgabe der **BFT-Nr. 69**:

> **„Anzahl der Tage mit Fahrten zwischen Wohnung und** n.(1.–n.) **Arbeitsstätte (Zeile-Nr. N40-N43)"**

die Anzahl der Tage, in der im Veranlagungszeitraum mit dem eigenen Fahrzeug zu der im Ausgabetext angegebenen jeweiligen Arbeitsstätte gefahren wurde.

70. Einfache Entfernung zwischen Wohnung und jeweiliger Arbeitsstätte

Nach der Eingabe der Anzahl der Tage erscheint auf dem Bildschirm der **BFT-Nr. 70**:

> **„Einfache Entfernung in Kilometer bei Fahrten zwischen Wohnung und n.**(1.–n.) **Arbeitsstätte (Zeile-Nr. N40-N43)"**

Einzugeben sind die nicht abgerundeten oder aufgerundeten einfachen Entfernungskilometer (**nicht** die Fahrtkilometer für Hin- und Rückfahrt) der jeweils angezeigten Arbeitsstätte.

71. Anzahl der Tage mit Fahrten zwischen Wohnung und ständig wechselnden Einsatzstellen

Nach der Eingabe der einfachen Entfernung zur jeweiligen Arbeitsstätte erscheint der **BFT-Nr. 71**:

„Davon Anzahl der Tage mit Fahrten zwischen Wohnung und ständig wechselnden Einsatzstellen (Zeile-Nr. N40-N43)“

auf dem Bildschirm.

Wurden Fahrten zu ständig wechselnden Einsatzstellen durchgeführt, ist die Anzahl dieser Fahrten einzugeben, andernfalls ist Null einzugeben.

72. Anzahl der Tage mit Fahrten in den ersten drei Monaten auf dieser Einsatzstelle

Wird bei der vorgenannten Eingabe die Anzahl der Tage mit Fahrten zu ständig wechselnden Einsatzstellen mit 80 oder größer angegeben, erscheint auf dem Bildschirm der **BFT-Nr. 72**:

„Anzahl der Tage mit Fahrten zwischen Wohnung und ständig wechselnder Einsatzstelle in den ersten drei Monaten auf dieser Einsatzstelle.“

Daraufhin ist die Anzahl dieser Tage einzugeben. Nur diese Anzahl wird der Ermittlung der Fahrtkosten für Fahrten zwischen Wohnung und ständig wechselnden Einsatzstellen zugrunde gelegt, da nach diesem Zeitraum eine solche Einsatzstelle regelmäßige Arbeitsstätte wird.

73. Aufwendungen für Fahrten zwischen Wohnung und Arbeitsstätte mit öffentlichen Verkehrsmitteln

Nach der Eingabe der Daten zur Fahrtkostenberechnung für Fahrten mit eigenem Fahrzeug erscheint der **BFT-Nr. 73**:

„Aufwendungen für Fahrten zwischen Wohnung und Arbeitsstätte mit öffentlichen Verkehrsmitteln (Zeile-Nr. N43) in DM“

auf dem Bildschirm.

Einzugeben ist der entstandene Aufwand aufgerundet in DM oder gegebenenfalls Null.

74. Vom Arbeitgeber im Veranlagungszeitraum für Fahrten zwischen Wohnung und Arbeitsstätte steuerfrei ersetzte Fahrtkosten

Nach der Eingabe des Aufwands für Fahrten zur Arbeitsstätte mit öffentlichen Verkehrsmitteln wird der **BFT-Nr. 74**:

„Vom Arbeitgeber in 8X (= VZ) steuerfrei ersetzte Fahrtkosten (Zeile-Nr. N44) in DM“

auf dem Bildschirm angezeigt.

Ist ein solcher steuerfreier Aufwandsersatz erfolgt, ist der ersetzte Betrag – abgerundet auf volle DM – einzugeben. Andernfalls ist Null einzugeben. Der Betrag ist stets als Positivbetrag einzugeben.

75. Beiträge zu Berufsverbänden

Nach der Eingabe der steuerfrei ersetzten Fahrtkosten wird der **BFT-Nr. 75**:

„Beiträge zu Berufsverbänden (Zeile-Nr. N45) in DM“

auf dem Bildschirm ausgegeben.

Einzugeben ist der aufgerundete Aufwandsbetrag für Gewerkschaftsbeiträge oder Beiträge an andere Berufsverbände. Ggf. ist Null einzugeben.

76. Aufwendungen für Arbeitsmittel

Nach der Eingabe der Berufsverbandsbeiträge wird der **BFT-Nr. 76**:

„Aufwendungen für Arbeitsmittel (Zeile-Nr. N46) in DM“

auf dem Bildschirm angezeigt.

Einzugeben ist der aufgerundete DM-Betrag solcher Aufwendungen (Werkzeuge, Fachbücher, Fachzeitschriften, typische Arbeitskleidung). Ggf. ist wieder Null einzugeben.

77. Summe der weiteren Werbungskosten

Nach Eingabe des Arbeitsmittelaufwands wird der **BFT-Nr. 77**:

„Summe des/der weiteren Werbungskosten (Zeile-Nr. N47 und N48) in DM“

auf dem Bildschirm angezeigt.

Darunter ist insbesondere die Summe der besonders ermittelten Fortbildungs- und Reisekosten einzugeben, soweit der entsprechende Aufwand nicht steuerfrei vom Arbeitgeber ersetzt wurde. Ggf. ist Null einzugeben.

78. Anzahl der Tage mit mehr als zwölfstündiger Abwesenheit auf keinen wechselnden Einsatzstellen

Nach der Eingabe der vorgenannten weiteren Werbungskosten wird der **BFT-Nr. 78**:

„Anzahl der Tage mit über zwölfstündiger Abwesenheit von der Wohnung und keinen wechselnden Einsatzstellen“

ausgegeben.

Einzugeben ist die Anzahl der entsprechenden Tage, für die der steuerlich abzugsfähige Mehraufwand für Verpflegung mit dem Pauschbetrag von 3 DM je Arbeitstag zu berechnen ist. Sind keine solchen Tage vorhanden, ist Null einzugeben.

79. Anzahl der Tage an ständig wechselnden Einsatzstellen und über zehnstündiger Abwesenheit von der Wohnung und ständig wechselnden Einsatzstellen

Nach der vorgenannten Eingabe der Tage mit über zwölfstündiger Abwesenheit und auf keinen wechselnden Einsatzstellen ist, wenn ein Steuerpflichtiger als Bauarbeiter oder Monteur auf ständig wechselnden Einsatzstellen beschäftigt ist und von dort täglich zur Wohnung zurückkehrt, die Anzahl der Tage mit über zehnstündiger Abwesenheit von der Wohnung einzugeben, nachdem auf dem Bildschirm der **BFT-Nr. 79**:

„Anzahl der Tage mit über zehnstündiger Abwesenheit von der Wohnung und ständig wechselnden Einsatzstellen“

erschienen ist.

Liegen diese Voraussetzungen nicht vor, ist Null einzugeben. Für die eingegebenen Tage wird der steuerlich abzugsfähige Mehraufwand für Verpflegung mit täglich 5 DM berücksichtigt.

80. Anzahl der Tage mit mehr als 6, aber nicht mehr als 12 Stunden Abwesenheit bei Berufskraftfahrern

Nach der Eingabe der Tage mit mehr als zehnstündiger Abwesenheit auf ständig wechselnden Einsatzstellen erscheint der **BFT-Nr. 80**:

„Anzahl der Tage mit mehr als sechsstündiger Abwesenheit von der Wohnung, aber nicht mehr als zwölfstündiger Abwesenheit von der Wohnung bei Berufskraftfahrern mit Fahrtätigkeit“

auf dem Bildschirm.

Handelt es sich um einen Berufskraftfahrer mit Fahrtätigkeit, so sind die Anzahl der Tage, in der er eine solche Tätigkeit verrichtete und mehr als 6 oder weniger als 12 Stunden von der Wohnung abwesend war, einzugeben.

Für diese Tage wird der steuerlich abzugsfähige Mehraufwand für Verpflegung mit 8 DM täglich berücksichtigt.

Sind diese Voraussetzungen nicht gegeben, ist Null einzugeben.

Danach wird dieser BFT mit folgendem Text wiederholt:

> **„Anzahl der Tage mit mehr als zwölfstündiger Abwesenheit von der Wohnung bei Berufskraftfahrern mit Fahrtätigkeit"**

Für diese Eingabe gelten die vorgenannten Ausführungen entsprechend. Der steuerlich abzugsfähige Mehraufwand für Verpflegung wird mit 16 DM täglich berücksichtigt.

81. Vom Arbeitgeber steuerfrei ersetzte Mehraufwendungen für Verpflegung

Nach Eingabe der Anzahl der Tage mit mehr als zwölfstündiger Abwesenheit von Berufskraftfahrern von der Wohnung wird der **BFT-Nr. 81**:

> **„Vom Arbeitgeber steuerfrei ersetzte Mehraufwendungen für Verpflegung (Zeile-Nr. N54) in DM"**

auf dem Bildschirm angezeigt.

Einzugeben ist daraufhin der steuerfrei vom Arbeitgeber ersetzte Mehraufwand für Verpflegung in den vorgenannten Fällen der jeweils mehr als sechsstündigen Abwesenheit von der Wohnung.

Ggf. ist wieder Null einzugeben.

82. Beruflich begründete Mehraufwendungen für doppelte Haushaltsführung

Ist die Eingabe für den steuerfrei vom Arbeitgeber ersetzten Mehraufwand für Verpflegung erfolgt, erscheint der **BFT-Nr. 82**:

> **„Hatten Sie in 8X** (= Veranlagungszeitraum) **beruflich begründete Mehraufwendungen für doppelte(n) Hausführung (J oder N)?"**

auf dem Bildschirm.

Daraufhin ist entweder „J" oder „N" einzugeben.

83. Eigener Hausstand am bisherigen Wohnort

Wurde die vorgenannte Frage nach beruflich begründeten Mehraufwendungen für doppelte Haushaltsführung durch Eingabe von „J" beantwortet, wird auf dem Bildschirm der **BFT-Nr. 83**:

> **„Bestand eigener Hausstand am neuen Unterkunfts (Arbeits)ort weiter (J oder N)?"**

ausgegeben.

Einzugeben ist daraufhin entweder „J" oder „N". Jede anderweitige Eingabe führt zur erneuten Ausgabe dieses BFT.

Wird „J" eingegeben, Fortsetzung mit der übernächsten Textausgabe.

84. Weiterbestehen der Unterkunft am bisherigen Wohnort

Wurde die vorgenannte Frage nach dem eigenen Hausstand am bisherigen Wohnort mit „N" beantwortet, erscheint der **BFT-Nr. 84** auf dem Bildschirm:

„Bestand Unterkunft am bisherigen Wohnort weiter (J/N)?“

Einzugeben ist entweder „J“ oder „N“. Jede Eingabe eines anderen Buchstabens oder von mehreren Buchstaben führt zur Neuausgabe des vorgenannten BFT.

85. Beginn der doppelten Haushaltsführung im Veranlagungszeitraum

Wurde der vorletzte BFT mit „J“ oder der BFT-Nr. 84 mit „J“ oder „N“ beantwortet, wird der **BFT-Nr. 85**:

„Begann die doppelte Haushaltsführung in 8X (= Veranlagungszeitraum) **(J oder N)?“**

auf dem Bildschirm ausgegeben.

Einzugeben ist daraufhin entweder „J“ oder „N“, jede andere Eingabe führt zur erneuten Ausgabe dieses BFT.

Bei der Eingabe von „J“ setzt das Programm mit dem nachgenannten BFT, bei „N“ mit der Frage nach der Anzahl der wöchentlichen Heimfahrten vom neuen Unterkunfts (Arbeits)-ort zum bisherigen Wohnort fort.

86. Ende der doppelten Haushaltsführung im Veranlagungszeitraum

Wurde der vorgenannte BFT durch Eingabe von „J“ beantwortet, wird der **BFT-Nr. 86**:

„Endete die doppelte Haushaltsführung in 8X (= Veranlagungszeitraum) **(J oder N)?“**

auf dem Bildschirm ausgegeben.

Auch hier darf diese Frage entweder nur mit „J“ oder nur mit „N“ beantwortet werden. Jede andere Eingabe führt zur erneuten Ausgabe des vorgenannten BFT.

87. Erste Fahrt zum neuen Unterkunftsort

Nach der Beantwortung der Frage zur vorgenannten BFT-Nr. 86 wird der **BFT-Nr. 87** auf dem Bildschirm ausgegeben:

„Erfolgte die erste Fahrt zum neuen Unterkunfts (Arbeits)-ort mit einem KFZ (z.B. PKW oder Motorrad) (J/N)?“

Einzugeben ist daraufhin entweder „J“ oder „N“!

Jede andere Eingabe führt erneut zur Ausgabe des BFT-Nr. 87.

88. Letzte Fahrt zum bisherigen Wohnort

Wurde die vorletzte BFT-Nr. 86 bejaht, d.h. endete die doppelte Haushaltsführung im Veranlagungs- (LStJA-) Zeitraum, wird nach Beantwortung der letzten BFT-Nr. 87 der **BFT-Nr. 88**:

„Erfolgte die letzte Fahrt zum bisherigen Wohnort mit eigenem KFZ (z.B. PKW oder Motorrad)?“

auf dem Bildschirm angezeigt.

Einzugeben ist danach entweder „J“ oder „N“. Jede andere Eingabe führt zur erneuten Ausgabe des letztgenannten BFT.

89. Anzahl der wöchentlichen Heimfahrten zum bisherigen Wohnort

Nach der Eingabe von „J“ oder „N“ zur vorgenannten BFT-Nr. 88 erscheint auf dem Bildschirm der **BFT-Nr. 89**:

„Anzahl der wöchentlichen Heimfahrten vom neuen Unterkunfts-(Arbeits-) ort zum bisherigen Wohnort“.

Einzugeben ist daraufhin die Gesamtzahl der wöchentlichen Heimfahrten im Veranlagungs-(LStJA-) Zeitraum, wobei die Heimreise zum Wohnort und die Rückreise zum neuen Unterkunfts-(Arbeits-) ort jeweils eine Heimfahrt darstellt.

90. Heimfahrten mit eigenem Fahrzeug

Nach der Eingabe der Anzahl der wöchentlichen Heimfahrten erscheint der **BFT-Nr. 90**:

> **„Erfolgten diese Fahrten mit eigenem KFZ (z.B. PKW oder Motorrad) (J oder N)?"**

auf dem Bildschirm.

Zulässige Eingaben sind hier wiederum nur „J" oder „N".

Jede andere Eingabe führt zur erneuten Ausgabe des BFT-Nr. 90.

91. Anzahl der Tage mit Reisekosten bei vorausgegangener Dienstreise

Nach der Eingabe von „J" oder „N" zum BFT-Nr. 90 wird auf dem Bildschirm der **BFT-Nr. 91**:

> **„Anzahl der Tage mit Reisekosten, wenn der doppelten Haushaltsführung eine Dienstreise unmittelbar vorausging"**

ausgegeben.

Ging der doppelten Haushaltsführung eine Dienstreise unmittelbar voraus, ist die Anzahl der Tage, für die bei dieser Dienstreise Reisekosten geltend gemacht wurden, einzugeben. War dies nicht der Fall, ist Null einzugeben.

92. Reisekosten in den ersten beiden Wochen am neuen Unterkunfts- (Arbeits-) ort

Wurde bei dem entsprechenden vorgenannten BFT das Bestehen eines eigenen Hausstandes oder einer Unterkunft am bisherigen Wohnort verneint, erfolgt nach dem vorgenannten BFT der **BFT-Nr. 92**:

> **„Kosten der Unterkunft und Mehraufwand für Verpflegung in den ersten beiden Wochen am neuen Unterkunfts-(Arbeits-) ort in DM."**

Einzugeben sind die auf volle DM aufgerundeten Kosten.

Ggf. ist Null einzugeben.

93. Kosten der Unterkunft im Veranlagungszeitraum am neuen Unterkunfts- (Arbeits-) ort

Bestand am bisherigen Wohnort weiterhin ein eigener Hausstand oder wurde dort weiter eine Unterkunft unterhalten oder wurde kein Hausstand und keine Unterkunft dort mehr unterhalten und ging dem Beginn der doppelten Haushaltsführung auch keine Dienstreise von mehr als 14 Tagen voraus, wird nach der vorgenannten Eingabe der **BFT-Nr. 93**:

> **„Kosten der Unterkunft in 8X** (= Veranlagungszeitraum) **am neuen Unterkunfts- (Arbeits-) ort"**

auf dem Bildschirm ausgegeben.

Einzugeben sind die tatsächlich im Veranlagungs- (LStJA-) Zeitraum für diesen Zweck entstandenen Aufwendungen, aufgerundet auf volle DM.

Ggf. ist wiederum Null (0) einzugeben.

94. Vom Arbeitgeber steuerfrei ersetzter Mehraufwand für Verpflegung und für Kosten der Unterkunft

Nach der Eingabe zum BFT-Nr. 92 oder zum BFT-Nr. 93 wird auf dem Bildschirm der **BFT-Nr. 94**:

> **„Vom Arbeitgeber steuerfrei ersetzter Mehraufwand für Verpflegung und für Kosten der Unterkunft (Zeile-Nr. N62)"**

ausgegeben.

Danach ist gegebenenfalls der vom Arbeitgeber steuerfrei für diese Zwecke geleistete Ersatzbetrag – abgerundet auf volle DM – oder Null einzugeben.

95. Beantragung des Werbungskosten-Pauschalsatzes für bestimmte Berufsgruppen

Nach Verneinung der Frage, ob beruflich begründete Mehraufwendungen wegen doppelter Haushaltsführung vorliegen oder nach der Eingabe zum BFT-Nr. 94 erscheint auf dem Bildschirm der **BFT-Nr. 95**:

> **„Beantragen Sie im VZ den Werbungskosten-Pauschsatz als Artist, darstellender Künstler oder Journalist (J oder N)?"**

Jede andere Eingabe als „J" oder „N" führt zur erneuten Ausgabe des BFT-Nr. 95 auf dem Bildschirm.

96. Beantragung des Werbungskosten-Pauschsatzes als Artist

Wird die Frage im vorgenannten BFT bejaht, wird auf dem Bildschirm der **BFT-Nr. 96**:

> **„Beantragen Sie im VZ den Werbungskosten-Pauschsatz als Artist (J oder N)?"**

ausgegeben.

Einzugeben ist daraufhin entweder „J" oder „N". Jede andere Eingabe führt zur erneuten Anzeige des BFT-Nr. 96.

97. Anzahl der Beschäftigungsmonate als Artist

Wird nach BFT-Nr. 96 „J" eingegeben, wird auf dem Bildschirm der **BFT-Nr. 97**:

> **„Anzahl der Beschäftigungsmonate als Artist"**

angezeigt.

Einzugeben ist die auf volle Monate aufgerundete Anzahl der Beschäftigungsmonate.

98. Arbeitslohn als Artist

Nach der vorgenannten Eingabe der Anzahl der Beschäftigungsmonate als Artist erscheint der **BFT-Nr. 98**:

> **„Arbeitslohn in diesen Monaten"**

auf dem Bildschirm.

Einzugeben ist der auf volle DM abgerundete Arbeitslohn, den der Artist in diesen Monaten bezogen hat.

99. Beantragung des Werbungskosten-Pauschsatzes als darstellender Künstler

Ist die Eingabe des Arbeitslohns als Artist erfolgt, oder wurde die Frage, ob der Pauschsatz als Artist beantragt wird, verneint, erscheint auf dem Bildschirm der **BFT-Nr. 99**:

> **„Beantragen Sie im VZ den Werbungskosten-Pauschsatz als darstellender Künstler (J oder N)?"**

Entweder ist „J" oder „N" einzugeben. Jede andere Eingabe führt zur erneuten Ausgabe des BFT-Nr. 99.

100. Beantragung des Werbungskosten-Pauschsatzes als Solist

Wird die vorgenannte Frage bejaht, erscheint auf dem Bildschirm der **BFT-Nr. 100**:

„Beantragen Sie im VZ den Werbungskosten-Pauschsatz als Solist (J oder N)?“

Auch diese Frage darf entweder nur mit „J“ oder mit „N“ beantwortet werden, da jede andere Eingabe zur erneuten Ausgabe dieses BFT führt.

101. Anzahl der Beschäftigungsmonate als Solist

Wird die vorgenannte Frage bejaht, wird der **BFT-Nr. 101**:

„Anzahl der Beschäftigungsmonate als Solist“

auf dem Bildschirm ausgegeben.

Einzugeben ist die auf volle Monate aufgerundete Anzahl der Beschäftigungsmonate, in denen der Steuerpflichtige im Veranlagungs (LStJA-) Zeitraum als Solist tätig war.

102. Arbeitslohn als Solist

Nach der Eingabe zum BFT-Nr. 101 erscheint auf dem Bildschirm der **BFT-Nr. 102**:

„Arbeitslohn in diesen Monaten“

Einzugeben ist daraufhin der auf volle DM abgerundete Bruttoarbeitslohn, den der Steuerpflichtige im Veranlagungs-(LStJA) Zeitraum für die Beschäftigungsmonate bezogen hat, in denen er als Solist beschäftigt war.

103. Anzahl der Beschäftigungsmonate als darstellender Künstler in einer Gruppe

Nach der Eingabe des Arbeitslohns als Solist oder nach der Verneinung der Frage, ob der Werbungskosten-Pauschsatz als Solist beantragt wird, wird der **BFT-Nr. 103**:

„Anzahl der Beschäftigungsmonate als darstellender Künstler in einer Gruppe“

auf dem Bildschirm ausgegeben.

Einzugeben ist entweder die auf volle Monate abgerundete Anzahl der Beschäftigungsmonate im Veranlagungs-(LStJA-) Zeitraum, in der der Steuerpflichtige als darstellender Künstler in einer Gruppe, d.h. nicht als Solist, tätig war, oder Null.

104. Arbeitslohn als darstellender Künstler in einer Gruppe

Nach der Eingabe zum vorgenannten BFT-Nr. 103, erscheint der **BFT-Nr. 104**:

„Arbeitslohn in diesen Monaten“

auf dem Bildschirm.

Einzugeben ist entweder der auf volle DM abgerundete Bruttoarbeitslohn, der auf die vorgenannten Beschäftigungsmonate als darstellender Künstler in einer Gruppe entfällt, oder Null.

105. Beantragung des Werbungskosten-Pauschsatzes als hauptberuflich tätiger Musiker

Nach der Eingabe zum BFT-Nr. 104, wird der **BFT-Nr. 105**:

„Beantragen Sie im VZ den Werbungskosten-Pauschsatz als hauptberuflich tätiger Musiker?“

auf dem Bildschirm ausgegeben.

Diese Frage darf nur mit „J“ oder „N“ beantwortet werden. Jede anderweitige Eingabe führt zur erneuten Ausgabe des BFT-Nr. 105.

106. Anzahl der Beschäftigungsmonate als hauptberuflich tätiger Musiker

Wird nach der letztgenannten Eingabe der Werbungskosten-Pauschsatz als hauptberuflich tätiger Musiker beantragt, erscheint der **BFT-Nr. 106**:

„Anzahl der Beschäftigungsmonate als hauptberuflich tätiger Musiker"

auf dem Bildschirm.

Einzugeben ist die auf volle Monate aufgerundete Anzahl der Beschäftigungsmonate, in denen der Steuerpflichtige im Veranlagungs- (LStJA-) Zeitraum als hauptberuflicher Musiker tätig war.

107. Auftreten in einheitlicher Kleidung

Nach Eingabe der Beschäftigungsmonate als hauptberuflich tätiger Musiker erfolgt auf dem Bildschirm die Ausgabe des **BFT-Nr. 107**:

„Tritt Ihre Gruppe in einheitlicher Kleidung auf (J oder N)?"

Auch diese Frage darf entweder nur mit der Eingabe von „J" oder „N" beantwortet werden. Bei jeder anderen Eingabe wird der vorgenannte BFT erneut ausgegeben.

108. Kapellmeister/Leiter

Nach der vorgenannten Eingabe wird der **BFT-Nr. 108**:

„Waren Sie Kapellmeister/Leiter (J oder N)?"

auf dem Bildschirm ausgegeben.

Einzugeben ist daraufhin wiederum entweder „J" oder „N". Nach jeder anderen Eingabe wird dieser BFT wieder ausgegeben.

109. Beantragung des Werbungskosten-Pauschsatzes als Journalist

Nach der vorgenannten Eingabe wird der **BFT-Nr. 109**:

„Beantragen Sie im VZ den Werbungskosten-Pauschsatz als Journalist (J oder N)?"

auf dem Bildschirm ausgegeben.

Eingegeben werden darf nur „J" oder „N", da wiederum jede andere Eingabe zur erneuten Ausgabe dieses BFT führt.

110. Anzahl der Beschäftigungsmonate als Journalist

Wurde die vorgenannte Frage bejaht, erscheint auf dem Bildschirm der **BFT-Nr. 110**:

„Anzahl der Beschäftigungsmonate als Journalist?"

Einzugeben ist die auf volle Monate aufgerundete Anzahl der Beschäftigungsmonate im Veranlagungs- (LStJA-) Zeitraum, in denen der Steuerpflichtige als Journalist tätig war.

111. Arbeitslohn als Journalist

Nach der Eingabe zu BFT-Nr. 110 erscheint der **BFT-Nr. 111**:

„Arbeitslohn in diesen Monaten"

auf dem Bildschirm.

Daraufhin ist der auf volle DM abgerundete Bruttoarbeitslohn einzugeben, den der Steuerpflichtige für die vorgenannten Beschäftigungsmonate als Journalist bezogen hat.

112. Anzeige, falls für die einzelnen Tätigkeiten insgesamt mehr als 12 Beschäftigungsmonate eingegeben wurden oder weitere Bearbeitung

1. Auch durch die Aufrundung auf volle Beschäftigungsmonate dürfen insgesamt nicht mehr als 12 Monate für den Veranlagungs- (LStJA-) Zeitraum eingegeben werden.
Sind insgesamt mehr als 12 Beschäftigungsmonate eingegeben worden, wird die Fehlermeldung:

> **„Mehr als 12 Monate eingegeben. Eingabe unzulässig – Bitte Neueingabe“**

auf dem Bildschirm ausgegeben und die BFT zur Beantragung von Werbungskosten-Pauschsätzen für die vorgenannten Berufsgruppen werden wegen der erforderlichen Neueingaben vollständig wiederholt.

2. Wurden nicht mehr als 12 Monate eingegeben, ermittelt der Rechner die für die einzelne Tätigkeit im Veranlagungs- (LStJA-) Zeitraum abzugsfähigen Werbungskosten-Pauschsätze der jeweiligen Berufsgruppe(n) und gibt das Ergebnis dieser Ermittlung auf dem Bildschirm aus. Danach kehrt der Rechner in das Hauptprogramm zurück und prüft, ob auch für den Ehegatten, mit dem eine Zusammenveranlagung durchzuführen ist, eine Anlage N abgegeben wurde. Ist dies der Fall, wiederholt der Rechner die vorgenannten BFT, soweit sie zur Eingabe der Daten aus der Anlage N des Ehegatten erforderlich sind. Diese Daten sind ebenfalls gemäß den vorstehenden Ausführungen einzugeben.

3. Nach der vollständigen Eingabe der Daten aus der Anlage N des Ehegatten kehrt der Rechner in das Hauptprogramm zurück und prüft, ob nach der Eingabe zu Zeile 50 des ESt-/LStJA-Erklärungsvordrucks Anlagen V (wegen erzielter Einkünfte aus Vermietung und Verpachtung) als Anlagen zu dieser Erklärung eingereicht worden sind.

Ist dies der Fall, wird der Programmablauf mit den nachfolgenden Bedienerführungstexten zur Eingabe der Daten aus der ersten oder jeweils nächsten Anlage V fortgesetzt.

Dazu erscheint zunächst der folgende Hinweistext.

113. Hinweistext zu Beginn der Dateneingabe für die erste oder jeweils nächste Anlage V

Zu Beginn der Bearbeitung der ersten oder – bei Abgabe mehrerer Anlagen V – der jeweils nächsten Anlage V erscheint der **BFT-Nr. 112**:

> **„Nehmen Sie jetzt bitte die Anlage V (erste oder nächste) zur Hand und geben Sie bitte die Daten aus den aufgerufenen Zeilen ein.“**

als Hinweistext auf dem Bildschirm.

III. Eingabe der Daten aus der jeweiligen Anlage V für selbstgenutzte Wohnungen (Tz. 114-175 gelten nur für VZ bis 86)

114. Frage zur Zeile-Nr. 2 der Anlage V

Nach der Ausgabe des vorgenannten Hinweistextes wird der **BFT-Nr. 113**:

> **„Wurde in 8X** (= Veranlagungszeitraum) **eine Eigentumswohnung oder ein(e) Einfamilienhaus oder ein(e) Zweifamilienhaus oder ein(e) andere(s) Haus ausschließlich oder überwiegend nur für eigene Wohnzwecke genutzt (J/N)?"**

auf dem Bildschirm ausgegeben.

Zulässige Eingabe ist entweder „J" oder „N". Jede andere oder andersartige Eingabe führt zur erneuten Ausgabe des BFT-Nr. 113.

115. Frage, ob eigengenutzte(s) Einfamilienhaus (Eigentumswohnung)

Wurde die Frage im letztgenannten BFT bejaht, wird der **BFT-Nr. 114**:

> **„War das ein(e) Einfamilienhaus oder ein(e) Eigentumswohnung (J/N)?"**

auf dem Bildschirm ausgegeben.

Auch diese Frage darf entweder nur mit „J" oder durch Eingabe von „N" beantwortet werden. Jede andere Eingabe führt zur erneuten Ausgabe dieses BFT.

Wurde die vorgenannte Frage bejaht, Fortsetzung mit dem BFT-Nr. 122, Tz. 123 im Unterabschnitt „**Ermittlung des Nutzungswerts der Wohnung im eigenen Haus**".

Wurde die Frage, ob ein eigengenutztes Einfamilienhaus oder eine eigengenutzte Eigentumswohnung vorliegt, verneint, setzt das Programm die Fragen zur Eingabe der Daten aus der jeweiligen Anlage V mit dem BFT-Nr. 115 fort.

116. Zeitpunkt der Stellung des Bauantrags oder des Erwerbs

Wurde die vorgenannte Frage, ob es sich um eigengenutztes Einfamilienhaus oder eine solche Eigentumswohnung handelt, durch die letztgenannte Dateneingabe verneint, kann es sich nur um ein anderes Haus (Zwei- oder Mehrfamilienhaus) handeln, das eigengenutzt wird. In diesem Fall wird der **BFT-Nr. 115**:

> **„Erfolgten für dieses Zweifamilienhaus oder andere(s) Haus Bauantrag, Bestellung oder ein(e) Erwerb vor dem 30.07.81 (J oder N)?"**

auf dem Bildschirm angezeigt.

Zulässige Eingabe ist hier wiederum „J" oder „N".

Jede andere Eingabe führt zur erneuten Ausgabe dieses BFT. Wird „J", eingegeben, Fortsetzung mit der Frage, ob Daten für Zeile-Nr. V29-51 vorhanden sind. Siehe BFT-Nr. 169 bei Tz. 176.

117. Frage nach Vermietung einer Wohnung

Wird die vorgenannte Frage, ob für das Zweifamilienhaus oder das andere Haus Bauantrag, Bestellung oder Erwerb vor dem 30.07.81 erfolgten, verneint, erscheint auf dem Bildschirm der **BFT-Nr. 116**:

> **„Wurde in 8X** (=Veranlagungszeitraum) **mindestens eine Wohnung oder ein(e) anderen als Wohnzwecken dienende Einheit zur dauernden Nutzung vermietet (J/N)?"**

Auch diese Frage darf nur entweder mit „J" oder „N" beantwortet werden, da jede andere Eingabe zur erneuten Ausgabe dieses BFT führt.

Wird diese Frage bejaht, Fortsetzung mit der Frage, ob Daten für Zeile-Nr. V29-51 vorhanden sind. Siehe BFT-Nr. 169 bei Tz. 176.

118. Frage nach der Vermietung innerhalb von sechs Monaten

Wurde die vorgenannte Frage verneint, wird der **BFT-Nr. 117**:

> **„Wurde in 8X** (= Veranlagungszeitraum) **mindestens ein(e) Wohnung oder ein(e) anderen als Wohnzwecken dienende Einheit von Räumen in diesem Haus innerhalb von sechs Monaten nach Fertigstellung oder Anschaffung des Hauses nach Beendigung der Vermietung oder Beendigung der Selbstnutzung zur dauernden Nutzung vermietet (J/N)?"**

auf dem Bildschirm ausgegeben.

Diese Frage ist entweder mit „J" oder „N" zu beantworten, da jede andere Eingabe zur erneuten Ausgabe dieses BFT führt.

Wird die Frage bejaht, gelten hier die letzten beiden Sätze aus Tz. 116 entsprechend.

119. Frage nach der Selbstnutzung als Wohnung oder zu gewerblichen oder beruflichen Zwecken

Wurde die vorgenannte Frage verneint, erscheint auf dem Bildschirm der **BFT-Nr. 118**:

> **„Wurde in 8X** (= Veranlagungszeitraum) **mindestens eine Wohnung oder ein(e) anderen als Wohnzwecken dienende Einheit von Räumen selbst genutzt oder zu gewerblichen zu beruflichen Zwecken selbst genutzt oder zu gewerblichen oder beruflichen Zwecken unentgeltlich überlassen und beträgt der zu gewerblichen oder beruflichen Zwecken genutzte Teil des Hauses mindestens ein Drittel der genannten Nutzfläche des Hauses (J/N)?"**

Auch diese Frage darf entweder nur durch Eingabe von „J" oder „N" beantwortet werden. Jede andere Eingabe führt zur erneuten Ausgabe des oben genannten BFT.

Wird die Frage bejaht, gelten auch hier die beiden letzten Sätze aus Tz. 116 wieder entsprechend.

120. Überlassung einer Wohnung aufgrund eines Leihvertrags

Wurde die durch den vorgenannten BFT gestellte Frage durch Eingabe von „N" verneint, wird der **BFT-Nr. 119**:

> **„Wurde in 8X** (= Veranlagungszeitraum) **mindestens eine Wohnung aufgrund eines Leihvertrags für mindestens ein Jahr unentgeltlich überlassen (J/N)?"**

auf dem Bildschirm angezeigt.

Auch diese Frage darf entweder nur durch Eingabe von „J" bejaht oder durch Eingabe von „N" verneint werden.

Bei jeder anderen Eingabe wird der BFT-Nr. 119 erneut ausgegeben.

Wird diese Frage durch die Eingabe von „N" verneint, Fortsetzung mit dem BFT-Nr. 122, Tz. 123 im „Unterabschnitt": „**Ermittlung des Nutzungswerts im eigenen Haus**"!

121. Anteil der unentgeltlich überlassenen Wohnungsfläche an der Gesamtnutzfläche des Hauses

Wurde die Frage aus BFT-Nr. 119 durch Eingabe von „J" bejaht, erscheint auf dem Bildschirm der **BFT-Nr. 120**:

> **„Anteil der unentgeltlich überlassenen Wohnung an der gesamten Nutzfläche des Hauses in %?"**

Einzugeben ist daraufhin der auf einen vollen Vomhundertsatz (z.B. 33) aufgerundete Anteilssatz der aufgrund eines solchen Leihvertrags unentgeltlich überlassenen Wohnungsfläche an der gesamten Nutzfläche des Hauses.

122. Anzahl der Tage der unentgeltlichen Überlassung aufgrund eines Leihvertrags

Nach der Eingabe des Anteilsatzes der unentgeltlich aufgrund eines Leihvertrags überlassenen Wohnungsfläche an der Gesamtnutzfläche des Hauses wird auf dem Bildschirm der **BFT-Nr. 121**:

> **„An wieviel Tagen wurde in 8X** (= Veranlagungszeitraum) **die Wohnung unentgeltlich überlassen?“**

ausgegeben.

Einzugeben ist die auf volle Tage, maximal 365, aufgerundete Anzahl von Tagen, an denen im Veranlagungszeitraum die unentgeltliche Überlassung aufgrund des Leihvertrages bestand.

Nach dieser Eingabe setzt das Programm in solchen Fällen die Fallbearbeitung im nachfolgenden Unterabschnitt „**Ermittlung des Nutzungswerts der Wohnung im eigenen Haus**“ fort.

Ermittlung des Nutzungswerts der Wohnung im eigenen Haus

Vorbemerkungen zu dieser Ermittlung und zu den hierfür erforderlichen nachfolgenden Dateneingaben

Nach § 21a EStG in der Fassung des Einkommensteuergesetzes 1983 ist der Nutzungswert der Wohnung im eigenen Haus, der nach § 21 EStG zu den Einkünften aus Vermietung und Verpachtung gehört, aufgrund des Einheitswerts zu ermitteln, wenn diese Wohnung sich in einem Einfamilienhaus (einer Eigentumswohnung) befindet, das (die) sein Eigentum ist. Befindet sich die Wohnung des Steuerpflichtigen nicht im eigenen Einfamilienhaus oder einer eigenen Eigentumswohnung, sondern in einem eigenen anderen Haus (Zwei- oder Mehrfamilienhaus), so ist die Ermittlung des Nutzungswertes der Eigenwohnung ebenfalls auf der Grundlage des Einheitswertes nach § 21a EStG durchzuführen, wenn für ein solches Haus

1. der Antrag auf Baugenehmigung bei der Herstellung des Gebäudes oder
2. in Erwerbsfällen der obligatorische Vertrag (z.B. notariell beurkundeter Kaufvertrag) oder der sonstige Rechtsakt rechtswirksam nach dem 30.07.81 geschlossen wurde und
3. der Steuerpflichtige in diesem Haus weder mindestens eine Wohnung noch mindestens eine andere als Wohnzwecken dienende Einheit von Räumen (z.B. Räume für einen Gewerbebetrieb)
   a) zur dauernden Nutzung vermietet hat noch
   b) innerhalb von sechs Monaten nach Fertigstellung oder Anschaffung des Hauses nach Beendigung einer Vermietung oder nach Beendigung der Selbstnutzung zur dauernden Nutzung vermietet und
   c) auch nicht zu gewerblichen oder beruflichen Zwecken selbst nutzt oder zu diesen Zwecken unentgeltlich überläßt oder der zu solchen Zwecken überlassene Teil des Gebäudes nicht mindestens 33 1/3 vom Hundert der gesamten Nutzfläche des Hauses beträgt.

Der Ermittlung des Nutzwertes der Wohnung im eigenen Haus nach § 21a EStG dienen die nachfolgenden BFT und Eingaben.

123. Selbstgenutztes eigenes Zweifamilienhaus oder anderes Haus

Handelt es sich bei dem eigenen Haus, in dem sich die Wohnung des Steuerpflichtigen befindet, nicht um ein Einfamilienhaus oder eine Eigentumswohnung wird der **BFT-Nr. 122**:

„War das ein Zweifamilienhaus (J/N)?"

auf dem Bildschirm angezeigt.

Auch diese Frage darf wieder nur mit „J" bejaht oder durch Eingabe von „N" verneint werden. Jede andere Eingabe führt zur erneuten Ausgabe dieses BFT.

Bei „J" wird vermerkt, daß es sich um ein Zweifamilienhaus, bei „N", daß es sich um ein anderes Haus handelt. In beiden Fällen wird die Fallbearbeitung mit der BFT-Nr. 123 fortgeführt.

124. Gesamte Grundstücksfläche in Quadratmeter

Nach der Eingabe zum vorgenannten BFT erscheint auf dem Bildschirm der **BFT-Nr. 123**:

„Gesamte Grundstücksfläche in qm"

Einzugeben ist die auf volle Quadratmeter abgerundete Anzahl der Quadratmeter der gesamten Grundstücksfläche des Grundstücks, auf dem das eigene Haus errichtet ist (bebaute und unbebaute Grundstücksfläche).

125. Bebaute Grundstücksfläche in Quadratmeter

Nach der Eingabe unter Tz. 124 folgt auf dem Bildschirm der **BFT-Nr. 124**:

„Bebaute Grundstücksfläche in qm"

Auch hier ist die auf volle Quadratmeter abgerundete Quadratmeterzahl der **bebauten** Grundstücksfläche einzugeben.

126. Beginn der Selbstnutzung im Veranlagungszeitraum

Nach der Eingabe der Quadratmeterzahl der bebauten Grundstücksfläche wird der **BFT-Nr. 125**:

„Selbstnutzung ab (z.B. 01.07.86) **in 8X** (= Veranlagungszeitraum)"

auf dem Bildschirm ausgegeben.

Das Beginndatum der Selbstnutzung im Veranlagungszeitraum ist jeweils als achtstellige Zeichenfolge in der Form TT.MM.JJ einzugeben. Jede nicht in dieser Form erfolgte Eingabe oder jede Eingabe eines unzulässigen Tages (z.B. 00 oder größer als 31) oder eines ungültigen Monats (z.B. 00 oder größer als 12) führt zur Ausgabe der Fehlermeldung „**Eingabe unzulässig – Bitte Neueingabe**" und zur erneuten Ausgabe des vorgenannten BFT.

127. Ende der Selbstnutzung im Veranlagungszeitraum

Wurde das Beginndatum in zulässiger Form eingegeben, folgt auf dem Bildschirm die Ausgabe des **BFT-Nr. 126**:

„Selbstnutzung bis (z.B. 01.07.86) **in 8X** (= Veranlagungszeitraum)"

Auch das Eingabedatum des Endes der Selbstnutzung ist als achtstellige Zeichenfolge in der Form TT.MM.JJ einzugeben und wird wie das vorgenannte Beginndatum auf Gültigkeit und Zulässigkeit geprüft.

Jede nicht achtstellige Eingabe und jede Eingabe eines ungültigen Tages- oder Monatsdatums führen auch hier zur Ausgabe der vorgenannten Fehlermeldung und zur erneuten Ausgabe des BFT-Nr. 126.

128. Maßgeblicher Einheitswert

Nach der Eingabe des Endedatums der Selbstnutzung wird auf dem Bildschirm der **BFT-Nr. 127**:

„Maßgeblicher Einheitswert in DM"

ausgegeben.

Einzugeben ist der Einheitswert des selbstgenutzten Grundstücks, der zuletzt vom Finanzamt festgestellt wurde.

Bei Bezug eines Neubaues ist dies der zuerst festgestellte Einheitswert, der auf den Beginn des nächsten Kalenderjahres nach der Bezugsfertigkeit festgestellt wurde.

Z.B. Neubau wurde am 30.09.85 bezogen. Der Einheitswert wurde erstmalig zum 01.01.86 auf 60400 DM festgestellt.

Einzugeben als maßgeblicher Einheitswert sind **60400 DM**.
Die Erhöhung des Einheitswertes auf 140 v.H. nach § 121a Bewertungsgesetz wird vom Programm durchgeführt.

129. Anteil des Einheitswertes, der auf die selbstgenutzten Wohnungen entfällt

Ist die Eingabe des Einheitswertes erfolgt, erscheint auf dem Bildschirm der **BFT-Nr. 128**:

„Vom Einheitswert entfallen auf die Selbstnutzung von Wohnungen in %?"

Daraufhin ist der Vomhundertsatz der selbstgenutzten Wohnfläche zur Gesamtnutzfläche (z.B. 40) einzugeben.

Wird ein Vomhundertsatz von mehr als 100 eingegeben, wird dieser BFT erneut ausgegeben.

130. Anteil des Steuerpflichtigen/Ehemanns am Einheitswert

Nach der Eingabe unter Tz. 129 wird der **BFT-Nr. 129**:

„Vom Einheitswert entfallen auf den Steuerpflichtigen/Ehemann in DM?"

auf dem Bildschirm ausgegeben.

Einzugeben ist der Anteil des Einheitswertes **in DM**, der nach der letzten Einheitswertfeststellung auf den Steuerpflichtigen bzw. bei Zusammenveranlagung auf den Ehemann entfällt.

131. Anteil des Ehegatten am Einheitswert

Nach der Eingabe des Einheitswertanteils des Steuerpflichtigen/Ehemanns prüft das Programm, ob der eingegebene Einheitswertanteil gleich dem maßgeblichen Einheitswert ist. Ist dies nicht der Fall, wird der **BFT-Nr. 130**:

„Vom Einheitswert entfallen auf den Ehegatten in DM?"

auf dem Bildschirm angezeigt.

Einzugeben ist auch hier der Anteil des Einheitswertes in **DM**, der nach der letzten Einheitswertfeststellung auf den Ehegatten entfällt.

Nach der Eingabe dieses Anteils prüft das Programm, ob die Summe der eingegebenen Anteile des Ehemanns und der Ehefrau gleich dem eingegebenen maßgeblichen Einheitswert ist.

Ist dies nicht der Fall, wird der Fehlermeldungstext

> **„Die Anteile entsprechen nicht dem Einheitswert von XX** (= maßgeblicher Einheitswert)"

ausgegeben, und das Programm verzweigt zurück und gibt erneut zunächst den BFT-Nr. 129 und dann den BFT-Nr. 129 für die Eingabe der richtigen Wertanteile aus.

132. Ermittlung des Nutzungswerts der Wohnung im eigenen Haus nach § 21a EStG

Ergeben die eingegebenen Wertanteile des Steuerpflichtigen/Ehemanns und seiner Ehefrau zusammen den maßgeblichen Einheitswert, wird zunächst für den Steuerpflichtigen/Ehemann geprüft, ob er einen Anteil am Einheitswert des selbstgenutzten Grundstücks besitzt. Im Bejahungsfall wird der Programmlauf mit dem nachfolgenden Hinweistext fortgesetzt, der der Beginn einer Routine ist, in der die noch erforderlichen Daten zur Ermittlung des Nutzungswertes der selbstgenutzten Wohnung nach § 21a EStG einzugeben sind.

Nach der Eingabe dieser Daten erfolgt in einer anschließenden Routine die Ermittlung des Grundbetrags nach § 21a EStG. Nachdem für den Steuerpflichtigen/Ehemann der anzusetzende Nutzungswert nach § 21a EStG ermittelt ist, wird geprüft, ob auch für den Ehegatten ein Einheitswertanteil vorhanden ist. Ist dies der Fall, wird die vorgenannte Routine zur Dateneingabe und Ermittlung des Nutzungswertes der Wohnung im eigenen Haus für die Ehefrau noch einmal durchlaufen. Die Bedienerführungstexte für diese Dateneingaben werden nachfolgend beschrieben.

133. Ermittlung und Ausgabe des Grundbetrags nach § 21a, Abs. 1 EStG

Zunächst wird in der vorgenannten Dateneingaberoutine der Hinweistext

> **„Bitte geben Sie die Daten aus Zeile-Nr. V7-V13 für den Steuerpflichtigen/Ehemann bzw. Ehegatten ein."**

auf dem Bildschirm ausgegeben.

Danach wird der Grundbetrag nach § 21a Abs. 1 EStG Sätze 4 und 5 ermittelt und zusammen mit dem Ausgabetext

> **„Der Grundbetrag beträgt für den Steuerpflichtigen/Ehemann bzw. Ehegatten in DM."**

auf dem Bildschirm ausgegeben.

134. Schuldzinsen abzüglich Zinszuschüsse bei Selbstnutzung und Bauantrag vor dem 01.10.82

Nach der Ausgabe des ermittelten Grundbetrags wird der **BFT-Nr. 131**:

> **„Schuldzinsen – Zinszuschüsse für die vollen Monate der Selbstnutzung in 8X** (= Veranlagungszeitraum) **bei Bauantrag oder Baubeginn vor dem 01.10.82 in DM"**

auf dem Bildschirm ausgegeben.

Einzugeben sind entweder die auf volle DM aufgerundeten Schuldzinsen abzüglich erhaltener Zinszuschüsse oder Null. Hierbei sind jedoch nur die um erhaltene Zinszuschüsse geminderte Schuldzinsen einzugeben, die auf die **vollen Monate der Selbstnutzung** im Kj. entfallen (z.B. bei Bezug des selbstgenutzten Hauses am 20.06.86 die auf die Zeit vom 01.07.-31.12.86 entfallenden Schuldzinsen). Zinszuschüsse sind nur Zuschüsse von Dritten (öffentliche oder private Zuschußgeber), die als Zuschüsse zu gezahlten Schuldzinsen gewährt werden, wenn die Schuldzinsen für Darlehen zu zahlen sind, die zum Bau des selbstgenutzten Hauses aufgenommen wurden.

135. Schuldzinsen abzüglich Zinszuschüsse bei Selbstnutzung und Bauantrag nach dem 30.09.82

Nach der Eingabe zu dem vorgenannten BFT erscheint auf dem Bildschirm der **BFT-Nr. 132**:

> „**Schuldzinsen – Zinszuschüsse für die vollen Monate der Selbstnutzung in 8X** (= Veranlagungszeitraum) **bei Bauantrag und Baubeginn nach dem 30.09.82 in DM**"

Einzugeben sind entweder die auf volle DM aufgerundeten Schuldzinsen abzüglich enthaltener Zinszuschüsse oder Null.

Wegen der Ermittlung und des Begriffs der Schuldzinsen und Zinszuschüsse Hinweis auf die Erläuterungen im letzten Absatz zum vorangegangenen BFT-Nr. 131, die auch hier gelten. Wurden sowohl nach dem BFT-Nr. 131 als auch nach BFT-Nr. 132 Schuldzinsen von mehr als 0 DM eingegeben, wird der Fehlerhinweistext

> **„Schuldzinsen – Zinszuschüsse nach Zeile-Nr. V7 + V8 eingegeben, Eingabe unzulässig – Bitte Neueingabe"**

auf dem Bildschirm angezeigt.

Danach werden erneut der BFT-Nr. 131 und danach der BFT-Nr. 132 ausgegeben, und die zu diesen BFT gehörenden richtigen Eingaben sind vorzunehmen.

136. Nachholbarer Schuldzinsenabzug nach § 21a Abs. 4 Satz 2 EStG

Handelt es sich um ein selbstgenutztes Haus, für das der Bauantrag nach dem 30.09.82 gestellt oder mit dessen Bau nach diesem Zeitpunkt begonnen wurde und um einen Veranlagungszeitraum, der nach 1984 liegt, wird nach der Eingabe der um die Zinszuschüsse geminderten Schuldzinsen der **BFT-Nr. 133**:

> „**Nachholbare Schuldzinsen – Zinszuschüsse aus 8X** (= drittes Jahr vor dem Veranlagungszeitraum = Bezugsjahr des selbstgenutzten Hauses)"

auf dem Bildschirm ausgegeben.

Konnten im Bezugsjahr neben den Schuldzinsen, die nach § 21a Abs. 3 Nr. 1 EStG bis zum Grundbetrag abzugsfähig waren, Schuldzinsen nicht bis zu weiteren 10000 DM nach § 21a Abs. 4 EStG abgesetzt werden, weil die Schuldzinsen im Bezugsjahr noch nicht in voller Höhe angefallen sind, so kann dieser erhöhte Schuldzinsenabzug im Drittjahr nach dem Bezugsjahr bis zu insgesamt 10000 DM nachgeholt werden. Einzugeben ist entweder der Nachholungsbetrag oder Null.

Beispiel

Für ein selbstgenutztes Einfamilienhaus, für das der Bauantrag im Oktober 1982 gestellt und das ab 01.10.83 genutzt wurde, fielen in

1983	4000 DM
1984	16000 DM
1985	15000 DM
1986	14000 DM

Schuldzinsen an.

Der Einheitswert des Hauses wurde zum 01.01.1984 auf festgestellt.	60000 DM

Abzugsfähig waren nach § 21a Abs. 3 Nr. 1 und Abs. 4 EStG in
Abs. 3 Nr. 1 und Abs. 4 EStG in

1983	210	3790 DM
1984	840	10000 DM
1985	840	10000 DM

Nachholbar und einzugeben sind im Veranlagungszeitraum 1986
(10000-3790) = 6210 DM

137. Erhöhte Absetzung nach § 7b EStG

Nach der Eingabe der Schuldzinsen (bei Bauantrag vor dem 01.10.82) oder der nachholbaren Schuldzinsen (bei Bauantrag nach dem 30.09.82) wird der **BFT-Nr. 133**:

„Beanspruchen Sie erhöhte Absetzung nach § 7b EStG (J oder N)?“

auf dem Bildschirm ausgegeben.

Einzugeben ist entweder „J“ oder „N“.

138. Eigentumswohnung/Ein- oder Zweifamilienhaus im Inland

Wird die Frage im vorgenannten BFT durch Eingabe von „J“ bejaht, erscheint auf dem Bildschirm der **BFT-Nr. 134**:

„Liegt die/das Eigentumswohnung/Ein- oder Zweifamilienhaus im Inland (J oder N)?“

Einzugeben ist hier wiederum „J“ oder „N“.

Jede andere Eingabe führt zur erneuten Ausgabe dieses BFT.

139. Beruflich oder gewerblich genutzter Anteil des Hauses

Wurde die Frage des BFT-Nr. 134 durch Eingabe von „J“ bejaht, wird der **BFT-Nr. 135**:

„Anteil an der gesamten Nutzfläche des Hauses, der zu gewerblichen oder beruflichen Zwecken dient“

auf dem Bildschirm ausgegeben.

Einzugeben ist der **Vomhundertsatz**, zu dem die Gesamtnutzfläche des Hauses beruflichen oder gewerblichen Zwecken dient oder Null.

Beispiel

Die Gesamtnutzfläche eines selbstgenutzten Einfamilienhauses beträgt	150 qm
Davon werden	45 qm
für eigenberufliche Zwecke (z.B. als Arztpraxis) genutzt.	
Einzugeben ist (der Vomhundertsatz)	30

140. Erwerbsvorgänge, die § 7b EStG ausschließen

Beträgt der Anteil der gewerblichen oder beruflichen Nutzung nach dem zum BFT-Nr. 135 eingegebenen Vomhundertsatz weniger als ein Drittel der Gesamtnutzfläche des Hauses, wird der **BFT-Nr. 136**:

„War das ein(e) Anschaffung vom Ehegatten oder eine Anschaffung in Form eines Tauschs oder ein Rückkauf (J oder N)?“

auf dem Bildschirm ausgegeben.

Diese Frage wird wegen der Ausschlußsachverhalte für die Inanspruchnahme erhöhter Absetzungen nach § 7b Abs. 1 Nr. 1-3 EStG gestellt.

Sie ist in den nachgenannten Fällen durch Eingabe von „J“ zu beantworten:

1. Wenn die selbstgenutzte Eigentumswohnung oder das selbstgenutzte Ein- oder Zweifamilienhaus vom Ehegatten nach dem 29.07.81 angeschafft wurde und die Ehegatten entweder zusammen oder getrennt veranlagt werden oder
2. nach dem in Nr. 1 genannten Zeitpunkt das Objekt von einem Veräußerer angeschafft wurde, dem in zeitlichem Zusammenhang mit dieser Anschaffung eine Eigentumswohnung, ein Ein- oder Zweifamilienhaus veräußert wurde, die (das) dem Steuerpflichtigen oder seinem mit ihm zusammen oder getrennt veranlagten Ehegatten gehörte oder
3. das in Nr. 1 genannte Objekt nach einer früheren Veräußerung, die entweder durch den Steuerpflichtigen oder seinem mit ihm zusammen oder getrennt veranlagten Ehegatten erfolgte, zurückerworben d.h. wieder angeschafft wurde.

Liegen solche Erwerbe einem selbstgenutzten Objekt nicht zugrunde oder sind die in Nr. 1 aufgeführten zeitlichen Voraussetzungen nicht erfüllt, ist „N“ einzugeben.

141. § 7b EStG seit 1964 schon beansprucht?

Wurde die Frage im vorgenannten BFT durch Eingabe von „N“ verneint, erscheint auf dem Bildschirm der **BFT-Nr. 137**:

> **„Wurde seit 1964 schon § 7b EStG für ein(e) Eigentumswohnung/Ein- oder Zweifamilienhaus beansprucht (J oder N)?“**

Auch hier darf nur entweder „J“ oder „N“ eingegeben werde, da jede andere Eingabe zur erneuten Ausgabe dieses BFT führt.

142. § 7b für ein Folgeobjekt

Wurde die Frage aus BFT-Nr. 137 durch Eingabe von „J“ bejaht, wird auf dem Bildschirm der **BFT-Nr. 138**:

> **„War das ein Folgeobjekt (J oder N)?“**

ausgegeben.

Auch hier ist entweder die Eingabe „J“ im Bejahungsfall oder die Eingabe „N“ im Verneinungsfall einzugeben.

Die Frage ist vom Steuerpflichtigen zu bejahen, wenn das begünstigte Objekt (Eigentumswohnung/Ein- oder Zweifamilienhaus), für das er seit 1964 erneut erhöhte Absetzungen nach § 7b EStG beansprucht, deshalb ein Folgeobjekt ist, weil er das Erstobjekt noch vor Ablauf des achtjährigen Begünstigungszeitraums nach § 7b EStG veräußert hat, und er das Folgeobjekt innerhalb eines Zeitraums von zwei Jahren vor und drei Jahren nach Ablauf des Veranlagungszeitraums, in dem ihm das Erstobjekt letztmalig steuerlich zugerechnet wurde, angeschafft oder hergestellt hat.

Beispiel

Ein Steuerpflichtiger hat in 1982 in Essen ein selbstgenutztes Einfamilienhaus, das er herstellen ließ, bezogen und bis 1985 bewohnt und in den Veranlagungszeiträumen 1982 bis 1985 auch für dieses Erstobjekt erhöhte Absetzungen nach § 7b EStG beansprucht.

Im Laufe des Kj. 1985 veräußert er dieses Objekt, weil er nach München versetzt wurde.

In 1986 errichtet er in der Umgebung von München ein weiteres Einfamilienhaus, das er Ende 1986 mit seiner Familie bezieht. Das in 1986 errichtete und bezogene Einfamilienhaus ist im Sinne des § 7b EStG Abs. 5 ein Folgeobjekt, für das er ab 1986 noch für vier Jahre (8 Jahre Begünstigungszeitraum nach § 7b Abs. 1 EStG abzüglich 4 Jahre davon verbraucht durch Erstobjekt) erhöhte Absetzungen nach § 7b EStG beanspruchen kann.

143. Anschaffung oder Baubeginn vor dem 30.07.1981

Nach der verneinenden Antwort zum vorletzten oder der (bejahenden oder verneinenden) Antwort zum letztgenannten BFT erscheint auf dem Bildschirm der **BFT-Nr. 139**:

> **„Wurde die/das Eigentumswohnung/Ein- oder Zweifamilienhaus vor dem 30.07.81 angeschafft oder begonnen (J/N)?“**

Einzugeben ist entweder „J“ oder „N“.

Jede andere Eingabe führt zur erneuten Ausgabe dieses BFT.

144. Begünstigte Anschaffungs- oder Herstellungskosten abzüglich Zuschüsse

Nach der vorgenannten Eingabe mit „J“ oder „N“, wird der **BFT-Nr. 140**

> **„Begünstigte Anschaffungs-, Herstellungskosten – Zuschüsse bis Ende 8X** (= Veranlagungszeitraum) **oder Restwert in DM“**

auf dem Bildschirm ausgegeben.

Einzugeben sind die bis zum Ende des jeweiligen Veranlagungszeitraums angefallenen (nicht bezahlten) Anschaffungs- oder Herstellungskosten des selbstgenutzten Hauses.

Bei Anschaffungen eines bebauten Grundstücks mit einem begünstigten Gebäude sind nur die anteilig auf das Gebäude entfallenden Anschaffungskosten einzugeben. Vom Gesamtkaufpreis sind deshalb die auf den Grund und Boden entfallenden anteiligen Anschaffungskosten vor der Eingabe abzusetzen. Abzusetzen sind auch etwaige Baukostenzuschüsse, die von Dritten (z.B. von öffentlichen Zuschußgebern) zur Anschaffung oder Errichtung des begünstigten Objekts gewährt worden sind.

Beispiel

Im Dezember 1986 wurde ein Einfamilienhaus, für das der Bauantrag im Jahre 1983 gestellt und das in diesem Jahr fertiggestellt wurde, für	250 000 DM
erworben. Vom Gesamtpreis entfallen 30% auf den Grund und Boden.	75 000 DM
Einzugeben sind als Anschaffungskosten des begünstigten Objekts	175 000 DM

Anmerkung

Ein **Restwert** darf bei einem selbstgenutzten Haus, dessen Nutzungswert nach § 21a EStG aufgrund des Einheitswertes ermittelt wird, **nicht eingegeben** werden, da bei dieser Ermittlungsmethode nach Ablauf des achtjährigen Begünstigungszeitraums für die erhöhten Absetzungen nach § 7b EStG eine Restwertabschreibung nicht mehr abzugsfähig ist.

145. Restwert für die Restwertabschreibung

Nach der Eingabe unter BFT-Nr. 140 erscheint auf dem Bildschirm der **BFT-Nr. 141**:

> **„War das ein Restwert für die Restwertabschreibung (J oder N)?“**

Diese Frage ist **immer** durch Eingabe von „N“ zu verneinen, da bei der Eingabe von „J“ die Restwertabschreibung mit 2,5 v.H. vom eingegebenen Restwert berechnet würde, diese Abschreibung bei der Ermittlung des Nutzungswerts eines selbstgenutzten Hauses nach § 21 EStG aber nicht abzugsfähig ist. Siehe hierzu die Anmerkung im letzten Absatz zu BFT-Nr. 140 bei Tz. 144.

Wird „N“ eingegeben, wird entweder die § 7b-Absetzung von den eingegebenen Anschaffungs- oder Herstellungskosten oder, falls diese höher sind als der für die erhöhten AfA zulässige Höchstbetrag (150000 bzw. 200000 für Eigentumswohnungen/Einfamilienhäuser oder 200000 bzw. 250000 DM für Zweifamilienhäuser) von dem jeweils maßgeblichen Höchstbetrag berechnet.

Danach setzt das Programm den Ablauf mit dem später folgenden BFT-Nr. 150 (Tz. 176) fort.

Siehe hierzu die Ausführungen zu diesem BFT.

146. Erhöhte Absetzung nach § 15 Berlin-Förderungsgesetz

Wurde die Frage in dem BFT-Nr. 133 durch Eingabe von „N" verneint, erscheint auf dem Bildschirm der **BFT-Nr. 142**:

„Beanspruchen Sie erhöhte Absetzung nach § 15 Berlin-FG (J oder N)?"

Wird diese Frage durch Eingabe von „J" beantwortet, setzt das Programm den Ablauf mit der Ausgabe des BFT-Nr. 143 fort.

Bei der Eingabe von „N" wird der später folgende und beschriebene BFT-Nr. 150 auf dem Bildschirm ausgegeben.

Siehe hierzu die Ausführungen zum BFT-Nr. 150.

147. Objekt in Berlin (West)

Nach der Eingabe von „J" nach der vorgenannten Frage wird auf dem Bildschirm der **BFT-Nr. 143**:

„Liegt das Objekt in Berlin (West) (J oder N)?"

ausgegeben.

Eingegeben werden darf entweder nur „J" oder nur „N", da jede andere Eingabe zur erneuten Ausgabe dieses BFT führt.

Wird die Frage durch Eingabe von „N" verneint, setzt das Programm den Ablauf mit dem BFT-Nr. 150 fort. Siehe hierzu die entsprechenden Ausführungen zu diesem BFT.

148. Anteil der Wohnfläche an der Gesamtnutzfläche des Hauses

Wird die Frage zu dem BFT-Nr. 143 durch Eingabe von „J" bejaht, prüft das Programm zunächst, ob es sich bei dem begünstigten Objekt um ein(e) Eigentumswohnung/Ein- oder Zweifamilienhaus handelt.

Ist dies der Fall, wird der Programmablauf mit dem später folgenden BFT-Nr. 145 fortgesetzt.

Handelt es sich dagegen um ein anderes Haus im Sinne des § 21a (kein(e) Eigentumswohnung/Ein- oder Zweifamilienhaus) wird der **BFT-Nr. 144**:

„Anteil an der Gesamtnutzfläche des Hauses, der Wohnzwecken dient in %"

auf dem Bildschirm angezeigt.

Einzugeben ist daraufhin der – auf zwei Stellen nach dem Dezimalpunkt aufgerundete – Vomhundertsatz des Anteils der Wohnzwecken dienenden Nutzfläche im Verhältnis zur Gesamtnutzfläche des Hauses.

Ist der eingegebene Vomhundertsatz kleiner als 66,67, setzt das Programm den Ablauf mit dem später beschriebenen BFT-Nr. 150 fort.

149. Errichtung im steuerbegünstigten/freifinanzierten Wohnungsbau

Wurde aufgrund des vorgenannten BFT ein Vomhundertsatz eingegeben, der größer als

66,66 ist, oder handelt es sich um ein(e) selbstgenutzte(s) Eigentumswohnung/Ein- oder Zweifamilienhaus, erscheint auf dem Bildschirm der **BFT-Nr. 145**:

„Wurde es im steuerbegünstigten/freifinanzierten Wohnungsbau errichtet und dient es mehr als 3 Jahre zu mehr als 80% Wohnzwecken (J oder N)?“

Einzugeben ist entweder „J“ oder „N“, da jede andere Eingabe zur erneuten Ausgabe dieses BFT führt.

150. Ansatz der Absetzung wie im Vorjahr

Nach der Eingabe zum BFT-Nr. 145 mit „J“ oder „N“ wird zunächst in beiden Fällen der **BFT-Nr. 146**:

„Ist die Absetzung wie im Vorjahr anzusetzen (J/N)?“

auf dem Bildschirm ausgegeben.

Wird diese Frage durch Eingabe von „J“ bejaht, wird der Programmablauf mit der Ausgabe des nachfolgenden BFT-Nr. 147 fortgesetzt. Wurde sowohl nach dem vorletzten als auch nach dem letzten BFT „N“ eingegeben, wird der Programmablauf mit dem später beschriebenen BFT-Nr. 148 fortgesetzt. Wurde dagegen die Frage im vorletzten BFT-Nr. 144 durch Eingabe von „J“ bejaht, aber die Frage im BFT-Nr. 145 durch Eingabe von „N“ verneint, erscheint auf dem Bildschirm der später erläuterte BFT-Nr. 149.

151. Absetzungsbetrag im Vorjahr

Wurde die im vorgenannten BFT aufgeführte Frage nach dem Ansatz der Vorjahres-Absetzung durch Eingabe von „J“ bejaht, wird der **BFT-Nr. 147**:

„Absetzung für Abnutzung im Vorjahr in DM?“

auf dem Bildschirm ausgegeben.

Einzugeben ist daraufhin der auf volle DM aufgerundete Absetzungsbetrag, der nach der Vorjahresveranlagung vom Finanzamt anerkannt wurde. Nach dieser Eingabe wird der Programmablauf mit dem später erläuterten BFT-Nr. 150 fortgesetzt.

152. Anschaffungs- oder Herstellungskosten-Zuschüsse bis zum Ende des Veranlagungszeitraums

Wurde das Objekt, für das erhöhte Absetzung nach § 15 Berlin-Förderungsgesetz beansprucht wird, nicht im steuerbegünstigten/freifinanzierten Wohnungsbau errichtet oder diente es nicht mehr als drei Jahre zu mehr als 80% Wohnzwecken und soll die Absetzung nicht wie im Vorjahr angesetzt werden, wird auf dem Bildschirm der **BFT-Nr. 148**:

„Anschaffungs-/Herstellungskosten-Zuschüsse bis Ende 8X (= Veranlagungszeitraum) **in DM?“**

ausgegeben.

Einzugeben sind daraufhin die bis zum Ende des angezeigten Veranlagungszeitraums entstandenen Anschaffungs- oder Herstellungskosten abzüglich etwaiger von Dritten erhaltener Baukostenzuschüsse.

Nach der Eingabe dieser Kosten prüft das Programm, ob das Haus im Veranlagungszeitraum oder in einem der beiden Veranlagungszeiträume, die dem Veranlagungszeitraum vorangingen erbaut wurde.

Trifft dies zu, wird die Jahresabsetzung mit 10 v.H. der eingegebenen Kosten berechnet. In den darauf folgenden 10 Jahren wird die AfA mit jeweils 3 v.H. dieser Kosten berechnet.

Die Restwertabschreibung mit 2,5 v.H. des Restwertes (= hälftige Anschaffungs- oder Herstellungskosten) wird nur berechnet, wenn es sich nicht um ein selbstgenutztes Haus handelt.

Das Programm setzt nach der Berechnung des AfA-Jahresbetrags den Ablauf mit dem später beschriebenen BFT-Nr. 150 fort.

153. Absetzungssatz nach § 14a, 15 Berlin-Förderungsgesetz

Wurde das Objekt, für das die erhöhte Absetzung nach § 15 Berlin-Förderungsgesetz beansprucht wird, im steuerbegünstigten/freifinanzierten Wohnungsbau errichtet und diente es mehr als 3 Jahre zu mehr als 80% Wohnzwecken, soll aber die Absetzung nicht wie im Vorjahr angesetzt werden, erscheint auf dem Bildschirm der **BFT-Nr. 149**:

„AfA-Satz nach § 14A, 15 Berlin-Fördg.-Gesetz in %“

Einzugeben ist der gewählte AfA-Satz für diese erhöhte Absetzung, wobei folgendes gilt:

Bei Mehrfamilienhäusern in Berlin (West), die zu mehr als 66,43 v.H. Wohnzwecken dienen und die vom Steuerpflichtigen entweder selbst hergestellt wurden oder nach dem 31. Dezember 1978 fertiggestellt und spätestens im Jahr der Fertigstellung vom Steuerpflichtigen angeschafft wurden oder **bei in Berlin (West) gelegenen Ein- oder Zweifamilienhäusern oder Eigentumswohnungen**, die angeschafft oder hergestellt wurden, können entweder

1.) im Jahr der Fertigstellung oder Anschaffung und in dem darauffolgenden Jahr jeweils **bis zu 10 v.H.** und in den weiteren 10 Jahren jeweils **bis zu 3 v.H.** der Herstellungs- oder Anschaffungskosten nach § 14a bzw. § 15 Berlin-Förderungsgesetz abgeschrieben werden oder es können statt dessen

2a) **bei Mehrfamilienhäusern in Berlin (West)**, die im steuerbegünstigten oder freifinanzierten Wohnungsbau errichtet sind und zu mehr als 80 v.H. Wohnzwecken dienen in den ersten drei Jahren erhöhte Absetzungen bis zu insgesamt 50 v.H. der Anschaffungs- oder Herstellungskosten oder der Ausbau- oder Erweiterungskosten an solchen Gebäuden vorgenommen werden (§ 14a Berlin-Förderungsgesetz) oder

2b) **bei Ein- oder Zweifamilienhäusern oder Eigentumswohnungen in Berlin (West)**, die im steuerbegünstigten oder freifinanzierten Wohnungsbau errichtet sind können in den ersten drei Jahren bis zu insgesamt 50 v.H. der Herstellungskosten abgesetzt werden (§ 15 Berlin-Förderungsgesetz).

154. Anschaffungs- oder Herstellungskosten-Zuschüsse bis zum Ende des Veranlagungszeitraums

Nach der Eingabe des AfA-Satzes erscheint auf dem Bildschirm wieder der im vorletzten Abschnitt erläuterte **BFT-Nr. 148**:

„Anschaffungs-, Herstellungskosten- Zuschüsse bis Ende 8X (= Veranlagungszeitraum) **in DM?“**

Wegen der Eingabe wird auf die Erläuterungen zu diesem BFT verwiesen, die für diese Eingabe ebenfalls gelten. Nach dieser Eingabe ermittelt das Programm die erhöhte Jahresabsetzung aufgrund der mit dieser Eingabe eingegebenen Kosten und des vorher eingegebenen AfA-Satzes. Danach wird der Programmablauf mit der nachfolgenden BFT-Ausgabe fortgesetzt.

155. Erhöhte Absetzung nach § 82a-i EStDV

Nach der letzten Eingabe zur Ermittlung der erhöhten Absetzung nach § 7b EStG oder §§ 14a, 15 Berlin-Förderungsgesetz wird der **BFT-Nr. 150**:

„Beanspruchen Sie erhöhte Absetzung nach § 82a-i EStDV (J oder N)?“

auf dem Bildschirm ausgegeben.

Einzugeben ist entweder „J“ oder „N“.

Welche Aufwendungen für solche erhöhten Aufwendungen nach § 82a, g und i EStDV, insbesondere bei Veranlagungen für Zeiträume ab dem Kalenderjahr 1985 noch in Betracht kommen, ergibt sich aus der Anleitung zur Anlage V, die dem amtlichen Vordruck Anlage V in Teil 1 des Buches beigefügt ist. In dem mit **Zeilen 11 und 47** überschriebenen Abschnitt sind die begünstigten Maßnahmen im einzelnen aufgeführt.

Von besonderer Bedeutung bei selbstgenutzten Häusern sind die in § 82a EStDV genannten erhöhten Absetzungen auf Herstellungskosten bestimmter Energiemaßnahmen.

Danach sind erhöht absetzungsfähig die Herstellungskosten für den

1. Anschluß an die Fernwärmeversorgung, wenn das Gebäude vor dem 01.07.83 fertiggestellt worden ist und die Maßnahme vor dem 01.01.88 abgeschlossen wird. Erfolgte der Anschluß zusammen mit der Errichtung des Gebäudes nach dem 01.07.83, entfällt die Begrenzung auf diesen Fertigstellungszeitpunkt.
2. Einbau von Wärmepumpenanlagen, Solaranlagen und Wärmerückgewinnungsanlagen sowie die Errichtung von Windkraft- und von Biogasanlagen, und zwar unabhängig vom Zeitpunkt der Gebäudefertigstellung, d.h. auch bei Neubauten, wenn die Maßnahmen vor dem 01.01.88 abgeschlossen werden.

Die erhöhten Absetzungen können bei selbstgenutzten Häusern, deren Nutzungswert nach § 21a EStG ermittelt wird, anstelle der erhöhten Absetzungen nach § 7b EStG vorgenommen werden. Diese erhöhten Absetzungen können im Jahr der Herstellung und in den folgenden 9 Jahren jährlich jeweils bis zu 10 v.H. der Herstellungskosten vorgenommen werden. Nach Ablauf des zehnjährigen Begünstigungszeitraums ist eine Restwertabschreibung nicht mehr bei der Nutzungswertermittlung nach § 21a EStG zu berücksichtigen. Von besonderer Bedeutung bei der Nutzungswertermittlung des selbstgenutzten Hauses nach § 21a EStG ist jedoch, daß nach § 82a Abs. 3 EStDV Aufwendungen für Maßnahmen der vorbezeichneten Art, auch wenn sie Erhaltungsaufwendungen sind, im Rahmen der Ermittlung des Nutzungswertes des selbstgenutzten Hauses mit jährlich 10 v.H. des Aufwandsbetrages abzugsfähig sind, wenn diese genannten Maßnahmen erstmalig durchgeführt werden, z.B. zusammen mit einer Öl- und Gaszentralheizung oder zur Ergänzung einer vorhandenen Heizungsanlage erstmals eingebaut werden.

Die gleichmäßige Verteilung des Aufwands beginnt im Jahr des Abschlusses der Arbeiten unabhängig vom Jahr der Rechnungserteilung oder Bezahlung. Betragen die Aufwendungen – ohne die darin enthaltene Umsatzsteuer – nicht mehr als 500 DM, können sie im Jahr des Abschlusses der Arbeiten sofort vom Grundbetrag nach § 21a EStG abgezogen werden.

156. Vorjahresabsetzung nach § 82a-i EStDV

Wird nach Ausgabe des BFT-Nr. 150 die Eingabe mit „J“ beantwortet, erscheint auf dem Bildschirm der **BFT-Nr. 151**:

„Ist die Absetzung wie im Vorjahr anzusetzen (J/N)?“

Diese Frage ist entweder mit „J“ oder mit „N“ zu beantworten. Jede andere Eingabe führt zur erneuten Ausgabe dieses BFT.

157. Erhöhte Absetzung nach § 82a EStDv

Wurde durch Eingabe von „N“ verneint, daß die Absetzung nach § 82a-i EStDV wie im Vorjahr anzusetzen ist, wird der **BFT-Nr. 152**:

> **„Beantragen Sie erhöhte Absetzungen für bestimmte Anlagen oder Einrichtungen nach § 82a EStDV (J oder N)?“**

auf dem Bildschirm ausgegeben.

Einzugeben ist wieder entweder „J“ oder „N“.

Bevor die Eingabe erfolgt, sollten die zum BFT-Nr. 150 zu § 82a EStDV gegebenen Erläuterungen erneut durchgelesen werden, damit Sie sich noch einmal vergewissern, für welche Maßnahmen solche erhöhten Absetzungen zulässig sind.

Bei der Eingabe von „N“ wird der Programmablauf mit dem später beschriebenen BFT-Nr. 160, Tz. 165, fortgesetzt.

158. Fertigstellung des Einbaus nach dem 30.06.78 und vor dem 01.07.83

Wird als Antwort auf den BFT-Nr. 152 „J“ eingegeben, wird auf dem Bildschirm der **BFT-Nr. 153**:

> **„Ist der Einbau nach dem 30.06.78 und vor dem 01.07.83 fertiggestellt worden (J oder N)?“**

auf dem Bildschirm angezeigt.

Einzugeben ist nur „J“ oder „N“.

Jede andere Eingabe führt zur erneuten Ausgabe dieses BFT. Wird „N“ eingegeben, prüft das Programm, ob es sich um den Bearbeitungsfall der Berechnung des Nutzungswertes für eine selbstgenutzte Eigentumswohnung oder ein selbstgenutztes Haus handelt.

Ist dies **nicht** der Fall, wird der Programmablauf mit der Ausgabe des BFT „Ist die Absetzung wie im Vorjahr anzusetzen (J/N)?“ fortgesetzt.

Handelt es sich dagegen um einen Bearbeitungsfall zur Ermittlung eines Nutzungswertes nach § 21a EStG für ein selbstgenutztes Haus oder eine selbstgenutzte Eigentumswohnung, prüft das Programm, ob bei der vorangegangenen Bearbeitung dieses Falles erhöhte Absetzungen nach § 7b EStG berücksichtigt wurden.

Wurden solche Absetzungen berücksichtigt, wird der vorseitig erläuterte Programmablauf ab dem BFT-Nr. 134 „Liegt die/das Eigentumswohnung/Ein- oder Zweifamilienhaus im Inland (J/N)?“ wiederholt, damit eine **erneute Berechnung der erhöhten Absetzung nach § 7b EStG unter Berücksichtigung der Einbaukosten** (für die erhöhte Absetzung nach § 82a EStDV begehrt wurde, aber wegen der Fertigstellung der Maßnahme entweder vor dem 30.06.78 oder nach dem 01.07.83 nicht gewährt werden kann) **durchgeführt** wird.

Wurde bei einem Bearbeitungsfall zur Ermittlung des Nutzungswertes nach § 21a EStG statt der erhöhten Absetzung die erhöhte Absetzung nach §§ 14a, 15 Berlin-Förderungsgesetz berücksichtigt, wird der vorseitig beschriebene BFT-Nr. 143 wiederholt, damit eine **nochmalige Berechnung der erhöhten Absetzung nach §§ 14a, 15 Berlin-Förderungsgesetz** unter Berücksichtigung der Einbaukosten (für die § 82a EStDV begehrt wurde, aber wegen der vorgenannten zeitlichen Begrenzung nicht gewährt werden kann) vorgenommen wird.

Wurde bei der Ermittlung des Nutzungswerts der selbstgenutzten Wohnung im eigenen Haus weder die erhöhte Absetzung nach § 7b EStG noch die nach §§ 14a, 15 Berlin-Förderungsgesetz beansprucht, wird der Programmablauf mit dem später beschriebenen BFT-Nr. 162, Tz. 167, fortgesetzt.

159. Einbauten nach der Anlage 7 zur EStDV

Wird durch Eingabe von „J“ auf den vorgenannten BFT bejaht, daß der Einbau der begünstigten Maßnahme zwischen dem 30.06.1978 und dem 01.07.1983 erfolgte, erscheint auf dem Bildschirm der **BFT-Nr. 154**:

„Ist der Einbau in der Anlage 7 zur EStDV enthalten (J oder N)?“

Auch hier darf die Frage entweder mit „J“ oder mit „N“ beantwortet werden.

Vor dieser Eingabe sollte der nachgenannte Katalog der Anlage 7 zur EStDV durchgelesen werden.

Verzeichnis der Anlagen und Einrichtungen im Sinne des § 82a Abs. 1 (Anlage 7 zur) EStDV

1. Wohnungsabschluß mit oder ohne Vorraum in der Wohnung.
2. Kochraum mit Entlüftungsmöglichkeiten, Wasserzapfstelle und Spülbecken, Anschlußmöglichkeiten für Kohle-, Gas- oder Elektroherd, entlüftbare Speisekammer oder entlüftbarer Speiseschrank.
3. Neuzeitliche sanitäre Anlagen.
4. Ein eingerichtetes Bad oder eine eingerichtete Dusche je Wohnung sowie Waschbekken.
5. Anschlußmöglichkeit für Ofen oder gleichwertiges Heizgerät.
6. Elektrische Brennstellenanschlüsse und Steckdosen.
7. Heizungs- und Warmwasseranlagen.
8. Fahrstuhlanlagen bei Gebäuden mit mehr als vier Etagen.
9. Anschlüsse an die Kanalisation und an die Wasserversorgung.
10. Umbau von Fenstern und Türen.

Nach der Eingabe von „J“ wird der Programmablauf mit der Ausgabe des später beschriebenen BFT-Nr. 156, Tz. 161, nach der Eingabe von „N“ mit der Ausgabe des BFT-Nr. 155, Tz. 160, fortgesetzt.

160. Lärm- oder Wärmeschutzmaßnahme oder Anschluß an die Fernwärmeversorgung

Wurde nach Ausgabe des BFT-Nr. 154 die gestellte Frage durch „N“ verneint, wird der **BFT-Nr. 155**:

„Ist der Einbau eine Lärm- oder Wärmeschutzmaßnahme oder ein Anschluß an die Fernwärmeversorgung (J/N)?“

auf dem Bildschirm ausgegeben.

Einzugeben ist auch hier entweder nur „J“ oder „N“.

161. Herstellung des Gebäudes vor dem 01.01.1961

Wurde nach Ausgabe des vorgenannten BFT oder des vorseitig beschriebenen BFT-Nr. 154 „J“ eingegeben, wird der **BFT-Nr. 156**:

„Ist der Einbau in ein Gebäude erfolgt, das vor dem 01. Januar 1961 hergestellt wurde (J oder N)?“

auf dem Bildschirm ausgegeben.

Ist dies der Fall, ist „J“, sonst ist „N“ einzugeben.

Jede andere Eingabe führt zur erneuten Ausgabe dieses BFT. Wird die gestellte Frage durch „N“ beantwortet, setzt der Rechner, ohne eine erhöhte Absetzung nach § 82a EStDV zu berechnen, den Programmablauf wie zum BFT-Nr. 153 bei der Eingabe von „N“ beschrieben fort.

Wird „J“ eingegeben, wird der Programmablauf mit der Ausgabe des nachfolgenden BFT fortgesetzt.

162. Förderung des Einbaus mit Investitionszulage

Wurde vorgenannte BFT-Abfrage durch Eingabe von „J“ beantwortet, erscheint auf dem Bildschirm der **BFT-Nr. 157**:

„Ist der Einbau mit Investitionszulage gefördert worden (J oder N)?“

Eingegeben werden darf nur „J“ oder „N“. Jede andere Eingabe führt zur erneuten Ausgabe dieses BFT.

„J“ ist einzugeben, wenn die Maßnahme durch die Gewährung einer öffentlichen Investitionszulage gefördert worden ist. Wird „J“ eingegeben, wird der Programmablauf, ohne daß der Rechner eine erhöhte Absetzung nach § 82a-i EStDV berechnet, so fortgesetzt, wie dies zum BFT-Nr. 153 bei der Eingabe von „N“ beschrieben ist.

Nach der Eingabe von „N“ wird der Programmablauf mit der Ausgabe des nachgenannten BFT fortgesetzt.

163. Herstellungskosten der nach § 82a-i EStDV begünstigten Einbaumaßnahme

Wurde die im vorgenannten BFT gestellte Frage durch Eingabe von „N“ verneint, wird der **BFT-Nr. 158**:

„Anschaffungs-/Herstellungskosten-Zuschüsse bis Ende 8X (= Veranlagungszeitraum) **in DM?“**

auf dem Bildschirm ausgegeben.

Einzugeben sind die bis zum Ende des angezeigten Veranlagungszeitraums angefallenen Herstellungskosten für die nach § 82a-i EStDV absetzungsbegünstigten Einbaumaßnahmen, aufgerundet auf volle DM.

164. Fertigstellungsjahr der Einbaumaßnahmen

Nach der Eingabe der Herstellungskosten nach dem vorgenannten BFT wird der **BFT-Nr. 159**:

„Fertigstellungsjahr (z.B.: 81)?“

auf dem Bildschirm ausgegeben.

Einzugeben ist das zweistellige (Jahrzehnt und laufendes Jahr) Fertigstellungsjahr.

Wird ein Fertigstellungsjahr eingegeben, das größer als zweistellig oder das Veranlagungsjahr ist, wird der Fehlerhinweistext „Eingabe unzulässig – Bitte Neueingabe“ und danach erneut der vorgenannte BFT ausgegeben.

Nach einer zulässigen Eingabe des Fertigstellungsjahres wird vom Programm geprüft, ob seit dem Fertigstellungsjahr schon 10 Jahre verstrichen sind. Ist dies noch nicht der Fall, wird die erhöhte Absetzung nach § 82a-i EStDV mit 10 v.H. der eingegebenen Herstellungskosten berechnet.

Danach setzt bei der Ermittlung des Nutzungswertes der Wohnung im eigenen Haus nach § 21a EStG das Programm den Ablauf mit dem später beschriebenen BFT-Nr. 162 fort.

165. Erhöhte Absetzung für Baumaßnahmen nach Bundesbau- bzw. Städtebau-Förderungsgesetz oder bei Baudenkmälern

Wurde die Frage in dem vorseitig beschriebenen BFT-Nr. 152 durch Eingabe von „N“ verneint, erscheint auf dem Bildschirm der **BFT-Nr. 160**:

„Beantragen Sie erhöhte Absetzung für Baumaßnahmen nach Bundesbau- bzw. Städtebau-Förderungs-Gesetz (J oder N)?“

Einzugeben ist entweder „J“ oder „N“.

Wird „N“ eingegeben, setzt das Programm, wenn es sich um eine Ermittlung des Nutzungswertes der Wohnung im eigenen Haus nach § 21a EStG handelt, ohne eine erhöhte Absetzung nach § 82g EStDV zu berechnen, den Ablauf mit dem später beschriebenen BFT-Nr. 162 fort.

„J“ ist einzugeben, wenn nach § 82g EStDV erhöhte Absetzungen auf Herstellungskosten für Modernisierungs- und Instandsetzungsmaßnahmen in – durch das Bundesbau- bzw. das Städtebau-Förderungs-Gesetz – förmlich festgelegten Sanierungs- oder städtebaulichen Entwicklungsgebieten oder nach § 82i EStDV erhöhte Absetzungen für Herstellungskosten von Baumaßnahmen an Gebäuden, die nach bundesrechtlichen Vorschriften Baudenkmäler sind beansprucht werden.

Nach § 82g EStDV können erhöhte Absetzungen auf Herstellungskosten für Modernisierungs- oder Instandsetzungsmaßnahmen vorgenommen werden, wenn die Gemeinde die Modernisierung oder Instandsetzung wegen innerer oder äußerer Mißstände durch Bescheid gemäß § 39e Bundesbaugesetz angeordnet oder sich der Eigentümer eines Gebäudes, das wegen seiner geschichtlichen, künstlerischen oder städtebaulichen Bedeutung erhalten bleiben soll, sich vertraglich gemäß § 43 Abs. 3 Satz 2 Städtebauförderungsgesetz zu bestimmten Erhaltungs- und Erneuerungsmaßnahmen verpflichtet hatte.

Absetzungsbegünstigt sind nach dieser Vorschrift die entstandenen Herstellungskosten nur insoweit, als sie nicht durch Zuschüsse aus Sanierungs- oder Entwicklungsförderungsmitteln gedeckt sind.

Nach § 82i EStDV können bei einem Gebäude, das nach landesrechtlichen Vorschriften als Baudenkmal anerkannt ist, von den Herstellungskosten für Baumaßnahmen, die nach Art und Umfang zur Erhaltung als Baudenkmal und zu seiner sinnvollen Nutzung erforderlich sind, erhöhte Absetzungen beansprucht werden, wenn das Vorliegen der Voraussetzungen und die Erforderlichkeit der Herstellungskosten durch eine Bescheinigung der von der jeweiligen Landesregierung bestimmten Stelle nachgewiesen wird.

Nach beiden Vorschriften können von den selbst getragenen Herstellungskosten für solche Baumaßnahmen im Jahr der Herstellung und in den folgenden neun Jahren jeweils bis zu 10 v.H. jährlich erhöht abgesetzt werden.

Diese Absetzungsvergünstigung gilt auch bei der Nutzungswertermittlung für die Wohnung im eigenen Haus nach § 21a EStG. Der in § 82g Abs. 1 Satz 2 und § 82 Abs. 1 Satz EStDV vorgesehene Hinweis auf § 82a Abs. 1 Satz EStDV gilt jedoch bei der Ermittlung des Nutzungswertes nach § 21a EStG nicht.

Nach § 82a Abs. 1 Satz 2 EStDV ist nach Ablauf dieser 10 Jahre ein etwa noch vorhandener Restwert den Anschaffungs- oder Herstellungskosten des Gebäudes hinzuzurechnen und die weiteren Absetzungen für Abnutzung sind einheitlich für das gesamte Gebäude nach dem hierfür maßgeblichen Hundertsatz zu berechnen.

Die Vergünstigung nach § 82g EStDV war zunächst bis zum 01.07.83 befristet. Zwischenzeitlich ist eine Verländerung bis zum 31.12.87 erfolgt, so daß solche Baumaßnahmen, die vor dem 31.12.87 durchgeführt werden, noch nach dieser Vorschrift erhöht absetzungsfähig sind.

166. Begünstigungszeitraum für Absetzungen nach § 82g und i EStDV

Wurde nach der Ausgabe des vorgenannten BFT die gestellte Frage durch Eingabe von „J“ bejaht, daß erhöhte Absetzungen nach § 82a oder i EStDV beansprucht werden, erscheint auf dem Bildschirm der **BFT-Nr. 161**:

„Erfolgte die Baumaßnahme nach dem 30.07.71 und vor 31.12.87 (J oder N)?“

Einzugeben ist entweder „J" oder „N", da jede andere Eingabe zur erneuten Ausgabe dieses BFT führt.

Da diese zeitliche Beschränkung für die erhöhte Absetzung nach § 82i EStDV bei Herstellungskosten an Baumaßnahmen für Baudenkmäler nicht gilt, ist bei der Beanspruchung von erhöhter AfA nach § 82i EStDV immer „J" einzugeben, und bei der Beanspruchung von erhöhter AfA nach § 82g EStDV nur dann, wenn die jeweiligen begünstigten Maßnahmen in dem angegebenen Zeitraum durchgeführt wurden.

Wird „N" eingegeben, wird bei der Ermittlung des Nutzungswertes der Wohnung im eigenen Haus nach § 21a EStG der Programmablauf mit der Ausgabe der nachfolgend beschriebenen BFT-Nr. 162 fortgesetzt.

Wird „J" eingegeben, verzweigt das Programm zum vorletzten BFT-Nr. 159 zurück und setzt gemäß den dortigen Erläuterungen den Ablauf nach der Eingabe mit der Ermittlung der erhöhten Absetzung nach § 82g oder §82i EStDV fort.

167. Einnahmen aus der Vermietung von Räumen im selbstgenutzten Haus

Nach der Ermittlung der erhöhten Absetzung nach § 7b EStG oder § 15 Berlin-Förderungsgesetz und gegebenenfalls nach der Ermittlung erhöhter Absetzung nach § 82a-i EStDV wird der Programmablauf zur Ermittlung des Nutzungswertes der Wohnung im eigenen Haus nach § 21a EStG mit der Ausgabe der **BFT-Nr. 162**:

„Einnahmen aus der Vermietung von Räumen insgesamt in DM?"

fortgesetzt.

Einzugeben ist die Summe der auf volle DM abgerundeten Einnahmen aus der Vermietung von Räumen des überwiegend selbstgenutzten Hauses zu fremden gewerblichen, beruflichen oder öffentlichen Zwecken oder zu fremden Wohnzwecken oder Null, falls eine solche Vermietung nicht erfolgt ist.

168. Einnahmen aus der Vermietung von Wohnräumen

Nach der vorgenannten Eingabe der Summe aller Einnahmen aus der Vermietung von Räumen des überwiegend selbstgenutzten Hauses wird der **BFT-Nr. 163**:

„Davon Einnahmen aus der Vermietung zu Wohnzwecken in DM"

auf dem Bildschirm ausgegeben.

Einzugeben sind die im Veranlagungszeitraum vereinnahmten Einnahmen aus der Wohnraumvermietung, abgerundet auf volle DM. Nach der Eingabe prüft das Programm, ob nur Einnahmen aus der Wohnraumvermietung erzielt wurden und ob diese nicht größer als 1000 DM oder nicht größer als das Dreifache des anteilig auf die vermieteten Räume entfallenden Grundbetrags sind. Liegt eine dieser Bedingungen vor, setzt das Programm den Ablauf mit der Ausgabe des später beschriebenen BFT-Nr. 168, Tz. 174, fort.

169. Werbungskosten für die vermieteten Räume insgesamt

Bestehen die Einnahmen aus der Vermietung von Teilen des selbstgenutzten Hauses nicht nur aus Wohnraummieten oder sind die Mieteinnahmen aus der Wohnraumvermietung größer als 1000 DM und größer als das Dreifache des anteilig auf die vermieteten Räume entfallenden Grundbetrages, wird nach Eingabe der Wohnraummieten der **BFT-Nr. 164**:

„Werbungskosten für die Vermietung von Räumen insgesamt in DM"

auf dem Bildschirm ausgegeben.

Einzugeben ist die auf volle DM aufgerundete Summe der Werbungskosten (= Aufwendungen zur Sicherung und Erhaltung dieser Mieteinnahmen), die auf die vermieteten Räume insgesamt (d.h. die zu fremden gewerblichen, beruflichen und zu Wohnzwecken vermieteten Räume) entfallen oder Null.

170. Werbungskosten für die vermieteten Wohnräume

Nach der Eingabe auf den vorgenannten BFT erscheint auf dem Bildschirm der **BFT-Nr. 165**:

„Davon entfallen auf die Vermietung von Wohnräumen in DM"

Einzugeben ist darauf die Summe der Werbungskosten (= Aufwendungen zur Sicherung und Erhaltung der Wohnraummieten), die **nur auf die** vermieteten **Wohnräume** entfallen oder Null. Nach dieser Eingabe werden entweder die Einkünfte aus der teilweisen Vermietung des überwiegend selbstgenutzten Hauses mit (wenn die Einkünfte aus der Wohnraumvermietung mehr als das Dreifache der anteilig auf diese Vermietung entfallenden Grundbeträge von 1,4 v.H. des Einheitswertes betragen) oder ohne Einbeziehung der Wohnraummieten (falls die vorgenannte Höhe der für diese Zwecke vereinnahmten Mieten nicht erreicht ist) ermittelt und auf die Eigentümer (Steuerpflichtiger und/oder Ehegatte) aufgeteilt.

171. Anteil der vermieteten Räume an der Gesamtnutzfläche

Nach der Eingabe der Werbungskosten auf die vermieteten Wohnräume wird der **BFT-Nr. 166**:

„Anteil der vermieteten Räume an der Gesamtnutzfläche des Hauses in %?"

auf dem Bildschirm ausgegeben.

Einzugeben ist der auf eine ganze Zahl abgerundete Vomhundertsatz der insgesamt zu fremden Gewerbe-, Berufs- oder Wohnzwecken vermieteten Räume im Verhältnis zur Gesamtnutzfläche des überwiegend selbstgenutzten Hauses oder Null.

172. Anteil der vermieteten Räume bei der selbstgenutzten Eigenwohnung miterfaßt?

Nach der Eingabe aus BFT-Nr. 166 wird der **BFT-Nr. 167**:

„Ist dieser Anteil als Selbstnutzung der Eigenwohnung miterfaßt (J oder N)?"

auf dem Bildschirm ausgegeben.

Einzugeben ist entweder „J" oder „N".

Wird „N" eingegeben, setzt das Programm den Ablauf mit der Ausgabe des BFT-Nr. 168, Tz. 174, fort.

173. Ausgabe des geminderten Grundbetrags für die selbstgenutzte Wohnung nach § 21 EStG

Wird nach Ausgabe des vorgenannten BFT „J" eingegeben, wird zunächst der nach Zeile-Nr. 6 der Anlage V eingegebene Vomhundertsatz der selbstgenutzten Wohnung um den nach dem BFT-Nr. 166 eingegebenen Vomhundertsatz gekürzt. Danach wird der Grundbetrag nach § 21a EStG neu für die verbleibende selbstgenutzte Wohnfläche berechnet und auf den Steuerpflichtigen/Ehemann und ggf. auf seinen Ehegatten aufgeteilt.

Anschließend wird auf dem Bildschirm der Ergebnisausgabetext:

„Der Grundbetrag mindert sich durch die Vermietung für Steuerpfl./Ehemann bzw. Ehegatten auf ... DM" (= ermittelter Grundbetrag für die selbstgenutzte Wohnung)

ausgegeben.

Danach wird der auf den Steuerpflichtigen/Ehemann bzw. auf den Ehegatten entfallende Schuldzinsabzug nach § 21a EStG – Abs. 3 Nr. 1 – um den jeweiligen Minderungsbetrag gekürzt und – falls ein Schuldzinsenabzugsbetrag nach 21a Abs. 4 EStG ermittelt wurde und dieser niedriger als der anteilig auf den Steuerpflichtigen/Ehemann oder Ehegatten entfallende Anteil an dem Höchstbetrag von 10000 DM war – ggf. der Schuldzinsenabzug nach § 21a Abs. 4 EStG um den Minderungsbetrag, höchstens jedoch auf den anteiligen Höchstbetrag nach § 21a Abs. 4 EStG erhöht.

174. Werbungskosten für die Zeit vor und nach Selbsnutzung

Nach der vorgenannten Ermittlung des geminderten Grundbetrags nach § 21a Abs. 1 EStG und der davon abhängigen Schuldzinsabzüge nach § 21a Abs. 3 Nr. 1 und ggf. Abs. 4 EStG oder falls anzusetzende Einnahmen aus der Wohnraumvermietung nicht vorhanden waren setzt das Programm den Ablauf mit der Ausgabe des **BFT-Nr. 168**:

> **„Schuldzinsen und andere Werbungskosten für die Zeit vor und nach der Selbstnutzung für den Steuerpfl./Ehemann bzw. Ehegatten in DM?"**

auf dem Bildschirm fort.

Einzugeben sind entweder die auf volle DM aufgerundeten Schuldzinsen und übrigen Werbungskosten (= Aufwendungen für den Erwerb, die Sicherung oder die Erhaltung von Mieteinnahmen oder des Mietwertes der selbstgenutzten Wohnung im eigenen Haus), soweit diese Kosten auf den Zeitraum vor oder nach der Selbstnutzung der Wohnung im eigenen Haus entfallen oder Null.

Hierbei ist zu beachten, daß als Zeitraum vor oder nach der Selbstnutzung auch noch der angefangene Monat zählt, in dem die Selbstnutzung beginnt oder die Selbstnutzung endet, da bei der Ermittlung des Nutzungswertes der selbstgenutzten Wohnung im eigenen Haus nur die vollen Monate der Selbstnutzung berücksichtigt werden.

Beispiele

a) Einem Steuerpflichtigen, der in 86 ein Einfamilienhaus errichtet und dieses am 02.06.86 bezogen hat, wird am 30.06.1986 ein Finanzierungsdarlehen von nominal 100000 DM nach Abzug eines Damnum (= Abgeld) von 2 v.H. mit 98 v.H. = 98000 DM ausgezahlt.

   Da das Damnum, das zinsähnlichen Charakter besitzt und deshalb wie ein Schuldzins zu behandeln ist, mit dem Einbehalt am 30.06.86 im Sinne des § 11 Abs. 2 Satz 1 EStG geleistet worden ist, und die Leistung vor dem Zeitraum liegt, in dem im Veranlagungszeitraum die Nutzungswertermittlung nach § 21a gilt (das ist wegen der vollen Monate der Selbstnutzung nach § 21a Abs. 1 letzter Satz EStG nur der Zeitraum vom 01.07.-31.12.86), ist das einbehaltene Abgeld ein Schuldzins, der auf die Zeit vor dem Zeitraum der Selbstnutzung entfällt, weil § 21a EStG im Zeitpunkt seiner Leistung noch nicht anzuwenden war.

   Es kann somit in 1986 in voller Höhe abgezogen werden, weil die Beschränkung des Abzugs nach § 11a Abs. 3 Nr. 1 EStG noch nicht Anwendung findet.

b) Ein Steuerpflichtiger räumt am 30.08.86 wegen eines zwischenzeitlich erfolgten Berufswechsels sein bis dahin selbst bewohntes Einfamilienhaus, weil er es ab 01.10.1986 an eine andere Familie vermietet hat.

   Wegen der bevorstehenden Vermietung sind im Monat September 1986 Renovierungsarbeiten und Neuanstrich erfolgt und dafür 8900 DM angefallen, die der Steuerpflichtige in den Monaten Oktober und November 1986 bezahlt hat.

Diese Aufwendungen sind in einem Zeitraum entstanden, für den § 21a EStG nicht mehr gilt, denn der Zeitraum der Geltung des § 21a EStG endete am 31.08.86, da nur bis zu diesem Zeitpunkt in 1986 volle Monate der Selbstnutzung (§ 21a Abs. 1 letzter Satz EStG) vorlagen.

Dieser Aufwand fällt somit nicht mehr unter die Abzugsbeschränkungen des § 21a EStG und kann in 1986 in voller Höhe abgezogen werden.

175. Ausgabe der Abzugsbeträge vom Grundbetrag nach § 21a EStG

Nach der Eingabe auf den vorgenannten BFT wird nach dem Löschen des Bildschirminhalts der Ausgabetext

„Vom Grundbetrag für den Steuerpfl./Ehemann bzw. Ehegatten sind abzusetzen
Schuldzinsen nach § 21a Abs. 3 EStG . . . .
Schuldzinsen nach § 21a Abs. 4 EStG . . . .
Schuldzinsen und andere Werbungskosten für die Zeit vor und nach der Selbstnutzung . . . .
Erhöhte Absetzungen nach § 7b EStG, 15 Berlin-FG . . . .
Erhöhte Absetzungen nach § 82a-i EStDV . . . .
Zuzusetzen sind die Einkünfte aus der Raumvermietung von . . . .
Der Überschuß nach § 21a EStG zuzüglich der Einkünfte aus der Vermietung beträgt für den Steuerpfl./Ehemann bzw. Ehegatten . . . .

auf dem Bildschirm angezeigt.

Sind die Ergebnisse für die Ermittlung der Einkünfte aus der Selbstnutzung der Wohnung im eigenen Haus für den Steuerpflichtigen/Ehemann ausgegeben, prüft das Programm, ob auch für den Ehegatten ein EW-Anteil für die selbstgenutzte Wohnung vorhanden ist.

Ist dies der Fall, wird die Routine zur Ermittlung der Einkünfte nach § 21a EStG für den Ehegatten noch einmal durchlaufen. Auch dieser Durchlauf endet mit der vorstehend geschilderten Ausgabe der vorgenannten, diesmal jedoch für den Ehegatten ermittelten Ergebnisse.

Danach beginnt das Programm mit der Ausgabe der BFT zur Eingabe der Daten zur Ermittlung des Überschusses aus Vermietung und Verpachtung nach § 21 EStG. Siehe hierzu die Ausführungen im nachfolgenden Abschnitt.

IV. Eingaben zur Ermittlung der Überschüsse aus Vermietung und Verpachtung nach § 21 EStG

176. Abfrage, ob Daten für eine Überschußermittlung nach § 21 EStG vorhanden sind

Ist der Nutzungswert der Wohnung im eigenen Haus für den Steuerpflichtigen/Ehemann und ggf. für seinen mit ihm zusammen veranlagten Ehegatten nach § 21a EStG gemäß den vorstehenden Ausführungen ermittelt oder war eine solche Ermittlung nach den Eingaben zu den Zeilen 1-12 und 53-60 der jeweiligen Anlage V nicht vorzunehmen, wird der Programmablauf mit der Ausgabe des **BFT-Nr. 169:**

„Sind Daten für Zeile-Nr. V29-51 da (J oder N)?"

fortgesetzt.

Einzugeben ist entweder „J" oder „N". Jede andere Eingabe führt zur erneuten Ausgabe dieses BFT.

Wird „N" eingegeben, wird der Programmablauf mit der Ausgabe des später beschriebenen BFT-Nr. 248, Tz. 257, fortgesetzt.

177. Abfrage, ob das vermietete Objekt ein Einfamilienhaus oder eine Eigentumswohnung ist

Wurde die vorgenannte Abfrage des BFT-Nr. 169 durch Eingabe von „J" bejaht, wird der **BFT-Nr. 170:**

„War das eine Eigentumswohnung oder ein Einfamilienhaus (J oder N)?"

auf dem Bildschirm ausgegeben.

Einzugeben ist entweder „J" oder „N".

Wird diese Frage durch Eingabe von „J" bejaht, wird der später beschriebene BFT „Baujahr des Gebäudes Zeile-Nr. V29 (z.B. 1960)?" ausgegeben.

178. Abfrage, ob das vermietete Objekt ein Zweifamilienhaus ist

Wurde die Abfrage des vorgenannten BFT durch Eingabe von „N" verneint, erscheint auf dem Bildschirm der **BFT-Nr. 171:**

„War das ein Zweifamilienhaus (J oder N)?"

Wird diese Frage durch Eingabe von „J" bejaht, setzt das Programm die Abfrage zur Eingabe von Daten für das vermietete Objekt mit der Ausgabe des BFT-Nr. 173, Tz. 180, fort.

179. Abfrage, ob das vermietete Objekt ein anderes Haus ist

Wurde die vorgenannte Abfrage durch „N" verneint, wird auf dem Bildschirm der **BFT-Nr. 172:**

„War das ein anderes Haus (J oder N)"

ausgegeben.

Einzugeben ist hier „J".

„N" darf nur eingegeben werden, wenn die Eingabe mit „N" entweder nach der vorletzten oder nach der letzten Abfrage falsch war. In diesem Fall werden der Fehlertext:

„Eingabe unzulässig – Bitte Neueingabe"

und danach erneut der vorletzte BFT-Nr. 170 auf Bildschirm ausgegeben, und es ist erneut zu prüfen, ob diese Abfrage mit „N" (wie bisher) oder mit „J" zu beantworten ist.

Wird sie wiederum mit „N“ beantwortet, erscheint noch einmal der BFT-Nr. 171. Auch hier ist erneut zu prüfen, ob „J“ oder „N“ einzugeben ist. Wird aufgrund dieser nochmaligen Prüfung noch einmal „N“ eingegeben, erscheint auf dem Bildschirm wieder die Abfrage des BFT-Nr. 172, die dann mit „J“ zu beantworten ist, weil in diesem Fall die erstmalige Eingabe mit „N“ irrtümlich erfolgt ist.

180. Baujahr des Gebäudes

Wurde eine der drei letztgenannten Abfragen durch Eingabe von „J“ beantwortet, erscheint auf dem Bildschirm der **BFT-Nr. 173:**

„Baujahr des Gebäudes Zeile-Nr. V29 (z.B. 1960)?“

Das Baujahr ist vierstellig in der beispielhaft angezeigten Form einzugeben.

181. Mieteinnahmen im Veranlagungszeitraum für das jeweilige Gebäude

Nach der Eingabe des Baujahres wird der **BFT-Nr. 174:**

„Vereinnahmte Mieten für 8X (= Veranlagungszeitraum) **in DM?“**

auf dem Bildschirm ausgegeben.

Einzugeben sind die auf volle DM abgerundeten Mieteinnahmen, wenn sie im Veranlagungszeitraum fällig und vereinnahmt sind. Als vereinnahmt gelten auch die im Veranlagungszeitraum fälligen Mieten, wenn sie entweder innerhalb von 10 Tagen (vom 22.-31.12.) vor dem Beginn des Kalenderjahres vereinnahmt sind und ihre Fälligkeit innerhalb von 10 Tagen (vom 01.-10.01) nach Beginn des Kalenderjahres der Fälligkeit liegt oder innerhalb von 10 Tagen nach Ende des Kj. der Fälligkeit vereinnahmt wurden und ihre Fälligkeit innerhalb von 10 Tagen vor Ende dieses Kj. liegt.

Beispiele

a) Für ein vermietetes Einfamilienhaus beträgt die jeweils am Monatsersten fällige Monatsmiete 600 DM.
Die Januarmiete für Januar 1986 wurde schon am 30.12.85 durch Bankgutschrift vereinnahmt. Alle übrigen Monatsmieten wurden in 1986 vereinnahmt. Da die Januarmiete am 01.01.86 (d.h. innerhalb von 10 Tagen nach Beginn dieses Kj.) fällig und am 30.12.85 (d.h. innerhalb von 10 Tagen vor Beginn des Kj. 86) durch Bankgutschrift zugeflossen ist, gilt sie nach § 11 Abs. 1 Satz 2 EStG als im Kj. 86 als bezogen.

Die Mieteinnahmen für 1986 betragen somit (12 × 600) = **7200 DM**

b) Die Miete für ein zu fremdgewerblichen und fremden Wohnzwecken an einen Gewerbetreibenden vermietetes gemischtgenutztes Grundstück beträgt laut Mietvertrag monatlich = 1500 DM.

Sie ist jeweils zum 15. eines Monats fällig. Die Mieten für Januar bis November 1986 werden in 1986 vereinnahmt. Die Dezembermiete 1986 wird mit einem Verrechnungsscheck bezahlt, den der Mieter, der erst am 03.01.87 aus dem Winterurlaub zurückkehrt, dem Vermieter an diesem Tag übergibt.

Die Dezembermiete 1986 ist erst in 1987 vereinnahmt, weil sie zwar innerhalb von 10 Tagen nach Ende des Kj. der Fälligkeit durch Erhalt des Schecks vereinnahmt wurde, aber nicht innerhalb von 10 Tagen vor Ende dieses Kj. fällig war. (§ 11 Abs. 1 Satz 1 EStG).

Die Mieteinnahmen für 1986 betragen deshalb nur (11 × 1500) = **16500 DM**

182. Nutzfläche der vermieteten Räume

Nach der Eingabe aus den Zeilen V30-37 der jeweiligen Anlage V wird zu Kontrollzwecken die bis dahin akkumulierte Mieteinnahme mit dem Hinweistext:

„Mietwert und Einnahmen aus der Vermietung Zeile-Nr. V30-37) bis jetzt"

auf dem Bildschirm ausgegeben.

Danach erscheint auf dem Bildschirm der **BFT-Nr. 175:**

„Nutzfläche der Wohnung(en)/Räume in qm?"

Einzugeben ist die auf volle Quadratmeter aufgerundete Nutzfläche aller vermieteten Wohnungen und zu fremden gewerblichen oder beruflichen Zwecken vermieteten Räume, aus deren Vermietung die nach der vorgenannten Abfrage eingegebenen Mieteinnahmen erzielt wurden.

Wird irrtümlicherweise Null eingegeben, erscheint die Fehlermeldung:

„Eingabe unzulässig – Bitte Neueingabe"

auf dem Bildschirm, und der vorgenannte BFT wird erneut ausgegeben.

183. Vereinnahmte Mieten für frühere Jahre

Nach Eingabe der Nutzfläche ermittelt das Programm die Durchschnittsmiete der vermieteten Räume je Quadratmeter. Danach wird auf dem Bildschirm der **BFT-Nr. 176:**

„Vereinnahmte Mieten für frühere Jahre (Zeile-Nr. V31) in DM?"

ausgegeben.

Nach der Eingabe der auf volle DM abgerundeten Mieten aus etwaigen auf das Kj. entfallenden Mietvorauszahlungen aus Baukostenzuschüssen aus der Zeile-Nr. 31 der jeweiligen Anlage V erscheinen der Hinweistext

„Mietwert und Einnahmen aus der Vermietung Zeile-Nr. V30-37 bis jetzt"

und die bis zur Zeile-Nr. V31 akkumulierten Mieteinnahmen auf dem Bildschirm.

184. Einnahmen aus Umlagen

Nach Ausgabe des vorgenannten Hinweistextes wird auf dem Bildschirm der **BFT-Nr. 177**:

„Einnahmen aus Umlagen (Zeile-Nr. V32) in DM?"

angezeigt.

Einzugeben sind die auf volle DM abgerundeten Einnahmen aus Umlagen für Nebenleistungen zur Raumvermietung, da diese steuerlich das Schicksal der Mieten als Entgelt für die Hauptleistung (= Raumvermietung) teilen oder Null.

Umlagen für Nebenleistungen werden in Mietverträgen mit sogenannten Nettomietvereinbarungen von den Mietern neben der Raummiete beispielsweise für die Zentralheizung und Warmwasserversorgung, Treppenhausbeleuchtung, die kommunalen Gebühren für Wasser, Abwasser und Straßenreinigung und die Schornsteinreinigung erhoben.

185. Einnahmen aus der Vermietung von Garagen, Werbeflächen, Grund und Boden für Kioske usw.

Nach der Eingabe der Umlagen wird der Hinweistext:

„Mietwert und Einnahmen aus der Vermietung (Zeile-Nr. V30-V37) bis jetzt"

und die bis zur Zeile V32 akkumulierten Mieteinnahmen auf dem Bildschirm angezeigt.

Danach erscheint auf dem Bildschirm der **BFT-Nr. 178:**

„Einnahmen aus der Vermietung von Garagen usw. (Zeile-Nr. V33) in DM?“

Einzugeben ist die auf volle DM abgerundete Summe der Einnahmen aus der Zeile 33 der jeweiligen Anlage V oder Null. Neben den Einnahmen aus der Vermietung der dort aufgeführten Garagen, Werbeflächen oder Grundstücke für Kioske gehören beispielsweise auch die Einnahmen aus der Vermietung von Hofflächen als Parkplätze oder aus der Vermietung von Nebengebäuden (Schuppen) des bebauten Grundstücks dazu.

186. Sonstige Einnahmen aus der Vermietung des bebauten Grundstücks

Nach der Eingabe der Einnahmen aus der Vermietung zu den vorgenannten Zwecken erscheint wieder der Hinweistext:

„Mietwert und Einnahmen aus der Vermietung (Zeile-Nr. V30-V37) bis jetzt“

mit dem bis zur Zeile 33 akkumulierten Mieteinnahmen auf dem Bildschirm. Darauf folgt der **BFT-Nr. 178:**

„Sonstige Einnahmen aus Vermietung (Zeile-Nr. 34) in DM“

Einzugeben sind die auf volle DM abgerundeten Einnahmen aus der Zeile 34 der jeweiligen Anlage V oder Null. Dazu gehören nicht nur die dort aufgeführten sonstigen Einnahmen, soweit sie durch die Vermietung des bebauten Grundstücks verursacht sind, sondern alle Erstattungen von Aufwendungen zum Erwerb zur Sicherung oder Erhaltung der Einnahmen aus dem bebauten Grundstück, soweit sie von dritter Seite als Instandhaltungs- oder Zinszuschüsse gewährt oder als Erstattungen aus Versicherungsbeiträgen und Steuern vom Grundbesitz aus Leistungen in früheren Jahren zurückfließen.

Beispiel

Der Steuerpflichtige hat in 85 für das bebaute Grundstück für Versicherungsbeträge für Wasser- und Sturmschäden sowie für die Grundstückshaftpflicht	860 DM
und für kommunale Wasser- und Abwassergebühren sowie Grundsteuer insgesamt	760 DM
gezahlt und als Werbungskosten bei der Einkunftsermittlung aus Vermietung und Verpachtung abgezogen.	
In 1986 erhält er aus dem technischen Überschuß des Vorjahres der Versicherungsgesellschaft eine Prämienrückgewähr von	162 DM
und von der Kommune für überzahlte Abwasser- und Wassergebühren erstattet.	148 DM
Die Erstattungsbeträge von	310 DM

stellen in 86 sonstige Einnahmen aus der Vermietung des bebauten Grundstücks dar.

Die in der Zeile 34 als sonstige Einnahmen aufgeführten Guthabenzinsen aus Bausparverträgen sind – wie sich auch aus der – der Anlage V beigefügten – Anleitung zur Anlage V (siehe Ausführungen zur Zeile 34) ergibt, nur dann sonstige Einnahmen aus der Vermietung des bebauten Grundstücks, wenn der zugrunde liegende Bausparvertrag für dieses Grundstück vor- oder zwischenfinanziert worden ist.

187. Nutzfläche der selbstgenutzten Räume

Nach der vorgenannten Eingabe der sonstigen Einnahmen wird wiederum der Hinweistext

„Mietwert und Einnahmen aus der Vermietung (Zeile-Nr. V30-37) bis jetzt“

mit den bis zur Zeile 34 akkumulierten Mieteinnahmen ausgegeben. Darauf folgt auf dem Bildschirm der **BFT-Nr. 180:**

„Nutzfläche der selbstgenutzten Wohnung(en)/Räume in qm?“

Einzugeben ist daraufhin **nur** die auf volle Quadratmeter abgerundete **Nutzfläche der selbstgenutzten Wohnung, nicht** die Nutzfläche der zu eigenen gewerblichen oder beruflichen Zwecken genutzten Räume.

Das Programm ermittelt aufgrund dieser Eingabe den Mietwert der selbstgenutzten Wohnung durch Multiplikation dieser Fläche mit dem Durchschnittsmietsatz je qm, der nach Eingabe der Nutzfläche der vermieteten Räume vom Programm ermittelt wurde. Siehe Tz. 183 erster Satz.

188. Nutzfläche der Wohnungen, die Dritten ohne gesicherte Rechtsposition überlassen wurden

Nach der vorgenannten Ermittlung des Mietwertes der selbstgenutzten Wohnung wird wieder der Hinweistext

„Mietwert und Einnahmen aus der Vermietung (Zeile-Nr. V30-37) bis jetzt“

mit den bis zur Zeile 35 akkumulierten Mieteinnahmen ausgegeben. Danach folgt auf dem Bildschirm der **BFT-Nr. 181:**

„Nutzfläche der anderen Personen ohne gesicherte Rechtsposition unentgeltlich überlassenen Wohnungen/Räume in qm?“

Einzugeben ist entweder aus der Zeile 36 der jeweiligen Anlage V die auf volle Quadratmeter abgerundete Nutzfläche der Wohnungen, die einem oder mehreren Dritten unentgeltlich ohne gesicherte Rechtsposition überlassen wurden oder Null. Eine Wohnung, die der Grundstückseigentümer einem Dritten (Angehörigen oder Fremden) unentgeltlich zur Nutzung überläßt, wird dem Dritten ohne gesicherte Rechtsposition überlassen, wenn der Eigentümer die Nutzung jederzeit einschränken oder beenden kann.

Der Mietwert einer einem Dritten ohne gesicherte Rechtsposition überlassenen Wohnung ist dem Grundstückseigentümer als Selbstnutzung nach § 21 Abs. 2 Alternative 1 EStG zuzurechnen.

Beispiel

Ein Steuerpflichtiger überläßt seiner neunzehnjährigen ledigen Tochter bis auf weiteres ohne jegliche vertragliche Vereinbarungen die im Dachgeschoß seines vermieteten Mehrfamilienhauses gelegene Dachgeschoßwohnung zur unentgeltlichen, jederzeit widerruflichen Nutzung. Die überlassene Wohnung ist 40 qm groß und hat einen monatlichen ortsüblichen Mietwert von 5 DM je qm.

Der Mietwert der überlassenen Wohnung ist mit 2400 DM jährlich dem überlassenden Steuerpflichtigen nach § 21 Abs. 2 Alternative 1 EStG als Teil des Nutzungswertes der Wohnung im eigenen Haus zuzurechnen.

Die Ausführungen in den Tz. 187-189 gelten uneingeschränkt für VZ bis einschließlich 1986.

Handelt es sich um einen VZ nach 1986, wird nach jeweiliger Eingabe der Nutzfläche der selbstgenutzten Wohnung und/oder Garage oder der Nutzfläche der Dritten unentgeltlich ohne gesicherte Rechtsposition überlassenen Wohnung/Räume und/oder Garagen die nachfolgende Anfrage auf dem Bildschirm ausgegeben:

„Bleibt der Mietwert steuerfrei J/N?“

Wurde schon in einem Vorjahres-VZ nach 1986 oder wird im laufenden VZ nach 1986 nach § 52 Absatz 21 Satz 3 EStG 1987 auf die mögliche Fortführung der Nutzwertbesteuerung verzichtet, ist „J“ einzugeben.

Wird dagegen die bis 1998 nach § 52 Absatz 21 Satz 2 EStG 1987 weiterhin mögliche Nutzwertbesteuerung im VZ beibehalten, ist „N“ einzugeben.

Wird „J“ eingegeben, rechnet der Rechner die eingegebene Nutzfläche den steuerfrei bleibenden Nutzflächen hinzu und setzt den PGM-Lauf mit der jeweils nächsten Ausgabe nach Tz. 188, 189 oder 190 fort.

Wird dem Rechner durch Eingabe von „N“ mitgeteilt, daß der Mietwert nicht steuerfrei bleiben soll, wird – wie in den Tz. 188-190 geschildert – zunächst der Mietwert der selbstgenutzten oder Dritten unentgeltlich ohne gesicherte Rechtsposition überlassenen Wohnungen und/oder Garagen ermittelt. Danach prüft der Rechner, ob schon ein Mietsatz aus der Fremdvermietung von Wohnungen/Räumen ermittelt und gespeichert wurde. Ist dies der Fall, setzt er den PGM-Lauf ebenfalls mit der Ausgabe des nächsten, in den Tz. 188-190 beschriebenen BFT fort. Liegt kein Mietsatz aus der Fremdvermietung von Wohnungen vor, fordert er mit dem BFT-Nr. 180a

„Mietwert der selbstgenutzten oder anderen Personen unentgeltlich überlassenen Wohnungen/Räume in DM?“

die Eingabe des ortsüblichen Mietwerts dieser Wohnungen und/oder Räume – abgerundet auf volle DM – an. Einzugeben ist der jeweilige Jahresmietwert dieser Räume. Der eingegebene Jahresmietwert wird vom Rechner ohne weitere Prüfung angenommen und den Mieteinnahmen des Stpfl./Ehemanns und/oder – bei ZV – seines Ehegatten hinzugerechnet. Deshalb ist bei nur zeitweiser Nutzung im VZ der auf den tatsächlichen Nutzungszeitraum entfallende Jahresmietwert einzugeben. Danach setzt der Rechner auch in solchen Fällen den PGM-Lauf mit der jeweils nächsten Ausgabe nach Tz. 188-189 fort.

189. Mietwert der selbstgenutzten oder ohne gesicherte Rechtsposition unentgeltlich überlassenen Garagen

Nach der Eingabe des BFT-Nr. 181 wird zunächst der ortsübliche Mietwert dieser Wohnung durch Multiplikation der eingegebenen Fläche mit dem Durchschnittssatz der vermieteten Flächen je qm (siehe Satz 1 der Tz. 183) ermittelt.

Danach wird auf dem Bildschirm der Hinweistext

„Mietwert und Einnahmen aus der Vermietung (Zeile-Nr. V30-37) bis jetzt“

mit den bis Zeile 36 akkumulierten Mieteinnahmen und dann der **BFT-Nr. 182:**

„Mietwert der selbstgenutzten oder anderen Personen ohne gesicherte Rechtsposition unentgeltlich überlassenen Garagen in DM?“

ausgegeben.

Einzugeben ist der auf volle DM abgerundete ortsübliche Mietwert der vom Steuerpflichtigen selbstgenutzten oder anderen Personen ohne gesicherte Rechtsposition überlassenen Garagen oder Null.

Beispiel

Der im vorgenannten Beispiel genannte Steuerpflichtige nutzt eine auf der Hoffläche des vermieteten Mehrfamilienhauses errichtete Garage zur Unterstellung seines privaten PKW, eine weitere Garage hat er seiner Tochter jederzeit widerruflich unentgeltlich zur Unterstellung ihres PKW überlassen. Aus den weiteren, auf der Hoffläche dieses bebauten Grundstücks errichteten Garagen erzielt er je Garage eine Monatsmiete von 50 DM.
Einzugeben ist der ortsübliche Jahresrohmietwert je Garage, mithin **1200 DM**.

190. Schuldzinsen, Geldbeschaffungskosten, Renten und dauernde Lasten

Nach der Eingabe zu vorgenannten BFT wird wiederum der Hinweistext:

„Mietwert und Einnahmen aus der Vermietung (Zeile-Nr. V30-37) bis jetzt“

mit den bis Zeile 37 der jeweiligen Anlage V akkumulierten Mieteinnahmen und danach der **BFT-Nr. 183:**

„Schuldzinsen usw. (Zeile-Nr. V40) in DM?“

auf dem Bildschirm angezeigt.

Einzugeben ist die auf volle DM abgerundete Summe der Schuldzinsen, Geldbeschaffungskosten, Renten und dauernden Lasten, die durch den Erwerb, die Herstellung, die Erweiterung, Modernisierung oder Instandhaltung oder Instandsetzung des vermieteten Grundstücks im Veranlagungszeitraum aufgewendet worden sind oder Null.

Schuldzinsen sind alle Nutzungsentgelte, die für aufgenommene Finanzierungsmittel zu entrichten sind.

Geldbeschaffungskosten, die zinsähnlichen Charakter haben und wie gezahlte Schuldzinsen zu behandeln sind, liegen vor, wenn im Zusammenhang mit der Aufnahme oder grundbuchlichen Sicherung von Finanzmitteln Nebenkosten wie Darlehensabgelder (Damnum, Disagio) oder Gebühren (z.B. Gebühren für die Beurkundung und Grundbucheintragung einer Hypothek) erwachsen sind.

Renten und dauernde Lasten, die für den Erwerb des vermieteten Grundstücks zu zahlen sind, stellen dann voll abzugsfähige Werbungskosten dar, wenn bei der Vermögensübernahme Leistung und Gegenleistung nach kaufmännischen Gesichtspunkten gegeneinander abgewogen wurden und nicht die Versorgung einer unterhaltsberechtigten Person oder eine erbrechtliche Regelung zwischen Eltern und Kindern im Vordergrund stand.

191. Aufwendungen für kleinere Instandhaltung

Nach der Eingabe auf den vorgenannten BFT wird der Hinweistext:

„Die Werbungskosten (Zeile-Nr. V40-V49) betragen bis jetzt“

zusammen mit dem Eingabebetrag aus der Zeile 40 der jeweiligen Anlage V auf dem Bildschirm angezeigt. Danach erfolgt auf dem Datensichtgerät die Ausgabe des **BFT-Nr. 184:**

„Aufwendungen für kleinere Instandhaltung (Zeile-Nr. V41) in DM?“

Einzugeben ist der auf volle DM abgerundete Aufwandsbetrag für kleineren Instandhaltungsaufwand, der im Veranlagungszeitraum bezahlt worden ist. Unbeachtlich für die zeitliche Zuordnung eines solchen Aufwandsbetrages ist, wann die zugrunde liegende wirtschaftliche Leistung erbracht und die Rechnung erteilt wurde.

Beispiel

Ein Steuerpflichtiger ließ im Oktober 1985 das undichte Dach seines vermieteten Mehrfamilienhauses teilweise neu decken. Die Rechnung über diese Dachdeckerarbeiten erhielt er am 30.12.85 mit einem Zahlungsziel bis 30.01.86. Der Aufwand betrug 1464 DM. Am 30.01.86 übergab er dem Dachdeckermeister einen Verrechnungsscheck über den obigen Betrag. Abzusetzen als Werbekosten (= Aufwendungen zur Erhaltung der Mieteinnahmen) ist dieser Betrag erst im Veranlagungszeitraum 1986, weil er erst in diesem Zeitraum geleistet wurde (§ 11 Abs. 2 Satz 1 EStG).

192. Aufwendungen für größere Instandhaltung

Nach Eingabe des Aufwandsbetrages für kleinere Instandhaltung wird zunächst wieder der Hinweistext:

„Die Werbungskosten (Zeile-Nr. V40-V49) betragen bis jetzt?"

zusammen mit den akkumulierten Werbungskosten aus den Zeilen 40 und 41 der jeweiligen Anlage V auf dem Datensichtgerät ausgegeben. Danach erfolgt auf dem Bildschirm die Ausgabe des **BFT-Nr. 185:**

„In 8X (= Veranlagungszeitraum) **abzusetzende Aufwendungen für größere Instandhaltung aus 8X** (= Veranlagungszeitraum) **(Zeile-Nr. V42) in DM?"**

Der Steuerpflichtige hat die Wahl, ob er die im Veranlagungszeitraum entrichteten Aufwendungen für größere Instandhaltung in voller Höhe in diesem Zeitraum absetzen oder auf einen Zeitraum von mindestens zwei oder höchstens fünf Jahre gleichmäßig verteilen will.

Je nachdem, wofür er sich entscheidet, ist entweder der volle geleistete Aufwandsbetrag oder der bei Verteilung auf den Veranlagungszeitraum entfallende Aufwandsbetrag – aufgerundet auf volle DM – einzugeben.

Sind keine Aufwendungen für größere Instandhaltung entstanden, ist Null einzugeben.

193. Verteilungsaufwand aus größerer Instandhaltung in den Vorjahren

Nach Eingabe des vollen oder des auf den Veranlagungszeitraum entfallenden Aufwandsbetrages für größere Instandhaltung wird zunächst wieder der Hinweistext:

„Die Werbungskosten (Zeile-Nr. V40-V49) betragen bis jetzt"

zusammen mit den akkumulierten Werbungskosten aus den Zeilen 40-42 der jeweiligen Anlage V auf dem Datensichtgerät ausgegeben. Danach erscheint der **BFT-Nr. 186:**

„In 8X (= Veranlagungszeitraum) **abzusetzende Aufwendungen für größere Instandhaltung aus Vorjahren (Zeile-Nr. V43) in DM?"**

auf dem Bildschirm.

Einzugeben ist, falls in den Vorjahren Aufwendungen geleistet und auf das Aufwandsjahr und die Nachjahre – wie in der Erläuterung zu BFT-Nr. 185 geschildert – verteilt wurden, der auf den Veranlagungszeitraum entfallende Verteilungsbetrag, aufgerundet auf volle DM.

Liegt kein auf den Veranlagungszeitraum entfallender Verteilungsaufwand vor, ist Null einzugeben.

194. Aufwendungen für Grundsteuer, Straßenreinigung, Müllabfuhr, Entwässerung, Wasserversorgung, Hausbeleuchtung

Nach der Eingabe des auf den Veranlagungszeitraum entfallenden Verteilungsaufwands für größere Instandhaltung wird zuerst wieder der Hinweistext:

„Die Werbungskosten (Zeile-Nr. V40-49) betragen bis jetzt"

zusammen mit den akkumulierten Werbungskosten aus den Zeilen 40-43 der jeweiligen Anlage V auf dem Datensichtgerät angezeigt.

Danach erfolgt auf dem Gerät die Ausgabe des **BFT-Nr. 187:**

„Aufwendungen für Grundsteuer usw. (Zeile-Nr. V44) in DM?"

Einzugeben ist die auf volle DM aufgerundete Summe der im Veranlagungszeitraum entrichteten und, falls die Voraussetzungen des § 11 Abs. 2 Satz 2 EStG vorliegen, wirtschaftlich zum Veranlagungszeitraum gehörenden Aufwandsbeträge oder Null.

Da es sich bei den in Zeile 44 der Anlage V aufgeführten Aufwendungen für Grundsteuer, Straßenreinigung, Müllabfuhr, Entwässerung, Wasserversorgung und Hausbeleuchtung um regelmäßig wiederkehrende Ausgaben handelt, die nach den zugrundeliegenden Rechtsverhältnissen regelmäßig und wiederholt fällig sind, dürfen nicht nur die im Veranlagungszeitraum entrichteten und fälligen Aufwandsbeträge, sondern nach § 11 Abs. 2 Satz 2 EStG auch die innerhalb eines zeitraums von 10 Tagen vor Ende des VZ fälligen, aber erst in den ersten Tagen nach Ende des VZ geleisteten Aufwandsbeträge im VZ abgesetzt werden.

Beispiel

Nach der Ortssatzung einer Gemeinde sind jeweils am Monatsletzten eines Monats mit einer geraden Nummer Vorausleistungen in Höhe von jeweils einem Sechstel des vorjährigen Gebührensolls für Straßenreinigungs-, Müllabfuhr-, Entwässerungs- und Wassergebühren zu entrichten.

Die Vorausleistungssollbeträge bis zum 31.10.86 in Höhe von 5 × 246 DM = 1230 DM wurden in 1986 entrichtet.

Der am 31.12.86 fällige Sollbetrag wird erst am 05.01.87 überwiesen.

Da das Vorausleistungssoll eine regelmäßig wiederkehrende Ausgabe ist, da es mit Ablauf jedes zweiten Monats erneut fällig wird, die Fälligkeit des letzten Vorauszahlungssolls innerhalb von 10 Tagen vor Ende des Veranlagungszeitraums 1986 liegt und die Zahlung dieses Solls innerhalb von 10 Tagen nach Ende dieses Zeitraums geleistet wurde, ist es gemäß § 11 Abs. 2 Satz 2 EStG noch in 1986 absetzbar.
Abzusetzen sind somit 6 × 246 DM = **1476 DM**.

195. Aufwendungen für Grundsteuer, Straßenreinigung, Müllabfuhr, Entwässerung, Wasserversorgung, Hausbeleuchtung, die auf die selbstgenutzten oder anderen Personen unentgeltlich ohne gesicherte Rechtsposition überlassenen Wohnungen entfallen

Vor der Eingabe zum vorgenannten BFT prüft das Programm, ob im Anschluß an den vorseitig beschriebenen BFT-Nr. 177 (Tz. 184) Umlagen eingegeben wurden. War dies nicht der Fall, wird nach der Eingabe wieder zunächst der Hinweistext:

> **„Die Werbungskosten (Zeile-Nr. V40-49) betragen bis jetzt"**

zusammen mit den akkumulierten Werbungskosten aus den Zeilen 40-44 auf dem Datensichtgerät ausgegeben. Danach wird der Ablauf mit der Ausgabe des BFT-Nr. 189 (Tz. 196) fortgesetzt.

Wurde bei dieser Prüfung festgestellt, daß Einnahmen aus Umlagen eingegeben wurden, wird der **BFT-Nr. 188:**

> **„Davon entfallen auf die selbstgenutzten oder anderen Personen ohne gesicherte Rechtsposition unentgeltlich überlassenen Wohnungen/Räume + Garagen in DM?"**

auf dem Bildschirm ausgegeben.

Einzugeben ist daraufhin der auf volle DM abgerundete Aufwandsbetrag, der von dem (zum vorgenannten BFT-Nr. 187) eingegebenen Gesamtaufwand auf die selbstgenutzten oder anderen Personen ohne gesicherte Rechtsposition unentgeltlich überlassenen Wohnungen einschließlich zugehöriger Garagen entfällt oder Null.

196. Aufwendungen für Schornsteinreinigung, Hausversicherungen, Heizung, Warmwasser, Fahrstuhl, Hauswart, Treppenreinigung, Sonstiges

Wurde nach Ausgabe des vorgenannten BFT ein Aufwandsbetrag für Grundsteuer usw. auf selbstgenutzte oder auf Wohnungen, die unentgeltlich anderen Personen ohne gesicherte Rechtsposition überlassen wurden, eingegeben, wird zunächst der Hinweistext:

„Die Werbungskosten (Zeile-Nr. V40-V49) betragen bis jetzt"

zusammen mit den akkumulierten Werbungskosten aus den Zeilen 40-44 der jeweiligen Anlage V auf dem Datensichtgerät ausgegeben. Hierbei wurde jedoch von dem eingegebenen Gesamtaufwand für Grundsteuer usw. der eingegebene Aufwandsbetrag für solche Aufwendungen abgesetzt, der auf die selbstgenutzten und anderen Personen ohne gesicherte Rechtsposition unentgeltlich überlassenen Wohnungen mit zugehörigen Garagen entfällt.

Nach diesem Hinweistext oder – falls Umlagen nicht vereinnahmt sind – nach der Ausgabe des entsprechenden Hinweistextes nach der Erläuterung zum vorletzten BFT erscheint der nachgenannte **BFT-Nr. 189:**

„Aufwendungen für Schornsteinreinigung usw. (Zeile-Nr. V45) in DM"

auf dem Bildschirm.

Einzugeben ist die auf volle DM aufgerundete Summe aller Aufwandsbeträge der Aufwendungen, die als Drucktext in der Zeile 45 der Anlage V oder in der Überschriftszeile dieses Abschnitts im einzelnen aufgeführt sind.

Soweit es sich bei den einzelnen Aufwendungen um regelmäßig wiederkehrende Ausgaben handelt (wie z.B. bei den Hausversicherungen, den Aufwendungen für den Hauswart und die Treppenreinigung) gelten die im Abschnitt **„Aufwendungen für Grundsteuer usw."** gegebenen Erläuterungen und das dort aufgeführte Beispiel hier entsprechend.

197. Aufwendungen für Schornsteinreinigung usw., die auf die selbstgenutzten oder anderen Personen unentgeltlich ohne gesicherte Rechtsposition überlassenen Wohnungen und Garagen entfallen

Nach der Eingabe wird, falls nach dem vorseitig beschriebenen BFT-Nr. 177 **Null** eingegeben wurde, zuerst der Hinweistext:

„Die Werbungskosten (Zeile-Nr. V40-49) betragen bis jetzt"

zusammen mit den akkumulierten Werbungskosten aus den Zeilen 40-45 der jeweiligen Anlage V ausgegeben. Danach wird der Programmablauf mit dem nachfolgenden BFT-Nr. 191 (Tz. 198) fortgesetzt.

Wurden nach dem vorgenannten BFT Einnahmen aus Umlagen aus Zeile 32 der jeweiligen Anlage V eingegeben, wird der **BFT-Nr. 190:**

„Davon entfallen auf die selbstgenutzten oder anderen Personen ohne gesicherte Rechtsposition unentgeltlich überlassenen Wohnungen/Räume + Garagen in DM"

auf dem Datensichtgerät ausgegeben.

Einzugeben ist daraufhin der auf volle DM aufgerundete Aufwandsbetrag, der von dem (zum vorgenannten BFT-Nr. 189) eingegebenen Gesamtaufwand auf die selbstgenutzten und anderen Personen ohne gesicherte Rechtsposition unentgeltlich überlassenen Wohnungen einschließlich zugehöriger Garagen entfällt oder Null. Nach dieser Eingabe wird auch in solchen Fällen der Hinweistext:

„Die Werbungskosten (Zeile-Nr. V40-V49) betragen bis jetzt"

zusammen mit den akkumulierten Werbungskosten aus den Zeilen 40-45 der jeweiligen Anlage V ausgegeben, wobei jedoch vorher der für solche Aufwendungen eingegebene Gesamtaufwand um den nach dem vorgenannten BFT eingegebenen Aufwandsbetrag gekürzt wurde, der auf die selbstgenutzten oder anderen Personen ohne gesicherte Rechtsposition unentgeltlich überlassenen Wohnungen einschließlich zugehöriger Garagen entfällt. Danach wird auch in solchen Fällen der Programmablauf mit der Ausgabe des nachfolgenden BFT fortgesetzt.

198. Abfrage, ob die Absetzung für Abnutzung nach § 7 Abs. 4 EStG zu bemessen ist

Nach der jeweiligen Ausgabe der bis zur Zeile 45 der jeweiligen Anlage V akkumulierten und abzugsfähigen Werbungskosten wird der **BFT-Nr. 191:**

> **„Soll die Absetzung für Abnutzung bemessen werden nach Par. 7 Abs. 4 EStG (Zeile-Nr. V46) (J oder N)?“**

auf dem Bildschirm ausgegeben.

Einzugeben ist entweder „J“ oder „N“.

Wird „N“ eingegeben, wird der Programmablauf mit der Ausgabe des BFT-Nr. 199 (Tz. 206) fortgesetzt.

Wird „J“ eingegeben, wird der Programmablauf mit der Ausgabe des nachfolgenden BFT fortgesetzt.

Nach § 7 Abs. 4 EStG beträgt die AfA bei vermieteten Gebäuden jährlich, wenn die Gebäude

a) nach dem 31.12.1924 fertiggestellt worden sind 2 v. H.
b) vor dem 01.01.1925 fertiggestellt worden sind 2,5 v.H.

der Anschaffungs- oder Herstellungskosten.

„J“ ist einzugeben, wenn nach der in Zeile 46 der jeweiligen Anlage V durch Ankreuzen getroffenen Wahl diese Absetzungsart und nicht die degressive Absetzung nach § 7 Abs. 5 EStG oder die erhöhte Absetzung nach § 7b EStG oder §§ 14a, 15 Berlin-Förderungsgesetz gewählt wurde.

Wegen der AfA-Sätze nach § 7 Abs. 5 EStG wird auf die Ausführungen im Absatz **„Zeile 46“ der Anleitung zur Anlage V** hingewiesen, die der abgedruckten Anlage V beigefügt ist. Die nach § 7b EStG und § 15 Berlin-Förderungsgesetz möglichen erhöhten Absetzungen sind in dieser Anleitung im Absatz **„Zeilen 10, 46, 53 bis 56“** im einzelnen beschrieben.

199. Ansatz der Vorjahresbeschreibung bei linearer Absetzung nach § 7 Abs. 4 EStG

Handelt es sich um ein Haus, das nicht oder nicht in vollem Umfang selbstgenutzt und dessen Überschuß deshalb nicht nach § 21a EStG aufgrund des Einheitswertes, sondern nach § 21 in Verbindung mit §§ 8 und 9 EStG durch Abzug der Werbungskosten von den Einnahmen zu ermitteln ist, und bei dem

a) erhöhte Absetzungen nach § 7b EStG nicht in Betracht kommen oder
b) die Anschaffungs- oder Herstellungskosten höher als der jeweils maßgebliche Höchstwert für die erhöhten Absetzungen nach § 7b EStG waren, wird

der **BFT-Nr. 192:**

> **„Ist die Absetzung wie im Vorjahr anzusetzen (J/N)?“**

auf dem Bildschirm ausgegeben.

Einzugeben ist entweder „J“ oder „N“.

Jede andere Eingabe führt zur erneuten Ausgabe dieses BFT.

200. Absetzungsbetrag im Vorjahr bei linearer AfA nach § 7 Abs. 4 EStG

Wurde die Frage im vorgenannten BFT mit „J" beantwortet, erscheint auf dem Bildschirm der **BFT-Nr. 193:**

„Absetzung für Abnutzung im Vorjahr in DM?"

Einzugeben ist daraufhin der bei der Veranlagung des vorangegangenen Veranlagungszeitraumes vom Finanzamt anerkannte Absetzungsbetrag.

Nach dieser Eingabe setzt das Programm den Programmablauf mit der Ausgabe des BFT-Nr. 232 (Tz. 241) fort.

201. Gesamte Anschaffungs-/Herstellungskosten-Zuschüsse bis Ende des Veranlagungszeitraums bei linearer AfA nach § 7 Abs. 4 EStG

Wird die Frage im letzten BFT, ob die Absetzung wie im Vorjahr anzusetzen ist, durch Eingabe von „N" verneint, wird der **BFT-Nr. 194:**

„Gesamte Anschaffungs-/Herstellungskosten-Zuschüsse bis Ende 8X (= Veranlagungszeitraum) **in DM?"**

auf dem Datensichtgerät angezeigt.

Einzugeben sind die auf volle DM aufgerundeten und um etwaige Baukostenzuschüsse geminderten Anschaffungs- oder Herstellungskosten, soweit sie bis zum Ende des jeweiligen Veranlagungszeitraumes angefallen sind, auch wenn sie noch nicht bezahlt sind.

Anschaffungskosten sind alle Aufwendungen, die ein Steuerpflichtiger aufwenden mußte, um das Gebäude von der fremden in die eigene Verfügungsmacht zu überführen und es in den Zustand zu versetzen, der zur Erzielung von Mieteinnahmen erforderlich ist. Dazu gehören auch die anteiligen Erwerbsnebenkosten (Maklergebühr, Beurkundungskosten des Notars, Eintragungskosten ins Grundbuch und Grunderwerbsteuer). Nicht dazu gehören die beim Erwerb eines bebauten Grundstücks angefallenen Anschaffungskosten einschließlich anteiliger Erwerbsnebenkosten, soweit sie auf den Grund und Boden entfallen.

Beispiel

Am 01.10.86 wurde ein Grundstück von 600 qm mit einem darauf errichteten vermieteten Mehrfamilienhaus für insgesamt 400000 DM
erworben. Von dem Kaufpreis entfielen 600 × 150 DM/qm = 90000 DM
auf Grund und Boden. Beim Erwerb fielen Nebenkosten für vorgenannte Zwecke von insgesamt 32000 DM
an.

Die einzugebenden Anschaffungskosten für das Gebäude betrugen insgesamt
400000 − 90000 + 32000 × 310/400 = 334800 DM

Herstellungskosten eines Gebäudes sind alle Aufwendungen, die durch den Verbrauch von Materialien und die Inanspruchnahme von Diensten bis zu dem Zeitpunkt entstanden sind, in dem das errichtete Gebäude bezugsfertig d.h. zur Erzielung von Mieteinnahmen nutzbar war. Nicht zu den Herstellungskosten gehört der Wert der eigenen Arbeitsleistung.

Beispiel

Ein Steuerpflichtiger ließ sich im Jahre 1985 von einem Architekten einen Bauantrag für ein zu vermietendes Zweifamilienhaus mit den erforderlichen Anlagen (Bauzeichnung, Lageplan, statistische Berechnung usw.) erstellen und von der Baubehörde genehmigen, wofür ihm ein Aufwand von 5000 DM
entstand. Im Jahre 1986 errichtete er mit Angehörigen aufgrund dieses Bauplans den Roh-

bau dieses Gebäudes und führte auch einige Ausbauarbeiten (Tapezieren, Anstrich, Fliesenarbeiten, Heizungseinbau) durch. Für die Materialanschaffung entstanden ihm dafür Aufwendungen von 60000 DM
Der Wert seiner Arbeitsleistung und der Wert der unentgeltlich mithelfenden Familienangehörigen wurde im Finanzierungsnachweis mit 56000 DM
berechnet.

Für die durch Dritte durchgeführten Ausbauarbeiten wurden einschließlich der Anschlußkosten an das städtische Strom-, Wasser-, Abwasser- und Gasnetz insgesamt 96000 DM
aufgewendet.

Die einzugebenden Herstellungskosten betrugen insgesamt 161000 DM,
weil der Wert der eigenen Arbeitsleistung und der Wert der unentgeltlich von den Familienangehörigen erbrachten Arbeitsleistung nicht zu den Herstellungskosten des Gebäudes gehören.

202. Zeitpunkt des Erwerbs oder der Fertigstellung

Nach der Eingabe von „J" nach der Ausgabe des vorgenannten BFT, wird der **BFT-Nr. 195:**

„Zeitpunkt des Erwerbs oder der Fertigstellung (z.B. 06.03.48)?"

auf dem Bildschirm ausgegeben.

Daraufhin ist bei einem Erwerb eines bebauten Grundstücks der Erwerbs- oder der Zeitpunkt in der beispielhaft aufgeführten Form einzugeben, ab dem das erworbene Grundstück zur Erzielung von Mieteinnahmen dient. Bei der Herstellung eines Gebäudes tritt an die Stelle des Erwerbszeitpunktes der Zeitpunkt der Bezugsfertigstellung.

Wird der jeweilige Zeitpunkt nicht in der beispielhaften dargestellten Form TT.MM.JJ d.h. nicht achtstellig unter Verwendung von Punkten als Trennzeichen nach der Tages- und der Monatsangabe eingegeben oder sind Datumselemente (z.B. Tag = 00 oder größer als 31 oder Monat = 00 oder größer als 12) ungültig, erscheint die Fehlermeldung:

„Eingabe unzulässig – Bitte Neueingabe"

auf dem Bildschirm. Danach wird auf diesem erneut der vorgenannte BFT ausgegeben.

203. Abfrage, ob das Gebäude im Veranlagungszeitraum veräußert wurde

Nach der Eingabe des Erwerbs- oder Fertigstellungszeitpunktes erscheint auf dem Datensichtgerät der **BFT-Nr. 196:**

„Wurde das Gebäude in 8X (= Veranlagungszeitraum) **veräußert (J oder N)?"**

Bei der Eingabe von „N" wird der Ablauf mit der Ausgabe des BFT-Nr. 198 (Tz. 205) fortgesetzt.

Bei der Eingabe von „J" wird der nachfolgend beschriebene BFT ausgegeben.

Wird weder „J" noch „N" eingegeben, wird der erstgenannte BFT erneut ausgegeben.

204. Monat der Veräußerung oder Nutzungsaufgabe

Wird durch Eingabe von „J" auf die vorgenannte Abfrage bejaht, daß das Gebäude im Veranlagungszeitraum veräußert wurde, erscheint auf dem Bildschirm der **BFT-Nr. 197:**

„Monat der Veräußerung oder Nutzungsaufgabe – z.B. 09? "

Da es hierbei hauptsächlich auf den Zeitpunkt ankommt, in dem die Nutzungen und Lasten des veräußerten Grundstücks auf den Erwerber oder Übernehmer übergegangen sind, ist der Monat einzugeben, in dem der Nutzungs- und Lastenübergang war.

Als Veräußerung gilt hierbei auch die unentgeltliche Übergabe an einen Angehörigen (Kinder, Enkel) aus familiären oder erbrechtlichen Gründen.

Der Monat ist immer in der beispielhaft genannten Form einzugeben.

205. Berechnung der Gebäudeabsetzung nach der tatsächlichen Nutzungsdauer

Nach der Eingabe des Zeitpunkts der Veräußerung oder der Nutzungsaufgabe erscheint auf dem Datensichtgerät der **BFT-Nr. 198:**

> **„Soll die AfA nach der tatsächlich kürzeren Nutzungsdauer als 50 bzw. 40 Jahren berechnet werden (J/N)?"**

Eingegeben werden darf nur entweder „J" oder „N", weil jede andere Eingabe zur erneuten Ausgabe dieses BFT führt. „J" darf nur eingegeben werden, wenn durch besondere Umstände, die dem Finanzamt nachzuweisen oder glaubhaft zu machen sind, die tatsächliche Nutzungsdauer unter Berücksichtigung aller technischen und wirtschaftlichen Umstände des jeweiligen Falls mit weniger als

a) 50 Jahren bei Gebäuden, die nach dem 31.12.24 fertiggestellt worden sind oder
b) 40 Jahren bei Gebäuden, die vor dem 01.01.25 fertiggestellt worden sind,

anzunehmen ist.

Wird „J" eingegeben, wird der Programmablauf mit der Ausgabe des nachfolgenden BFT fortgesetzt.

Nach der Eingabe von „N" wird, wenn nach der Eingabe zur Zeile V29 das Baujahr des Gebäudes nach 1924 lag, die lineare Absetzung mit 2 v.H., sonst mit 2,5 v.H. der Anschaffungs- oder Herstellungskosten des Gebäudes berechnet.

Hierbei wird die Absetzung nach § 7 Abs. 4 EStG, wenn das Gebäude im Laufe des Veranlagungszeitraums

a) erworben oder errichtet wurde ab dem Beginn des Erwerbs- oder Fertigstellungsmonats bis zum Ende des Veranlagungszeitraums oder
b) veräußert wurde ab dem Beginn des Veranlagungszeitraums bis zum Ende des der Veräußerung vorangegangenen Monats berechnet oder
c) erworben bzw. fertiggestellt und veräußert wurde ab dem Beginn des Monats des Erwerbs bzw. der Fertigstellung bis zum Ende des Monats berechnet, der dem Veräußerungsmonat voranging.

Nach der Berechnung der AfA nach § 7 Abs. 4 EStG setzt das Programm den Ablauf mit der Ausgabe des BFT-Nr. 232 (Tz. 241) fort, nachdem es

> **„Die Werbungskosten (Zeile-Nr. V40-49) betragen bis jetzt"**

zusammen mit den bis zur Zeile V46 angefallenen Werbungskosten einschließlich der AfA nach § 7 Abs. 4 EStG ausgegeben hat.

206. Abfrage, ob die Absetzung für Abnutzung nach § 7 Abs. 5 EStG zu bemessen ist

Wurde nach dem vorseitig beschriebenen BFT-Nr. 191 „N" eingegeben, erscheint auf dem Bildschirm der **BFT-Nr. 199:**

> **„Soll die Absetzung für Abnutzung bemessen werden Par. 7 Abs. 5 EStG (Zeile-Nr. V46) (J oder N)?"**

Einzugeben ist daraufhin entweder „J" oder „N". Jede andere Eingabe führt zur erneuten Ausgabe dieses BFT.

Wird „N" eingegeben, wird der Programmablauf mit der Ausgabe des BFT-Nr. 204 (Tz. 211) fortgesetzt.

207. AfA-Satz für die Absetzung nach § 7 Abs. 5 EStG

Wurde nach dem vorgenannten BFT durch Eingabe von „J" die Frage bejaht, daß die Absetzung für Abnutzung für das vermietete Gebäude nach § 7 Abs. 5 EStG vorzunehmen ist, erscheint auf dem Bildschirm der **BFT-Nr. 200:**

„AfA-Satz in % (Zeile-Nr. V46)?"

Einzugeben ist der für den jeweiligen Veranlagungszeitraum maßgebliche Vomhundertsatz der degressiven AfA.

Nach § 7 Abs. 5 EStG können bei im Inland gelegenen Gebäuden, die vom Steuerpflichtigen hergestellt oder bis zum Ende des Jahres der Fertigstellung angeschafft worden sind abweichend von § 7 Abs. 4 EStG als Absetzung für Abnutzung die folgenden Beträge abgezogen werden:

a) Im Jahr der Fertigstellung oder Anschaffung und in den folgenden 7 Jahren jeweils 5 v.H.
b) in den darauffolgenden 6 Jahren jeweils 2,5 v.H.
c) in den darauffolgenden 36 Jahren jeweils 1,25 v.H.

der Herstellungs- oder Anschaffungskosten.

Im Falle der Anschaffung darf der Hersteller für das an den Steuerpflichtigen veräußerte Gebäude weder Absetzungen für Abnutzungen nach § 7 Abs. 5 EStG noch erhöhte Absetzungen oder Sonderabschreibungen in Anspruch genommen haben.

208. Ansatz der degressiven AfA wie im Vorjahr

Nach der Eingabe des AfA-Satzes für die degressive Absetzung nach § 7 Abs. 5 EStG wird der **BFT-Nr. 201:**

„Ist die Absetzung wie im Vorjahr anzusetzen (J/N)?"

auf dem Datensichtgerät ausgegeben.

Einzugeben ist daraufhin entweder „J" oder „N". Jede andere Eingabe führt zur erneuten Ausgabe dieses BFT.

Nach der Eingabe von „J" wird der Programmablauf mit dem nachfolgend beschriebenen BFT, bei „N" mit dem BFT-Nr. 203, Tz. 210, fortgesetzt.

209. Degressiver Absetzungsbetrag im Vorjahr

Soll nach der Eingabe zum vorgenannten BFT die degressiv zu berechnende Absetzung wie im Vorjahr angesetzt werden wird der **BFT-Nr. 202:**

„Absetzung für Abnutzung im Vorjahr in DM?"

auf dem Bildschirm ausgegeben.

Einzugeben ist danach der auf volle DM aufgerundete Absetzungsbetrag nach § 7 Abs. 5 EStG, der bei der Vorjahresveranlagung durch das Finanzamt anerkannt wurde. Nach der Eingabe werden die bis dahin aufgelaufenen Werbungskosten für das vermietete Gebäude um den Eingabebetrag erhöht, und es erscheint der Hinweistext:

„Die Werbungskosten (Zeile-Nr. V40-V49) betragen bis jetzt"

zusammen mit den aufgelaufenen Werbungskosten aus den Zeilen V40-V45 der jeweiligen Anlage V und dem Absetzungsbetrag nach § 7 Abs. 5 EStG auf dem Bildschirm.

Danach wird der BFT-Nr. 232, Tz. 241 ausgegeben.

210. Anschaffungs-/Herstellungskosten bei degressiver Absetzung

Wurde die vorletzte Abfrage, ob die Absetzung wie im Vorjahr durchzuführen ist, durch Eingabe von „N" verneint, wird der **BFT-Nr. 203:**

> **„Gesamte Anschaffungs-/Herstellungskosten-Zuschüsse bis Ende 8X** (= Veranlagungszeitraum) **in DM?"**

auf dem Datensichtgerät ausgegeben.

Einzugeben sind darauf die auf volle DM aufgerundeten und um etwaige Baukostenzuschüsse geminderten Anschaffungs- oder Herstellungskosten, die bis zum Ende des jeweiligen Veranlagungszeitraums angefallen sind.

Wegen des Begriffs Anschaffungs- oder Herstellungskosten-Zuschüsse wird auf die hier ebenfalls geltenden Ausführungen unter Tz. 201 hingewiesen.

Nach der Eingabe der Anschaffungs- oder Herstellungskosten wird durch Multiplikation dieser Kosten mit dem (nach dem vorseitig beschriebenen BFT-Nr. 200) eingegebenen Vomhundertsatz der degressive Absetzungsbetrag nach § 7 Abs. 5 EStG für den jeweiligen Veranlagungszeitraum ermittelt und den bisher aufgelaufenen Werbungskosten aus den Zeilen 40 bis 46 der jeweiligen Anlage V hinzugerechnet.

Danach wird der Hinweistext

> **„Die Werbungskosten (Zeile-Nr. V40-V49) betragen bis jetzt"**

zusammen mit den akkumulierten Werbungskosten aus den Zeilen 40-45 der jeweiligen Anlage V und der Absetzung nach § 7 Abs. 5 EStG auf dem Datensichtgerät ausgegeben.

Dann wird der Programmablauf mit der Ausgabe des BFT-Nr. 232, Tz. 241, fortgesetzt.

211. Erhöhte Absetzungen nach § 7b EStG

Wurde nach der vorseitig beschriebenen Abfrage des BFT-Nr. 199 „N" eingegeben, erscheint auf dem Datensichtgerät der **BFT-Nr. 204:**

> **„Soll die Absetzung für Abnutzung bemessen werden nach Par. 7b EStG (Zeile-Nr. V46) (J oder N)?"**

Wird dies durch die Eingabe von „N" verneint, wird der BFT-Nr. 221, Tz. 230, ausgegeben.

Wird „J" eingegeben, wird der Ablauf mit der Ausgabe des nachgenannten BFT fortgesetzt.

212. Ablauf, wenn für ein Haus, das keine Eigentumswohnung oder kein Ein- oder Zweifamilienhaus ist erhöhte Absetzung nach § 7b EStG begehrt wird, aber nicht zu gewähren ist

Wurde nach der vorgenannten Abfrage „J" eingegeben, prüft das Programm zunächst, ob das jeweilige Gebäude nach der Eingabe zum BFT-Nr. 172, Tz. 179, ein anderes Haus das heißt keine Eigentumswohnung, kein Ein- und auch kein Zweifamilienhaus war. War es danach ein anderes Haus, wird geprüft, ob es selbstgenutzt und sein Nutzungswert nach § 21a EStG zu ermitteln ist.

Ist dies der Fall, wird weder eine Absetzung nach § 7 Abs. 4 EStG noch eine solche nach § 7b EStG ermittelt.

Ist es ein anderes Haus, das nicht selbstgenutzt und dessen Überschuß nach § 21 EStG durch Gegenüberstellen der Einnahmen und Werbungskosten zu ermitteln ist, wird lineare AfA nach § 7 Abs. 4 EStG berechnet.

In beiden Fällen wird bei anderen Häusern, bevor das Programm den Ablauf mit der Ausgabe des BFT-Nr. 232, Tz. 241, fortgesetzt, der Hinweistext.

„Die Werbungskosten (Zeile-Nr. V40-49) betragen bis jetzt“

zusammen mit den akkumulierten Werbungskosten der Zeilen 40-45 und der ggf. ermittelten AfA nach § 7 Abs. 4 EStG ausgegeben.

213. Abfrage, ob die vermietete Eigentumswohnung oder das vermietete Ein- oder Zweifamilienhaus im Inland liegen

Wurde bei der vorstehend geschilderten Prüfung festgestellt, daß das Haus, für das erhöhte Absetzung nach § 7b EStG beantragt wurde, eine Eigentumswohnung oder ein Ein- oder Zweifamilienhaus ist, wird auf dem Bildschirm der **BFT-Nr. 205:**

„Liegt die/das Eigentumswohnung/Ein- oder Zweifamilienhaus im Inland (J oder N)?“

ausgegeben.

Bei der Eingabe von „N“ wird wiederum, wie das im vorangegangenen Absatz für andere Häuser geschildert wurde, die AfA nach § 7 Abs. 4 EStG ermittelt und mit dem dort genannten Hinweistext ausgegeben.

Bei der Eingabe von „J“ wird der Programmablauf mit der nachfolgenden Abfrage fortgesetzt.

Jede andere Eingabe als „J“ oder „N“ führt zur erneuten Ausgabe von diesem BFT.

214. Anteil der gesamten Nutzfläche des vermieteten Hauses, der nicht Wohnzwecken dient

Nach der Eingabe von „J“ auf den vorgenannten BFT erscheint auf dem Datensichtgerät der **BFT-Nr. 206:**

„Anteil an der gesamten Nutzfläche des Hauses, der gewerblichen oder beruflichen Zwecken dient in %?“

Einzugeben ist entweder Null oder der auf zwei Nachkommastellen abgerundete Vomhundertsatz der zu eigenen oder fremden gewerblichen oder beruflichen Zwecken dienenden Nutzfläche im Verhältnis zur Gesamtnutzfläche der Räume des Hauses.

Übersteigt der Anteil der zu diesen Zwecken genutzten Räume des Hauses ein Drittel der Gesamtnutzfläche wird, wie dies im vorangegangenen vorletzten Absatz geschildert wurde, anstelle der beantragten erhöhten Absetzung nach § 7b EStG die AfA nach § 7 Abs. 4 EStG berechnet und in der dort geschilderten Form ausgegeben.

215. Erwerbsvorgänge, die erhöhte Absetzungen nach § 7b EStG ausschließen

Übersteigt die nicht Wohnzwecken dienende Nutzfläche nicht ein Drittel des vermieteten Ein- oder Zweifamilienhauses oder der vermieteten Eigentumwohnung, wird der **BFT-Nr. 207:**

„War das eine Anschaffung vom Ehegatten oder eine Anschaffung in Form eines Tauschs oder ein Rückkauf (J oder N)?“

auf dem Datensichtgerät angezeigt.

Trifft eine dieser Alternativen zu und wird deshalb „J“ eingegeben, wird anstelle der beantragten erhöhten Absetzung nach § 7b EStG die AfA nach § 7 Abs. 4 EStG ermittelt und – wie vorseitig bei der beantragten AfA nach § 7b EStG für ein anderes Haus geschildert – ausgegeben.

216. Abfrage, ob seit 1964 schon für ein Objekt § 7b EStG beansprucht wurde

Wurde das Objekt, für das erhöhte Absetzung nach § 7b EStG beansprucht wird, nicht erworben, sondern errichtet oder liegt keiner der vorgenannten Erwerbsvorgänge, die erhöhte Absetzungen nach § 7b EStG ausschließen, vor, und wurde deshalb nach der vorgenannten Abfrage „N“ eingegeben, so erscheint nach dieser Eingabe der **BFT-Nr. 208:**

> **„Wurde seit 1964 schon Par. 7b EStG für ein/e Eigentumswohnung/Ein- oder Zweifamilienhaus beansprucht (J oder N)?“**

auf dem Bildschirm.

Einzugeben ist entweder „J“ oder „N“. Jede andere Eingabe führt zur erneuten Ausgabe dieses BFT.

Handelt es sich um eine **Zusammenveranlagung** und wird die erhöhte Absetzung nach § 7b EStG für ein **zweites Objekt** beansprucht, so handelt es sich um kein Folgeobjekt, weil **Ehegatten** die **Vergünstigung für** insgesamt **zwei Objekte** beanspruchen können. In solchen Fällen und bei erstmaliger Beanspruchung ist deshalb „N“ einzugeben.

Wird „N“ eingegeben, wird der Programmablauf mit der Ausgabe des später beschriebenen BFT-Nr. 210 fortgesetzt.

217. Abfrage, ob das vermietete Objekt ein Folgeobjekt im Sinne des § 7b EStG ist

Wird nach der vorgenannten Abfrage „J“ eingegeben, erscheint auf dem Bildschirm der **BFT-Nr. 209:**

> **„War das ein Folgeobjekt (J oder N)“?**

Zu dem Begriff „Folgeobjekt“ wird auf die Ausführungen unter Tz. 142 hingewiesen.

Handelt es sich um eine **Zusammenveranlagung** und wird die erhöhte Absetzung nach § 7b EStG für ein **zweites Objekt** beansprucht, so handelt es sich um kein Folgeobjekt, weil Ehegatten die Vergünstigung für insgesamt zwei Objekte beanspruchen können.

In solchen Fällen und bei erstmaliger Beanspruchung ist „N“ einzugeben.

Einzugeben ist entweder „J“ oder „N“.

Wird „N“ eingegeben, kehrt das Programm zu der vorseitig beschriebenen Ausgabe des BFT-Nr. 201 zurück und setzt den weiteren Ablauf – wie dort beschrieben – mit der Ermittlung der Absetzung nach § 7 Abs. 4 EStG und der Ausgabe der bis dahin nach den Zeilen 40-46 entstandenen Werbungskosten fort.

218. Abfrage, ob das vermietete Folgeobjekt vor dem 30.07.81 angeschafft oder begonnen wurde

Wird nach der Ausgabe des vorgenannten BFT durch Eingabe von „J“ bejaht, daß die erhöhten Absetzungen nach § 7b EStG für ein Folgeobjekt beansprucht werden wird auf dem Datensichtgerät der **BFT-Nr. 210:**

> **„Wurde die/das Eigentumswohnung/Ein- oder Zweifamilienhaus vor dem 30.07.81 angeschafft oder begonnen (J/N)?“**

ausgegeben.

Einzugeben ist entweder „J“ oder „N“. Jede andere Eingabe führt zur erneuten Ausgabe dieses BFT.

Wird „J“ eingegeben, wird – abhängig von der Gebäudeart (Eigentumswohnung, Ein- oder Zweifamilienhaus) – der in solchen Fällen geltende Höchstwert von 150000 DM bzw. 200000 DM in die entsprechende Berechnungsvariable geladen.

Wird „N“ eingegeben, wird – ebenfalls in Abhängigkeit von der vorgenannten jeweiligen Gebäudeart – der in diesen Fällen geltende Höchstwert von 200000 DM bzw. 250000 DM in diese Berechnungsvariable geladen.

Danach wird der Programmablauf stets mit der Ausgabe des nachgenannten BFT fortgesetzt.

219. Begünstigte Anschaffungs-/Herstellungskosten oder Restwert für das Mietobjekt

Nach der Ermittlung des jeweils maßgeblichen Höchstwertes für die AfA-Ermittlung nach § 7b EStG wird auf dem Datensichtgerät der **BFT-Nr. 211:**

> **„Begünstigte Anschaffungs-/Herstellungskosten-Zuschüsse bis Ende 8X** (= Veranlagungszeitraum) **oder Restwert in DM?“**

ausgegeben.

Einzugeben sind die auf volle DM aufgerundeten Anschaffungs- oder Herstellungskosten (abzüglich etwaiger Baukostenzuschüsse), die bis zum Ende des jeweiligen Veranlagungszeitraumes angefallen sind.

Auf die Ausführungen zu dem BFT-Nr. 140, Tz. 144, wird hingewiesen.

Zu beachten ist dabei jedoch, daß zu den Herstellungskosten im Sinne des § 7b EStG folgende Aufwendungen auch bei vermieteten Objekten **nicht** gehören:

1. Aufwendungen für besondere Anlagen und Einrichtungen in Ein- und Zweifamilienhäusern und Eigentumswohnungen, soweit sie in solchen Gebäuden und Wohnungen nicht üblich sind, wie z.B. für Schwimmbecken innerhalb und außerhalb des Gebäudes, für eine Sauna, für eine Bar und/oder für eine Kegelbahn und
2. Aufwendungen für Einbaumöbel, die auch bei vermieteten Wohnungen nicht üblicherweise vom Vermieter gestellt werden, und zwar auch dann, wenn es sich hierbei um eine Schranktrennwand mit der Funktion eines Raumteilers handelt.

Da solche Aufwendungen nicht nach § 7b EStG begünstigt sind, sind die gesamten Anschaffungs- oder Herstellungskosten vor der Eingabe um die Summen der Aufwendungen für Anlagen und Einrichtungen der vorgenannten Art zu kürzen, falls solche Aufwendungen angefallen sind.

Beispiel

Die gesamten Herstellungskosten eines vermieteten Einfamilienhauses betrugen		600000 DM
Davon entfallen auf ein Schwimmbad mit Sauna	80000 DM	
und auf Einbaumöbel	20000 DM	
=		./. 100000 DM
Einzugeben sind als begünstigte Herstellungskosten im Sinne des § 7b EStG		500000 DM

220. Abfrage, ob die Eingabe ein Restwert war

Nach der Werteingabe aufgrund des vorgenannten BFT erscheint, wenn es sich nicht um die Ermittlung des Nutzungswerts der selbstgenutzten Wohnung im eigenen Haus handelt, der **BFT-Nr. 212:**

> **„War das ein Restwert für die Restwertabschreibung (J oder N)?“**

auf dem Datensichtgerät.

Wird diese Abfrage durch Eingabe von „J“ bejaht, ermittelt das Programm anhand des eingegebenen Restwerts die Restwertabschreibung nach § 7b Abs. 1 Satz 2 EStG und ordnet diese bei Zusammenveranlagung auch entweder dem Steuerpflichtigen oder seinem Ehegatten zu.

Danach wird der Hinweistext:

„Die Werbungskosten (Zeile-Nr. V40-V49) betragen bis jetzt“

zusammen mit den akkumulierten Werbungskosten aus den Zeilen 40-45 und der Restwertabschreibung nach § 7b Abs. 1 Satz 4 EStG auf dem Datensichtgerät ausgegeben.

221. Ermittlung der AfA nach § 7b EStG bei der Überschußermittlung nach § 21 EStG

Wurde nach der letzten Ausgabe „N“ eingegeben und damit verneint, daß die vorletzte Eingabe ein Restwert war, wird geprüft, ob die bei der vorletzten Eingabe eingegebenen Anschaffungs- oder Herstellungskosten niedriger als der jeweils maßgebliche Höchstwert nach § 7b Abs. 1 Satz 3 EStG waren. War dies der Fall, wird die AfA nach § 7b EStG mit 5 v.H. der eingegebenen Anschaffungs- oder Herstellungskosten berechnet und nach der jeweiligen Anlage V entweder dem Steuerpflichtigen oder – bei Zusammenveranlagung – seinem Ehegatten zugeordnet. Danach wird der Hinweistext:

„Die Werbungskosten (Zeile-Nr. V40-V49) betragen bis jetzt“

zusammen mit den akkumulierten Werbungskosten aus den Zeilen 40-45 und der erhöhten Absetzung nach § 7b EStG, die hier nach den Anschaffungs- oder Herstellungskosten berechnet wurde, auf dem Bildschirm ausgegeben.

Danach wird in einem solchen Fall der Programmablauf mit der Ausgabe des BFT-Nr. 232, Tz. 241, fortgesetzt.

Wurde bei der vorgenannten Prüfung festgestellt, daß die eingegebenen Anschaffungs- oder Herstellungskosten gleich oder größer waren als der jeweils maßgebliche Höchstwert nach § 7b Abs. 1 Satz 3 EStG, wird die AfA nach § 7b EStG mit 5 v.H. des jeweils relevanten Höchstwerts berechnet und dem Steuerpflichtigen oder – bei Zusammenveranlagung – ggf. dem Ehegatten zugerechnet.

Danach wird, wenn die Einkünfte aus dem begünstigten Objekt nach § 21 EStG durch Abzug der Werbungskosten von den Einnahmen zu ermitteln sind, der Programmablauf mit der Ausgabe des nachfolgenden BFT fortgesetzt.

222. Absetzung nach § 7 Abs. 4 EStG auf den übersteigenden Teil der Anschaffungs- oder Herstellungskosten

Nach § 7b Abs. 1 Satz 3 EStG ist bei einem begünstigten Objekt, dessen Überschuß nach § 21 EStG durch Abzug der Werbungskosten von den Mieteinnahmen zu ermitteln ist, auf den Teil der Anschaffungs- oder Herstellungskosten, der den jeweils maßgeblichen Höchstwert nach dieser Vorschrift (150000 DM, 200000 DM bzw. 250000 DM) übersteigt, § 7 Abs. 4 EStG anzuwenden.

Deshalb wird in den Fällen, in denen – wie im letzten Absatz zum vorgenannten BFT geschildert – die erhöhte Absetzung nach § 7b EStG nach dem jeweils maßgeblichen Höchstwert berechnet wurde nach der Ermittlung und Zuordnung der § 7b-AfA, der **BFT-Nr. 213:**

„Ist die Absetzung wie im Vorjahr abzusetzen (J/N)?“

auf dem Datensichtgerät ausgegeben.

Einzugeben ist entweder „J“ oder „N“, da jede andere Eingabe zur erneuten Ausgabe dieses BFT führt.

„J“ darf nur in den Fällen eingegeben werden, in denen im Veranlagungszeitraum keine nachträglichen Anschaffungs- oder Herstellungskosten für das Objekt mehr angefallen sind, die Anschaffungs- oder Herstellungskosten bis zum Ende des Vorjahres schon höher waren als der jeweils maßgebliche Höchstwert und die erhöhte Absetzung im Vorjahr mit 5 v.H. des Höchstwertes berechnet wurde.

Wird „J“ eingegeben, wird der Programmablauf mit der Ausgabe des im nachgenannten Absatz beschriebenen BFT-Nr. 214 bei „N“ mit der Ausgabe des im übernächsten Absatz erläuterten BFT-Nr. 215 fortgesetzt.

223. Vorjahresabsetzung nach § 7 Abs. 4 in Verbindung mit § 7 Abs. 1 Satz 3 EStG auf den übersteigenden Teil der Anschaffungs- oder Herstellungskosten

Wurde nach Ausgabe des vorgenannten BFT „J“ eingegeben, wird der **BFT-Nr. 214:**

„Absetzung für Abnutzung im Vorjahr in DM?“

auf dem Bildschirm ausgegeben.

Einzugeben ist **nur** der Absetzungsbetrag in DM, der nach dem ESt-Bescheid des Vorjahres vom Finanzamt auf den übersteigenden Teil der Anschaffungs- und Herstellungskosten nach § 7 Abs. 4 in Verbindung mit § 7b Abs. 1 Satz 3 EStG anerkannt wurde.

Beispiel

Der Steuerpflichtige hat in 1983 ein vermietetes Zweifamilienhaus errichtet,
für das Herstellungskosten von 400000 DM
entstanden sind und für das er erhöhte Absetzung nach § 7b beansprucht und in den Jahren 1983 mit je 5 v.H. des Höchstbetrages von 250000 DM anerkannt bekommen hat.

Im Vorjahr 1985 wurden folgende Absetzungen für dieses Objekt bei der Veranlagung berücksichtigt:

5 v.H. auf Höchstbetrag von 250000 DM nach § 7b EStG	12500 DM
2 v.H. nach § 7 Abs. 4 Nr. 2a EStG 1985 auf den übersteigenden Teil der Herstellungskosten von (400000 – 250000) 150000 DM =	3000 DM
insgesamt =	15500 DM
Einzugeben ist der Absetzungsbetrag nach § 7 Abs. 4 EStG von =	3000 DM

Nach dieser Eingabe wird der Hinweistext:

„Die Werbungskosten (Zeile-Nr. V40-V49) betragen bis jetzt“

zusammen mit den akkumulierten Werbungskosten aus den Zeilen 40-45 der jeweiligen Anlage V, der ermittelten erhöhten Absetzung nach § 7b EStG und der wie vorstehend eingegebenen Absetzung nach § 7 Abs. 4 EStG ausgegeben. Danach wird der Programmablauf mit der Ausgabe des BFT-Nr. 232, Tz. 241, fortgesetzt.

224. Anschaffungs-/Herstellungskosten zur Ermittlung der AfA nach § 7 Abs. 4 in Verbindung mit § 7b Abs. 1 Satz 3 EStG

Wurde die im vorletzten Absatz beschriebene Abfrage, ob die Absetzung wie im Vorjahr abzusetzen ist, mit „N“ beantwortet, erscheint auf dem Bildschirm der **BFT-Nr. 215:**

„Gesamte Anschaffungs-/Herstellungskosten-Zuschüsse bis Ende 8X (= Veranlagungszeitraum) **in DM?“**

Einzugeben sind hier **die gesamten** bis zum Ende des jeweiligen Veranlagungszeitraums angefallenen und um etwaige Baukostenzuschüsse geminderten Anschaffungs- oder Herstellungskosten des vermieteten Objekts, auch soweit sie nach den Ausführungen in Tz. 219 nicht nach § 7b EStG erhöht absetzungsfähig sind.

Beispiel

Nach dem Beispiel in Tz. 219 betrugen die gesamten Herstellungskosten	600000 DM,
die begünstigten Herstellungskosten nach § 7b EStG jedoch nur	500000 DM.
Einzugeben sind hier die gesamten Anschaffungs- oder Herstellungskosten von	600000 DM

Für die Ermittlung der Absetzung nach § 7 Abs. 4 in Verbindung mit § 7b Abs. 1 Satz 3 EStG kürzt das Programm diese Anschaffungs- oder Herstellungskosten um den jeweils maßgeblichen Höchstwert nach § 7b Abs. 1 Satz 3 EStG.

225. Zeitpunkt des Erwerbs oder der Fertigstellung

Nach der Eingabe der Anschaffungs- oder der Herstellungskosten wird der **BFT-Nr. 216:**

„Zeitpunkt des Erwerbs oder der Fertigstellung (z.B. 06.03.48)?“

auf dem Datensichtgerät ausgegeben.

Dieser Zeitpunkt ist in der beispielhaft aufgeführten Form „TT.MM.JJ“ einzugeben.

Falls die Eingabe nicht achtstellig in dieser Form erfolgt oder ein ungültiges Datumselement (Tag kleiner als 01 oder größer als 31 oder Monat kleiner als 01 oder größer als 12 oder Jahr größer als Veranlagungszeitraum) eingegeben wird, erscheinen die Fehlermeldung

„Eingabe unzulässig – Bitte Neueingabe“

und danach erneut der vorgenannte BFT auf dem Bildschirm.

226. Abfrage, ob das begünstigte Objekt im Veranlagungszeitraum veräußert wurde

Nach der Eingabe des Erwerbs- oder Veräußerungszeitpunktes ermittelt das Programm die Anzahl der Monate, für die im Veranlagungszeitraum eine Absetzung nach § 7 Abs. 4 in Verbindung mit § 7b Abs. 1 Satz 3 EStG zu berücksichtigen ist. Danach wird der **BFT-Nr. 217:**

„Wurde das Gebäude in 8X (= Veranlagungszeitraum) **veräußert (J oder N)?“**

auf dem Bildschirm angezeigt.

Einzugeben ist entweder „J“ oder „N“. Jede andere Eingabe führt zur erneuten Ausgabe dieses BFT.

Bei der Eingabe von „J“ wird der im nachfolgenden Abschnitt beschriebene BFT-Nr. 218, bei der Eingabe von „N“ der im übernächsten Abschnitt beschriebene BFT-Nr. 219 auf dem Datensichtgerät ausgegeben.

227. Monat der Veräußerung oder Nutzungsaufgabe

Wurde nach dem vorgenannten BFT „J“ eingegeben wird auf dem Bildschirm der **BFT-Nr. 218:**

„Monat der Veräußerung oder Nutzungsaufgabe (z.B. 09)?“

ausgegeben.

Einzugeben ist hier der Monat, in dem die Nutzungen des vermieteten Grundstücks weggefallen sind.

Auf die Ausführungen zum BFT-Nr. 197, Tz. 204, wird hingwiesen.

Nach der Eingabe ermittelt das Programm die Anzahl der Monate, für die im Veranlagungszeitraum eine Absetzung nach § 7 Abs. 4 in Verbindung mit § 7b Abs. 1 Satz 3 EStG auf den

– den Höchstwert nach § 7b Abs. 1 Satz 3 EStG – übersteigenden Teil der Anschaffungs- oder Herstellungskosten zu berücksichtigen ist.

228. Abfrage, ob AfA nach § 7 Abs. 4 in Verbindung mit § 7b Abs. 1 Satz 3 EStG nach der tatsächlich kürzeren Nutzungsdauer ermittelt werden soll

Nach der Eingabe zum letztgenannten oder der „N"-Eingabe zum vorletzten BFT setzt das Programm den Ablauf mit der Ausgabe des **BFT-Nr. 219:**

> **„Soll die AfA nach der tatsächlich kürzeren Nutzungsdauer als 50 bzw. 40 Jahren berechnet werden (J/N)?"**

fort.

Einzugeben ist entweder „J" oder „N". Jede andere Eingabe führt zur erneuten Ausgabe dieses BFT.

Wegen der Eingabe von „J" wird auf die Ausführungen zum BFT-Nr. 198, Tz. 205, hingewiesen.

Wird „N" eingegeben, wird – abhängig von dem eingegebenen Fertigstellungsjahr – die AfA nach § 7 Abs. 4 EStG auf den übersteigenden Teil der Anschaffungs- oder Herstellungskosten nach § 7b Abs. 1 Satz 3 EStG berechnet.

Wurde ein solch begünstigtes Objekt erst im Laufe des Veranlagungszeitraums angeschafft oder fertiggestellt und/oder im Laufe dieses Zeitraums veräußert, wird die AfA ab dem Beginn des Erwerbs- oder Fertigstellungsmonats und erforderlichenfalls bis zum Ende des Monats, der dem Monat der Veräußerung oder der Nutzungsaufgabe voranging, berechnet.

Danach wird **auch hier** – wie dies bei Tz. 223 im einzelnen beschrieben wurde – der Hinweistext:

> **„Die Werbungskosten (Zeile-Nr. V40-V49) betragen bis jetzt"**

zusammen mit den akkumulierten Werbungskosten aus den Zeilen 40-45 der jeweiligen Anlage V, der ermittelten Absetzung nach § 7b EStG und der wie vorstehend ermittelten Absetzung nach § 7 Abs. 4 EStG auf den übersteigenden Teil der Anschaffungs- oder Herstellungskosten nach § 7b Abs. 1 Satz 3 EStG ausgegeben. Danach wird der Programmablauf ebenfalls wie dort mit der Ausgabe des BFT-Nr. 232, Tz. 241, fortgesetzt.

229. Tatsächlich kürzere Nutzungsdauer bei Ermittlung der AfA nach § 7 Abs. 4 in Verbindung mit § 7b Abs. 1 Satz 3 EStG

Wurde durch Eingabe von „J" nach Ausgabe des BFT-Nr. 219 bestimmt, daß die AfA nach der tatsächlich kürzeren als der vom Gesetzgeber fiktiv festgelegten Nutzungsdauer von 50 bzw. 40 Jahren zu berechnen ist erscheint auf dem Bildschirm der **BFT-Nr. 220:**

> **„Tatsächlich kürzere Nutzungsdauer in Jahren?"**

Wegen der Ermittlung wird auf die Ausführungen BFT-Nr. 198, Tz. 205, hingewiesen.

Nach der Eingabe der tatsächlich kürzeren Nutzungsdauer ermittelt das Programm den sich danach ergebenden linearen AfA-Satz und berechnet anschließend unter Zugrundelegung dieses AfA-Satzes die Absetzung nach § 7 Abs. 4 EStG auf den übersteigenden Teil der Anschaffungs- oder Herstellungskosten im Sinne des § 7b Abs. 1 Satz 3 EStG. Anschließend erfolgt – wie im vorangegangenen Abschnitt im einzelnen beschrieben – die Ausgabe der bis dahin ermittelten Werbungskosten aus den Zeilen 40-46 der jeweiligen Anlage V, wobei hier lediglich die nach der tatsächlich kürzeren Nutzungsdauer ermittelte AfA nach § 7 Abs. 4 EStG in den Akkumulationsbetrag einbezogen wird.

Danach wird auch in einem solchen Fall der Programmablauf mit der Ausgabe des BFT-Nr. 232, Tz. 241, fortgesetzt.

230. Abfrage, ob die Absetzung für das vermietete Objekt nach § 14a, 15 Berlin-Förderungsgesetz bemessen werden soll

Wurde der vorseitig beschriebene BFT-Nr. 204 durch Eingabe von „N" beantwortet, wird auf dem Datensichtgerät der **BFT-Nr. 221:**

> **„Soll die Absetzung für Abnutzung bemessen werden nach 14a, 15 Berlin-FG (J oder N)?"**

ausgegeben. Einzugeben ist entweder „J" oder „N".

Wird „N" eingegeben, gilt hier derHinweis auf den BFT-Nr. 232 wie im vorgenannten Abschnitt ebenfalls.

231. Anfrage, ob das Mietobjekt in Berlin/West liegt

Wurde nach der Ausgabe des BFT-Nr. 221 „J" eingegeben, wird der **BFT-Nr. 222:**

> **„Liegt das Objekt in Berlin (West) (J oder N)?"**

auf dem Bildschirm angezeigt.

Einzugeben ist entweder „J" oder „N". Jede andere Eingabe führt zur erneuten Ausgabe dieses BFT.

Wird „N" eingegeben, springt das Programm zur Ausgabe der BFT-Nr. 205, Tz. 213, zurück. Von dort beginnt es mit den Eingaben zur Berechnung der AfA nach § 7b EStG, weil die AfA nach §§ 14a, 15 Berlin-FG nicht gewährt werden kann, da das Objekt nicht in Berlin (West) liegt.

Nachdem der BFT-Nr. 205 auf dem Bildschirm ausgegeben ist, kann erneut entschieden werden, ob die AfA nach § 7b EStG zu berechnen ist. Soll dies nicht geschehen, ist nach der Ausgabe dieses BFT „N" einzugeben. Daraufhin wird die AfA nach § 7 Abs. 4 EStG berechnet.

Erscheint dann wiederum der im vorletzten Absatz beschriebene BFT-Nr. 221, ist „N" einzugeben. Darauf setzt das Programm den Ablauf mit dem BFT-Nr. 232, Tz. 241, fort.

232. Anteil an der gesamten Nutzfläche des Hauses, der Wohnzwecken dient

Wurde die Abfrage im vorgenannten Absatz, ob das Objekt in Berlin (West) liegt, durch Eingabe von „J" bejaht, prüft das Programm, ob es eine Eigentumswohnung oder ein Ein- oder Zweifamilienhaus ist.

Ist dies der Fall, wird der Programmablauf mit der Ausgabe des BFT-Nr. 224, Tz. 233 fortgesetzt!

Ist das betreffende Objekt keine Eigentumswohnung und kein Ein- oder Zweifamilienhaus, sondern ein anderes Haus, wird der **BFT-Nr. 223**:

> **„Anteil an der Nutzfläche des Hauses, der Wohnzwecken dient in %?"**

auf dem Bildschirm ausgegeben.

Einzugeben ist der auf zwei Nachkommastellen aufgerundete Vomhundertsatz der Nutzflächen der Wohnzwecken dienenden Räume im Verhältnis zur Gesamtnutzfläche der Räume.

Dient nach dieser Eingabe das Mietobjekt in Berlin (West)nicht zu mehr als 66,66% Wohnzwecken, entfällt eine erhöhte AfA nach § 14a Berlin-FG. Deshalb kehrt das Programm zu der Ausgabe des BFT-Nr. 213, Tz. 222, zurück und setzt ab dort den Ablauf mit der Ermittlung der linearen Gebäude-AfA nach § 7 Abs. 4 EStG fort.

233. Abfrage, ob das Objekt im steuerbegünstigten/freifinanzierten Wohnungsbau errichtet wurde

Stellte das Programm bei der in Tz. 232 geschilderten Prüfung fest, daß es sich um eine Eigentumswohnung oder ein Ein- oder Zweifamilienhaus handelt oder dient ein anderes Haus (Mehrfamilienhaus) zu mehr als 66,66% Wohnzwecken, wird der **BFT-Nr. 224**:

> **„Wurde es im steuerbegünstigten/freifinanzierten Wohnungsbau erbaut und dient es mehr als 3 Jahre zu mehr als 80% Wohnzwecken (J oder N)?“**

auf dem Bildschirm ausgegeben.

Einzugeben ist entweder „J“ oder „N“, weil jede andere Eingabe zur erneuten Ausgabe dieses BFT führt.

Wird „N“ eingegeben, wird der Programmablauf mit der Ausgabe des BFT-Nr. 229, Tz. 238, fortgesetzt.

234. Abfrage, ob für ein(e) in Berlin (West) gelegene(s) Eigentumswohnung, Ein- oder Zweifamilienhaus, die/das im steuerbegünstigten/freifinanzierten Wohnungsbau errichtet wurde und die/das mehr als 3 Jahre zu mehr als 80% Wohnzwecken dient die Absetzung nach § 14 Abs. 2 Berlin-Förderungsgesetz wie im Vorjahr zu bemessen ist

Wurde nach der Ausgabe des im vorgenannten Abschnitts genannten BFT „J“ eingegeben, wird der **BFT-Nr. 225**:

> **„Ist die Absetzung wie im Vorjahr anzusetzen (J/N)?“**

auf dem Datensichtgerät ausgegeben.

Einzugeben ist wieder entweder „J“ oder „N“, da auch hier jede andere Eingabe zur erneuten Ausgabe dieses BFT führt.

Wird „N“ eingegeben, wird der Ablauf mit der Ausgabe des BFT-Nr. 227, Tz. 236, fortgesetzt.

235. Absetzung nach § 15 Abs. 2 Berlin-Förderungsgesetz bei vermieteten Eigentumswohnungen, Ein- oder Zweifamilienhäusern wie im Vorjahr

Wurde im vorangegangenen Abschnitt auf die Abfrage „J“ eingegeben und damit bejaht, daß die erhöhte Absetzung nach § 15 Abs. 2 Berlin-Förderungsgesetz wie im Vorjahr zu bemessen ist, erscheint auf dem Datensichtgerät der **BFT-Nr. 226**:

> **„Absetzung für Abnutzung im Vorjahr in DM?“**

Einzugeben ist der auf volle DM aufgerundete Betrag, den das Finanzamt bei der Vorjahresveranlagung als erhöhte AfA nach § 15 Abs. 2 Berlin-Förderungsgesetz anerkannt hat.

Nach der Eingabe des vorjährigen Absetzungsbetrages nach § 15 Abs. 2 Berlin-Förderungsgesetz gibt das Programm den Hinweistext

> **„Die Werbungskosten (Zeile-Nr. V40-49) betragen bis jetzt“**

zusammen mit den akkumulierten Werbungskosten aus den Zeilen 40-46 einschließlich der erhöhten Absetzung nach § 15 Abs. 2 Berlin-Förderungsgesetz auf Bildschirm aus und setzt dann den Ablauf mit der Ausgabe des BFT-Nr. 232, Tz. 241, fort.

236. Absetzungssatz für die/das vermietete Eigentumwohnung, Ein- oder Zweifamilienhaus

Wurde auf den BFT-Nr. 225 „N“ eingegeben, erscheint danach auf dem Bildschirm der **BFT-Nr. 227**:

> **„AfA-Satz nach Par. 14a, 15 Berlin-Förderungsgesetz in %?“**

Einzugeben ist entweder der erhöhte Absetzungssatz nach § 15 Abs. 2 Berlin-Förderungsgesetz (z.B. 10) oder nach § 15 Abs. 1 Nr. 1 Berlin-Förderungsgesetz.

1. **Nach § 15 Abs. 1 Nr. 1 Berlin-Förderungsgesetz** kann ein Steuerpflichtiger, der Eigentümer eines in Berlin (West) gelegenen Ein- oder Zweifamilienhauses oder einer dort gelegenen Eigentumswohnung ist
   a) im Jahr der Fertigstellung oder Anschaffung und in dem darauffolgenden Jahr jeweils bis zu 10 v.H., ferner in den darauffolgenden 10 Jahren jeweils bis zu 3 v.H. der Anschaffungs- oder Herstellungskosten absetzen.
   b) Nr. 1 findet auch auf Herstellungskosten von Ausbauten oder Erweiterungen einer solchen Wohnung oder eines solchen Hauses Anwendung, wenn die Wohnung oder das Haus vor dem 01. Januar 1977 fertiggestellt und nicht nach dem 31.12.1976 angeschafft worden ist.
   c) Diese erhöhten Absetzungen dürfen nur für ein Ein- oder Zweifamilienhaus oder für eine Eigentumswohnung oder für den Ausbau oder die Erweiterung eines Ein- oder Zweifamilienhauses oder einer Eigentumswohnung in Anspruch genommen werden.

   Ehegatten, die beide im Inland wohnen und nicht dauernd getrennt leben und bei denen diese Voraussetzungen entweder zu Beginn des jeweiligen Veranlagungszeitraums eingetreten sind, können erhöhte Absetzungen für insgesamt zwei solcher Wohnungen, Häuser, Ausbauten oder Erweiterungen in Anspruch nehmen. Hierbei bleiben erhöhte Absetzungen außer Betracht, die der Steuerpflichtige auf Grund von Vorschriften in Anspruch genommen hat, die vor dem 15. Juli 1977 in Kraft getreten sind.

Beispiel

Ein verwitweter Steuerpflichtiger hat in 1976 in Hannover ein Einfamilienhaus für 150000 DM
errichtet und bezogen. In den Jahren 1976-1983 hat er jeweils 5 v.H. der Herstellungskosten = 7500 DM
nach § 7b EStG 1975 abgesetzt.
Im Jahre 1985 erwirbt er wegen seiner Tochter, die in Berlin (West) studiert und dort ihren Wohnsitz begründen will, für 250000 DM
eine Eigentumswohnung, die er zunächst vermietet.
Vom Erwerbspreis entfallen 50000 DM
auf Grund und Boden. Obwohl der Steuerpflichtige schon für eine Eigentumswohnung erhöhte Absetzung nach § 7b EStG beansprucht hat, kann er für die in 1985 in Berlin (West) erworbene Eigentumswohnung die erhöhte Absetzung nach § 15 Abs. 1 Berlin-Förderungsgesetz in Anspruch nehmen, weil nach § 15 Abs. 1 Nr. 3 Berlin-Förderungsgesetz bei der Prüfung der Frage, ob der Steuerpflichtige schon erhöhte Absetzungen nach § 7b EStG für ein Objekt in Anspruch genommen hat, die erhöhten Absetzungen außer Betracht bleiben, die der Steuerpflichtige auf Grund von Vorschriften in Anspruch genommen hat, die vor dem 15. Juli 1977 in Kraft getreten sind.

Somit kann dieser Steuerpflichtige auf die Erwerbskosten von 250000 DM, soweit sie auf die Wohnung entfallen, hier mithin auf 200000 DM
erhöhte Absetzungen nach § 15 Abs. 1 Berlin-Förderungsgesetz in Anspruch nehmen und zwar für die Jahre 1985 und 1986 jährlich maximal 10 v.H. = 20000 DM
und in den Jahren 1987-1996 jährlich maximal 3 v.H. = 6000 DM.

2. **Nach § 15 Abs. 2 Berlin-Förderungsgesetz** können für Ein- oder Zweifamilienhäuser und Eigentumswohnungen, die in Berlin (West) gelegen und im steuerbegünstigten oder frei finanzierten Wohnungsbau hergestellt worden sind und mindestens 3 Jahre nach ihrer Fertigstellung zu mehr als 80 v.H. Wohnzwecken dienen, statt der erhöhten Absetzun-

gen nach § 15 Abs. 1 Nr. 1 (siehe vorst. Nr.) oder der linearen Absetzung nach § 7 Abs. 4 oder der degressiven Absetzung nach § 7 Abs. 5 EStG

a) im Jahr der Fertigstellung und in den beiden folgenden Jahren erhöhte Absetzungen bis zur Höhe von insgesamt 50 v.H. der Herstellungskosten vorgenommen werden.
b) Von dem Jahr an, von dem erhöhte Absetzungen nach Nr. 1 nicht mehr vorgenommen werden können, spätestens vom dritten auf das Jahr der Fertigstellung folgenden Jahr an, sind die Absetzungen für Abnutzung nach dem Restwert und dem nach § 7 Abs. 4 EStG unter Berücksichtigung der Restnutzungsdauer maßgebenden Hundertsatz zu bemessen.
c) Übersteigen die Herstellungskosten bei einem Einfamilienhaus oder einer Eigentumswohnung 200000 DM, bei einem Zweifamilienhaus 250000 DM, bei einem Anteil an einem solchen Gebäude oder einer solchen Wohnung den entsprechenden Anteil von 200000 DM oder von 250000 DM, so ist auf den übersteigenden Teil der Herstellungskosten die Absetzung linear nach § 7 Abs. 4 EStG mit 2 v.H. (weil Fertigstellung nach dem 31.12.24) zu bemessen.
d) Die Ausführungen zu Objektbeschränkungen nach vorstehender Nr. 1c) gelten hier entsprechend. Die Vorschriften des § 7b Abs. 5 Sätze 4 und 5 EStG über die Berechnung der erhöhten Absetzungen bei Folgeobjekten finden bei Inanspruchnahme erhöhter Absetzungen nach vorstehenden Nummern 1-3 keine Anwendung.

Beispiel

Ein verheirateter Steuerpflichtiger, der in Hamburg wohnt, hat im Jahr 1978 dort ein Einfamilienhaus für 150000 DM Herstellungskosten errichtet und dafür erhöhte Absetzungen nach § 7b EStG in Höhe von 7500 DM = jeweils 5 v.H. in den Jahren 1978-1985 in Anspruch genommen.

Da er beabsichtigt, nach seiner Pensionierung zusammen mit seiner von dort stammenden Ehefrau nach Berlin (West) zu ziehen, hat er im Jahre 1986 auf einem in Berlin (West) gelegenen Baugrundstück der Ehefrau ein Zweifamilienhaus mit 2 Wohnungen zu je 80 qm Wohnfläche im steuerbegünstigten Wohnungsbau für 250 000 DM errichten lassen. Dieser Neubau wurde durch die zuständige Wohnungsbaubehörde gemäß § 82 in Verbindung mit § 114 des II. Wohnungsbaugesetzes als steuerbegünstigt anerkannt. Der Neubau wurde ab der Bezugsfertigkeit (01.12.1986) vermietet und dient in vollem Umfang Wohnzwecken. Obwohl der Steuerpflichtige nach dem 15.07.77 schon für ein Objekt erhöhte Absetzungen nach § 7b EStG beansprucht hat, ist nach § 15 Abs. 2 Satz 4 Nr. 2 Berlin-Förderungsgesetz in Verbindung mit § 7 Abs. 5 Satz 2 EStG ein Objektverbrauch noch nicht eingetreten, weil Ehegatten, die im Inland wohnen und nicht dauernd getrennt leben und bei denen diese Voraussetzungen – wie hier – zu Beginn des Veranlagungszeitraums (hier 86) vorlagen, für insgesamt zwei Gebäude (Ein- oder Zweifamilienhäuser) die erhöhten Absetzungen nach § 7b EStG und/oder § 15 Berlin-Förderungsgesetz beanspruchen können.

Somit können in 1986 und in den beiden darauffolgenden Jahren bis zu insgesamt 50 v.H. dieser Herstellungskosten nach § 15 Abs. 2 Berlin-Förderungsgesetz erhöht abgesetzt werden.

Entscheidet sich der Steuerpflichtige, im Erst- und Zweitjahr je 15 v.H. und im Drittjahr 20 v.H. erhöht abzusetzen, so betragen die erhöhten Absetzungen in 86 und 87 jährlich je 37500 DM und in 88 50000 DM

Ab. 01.01.89 sind die AfA nach dem Restwert von 125000 DM und einer Restnutzungsdauer von 48 Jahren zu bemessen.

3. Nach vorstehend beschriebenem § 15 Abs. 2 Berlin-Förderungsgesetz können auch die Anschaffungskosten erworbener Ein- oder Zweifamilienhäuser oder Eigentumswohnungen erhöht abgesetzt werden, wenn es sich um den Erst- oder Zweiterwerb handelt und im Falle des Ersterwerbs der Bauherr und im Falle des Zweiterwerbs der Bauherr und der Zwischenerwerber für das Haus oder die Wohnung keine erhöhten Absetzungen geltend gemacht haben und die übrigen in § 15 Abs. 2 Berlin-Förderungsgesetz genannten Voraussetzungen (siehe vorstehende Nr. 2) gegeben sind.
4. Falls die übrigen in § 15 Abs. 2 Berlin-Förderungsgesetz genannten Voraussetzungen (siehe vorstehende Nr. 2) vorliegen, können die erhöhten Absetzungen nach dieser Vorschrift auch auf die Herstellungskosten von Ausbauten oder Erweiterungen an einem Ein- oder Zweifamilienhaus oder einer Eigentumswohnung in Berlin (West) beansprucht werden, wenn das ausgebaute oder erweiterte Objekt vor dem 01. Januar 1977 fertiggestellt und nicht nach dem 31.12.1976 angeschafft worden ist.
5. Nach § 15 Abs. 5 Berlin-Förderungsgesetz gilt die Begrenzung der erhöhten Absetzungen auf ein – oder bei im Inland wohnenden und nicht dauernd getrennt lebenden Ehegatten – oder zwei Objekte für Ein- oder Zweifamilienhäuser oder Eigentumswohnungen in Berlin (West) nicht, wenn ein solches Objekt im Zusammenhang mit der Begründung des ausschließlichen Wohnsitzes in Berlin (West) anläßlich der Aufnahme einer nichtselbständigen Arbeit in Berlin (West) angeschafft oder hergestellt worden ist und die Anschaffung oder Herstellung innerhalb von fünf Jahren nach der Aufnahme der Tätigkeit in Berlin (West) erfolgte und das Objekt im Veranlagungszeitraum von dem Erwerber oder Bauherrn selbst bewohnt wird. Dies gilt sowohl für die erhöhten Absetzungen nach § 15 Abs. 1 Berlin-Förderungsgesetz als auch für die erhöhten Absetzungen nach § 15 Abs. 2 Berlin-Förderungsgesetz.

237. Anschaffungs- oder Herstellungskosten des vermieteten Ein- oder Zweifamilienhauses oder der Eigentumswohnung in Berlin (West)

Nachdem auf den BFT-Nr. 227 der jeweils gewählte AfA-Satz nach § 15 Berlin-Förderungsgesetz eingegeben ist, erscheint auf dem Bildschirm der **BFT-Nr. 228:**

> **„Anschaffungs-Herstellungskosten-Zuschüsse bis Ende 8X** (= Veranlagungszeitraum) **in DM?"**

Einzugeben sind daraufhin die bis zum Ende des jeweiligen Veranlagungszeitraums angefallenen Anschaffungs- oder Herstellungskosten des nach § 15 Abs. 2 Berlin-Förderungsgesetz erhöht absetzungsfähigen Objekts. Diese Kosten sind auf volle DM abzurunden und um etwaige Baukostenzuschüsse Dritter zu mindern.

Nach der Eingabe ermittelt das Programm die erhöhte Absetzung nach § 15 Abs. 1 oder 2 Berlin-Förderungsgesetz aufgrund des eingegebenen erhöhten AfA-Satzes und ordnet diese dem Steuerpflichtigen und – bei einer Zusammenveranlagung – ggf. dem Ehegatten zu. Danach gibt es den Hinweistext:

> **„Die Werbungskosten (Zeile V40-V49) betragen bis jetzt"**

zusammen mit der Summe der akkumulierten Werbungskosten aus den Zeilen V40-V45 und der erhöhten AfA nach § 15 Berlin-Förderungsgesetz auf dem Datensichtgerät aus und setzt den Ablauf mit der Ausgabe des BFT-Nr. 232, Tz. 241, fort.

238. Ablauf, wenn das Objekt nicht im steuerbegünstigten/freifinanzierten Wohnungsbau errichtet ist

Wurde der vorseitig beschriebene BFT-Nr. 224 mit „N“ beantwortet, wird auf dem Datensichtgerät der **BFT-Nr. 229:**

> **„Ist die Absetzung wie im Vorjahr anzusetzen (J/N)?“**

ausgegeben.

Einzugeben ist entweder „J“ oder „N“, da jede andere Eingabe zur erneuten Ausgabe dieses BFT führt.

Bei der Eingabe von „J“ wird der Ablauf mit der Ausgabe des BFT-Nr. 230 (Tz. 239), bei der Eingabe von „N“ mit der Ausgabe des BFT-Nr. 231 (Tz. 240) fortgesetzt.

239. Absetzungsbetrag des Vorjahres für ein in Berlin (West) gelegenes, aber nicht im steuerbegünstigten/freifinanzierten Wohnungsbau errichtetes Objekt

Wurde nach Ausgabe des in Tz. 238 genannten BFT „J“ eingegeben, erscheint auf dem Datensichtgerät der **BFT-Nr. 230:**

> **„Absetzung für Abnutzung im Vorjahr in DM?“**

Einzugeben ist daraufhin der für das Vorjahr bei der Veranlagung vom Finanzamt anerkannte und auf volle DM aufgerundete Absetzungsbetrag nach § 14a oder § 15 Berlin-Förderungsgesetz.

Soll die erhöhte Absetzung nach § 14a Abs. 1 oder § 15 Abs. 1 Berlin-Förderungsgesetz in den ersten drei Jahren ab der Fertigstellung nicht mit 10 v.H. der Anschaffungs- oder Herstellungskosten berechnet werden, ist hier der selbst ermittelte Absetzungsbetrag des laufenden Jahres (Anschaffungs-Herstellungskosten-AfA-Satz) einzugeben. Danach wird der eingegebene Absetzungsbetrag dem Steuerpflichtigen oder – bei einer Zusammenveranlagung – ggf. seinem Ehegatten zugeordnet und der Ablauf mit der Ausgabe des in Tz. 237 beschriebenen Hinweistextes und der Ausgabe des BFT-Nr. 232, Tz. 241, fortgesetzt.

240. Anschaffungs- oder Herstellungskosten des in Berlin (West) gelegenen, aber nicht im steuerbegünstigten/freifinanzierten Wohnungsbau errichteten vermieteten Objekts

Wurde die Abfrage in Tz. 238 mit „N“ beantwortet, wird der **BFT-Nr. 231:**

> **„Anschaffungs-Herstellungskosten-Zuschüsse bis Ende 8X** (= Veranlagungszeitraum) **in DM?“**

auf dem Bildschirm angezeigt.

Einzugeben sind daraufhin die bis zum Ende des jeweiligen Veranlagungszeitraums angefallenen Anschaffungs- oder Herstellungskosten abzüglich etwaiger Baukostenzuschüsse, aufgerundet auf volle DM.

Nach der Eingabe prüft der Rechner, ob es sich bei dem jeweiligen Veranlagungszeitraum um das Jahr der Bezugsfertigstellung oder um das darauffolgende Jahr handelt.

Ist dies der Fall, errechnet das Programm die erhöhte Absetzung nach § 14a Abs. 1 oder § 15 Abs. 1 Berlin-Förderungsgesetz mit 10 v.H. der Anschaffungs- oder Herstellungskosten.

Handelt es sich dagegen bei dem jeweiligen Veranlagungszeitraum um das zweite bis elfte Jahr nach dem Jahr der Bezugsfertigstellung, ermittelt das Programm die erhöhte Absetzung nach § 14a Abs. 1 oder § 15 Abs. 1 Berlin-Förderungsgesetz mit 3 v.H. der Anschaffungs- oder Herstellungskosten.

Ab dem zwölften Jahr nach der Bezugsfertigstellung wird, wenn das Objekt nicht vollständig selbstgenutzt wird und deshalb der Überschuß nach § 21 EStG zu ermitteln ist, die Absetzung nach dem Restwert (= hälftige Anschaffungs- oder Herstellungskosten) und dem Restwert-AfA-Satz von 2,5 v.H. (§ 14a Abs. 1 letzter Satz und § 15 Abs. 1 Satz 1 erster Halbsatz, Berlin-Förderungsgesetz – jeweils in Verbindung mit § 7b Abs. 1 Satz 2 EStG) berechnet.

Nach der Ermittlung des erhöhten bzw. des Restwert-Absetzungsbetrags ordnet das Programm den ermittelten AfA-Betrag dem Steuerpflichtigen oder – bei Zusammenveranlagung – seinem Ehegatten zu und setzt anschließend den Ablauf mit der Ausgabe des Hinweistextes:

„Die Werbungskosten betragen bis jetzt"

und der Summe der akkumulierten Werbungskosten aus den Zeilen V40-V46 (einschließlich der ermittelten Absetzung nach § 14a Abs. 1 oder § 15 Abs. 1 Berlin-Förderungsgesetz) fort.

Danach gibt das Programm den im nachfolgenden Absatz beschriebenen BFT aus.

241. Abfrage, ob Absetzung nach § 82a, 82g, 82i EStDV oder § 14b Berlin-Förderungsgesetz für ein ganz oder teilweise vermietetes Gebäude beantragt wird

Nach der Ermittlung der erhöhten AfA nach § 7b EStG bzw. § 14a oder § 15 Berlin-Förderungsgesetz oder – falls eine solche erhöhte Absetzung nicht beantragt wurde – nach der Ermittlung und Ausgabe der linearen Absetzung nach § 7 Abs. 4 EStG oder der degressiven Absetzung nach § 7 Abs. 5 EStG wird auf dem Datensichtgerät der **BFT-Nr. 232:**

„Soll die Absetzung für Abnutzung bemessen werden nach Par. 82a, 82g, 82i EStDV, 14b Berlin-FG usw. (Zeile-Nr. V46) (J oder N)?"

ausgegeben.

Einzugeben ist daraufhin entweder „J" oder „N". Jede andere Eingabe führt zu erneuten Ausgabe dieses BFT.

Welche Aufwendungen nach § 82a, g und i EStDV erhöht absetzungsfähig sind, ergibt sich aus der Anleitung zur Anlage V, die dem amtlichen Vordruck „Anlage V" in Teil 1 dieses Buches beigefügt ist.

In dem mit **„Zeilen 11 und 47"** überschriebenen Abschnitt dieser Anleitung sind die begünstigten Maßnahmen im einzelnen aufgeführt.

Außerdem wird hierzu auf die Ausführungen unter Tz. 155 hingewiesen, die nicht nur für solche erhöhten Absetzungen bei selbstgenutzten Häusern sondern entsprechend auch für solche erhöhten Absetzungen für Aufwendungen in vermieteten Häusern gelten.

Abweichend von den dortigen Ausführungen ist jedoch bei Aufwendungen in vermieteten Objekten, deren Überschuß nicht nach § 21a EStG, sondern durch Abzug der Werbungskosten von den Mieteinnahmen zu ermitteln ist, nach Ablauf des zehnjährigen Begünstigungszeitraums ein etwa noch vorhandener Restwert den Anschaffungs- oder Herstellungskosten des Gebäudes hinzuzurechnen, und die weiteren Absetzungen für Abnutzung sind danach einheitlich für das ganze Gebäude nach dem sich hiernach ergebenden Betrag und dem für das Gebäude maßgebenden Hundertsatz von 2 v.H. (bei Fertigstellung nach dem 31.12.24) oder 2,5 v.H. (bei Fertigstellung vor dem 01.01.25) zu bemessen.

Nach der Eingabe von „J" wird der Ablauf mit der unter Tz. 156 beschriebenen Ausgabe des BFT-Nr. 151 fortgesetzt.

Ab der Ausgabe dieses BFT wird auch bei vermieteten Gebäuden der Ablauf wie für selbstgenutzte Häuser gemäß den Tz. 156 bis 166 und den dort genannten BFT-Nr. 151-Nr. 161 fortgesetzt.

Die Ausführungen in diesen Tz. und zu den dort genannten BFT gelten für vermietete Häuser entsprechend.

Lagen die zeitlichen und sachlichen Voraussetzungen für die Gewährung der im Einzelfall begehrten erhöhten Absetzung nach § 82a, g und/oder i EStDV vor, ermittelt das Programm die jeweilige erhöhte AfA und setzt nach der Ermittlung der erhöhten AfA nach § 82i EStDV den Programmablauf mit der Ausgabe des BFT-Nr. 240, Tz. 248, fort.

242. Ablauf, wenn erhöhte Absetzung nach § 82a, 82g, 82i EStDV begehrt wurde, aber nicht beansprucht werden kann

Wurde § 82a, 82g oder 82i EStDV auf Einbaumaßnahmen für ein vermietetes Objekt beantragt und kann diese begehrte erhöhte Absetzung nicht beansprucht werden, weil entweder

a) der Einbau bestimmter Anlagen und Einrichtungen in Gebäuden für die erhöhte Absetzung nach § 82a EStDV begehrt wurde, nicht nach dem 30.06.78 erfolgte oder nicht vor dem 01.07.83 fertiggestellt worden ist **oder**
b) der Einbau nach Buchstabe a) zwar in dem vorstehend genannten Zeitraum erfolgte, aber das Gebäude, in dem der Einbau vorgenommen wurde, nicht vor dem 01.01.61 fertiggestellt worden ist (§ 82a Abs. 1 Nr. 1 und Abs. 4 EStDV) **oder**
c) der Einbau für Maßnahmen, die ausschließlich des Wärme- oder Lärmschutzes dienten oder für den Anschluß an die Fernwärmeversorgung, die überwiegend aus Anlagen der Kraft-Wärme-Kopplung, zur Verbrennung von Müll oder zur Verwertung von Abwärme gespeist wird, in ein Gebäude erfolgte, das nicht vor dem 01.01.78 fertiggestellt worden ist (§ 82a Abs. 1 Nr. 2 und Abs. 4 EStDV) **oder**
d) die sachlichen und zeitlichen Voraussetzungen nach § 82a Abs. 1 und Abs. 4 EStDV für die begehrte erhöhte Absetzung nach dieser Rechtsvorschrift erfüllt waren, diese aber nicht beansprucht werden kann, weil für die Maßnahme Investitionszulage gewährt wurde (§ 82a Abs. 2 EStDV) **oder**
e) eine Baumaßnahme, für die erhöhte Absetzungen für bestimmte Baumaßnahmen im Sinne des Bundesbau- oder des Städtebauförderungsgesetzes beansprucht werden, entweder vor dem 01. August 1971 durchgeführt worden ist oder nach dem 31.12.87 fertiggestellt wird (§ 82g EStDV in der jetzt geltenden Fassung),

so wird der Programmablauf mit der Ausgabe des **BFT-Nr. 233:**

„Ist die Absetzung wie im Vorjahr vorzunehmen (J oder N)?"

auf dem Bildschirm fortgesetzt.

Auf diese Abfrage ist in den vorgenannten Fällen **immer** „N" einzugeben, weil eine vom Finanzamt anerkannte Vorjahres-AfA nicht vorhanden ist.

Daraufhin erscheint auf dem Bildschirm der **BFT-Nr. 234:**

„Gesamte Anschaffungs-/Herstellungskosten-Zuschüsse bis Ende 8X (= Veranlagungszeitraum) **in DM?"**

Einzugeben sind danach die auf volle DM aufgerundeten Herstellungskosten für die Anlagen, Einrichtungen oder Baumaßnahmen, für die erhöhte Absetzung nach § 82a, g und/oder i EStDV begehrt, aber aus den vorgenannten Gründen nicht beansprucht werden kann.

243. Zeitpunkt der Fertigstellung des Einbaus oder der Baumaßnahme

Nach der Eingabe der Herstellungskosten für die im vorgenannten Abschnitt aufgeführten Einbauten oder Baumaßnahmen wird auf dem Datensichtgerät der **BFT-Nr. 235:**

„Zeitpunkt des Erwerbs oder der Fertigstellung (z.B. 06.03.48)?"

ausgegeben.

Einzugeben ist in diesen Fällen **immer** der 01. Januar des Veranlagungsjahres, in dem der Einbau oder die Baumaßnahme fertiggestellt worden ist und zwar in der Form „TT.MM.JJ".

Beispiel

Für den Einbau neuzeitlicher Bäder in ein vermietetes Zweifamilienhaus (Baujahr 1952), der Herstellungskosten von 10000 DM erforderte, wurde erhöhte Absetzung nach § 82a EStDV für 85 beantragt. Da der Einbau jedoch erst nach dem 30.06.83 fertiggestellt wurde, kann eine solche Absetzung nicht mehr beansprucht werden.

Die Herstellungskosten sind als nachträgliche Herstellungskosten ab 01.01.85 nach § 7 Abs. 4 EStG entweder mit 2 v.H. (weil Baujahr nach dem 31.12.24) oder mit dem AfA-Satz nach der tatsächlich kürzeren Restnutzungsdauer abzusetzen.

Hinweis: Wird der Fertigstellungszeitpunkt nicht achtstellig in der vorgenannten Form eingegeben oder ist ein Datumselement (Tag kleiner als 01 oder größer als 31 oder Monat kleiner als 01 oder größer als 12) ungültig oder ist das eingegebene Fertigstellungsjahr größer als der Veranlagungszeitraum, wird der Fehlerhinweistext:

„Eingabe unzulässig – Bitte Neueingabe"

und dann erneut der vorgenannte BFT auf dem Datensichtgerät ausgegeben. Die Eingabe des Fertigstellungszeitpunktes ist danach in der gültigen und gewünschten Form zu wiederholen.

244. Abfrage, ob das Gebäude, in dem die Einbaumaßnahmen erfolgten, im Veranlagungszeitraum veräußert wurde

Nach der Eingabe des Fertigstellungszeitpunktes wird der **BFT-Nr. 236:**

„Wurde das Gebäude in 8X (= Veranlagungszeitraum) **veräußert (J oder N)?"**

auf dem Bildschirm ausgegeben.

Einzugeben ist entweder „J" oder „N". Jede andere Eingabe führt zur erneuten Ausgabe dieses BFT.

Wird „N" eingegeben, wird der Ablauf mit der Ausgabe des BFT-Nr. 238 (Tz. 246), bei der Eingabe von „J" mit der Ausgabe des BFT-Nr. 237 (Tz. 245) fortgesetzt.

245. Monat der Veräußerung oder Nutzungsaufgabe des veräußerten Gebäudes, in das Einbaumaßnahmen vorgenommen wurden

Nach der Eingabe von „J" auf die Abfrage nach Tz. 244 erscheint auf dem Bildschirm der **BFT-Nr. 237:**

„Monat der Veräußerung oder Nutzungsaufgabe (z.B. 09)?"

Einzugeben ist der Monat der Nutzungsaufgabe.

Beispiel

Im April 1985 veräußert der Steuerpflichtige das vermietete Zweifamilienhaus, in das er nach dem Beispiel im vorletzten Abschnitt im Januar 1985 neuzeitliche Bäder einbauen ließ. Im notarisch beurkundeten Veräußerungsvertrag wird vereinbart, daß Nutzen und Lasten des veräußerten Grundstücks ab 01.07.85 auf den Erwerber übergehen.

Einzugeben ist hier **„07"**.

Hinweis: Als Veräußerung gilt nicht nur die entgeltliche Veräußerung sondern auch der unentgeltliche Vermögensübergang aufgrund vorweggenommener Erbfolge oder der Erbfolge.

246. Abfrage, ob die Absetzung nach § 7 Abs. 4 EStG für das Gebäude, in dem Einbaumaßnahmen vorgenommen wurden, nach einer kürzeren Nutzungsdauer als 50 bzw. 40 Jahren berechnet werden soll

Wurde auf die Abfrage in Tz. 244 „N" oder auf die Abfrage in Tz. 245 der Monat der Nutzungsaufgabe eingegeben, wird auf dem Datensichtgerät der **BFT-Nr. 238:**

> **„Soll die AfA nach der tatsächlich kürzeren Nutzungsdauer als 50 bzw. 40 Jahren berechnet werden (J/N)?"**

ausgegeben.

Einzugeben ist auch hier wieder entweder „J" oder „N". Jede andere Eingabe führt zur erneuten Ausgabe dieses BFT. Falls „N" eingegeben wird, ermittelt das Programm die jeweils in Betracht kommende zeitanteilige Absetzung (der Veräußerungsmonat bleibt außer Betracht), bei einem nach dem 31.12.24 fertiggestellten Gebäude mit 2 v.H., bei einem vor dem 01.01.25 fertiggestellten Gebäude mit 2,5 v.H. der Herstellungskosten der Einbaumaßnahme und ordnet die ermittelte AfA dem Steuerpflichtigen, bei Zusammenveranlagung ggf. auch dem Ehegatten zu.

Danach setzt es den Ablauf mit der Ausgabe des Hinweistextes:

> **„Die Werbungskosten (Zeile-Nr. V40-V49) betragen bis jetzt"**

und der Ausgabe der akkumulierten Werbungskosten der Zeilen V40-V46 der jeweiligen Anlage V (einschließlich der AfA nach § 7 Abs. 4 EStG auf die Herstellungskosten der Einbaumaßnahme) fort. Dann wird der in Tz. 248 beschriebene BFT auf dem Bildschirm ausgegeben.

247. Eingabe der tatsächlichen kürzeren Nutzungsdauer als 50 bzw. 40 Jahre bei einem Gebäude, in das Einbaumaßnahmen vorgenommen wurden

Wurde auf die Abfrage in Tz. 246 „J" eingegeben, wird auf dem Datensichtgerät der **BFT-Nr. 239:**

> **„Tatsächlich kürzere Nutzungsdauer in Jahren"**

ausgegeben.

Einzugeben ist die tatsächlich kürzere Restnutzungsdauer des Gebäudes, in das diese Einbaumaßnahmen erfolgt sind.

Beispiel

In ein im Jahre 1900 in Fachwerkbauweise errichtetes vermietetes Zweifamilienhaus wurden im Januar 1985 für 10000 DM
neuzeitliche Bäder eingebaut.

Die Restnutzungsdauer dieses Gebäudes beträgt nach dem vom Finanzamt anerkannten Gutachten eines Bausachverständigen nur noch 30 Jahre.

Einzugeben ist **„30"**.

Nach der Eingabe ermittelt das Programm den AfA-Satz nach § 7 Abs. 4 Satz 2 EStG und berechnet mit diesem die zeitanteilige AfA auf die Herstellungskosten der Einbaumaßnahme im Veranlagungsjahr.

Danach gibt es den Hinweistext:

„Die Werbungskosten (Zeile-Nr. V40-V49) betragen bis jetzt“

mit der Summe der akkumulierten Werbungskosten der Zeilen V40-V46 (einschließlich der AfA nach § 7 Abs. 4 Satz 2 EStG auf die Herstellungskosten der Einbaumaßnahmen) aus und setzt den Ablauf mit der Ausgabe des BFT-Nr. 240 fort.

248. Im Veranlagungszeitraum vereinnahmte Erhaltungszuschüsse

Wurden auf Herstellungskosten für Einbauten, Anlagen, Einrichtungen und/oder Baumaßnahmen erhöhte Absetzungen nach § 82a, g und/oder i EStDV beantragt und ermittelt oder wurde – weil die zeitlichen oder sachlichen Voraussetzungen für diese beantragten erhöhten Absetzungen nicht vorlagen – die Absetzung auf die Herstellungskosten dieser Maßnahmen linear nach § 7 Abs. 4 EStG ermittelt, setzt das Programm den Ablauf mit der Ausgabe des **BFT-Nr. 240:**

„In 8X (= Veranlagungszeitraum) **vereinnahmte öffentliche Zuschüsse für Aufwendungen für Erhaltung (Zeile-Nr. V48) in DM?“**

auf dem Datensichtgerät fort.

Einzugeben sind die vom Dritten (zumeist öffentlichen Geldgebern) zur Minderung der Erhaltungsaufwendungen erhaltenen Erhaltungs-, Instandsetzungs- oder Instandhaltungszuschüsse, aufgerundet auf volle DM oder Null.

Das PGM setzt nach der Eingabe diese Zuschüsse von den aufgelaufenen WK des jeweils vermieteten Objektes ab und gibt danach den Hinweistext

„Die Werbungskosten (Zeile-Nr. V40-V49) betragen bis jetzt“

zusammen mit der Summe der akkumulierten WK aus den Zeilen 40-49 der jeweiligen Anlage V abzüglich der Zuschüsse aus der letztgenannten Eingabe aus. Danach setzt es den Ablauf mit der Ausgabe des nachstehend beschriebenen BFT fort.

249. Auf eigenberuflich oder eigengewerblich genutzte Räume entfallende Werbungskosten

Nach der Ausgabe des vorgenannten Hinweistextes wird der **BFT-Nr. 241** auf dem Bildschirm angezeigt:

„Von den Werbungskosten (= Summe der bisher ermittelten WK für die Überschußermittlung aus V + V) **von XX DM entfallen auf die eigenberuflich/-gewerblich genutzten Räume in DM?“**

Einzugeben ist daraufhin der auf volle DM abgerundete Betrag, der von den auf Bildschirm angezeigten WK nach dem Verhältnis der eigenberuflich/-gewerblich genutzten Nutzfläche zur Gesamtnutzfläche des Objekts auf die eigenberuflich/-gewerblich genutzten Räume entfällt.

Liegt keine eigenberufliche/-gewerbliche Nutzung von Räumen im VZ vor, ist 0 einzugeben.

Beispiel

Im VZ 1987 wurde das Mehrfamilienhaus eines Rechtsanwalts wie folgt genutzt:

a) Erdgeschoß (100 qm Nutzfläche) vermietet zu fremdgewerblichen Zwecken an einen Textilhändler
b) 1. Obergeschoß (100 qm Nutzfläche) für die eigene Rechtsanwaltspraxis
c) 2. Obergeschoß (100 qm Nutzfläche) für eigene Wohnzwecke.

Macht der Rechtsanwalt für 87 von der Übergangsregelung des § 52 Absatz 21 Satz 2 EStG 1987 Gebrauch, und setzt er den Bruttomietwert der Eigenwohnung als fiktive Mieteinnahme an, und ist auch eine Direktzuordnung der angezeigten WK von beispielsweise 4800 DM möglich, ist im Beispielsfall **1600 (1/3 von 4800)** einzugeben.

Nach dieser Eingabe kürzt der Rechner die angezeigten WK um den Eingabebetrag, weil die 1600 DM BA der eigenen Rechtsanwaltspraxis darstellen und gibt wiederum den in Tz. 248 genannten Hinweistext, jetzt mit der auf 3600 DM verminderten Summe der WK der betreffenden Anlage V aus. Danach setzt er den Ablauf mit der Ausgabe des BFT nach der nachfolgenden Tz. fort.

250. Anzahl der auf Grund von Leihverträgen für mindestens ein Jahr ganz unentgeltlich Dritten zur Nutzung überlassenen Wohnungen und/oder Räume

Nach der jeweiligen Eingabe zu Tz. 249 wird der **BFT-Nr. 241**

> **„Anzahl der aufgrund von Leihverträgen für mindestens 1 Jahr unentgeltlich Dritten zur Nutzung überlassenen Wohnungen/Räume?“**

auf dem Bildschirm angezeigt.

Wird daraufhin 0 eingegeben, wird der Ablauf mit der Ausgabe des in Tz. 251 erläuterten BFT-Nr. 244, sonst mit der Ausgabe des in der nachstehenden TZ. beschriebenen BFT-Nr. 243 fortgesetzt.

251. WK des vermieteten Objekts, die auf die in Tz. 250 genannten Wohnungen und/oder Räume entfallen

Liegen nach der Eingabe zu Tz. 250 (= Eingabe größer als 0) Wohnungs- oder Raumüberlassungen der vorgenannten Art (z.B. an Familienangehörige) vor, wird der **BFT-Nr. 243**

> **„Von den Werbungskosten von XX** (= Summe der bisher ermittelten WK für die Überschußermittlung aus V + V) **DM entfallen auf die aufgrund von Leihverträgen für mindestens 1 Jahr ganz unentgeltlich Dritten zur Nutzung überlassenen Wohnungen/Räume in DM?“**

angezeigt.

Einzugeben ist daraufhin die Summe der WK, die anteilig nach dem Verhältnis der Nutzfläche der unentgeltlich überlassenen Wohnungen/Räume zur Gesamtnutzfläche des vermieteten Objekts von der Summe der angezeigten WK auf die unentgeltlich überlassenen Wohnungen/Räume entfallen.

Beispiel

Hat in einem im übrigen vermieteten Mehrfamilienhaus ein Stpfl. bei einer Gesamtnutzfläche von 400 qm seinem verheirateten Sohn eine Wohnung mit einer Nutzfläche von 100 qm für 5 Jahre zu Wohnzwecken überlassen und beträgt die angezeigte Summe der WK **3600** DM, ist **900 (1/4 von 3600)** einzugeben.

Nach dieser Eingabe erfolgt auch hier die in Tz. 249 letzter Satz beschriebene Kürzung der ausgegebenen WK um den Eingabebetrag und die Ausgabe der verbleibenden WK-Summe auf Bildschirm. Danach wird der Ablauf gemäß der nachstehenden Tz. fortgesetzt.

252. Anzahl der auf Grund von Mietverträgen teilweise unentgeltlich Dritten zur Nutzung überlassenen Räume

Nach der Ausgabe der verbleibenden WK (Tz. 250 und/oder 251) wird der **BFT-Nr. 244**

„Anzahl der aufgrund von Mietverträgen unentgeltlich Dritten zur Nutzung überlassenen Räume“

auf Bildschirm ausgegeben.

Wurden keine solchen Räume teilweise unentgeltlich überlassen, ist 0 einzugeben. Daraufhin setzt der Rechner den PGM-Lauf gemäß Tz. 255, bei Eingabe von mehr als 0 gemäß der nachstehenden Tz. fort.

Anmerkung:

Handelt es sich um einen VZ nach 1986, so liegt eine in diesem Sinne teilweise unentgeltliche Raumüberlassung nur vor, wenn die vereinbarte Miete weniger als die Hälfte der ortsüblichen Miete beträgt.

Es ist deshalb 0 einzugeben, wenn die vereinbarte Miete **mindestens** die Hälfte der ortsüblichen Miete beträgt.

253. Durchschnittlicher Mietpreis je qm der aufgrund von Mietverträgen Dritten teilweise unentgeltlich zur Nutzung überlassenen Räume

Liegen gemäß der Eingabe in Tz. 252 Räume oder Wohnungen vor, die Dritten aufgrund von Mietverträgen teilweise unentgeltlich zur Nutzung überlassen wurden (= Eingabe größer als 0), wird nach der Eingabe der **BFT-Nr. 245**

„Durchsch. Mietpreis je qm der aufgrund von Mietverträgen teilweise unentgeltlich Dritten zur Nutzung überlassenen Räume in DM?“

auf dem Bildschirm angezeigt.

Einzugeben ist daraufhin der gezahlte Mietsatz je qm Nutzfläche. Wird irrtümlich ein höherer Mietsatz als der Durchschnittsmietsatz je qm für alle vermieteten Wohnungen eingegeben, werden zunächst der Fehlermeldungstext und danach sofort wieder der vorgenannte BFT auf Bildschirm ausgegeben.

Danach ist der gültige Mietsatz je qm einzugeben. Nach dieser Eingabe wird der PGM-Lauf gemäß der nachfolgenden Tz. fortgeführt.

254. Werbungskosten des Mietobjekts, die auf die in Tz. 252 genannten Wohnungen und/oder Räume entfallen

Nach der Eingabe eines gültigen Mietsatzes (Tz. 253) wird der **BFT-Nr. 246**

„Von den Werbungskosten von XX (= Summe der bisher ermittelten WK für die Überschußermittlung aus V + V) **DM entfallen auf die aufgrund von Mietverträgen teilweise unentgeltlich Dritten zur Nutzung überlassenen Räume in DM?“**

am Bildschirm angezeigt.

Einzugeben ist daraufhin die Summe der WK in DM, die im Verhältnis der Nutzfläche dieser Wohnungen/Räume zur Gesamtnutzfläche des vermieteten Objekts auf diese Wohnungen/Räume entfällt. Diese Summe darf nicht gleich oder größer sein als die angezeigte Summe der WK, sonst werden der Fehlermeldungstext und danach erneut der vorgenannte BFT als Aufforderung zur Eingabe eines gültigen WK-Betrages ausgegeben.

Nach der Eingabe einer gültigen WK-Summe vermindert der Rechner die eingegebene Summe um den Betrag, der nach dem Verhältnis der gezahlten zur ortsüblichen Miete auf die entgeltliche Raumüberlassung entfällt und zieht den verbleibenden, auf die unentgeltliche Raumüberlassung entfallenden Teilbetrag von der bisherigen Summe der WK des vermieteten Objekts ab. Den dann verbleibenden WK-Betrag zeigt der Rechner wiederum wie in Tz. 248 an. Danach wird der Ablauf gemäß der nachfolgenden Tz. weitergeführt.

255. Ermittlung des Überschusses nach § 21 EStG aus der jeweiligen Anlage V und Anzeige dieses Überschusses auf dem Bildschirm

Mit der jeweiligen Eingabe in Tz. 252 oder Tz. 254 ist die Eingabe der Daten zur Ermittlung des Überschusses nach § 21 EStG für das Mietobjekt der jeweiligen Anlage V beendet, und der Rechner ermittelt anschließend den Überschuß dieses Objekts, indem er die verbleibende Summe der WK (Tz. 248, 249, 251 oder 254) von der Summe des Mietwerts und der Mieteinnahmen (Tz. 190) absetzt. Nach der Ermittlung wird dieser Überschuß mit dem Hinweistext

„**Überschuß nach Zeile V52 = XX** (= ermittelter Überschuß) **DM**"

auf dem Datensichtgerät angezeigt.

Anmerkung:

Der vorgenannte Hinweis auf die Zeile V52 der Anlage V betraf die Anlage V für den VZ 1986. In der Anlage V für den VZ 1987 ist dies die Zeile 15.

256. Anteil des Ehegatten an dem ermittelten Überschuß des jeweiligen Mietobjekts

Nach der Ausgabe des Hinweistextes mit dem ermittelten Überschuß (Tz. 255) prüft der Rechner, ob ZV durchzuführen ist. Ist dies nicht der Fall, rechnet er den ermittelten Überschuß (Tz. 255) den bisher ermittelten Mieteinkünften zu und setzt den Ablauf mit der in Tz. 257 beschriebenen Prüfung fort.

Ist eine ZV durchzuführen, gibt er den BFT-Nr. 247

„**Anteil des Ehegatten an den XX** (= Überschuß nach Tz. 255) **DM in DM?**"

auf dem Bildschirm aus.

Daraufhin ist der Anteil des Ehegatten **in DM** einzugeben. Der Eingabebetrag wird vom Rechner ohne weitere Prüfung angenommen.

Deshalb ist auf sorgfältige Eingabe zu achten.

Ist der Ehegatte nicht an den angezeigtem Überschuß beteiligt, ist 0 einzugeben.

Nach der Eingabe teilt der Rechner den Überschuß unter Berücksichtigung des Eingabebetrages auf die beiden Ehegatten auf und setzt den Ablauf gemäß der nachfolgenden Tz. fort.

257. Prüfung, ob dem Stpfl. und/oder seiner Ehefrau Wohnungen teilweise unentgeltlich zur Nutzung überlassen wurden

Nach der Aufteilung des Überschusses gemäß Tz. 256 prüft der Rechner, ob der VZ nach 1986 liegt.

Ist dies der Fall, wird der Ablauf gemäß Tz. 264 fortgesetzt. Handelt es sich dagegen um einen VZ vor 1987, erscheint auf dem Bildschirm der **BFT-Nr. 248**

„**Wurden dem Steuerpflichtigen/Ehemann aufgrund von Mietverträgen Wohnungen zur Nutzung teilweise unentgeltlich überlassen J/N?**"

Wird dies durch Eingabe von „N" verneint, setzt der Rechner den Ablauf ab Tz. 262 fort.

Wird „J" eingegeben, weil dem Stpfl. und/oder seinem Ehegatten (z.B. als Angehöriger) durch einen Mietvertrag eine wesentlich verbilligte Miete eingeräumt wurde, wird der Ablauf gemäß der nachfolgenden Tz. fortgesetzt.

258. Nutzfläche der teilweise entgeltlich genutzten Wohnung in qm

Nach der Eingabe von „J" gemäß Tz. 257 erscheint auf dem Bildschirm der **BFT-Nr. 249**

„**Nutzfläche dieser Wohnung in qm?**"

Einzugeben ist danach die Nutzfläche der teilentgeltlich genutzten Wohnungen **in qm**. Nach dieser Eingabe wird der in der nachfolgenden Tz. beschriebene BFT ausgegeben.

259. Normalmiete dieser Wohnung in DM je qm

Nach der Eingabe der Nutzfläche (Tz. 258) wird der **BFT-Nr. 250**

„Normal (= Markt)miete dieser Wohnung je qm in DM?"

auf das Datensichtgerät ausgegeben.

Einzugeben ist daraufhin der normale Mietzins je qm Wohnfläche, der unter ortsüblichen Bedingungen für die Nutzung dieser Wohnung(en) zu Wohnzwecken entweder für den **gesamten VZ** oder – bei kürzerer Nutzung im VZ – für die **tatsächlichen Nutzungs**monate im VZ zu zahlen wäre.

Nach dieser Eingabe wird der in der nachfolgenden Tz. beschriebene BFT ausgegeben.

Anmerkung:

Der Rechner führt keine Gültigkeitsprüfung des Eingabebetrages durch. Bitte beachten Sie deshalb bei der Eingabe, daß bei einer Nutzung während des **gesamten VZ der Monatsmietsatz mit 12**, bei **kürzerer Nutzung im VZ** der Monatsmietsatz mit der **Anzahl der tatsächlichen Nutzungsmonate** zu vervielfachen ist.

260. Gezahlte Mieten für diese Wohnung(en)

Nach der Eingabe gemäß Tz. 259 erscheint auf dem Bildschirm der **BFT-Nr. 251**

„Gezahlte Miete je qm in DM?"

Einzugeben ist danacch die **tatsächlich** je qm gezahlte Miete für die in Tz. 259 genannten Wohnungen entweder für den **gesamten VZ** oder – bei kürzerer Nutzung im VZ – die tatsächlichen Nutzungsmonate im VZ.

Anmerkung:

Die Anmerkung in Tz. 259 gilt hier mit der Maßgabe, daß **hier die gezahlte Miete** je Monat entweder mit 12 oder mit der Anzahl der tatsächlichen Nutzungsmonate zu vervielfachen ist. Nach der Eingabe ermittelt der Rechner den Unterschiedsbetrag zwischen der ortsüblichen und der gezahlten Miete und rechnet diesen den Mieteinkünften zu. Danach setzt er das PGM mit der Ausgabe des nachfolgend beschriebenen BFT fort.

261. Gezahlte Ausgaben für diese Wohnung(en)

Nach der Eingabe des Mietsatzes für diese Wohnungen (Tz. 260) wird auf dem Datensichtgerät der **BFT-Nr. 252**

„Vom Steuerpflichtigen/Ehemann gezahlte – erstattete Ausgaben für diese Wohnungen in XX (= VZ) in DM?"

angezeigt.

Daraufhin sind die vom Wohnungsnutzenden **tatsächlich** (vereinbarungsgemäß und/oder freiwillig) geleisteten Ausgaben für diese Wohnungen – abgerundet auf volle DM – einzugeben. Nach Absetzung dieser Ausgaben von den Mieteinkünften setzt der Rechner den Ablauf gemäß der nachfolgenden Tz. fort.

262. Ausgabe der Mieteinkünfte auf Bildschirm

Wurde gemäß Tz. 257 auf den BFT-Nr. 248 „N" eingegeben oder ist die Eingabe gemäß Tz. 261 erfolgt, werden die bis dahin ermittelten Mieteinkünfte des Steuerpflichtigen/Ehemanns und/oder – bei ZV und im 2. Durchlauf die – des Ehegatten mit dem Hinweistext

> **„Mieteinkünfte des Steuerpflichtigen/Ehemanns** (oder im 2. Durchlauf des Ehegatten) **bis jetzt XX** (= ermittelte Mieteinkünfte) **DM"**

auf dem Datensichtgerät angezeigt.

Nach dem 1. Durchlauf, der mit der vorgenannten Ausgabe der Mieteinkünfte des Stpfl. endet, prüft der Rechner, ob ZV durchzuführen ist.

Ist dies der Fall, wiederholt er den Ablauf ab Tz. 257 von der Ausgabe des dort beschriebenen BFT-Nr. 248 bis zur Ausgabe des vorgenannten Hinweistextes mit den Mieteinkünften des Ehegatten, wobei im 2. Durchlauf in den BFT an die Stelle des Textes „des Steuerpflichtigen/Ehemanns" jeweils der Text „des Ehegatten" tritt.

Ist keine ZV durchzuführen, wird nach dem 1. Durchlauf, bei ZV nach dem 2. Durchlauf der PGM-Lauf gemäß der nachstehenden Tz. fortgesetzt.

263. Prüfung, ob Wohnungen aufgrund von Leihverträgen für mindestens ein Jahr dem Steuerpflichtigen und/oder – bei ZV – dem Ehegatten ganz unentgeltlich überlassen wurden

Nach der ersten Ausgabe (bei EV oder GV) oder der zweiten Ausgabe (bei ZV) des Hinweistextes (Tz. 262) wird der in Tz. 257 beschriebene **BFT-Nr. 248** durch den Rechner wie folgt **abgeändert:**

> **„Wurden dem Steuerpflichtigen/Ehemann aufgrund von Leihverträgen für mindestens 1 Jahr Wohnungen zur Nutzung ganz unentgeltlich überlassen j/n?"**

Mit diesem abgeänderten BFT wird der Ablauf ab Tz. 257 bis zur Ausgabe der Mieteinkünfte nach Tz. 262 für den Stpfl. wiederholt, wobei sich die gemäß Tz. 257-261 erscheinenden BFT und die daraufhin erforderlichen Eingaben bei dieser Wiederholung auf **die Wohnungen** beziehen, die dem Stpfl./Ehemann **ganz unentgeltlich** zur Nutzung überlassen wurden.

Ist die Ermittlung dieser Mieteinkünfte für den Stpfl. mit der Ausgabe des Hinweistextes nach Tz. 262 beendet, wird wiederum die in Tz. 262 beschriebene Prüfung durchgeführt, ob ZV durchzuführen ist.

Ist dies der Fall, wird der Ablauf ab Tz. 257 bis 262 für den Ehegatten wiederholt, wobei auch hier wieder die in Tz. 262 beschriebene Änderung der BFT erfolgt.

Ist der in Tz. 262 beschriebene Hinweistext nach dem 1. Durchlauf (bei EV oder GV) oder dem 2. Durchlauf (bei ZV) nach Ermittlung der Mieteinkünfte für die aufgrund von Leihverträgen ganz unentgeltlich genutzten Wohnungen ausgegeben, setzt der Rechner den Ablauf gemäß der nachfolgenden Tz. fort.

264. Einkünfte aus der Vermietung und Verpachtung unbebauter Grundstücke, von Sachinbegriffen und von Rechtsüberlassungen

Handelt es sich um einen VZ nach 1986, wird aufgrund der Prüfung nach Tz. 257 Sätze 1 und 2, sonst nach der Ausgabe des Hinweistextes nach Tz. 262 gemäß Tz. 263 der Ablauf mit der Ausgabe des **BFT-Nr. 253**

> **„Einkünfte aus Vermietung und Verpachtung unbebauter Grundstücke, von Sachinbegriffen und Rechtsüberlassungen des Steuerpflichtigen/Ehemanns in XX** (= VZ) **in DM (Zeile-Nr. V18)?"**

auf Bildschirm fortgesetzt.

Anmerkung:
Die Bezeichnung „Zeile V18" stammt aus der Anlage V für 1986. Für 1987 ist dies die Zeile 26 der Anlage V.

Wurden unbebaute Grundstücke, Sachinbegriffe (z.B. das BV einer Arztpraxis nach Betriebsaufgabe) und/oder Rechte (z.B. ein Patent) zur Nutzung vermietet oder verpachtet, sind die daraus **erzielten Einkünfte** (= Summe der erzielten Einnahmen abzüglich Summe der darauf entfallenden Ausgaben) – abgerundet auf volle DM – einzugeben.

Wurden keine solchen Einkünfte erzielt, ist 0 einzugeben.

Wurde ein positiver oder negativer Betrag (nicht 0) eingegeben, wird nach Hinzurechnung zu den bisher ermittelten Mieteinkünften des Stpfl. der in Tz. 262 beschriebene Hinweistext ausgegeben. Nach dieser Ausgabe oder der Eingabe „0" prüft der Rechner, ob eine ZV durchzuführen ist.

Trifft dies nicht zu, wird der Ablauf sofort gemäß Tz. 265 fortgesetzt.

Ist eine ZV durchzuführen, wird der in dieser Tz. beschriebene BFT-Nr. 253 erneut ausgegeben, wobei in diesem Falle an die Stelle des Textes „des Steuerpflichtigen/Ehemanns" der Text „des Ehegatten" tritt.

Wird danach für Ehegatten 0 eingegeben, wird sofort, bei Eingabe eines anderen Betrags als 0 erst nach Ausgabe des Hinweistextes nach Tz. 262 der Ablauf gemäß Tz. 265 fortgesetzt.

265. Einkünfte aus der Untervermietung von gemieteten Räumen

Nach der jeweils letzten Ein- und Ausgabe gemäß Tz. 264 erscheint auf dem Bildschirm der **BFT-Nr. 254**

> **„Einkünfte aus Untervermietung von gemieteten Räumen des Steuerpflichtigen/Ehemanns in XX (= VZ) in DM (Zeile-Nr. V19)?"**

Sind Einkünfte (= Einnahmen abzüglich Ausgaben) aus einer solchen Untervermietung erzielt worden, ist die positive oder negative Summe dieser Einkünfte – abgerundet auf volle DM – einzugeben, sonst ist 0 einzugeben.

Wird nicht 0 eingegeben, werden die eingegebenen Einkünfte den bisher ermittelten Mieteinkünften des Stpfl. hinzugerechnet. Danach erfolgt die aktualisierte Ausgabe des Hinweistextes nach Tz. 262 mit den akkumulierten Mieteinkünften des Stpfl. Nach der Eingabe von 0 oder nach der Ausgabe des vorgenannten Hinweistextes prüft der Rechner, ob ZV durchzuführen ist. Ist dies der Fall, wird der vorgenannte BFT-Nr. 254 erneut ausgegeben, wobei dann an die Stelle des Textes „des Steuerpflichtigen/Ehemanns" der Text „des Ehegatten" tritt.

Nach der Eingabe eines positiven oder negativen (nicht 0-) Betrags werden für den Ehegatten die akkumulierten Mieteinkünfte gemäß Tz. 262 angezeigt.

Danach wird – wie bei der 0-Eingabe – der Ablauf gemäß der nachfolgenden Tz. fortgesetzt.

Anmerkung:
Die Angabe „Zeile-Nr. V19" bezieht sich auf die Anlage V für 1986. Für 1987 ist dies die Zeile 25 der Anlage V.

266. Einkünfte aus Anteilen an Grundstücksgemeinschaften

Nach der jeweils letzten Ein- und Ausgabe gemäß Tz. 265 wird der **BFT-Nr. 255**

> **„Einkünfte aus Anteilen an Grundstücksgemeinschaften des Steuerpflichtigen/Ehemanns in XX** (= VZ) **in DM (Zeile-Nr. V21-24)?"**

auf dem Datensichtgerät angezeigt.

Sind Einkünfte (= Einnahmen abzüglich Ausgaben) aus Anteilen an Grundstücksgemeinschaften im VZ erzielt worden, ist die Summe dieser Einkünfte – abgerundet auf volle DM –, sonst ist 0 einzugeben.

Nach der Eingabe von 0 wird der Ablauf sofort gemäß der nachfolgenden Tz. fortgesetzt.

Wird nicht 0 eingegeben, wird – wie in Tz. 265 im einzelnen beschrieben wurde – der Ablauf mit der dort beschriebenen Akkumulierung, Ausgabe und Prüfung weitergeführt.

Ist eine ZV durchzuführen, wird der vorgenannte BFT-Nr. 255 erneut ausgegeben, wobei der Text „des Steuerpflichtigen/Ehemanns" dann durch den Text „des Ehegatten" ersetzt wird. Nach der jeweils letzten Ausgabe des Hinweistextes gemäß Tz. 262 wird der Ablauf gemäß der nachfolgenden Tz. fortgeführt.

Anmerkung:
Die Angaben „Zeile-Nr. V21-24" beziehen sich auf die Anlage V für 1987.

267. Abgabe der Erklärung in Berlin/West

Nach der jeweils letzten Ein- und Ausgabe gemäß Tz. 266 erscheint auf dem Bildschirm der **BFT-Nr. 256**

„Wurde die Erklärung in Berlin/West abgegeben J/N?".

Falls die Steuererklärung für den maßgeblichen VZ in Berlin/West eingegeben wurde, ist „J", sonst ist „N" einzugeben. Wird „N" eingegeben, wird der Ablauf gemäß Tz. 269, sonst gemäß Tz. 268 fortgeführt.

268. Mieteinkünfte nicht aus Berlin/West

Wurde nach Erscheinen des BFT-Nr. 256 (Tz. 267) „J" eingegeben, erscheint auf den Datensichtgerät der **BFT-Nr. 257**

„Mieteinkünfte des Steuerpflichtigen/Ehemanns in XX (= VZ) **nicht aus Berlin/West?"**

Einzugeben ist daraufhin die positive oder negative Summe der Mieteinkünfte (= Mieteinnahmen abzüglich darauf entfallende WK) – abgerundet auf volle DM –, die nicht in Berlin/West erzielt wurden.

Sind Mieteinkünfte außerhalb von Berlin/West nicht erzielt worden, ist 0 einzugeben.

Nach der jeweiligen Eingabe werden die bisher ermittelten Mieteinkünfte des Stpfl. um die nach dieser Tz. eingegebenen Mieteinkünfte gekürzt. Der verbleibende Restbetrag stellt die Mieteinkünfte aus Berlin/West dar.

Danach prüft der Rechner, ob ZV durchzuführen ist.

Ist keine ZV durchzuführen, setzt der Rechner den Ablauf mit der Aufforderung zur Eingabe der Daten im Unterabschnitt V (ab. Tz. 272) fort.

Ist eine ZV durchzuführen, gibt der Rechner den vorgenannten BFT-Nr. 257 erneut aus, wobei wiederum an die Stelle des Textes „des Steuerpflichtigen/Ehemanns" der Text „des Ehegatten" tritt. Nachdem auf diese erneute Ausgabe die entsprechende Eingabe erfolgt ist, wird die Ermittlung der Berlineinkünfte des Ehegatten durchgeführt. Anschließend wird auch in einem solchen Fall der Ablauf gemäß Tz. 272 fortgesetzt.

269. Frage, ob der Wohnsitz in Berlin/West war, obwohl die Steuererklärung nicht in Berlin/West abgegeben wurde

Wurde nach der Ausgabe des BFT-Nr. 256 (Tz. 267) verneint, daß die Steuererklärung in Berlin/West abgegeben wurde, erscheint auf dem Bildschirm der **BFT-Nr. 258**

„War in XX (= VZ) der Wohnsitz des Steuerpflichtigen/Ehemanns in Berlin/West J/N?"

Wird „N“ eingegeben, wird der Ablauf gemäß Tz. 271, andernfalls gemäß der nachstehenden Tz. weitergeführt.

270. Mieteinkünfte in Berlin/West bei Wohnsitz in Berlin/West

Wurde gemäß Tz. 269 „J“ eingegeben, erscheint auf dem Datensichtgerät der **BFT-Nr. 259**

„Mieteinkünfte des Steuerpflichtigen/Ehemanns in XX (= VZ) **aus Berlin/West?“**

Anschließend ist die Summe der im VZ vom Stpfl. in Berlin/West erzielten Mieteinkünfte – abgerundet auf volle DM – oder, falls solche Einkünfte nicht erzielt wurden, 0 einzugeben.

Nach der Speicherung dieser berlinbegünstigten Mieteinkünfte wird der Ablauf gemäß der nachfolgenden Tz. fortgeführt.

271. Ermittlung der berlinbegünstigten Ehegatteneinkünfte bei Zusammenveranlagung und Ermittlung der gesamten Mieteinkünfte, wenn mehrere Anlagen V abgegeben wurden

Zunächst prüft der Rechner, ob keine ZV durchzuführen ist. Ist keine ZV durchzuführen und wurde nur eine Anlage V abgegeben, wird der Ablauf – wie in Tz. 268 geschildert – mit der Anforderung der Daten im Unterabschnitt V (ab Tz. 272) fortgesetzt. Wurde mehr als eine Anlage V abgegeben, wird der Ablauf mit der Anforderung der Daten aus den übrigen Anlagen V gemäß den Ausführungen in der nachfolgenden Anmerkung wiederholt. Ist eine ZV durchzuführen, wird der in Tz. 269 und 270 geschilderte Ablauf für den Ehegatten wiederholt, wobei hier wiederum an die Stelle des Textes „des Steuerpflichtigen/Ehemanns“ jeweils der Text „des Ehegatten“ tritt.

Anmerkung:

Falls mehrere Anlagen V abgegeben wurden, wird der in Unterabschnitt IV (Tz. 176-271) geschilderte Ablauf für die jeweils nächste Anlage V wiederholt, bis die Daten aus allen Anlagen V eingegeben sind.

Nachdem – entsprechend den Ausführungen in den Unterabschnitten III und IV (Tz. 114-271) – die Daten aus allen Anlagen V eingegeben und die Einkünfte aus Vermietung und Verpachtung für den Stpfl. und/oder – bei ZV – für den Ehegatten ermittelt wurden, gibt der Rechner als Abschluß dieser Ermittlung folgende Hinweistexte aus:

a) **„Mieteinkünfte des Steuerpflichtigen/Ehemanns XX** (= ermittelte Mieteinkünfte) **DM“**

b) nur bei ZV

„Mieteinkünfte des Ehegatten XX (= ermittelte Mieteinkünfte) **DM“**

Danach wird der PGM-Lauf mit den Aufforderungen zur Eingabe der Daten gemäß dem nachfolgenden Unterabschnitt V weitergeführt.

V. Eingaben der Daten aus der Anlage KSO zur Ermittlung der Kapitaleinkünfte

272. Ausgabe des Hinweistextes zur Dateneingabe aus der Anlage KSO

Zunächst prüft der Rechner, ob eine Anlage KSO zur ESt-Erklärung abgegeben wird.

Ist dies der Fall, wird der Bildschirminhalt gelöscht und folgender Hinweistext auf dem Bildschirm ausgegeben:

> **„Bitte nehmen Sie jetzt die Anlage KSO zur Hand und geben Sie aus dieser die Daten ein“**

Anschließend wird der in der nachfolgenden Tz. beschriebene BFT ausgegeben.

273. Summe der inländischen Kapitalerträge aus inländischen Kapitalgesellschaften

Nach der Ausgabe des in Tz. 272 genannten Hinweistextes erscheint auf dem Bildschirm der **BFT-Nr. 260**

> **„Summe der inländischen Kapitalerträge (Einn. + Kap. Ertrag – + Körpersch. Steuer) (Zeile-Nr. KSO 14) für den Steuerpflichtigen/Ehemann in DM?“**

Einzugeben ist daraufhin die Summe der inländischen Kapitalerträge aus Gewinnanteilen (Dividenden) von inländischen Kapitalgesellschaften (Aktiengesellschaften und/oder Gesellschaften mit beschränkter Haftung) und/oder Genossenschaften gemäß den Angaben in der/den ausgestellten Steuerbescheinigung(en).

Beispiel:

Die Summe der überwiesenen Nettoausschüttungen inländischer Körperschaften betrug im Vz 1987 insgesamt	660 DM
Die einbehaltene und an das zuständige FA abgeführte Kapitalertragsteuer betrug (660 × 25/75)	220 DM
= Bruttoausschüttung nach § 20 Abs. 1 Nr. 1 EStG	880 DM
+ anrechenbare Körperschaftsteuer (= 9/16 von 880)	495 DM
= Summe der einzugebenden Kapitalerträge	1375 DM

Anmerkung:

Die Angabe „Zeile-Nr. KSO 14“ in dem vorgenannten BFT bezieht sich auf die Anlage KSO für 1986. Für 1987 sind dies die Zeilen 6 und 7 der Anlage KSO.

Nach der Eingabe für den Stpfl. prüft der Rechner, ob ZV durchzuführen ist. Ist dies der Fall, wird der obige BFT-Nr. 260 erneut ausgegeben, wobei aber an die Stelle des Textes „des Steuerpflichtigen/Ehemanns“ der Text „des Ehegatten“ tritt.

Nach der erneuten Ausgabe dieses BFT ist die Summe der inländischen Kapitalerträge der Ehefrau einzugeben, wobei die in dem Beispiel angegebenen Erläuterungen zu beachten sind.

Besonders ist bei Eingaben solcher Kapitalerträge zu beachten, daß **sowohl die einbehaltene Kapitalertragsteuer als auch die anrechenbare Körperschaftsteuer jeweils auf volle DM aufzurunden** sind, **wenn die jeweilige Summe** dieser Steuern **Pfennigbeträge** ergibt.

Sind solche Kapitalerträge weder beim Stpfl. noch – bei ZV – beim Ehegatten vorhanden, ist jeweils 0 einzugeben.

Da der Rechner wegen der Summeneingabe keine Gültigkeitsprüfung durchführen kann, ist auf die Ermittlung und Eingabe der Summen besondere Sorgfalt zu legen.

Nach der jeweils letzten Eingabe wird der Ablauf gemäß der nachfolgenden Tz. weitergeführt.

274. Summe der übrigen in- und ausländischen Kapitalerträge

Nach der jeweils letzten Eingabe gemäß Tz. 273 erscheint auf dem Datensichtgerät der **BFT-Nr. 261**

> **„Summe der in- und ausländischen Kapitalerträge (Zeile-Nr. KSO 22) für den Steuerpflichtigen/Ehemann in DM?“**

Einzugeben ist anschließend die Summe aller **übrigen** in- und ausländischen Kapitalerträge, soweit es sich **nicht** um die **Gewinnausschüttungen gemäß Tz. 273** handelt.

Sind keine solchen Kapitalerträge erzielt worden, ist 0 einzugeben.

Anmerkung:

Die Angabe „Zeile-Nr. KSO 22“ bezieht sich auf die Anlage KSO für 1986. Ab 1987 ist die Summe der in den Zeilen 3-5, 8-18 und 22 anzugebenden Kapitalerträge einzugeben. Eine Einbeziehung der Kapitalertragsteuer und/oder der Körperschaftsteuer ist nur dann durchzuführen, wenn in den Zeilen 8, 11-18 der Anlage KSO für 1987 solche Steuern angegeben sind.

Nach der Eingabe für den Stpfl. prüft auch hier der Rechner, ob eine ZV durchzuführen ist. In einem solchen Fall wird der vorgenannte BFT-Nr. 261 erneut ausgegeben, wobei an die Stelle des Textes „des Steuerpflichtigen/Ehemanns“ wiederum der Text „des Ehegatten“ tritt.

Daraufhin ist die Summe der übrigen Einkünfte aus Kapitalerträgen für den Ehegatten einzugeben.

Sind solche Einkünfte beim Stpfl. und/oder beim Ehegatten nicht vorhanden, ist 0 einzugeben.

Ist eine ZV nicht durchzuführen oder ist die vorerwähnte Eingabe für den Ehegatten erfolgt, wird der Ablauf der gemäß der nachstehenden Tz. weitergeführt.

275. Summe der Werbungskosten

Nach der jeweils letzten Eingabe gemäß Tz. 273 erscheint auf dem Bildschirm der **BFT-Nr. 262**

> **„Summe der in- und ausländischen Werbungskosten (Zeile-Nr. KSO 23) für den Steuerpflichtigen/Ehemann in DM?“**

Danach ist die Summe aller Werbungskosten einzugeben, die auf die gemäß **Tz. 273 und 274** eingegebenen Kapitalerträge des Stpfl. (beim 1. Durchlauf) und/oder des Ehegatten (beim 2. Durchlauf) entfallen. Dies ist die Summe aller Ausgaben, die wirtschaftlich mit den dort eingegebenen Kapitalerträgen zusammenhängen. Diese Summe ist immer positiv einzugeben. Sie kann aber höher sein als die Summe der Kapitalerträge nach Tz. 273 und 274. Sind keine Werbungskosten entstanden, ist 0 einzugeben.

Nach der Eingabe für den Stpfl. prüft der Rechner wiederum, ob eine ZV durchzuführen ist. Ist dies der Fall, wird der BFT-Nr. 262 erneut ausgegeben, wobei jedoch der Textteil „des Steuerpflichtigen/Ehemanns“ wieder durch den Textteil „des Ehegatten“ ersetzt wird. Danach ist die Summe der WK für die Kapitalerträge des Ehegatten einzugeben.

Ist keine ZV durchzuführen, oder ist die Eingabe der WK für den Ehegatten erfolgt, wird der Ablauf gemäß Tz. 276 weitergeführt.

276. Frage, ob die Erklärung in Berlin/West abgegeben wird

Nach der jeweils letzten Eingabe gemäß Tz. 275 wird der **BFT-Nr. 263**

„Wird die Erklärung in Berlin/West abgegeben J/N?"

auf dem Bildschirm angezeigt.

Wird anschließend „N" eingegeben, wird der Ablauf gemäß Tz. 279, sonst gemäß Tz. 277 fortgeführt.

277. Summe der Kapitalerträge, die nicht aus Berlin/West sind

Wurde durch die Eingabe von „J" gemäß Tz. 276 bestätigt, daß die Steuererklärung in Berlin/West abgegeben wurde, erscheint auf dem Datensichtgerät der **BFT-Nr. 264**

„Summe der Kapitalerträge (Einn. + Kap. Ertrag – + Körpersch. Steuer), die nicht aus Berlin/West sind für Steuerpflichtigen/Ehemann in DM (Zeile-Nr. 24)?"

Einzugeben ist die Summe der Kapitalerträge des Stpfl. nach Tz. 273 und 274, die im VZ nicht in Berlin/West erzielt wurden.

Sind solche Kapitalerträge nicht vorhanden, ist 0 einzugeben.

Nach der Eingabe für den Stpfl. wird, falls eine ZV durchzuführen ist, dieser BFT mit der entsprechenden Abänderung im Text für den Ehegatten ausgegeben.

Nach der Eingabe für den Ehegatten (bei ZV) oder den Stpfl. (bei EV oder GV) wird der Ablauf gemäß der nachfolgenden Tz. fortgesetzt.

278. Werbungskosten für die Kapitalerträge, die nicht aus Berlin/West sind

Nach der jeweils letzten Eingabe gemäß Tz. 277 erscheint auf dem Bildschirm der **BFT-Nr. 265**

„Summe der Werbungskosten, die nicht aus Berlin/West sind für den Steuerpflichtigen/Ehemann in DM (Zeile-Nr. 25)?"

Einzugeben ist danach die Summe der WK aus Tz. 275, die auf die in Tz. 277 genannten Kapitalerträge entfallen. Auch hier wird nach der Eingabe für den Stpfl. der obige BFT-Nr. 265 erneut für den Ehegatten ausgegeben, wobei an die Stelle des Textes „des Steuerpflichtigen/Ehemanns" auch hier der Text „des Ehegatten" tritt.

Sind solche WK für den Stpfl. und/oder den Ehegatten nicht vorhanden, ist jeweils 0 einzugeben.

Fortgesetzt wird der Ablauf gemäß der nachstehenden Tz.

„279. Frage, ob der Wohnsitz in Berlin/West war, wenn die Steuererklärung nicht in Berlin/West abgegeben wurde

Wurde nach Ausgabe des in Tz. 276 beschriebenen BFT-Nr. 263 „N" eingegeben, wird auf dem Datensichtgerät der **BFT-Nr. 266**

„Ist Ihr Wohnsitz in Berlin/West J/N?"

angezeigt.

War im jeweils maßgeblichen Vz der Wohnsitz des Stpfl. in Berlin/West ist „J", sonst ist „N" einzugeben.

Wird „N" eingegeben, wird der Ablauf gemäß Tz. 282, sonst gemäß der nachstehenden Tz. fortgesetzt.

280. Kapitalerträge aus Berlin/West

Wurde gemäß Tz. 279 durch Eingabe von „J" bejaht, daß der Wohnsitz des Stpfl. und/oder – bei ZV – des Ehegatten im VZ in Berlin/West war, erscheint auf dem Datensichtgerät der **BFT-Nr. 267**

> **„Summe der Kapitalerträge (Einn. + Kap. Ertrag – + Körpersch. Steuer) aus Berlin/West für den Steuerpflichtigen/Ehemann in DM (Zeile-Nr. 26)?".**

Einzugeben ist danach die Summe der Kapitalerträge nach Tz. **273 und 274**, soweit diese in Berlin/West erzielt wurden, falls keine solchen Kapitalerträge in Berlin/West erzielt wurden, ist 0 einzugeben.

Bei ZV wird dieser BFT erneut ausgegeben, wobei an die Stelle des Textes „des Steuerpflichtigen/Ehemanns" der Text „des Ehegatten" tritt. Nach dieser erneuten Ausgabe ist die vorerwähnte Summe der Kapitalerträge für den Ehegatten oder, falls solche Erträge nicht vorhanden sind, 0 einzugeben.

Fortgesetzt wird danach der Ablauf gemäß Tz.281.

281. Werbungskosten für Kapitalerträge aus Berlin/West

Nach der jeweils letzten Eingabe gemäß Tz. 280 erscheint auf dem Bildschirm der **BFT-Nr. 268**

> **„Summe der Werbungskosten aus Berlin/West für den Steuerpflichtigen/Ehemann in DM (Zeile-Nr. 27)?".**

Einzugeben ist die Summe der Werbungskosten, die auf die Kapitalerträge gemäß Tz. 280 des Stpfl. entfallen.

Falls ZV durchzuführen ist, wird danach der Text „des Steuerpflichtigen/Ehemanns" durch den Text „des Ehegatten" ersetzt und der vorgenannte BFT-Nr. 268 erneut ausgegeben.

Nach der Eingabe der auf den Ehegatten entfallenden WK für solche Kapitalerträge oder von 0 wird der Ablauf gemäß der nachfolgenden Tz. weitergeführt.

282. Prüfung, ob der Werbungskosten-Pauschbetrag nach § 9a Nr. 2 EStG oder die tatsächlichen Werbungskosten auf Kapitalerträge abzuziehen sind und Ermittlung und Ausgabe der Kapitaleinkünfte

Zunächst wird geprüft, ob eine ZV durchzuführen ist.

Abhängig von der Veranlagungsart und den eingegebenen Werbungskosten wird danach ermittelt, ob die eingegebenen Werbungskosten (Tz. 275) oder der WK-Pauschbetrag von 100 DM – falls keine ZV durchzuführen ist – oder der gemeinsame WK-Pauschbetrag von 200 DM – bei ZV – nach § 9a Nr. 2 EStG bei der Ermittlung der Kapitaleinkünfte von der Summe der eingegebenen Kapitalerträge (Tz. 273 und 274) abzuziehen ist bzw. sind. Bei ZV und Abzug des gemeinsamen WK-Pauschbetrags von 200 DM wird dabei auch die günstigste Aufteilung auf die Ehegatten vorgenommen.

Nach Abzug der tatsächlichen WK oder des WK-Pauschbetrags wird von der jeweils beim Stpfl. und dessen Ehegatten gesondert ermittelten Zwischensumme der Sparerfreibetrag von höchstens 300 DM – falls keine ZV durchzuführen ist – oder der gemeinsame Sparerfreibetrag von höchstens 600 DM – falls eine ZV durchzuführen ist – abgezogen. Es wird die gesetzliche Vorschrift beachtet, daß weder der Abzug des WK-Pauschbetrags noch der Abzug des Sparerfreibetrags zu einem Verlust führen darf. Bei ZV wird auch ein bei einem Ehegatten nicht ausgenutzter anteiliger Sparerfreibetrag bei der Ermittlung der Kapitaleinkünfte des anderen Ehegatten abgezogen.

Nach Ermittlung der Kapitaleinkünfte des Stpfl. wird folgender Hinweistext auf Bildschirm ausgegeben:

> **„Die Einkünfte aus Kapitalvermögen betragen für den Steuerpflichtigen/Ehemann in XX (= VZ):**
> **Kapitalerträge (Einn. + Kap. Ertrag − + Körpersch. Steuer XX DM**
> **ab Werbungskosten XX DM**
> **ab Sparerfreibetrag XX DM**
> **ergibt Überschuss XX DM“.**

Nach der Ausgabe dieses Hinweistextes mit den ermittelten Summen und Beträgen prüft der Rechner, ob eine ZV durchzuführen ist. Trifft dies zu, ersetzt er den Text „für den Steuerpflichtigen/Ehemann“ durch den Text „für den Ehegatten“ und gibt den vorgenannten Hinweistext mit den für den Ehegatten ermittelten Summen und Beträgen aus.

Damit ist die Ermittlung der Kapitaleinkünfte beendet. Anschließend prüft der Rechner, ob Daten aus der Anlage KSO zu sonstigen Einkünften vorliegen. Ist dies der Fall, fordert er zur Eingabe dieser Daten gemäß dem nachfolgenden Unterabschnitt VI auf. Trifft dies nicht zu, wird der PGM-Lauf gemäß dem Kapitel 5 „Hinweise zur Dateneingabe für die Einkommensermittlung“ fortgeführt.

VI. Eingabe der Daten aus der Anlage KSO zur Ermittlung der sonstigen Einkünfte

Nach der Ausgabe gemäß Tz. 282 wird vom PGM „ESt/LStJA" das PGM „Einkommen" geladen.

Nachdem dieses PGM geladen ist, setzt es den Ablauf mit der Ausgabe gemäß der nachstehenden Tz. fort.

283. Frage, ob Leibrenten bezogen wurden

Liegen Daten zur Ermittlung sonstiger Einkünfte nach der Anlage KSO vor, wird der **BFT-Nr. 269**

> **„Bezog der Steuerpflichtige/Ehemann in XX** (= VZ) **durch Zeitablauf und/oder mit dem Tod endende Leibrenten (Zeile-Nr. 30 der Anlage KSO) J/N?"**

auf dem Bildschirm angezeigt.

Hat der Stpfl. im VZ entweder eine

a) durch Zeitablauf (z.B. zur Vollendung des 62. Lebensjahres) oder mit dem Tod vor Erreichen dieses Zeitpunkts endende Leibrente (z.B. eine Erwerbs- oder Berufsunfähigkeitsrente aus der gesetzlichen Sozialversicherung) und/oder
b) eine nur mit dem Tode des Stpfl. als Rentenberechtigtem endende Leibrente (z.B. Altersruhegeld aus der gesetzlichen Rentenversicherung der Arbeiter oder Angestellten) bezogen, ist „J", sonst ist „N" einzugeben.

Wird „N" eingegeben, wird der Ablauf mit der in Tz. 290 beschriebenen Frage fortgesetzt, ob bei ZV solche Renten vom Ehegatten bezogen wurden.

Nach der Eingabe von „J" wird der in der nachstehenden Tz. beschriebene BFT ausgegeben.

284. Beginndatum der 1. Leibrente des Stpfl.

Nach der Eingabe von „J" erscheint auf dem Bildschirm der **BFT-Nr. 270**

> **„Beginndatum (z.B. 01.07.83) der 1. Leibrente für den Steuerpflichtigen/Ehemann?"**

Das Datum des Beginns der Leibrente ist in der beispielhaft angegebenen achtstelligen Form einzugeben. Es ist das Datum, ab dem die Rente erstmalig gewährt wurde (z.B. Monat, in dem die Vollendung des 62. Lebensjahres fällt). Das Datum der erstmaligen Auszahlung der Rente ist nicht das Beginndatum.

Das Eingabedatum wird auf Gültigkeit und Zulässigkeit geprüft. Wird das Datum nicht achtstellig eingegeben, oder enthält es eine unzulässige Tages- oder Monatsangabe, erscheint auf dem Bildschirm zunächst der Fehlermeldungstext und danach erneut der vorgenannte BFT-Nr. 270. Danach ist das richtige Beginndatum einzugeben.

Nach der Eingabe eines zulässigen Datums wird der Ablauf gemäß der nachfolgenden Tz. weitergeführt.

285. Frage, ob die Rente nur mit dem Tode erlischt

Nach der Eingabe des Beginndatums gemäß Tz. 284 erscheint auf dem Datensichtgerät der **BFT-Nr. 271**

> **„Erlischt die Rente nur mit dem Tod des Steuerpflichtigen/Ehemanns J/N?"**

Handelt es sich um eine Leibrente, deren Ende nur vom Tod des Steuerpflichtigen/Ehemanns abhängt (z.B. um Altersruhegeld aus der gesetzlichen Rentenversicherung), ist „J" einzugeben.

Eine solche Rente liegt auch vor, wenn nach dem Ableben des Stpfl./Ehemanns seine Witwe das Altersruhegeld in Form eines Witwengeldes bis zu ihrem Ableben erhält. Das Witwengeld ist eine neue Rente, deren Beginn der Beginn des Monats nach dem Ableben des Ehemanns ist.

Bei Bezug einer Erwerbs- oder Berufsunfähigkeitsrente aus der Sozialversicherung ist „N“ einzugeben, weil eine solche Rente entweder ab Beginn des 60. (bei Frauen) oder des 62. Lebensjahres (bei Männern) in ein Altersruhegeld umgewandelt wird. Sie endet deshalb, falls der oder die Rentenberechtigte diesen Zeitpunkt erlebt, durch Zeitablauf.

286. Frage, wann bei einer abgekürzten Leibrente die Rente durch Zeitablauf endet

Wird gemäß Tz. 285 „N“ eingegeben, erscheint auf dem Bildschirm der **BFT-Nr. 272**

> **„Endedatum (z.B. 31.07.83) der 1. Rente für den Steuerpflichtigen/Ehemann?“.**

Bei einer Erwerbs- oder Berufsunfähigkeitsrente ist Endedatum das Datum des letzten Tages des Monats, der dem Monat vorangeht, in dem eine solche Rente wegen Vollendung eines bestimmten Lebensjahres (siehe Tz. 285) in ein Altersruhegeld umgewandelt wird. Das Endedatum ist in der beispielhaft dargestellten achtstelligen Form einzugeben.

Beispiel:

Ein am 01.03.1927 geborener Steuerpflichtiger erhält seit seinem 55. Lebensjahr wegen eines Berufsleidens eine Berufsunfähigkeitsrente, weil er aufgrund dieses Leidens zu 90% erwerbsgemindert und dadurch Schwerbeschädigter ist. Wegen dieser Schwerbeschädigung wird diese Rente mit Vollendung des 60. Lebensjahres d.h. ab 01.03.87 in ein Altersruhegeld umgewandelt.

Einzugebendes Endedatum der Berufsunfähigkeitsrente ist somit der 28.02.87.

Das eingegebene Datum wird zunächst – wie in Tz. 284 geschildert – auf Gültigkeit und Zulässigkeit geprüft.

Wurde ein implausibles Datum eingegeben, werden deshalb zunächst wiederum der Fehlermeldungstext und danach erneut der obige BFT-Nr. 272 als Aufforderung zur Eingabe eines gültigen Endedatums auf dem Bildschirm angezeigt.

Nach der Eingabe eines gültigen Datums ermittelt der Rechner unter Beachtung des § 55 der EStDV die Laufzeit einer solchen abgekürzten Leibrente und den anzusetzenden Ertragswert-Vomhundertsatz. Außerdem setzt er einen Merker, daß dies eine abgekürzte Leibrente ist. Danach setzt er den Ablauf gemäß der nachstehenden Tz. fort.

287. Zugeflossener Bruttobetrag der 1. Rente

Nach der Eingabe von „J“ gemäß Tz. 285 oder der Eingabe gemäß Tz. 286 wird auf dem Datensichtgerät der **BFT-Nr. 273**

> **„In XX** (= VZ) **zugeflossener Betrag der 1. Rente für den Steuerpflichtigen/Ehemann in DM?“**

ausgegeben.

Einzugeben sind daraufhin die im VZ als bezogen geltenden laufenden Bruttorentenbezüge sowie die Rentennachzahlungen, die im VZ bezogen wurden.

Beispiel:

Ein Stpfl. erhält ab 01.12.86 wegen Vollendung seines 62. Lebensjahres ein
Altersruhegeld von 1600 DM
monatlich. Die erstmalige Auszahlung des Altersruhegeldes für die Monate

Dezember 1986-Februar 1987 erfolgt im Februar 1987. Ab 01.03.87 wird das Altersruhegeld an jedem Monatsersten ausgezahlt.

Einzugeben sind für 1987 (13 × 1600) 20800 DM.

Nach der Eingabe der Bruttorentenbezüge prüft der Rechner, ob es sich bei dem Eingabebetrag um Bruttobezüge für eine abgekürzte Leibrente (Tz. 286) handelt.

Ist dies der Fall, berechnet er den Ertragsanteil nach § 55 EStDV gemäß den in Tz. 286 gegebenen Erläuterungen.

Handelt es sich dagegen um Bruttobezüge für eine Leibrente, die nur mit dem Tode des Rentenberechtigten endet, ermittelt der Rechner den Ertragsanteil unter Ansatz des jeweiligen maßgeblichen Ertragswert-Vomhundertsatzes nach § 22 EStG.

Nach der Ermittlung des Ertragswerts der jeweils 1. Rente wird der Ablauf gemäß Tz. 288 fortgesetzt.

288. In den Bruttobezügen der 1. Rente enthaltene Nachzahlungen, die auf frühere Jahre zu verteilen sind

Nach Ermittlung des Ertragswerts der 1. Rente erscheint auf dem Bildschirm der **BFT-Nr. 274**

> **„In der 1. Rente für den Steuerpflichtigen/Ehemann enthaltene Nachzahlungen, die auf frühere Jahre zu verteilen sind?".**

Sind in der 1. Rente (Tz. 287) Nachzahlungen für frühere Jahre (z.B. Nachzahlungen aufgrund einer Gerichtsentscheidung nach jahrelangem Rechtsstreit) enthalten, die zur Milderung der Steuerprogression auf frühere Jahre verteilt werden sollen, ist die Summe dieser Nachzahlungen – abgerundet auf volle DM – einzugeben.

Sind keine Nachzahlungen vorhanden oder sollen solche nicht auf frühere Jahre (z.B. weil sie nur gering sind) verteilt werden, ist 0 einzugeben.

Ist der Eingabebetrag größer als 0, wird er nicht in die Berechnung der tariflichen ESt einbezogen.

Fortgesetzt wird der Ablauf gemäß der nachfolgenden Tz.

289. Frage, ob eine 2. Rente im VZ bezogen wurde

Nach der Eingabe gemäß Tz. 288 wird auf dem Datensichtgerät der **BFT-Nr. 275**

> **„Bezog der Steuerpflichtige/Ehemann eine 2. Rente J/N?"**

angezeigt.

Wird durch Eingabe von „J" bejaht, daß eine 2. Rente bezogen wurde, wird für diese Rente der Ablauf gemäß Tz. 284-288 wiederholt, wobei dann jeweils an die Stelle des Textes „1. Rente" der Text „2. Rente" tritt.

Nachdem entsprechend den Ausführungen in diesen Tz. der Ertragsanteil der 2. Rente ermittelt wurde, wird der Ablauf – wie auch in dem Fall, daß „N" eingegeben wurde – gemäß der nachstehenden Tz. fortgesetzt.

290. Summe der Werbungskosten aus der ersten und zweiten Rente

Nach der jeweiligen Eingabe gemäß Tz. 289 erscheint auf dem Bildschirm der **BFT-Nr. 276**

> **„Summe der Werbungskosten aus 1. + 2. Rente für den Steuerpflichtigen/Ehemann in DM?".**

Einzugeben ist die Summe der Werbungskosten für beide Renten d.h. die Summe der Ausgaben, die dem Rentenberechtigten mit dem Erwerb, der Sicherung und/oder dem Erhalt der Bezüge aus diesen Renten erwachsen sind, wobei diese Summe auf volle DM abgerundet einzugeben ist.

Sind keine Werbungskosten angefallen, ist 0 einzugeben.

Nach dieser Eingabe prüft der Rechner, ob ZV durchzuführen ist. Falls dies nicht der Fall ist, wird der Ablauf gemäß der nachfolgenden Tz. fortgeführt.

Im Falle der ZV wird der in den Tz. 284-290 beschriebene Ablauf für den Ehegatten wiederholt, wobei dann in den BFT an die Stelle des Textes „für den Steuerpflichtigen/Ehemann" der Text „für den Ehegatten" tritt.

Nachdem so die Ertragswerte der 1. und ggf. 2. Rente des Ehegatten ermittelt und die darauf entfallenden Werbungskosten eingegeben sind, wird auch in einem solchen Fall der Ablauf gemäß der nachstehenden Tz. weitergeführt.

291. Ausgabe der steuerpflichtigen Ertragswerte der Renten

Nach der Ermittlung der Ertragswerte der 1. und 2. Rente für den Stpfl. und – bei ZV – ggf. für den Ehegatten zieht der Rechner den auf Nachzahlungen gemäß Tz. 288 entfallenden Ertragswert von dem nach Tz. 287 ermittelten Ertragswert der jeweiligen Rente ab und gibt den verbleibenden steuerpflichtigen Ertragswert jeder Leibrente, die der Stpfl. und/oder – bei ZV – der Ehegatte bezogen hat/haben mit dem Hinweistext

> **„Der steuerpflichtige Ertragsanteil der X.** (1. oder 2.) **Rente beträgt für den Steuerpflichtigen/Ehemann** (bzw. Ehegatten) **in XX** (= VZ) **YY** (= ermittelter Betrag)**DM"**

auf dem Bildschirm aus.

Nachdem die Hinweistexte für alle bezogenen Renten ausgegeben sind, wird der Ablauf gemäß der nachfolgenden Tz. fortgesetzt.

292. Einnahmen aus anderen wiederkehrenden Bezügen und Unterhaltsleistungen

Nach der Ausgabe der Hinweistexte gemäß Tz. 291 wird der **BFT-Nr. 277**

> **„Einnahmen aus anderen wiederkehrenden Bezügen und Unterhaltsleistungen für den Steuerpflichtigen (Zeile-Nr. 44 + 45 der Anlage KSO) in DM?"**

auf dem Bildschirm angezeigt.

Andere wiederkehrende Bezüge sind zeitlich regelmäßig wiederkehrende Einnahmen, die in festgelegter – wenn auch zahlenmäßig sich ändernder – Höhe vertragsgemäß oder aufgrund eines gesetzlichen Anspruchs gezahlt werden, aber nicht von der Lebenszeit des Berechtigten abhängen.

Sie sind jedoch **nur** dann **einzugeben, wenn** sie **steuerpflichtig** sind.

So ist z.B. der von den gesetzlichen Sozialversicherungsträgern zum Altersruhegeld gezahlte Zuschuß zur Krankenversicherung des Rentenberechtigten ein solcher wiederkehrender Bezug. Er ist jedoch nicht einzugeben, weil er steuerfrei ist. Unterhaltsleistungen an den geschiedenen oder getrennt lebenden Ehegatten sind nur dann einzugeben, wenn der Unterhaltsleistende sie mit Zustimmung des Unterhaltsempfangenden sie in seiner Steuererklärung als Sonderausgaben erklärt. Einzugeben ist der auf volle DM abgerundete Betrag oder 0. Nach der Eingabe wird der Ablauf gemäß der nachstehenden Tz. fortgeführt.

293. Werbungskosten für andere wiederkehrende Bezüge und Unterhaltsleistungen

Nach der Eingabe gemäß Tz. 292 erscheint auf dem Bildschirm der **BFT-Nr. 278**

„Werbungskosten aus anderen wiederkehrenden Bezügen und Unterhaltsleistungen für den Steuerpflichtigen/Ehemann (Zeile-Nr. 46 der Anlage KSO)?“.

Einzugeben ist die Summe der Ausgaben, die mit den Einnahmen gemäß Tz. 292 zusammenhängen oder 0.

Nach dieser Eingabe prüft der Rechner, ob ZV durchzuführen ist. Ist dies der Fall, gibt er die in Tz. 292 und 293 genannten BFT erneut aus, wobei an die Stelle des Textes „für den Steuerpflichtigen/Ehemann“ jeweils der Text „für den Ehegatten“ tritt. Anschließend wird der Ablauf gemäß der nachstehenden Tz. weitergeführt.

294. Ausgabe der Summe der Ertragswerte der Leibrenten und der Summe der Einnahmen aus anderen wiederkehrenden Bezügen und Unterhaltsleistungen sowie der darauf entfallenden Werbungskosten

Nach der Eingabe der Werbungskosten (Tz. 293) prüft der Rechner, ob die auf die vorgenannten Einnahmen eingegebenen Werbungskosten den Pauschbetrag von 200 DM nach § 9a Nr. 3 EStG übersteigen. Ist dies nicht der Fall, setzt er diesen Pauschbetrag, sonst die eingegebenen Werbungskosten als Abzugsbetrag für Werbungskosten an.

Anschließend gibt er folgenden Hinweistext für den Stpfl. und danach – bei ZV – auch für den Ehegatten aus:

„Einnahmen aus durch Zeitablauf und/oder mit dem Tod endende Leibrenten + anderen wiederkehrenden Bezügen und Unterhaltsleistungen für den Steuerpflichtigen/Ehemann (bzw. beim 2. Durchlauf für den Ehegatten) **in XX** (= VZ) **YY DM“**

Anschließend folgt sofort der Hinweistext:

„Werbungskosten für durch Zeitablauf und/oder mit dem Tod endende Leibrenten + anderen wiederkehrenden Bezügen und Unterhaltsleistungen für den Steuerpflichtigen/Ehemann (bzw. beim 2. Durchlauf für den Ehegatten) **in XX** (= VZ) **YY DM“.**

Nach diesen Ausgaben wird der Ablauf gemäß der nachfolgenden Tz. fortgesetzt.

295. Veräußerungspreise aus Spekulationsgeschäften

Nach den Ausgaben gemäß Tz. 294 erscheint auf dem Datensichtgerät der **BFT-Nr. 279**

„Veräußerungspreise aus Spekulationsgeschäften für den Steuerpflichtigen/Ehemann in DM (Zeile-Nr. 47 der Anlage KSO)?“.

Sind Einnahmen aus Spekulationsgeschäften im Sinne des § 23 EStG (z.B. Veräußerungen von Grundstücken, die innerhalb der letzten 2 Jahre oder von privaten Wertpapieren, die innerhalb der letzten sechs Monate vor der Veräußerung erworben wurden) im VZ erzielt worden, ist die Summe dieser Einnahmen – abgerundet auf volle DM –, sind keine solchen Einnahmen erzielt worden, ist 0 einzugeben.

Wird 0 eingegeben, wird der Ablauf gemäß Tz. 297, sonst gemäß der nachstehenden Tz. fortgeführt.

296. Werbungskosten aus Spekulationsgeschäften

Nach der Eingabe von Einnahmen gemäß Tz. 295 wird auf dem Bildschirm der **BFT-Nr. 280**

„Ansch./Herst.-/Werbungskosten aus Spekulationsgeschäften für den Steuerpflichtigen/Ehemann in DM (Zeile 48 der Anlage KSO)?“

angezeigt.

Daraufhin ist die Summe der Werbungskosten für die gemäß Tz. 295 erklärten Veräußerungspreise aus Spekulationsgeschäften einzugeben. Das sind sowohl die Anschaffungs-

oder Herstellkosten der veräußerten Wirtschaftsgüter als auch die mit diesen Veräußerungen in unmittelbarem Zusammenhang stehenden Veräußerungsnebenkosten (z.B. Makler- und Beurkundungsgebühren, die der Veräußerer getragen hat).

Nach der Eingabe wird der Ablauf gemäß der nachstehenden Tz. weitergeführt.

297. Einnahmen und Ausgaben aus Spekulationsgeschäften des Ehegatten und Ermittlung des steuerpflichtigen Gewinns aus Spekulationsgeschäften

Nach der Eingabe von 0 gemäß Tz. 295 oder der Eingabe gemäß Tz. 296 prüft der Rechner, ob ZV durchzuführen ist.

Trifft dies zu, wiederholt er den in Tz. 295 und 296 geschilderten Ablauf, wobei in den dort genannten BFT jeweils an die Stelle des Textes „für den Steuerpflichtigen/Ehemann" der Text „für den Ehegatten" tritt.

Ist keine ZV durchzuführen oder sind die Eingaben für den Ehegatten gemäß Tz. 295 und 296 erfolgt, prüft der Rechner, ob für den Stpfl. und danach – bei ZV – für den Ehegatten die Summe der Gewinne aus Spekulationsgeschäften (= Einnahmen nach Tz. 295 abzüglich Ausgaben nach Tz. 296) bei jedem Stpfl. oder Ehegatten jeweils kleiner als 1000 DM ist.

Ist dies der Fall, setzt er den jeweiligen Gewinn aus Spekulationsgeschäften jeweils auf 0 DM, da ein Gewinn aus Spekulationsgeschäften von weniger als 1000 DM im VZ nicht steuerpflichtig ist. Fortgesetzt wird danach der Ablauf gemäß der nachstehenden Tz.

298. Einnahmen aus Leistungen für den Steuerpflichtigen

Nachdem die in Tz. 297 geschilderte Prüfung durchgeführt ist, erscheint auf dem Datensichtgerät der **BFT-Nr. 281**

> **„Einnahmen aus Leistungen für den Steuerpflichtigen/Ehemann in DM (Zeile-Nr. 50 der Anlage KSO)?".**

Falls solche Einnahmen (z.B. aus gelegentlichen Vermittlungen) erzielt worden sind, ist die Summe dieser Einnahmen im VZ, sonst ist 0 einzugeben.

Danach wird der Ablauf gemäß der nachfolgenden Tz. weitergeführt.

299. Werbungskosten für Leistungen des Steuerpflichtigen

Wurden gemäß Tz. 298 Einnahmen von mehr als 0 DM eingegeben, wird auf dem Bildschirm der **BFT-Nr. 282**

> **„Werbungskosten für Leistungen für den Steuerpflichtigen/Ehemann in DM (Zeile-Nr. 51 der Anlage KSO)?"**

angezeigt.

Einzugeben ist daraufhin die Summe der mit den Einnahmen nach Tz. 298 zusammenhängenden Ausgaben oder 0.

Der Ablauf wird gemäß der nachstehenden Tz. fortgeführt.

300. Einnahmen und Ausgaben für Leistungen des Ehegatten und Ermittlung der Einkünfte aus Leistungen nach § 22 Nr. 3 EStG

Nach der Eingabe gemäß Tz. 299 prüft der Rechner, ob eine ZV durchzuführen ist. Trifft dies zu, wird der Ablauf nach Tz. 298 und 299 für den Ehegatten wiederholt, wobei der Text „für den Ehegatten" jeweils an die Stelle des Textes „für den Steuerpflichtigen/Ehemann" tritt.

Ist keine Zv durchzuführen oder sind die Eingaben nach Tz. 298 und 299 für den Ehegatten vorgenommen, prüft der Rechner für den Stpfl. und/oder – bei ZV – für den Ehegatten, ob der jeweils ermittelte Überschuß aus Leistungen (Einnahmen nach Tz. 298 abzüglich Ausgaben nach Tz. 299) kleiner als 500 DM ist. Ist dies der Fall, wird der jeweilige Überschuß für den Stpfl. und/oder – bei ZV – für den Ehegatten auf 0 DM herabgesetzt, weil ein Überschuß nur steuerpflichtig ist, wenn er mindestens 500 DM für den jeweiligen Stpfl. im VZ beträgt. Weitergeführt wird der Ablauf gemäß der nachstehenden Tz.

301. Einnahmen aus Abgeordnetenbezügen des Stpfl.

Nach der Prüfung gemäß Tz. 300 erscheint auf dem Datensichtgerät der **BFT-Nr. 283**

> **„Gesamte steuerpfl. Einnahmen aus Abgeordnetenbezügen in XX** (= VZ) **für den Steuerpflichtigen/Ehemann in DM (Zeile-Nr. 54 der Anlage KSO)?“.**

Ist der Stpfl. Abgeordneter eines Bundeslandes, des Deutschen Bundestags oder des Europaparlaments, sind die im VZ für diese Tätigkeit erhaltenen Bruttobezüge – abgerundet auf volle DM – einzugeben. Ist dies nicht der Fall, ist 0 einzugeben.

Fortgeführt wird der Ablauf gemäß der nachstehenden Tz., falls nicht 0 oder gemäß Tz. 304, wenn 0 eingegeben wurde.

302. Abgeordnetenbezüge aus Vorjahren

Liegen gemäß der Eingabe nach Tz. 301 Abgeordnetenbezüge vor, wird der **BFT-Nr. 284**

> **„Davon sind für Kj. vor XX** (= VZ) **DM?“**

auf dem Bildschirm angezeigt.

Einzugeben ist danach die Summe der Einnahmen nach Tz. 301, die auf die Kj. vor dem VZ entfallen, falls die nach Tz. 301 eingegebenen Bezüge Nachzahlungen für frühere Kj. enthalten.

Enthalten sie keine solchen Nachzahlungen, ist 0 einzugeben. Weitergeführt wird der Ablauf gemäß der nachstehenden Tz.

303. In den Abgeordnetenbezügen enthaltene Versorgungsbezüge

Nach der Eingabe gemäß Tz. 302 erscheint auf dem Datensichtgerät der **BFT-Nr. 285**

> **„In den gesamten steuerpfl. Einnahmen aus Abgeordnetenbezügen von XX DM enthaltene Versorgungsbezüge aus YY** (= VZ) **für den Steuerpflichtigen/Ehemann in DM (Zeile-Nr. 55 der Anlage KSO?“.**

Einzugeben ist die Summe der in den Abgeordnetenbezügen nach Tz. 301 enthaltenen Versorgungsbezüge, **soweit solche Bezüge auf den VZ entfallen**.

Sind in den Bezügen nach Tz. 301 keine Versorgungsbezüge enthalten, ist 0 einzugeben.

Fortgeführt wird der Ablauf gemäß der nachstehenden Tz.

304. Abgeordnetenbezüge des Ehegatten

Nach der Eingabe gemäß Tz. 301 oder Eingabe gemäß Tz. 303 prüft der Rechner, ob eine ZV durchzuführen ist.

Trifft dies zu, wird der Ablauf gemäß Tz. 301-303 wiederholt, dabei tritt an die Stelle des Textes „des Steuerpflichtigen/Ehemanns“ jeweils der Text „für den Ehegatten“.

Ist keine ZV durchzuführen oder sind die Eingaben für den Ehegatten erfolgt, wird der Ablauf gemäß der nachstehenden Tz. fortgesetzt.

305. Ausgabe der ermittelten sonstigen Einkünfte

Sind die Eingaben zu den Abgeordnetenbezügen gemäß Tz. 301 bis 304 für den Steuerpflichtigen/Ehemann und/oder – bei ZV – für den Ehegatten erfolgt, prüft der Rechner, ob nach Tz. 303 Versorgungsbezüge für den jeweiligen Stpfl. eingegeben wurden. Ist dies der Fall, prüft der Rechner für den jeweiligen Stpfl., ob schon mit dessen Versorgungsbezügen aus nichtselbständiger Arbeit der maximale Versorgungsfreibetrag von 4800 DM ausgeschöpft ist. Falls dies nicht der Fall ist, wird auf die Versorgungsbezüge aufgrund der Abgeordnetengesetze der Versorgungsfreibetrag noch bis zur Ausschöpfung des Maximalbetrags als Abzugswert berücksichtigt.

Danach werden zunächst für den Stpfl. und dann – bei ZV – für den Ehegatten die ermittelten sonstigen Einkünfte mit folgenden Hinweistexten auf dem Bildschirm angezeigt, soweit die jeweiligen Einkunftsteile dieser Einkunftsart bei dem betreffenden Stpfl. vorliegen:

Die sonstigen Einkünfte für den Steuerpflichtigen/Ehemann (bzw. beim 2. Durchlauf **für den Ehegatten) betragen:**

Ertragsanteile aus Leibrenten und anderen wiederkehrenden Bezügen	**XX DM**
– Werbungskosten	**XX DM**
+ Spekulationsgeschäfte	**XX DM**
+ Leistungen	**XX DM**
+ Abgeordnetenbezüge	**XX DM**
– Versorgungsfreibetrag-Abgeordnetenbezüge	**XX DM**
= Sonstige Einkünfte	**XX DM**

Anmerkung:

XX ist die jeweils ermittelte Summe für den Einkunftsteil oder den Abzugsbetrag.

Nach der Ausgabe dieser Hinweistexte wird der Ablauf gemäß der nachfolgenden Tz. weitergeführt.

306. Frage, ob der Wohnsitz im VZ in Berlin/West war

Nach den Ausgaben gemäß Tz. 305 erscheint auf dem Datensichtgerät der **BFT-Nr. 286**

„Wohnsitz in XX (= VZ) **in Berlin/West j/N?“.**

Wird „J“ eingegeben, wird dies beim Stpfl. und/oder – bei ZV – beim Ehegatten vermerkt.

Mit dieser Eingabe für den Stpfl. – bei EV und GV – oder für den Ehegatten – bei ZV – ist die Ermittlung der sonstigen Einkünfte aufgrund der Daten aus der Anlage KSO beendet. Danach wird der Ablauf mit den Aufforderungen zur Eingabe der Daten für die Einkommensermittlung durchgeführt, die im Kapitel 5 „Hinweise zur Dateneingabe für die Einkommensermittlung“ beschrieben sind.

Kapitel 4:

Hinweise zur Dateneingabe zur Ermittlung von Gewinneinkünften (= Einkünfte aus Land- und Forstwirtschaft, Gewerbebetrieb und selbständiger Arbeit)

Dieser Abschnitt ist nur für die Stpfl. zu beachten, die wegen Erzielung von Gewinneinkünften Anlagen L und/oder GSE zusammen mit ihrer ESt-Erklärung abgeben.

I. Eingaben aus den Zeilen 1-61 (Seiten 1 und 2) des Erklärungsvordrucks

1. Die Ausführungen im Abschnitt 5 „Hinweise zur Ermittlung der Überschußeinkünfte", Unterabschnitt I, Tz. 1-12 finden auch dann vorweg Anwendung, wenn anschließend Daten zur Ermittlung von Gewinneinkünften einzugeben sind.

2. Anzahl der Anlagen L

Nach den Eingaben zur Anzahl der Kinder wird auf dem Bildschirm der **BFT-Nr. G1**

> **„Anzahl der Anlagen aus Land- und Forstwirtschaft (Zeile-Nr. 50)?"**

angezeigt.

Danach ist die **Anzahl der Anlagen L** einzugeben, die der ESt-Erklärung des jeweiligen Kj. (VZ) als Anlagen beigefügt werden. Werden der ESt-Erklärung keine solchen Anlagen beigefügt, ist 0 einzugeben.

3. Anzahl der Anlagen GSE

Nach der Eingabe gemäß Tz. 2 erscheint auf dem Datensichtgerät der **BFT-Nr. G2**

> **„Anzahl der Anlagen für Einkünfte aus Gewerbebetrieb u./o. selbständiger Arbeit Zeile-Nr. 49?".**

Danach ist entweder die Anzahl der Anlagen GSE, die der ESt-Erklärung beigefügt werden, oder 0 einzugeben.

II. Eingabe der Daten zur Ermittlung der Einkünfte aus Land- und Forstwirtschaft

4. Gewinn oder Gewinnanteil des Steuerpflichtigen/Ehemanns aus dem Wj., das im VZ endet, wenn der L. + F.-Betrieb allein oder nur mit der zusammenveranlagten Ehegattin betrieben wird

Nach der Eingabe gemäß Tz. 3 wird vom PGM „ESt/LStJA" das PGM „Gewinne" geladen. Nach dem Laden erscheint, falls gemäß Tz. 2 nicht 0 eingegeben wurde, der **BFT-Nr. G3**

> **„Auf Kj XX entfallender Gewinn/-anteil ohne Veräußerungsgewinne des Steuerpflichtigen/Ehemanns aus WJ. XX-1/XX, wenn nur der Steuerpflichtige/Ehemann und/oder sein mit ihm zusammenveranlagter Ehegatte Unternehmer ist/sind (Zeile-Nr. L2)?"**

auf dem Bildschirm.

Danach ist – abgerundet auf volle DM – der auf das Kj. XX (= VZ) nach zeitlicher Aufteilung entfallende Gewinn/-anteil für das **Wj.** einzugeben, **das im VZ endet**.

Beispiel:

Im Wj. vom 01.07.86-30.06.87 wurde ein Gewinn von 48000 DM aus dem allein betriebenen L. + F.-Betrieb erzielt.

Für den VZ 87 sind danach 24000 DM einzugeben.

Ist ein solcher Gewinn/-anteil nicht vorhanden, ist 0 einzugeben.

5. Gewinn oder Gewinnanteil des Ehegatten aus dem Wj., das im VZ endet, wenn der L. + F.-Betrieb vom Ehegatten allein oder nur mit dem zusammenveranlagten Ehemann betrieben wurde

Nach der Eingabe gemäß Tz. 4 erscheint der **BFT-Nr. G4** auf dem Datensichtgerät. Bis auf den Text „des Steuerpflichtigen/Ehemanns" der hier durch den Text „des Ehegatten" ersetzt ist, entspricht dieser BFT dem in Tz. 4 beschriebenen BFT-Nr. G3.

Die Erläuterung in Tz. 4 gilt deshalb auch sinngemäß für den Gewinn/-anteil des Ehegatten, der hier entsprechend dieser Erläuterung einzugeben ist.

Erzielte der Ehegatte einen solchen Gewinn/-anteil nicht, ist 0 einzugeben.

6. Gewinn oder Gewinnanteil des Steuerpflichtigen/Ehemanns aus dem Wj., das im VZ beginnt, wenn der L. + F.-Betrieb vom Stpfl. nur allein oder nur mit dem zusammenveranlagten Ehegatten betrieben wurde

Nach der Eingabe gemäß Tz. 5 erscheint auf dem Bildschirm der **BFT-Nr. G5**, der zur Eingabe des – zeitlich auf das Kj. XX (= VZ) entfallenden – Gewinns/Gewinnanteils aus dem Wj. XX/XX + 1 (z.B. bei VZ 87 auf das Wj. 87/88) auffordert.

Bis aus die Zeile-Nr. L3 ist dieser BFT im übrigen Text mit dem in Tz. 4 beschriebenen BFT-Nr. G3 identisch.

Deshalb gelten die in Tz. 4 gegebenen Erläuterungen zur Eingabe hier mit der Maßgabe, daß hier der auf den VZ entfallenden Gewinn/-anteil aus dem **Wj.** einzugeben ist, **das im VZ beginnt** und im Kj. nach dem VZ endet.

7. Gewinnanteil der Ehegattin aus dem Wj., das im VZ beginnt, wenn der L. + F.-Betrieb von der Ehegattin allein oder nur mit dem zusammenveranlagten Ehemann betrieben wurde

Nach der Eingabe gemäß Tz. 6 wird auf dem Datensichtgerät der **BFT-Nr. G6** angezeigt.

Dieser entspricht bis auf den Text „des Steuerpflichtigen/Ehemanns“, der hier durch den Text „des Ehegatten“ ersetzt ist, dem in Tz. 6 beschriebenen BFT-Nr. G5.

Deshalb gelten die in den Tz. 4 und 6 gegebenen Erläuterungen hier mit der Maßgabe, daß nach Erscheinen des BFT-Nr. G6 der auf den VZ entfallende Gewinn/-anteil des Ehegatten aus dem im VZ beginnenden Wj. einzugeben ist.

8. Gewinnanteil des Steuerpflichtigen/Ehemanns aus dem Wj., das im VZ endet, wenn der L. + F.-Betrieb nicht allein und nicht nur mit dem zusammenveranlagten Ehegatten betrieben wurde

Nach der Eingabe gemäß Tz. 7 erscheint auf dem Datensichtgerät der **BFT-Nr. G7**

> **„Anteil des Steuerpflichtigen/Ehemanns in DM am laufd. Gewinn des L. + F.-Betriebs aus Wj. XX-1/XX, bei dem nicht nur der Steuerpflichtige/Ehemann und/oder sein mit ihm zusammenveranlagter Ehegatte Unternehmer sind (Zeile-Nr. L4-7)?“**

Einzugeben ist daraufhin der auf den VZ entfallende Gewinnanteil des Stpfl. an dem Gewinn des **Wj., das** im Kj. vor dem VZ beginnt und **im VZ endet** (z.B. für VZ 87 der zeitlich auf 87 entfallende Gewinnanteil aus dem Wj. 86/87).

Ist der Stpfl. nicht an einem solchen L. + F.-Betrieb beteiligt, ist 0 einzugeben.

9. Gewinnanteil der Ehegattin aus dem Wj., das im VZ endet, wenn der L. + F.-Betrieb nicht von der Ehegattin allein und nicht nur mit dem zusammenveranlagten Ehemann betrieben wurde

Nach der Eingabe gemäß Tz. 8 wird auf dem Bildschirm der **BFT-Nr. G8** angezeigt. Bis auf den Textteil „des Steuerpflichtigen/Ehemanns“, der bei diesem BFT durch den Textteil „des Ehegatten“ ersetzt ist, stimmt dieser BFT mit dem in Tz. 8 beschriebenen BFT-Nr. G7 überein.

Einzugeben ist der Gewinnanteil der Ehegattin, der aus dem in Tz. 8 beschriebenen Wj. auf den VZ entfällt, falls sie den L. + F.-Betrieb nicht allein und nicht nur zusammen mit ihrem zusammenveranlagten Ehemann betreibt.

Ist sie an einem solchen Betrieb nicht beteiligt, ist 0 einzugeben.

10. Gewinnanteil des Steuerpflichtigen/Ehemanns aus dem Wj., das im VZ beginnt, wenn der L. + F.-Betrieb nicht vom Stpfl. allein und nicht nur mit der zusammenveranlagten Ehegattin betrieben wurde

Nach der Eingabe gemäß Tz. 9 wird der **BFT-Nr. G9** auf dem Bildschirm angezeigt. Bis auf das Wj. entspricht dieser BFT inhaltlich dem in Tz. 8 beschriebenen BFT-Nr. G7.

Hier wird jedoch zur Eingabe des auf den VZ entfallenden Gewinnanteils des Stpfl. für das **Wj.** aufgefordert, **das im VZ beginnt** und im Kj. nach dem Vz endet (z.B. bei VZ 87 der auf 87 zeitlich entfallende Wertanteil in DM aus dem Gewinnanteil des Stpfl. für das Wj. 87/88).

Im übrigen gelten für diese Eingabe die Ausführungen gemäß Tz. 8 entsprechend.

11. Gewinnanteil der Ehegattin aus dem Wj., das im Vz beginnt, wenn der L. + F.-Betrieb nicht von der Ehegattin allein und nicht nur mit dem zusammenveranlagten Ehegatten betrieben wurde

Nach der Eingabe gemäß Tz. 10 erscheint auf dem Datensichtgerät der **BFT-Nr. 10**. Bis auf das Wj. entspricht dieser BFT dem in Tz. 9 beschriebenen BFT-Nr. G8. Er bezieht sich jedoch auf den auf den VZ entfallenden Gewinnanteil des Ehegatten aus dem in Tz. 10 genannten Wj. Deshalb gelten für diese Eingabe die in der vorgenannten Tz. gegebenen Erläuterungen entsprechend.

12. Frage, ob Grund und Boden des L. + F.-Betriebs zur Abfindung weichender Erben veräußert oder entnommen wurde

Nach der Eingabe gemäß Tz. 11 wird der **BFT-Nr. G11**

> **„Wurde in XX** (= VZ) **Grund und Boden des land- und forstwirtschaftlichen Betriebs veräußert oder entnommen und zur Abfindung weichender Erben verwendet J = Ja, N = Nein?“**

auf dem Bildschirm angezeigt.

Wird „N“ eingegeben, wird der Ablauf gemäß Tz. 18, andernfalls gemäß der nachfolgenden Tz. fortgesetzt.

13. Anzahl der abgefundenen Erben

Wurde gemäß Tz. 12 „J“ eingegeben, wird auf dem Datensichtgerät der **BFT-Nr. G11**

> **„Anzahl der abgefundenen weichenden Erben?“**

angezeigt.

Danach ist die Anzahl der weichenden Erben einzugeben, die mit dieser Veräußerung oder Entnahme von land- und forstwirtschaftlichem Grund und Boden abgefunden wurden.

14. Höhe des Veräußerungs- oder Entnahmegewinns

Nach der Eingabe der Anzahl der abgefundenen weichenden Erben wird auf dem Bildschirm der **BFT-Nr. G12**

> **„Höhe des Veräußerungs- oder Entnahmegewinns in XX** (= VZ) **in DM?“**

angezeigt.

Darauf ist der Veräußerungs- oder Entnahmegewinn, der aus der Veräußerung oder Entnahme gemäß Tz. 12 erzielt wurde auf volle DM abgerundet einzugeben.

15. Frage, ob im Vorjahr des VZ Zusammenveranlagung erfolgte

Nach der Eingabe des Gewinns gemäß Tz. 14 erscheint auf dem Datensichtgerät der **BFT-Nr. G13**

> **„War in XX** (= Vorjahr des VZ) **ZV J/N?“.**

Die jeweilige Eingabe von „J“ oder „N“ wird gespeichert und danach der Ablauf gemäß der nachstehenden Tz. fortgesetzt.

16. Höhe des Einkommens ohne Entnahme- oder Veräußerungsgewinn im Vorjahr des VZ

Nach der jeweiligen Eingabe gemäß Tz. 15 wird der **BFT-Nr. G14**

> **„Höhe des Einkommens ohne Veräußerungs- oder Entnahmegewinne in XX** (= Kj. vor dem VZ)?“

auf dem Bildschirm angezeigt.

Danach ist das Einkommen des Vorjahres abzüglich darin enthaltener Veräußerungs- oder Entnahmegewinne einzugeben. Unter Berücksichtigung der Eingaben gemäß Tz. 12-14 ermittelt der Rechner anschließend den jeweils in Betracht kommenden Freibetrag für den in Tz. 14 eingegebenen Gewinn.

17. Frage, ob der Ehegatte den Veräußerungs- oder Entnahmegewinn erzielt hat

Nach der Ermittlung des Freibetrags für den Veräußerungs- oder Entnahmegewinn (Tz. 16) wird, wenn eine ZV durchzuführen ist, der **BFT-Nr. G15** auf dem Datensichtgerät angezeigt:

> **„Erzielte Ihr Ehegatte diesen Veräußerungs- oder Entnahmegewinn in XX** (= VZ) **J/ N?“**

Wird „J“ eingegeben, wird der steuerpflichtige Teil dieses Veräußerungs- oder Entnahmegewinns dem Ehegatten, andernfalls dem Stpfl. zugerechnet. Danach wird der Ablauf gemäß Tz. 19 fortgesetzt.

18. Frage, ob Grund und Boden, den der Stpfl. oder sein Ehegatte im Wege der Erbfolge erhielten, zur Abfindung weichender Erben entnommen wurde

Wurde auf die in Tz. 12 mit BFT-Nr. G11 gestellte Frage „N“ eingegeben, erscheint auf dem Datensichtgerät der **BFT-Nr. G16**

> **„Wurde in XX** (= VZ) **Grund und Boden, den der Steuerpflichtige/Ehemann oder der Ehegatte im Wege der Erbfolge erhielt(en), zur Abfindung weichender Erben entnommen J/N?“.**

Nach der Eingabe von „J“ wird zunächst der Ablauf gemäß Tz. 14-17 durchgeführt. Danach wird, wie auch bei der Eingabe von „N“, der Ablauf gemäß der nachstehenden Tz. fortgesetzt.

19. Frage, ob Grund und Boden zur Tilgung von Schulden des L. + F.-Betriebs verwendet wurde

Nach der Eingabe gemäß Tz. 17 oder Tz. 18 wird der **BFT-Nr. G17**

> **„Wurde in XX** (= VZ) **Grund und Boden zur Tilgung von Schulden dieses Betriebs veräußert, die seit dem 01.01.85 bestanden J/N?“**

auf dem Bildschirm angezeigt.

Nach der Eingabe von „N“ wird der Ablauf gemäß Tz. 21 fortgesetzt.

Wird „J“ eingegeben, werden nacheinander die in Tz. 14-16 beschriebenen BFT auf Bildschirm ausgegeben, und die entsprechenden Eingaben für den Veräußerungsgewinn gefordert, der zur Tilgung solcher Schulden verwendet wurde.

Sind diese Eingaben erfolgt, wird vom Rechner geprüft, ob der Veräußerungsgewinn den in Betracht kommenden Freibetrag von 24000 DM (bei EV) oder 48000 DM (bei ZV) übersteigt. Ist dies der Fall, wird der Ablauf gemäß der nachfolgenden Tz., andernfalls gemäß Tz. 21 weitergeführt.

20. Frage, ob für den Veräußerungsgewinn, der zur Tilgung von Schulden verwendet wurde, der Freibetrag nach § 14a Absatz 5 EStG beantragt wird

Übersteigt der Veräußerungsgewinn gemäß Tz. 19 den dort genannten Freibetrag wird auf dem Bildschirm der **BFT-Nr. G18**

> **„Wird für den Veräußerungs- oder Entnahmegewinn in XX** (= VZ) **der Freibetrag nach § 14a Absatz 5 EStG beantragt J/N?“**

angezeigt.

Nach der Eingabe von „N“ wird der Ablauf sofort gemäß Tz. 21 fortgeführt.

Wird „J“ eingegeben, wird der steuerpflichtige Teil des Veräußerungsgewinns ermittelt und danach der in Tz. 17 beschriebene BFT ausgegeben. Entsprechend der Eingabe zu diesem

BFT wird dann der steuerpflichtige Teil des Veräußerungsgewinns entweder dem Stpfl. oder dessen Ehegatten zugerechnet. Dann wird auch in einem solchen Fall der Ablauf gemäß der nachfolgenden Tz. fortgesetzt.

21. Frage, ob im VZ die Veräußerung oder die Aufgabe eines ganzen Einzelbetriebs des Steuerpflichtigen erfolgte

Nach der Eingabe gemäß Tz. 19 oder Tz. 20 erscheint auf dem Datensichtgerät der **BFT-Nr. G19**

> **„Erfolgte in XX** (= VZ) **die Veräußerung/Aufgabe eines ganzen Einzelbetriebs durch den Steuerpflichtigen/Ehemann J/N?".**

Wird „N" eingegeben, wird der Ablauf gemäß Tz. 30, nach der Eingabe von „J" gemäß der nachstehenden Tz. fortgesetzt.

22. Höhe des Veräußerungs-/Aufgabegewinns aus der Veräußerung/Aufgabe eines ganzen Einzelbetriebs

Wurde gemäß Tz. 21 „J" eingegeben, wird auf dem Datensichtgerät der **BFT-Nr. G20**

> **„Veräußerungs/Aufgabegewinn des Steuerpflichtigen/Ehemanns in XX** (= VZ) **in DM?"**

angezeigt.

Einzugeben ist danach der auf volle DM abgerundete Veräußerungs- oder Aufgabegewinn.

Die Eingabe ist zu wiederholen, wenn irrtümlich ein negativer Betrag oder 0 eingegeben wurde.

23. Frage, ob die Veräußerung oder Aufgabe eines ganzen Einzelbetriebs des Stpfl. wegen dauernder Erwerbsunfähigkeit oder nach dem 55. Lebensjahr erfolgte

Nach der Eingabe des Veräußerungsgewinns (Tz. 22) erscheint auf dem Bildschirm der **BFT-Nr. G21**

> **„Erfolgte in XX** (= VZ) **die Veräußerung/Aufgabe eines ganzen Einzelbetriebs durch den Steuerpflichtigen/Ehemann wegen dauernder Erwerbsunfähigkeit oder nach dem 55. Lebensjahr J/N?".**

Wird „N" eingegeben, wird der Freibetrag nach § 14 Satz 2 in Verbindung mit § 16 Absatz 4 Sätze 1 und 2 EStG ermittelt.

Nach der Eingabe von „J" erfolgt die Ermittlung des Freibetrags nach § 14 Satz 2 in Verbindung mit § 16 Absatz 4 Satz 3 EStG. Wurde „N" eingegeben, wird nach der Ermittlung des Freibetrags der Ablauf gemäß Tz. 25 fortgesetzt.

Nach der Eingabe von „J" und der Ermittlung des höheren Freibetrags nach § 16 Absatz 4 Satz 3 EStG wird geprüft, ob nach Abzug dieses Freibetrags noch ein steuerpflichtiger Teil des Veräußerungsgewinns verbleibt.

Ist dies nicht der Fall, wird der Ablauf gemäß Tz. 29 fortgesetzt. Verbleibt ein steuerpflichtiger Veräußerungsgewinn, wird der Ablauf gemäß der nachstehenden Tz. weitergeführt.

24. Frage, ob der steuerpflichtige Teil des Veräußerungsgewinns mit dem halben Steuersatz besteuert werden soll

Verbleibt gemäß Tz. 23 ein steuerpflichtiger Teil des Veräußerungs-/Aufgabegewinns, wird der **BFT-Nr. G22**

„Soll der steuerpflichtige Teil des Veräußerungs-/Aufgabegewinns in XX (= VZ) **von YY** (= ermittelter steuerpflichtiger Gewinn) **nur mit dem halben Steuersatz besteuert werden J/N?“**

auf Bildschirm ausgegeben.

Wird „J“ eingegeben, wird dieser steuerpflichtige Teil der akkumulierten Summe der Beträge hinzugerechnet, die mit dem halben Steuersatz besteuert werden.

Ist dies geschehen oder wird „N“ eingegeben, wird der steuerpflichtige Teil des Veräußerungsgewinns entweder dem Stpfl. oder, wenn bei ZV der Ehegatte den Gewinn erzielt hat, den land- und forstwirtschaftlichen Einkünften des Ehegatten zugerechnet. Danach wird für den jeweiligen Stpfl. folgender Hinweistext auf Bildschirm ausgegeben:

„Der vom Veräußerungsgewinn des Steuerpflichtigen/Ehemanns (bzw. des Ehegatten) **in XX** (= VZ) **abgezogene Freibetrag nach Par. 14, 14a Abs. 1-3, 16 Abs. 4 oder 17 EStG = XX** (= ermittelter Freibetrag) **DM“**.

Fortgesetzt wird danach der Ablauf gemäß Tz. 29.

25. Frage, ob der Veräußerungsgewinn (Tz. 22) um den Freibetrag von maximal 90000 DM nach § 14a Absatz 1 EStG zu kürzen ist

Wurde die gemäß Tz. 23 gestellte Frage, ob die Veräußerung des ganzen Einzelunternehmens wegen dauernder Erwerbsunfähigkeit oder nach dem 55. Lebensjahr erfolgte, verneint, wird vom Rechner geprüft, ob im VZ schon der Freibetrag nach § 14a Abs. 1 EStG beansprucht wurde oder ob es sich um einen VZ nach 1991 handelt, für den die Freibetragsregelung nach § 14a Absatz 1 EStG ausgelaufen ist.

Ist eine der vorgenannten Bedingungen gegeben, wird der Ablauf gemäß Tz. 24 fortgesetzt.

Wurde im jeweiligen VZ der Freibetrag nach § 14a Absatz 1 EStG noch nicht beansprucht, und liegt dieser VZ vor 1992, wird auf dem Bildschirm der **BFT-Nr. G23**

„Ist der Veräußerungsgewinn in XX (= VZ) **des Steuerpflichtigen/Ehemanns** (oder ggf. des Ehegatten) **um maximal 90000 DM nach § 14a Absatz 1 EStG zu kürzen J/N?“**

angezeigt.

Wird daraufhin „N“ eingegeben, wird der Ablauf gemäß Tz. 24, andernfalls gemäß der nachfolgenden Tz. weitergeführt.

26. Frage nach der Höhe des Wirtschaftswerts (§ 46 des Bewertungsgesetzes) im Veräußerungszeitpunkt

Nach der Eingabe von „J“ gemäß Tz. 25 erscheint auf dem Datensichtgerät der **BFT-Nr. G24**

„Wirtschaftswert (Par. 46 BewG) des Betriebs im Veräußerungszeitpunkt in DM?“.

Einzugeben ist der im Veräußerungszeitpunkt maßgebliche Wirtschaftswert nach der letzten Einheitswertfeststellung des L. + F.-Betriebs.

Beträgt der eingegebene Wirtschaftswert bei einem VZ vor 86 mehr als 30000 DM oder bei einem VZ nach 85 mehr als 40000 DM, wird ein Freibetrag nach § 14a Absatz 1 EStG nicht abgezogen und der Hinweistext

„Kein Abzug um maximal 90000 DM nach Par. 14a Abs. 1 EStG, da der Wirtschaftswert (Par. 46 BewG) des Betriebs im Veräußerungszeitpunkt mehr als 30000 DM (bei VZ vor 86) **bzw. 40000 DM** (bei VZ nach 85) **betrug“.**

auf Bildschirm ausgegeben.

Nach der Ausgabe dieses Hinweistextes wird der Ablauf nach Tz. 24 fortgesetzt.

Übersteigt der Wirtschaftswert im jeweiligen VZ die maßgebliche Höchstgrenze nicht, wird der Ablauf gemäß der nachfolgenden Tz. fortgesetzt.

27. Frage, ob in den beiden Vorjahren vor dem VZ Zusammenveranlagung erfolgte

Übersteigt der gemäß Tz. 26 eingegebene Wirtschaftswert im jeweiligen VZ die dort genannte maßgebliche Höchstgrenze nicht, erscheint auf dem Datensichtgerät der **BFT-Nr. G25**

> **„Erfolgte in XX** (vorletztes bzw. letztes Kj. vor dem VZ) **Zusammenveranlagung J/N?".**

Wird „J" eingegeben, wird für das jeweilige Kj. der Merker für ZV gesetzt.

Danach wird – wie auch im Vereinungsfall – der Ablauf gemäß der nachstehenden Tz. fortgesetzt.

28. Summe der Ehegatteneinkünfte in den beiden Vorjahren vor dem VZ

Nach der Eingabe gemäß Tz. 27 wird der **BFT-Nr. G26**

> **„Summe der Ehegatteneinkünfte** (bei ZV) **bzw. der Einkünfte** (bei EV oder GV) **in XX** (vorletztes bzw. letztes Kj. vor dem VZ) **in DM?"**

auf dem Datensichtgerät angezeigt.

Einzugeben ist danach die bei der Veranlagung des vorletzten bzw. letzten Kj. vor dem VZ festgestellte Summe der Einkünfte bzw. bei ZV der Ehegatteneinkünfte.

Übersteigt bei einem VZ	**vor 86**	**nach 85**
die Summe der Einkünfte	18000 DM	24000 DM
bzw. der Ehegatteneinkünfte	36000 DM	48000 DM,

so wird auf dem Bildschirm der Hinweistext

> **„Kein Abzug um maximal 90000 DM nach § 14a Abs. 1 EStG, da die Einkünfte** (bzw. Ehegatteneinkünfte) **den Betrag von XX DM** (= jeweils maßgeblicher Höchstbetrag gemäß Tz. 28) **übersteigen".**

ausgegeben. Danach wird der Ablauf gemäß Tz. 24 fortgesetzt.

Übersteigen in diesen Jahren die Einkünfte die vorgenannten Höchstwerte nicht, wird bei einem VZ vor 86 der Freibetrag von maximal 60000 DM und bei einem Vz nach 85 der Freibetrag mit maximal 90000 DM berücksichtigt.

Danach wird der Ablauf gemäß Tz. 24 fortgesetzt.

29. Frage nach der Anzahl der weiteren Verkäufe/Aufgaben ganzer Betriebe des Steuerpflichtigen/Ehemanns und/oder seines Ehegatten im VZ

Nach der Ausgabe des Hinweistextes über den abgezogenen Freibetrag gemäß Tz. 24 wird auf dem Datensichtgerät der **BFT-Nr. G27**

> **„Anzahl der weiteren Verkäufe/Aufgaben ganzer Betriebe des Steuerpflichtigen/Ehemanns in XX** (= VZ) **(Zeile-Nr. L13, GSE 11 oder 43)?"**

angezeigt.

Wurden im VZ weitere L. + F.-Betriebe verkauft oder aufgegeben, ist deren Anzahl, sonst ist 0 einzugeben.

Wird 0 eingegeben, wird der PGM-Lauf gemäß Tz. 30 fortgesetzt. Wird als Anzahl mindestens eins eingegeben, wird für jede(n) weitere(n) Verkauf/Aufgabe jeweils der Hinweistext

> **„Bitte Dateneingabe des X.** (jeweils nächsten) **Veräußerungs-/Aufgabegewinns in XX** (= VZ)“

auf dem Bildschirm angezeigt.

Danach wiederholt sich für den jeweiligen weiteren Veräußerungs-/Aufgabegewinn der Ablauf ab Tz. 22.

30. Frage nach der Zahl der Verkäufe von Teilbetrieben und Betriebsvermögensanteilen

Liegen nach der Eingabe gemäß Tz. 29 keine weiteren Verkäufe ganzer Einzelbetriebe vor oder sind die weiteren Veräußerungen solcher Betriebe durch die Wiederholung des Ablaufs ab Tz. 22 (Tz. 29) verarbeitet, wird auf dem Bildschirm der **BFT-Nr. G28**

> **„Zahl der Verkäufe von Teilbetrieben/Betriebsvermögensanteilen des Steuerpflichtigen/Ehemanns** (bzw. bei ZV auch des Ehegatten) **in XX** (= VZ) **(Zeile-Nr. L13, GSE 11 oder 43)“**

angezeigt. Danach erfolgt wieder die Ausgabe des in Tz. 29 beschriebenen Hinweistextes auf Bildschirm.

Einzugeben ist entweder die Anzahl der Verkäufe von Teilbetrieben und/oder Betriebsvermögensanteilen oder 0.

Wird 0 eingegeben, wird der Ablauf gemäß Tz. 32 fortgesetzt. Wird mindestens ein Verkauf eines Teilbetriebs oder Betriebsvermögensanteils eingegeben, wird zunächst wieder der in Tz. 29 beschriebene Hinweistext am Bildschirm angezeigt.

Danach wird der Ablauf gemäß der nachstehenden Tz. fortgeführt.

31. Frage nach dem prozentualen Anteil des veräußerten Teilbetriebs/BV-Anteils am ganzen Betrieb/BV

Liegt gemäß Tz. 30 mindestens eine Teilbetriebs- oder BV-Anteilsveräußerung vor, erscheint auf dem Datensichtgerät der **BFT-Nr. G29**

> **„Anteil in % des Teilbetriebs/Anteils am ganzen Betrieb/Vermögen?“**

angezeigt.

Anschließend ist dieser Vomhundertsatz (z.B. 50), mit dem der veräußerte Teilbetrieb oder BV-Anteil am gesamten BV des Betriebs beteiligt war, einzugeben.

Wird eine Prozentzahl von weniger als 1 oder mehr als 99 eingegeben, werden zunächst der Fehlerhinweistext und anschließend der vorgenannte BFT-Nr. G29 erneut als Aufforderung zur Wiederholungseingabe ausgegeben.

Nach einer gültigen Eingabe wird für jede Teilbetriebs- oder BV-Anteilsveräußerung der Ablauf ab Tz. 22 wiederholt.

Sind alle Teilbetriebs- und/oder BV-Anteilsveräußerungen verarbeitet, wird der Ablauf gemäß der nachstehenden Tz. weitergeführt.

32. Frage, ob in den laufenden Gewinnen begünstigte Gewinne, die mit dem halben Steuersatz zu versteuern sind, enthalten sind

Sind sämtliche Veräußerungen von Teilbetrieben und/oder BV-Anteilen gemäß Tz. 31 verarbeitet oder lagen solche Veräußerungen gemäß Tz. 30 nicht vor, wird auf dem Bildschirm der **BFT-Nr. G30**

> **„Sind in Zeile-Nr. GSE 2-7 sonstige begünstigte Gewinne des Steuerpflichtigen/Ehemanns** (ggf. bei ZV auch des Ehegatten) **enthalten, die mit dem halben Steuersatz zu versteuern sind J/N?“**

angezeigt.

Wird daraufhin „N“ eingegeben, wird der Ablauf gemäß Tz. 35, sonst gemäß der nachstehenden Tz. fortgesetzt.

33. Frage, ob dies Entschädigungen für entgangene oder entgehende Einnahmen und/oder für die Aufgabe oder Nichtausübung einer Tätigkeit oder Gewinnbeteiligung oder Gewinnanwartschaft oder Vergütungen für mehr als drei Kj. öffentliche Grundstücksnutzungen sind

Nach der Eingabe von „J“ gemäß Tz. 32 erscheint auf dem Datensichtgerät der **BFT-Nr. G31**

> **„Sind dies Entschädigungen für entgangene/entgehende Einnahmen/Aufgabe/Nichtausübung einer Tätigkeit/Gewinnbeteiligung oder -anwartschaft oder Vergütungen für mehr als 3 Kj. öffentliche Grundstücksnutzungen des Steuerpflichtigen/Ehemanns** (bei ZV ggf. auch des Ehegatten) **J/N?“.**

Falls mindestens eine dieser aufgezählten Vergütungen oder Entschädigungen im VZ bezogen wurde, die mit dem halben Steuersatz besteuert werden sollen, ist „J“, sonst ist „N“ einzugeben. Wird „N“ eingegeben, wird der Hinweistext

> **„Andere Gewinne sind nach Par. 34 Abs. 2 nicht begünstigt“**

auf Bildschirm ausgegeben. Danach wird der Ablauf gemäß Tz. 35 weitergeführt.

Nach der Eingabe von „J“ wird der Ablauf gemäß der nachstehenden Tz. fortgesetzt.

34. Höhe der Entschädigungen und Vergütungen gemäß Tz. 33

Nach der Eingabe von „J“ gemäß Tz. 33 erscheint auf dem Bildschirm der **BFT-Nr. G32**

> **„Höhe dieser Entschädigungen für entgangene/entgehende Einnahmen/Aufgabe/Nichtausübung einer Tätigkeit/Gewinnbeteiligung oder -anwartschaft oder Vergütungen für mehr als 3 Kj. öffentliche Grundstücksnutzungen des Steuerpflichtigen/Ehemanns** (ggf. bei ZV des Ehegatten) **in DM?“.**

Einzugeben ist die auf volle DM abgerundete Summe dieser Entschädigungen und/oder Vergütungen im VZ.

Wird ein negativer Betrag eingegeben, werden zunächst der Fehlerhinweistext und anschließend der vorgenannte BFT erneut als Aufforderung zur richtigen Dateneingabe auf Bildschirm ausgegeben.

Nach der Eingabe eines positiven Betrags wird dieser der akkumulierten Summe der mit dem halben Steuersatz zu besteuernden Einkünfte hinzugerechnet und der Ablauf gemäß der nachstehenden Tz. fortgeführt.

35. Frage, ob der Wohnsitz des Steuerpflichtigen/Ehemanns und – bei ZV – des Ehegatten im VZ in Berlin/West war

Nach der Eingabe von „N“ in Tz. 32 oder 33 oder nach der Eingabe eines positiven Betrages gemäß Tz. 34 wird auf dem Datensichtgerät der **BFT-Nr. G33**

> **„War in XX** (= VZ) **der Wohnsitz des Steuerpflichtigen/Ehemanns** (bei ZV auch des Ehegatten) **in Berlin/West J/N?“**

angezeigt.

Wird „N“ eingegeben, wird der Ablauf gemäß Tz. 37 fortgesetzt. Nach der Eingabe von „J“ werden die Einkünfte des Stpfl. und danach – bei ZV – diejenigen des Ehegatten aus Land- und Forstwirtschaft den berlinbegünstigten Einkünften zugerechnet.

Anschließend wird der Ablauf gemäß Tz. 36 weitergeführt.

36. Höhe der nicht in Berlin/West erzielten steuerpflichtigen Teile des laufenden Gewinns und der Veräußerungsgewinne aus L. + F. des Steuerpflichtigen/Ehemanns (und ggf. bei ZV der Ehefrau)

Liegen nach den Eingaben gemäß Tz. 35 berlinbegünstigte Einkünfte aus L. + F. vor, erscheint auf dem Bildschirm der **BFT-Nr. G34**

> **„In XX** (= VZ) **nicht in Berlin/West erzielte steuerpflichtige Teile des laufenden und des Veräußerungsgewinns des Steuerpflichtigen/Ehemanns** (bei ZV danach auch des Ehegatten) **in DM?“.**

Danach ist die Höhe der **steuerpflichtigen** Einkünfte aus L. + F. einzugeben, die nicht in Berlin/West erzielt wurden.

Der Eingabebetrag wird den Einkünften zugerechnet, auf die die Berlinermäßigung keine Anwendung findet.

Anschließend wird der folgende Hinweistext auf Bildschirm ausgegeben:

> **„Übrige Einkünfte des Steuerpflichtigen/Ehemanns** (bei ZV danach auch ggf. des Ehegatten) **aus der Einkunftsart = XX** (= Höhe der Berlineinkünfte aus L. + F.) **ohne nicht in Berlin/West erzielte steuerpflichtige Teile der laufenden und Veräußerungsgewinne des Steuerpflichtigen/Ehemanns** (bei ZV danach auch ggf. des Ehegatten) **von YY** (= Eingabebetrag nach Tz. 34) **DM“.**

Nach dieser Eingabe wird der Ablauf gemäß Tz. 37 fortgesetzt.

37. Beendigung der Einkünfteermittlung aus L. + F.

Mit den Eingaben in Tz.35 und 36 und der Ausgabe gemäß Tz. 36 wird die Einkünfteermittlung aus L. + F. für den Steuerpflichtigen/Ehemann beendet. Danach wird geprüft, ob ZV durchzuführen ist. Ist dies nicht der Fall, wird der Ablauf mit der Ausgabe der Fragen zur Eingabe der Daten im Unterabschnitt III. „Eingabe der Daten zur Ermittlung der Einkünfte aus Gewerbebetrieb ab Tz. 38 fortgeführt.

Ist eine ZV durchzuführen, wird die Befehlsfolge ab Tz. 21 noch einmal für den Ehegatten durchlaufen, wobei bei diesem Durchlauf in den in Tz. 21-36 beschriebenen BFT der Text „des Steuerpflichtigen/Ehemanns“ jeweils durch den Text „des Ehegatten“ ersetzt wird.

Auch für den Ehegatten endet – wie dies oben für den Stpfl./Ehemann schon erläutert wurde – mit der Zusammenrechnung der auf den VZ entfallenden einzelnen Einkunftsteile die Ermittlung der Einkünfte aus L. + F. Danach wird auch im Falle einer ZV der Ablauf gemäß dem nachfolgenden Unterabschnitt weitergeführt.

III. Eingabe der Daten zur Ermittlung der Einkünfte aus Gewerbebetrieb

38. Eingabe des Einkünfteschlüssels für Einkünfte aus Gewerbebetrieb und/oder aus selbständiger Arbeit

Wurde gemäß Unterabschnitt I. Tz. 3 nach Erscheinen des BFT-Nr. G2 nicht 0 eingegeben, wird auf dem Datensichtgerät der folgende **BFT-Nr. G35** ausgegeben:

„Bitte Schlüssel für Einkünfte aus der Anlage GSE eingeben:
1 = nur Einkünfte aus Gewerbebetrieb
2 = nur Einkünfte aus selbständiger Arbeit
3 = Einkünfte aus Gewerbebetrieb und Einkünfte aus selbständiger Arbeit."

Nach der Ausgabe dieses BFT ist der jeweils in Betracht kommende Schlüssel 1, 2 oder 3 einzugeben.

Wird irrtümlich ein Schlüssel eingegeben, der kleiner als 1 oder größer als 3 ist, werden zuerst die Fehlerhinweismeldung und erneut der vorgenannte BFT G35 auf dem Bildschirm angezeigt.

Nach der Eingabe eines gültigen Schlüssels wird geprüft, welcher Schlüssel eingegeben wurde.

Wurde der Schlüssel 2 eingegeben, wird der Ablauf – wie im Unterabschnitt IV. dieses Abschnitts beschrieben – mit den Aufforderungen zur Eingabe der Daten zur Ermittlung der Einkünfte aus selbständiger Arbeit fortgesetzt.

Wurde der Schlüssel 1 oder der Schlüssel 3 eingegeben, wird der Ablauf ab der nachstehenden Tz. mit den Aufforderungen zur Eingabe der Daten zur Ermittlung der Einkünfte aus selbständiger Arbeit weitergeführt.

39. Gewinn aus Einzelunternehmen

Wurde gemäß Tz. 38 der Schlüssel 1 oder 3 eingegeben, erscheint auf dem Bildschirm der **BFT-Nr. G35**

„Höhe des/der Gewinns(e)/Gewinnanteils(e) des Steuerpflichtigen/Ehemanns (danach bei ZV des Ehegatten) **in XX** (= VZ) **aus Einzelunternehmen in DM (Zeile-Nr. GSE 2-4 ohne Veräußerungsgewinne aus GSE 8-11)?".**

Danach ist beim erstmaligen Durchlauf die Summe der laufenden Einkünfte des Stpfl./Ehemanns aus gewerblichen Einzelunternehmen – abgerundet auf volle DM – ohne Veräußerungsgewinne einzugeben. Im VZ erzielte Veräußerungsgewinne sind gemäß Tz. 42 einzugeben und dürfen deshalb in dem hier einzugebenden Betrag nicht enthalten sein. Beim 2. Durchlauf ist die Summe für den Ehegatten einzugeben. Sind Einkünfte aus gewerblichen Einzelunternehmen nicht erzielt worden, ist 0 einzugeben.

40. Summe der Gewinnanteile aus Gesellschaften

Nach der Eingabe gemäß Tz. 39 wird der **BFT-Nr. G36**

„Summe des/der Gewinns(e)/Gewinnanteils(e) des Steuerpflichtigen/Ehemanns (danach bei ZV des Ehegatten) **in XX** (= VZ) **aus Gesellschaften in DM (Zeile-Nr. GSE 5-7 ohne Veräußerungsgewinne aus GSE 8-11)?"**

am Bildschirm angezeigt.

Einzugeben ist danach beim ersten Durchlauf die Summe der Gewinnanteile des Stpfl./Ehemanns aus gewerblichen Gesellschaften (Personengesellschaften, Gesellschaften bürgerlichen Rechts), an denen der Stpfl./Ehemann im VZ als Mitunternehmer beteiligt war.

Bei ZV ist beim zweiten Durchlauf (Tz. 41) die Summe der im VZ erzielten Gewinnanteile des Ehegatten aus solchen Gesellschaften einzugeben. Der Eingabebetrag ist jeweils auf volle DM abzurunden.

Gewinnanteile aus der Veräußerung von Betrieben, Teilbetrieben und/oder BV-Anteilen solcher Gesellschaften sind nicht hier, sondern gemäß Tz. 42 einzugeben.

Wurden Gewinnanteile aus Gesellschaften nicht erzielt, ist 0 einzugeben.

41. Eingabe der Ehegatteneinkünfte

Nach den Eingaben gemäß Tz. 39 und 40 wird geprüft, ob ZV durchzuführen ist.

Ist dies nicht der Fall, wird der Ablauf sofort gemäß Tz. 42 fortgesetzt.

Ist eine ZV durchzuführen, wird der Ablauf gemäß Tz. 39 und 40 für den Ehegatten wiederholt, wobei in den dort genannten BFT der Text „des Steuerpflichtigen/Ehemanns" jeweils durch den Text „des Ehegatten" ersetzt wird.

Nach der Eingabe der Ehegatteneinkünfte wird der Ablauf ebenfalls gemäß der nachstehenden Tz. weitergeführt.

42. Veräußerungsgewinne des Steuerpflichtigen und – bei ZV – des Ehegatten aus Veräußerungen gewerblicher Einzelunternehmen, Teilbetriebe und/oder BV-Anteile

Nach der Eingabe gemäß Tz. 40 für den Stpfl. (bei EV oder GV) oder den Ehegatten (bei ZV) setzt der Rechner den PGM-Lauf zunächst für den Stpfl. und dann – bei ZV – für den Ehegatten mit der Ausgabe der in Tz. 21-24 genannten BFT fort, wobei sich beim ersten Durchlauf die Fragen und die daraufhin vorzunehmenden Eingaben auf die Veräußerung eines (des ersten) gewerblichen Einzelunternehmens durch den Stpfl. beziehen. Danach werden für den Stpfl. die unter Tz. 29-36 erläuterten BFT ausgegeben, bei denen sich die BFT und die darauf folgenden Eingaben auf Verkäufe und Aufgaben weiterer ganzer gewerblicher Einzelbetriebe, gewerblicher Teilbetriebe und/oder auf die Veräußerung von Anteilen an gewerblich tätigen Gesellschaften (insbesondere Personengesellschaften wie OHG, KG oder Gesellschaften bürgerlichen Rechts) oder die in Tz. 32-36 erläuterten BFT sich auf die dort genannten Einkünfte des Stpfl. aus Gewerbebetrieb beziehen. Die Einkünfteermittlung aus Gewerbebetrieb wird für den Stpfl. anschließend – wie dies in Tz. 37 für die Ermittlung der Einkünfte aus L. + F. geschildert wurde – mit der Zusammenrechnung der nach Tz. 21-24 und 29-36 ermittelten gewerblichen Einkünfte beendet. Danach wird für den Stpfl. – wenn keine ZV vorliegt – der Ablauf gemäß der nachstehenden Tz. fortgesetzt.

Ist eine ZV durchzuführen, wird der vorstehend geschilderte Ablauf zur Ermittlung der gewerblichen Einkünfte des Ehegatten wiederholt. Nach Ermittlung der gewerblichen Einkünfte des Ehegatten wird auch bei ZV der Ablauf gemäß der nachfolgenden Tz. weitergeführt.

43. Gewinne aus dem Verkauf wesentlicher Beteiligungen im Sinne des § 17 EStG

Nach der Ermittlung der gewerblichen Einkünfte gemäß Tz. 42 für den Stpfl. oder den Ehegatten erscheint auf dem Datensichtgerät der **BFT-Nr. G37**

> **„Erzielte der Steuerpflichtige/Ehemann** (im 2. Durchlauf bei ZV der Ehegatte) **in XX** (= VZ) **Gewinne aus dem Verkauf von Anteilen oder der Auflösung oder der Kapitalherabsetzung und -rückzahlung einer Kapitalgesellschaft, an der er in den letzten 5 Jahren zu mehr als einem Viertel beteiligt war und überstiegen diese Anteile 1% des Gesellschaftskapitals J/N?".**

Falls eine der vorgenannten rechtlichen oder prozentualen Bedingungen nicht gegeben ist, ist „N“ einzugeben.

Im Verneinungsfall wird der Ablauf gemäß Tz. 46 fortgesetzt.

Es ist „J“ einzugeben, wenn der Stpfl. aus dem Verkauf eines Anteils oder der Auflösung oder der Kapitalherabsetzung und Kapitalrückzahlung einer Kaitalgesellschaft, an der er in den letzten fünf Jahren wesentlich d.h. zu mehr als 25 v.H. des Gesamtkapitals beteiligt war, einen Gewinn erzielte, und der im VZ veräußerte Anteil 1 v.H. des Gesellschaftskapitals überstieg.

Nach der Eingabe von „J“ wird der Ablauf gemäß der nachfolgenden Tz. weitergeführt.

44. Höhe des Veräußerungs-, Auflösungs- oder Rückzahlungsgewinns

Nach der „J“-Eingabe gemäß Tz. 43 wird auf dem Bildschirm der **BFT-Nr. G38**

> **„Veräußerungs-, Auflösungs- oder Rückzahlungsgewinn ohne Freibetrag des Steuerpflichtigen/Ehemanns** (beim 2. Durchlauf des Ehegatten) **in XX (= VZ) in DM?“**

angezeigt.

Daraufhin ist der gemäß Tz. 43 erzielte Gewinn – ohne Abzug des Freibetrags und auf volle DM abgerundet – einzugeben.

Bei Eingabe eines negativen Betrags werden zunächst der Fehlermeldungstext und dann erneut der vorgenannte BFT als Aufforderung zur Eingabe eines positiven Betrags auf Bildschirm ausgegeben. Nach der Eingabe eines solchen Betrags wird der PGM-Lauf gemäß der nachfolgenden Tz. weitergeführt.

45. Anteil der veräußerten Beteiligung am Kapital der Kapitalgesellschaft

Nach der Eingabe gemäß Tz. 44 erscheint auf dem Datensichtgerät der **BFT-Nr. G39**

> **„Anteil in % des Kapitals (= Nominalkapital – Eigenanteile) der Gesellschaft?“.**

Der Vomhundertsatz ist als Ganzzahl einzugeben (z.B. 33).

Kapital in diesem Sinne ist nur das Kapital, das sich nicht im Eigenbesitz der Kapitalgesellschaft befindet.

Beispiel:

Das Stammkapital einer GmbH von 100000 DM (= Nominalkapital) wurde ursprünglich von den Gesellschaftern A, B und C zu je einem Drittel gehalten. Der Gesellschafter C hat in einem Vorjahr des VZ seinen Anteil an die GmbH verkauft, die diesen Anteil seither als Aktivwert (Eigenanteil) in ihrer Bilanz führt.

Verkauft der Gesellschafter B im VZ seinen Anteil an D, hat er **50** (= 100/((100 – 33 1/3)/33 1/3)) einzugeben.

Nach dieser Eingabe ermittelt der Rechner den abziehbaren Freibetrag nach § 17 EStG und den nach diesem Abzug verbleibenden steuerpflichtigen Teil des Veräußerungsgewinns und gibt den Veräußerungsgewinn und den abgezogenen Freibetrag mit dem in Tz. 24 beschriebenen Hinweistext auf Bildschirm aus.

Nach dieser Ausgabe wird der steuerpflichtig bleibende Teil des Veräußerungsgewinns den schon ermittelten und akkumulierten gewerblichen Einkünften des Stpfl. hinzugerechnet und danach der PGM-Lauf gemäß der nachstehenden Tz. fortgesetzt.

46. Zuzurechnende Einkommen beherrschter Organgesellschaften

Nach der Ermittlung des Veräußerungsgewinns gemäß Tz. 45 wird auf dem Bildschirm der **BFT-Nr. G40**

> **„Summe der zuzurechnenden Einkommen beherrschter Organgesellschaften des Steuerpflichtigen/Ehemanns** (beim 2. Durchlauf des Ehegatten) **in XX** (= VZ) **in DM?“**

angezeigt.

Sind solche zuzurechnenden Einkommen im VZ erzielt worden, ist die Summe dieser Einkommen – abgerundet auf volle DM, sonst ist 0 einzugeben.

Diese Einkommen werden nach der Eingabe den schon ermittelten und gespeicherten gewerblichen Einkünften des Stpfl. (beim 2. Durchlauf ggf. des Ehegatten) hinzugerechnet.

Damit wird im ersten Durchlauf die gewerbliche Gewinnermittlung für den Stpfl. abgeschlossen und der Ablauf gemäß der nachfolgenden Tz. fortgesetzt.

47. Ermittlung der Veräußerungsgewinne für den Ehegatten

Nach der Hinzurechnung von Einkommen des Stpfl. aus beherrschten Organgesellschaften prüft das PGM, ob keine ZV durchzuführen ist. Ist dies der Fall, wird der Ablauf gemäß der nachfolgenden Tz. fortgeführt.

Ist eine ZV durchzuführen, werden im 2. Durchlauf die in Tz. 43-46 beschriebenen BFT für den Ehegatten ausgegeben. Nach der Ermittlung dieser Ehegatteneinkünfte wird auch bei ZV der PGM-Lauf gemäß der nachfolgenden Tz. weitergeführt.

48. Prüfung, ob Schlüssel 3 (Tz. 38) eingegeben wurde

Nach der Ermittlung der gewerblichen Einkünfte für den Stpfl. und/oder – bei ZV – für den Ehegatten prüft der Rechner, ob nach der Ausgabe des BFT-Nr. G35 (Tz. 38) der Schlüssel 3 (= Einkünfte aus Gewerbebetrieb und aus selbständiger Arbeit) eingegeben wurde.

Ist dies der Fall, wird dieser Schlüssel vom Rechner auf 2 abgeändert, der Bildschirm gelöscht und danach auf Bildschirm der Hinweistext

> **„Einkünfte aus selbständiger Arbeit“**

angezeigt. Danach wird der Ablauf mit den Aufforderungen zur Eingabe der Daten im nachfolgenden Unterabschnitt IV. fortgessetzt.

IV. Eingabe der Daten zur Ermittlung der Einkünfte aus selbständiger Arbeit

49. Summe der Gewinne aus freiberuflicher Tätigkeit des Stpfl. als Einzelunternehmen

Wurde nach der Ausgabe des BFT-Nr. G35 (Tz. 38) der Schlüssel 2 eingegeben oder der gemäß Tz. 38 eingegebene Schlüssel 3 vom PGM gemäß Tz. 48 auf 2 geändert, wird zunächst – wie in Tz. 48 schon bemerkt – der Hinweistext

„Einkünfte aus selbständiger Arbeit"

auf dem Bildschirm angezeigt und damit dem Benutzer angedeutet, daß anschließend die Daten aus der Seite 2 der Anlage GSE (Zeilen-Nr. 30-54) gemäß den nachfolgenden Aufforderungen einzugeben sind.

Nach der Ausgabe dieses Hinweistextes erscheint auf dem Datensichtgerät der **BFT-Nr. G41**

„Summe der Gewinne/-anteile aus freiberuflicher Tätigkeit des Steuerpflichtigen/Ehemanns in XX (= VZ) **als Einzelunternehmer (Zeile-Nr. GSE 32-33) in DM?".**

Einzugeben ist daraufhin die Summe der Gewinne, die der Stpfl. im VZ aus allen Einzelunternehmen aus freiberuflicher Tätigkeit erzielt hat. Diese Summe ist auf volle DM abgerundet einzugeben und kann auch negativ sein.

Nicht in die einzugebende Summe sind einzubeziehen die Summe der Gewinnanteile aus freiberuflich tätigen Gesellschaften, an denen der Stpfl. im VZ beteiligt war (Zeilen-Nr. 34 und 35 der Anlage GSE) und die Gewinne aus der Veräußerung ganzer freiberuflicher Betriebe oder Teilbetriebe oder von Beteiligungen an solchen Betrieben (Zeilen-Nr. 40-44 der Anlage GSE). Diese Gewinne und Gewinnanteile werden nach den folgenden Tz. mit besonderen BFT angefordert.

Wurden im VZ keine Gewinne aus freiberuflichen Einzelunternehmen erzielt, ist 0 einzugeben.

50. Summe der Betriebseinnahmen aus Einzelunternehmen

Nach der Eingabe einer positiven oder negativen Summe der Gewinne aus freiberuflichen Einzelunternehmen (Tz. 49) wird auf dem Bildschirm der **BFT-Nr. G42**

„Summe der Betriebseinnahmen aus freiberuflicher Tätigkeit des Steuerpflichtigen/Ehemanns als Einzelunternehmer in XX (= VZ) **(Zeile-Nr. GSE 30) in DM?"**

angezeigt.

Einzugeben ist daraufhin die im VZ erzielte Summe der Betriebseinnahmen aus allen Einzelunternehmen, aus denen der nach Tz. 49 eingegebene Gewinn erzielt wurde, abgerundet auf volle DM. Wird irrtümlich hier ein kleinerer Betrag als die Summe der Gewinne nach Tz. 49 eingegeben, werden zunächst der Fehlermeldungstext und dann erneut der vorgenannte BFT auf Bildschirm ausgegeben. Daraufhin ist eine gültige Summe der Betriebseinnahmen einzugeben.

51. Summe der Gewinnanteile aus Beteiligungen an freiberuflich tätigen Gesellschaften

Wurde gemäß Tz. 49 0 oder gemäß Tz. 50 eine gültige Summe der Betriebseinnahmen eingegeben, erscheint auf dem Datensichtgerät der **BFT-Nr. G43**

„Summe der Gewinnanteile aus freiberuflicher Tätigkeit des Steuerpflichtigen/Ehemanns in XX (= VZ) **aus Beteiligungen an Gesellschaften (Zeile-Nr. GSE 34-35 ohne Veräußerungsgewinne aus GSE 40-43) in DM?".**

Danach ist die Summe der Gewinnanteile, die im VZ aus allen freiberuflich tätigen Gesellschaften und Gemeinschaften, an denen der Stpfl. beteiligt war, abgerundet auf volle DM einzugeben. Nicht darunter fallen die Gewinnanteile, die aus Veräußerungen von ganzen Betrieben, Teilbetrieben oder von BV-Anteilen aus freiberuflicher Tätigkeit erzielt wurden. Diese Veräußerungsgewinne sind gemäß Tz. 55 gesondert einzugeben.

Sind Gewinnanteile aus freiberuflich tätigen Gesellschaften im VZ nicht erzielt worden, ist hier 0 einzugeben.

Wurde 0 eingegeben, wird der Ablauf gemäß Tz. 54, sonst gemäß der nachstehenden Tz. fortgesetzt.

52. Summe der Betriebseinnahmen dieser Gesellschaften

Wurde gemäß Tz. 51 eine positive oder negative Summe der Gewinnanteile aus Gesellschaften (nicht 0) eingegeben, wird auf dem Bildschirm der **BFT-Nr. G44**

> **„Summe der Betriebseinnahmen dieser Gesellschaften in XX** (= VZ) **in DM?“**

angezeigt.

Daraufhin ist die Summe der gesamten Betriebseinnahmen dieser Gesellschaften, aus denen die gemäß Tz. 51 eingegebenen Gewinnanteile erzielt wurden, abgerundet auf volle DM einzugeben. Ist die eingegebene Summe der Betriebseinnahmen kleiner als die gemäß Tz. 51 eingegebene Summe der Gewinnanteile, werden auf dem Bildschirm der Fehlermeldungstext und danach erneut der vorgenannten BFT-Nr. G44 als Aufforderung zur Eingabe gültiger Betriebseinnahmen angezeigt.

Nach der Eingabe gültiger Betriebseinnahmen wird der PGM-Lauf gemäß der nachfolgenden Tz. weitergeführt.

53. Vomhundertsatz des Gewinnanteils am Gesamtgewinn der Gesellschaft

Nach der Eingabe einer gültigen Summe der anteilig auf den Stpfl. entfallenden Betriebseinnahmen (Tz. 52) erscheint auf dem Datensichtgerät der **BFT-Nr. G45**

> **„Summe der Gewinnanteile aus freiberuflicher Tätigkeit des in XX** (= VZ) **an diesen Gesellschaften in % (z.B. 33,33)?“.**

Einzugeben ist danach als Ganz- oder Dezimalbruchzahl (siehe Beispiel im BFT) der Vomhundertsatz, mit dem der Stpfl. im VZ am Gesamtgewinn der Gesellschaft bzw. dieser Gesellschaften beteiligt war.

Wird ein Vomhundertsatz eingegeben, der kleiner als 1 oder größer als 99 ist, werden zuerst der Fehlermeldungstext und danach wiederum der vorgenannte BFT-Nr. G45 als Aufforderung zur Eingabe eines gültigen Vomhundertsatzes auf Bildschirm ausgegeben.

Nach der Eingabe eines gültigen Vomhundertsatzes wird der Ablauf gemäß der nachstehenden Tz. weitergeführt.

54. Gewinn aus anderer selbständiger Arbeit

Wurde gemäß Tz. 51 0 oder gemäß Tz. 53 ein gültiger Vomhundertsatz der Gewinnanteile eingegeben, erscheint auf dem Datensichtgerät der **BFT-Nr. G46**

> **„Gewinn aus anderer selbständiger Arbeit (z.B. Vermögensverwaltung) des Steuerpflichtigen/Ehemanns in XX** (= VZ) **in DM?“**

Sind solche Gewinne aus anderer selbständiger Arbeit (z.B. aus selbständig ausgeübter Vermögensverwaltung, Testamentsvollstreckung oder Wohnungseigentumsverwaltung oder aus selbständig ausgeübter Aufsichtsratstätigkeit) erzielt worden, ist die Summe dieser Gewinne im VZ – abgerundet auf volle DM – einzugeben.

Sind keine solchen Gewinne erzielt worden, ist 0 einzugeben.

55. Veräußerungsgewinne des Steuerpflichtigen aus der Veräußerung von Einzelunternehmen, Teilbetrieben und/oder BV-Anteilen, die freiberuflicher oder anderer selbständiger Arbeit zuzurechnen sind

Nach der Eingabe gemäß Tz. 54 setzt der Rechner den PGM-Lauf für den Stpfl. mit der Ausgabe der in Tz. 21-24 beschriebenen BFT fort, wobei sich hier die Fragen und danach die Eingaben auf die Veräußerungen von ganzen Einzelbetrieben beziehen, die der freien Berufstätigkeit oder anderer selbständiger Arbeit (Tz. 54) zuzuordnen sind.

Anschließend werden die in Tz. 29-36 erläuterten BFT ausgegeben, wobei sich auch hier die gestellten Fragen und die daraufhin erforderlichen Eingaben auf Verkäufe oder Aufgaben weiterer ganzer Einzelbetriebe oder Teilbetriebe oder BV-Anteile beziehen, die der Einkunftsart „Selbständige Arbeit" zuzurechnen sind. Solche Veräußerungen von BV-Anteilen sind beispielsweise die Veräußerungen von Anteilen an gemeinschaftlich ausgeübten Arzt-, Steuerberater-, Rechtsanwaltspraxen oder aus selbständig betriebenen Vermögensverwaltungsgesellschaften.

Nachdem die jeweiligen Eingaben zu den vorgenannten BFT erfolgt sind, werden die abziehbaren Freibeträge ermittelt und gemäß Tz. 24 auf dem Bildschirm angezeigt. Anschließend werden die steuerpflichtig bleibenden Teile der Veräußerungsgewinne den bis dahin ermittelten Einkünften des Stpfl. aus selbständiger Arbeit hinzugerechnet.

Nach der Eingabe zum BFT-Nr. G34 (Tz. 36) wird die Einkünfteermittlung des Stpfl. aus selbständiger Arbeit gemäß Tz. 56 weitergeführt.

56. Aufwandsentschädigungen als nebenberuflicher Ausbilder, Erzieher oder Übungsleiter für öffentliche oder steuerbefreite Körperschaften

Nach der Ermittlung der steuerpflichtigen Teile von Veräußerungs- und Aufgabegewinnen gemäß Tz. 55 wird die Dateneingabe zur und die Ermittlung der Einkünfte aus selbständiger Arbeit mit der Anzeige des **BFT-Nr. G47**

> **„Aufwandsentschädigungen des Steuerpflichtigen/Ehemanns in XX** (= VZ) **als nebenberuflicher Ausbilder, Erzieher, Übungsleiter für öffentliche/steuerfreie Körperschaften (Zeile-Nr. GSE 54) in DM?"**

auf Bildschirm fortgesetzt.

Hat der Stpfl. im VZ für eine der genannten selbständig und nebenberuflich ausgeübten Tätigkeiten von einer Körperschaft des öffentlichen Rechts (z.B. Stadt, Landkreis) oder einer steuerbefreiten Körperschaft (z.B. gemeinnütziger Sportverein) im VZ solche Aufwandsentschädigungen bezogen, ist die Summe dieser Entschädigungen – abgerundet auf volle DM – einzugeben.

Wurden solche Entschädigungen nicht bezogen, ist 0 einzugeben. Wird ein negativer Betrag eingegeben, werden zuerst der Fehlermeldungstext und danach wiederum der vorgenannte BFT auf Bildschirm ausgegeben. Danach ist entweder ein positiver Betrag oder 0 einzugeben.

Nach der Eingabe von 0 wird der Ablauf gemäß Tz. 59, sonst gemäß der nachstehenden Tz. fortgesetzt.

57. Frage, ob diese Aufwandsentschädigungen in den Gewinnen nach GSE 32-36 enthalten sind

Wurde gemäß Tz. 56 ein positiver Betrag (nicht 0) eingegeben, erscheint auf dem Datensichtgerät der **BFT-Nr. G48**

„Sind diese Aufwandsentschädigungen des Steuerpflichtigen/Ehemanns von XX (= Eingabebetrag nach Tz. 56) **in den Gewinnen nach Zeile-Nr. GSE 32-36 enthalten J/N?“**

Wird daraufhin „N“ eingegeben, wird der Eingabebetrag nach Tz. 56 den Einkünften des Stpfl. aus selbständiger Arbeit zugerechnet und danach der Ablauf gemäß Tz. 59 fortgeführt.

Wird „J“ eingegeben, wird der PGM-Lauf gemäß der nachfolgenden Tz. fortgesetzt.

58. Frage, ob der Freibetrag nach § 3 Nr. 26 EStG von maximal 2400 DM schon von den Aufwandsentschädigungen abgesetzt ist

Nach der Eingabe von „J“ gemäß Tz. 57 wird auf dem Bildschirm der **BFT-Nr. G49**

„Ist für diese Aufwandsentschädigungen des Steuerpflichtigen/Ehemanns der Freibetrag von maximal 2400 DM noch abzusetzen J/N?“

angezeigt.

Nach der Eingabe von „J“ wird dieser Freibetrag nach § 3 Nr. 26 EStG entweder mit dem Maximalbetrag von 2400 DM oder – wenn die Summe der Aufwandsentschädigungen niedriger als dieser Maximalbetrag ist – in Höhe der Entschädigungen berücksichtigt.

Nach diesem Abzug oder nach der Eingabe von „N“ wird der Ablauf gemäß der nachstehenden Tz. weitergeführt.

59. Prüfung, ob Eingaben für den Ehegatten vorzunehmen sind

Wurde gemäß Tz. 56 Null oder gemäß Tz. 58 die jeweils in Betracht kommende Antwort eingegeben, prüft der Rechner, ob ZV durchzuführen ist.

Ist dies nicht der Fall, wird mit der Ermittlung der Einkünfte aus selbständiger Arbeit die Ermittlung der Gewinneinkünfte für den Stpfl. beendet und der Ablauf gemäß der nachfolgenden Tz. weitergeführt.

Ist eine ZV durchzuführen, wird für den Ehegatten der in Tz. 49-58 beschriebene Ablauf wiederholt, wobei bei der Ausgabe der dort erläuterten BFT an die Stelle des Textes „des Steuerpflichtigen/Ehemanns“ jeweils der Text „des Ehegatten“ tritt.

Ist dieser zweite Durchlauf mit der Ermittlung der Einkünfte aus selbständiger Arbeit des Ehegatten abgeschlossen, wird der PGM-Lauf ebenfalls gemäß der nachstehenden Tz. weitergeführt.

60. Rückkehr in das PGM „ESt/LStJA“

Nach der Ermittlung der Gewinneinkünfte gemäß den Unterabschnitten II-IV (Tz. 4-58) dieses Abschnitts 6 wird vom Rechner wieder das PGM „ESt/LStJA“ geladen und der Ablauf mit den Aufforderungen zur Dateneingabe für die Überschußeinkünfte (Kapitel 3, Abschnitt I, ab Tz. 13) fortgesetzt, falls solche Einkünfte im VZ durch den Stpfl. und/oder – bei ZV – durch den Ehegatten erzielt wurden.

Wurden nur Gewinneinkünfte erzielt, wird der Ablauf sofort gemäß dem nachfolgenden Kapitel 5 weitergeführt.

Kapitel 5:

Hinweise zur Dateneingabe für die Einkommensermittlung

I. Eingabe der Daten aus Seite 3 des Erklärungsvordrucks zur Ermittlung der Sonderausgaben

Nachdem die Einkünfte gemäß Kapitel 3 und/oder 4 ermittelt sind, ist wieder die ESt-Erklärung zur Hand zu nehmen. Daraus sind die Daten aus den Seiten 3 und 4 gemäß den nachfolgenden Aufforderungen einzugeben.

1. Arbeitnehmeranteil zur gesetzlichen Sozialversicherung für den Steuerpflichtigen

Zuerst erscheint auf dem Bildschirm der **BFT-Nr. E1**

> **„Arbeitnehmeranteil zur gesetzlichen Sozialversicherung für den Steuerpflichtigen/Ehemann (Zeile- Nr. 63) in DM?"**

Einzugeben ist die auf volle DM abgerundete Summe der im VZ von den Arbeitgebern einbehaltenen und abgeführten Arbeitnehmeranteile des Stpfl., wenn solche Anteile zur gesetzlichen Sozialversicherung im Rahmen von Arbeitsverhältnissen geleistet wurden oder 0, falls dies nicht der Fall ist.

Liegt GV oder ZV vor, wird danach der Ablauf gemäß Tz. 2, sonst sofort gemäß Tz. 3 fortgesetzt.

2. Arbeitnehmeranteil zur gesetzlichen Sozialversicherung für den Ehegatten

Bei GV oder ZV wird nach der Eingabe gemäß Tz. 1 der **BFT-Nr. E2**

> **„Arbeitnehmeranteil zur gesetzlichen Sozialversicherung für den Ehegatten (Zeile-Nr. 64 in DM)?"**

auf dem Datensichtgerät angezeigt.

Wurden für den Ehegatten im Rahmen von Arbeitsverhältnissen Arbeitnehmeranteile zur gesetzlichen Sozialversicherung einbehalten und abgeführt, ist deren Summe abgerundet auf volle DM, andernfalls ist 0 einzugeben.

Nach dieser Eingabe wird der Ablauf gemäß der nachfolgenden Tz. weitergeführt.

3. Arbeitgeberanteil zur gesetzlichen Rentenversicherung des Steuerpflichtigen

Nach der jeweiligen Eingabe gemäß Tz. 1 oder 2 erscheint auf dem Bildschirm der **BFT-Nr. E3**

> **„Arbeitgeberanteil zur gesetzlichen Rentenversicherung für den Steuerpflichtigen/Ehemann (Zeile-Nr. 65) in DM?"**

Einzugeben ist die Summe der auf den LSt-Karten des Stpfl. bescheinigten Arbeitgeberanteile zu gesetzlichen **Renten**versicherungen des Stpfl. oder 0, wenn solche Anteile im VZ nicht von den Arbeitgebern geleistet wurden.

Bei GV oder ZV wird der PGM-Lauf gemäß der nachfolgenden Tz., bei EV gemäß Tz. 5 weitergeführt.

4. Arbeitgeberanteil zur gesetzlichen Rentenversicherung für den Ehegatten

Bei GV und ZV wird nach der Eingabe gemäß Tz. 3 der **BFT-Nr. E4**

> **„Arbeitgeberanteil zur gesetzlichen Rentenversicherung für den Ehegatten (Zeile-Nr. 66) in DM?"**

auf dem Datensichtgerät angezeigt.

Einzugeben ist daraufhin die Summe der auf den LSt-Karten des Ehegatten bescheinigten Arbeitgeberanteile zur gesetzlichen **Renten**versicherung – abgerundet auf volle DM – oder 0, falls solche Anteile nicht geleistet worden sind.

Fortgesetzt wird der Ablauf gemäß der nachstehenden Tz.

5. Freiwillige Angestellten-, Arbeiterrenten- und Höherversicherungen für den Steuerpflichtigen und – bei GV oder ZV – seiner Ehefrau

Nach der jeweiligen Eingabe gemäß Tz. 3 oder 4 erscheint auf dem Bildschirm der **BFT-Nr. E5**

> **„Freiwillige Angestellten-, Arbeiterrenten- und Höherversicherungen für den Steuerpflichtigen und Ehegatten (Zeile-Nr. 67) in DM?"**

Sind vom Stpfl. und/oder – bei GV oder ZV – vom Ehegatten freiwillig Beiträge zur gesetzlichen Angestellten- oder Arbeiterrentenversicherung oder freiwillig höhere Beiträge als die gesetzlichen Beiträge zu diesen Versicherungen geleistet worden, ist hier die Summe dieser im VZ geleisteten Beträge – abgerundet auf volle DM – einzugeben.

Sind solche Beiträge nicht geleistet worden, ist 0 einzugeben.

6. Gezahlte – erstattete Krankenversicherungsbeiträge für den Steuerpflichtigen und den Ehegatten

Nach der Eingabe gemäß Tz. 5 wird der **BFT-Nr. E6**

> **„Gezahlte – erstattete Krankenversicherungen für den Steuerpflichtigen und Ehegatten (Zeile-Nr. 68) in DM?"**

auf Bildschirm ausgegeben.

Einzugeben ist daraufhin die Summe der Krankenversicherungsbeiträge, die der Stpfl. und/oder – bei GV oder ZV – die Ehefrau im VZ geleistet haben oder 0, falls keine solchen Beiträge gezahlt worden sind. Erstattete Beiträge sind von der gezahlten Summe abzusetzen.

7. Gezahlte – erstattete Unfallversicherungsbeiträge für den Steuerpflichtigen und den Ehegatten

Nach der Eingabe gemäß Tz. 6 wird der **BFT-Nr. E7**

> **„Gezahlte – erstattete Unfallversicherungen für den Steuerpflichtigen und den Ehegatten (Zeile-Nr. 69) in DM?"**

auf dem Datensichtgerät angezeigt.

Danach ist die Summe der Beiträge für private Unfallversicherungen, die der Stpfl. und/oder – bei GV oder ZV – sein Ehegatte abzüglich erstatteter Beträge für den VZ geleistet haben, einzugeben. Sind keine solchen Beiträge gezahlt worden, ist 0 einzugeben.

8. Gezahlte – erstattete Lebensversicherungsbeiträge für den Steuerpflichtigen und den Ehegatten

Nach der Eingabe gemäß Tz. 7 erscheint auf dem Bildschirm der **BFT-Nr. E8**

> **„Gezahlte – erstattete Lebensversicherungsbeiträge für den Steuerpflichtigen und den Ehegatten (Zeile-Nr. 70) in DM?"**

Danach ist die Summe der privaten Lebensversicherungsbeiträge abzüglich etwaiger Erstattungen, die der Stpfl. und/oder – bei GV oder ZV – der Ehegatte für den VZ geleistet haben, einzugeben. Wurden keine solchen Beiträge geleistet, ist 0 einzugeben.

9. Gezahlte – erstattete Haftpflichtversicherungsbeiträge für den Steuerpflichtigen und den Ehegatten

Nach der Eingabe gemäß Tz. 8 wird auf dem Bildschirm der **BFT-Nr. E9**

> **„Gezahlte – erstattete Haftpflichtversicherungsbeiträge für den Steuerpflichtigen und den Ehegatten (Zeile-Nr. 71) in DM?“**

ausgegeben.

Einzugeben ist daraufhin die Summe der vom Stpfl. und/oder – bei GV oder ZV – von seinem Ehegatten im VZ geleisteten privaten Haftpflichtversicherungsbeiträge abzüglich etwaiger Erstattungen.

Sind keine solchen Beiträge geleistet worden, ist 0 einzugeben. Die Haftpflichtversicherungsbeiträge sind auch in voller Höhe als Sonderausgaben abzugsfähig und damit eingebbar, wenn es sich um eine private Haftpflichtversicherung für ein Kraftfahrzeug handelt, das der Stpfl. und/oder sein Ehegatte teilweise oder überwiegend im Rahmen eines Arbeitsverhältnisses für Fahrten zwischen Wohnung und Arbeitsstätte benutzt und für das er bzw. sie WK nach § 9 Abs. 1 Nr. 4 oder § 9 Abs. 2 EStG geltend macht.

10. Beiträge an Bausparkassen für den Steuerpflichtigen und seinen Ehegatten

Nach der Eingabe gemäß Tz. 9 wird der **BFT-Nr. E10**

> **„Beiträge an Bausparkassen für den Steuerpflichtigen und Ehegatten in DM?“**

auf dem Datensichtgerät angezeigt.

Einzugeben ist danach die Summe der zur Erlangung eines Bauspardarlehens oder zur Ansparung von Bausparguthaben für private Zwecke vom Stpfl. und/oder – bei GV oder ZV – von seinem Ehegatten für den VZ geleisteten Bausparbeiträge. Dazu gehören auch die von der Bausparkasse für angesparte Guthaben für den VZ gutgeschriebenen Bauspar-Guthabenzinsen.

Sind keine solchen Beiträge geleistet worden oder sollen solche Beiträge nicht als Sonderausgaben abgezogen werden, ist 0 einzugeben.

11. Gezahlte – erstattete Renten

Nach der Eingabe gemäß Tz. 10 wird der **BFT-Nr. E11**

> **„Vom Steuerpflichtigen/Ehemann und Ehegatten gezahlte – erstattete Rente (Zeile-Nr. 75) in DM?“**

auf Bildschirm ausgegeben.

Daraufhin ist entweder die im VZ vom Stpfl. und/oder – bei GV oder ZV – von seinem Ehegatten gezahlte Rente oder, falls eine solche nicht gezahlt worden ist, 0 einzugeben.

Wird 0 eingegeben, wird der Ablauf gemäß Tz. 13, sonst gemäß der nachfolgenden Tz. fortgesetzt.

12. Vomhundertsatz, mit dem die gezahlte Rente als Sonderausgaben abziehbar ist

Wurde gemäß Tz. 11 eine gezahlte Rente eingegeben, erscheint auf dem Datensichtgerät der **BFT-Nr. E12**

> **„Davon sind abziehbar in %?“**

Daraufhin ist der Vomhundertsatz als Ganzzahl (z.B. 27) einzugeben, mit dem die Rente bei dem Leistenden als Sonderausgabe abzugsfähig ist. Das ist der nach der Tabelle in § 22 EStG oder – bei abgekürzten Leibrenten – der nach der Tabelle in § 55 der EStDV ermittelte Ertragsanteil der Rente, der beim Empfänger als Einnahme aus sonstigen Einkünften nach § 22 EStG anzusetzen ist. Hinweis auf Kapitel 3 Abschnitt VI Tz. 284-292 der Eingaben zur Ermittlung der sonstigen Einkünfte.

Wird als Vomhundertsatz eine Zahl eingegeben, die größer als 100 ist, werden zunächst der Fehlermeldungstext und danach erneut der vorgenannte BFT-Nr. E12 auf dem Datensichtgerät ausgegeben. Danach ist der zutreffende Ertragsanteil der gezahlten Rente einzugeben.

13. Gezahlte – erstattete dauernde Lasten

Wurde gemäß Tz. 11 0 oder gemäß Tz. 12 ein zulässiger Ertragsanteil eingegeben, wird auf dem Bildschirm der **BFT-Nr. E13**

> **„Von Steuerpflichtigen/Ehemann und Ehegatten gezahlte – erstattete dauernde Lasten (Zeile-Nr. 76) in DM?“**

angezeigt.

Sind dauernde Lasten geleistet worden, ist der im VZ gezahlte Betrag abgerundet auf volle DM, sind keine gezahlte worden, ist 0 einzugeben.

Hierzu wird auf die Erläuterungen zu Zeilen 75 und 76 im Abschnitt „Renten und dauernde Lasten“ in der Anleitung zum Antrag auf LStJA und zur ESt-Erklärung hingewiesen.

14. Gezahlte – erstattete Unterhaltsleistungen an geschiedene oder getrenntlebende Ehegatten

Nach der Eingabe gemäß Tz. 13 gibt der Rechner den **BFT-Nr. E14**

> **„Von Steuerpflichtigen/Ehemann und Ehegatten gezahlte – erstattete Unterhaltsleistungen an geschiedene/getrennt lebende Ehegatten (Zeile-Nr. 77) in DM?“**

auf Bildschirm aus.

Wurden im VZ Unterhaltungsleistungen vom Stpfl. und/oder – bei GV oder ZV – vom Ehegatten an frühere Ehegatten oder vom Stpfl. an den getrennt lebenden Ehegatten aus einer noch bestehenden Ehe geleistet, ist die im VZ geleistete Summe – aufgerundet auf volle DM – einzugeben.

Wurden keine Unterhaltszahlungen geleistet, ist 0 einzugeben. Betragen die eingegebenen Unterhaltsleistungen mehr als 9000 DM (bei VZ bis 85) oder mehr als 18000 DM (bei VZ ab 86), begrenzt das PGM den Abzug auf den jeweils maßgeblichen Höchstbetrag.

Hierzu wird auf die Erläuterungen zu Zeile 77 im Abschnitt „Unterhaltsleistungen an den geschiedenen oder dauernd getrennt lebenden Ehegatten“ in der Anleitung zum Antrag auf LStJA und zur ESt-Erklärung hingewiesen.

15. Gezahlte abzüglich erstattete Kirchensteuer

Nach der Eingabe gemäß Tz. 14 wird der Ablauf mit der Ausgabe des **BFT-Nr. 15**

> **„Von Steuerpflichtigen/Ehemann und Ehegatten gezahlte – erstattete Kirchensteuer (Zeile-Nr. 78) in DM?“**

fortgesetzt.

Einzugeben ist danach die Summe der im VZ vom Stpfl. und/oder – bei GV oder ZV – geleisteten Kirchensteuer, wobei bei der Ermittlung dieser Summe die im VZ nach einer ESt-

Veranlagung oder einem LStJA erstatteten Kirchensteuern abzusetzen sind. Bei Arbeitnehmern gelten die einbehaltenen Kirchensteuern soweit als im VZ gezahlt, als sie auf laufenden Arbeitslohn für einen Lohnzahlungszeitraum entfallen, der im VZ endet.

Beispiel

Ein Arbeitgeber hat seinem Angestellten mit dessen Zustimmung die Gehaltsbezüge für Dezember 87 erst Anfang Januar 1988 gezahlt. Die bei der Auszahlung einbehaltene LSt und Kirchensteuer wurde erst im Januar 1988 an das Finanzamt abgeführt. Diese – erst im Januar 1988 einbehaltenen – Steuerabzugsbeträge gelten zum 31.12.87 als geleistet.

Ist keine Kirchensteuer für den VZ gezahlt oder einbehalten worden, ist 0 einzugeben.

16. Gezahlte abzüglich erstattete Steuerberatungskosten

Nach der Eingabe gemäß Tz. 15 erscheint auf dem Bildschirm der **BFT-Nr. E16**

> **„Von Steuerpflichtigen und Ehegatten gezahlte – erstattete Steuerberatungskosten (Zeile-Nr. 79) in DM?“**

Einzugeben ist die Summe der vom Stpfl. und/oder – bei GV oder ZV – vom Ehegatten gezahlten Steuerberatungskosten abzüglich etwaiger Erstattungen oder 0 DM, wenn solche Kosten für den VZ nicht geleistet wurden.

In die hier einzugebende Summe sind die Steuerberatungskosten nicht einzubeziehen, die BA oder WK darstellen, weil sie für Leistungen gezahlt wurden, die zur Ermittlung von Gewinn- und/oder Überschußeinkünften einschließlich der Erstellung der dazu gehörenden Anlagen L, GSE, N, V und KSO dienten.

17. Gezahlte – erstattete Berufsausbildungs- und -weiterbildungskosten

Nach der Eingabe gemäß Tz. 16 wird auf dem Datensichtgerät der **BFT-Nr. E17**

> **„Vom Steuerpflichtigen/Ehemann gezahlte – erstattete Berufsausbildungs-/-weiterbildungskosten (Zeile-Nr. 80) in DM?“**

angezeigt.

Danach ist die im VZ vom Stpfl. geleistete Summe der Aufwendungen für die Berufsausbildung oder Berufsweiterbildung in einem nicht ausgeübten Beruf – abgerundet auf volle DM – einzugeben. Zu den Kosten der Berufsausbildung und/oder -weiterbildung gehören nicht die Kosten der Berufsfortbildung in einem schon ausgeübten Beruf, weil solche Kosten WK aus nichtselbständiger Arbeit oder BA aus der jeweiligen Gewinneinkunftsart darstellen. Sind im VZ keine Aufwendungen für die Berufsausbildung und/oder -weiterbildung angefallen, ist 0 einzugeben.

Betragen die eingegebenen Berufsausbildungs- und/oder -weiterbildungskosten nicht mehr als 900 DM, wird der Ablauf gemäß Tz. 19, sonst gemäß der nachfolgenden Tz. weitergeführt.

18. Frage, ob der Steuerpflichtige zur Berufsausbildung/-weiterbildung auswärts untergebracht war

Wurde gemäß Tz. 17 ein Betrag von mehr als 900 DM eingegeben, erscheint auf dem Bildschirm der **BFT-Nr. E18**

> **„War der Steuerpflichtige/Ehemann zur Berufsaus-/-weiterbildung auswärts untergebracht J/N?“**

Nach der Eingabe von „N“ begrenzt der Rechner den Abzugsbetrag auf 900 DM.

Wird „J“ eingegeben, prüft der Rechner, ob der Eingabebetrag nach Tz. 17 größer als 1200 DM ist.

Ist dies der Fall, begrenzt er den Abzugswert auf 1200 DM, sonst wird der Eingabebetrag nach Tz. 17 als Abzugswert berücksichtigt.

19. Berufs- und/oder -weiterbildungskosten für den Ehegatten

Nach der jeweiligen Eingabe zur Tz. 17 oder 18 prüft der Rechner, ob GV oder ZV durchzuführen ist.

Ist dies nicht der Fall, wird der Ablauf gemäß Tz. 20 fortgesetzt.

Ist eine GV oder ZV durchzuführen, wiederholt der Rechner den in Tz. 17 und 18 beschriebenen Ablauf für den Ehegatten, wobei dann in den BFT an die Stelle des Textes „Steuerpflichtige/Ehemann“ jeweils der Text „Ehegatte“ tritt. Nachdem die Abzugswerte für Berufsausbildungs- und/oder -weiterbildungskosten für den Ehegatten ermittelt sind, wird auch bei einer GV oder ZV der PGM-Lauf gemäß der nachfolgenden Tz. weitergeführt.

20. Ausgabe des Ergebnisses der Einkünfteermittlung

Nach der jeweils letzten Eingabe gemäß Tz. 17 oder 18 für den Stpfl. oder den Ehegatten wird folgender Hinweistext am Bildschirm angezeigt:

> **„Bitte geben Sie nach der Einkünfteausgabe die Daten aus den aufgerufenen Zeilen ab Seite 3 der ESt/LStJA-Erklärung ein“.**

Nach der Ausgabe dieses Hinweistextes wird nach einer kleinen Pause der Bildschirminhalt gelöscht. Danach wird das Ergebnis der maschinellen Einkünfteermittlung wie folgt auf Bildschirm ausgegeben:

„**Einkünfte aus**	**Steuerpfl.**		**Ehefrau**	
	Werte DM	**Summen DM**	**Werte DM**	**Summen DM**
Land- und Forstwirtschaft	XXX	XXX	XXX	XXX
Gewerbebetrieb	XXX	XXX	XXX	XXX
Selbständiger Arbeit	XXX	XXX	XXX	XXX
Nichtselbständiger Arbeit:				
Bruttolohn	XXX		XXX	
Versorgungs-	XXX		XXX	
Weihnachts-	XXX		XXX	
Arbeitnehmer-Freibetrag	XXX		XXX	
Werbungskosten	XXX	XXX	XXX	XXX
Kapitalvermögen:				
Einnahmen	XXX		XXX	
Werbungskosten	XXX		XXX	
Sparer-Freibetrag	XXX	XXX	XXX	XXX
Verm. + Verp.		XXX		XXX
Sonstige Einkünfte:				
Einnahmen	XXX		XXX	
Werbungskosten	XXX		XXX	
Versorg.-FB.	XXX	XXX	XXX	XXX
Einkünftesumme		XXX		XXX
Altersentlastung		XXX		XXX
ab Freibetrag für Land- und Forstwirte				XXX
Gesamtbetrag der Einkünfte				XXX “.

Anmerkung:

Eine Zeilenausgabe in der vorstehend geschilderten Form erfolgt nur, wenn entweder beim Stpfl. oder der Ehefrau Einkünfte aus der jeweiligen Einkunftsart oder von der Einkünftesumme abzusetzende Abzugsbeträge vorhanden sind.

Sobald der Gesamtbetrag der Einkünfte auf Bildschirm ausgegeben ist, erscheint auf diesem zusätzlich der Hinweistext

„Bildschirminhalt ausdrucken J/N?“

Wird daraufhin „N“ eingegeben, wird der Ablauf sofort gemäß der nachstehenden Tz. fortgesetzt.

Nach der Eingabe von „J“ wird, wenn der Drucker an den Rechner angeschlossen und betriebsbereit ist, die jeweilige Einkünfteermittlung in Form einer Ausgabeliste ausgedruckt. Nachdem der Ausdruck beendet ist, wird der Ablauf ebenfalls gemäß der nachfolgenden Tz. weitergeführt.

21. Spenden und Beiträge für wissenschaftliche und kulturelle Zwecke

Nach der Ausgabe gemäß Tz. 20 erscheint auf dem Datensichtgerät der **BFT-Nr. E 19**

„Spenden/Beiträge für wissenschaftliche/kulturelle Zwecke (Zeile-Nr. 81) in DM?“

Danach ist die Summe der vom Stpfl. und/oder – bei GV oder ZV – vom Ehegatten geleisteten Spenden und Beiträge für wissenschaftliche und kulturelle Zwecke, die für den VZ geleistet wurden und als Sonderausgaben abgezogen werden sollen aufgerundet auf volle DM einzugeben.

Sind solche Aufwendungen im VZ nicht geleistet worden, ist 0 einzugeben.

Übersteigt der Eingabebetrag 10% des Gesamtbetrags der Einkünfte, wird der Abzugsbetrag auf diesen Maximalbetrag begrenzt.

22. Spenden an mildtätige, kirchliche, religiöse und/oder gemeinnützige Zwecke

Nach der Eingabe gemäß Tz. 21 wird der **BFT-Nr. E20**

„Spenden/Beiträge für mildtätige, kirchliche, religiöse, gemeinnützige Zwecke (Zeile-Nr. 82) in DM?“

auf dem Bildschirm angezeigt.

Daraufhin ist die Summe der vom Stpfl. und/oder – bei GV oder ZV – vom Ehegatten für den VZ geleisteten Beiträge und Spenden für die in diesem BFT genannten Zwecke aufgerundet auf volle DM einzugeben, wenn diese Aufwendungen als Sonderausgaben vom Gesamtbetrag der Einkünfte abgezogen werden sollen.

Wurden solche Aufwendungen im VZ nicht geleistet oder wird der Abzug als Sonderausgaben nicht begehrt, ist 0 einzugeben. Übersteigt der Eingabebetrag 5 v.H. des Gesamtbetrags der Einkünfte, wird der Abzugsbetrag auf diesen Höchstabzugsbetrag begrenzt.

23. Spenden und Beiträge an politische Parteien

Nach der Eingabe gemäß Tz. 22 erscheint auf dem Datensichtgerät der **BFT-Nr. E21**

„Beiträge/Spenden an politische Parteien in DM?“

Einzugeben ist die Summe der für den VZ vom Stpfl. und/oder – bei GV oder ZV – vom Ehegatten an zugelassene politische Parteien im Sinne des Parteiengesetzes geleisteten Mitgliedsbeiträge und Spenden.

Nach der Eingabe prüft derRechner, bis zu welcher Höhe unter Berücksichtigung der Veranlagungsform für den Eingabebetrag die Steuerermäßigung nach § 34g EStG zu gewähren ist. Bei ZV ist dies bis zu einem Eingabebetrag von 2400 DM, sonst bis 1200 DM der Fall. Soweit der Eingabebetrag den jeweils für die Steuerermäßigung nach § 34g EStG in Betracht kommenden Maximalbetrag übersteigt, wird er bis höchstens 5 v.H. des Gesamtbetrags der Einkünfte als Abzugswert bei den Sonderausgaben berücksichtigt.

24. Verlustabzüge und Verlustrücktrag

Nach der Eingabe gemäß Tz. 23 wird auf Bildschirm der **BFT-Nr. E22**

> **„Verlustabzüge aus XX** (= 5 Kj. vor dem VZ) **bis YY** (= 1. Kj. vor dem VZ) **und Verlustrücktrag (Zeile-Nr. 83/84) in DM?“**

ausgegeben.

Danach ist die Summe der bisher noch nicht ausgeglichenen Verluste aus den letzten fünf Kj. vor dem VZ und ein etwaiger Verlustrücktrag aus Nachjahren, wenn eine Veranlagung für ein Vorjahr wegen eines solchen Verlustrücktrages wieder aufgerollt wird, einzugeben.

Sind solche Abzüge oder ist ein solcher Rückbetrag im jeweiligen VZ nicht vorhanden, ist 0 einzugeben.

25. Errechnung der abzugsfähigen Sonderausgaben nach §§ 10, 10b und der Pauschbeträge und Pauschalen nach § 10c EStG

Mit der Eingabe gemäß Tz. 24 ist die Dateneingabe für die eigentlichen Sonderausgaben beendet. Anschließend ermittelt der Rechner unter Berücksichtigung der Veranlagungsform (ZV oder nicht) und unter Beachtung der für jeweiligen VZ geltenden Sonderausgaben-Abzugsvorschriften (§§ 10-10c EStG) die Summe der unbeschränkt abzugsfähigen Sonderausgaben nach § 10 Absatz 1 Nr. 1, 1a, 4-7 und § 10b EStG, die Summe bzw. den Abzugswert der beschränkt abzugsfähigen Vorsorgeaufwendungen nach § 10 Absatz 1 Nr. 2 und 3 EStG und die für den jeweiligen Veranlagungsfall maßgeblichen Pauschbeträge und Pauschalen nach § 10c EStG. Nach der Ermittlung der Sonderausgaben setzt sich der Rechner einen Merker über die durchgeführte Sonderausgabenermittlung und lädt danach wieder das PGM „Gewinne“, mit dem er den PGM-Lauf gemäß der nachfolgenden Tz. fortsetzt.

26. Arbeitslohn des getrennt veranlagten Ehegatten

Nachdem der Rechner wieder das PGM „Gewinne“ geladen hat, prüft er aufgrund des gesetzten Merkers über die Sonderausgabenermittlung (Tz. 25) und des – durch das PGM “ESt/LStJA“ gesetzten – Merkers über die Veranlagungsform, ob GV durchzuführen ist. Ist dies nicht der Fall, setzt er den Ablauf gemäß Tz. 34 fort. Ist eine GV durchzuführen, erscheint auf dem Bildschirm der **BFT-Nr. E23**

> **„Bruttoarbeitslohn des Ehegatten in XX** (= VZ)?“

Danach ist die Summe der Bruttoarbeitslöhne einzugeben, die der getrennt veranlagte Ehegatte im VZ erzielt hat.

Hat der Ehegatte im VZ solche Einkünfte nicht erzielt, ist 0 einzugeben.

Nach der Eingabe von 0 wird der Ablauf gemäß Tz. 29, sonst gemäß der nachfolgenden Tz. weitergeführt.

27. Im Bruttoarbeitslohn des Ehegatten enthaltene Versorgungsbezüge

Nach der Eingabe eines Bruttoarbeitslohns gemäß Tz. 26 wird auf dem Bildschirm der **BFT-Nr. E24**

„Davon Versorgungsbezüge in DM?"

angezeigt.

Einzugeben ist danach die Summe der im Bruttolohn gemäß Tz. 26 enthaltenen Versorgungsbezüge (z.B. Pension aus einem Beamtenverhältnis des Ehegatten oder seines Rechtsvorgängers oder Betriebsrenten vom früheren Arbeitgeber) des Ehegatten – abgerundet auf volle DM – oder 0, falls solche Bezüge nicht erzielt wurden. Nach der Eingabe von 0 wird der Ablauf sofort gemäß Tz. 28 fortgesetzt.

Wurden Versorgungsbezüge eingegeben, wird der für den Ehegatten abzugsfähige Versorgungsfreibetrag (40% der Versorgungsbezüge, höchstens 4800 DM) ermittelt und zusammen mit dem Weihnachtsfreibetrag vom Bruttoarbeitslohn gemäß Tz. 26 abgezogen. Danach wird der Ablauf ebenfalls nach Tz. 28 weitergeführt.

28. Frage, ob der getrennt veranlagte Ehegatte zu Beginn des VZ älter als 64 Jahre war

Nach der Eingabe gemäß Tz. 27 erscheint auf dem Datensichtgerät der **BFT-Nr. E25**

„War Ihr Ehegatte am 02.01.XX (= VZ) älter als 64 Jahre J/N?"

Wird daraufhin „J" eingegeben, ermittelt der Rechner für den Ehegatten den abzugsfähigen Altersentlastungsbetrag (= 40% des um die Versorgungsbezüge (Tz. 27) verminderten Arbeitslohns (Tz. 26), höchstens jedoch 3000 DM) und zieht diesen zusammen mit dem Arbeitnehmerfreibetrag und dem WK-Pauschbetrag von 564 DM von der nach Tz. 27 ermittelten Zwischensumme ab.

Die danach verbleibende Summe (= Einkünfte aus nichtselbständiger Arbeit des Ehegatten abzüglich Altersentlastung des Ehegatten) setzt er für die nachfolgende Ermittlung der Vorsorgepauschale dem – für den Stpfl. ermittelten – Gesamtbetrag der Einkünfte zu. Danach prüft er, falls es sich um einen VZ vor 1986 handelt, ob die Einkünfte des Ehegatten aus Arbeitsverhältnissen abzüglich des darauf entfallenden Altersentlastungsbetrags die für den jeweiligen VZ gültige Höchstbeitrags-Bemessungsgrenze der gesetzlichen Rentenversicherung übersteigen.

Ist dies der Fall, begrenzt der Rechner die Bemessungsgrundlage für die Vorsorgepauschale des Ehegatten auf die jeweilige Höchstbeitrags-Bemessungsgrenze. Danach wird der Ablauf gemäß der nachstehenden Tz. fortgesetzt.

29. Frage, ob der getrennt veranlagte Ehegatte im VZ versicherungspflichtig war

Nach der Eingabe gemäß Tz. 28 wird auf Bildschirm der **BFT-Nr. E26**

„War der Ehegatte in XX (= VZ) rentenversicherungspflichtig J/N?"

ausgegeben.

Je nach der Eingabe von „J" oder „N" wird der entsprechende Merker gesetzt und abhängig von diesem Merker die Vorsorgepauschale und deren Mindestbetrag gemäß § 10c EStG für den Ehegatten ermittelt.

30. Frage, ob die Sonderausgaben mit Zustimmung des Ehegatten anders als hälftig aufgeteilt werden sollen

Nach der Eingabe und Ermittlung gemäß Tz. 29 wird auf dem Datensichtgerät der **BFT-Nr. E27**

„Sollen Sonderausgaben und außergewöhnliche Belastungen mit Zustimmung des Ehegatten anders als zu je 50 v.H. aufgeteilt werden J/N?"

angezeigt.

Wird daraufhin „N" eingegeben, wird als Aufteilungsvomhundertsatz 50 gespeichert und der Ablauf gemäß Tz. 32 fortgesetzt. Wird „J" eingegeben, wird der PGM-Lauf gemäß der nachfolgenden Tz. weitergeführt.

31. Auf den Steuerpflichtigen entfallender Aufteilungsvomhundertsatz

Soll bei einer GV die Aufteilung der Sonderausgaben gemäß der Eingabe nach Tz. 30 anders als hälftig durchgeführt werden, wird nach der Eingabe von „J" gemäß Tz. 30 der **BFT-Nr. E28**

„Prozentsatz, der auf Sie entfällt?"

auf dem Bildschirm angezeigt.

Daraufhin ist der auf den Steuerpflichtigen, für den bei GV die ESt-Veranlagung oder der LStJA durchgeführt werden soll, entfallende, mit dem getrennt veranlagten Ehegatten abgestimmte Aufteilungsvomhundertsatz (z.B. 80) als Ganzzahl einzugeben.

Nach der Eingabe wird der Ablauf gemäß der nachstehenden Tz. fortgesetzt.

32. Aufteilung der Sonderausgaben auf die Ehegatten

Nach der Eingabe gemäß Tz. 30 oder 31 teilt der Rechner die Sonderausgaben nach dem jeweils maßgeblichen Aufteilungsvomhundertsatz (Tz. 30 oder 31) gemäß § 26a EStG auf die getrennt zu veranlagenden Ehegatten auf. Dabei berücksichtigt er die für den jeweiligen VZ geltenden Höchst-, Pauschal- und Mindestbeträge, sowie die Kinderadditive und den Merker gemäß Tz. 29. Vor dem Abschluß dieser Aufteilung gibt er den in der nachfolgenden Tz. beschriebenen BFT aus.

33. Höhe der Unterhaltsleistungen für geschiedene Ehegatten

Vor dem Abschluß der Sonderausgabenaufteilung bei GV (Tz. 32) wird der **BFT-Nr. E29**

„Unterhalt, den Sie nur für Ihren geschiedenen Ehegatten leisteten in DM?"

auf Bildschirm ausgegeben.

Einzugeben ist daraufhin die Summe der Unterhaltsleistungen, die der getrennt zu veranlagende Stpfl. an von ihm geschiedene frühere Ehegatten im VZ gezahlt hat.

Sind solche Leistungen nicht erfolgt, ist 0 einzugeben. Die eingegebenen Unterhaltsleistungen fallen gemäß § 26a Absatz 2 Satz 2 EStG nicht unter die prozentuale Aufteilung der Sonderausgaben und können nur von dem Stpfl. abgezogen werden, der sie geleistet hat.

Zunächst wird nach der Eingabe geprüft, ob der Eingabebetrag den Maximalbetrag (= 9000 DM bei VZ vor 86 oder 18000 DM bei VZ nach 85) übersteigt.

Ist dies der Fall, wird der jeweils maßgebliche Maximalbetrag, sonst der Eingabebetrag den anteiligen Sonderausgaben des Stpfl. hinzugerechnet. Damit ist die Aufteilung der Sonderausgaben bei GV beendet und der Ablauf wird gemäß der nachfolgenden Tz. fortgesetzt.

34. Ausgaben der ermittelten Sonderausgaben

Nach der Sonderausgabenermittlung gemäß Tz. 25 (bei EV oder ZV) oder der Sonderausgabenteilung gemäß Tz. 32 und 33 (bei GV) werden die ermittelten Sonderausgaben mit folgenden Hinweistexten auf Bildschirm ausgegeben:

„Als Sonderausgaben sind vom Gesamtbetrag der Einkünfte abzuziehen:

Als Vorsorgeaufwendungen
der Vorsorge-Pauschbetrag von XX DM (wenn dieser höher ist als die tatsächlichen Vorsorgeaufwendungen) oder

der Höchstbetrag von **XX DM** (wenn der nach § 10 Absatz 3 EStG berücksichtigungsfähige Höchstbetrag der Vorsorgeaufwendungen den Vorsorge-Pauschbetrag oder die Vorsorgepauschale übersteigt) oder
die Vorsorgepauschale von **XX DM** (wenn Arbeitslohn bezogen wurde und die nach § 10c Absätze 3 und 4 EStG oder Absatz 6 EStG ermittelte Vorsorgepauschale die tatsächlichen Vorsorgeaufwendungen übersteigt)

übrige Sonderausgaben:
der Pauschbetrag von **XX DM** (wenn der Sonderausgaben-Pauschbetrag nach § 10c Absätze 1 und 4 EStG die tatsächlichen übrigen Sonderausgaben übersteigt) oder
diese Sonderausgaben von **XX DM** (wenn die tatsächlichen übrigen Sonderausgaben höher sind als der jeweils nach § 10c Absätze 1 und 4 EStG maßgebliche Sonderausgaben-Pauschbetrag)
Verlustrückträge und -abzüge **XX DM** (= Eingabebetrag, wenn dieser größer als 0 ist)“

Nach dieser Ausgabe der ermittelten Sonderausgaben auf Bildschirm erscheint auf diesem wiederum die Anfrage:

„Bildschirminhalt ausdrucken J/N?“

Wurde nach der Bildschirmausgabe gemäß Tz. 20 das Ergebnis der Einkünfteermittlung auf dem angeschlossenen Drucker in Form einer Ergebnisliste ausgedruckt, und soll diese Liste um die Sonderausgaben ergänzt werden, ist „J“, sonst ist „N“ einzugeben.

Nach der Eingabe von „J“ ergänzt der Drucker diese Ergebnisliste um die – auf dem Bildschirm angezeigten – abzugsfähigen Sonderausgaben.

Danach – oder bei der Eingabe von „N“ sofort – wird der Ablauf mit den Aufforderungen zur Eingabe der Daten zur Ermittlung der Abzugswerte für das selbstgenutzte Wohnungseigentum ab 01.01.87 gemäß dem nachfolgenden Unterabschnitt II fortgesetzt.

II. Eingabe der Daten zu § 10e und § 52 Absatz 21 EStG 1987 (Abzugswerte für selbstgenutzte Wohnungen, die wie Sonderausgaben abzugsfähig sind = Daten aus der Anlage FW zur ESt-Erklärung ab 1987)

35. Frage, ob nach 1986 eine Eigentumswohnung oder ein Haus angeschafft oder fertiggestellt und voll oder teilweise als Eigenwohnung genutzt wurde

Nach der Ausgabe und ggf. dem Ausdruck der ermittelten Sonderausgaben gemäß Tz. 34 prüft der Rechner, ob es sich bei dem jeweiligen Eingabefall um einen VZ vor 1987 handelt.

Ist dies der Fall, wird der Ablauf mit der in Tz. 90 erläuterten Prüfung fortgesetzt, ob ein Freibetrag für freie Berufe für den Stpfl. und/oder – bei ZV – für den Ehegatten zu gewähren ist. Betrifft der Eingabefall einen VZ nach 1986, wird der **BFT-Nr. E30**

> **„Wurde nach 86 eine Eigentumswohnung oder ein Haus angeschafft oder fertiggestellt und voll oder teilweise als Eigenwohnung genutzt J/N?“**

auf Bildschirm ausgegeben.

Wird „J“ eingegeben, wird ein entsprechender Merker gesetzt und der Ablauf ab Tz. 50, sonst gemäß der nachstehenden Tz. weitergeführt.

II.1 Eingabe der Daten zu § 52 Absatz 21 Sätze 3-6 EStG 1987

36. Frage, ob vor 1987 eine Eigentumswohnung oder ein Haus angeschafft oder hergestellt wurde und erhöhte Absetzung wie in 1986 begehrt wird

Nach der Eingabe von „N“ gemäß Tz. 35 erscheint auf dem Datensichtgerät der **BFT-Nr. E31**

> **„Wurde vor 87 eine Eigentumswohnung oder ein Haus angeschafft oder fertiggestellt und wird erhöhte Absetzung wie in 86 begehrt J/N?“**

„J“ ist einzugeben, wenn

a) vor dem 01.01.87 eine Eigentumswohnung oder ein Haus angeschafft oder fertiggestellt wurde, das in 1986 in vollem Umfang für eigene Wohnzwecke genutzt und deren bzw. dessen Nutzungswert deshalb nach § 21a EStG aufgrund des Einheitswerts ermittelt (pauschaliert) wurde, und bis zum 31.12.86 für dieses Objekt erhöhte Absetzungen nach § 7b EStG beansprucht wurden und der Begünstigungszeitraum von acht Jahren für diese erhöhten Absetzungen bis zu diesem Zeitpunkt noch nicht abgelaufen ist und/oder
b) für ein solches Objekt der erweiterte Schuldzinsenabzug nach § 21a Absatz 4 EStG geltend gemacht wurde und der Abzugszeitraum von vier Jahren für diesen Abzug noch nicht verstrichen ist oder
c) in 1986 bei einem nur teilweise selbstgenutzten Objekt (z.B. einem Zweifamilienhaus) der Nutzungswert der Eigenwohnung nach § 21 Absatz 2 EStG durch Abzug der WK vom ortsüblichen Mietwert ermittelt wurde und für dieses Objekt erhöhte Absetzungen nach § 7b EStG beansprucht wurden, der Begünstigungszeitraum von acht Jahren für diese Absetzungen noch nicht abgelaufen ist und ab dem VZ 87 oder ab einem VZ nach 1987 auf die Fortführung der Nutzungswertbesteuerung nach § 52 Absatz 21 Satz 2 EStG gemäß § 52 Absatz 21 Satz 3 EStG 1987 verzichtet wurde oder wird.

„N“ ist einzugeben, wenn entweder in 1986 keins der unter a) bis c) geschilderten Merkmale vorlag oder der jeweilige Abzugszeitraum bis zum Beginn des VZ ausgelaufen ist.

Nach der Eingabe von „N“ setzt der Rechner den Ablauf mit der in Tz. 90 beschriebenen Prüfung fort, ob ein Freibetrag für freie Berufe abzuziehen ist.

Wird „J“ eingegeben, wird der Ablauf gemäß der nachfolgenden Tz. weitergeführt.

37. Frage, ob das begünstigte Objekt in 1986 voll als Eigenwohnung diente

Nach der Eingabe von „J" gemäß Tz. 36 erscheint auf dem Datensichtgerät der **BFT-Nr. E32**

„Wurde das Objekt in 86 voll als Eigenwohnung genutzt J/N?"

Wurde das in Tz. 36 genannte Objekt (Eigentumswohnung, Ein- oder Mehrfamilienhaus) in 86 in vollem Umfang für eigene Wohnzwecke des Stpfl. und – bei ZV – des zusammenveranlagten Ehegatten genutzt, ist „J" andernfalls ist „N" einzugeben.

Nach der Eingabe von „J" wird der Ablauf gemäß Tz. 41, sonst gemäß der nachfolgenden Tz. fortgesetzt.

38. Frage, ob das Objekt in 86 vermietet war

Nach der Eingabe von „N" gemäß Tz. 37 wird auf dem Bildschirm der **BFT-Nr. E33**

„Wurde das Objekt in 86 vermietet J/N?"

angezeigt.

„J" ist nur einzugeben, wenn sowohl in 86 als auch im jeweiligen VZ nach 86 das Objekt (Eigentumswohnung, Ein- oder Mehrfamilienhaus) **ganz** vermietet wurde.

„N" ist einzugeben, wenn in diesem VZ neben der Vermietung eine **teilweise Selbstnutzung für Eigenwohnzwecke** des Stpfl. und – bei ZV – des Ehegatten erfolgte.

Nach der Eingabe von „J" wird der Hinweistext

„Kein Abzug nach § 52 Absatz 21 EstG 87, da § 21 EStG 86 weiter gültig ist"

auf Bildschirm ausgegeben. Danach setzt der Rechner den Ablauf mit der in Tz. 90 beschriebenen Prüfung, ob ein Freibetrag für freie Berufe zu gewähren ist, fort.

Wird „N" eingegeben, wird der PGM-Lauf gemäß der nachfolgenden Tz. weitergeführt.

39. Frage, ob der Mietwert der selbstgenutzten Wohnung nach § 21 EStG ermittelt wurde

Wurde gemäß Tz. 38 „N" eingegeben, erscheint auf dem Datensichtgerät der **BFT-Nr. E34**

„Wurde 86 der Eigenwohnungs-Mietwert nach § 21 EStG ermittelt J/N?"

„J" ist einzugeben, wenn in 86 die Ermittlung der Einkünfte für das nur teilweise für eigene Wohnzwecke genutzte Objekt durch Ermittlung des Überschusses der Einnahmen und des Mietwerts der Eigenwohnung über die WK (Ausgaben) erfolgte.

Nach der Eingabe von „N" wird der Ablauf gemäß Tz. 41, sonst gemäß der nachstehenden Tz. fortgesetzt.

40. Schlüssel zur Rechtsanwendung für die Eigenwohnung

Nach der Eingabe von „J" gemäß Tz. 39 wird auf dem Bildschirm der **BFT-Nr. E35**

„Schlüssel zur Rechtsanwendung für die Eigenwohnung angeben
1 = EStG 86 (Mietwertansatz und Steuervergünstigungen bis 1998)
2 = EStG 87 (kein Mietwertansatz und keine Steuervergünstigungen)"

angezeigt.

Der **Schlüssel 1** ist einzugeben, wenn gemäß § 52 Absatz 21 Satz 2 EStG 87 für den jeweiligen VZ nach 1986, spätestens aber für den VZ 1998 weiterhin der Nutzungswert (Mietwert der für die eigenen Wohnzwecke genutzten Wohnung abzüglich der darauf entfallenden WK) versteuert und damit auch weiterhin die erhöhten Absetzungen nach § 7b EStG als WK abgezogen werden können.

Der **Schlüssel 2** ist einzugeben, wenn auf die Nutzungswertbesteuerung ab dem jeweiligen VZ nach 86 und vor 98 verzichtet wird oder einem früheren VZ nach 86 schon verzichtet wurde. In einem solchen Fall können die erhöhten Absetzungen nach § 7b EStG nicht mehr als WK sondern nur noch nach § 52 Absatz 21 Sätze 3-6 EStG wie Sonderausgaben abgezogen werden.

Wird ein anderer Schlüssel als 1 oder 2 eingegeben, erscheinen zunächst der Fehlermeldungstext und danach erneut der vorgenannte BFT-Nr. E35 auf dem Bildschirm. Danach ist der jeweils in Betracht kommende gültige Schlüssel einzugeben.

Wird der **Schlüssel 1** eingegeben, wird auf Bildschirm der Hinweistext

> **„Kein Abzug nach § 52 Absatz 21, da § 21 EStG weiterhin gültig"**

ausgegeben. Danach setzt der Rechner den Ablauf mit der in Tz. 90 beschriebenen Prüfung, ob der Freibetrag für freie Berufe abzusetzen ist, fort.

Wird der **Schlüssel 2** eingegeben, wird der Ablauf gemäß der nachfolgenden Tz. 42 weitergeführt.

41. Frage, ob in 86 der Nutzungswert der Eigenwohnung nach § 21a EStG mit 1 v.H. des maßgeblichen Einheitswerts ermittelt wurde

Nach der Eingabe von „J" gemäß Tz. 37 oder „N" gemäß Tz. 39 wird auf dem Datensichtgerät der **BFT-Nr. E36**

> **„Wurde in 86 der Nutzungswert der Eigenwohnung nach § 21a EStG mit 1% des Einheitswerts ermittelt J/N?"**

angezeigt.

Nach der Eingabe von „J" wird der Ablauf gemäß der nachfolgenden Tz. fortgesetzt.

Wird „N" eingegeben, erscheint auf dem Datensichtgerät der Hinweistext

> **„Kein Mietwertansatz, weil in 86 der Nutzungswert der Eigenwohnung nicht nach § 21a EStG mit 1% des Einheitswerts ermittelt wurde"**

Danach setzt der Rechner den Ablauf mit der in Tz. 90 beschriebenen Prüfung fort, ob der Freibetrag für freie Berufe abzusetzen ist.

42. Erhöhte Absetzung für den VZ

Nach der Eingabe von „J" gemäß Tz. 41 erscheint auf dem Bildschirm der **BFT-Nr. E37**

> **„Erhöhte Absetzung nach § 7b EStG in XX (= VZ) wie 86 in DM?"**

Daraufhin ist der Betrag – aufgerundet auf volle DM – einzugeben, der nach § 52 Absatz 21 Satz 4 EStG 87 im jeweiligen VZ als Abzugsbetrag wie Sonderausgaben abgezogen werden soll.

Bei der Ermittlung dieses Abzugsbetrags können

a) im VZ angefallene nachträgliche Anschaffungs- oder Herstellungskosten und/oder
b) falls vier Kj. nach der Bezugsfertigkeit noch nicht verstrichen sind, nicht ausgenutzte nachholbare erhöhte Absetzungen nach § 7b EStG

berücksichtigt werden.

Beispiel

Für ein Einfamilienhaus, das in 1986 bezugsfertig wurde und für das in 1986 Herstellkosten von 150000 DM angefallen sind, wurde im VZ 86 die erhöhte Absetzung nach § 7b EStG mit 5 v.H. von 150000 DM =	7500 DM
als WK bei den Einkünften aus V + V berücksichtigt.	
Im VZ 1987 fallen weitere Herstellkosten von	50000 DM
an. Nach § 52 Absatz 21 Satz 4 EStG 87 können im VZ 87 abgesetzt werden:	
10 v.H. von 200000 DM Herstellkosten =	20000 DM
abzüglich Absetzungsbetrag 1986	7500 DM
= Eingabebetrag 1987	12500 DM.

Falls ein negativer Betrag eingegeben wird, gibt der Rechner zunächst den Fehlermeldungstext und dann erneut den vorgenannten BFT-Nr. E37 auf Bildschirm aus.

Nach der Eingabe von 0 wird der Ablauf gemäß Tz. 44, nach der Eingabe eines positiven Betrags von mehr als 0 DM gemäß der nachfolgenden Tz. weitergeführt.

43. Anschaffungs- oder Herstellungsjahr des begünstigten Objekts

Nach der Eingabe eines Positivbetrags gemäß Tz. 42 wird auf dem Bildschirm der **BFT-Nr. E38**

> **„Anschaffungs-/Fertigstellungsjahr für das Objekt (z.B. 83), für das erhöhte Absetzungen nach § 7b EStG in 86 erfolgten?"**

angezeigt.

Daraufhin ist das Kj., in dem das abzugsbegünstigte Objekt angeschafft (= erworben) oder hergestellt (= bezugsfertig) wurde, in der beispielhaft angegebenen zweistelligen Form einzugeben.

Wird ein Kj. nach 86 eingegeben, gibt der Rechner den Fehlermeldungstext und danach erneut den vorgenannten BFT-Nr. E38 als Aufforderung zur Eingabe eines gültigen Anschaffungs- oder Fertigstellungsjahres aus.

Nach der Eingabe eines gültigen Kj. prüft der Rechner, ob der achtjährige Begünstigungszeitraum für die Inanspruchnahme erhöhter Absetzungen nach § 7b EStG im jeweiligen VZ schon abgelaufen ist. Ist dieser Zeitraum schon vor dem Beginn des jeweiligen VZ abgelaufen, gibt er den Hinweistext

> **„§ 7b EStG in XX** (= VZ) **ausgelaufen"**

auf Bildschirm aus. Danach führt er den Ablauf mit der in Tz. 90 beschriebenen Prüfung fort, ob ein Freibetrag für freie Berufe zu gewähren ist.

Ist der achtjährige Begünstigungszeitraum noch nicht abgelaufen, wird der gemäß Tz. 42 eingegebene Absetzungsbetrag gespeichert und der PGM-Lauf gemäß der nachfolgenden Tz. weitergeführt.

44. Kj. der Herstellung für eine Herstellungsmaßnahme nach § 82a und/oder g und/oder i der EStDV

Nach der Eingabe gemäß Tz. 42 oder 43 erscheint auf dem Datensichtgerät der **BFT-Nr. E39**

> **„Kj. der Herstellkosten nach § 82a/g/i EStDV im Gebäude mit einer Eigenwohnung (z.B. 87 oder 0)?"**

Werden im VZ für ein Gebäude, das voll oder teilweise als Eigenwohnung genutzt wird, erhöhte Absetzungen auf Herstellkosten für eine Baumaßnahme nach § 82a oder g oder i der

EStDV beansprucht, ist das Kj., in dem solche Herstellkosten erstmalig angefallen sind, in der beispielhaft angegebenen zweistelligen Form einzugeben. Sind solche Herstellkosten nicht angefallen, ist 0 einzugeben.

Anmerkung:

Welche Herstellkosten für welche Baumaßnahmen nach diesen Vorschriften der EStDV mit jeweils bis zu 10 v.H. je VZ abzugsfähig sind, ist den Zeilen 50 und 51 der Anlage V für 1987 (Abschnitt 4 Nr. V) zu entnehmen.

Nach der Eingabe eines zweistelligen Kj. prüft der Rechner, ob das eingegebene Kj. größer als 91 ist. Ist dies der Fall, wird der Fehlermeldungstext

„Kj. falsch, da größer 91"

auf dem Bildschirm angezeigt, da die erhöhten Absetzungen nach diesen Vorschriften der EStDV nur auf Baumaßnahmen bis einschließlich 1991 zulässig sind. Danach wird erneut der vorgenannte BFT-Nr. E39 ausgegeben, damit in einem solchen Fall gemäß den vorstehenden Ausführungen 0 eingegeben werden kann.

Nach der Eingabe von 0 setzt der Rechner den Ablauf gemäß Tz. 47, sonst gemäß der nachstehenden Tz. fort.

45. Herstellkosten nach § 82 a/g/i EStDV im Gebäude mit einer Eigenwohnung

Nach der Eingabe eines gültigen Kj. gemäß Tz. 44 erscheint auf dem Datensichtgerät der **BFT-Nr. E40**

„Herstellungskosten nach § 82 a/g/i EStDV im Gebäude mit einer Eigenwohnung in DM?".

Einzugeben ist danach die Summe der Herstellkosten der Baumaßnahmen im Sinne des § 82 a/g und/oder i EStDV im Gebäude mit einer Eigenwohnung, aus der die erhöhten Absetzungen mit 10 v.H. berechnet werden sollen.

Wird ein negativer Betrag oder 0 eingegeben, setzt der Rechner den Ablauf gemäß Tz. 47 fort.

Werden Herstellkosten von mehr als 0 DM eingegeben, wird der Ablauf gemäß der nachstehenden Tz. weitergeführt.

46. Erhöhte Absetzung nach § 82 a/g/i EStDV im VZ

Wurden gemäß Tz. 45 Herstellkosten von mehr als 0 DM eingegeben, wird auf dem Bildschirm der **BFT-Nr. E41**

„Absetzung nach § 82 a EStDV = höchstens 10% des Verteilungsaufwands in XX (= VZ) in DM?"

angezeigt.

Einzugeben ist daraufhin die Summe der nach § 82 a/g und/oder i der EStDV für den VZ begehrten erhöhten Absetzungen.

Wird 0 eingegeben, setzt der Rechner den Ablauf sofort gemäß Tz. 47 fort.

Wird ein Betrag von mehr als 0 eingegeben, prüft der Rechner zunächst, ob das gemäß Tz. 44 eingegebene Herstellungsjahr nicht mehr als 10 Jahre vor dem VZ liegt oder ob der gemäß dieser Tz. eingegebene Absetzungsbetrag nicht höher als 10 v.H. der Herstellkosten (Tz. 45) ist.

Liegt das Herstellungsjahr der begünstigten Baumaßnahme mehr als 10 Jahre vor dem jeweiligen VZ oder wurde gemäß dieser Tz. ein Absetzungsbetrag von mehr als 10 v.H. der Herstellkosten nach Tz. 45 eingegeben, erscheint auf dem Bildschirm der Fehlermeldungstext

„Abzug nach § 82a EStDV = höchstens 10% des Verteilungsaufwands größer 10% oder Kj. größer XX (= Herstellungsjahr nach Tz. 44 + 9).“

Nach der Ausgabe dieses Fehlermeldungstextes wird der vorgenannte BFT-Nr. E41 erneut ausgegeben, damit entweder durch Eingabe von 0 oder durch Eingabe eines gültigen Absetzungsbetrags der Ablauf gemäß Tz. 47 fortgesetzt werden kann.

47. Zinsen nach § 21a Absatz 4 EStG 1986

Nach der entsprechenden Eingabe gemäß Tz. 44, 45 oder 46 erscheint auf dem Datensichtgerät der **BFT-Nr. E42**

„Zinsen nach § 21 Absatz 4 EStG 86 – bis 10000 DM – in XX (= VZ) **in DM?“**

Daraufhin ist für ein Objekt, das in 86 voll selbstgenutzt und dessen Nutzungswert nach § 21a EStG mit 1% des maßgeblichen Einheitswerts pauschaliert wurde, die Summe der im VZ angefallenen Zinsen, höchsten jedoch 10000 DM einzugeben. Ein Abzug von 1 v.H. des maßgeblichen Einheitswerts (= Grundbetrag nach § 21a EStG) ist von dieser Summe nicht mehr vorzunehmen.

Wird ein negativer oder ein Betrag von mehr als 10000 DM eingegeben, gibt der Rechner zunächst den Fehlermeldungstext und dann erneut den vorgenannten BFT-Nr. E42 als Aufforderung zur Eingabe eines gültigen Eingabebetrags aus.

Ist der Abzugszeitraum von vier Jahren für diesen erweiterten Schuldzinsenabzug nach § 21 Absatz 4 EStG 1986 im jeweiligen VZ schon ausgelaufen oder liegen im VZ keine abzugsfähigen Schuldzinsen mehr vor oder wurde in 86 der Nutzungswert der Eigenwohnung nicht nach § 21a EStG aufgrund des Einheitswerts pauschaliert, sondern nach § 21 EStG durch Abzug der WK vom geschätzten ortsüblichen Mietwert ermittelt, ist 0 einzugeben.

Nach der Eingabe von 0 wird der Ablauf mit der in Tz. 90 beschriebenen Prüfung, ob der Freibetrag für freie Berufe zu gewähren ist, fortgesetzt.

Werden Schuldzinsen von mehr als 0 aber nicht mehr als 10000 DM eingegeben, wird der Ablauf gemäß der nachstehenden Tz. weitergeführt.

48. Anschaffungs- oder Fertigstellungsjahr des Objekts

Nach der Eingabe eines positiven Betrags von mehr als 0 gemäß Tz. 47 erscheint auf dem Datensichtgerät der **BFT-Nr. E43**

„Anschaffungs-/Fertigstellungsjahr für das Objekt (z.B. 86)?“

Danach ist das Kj. der Anschaffung oder Herstellung, in dem die Zinsen gemäß Tz. 47 erstmalig angefallen sind, in der beispielhaft aufgeführten zweistelligen Form einzugeben.

Wird ein Kj. eingegeben, das kleiner als 84 oder größer als 86 ist, wird auf dem Bildschirm der Fehlermeldungstext

„Kj. falsch“

und danach erneut der vorgenannte BFT-Nr. E43 als Aufforderung zur Eingabe eines zulässigen Kj. eingegeben.

Nach der Eingabe eines zulässigen Kj. wird der Ablauf gemäß der nachstehenden Tz. fortgeführt.

49. Zinsen nach § 21a Absatz 4 EStG 86 im Anschaffungs- oder Fertigstellungsjahr

Nach der Eingabe eines zulässigen Kj. gemäß Tz. 48 wird auf dem Bildschirm der **BFT-Nr. E44**

„Zinsen nach § 21 Absatz 4 86 – bis 10000 DM in XX (= Anschaffungs-/Fertigstellungsjahr gemäß Tz. 48) **über Grundbetrag?“**

angezeigt.

Einzugeben sind daraufhin die im Anschaffungs- oder Fertigstellungsjahr (= Erstjahr des erweiterten Schuldzinsenabzugs nach § 21a Absatz 4 EStG 86) über den Grundbetrag hinaus abgezogenen Schuldzinsen oder 0, falls im Erstjahr keine Schuldzinsen oder nur Schuldzinsen bis zur Höhe des Grundbetrags (§ 21 Absatz 3 Nr. 1 EStG 86) angefallen sind.

Wird ein negativer Betrag oder ein Betrag von mehr als 10000 DM eingegeben, gibt der Rechner wiederum zunächst den Fehlermeldungstext und dann erneut den BFT-Nr. E44 als Aufforderung zur Eingabe eines gültigen Schuldzinsenbetrags aus.

Nach der Eingabe eines gültigen Betrags prüft der Rechner, ob es sich bei dem jeweiligen VZ um das Drittjahr nach dem Anschaffungs- oder Fertigstellungsjahr handelt.

Ist dies der Fall, ermittelt er den im Drittjahr nach § 21 Absatz 4 EStG 86 noch berücksichtigungsfähigen Schuldzinsenbetrag, indem er vom Maximalbetrag von 10000 DM die nach dieser Tz. im Erstjahr berücksichtigten Schuldzinsen nach § 21 Absatz 4 EStG abzieht.

Liegt der jeweilige VZ um mehr als drei Jahre nach dem Anschaffungs- oder Fertigstellungsjahr (Tz. 48), wird auf Bildschirm der Hinweistext

„Zinsen nach § 21 Absatz 4 EStG 86 – bis 10000 DM – in XX (= Anschaffungs- oder Fertigstellungsjahr gemäß Tz. 48 + 3) **ausgelaufen“**

ausgegeben.

Liegt der jeweilige VZ noch in dem vierjährigen Abzugszeitraum, wird der im VZ noch abzugsfähige Zinsbetrag gespeichert. Damit ist die Ermittlung der nach § 52 Absatz 21 EStG 87 wie Sonderausgaben abziehbaren Werte beendet.

Fortgesetzt wird danach der Ablauf mit der in Tz. 90 beschriebenen Ausgabe der Summe der nach § 52 Absatz 21 EStG 87 abziehbaren Werte und der Prüfung, ob ein Freibetrag für freie Berufe abzusetzen ist.

II.2 Eingabe der Daten zu § 10e EStG 1987

50. Frage, ob der Abzug nach § 10e EStG 87 oder § 15b Berlin-Förderungsgesetz und/oder nach § 82a/g/i EStDV begehrt wird

Nach der Eingabe von „J“ gemäß Tz. 35 erscheint auf dem Datensichtgerät der **BFT-Nr. E45**

„Wird der Abzug n. § 10e EStG/15b Berl-FG/82 a/g/i EStDV begehrt J/N?“

Soll für ein nach dem 31.12.86 erworbenes oder fertiggestelltes Objekt (Haus oder Eigentumswohnung) ein Abzug wie Sonderausgaben nach einer der vorgenannten Vorschriften erfolgen, ist „J“ einzugeben.

Wird ein solcher Abzug im jeweiligen VZ nicht begehrt, ist „N“ einzugeben.

Nach der Eingabe von „N“ setzt der Rechner den Ablauf mit der in Tz. 90 beschriebenen Prüfung, ob ein Freibetrag für freie Berufe zu gewähren ist, fort.

Nach der Eingabe von „J“ wird der Ablauf gemäß der nachfolgenden Tz. weitergeführt.

51. Frage, ob das Objekt im Inland liegt

Nach der Eingabe von „J" gemäß Tz. 50 wird der **BFT-Nr. E46**

„Liegt das Objekt im Inland J/N?"

auf dem Datensichtgerät angezeigt.

Liegt das Objekt (Eigentumswohnung oder Haus), für dessen Anschaffungs- oder Herstellkosten ein Abzug nach den in Tz. 50 genannten Vorschriften begehrt wird, im Geltungsbereich des EStG (BRD und Berlin/West), ist „J" sonst ist „N" einzugeben. Nach der Eingabe von „N" wird der Ablauf mit der in Tz. 90 beschriebenen Prüfung, ob ein Freibetrag für freie Berufe zu gewähren ist, sonst gemäß der nachfolgenden Tz. weitergeführt.

52. Frage, ob es sich um eine Anschaffung vom Ehegatten oder um einen Erwerb in Form eines Tauschs oder eines Rückkaufs handelt

Nach der Eingabe von „J" gemäß Tz. 51 erscheint auf dem Datensichtgerät der **BFT-Nr. E47**

„Ist es eine Anschaffung vom Ehegatten oder eine Anschaffung in Form eines Tauschs oder Rückkaufs J/N?"

Ist das Objekt, von dessen Anschaffungs- oder Herstellkosten ein Abzugswert nach § 10e EStG 87 oder § 15b Berlin-Förderungsgesetz ermittelt werden soll, nicht vom Stpfl. als Bauherr errichtet, sondern

a) vom Ehegatten erworben worden oder
b) von einem Erwerber angeschafft worden, dem dafür ein eigenes Grundstück im Tauschwege veräußert worden ist oder
c) nach einer früheren Veräußerung vom seinerzeitigen Erwerber zurückgekauft worden,

ist „J" sonst ist „N" einzugeben.

Nach der Eingabe von „J" setzt der Rechner den Ablauf, da die vorgenannten Erwerbsvorgänge nicht nach diesen Vorschriften förderungsbegünstigt sind, mit der in Tz. 90 beschriebenen Prüfung, ob ein Freibetrag für freie Berufe zu gewähren ist, fort.

Nach der Eingabe von „N" wird der in der nachfolgenden Tz. beschriebene BFT ausgegeben.

53. Schlüssel zur Verursachungsart des Abzugswerts

Nach der Eingabe von „N" gemäß Tz. 52 erscheint auf dem Bildschirm der **BFT-Nr. E48**

„Schlüssel zur Verursachungsart:
1 = Anschaffung oder Fertigstellung in XX (= VZ)
2 = Ausbau oder Erweiterung in XX (= VZ)
3 = Nachholung eines Abzugs im 1.-4. Kj. der Abzugsjahre
4 = Nachträgliche Herstellkosten in den 8 Jahren des Abzugszeitraums
5 = Maßnahmen nach § 82a/g/i EStDV".

Einzugeben ist der jeweilige Schlüssel der Verursachungsart für den Abzugswert.

Wird ein Schlüssel von weniger als 1 oder mehr als 5 eingegeben, gibt der Rechner zuerst den Fehlermeldungstext und danach erneut das vorstehend beschriebene Auswahlmenü aus.

Nach der Eingabe eines gültigen Schlüssels wird dieser gespeichert. Anschließend wird der Ablauf gemäß der nachfolgenden Tz. fortgesetzt.

54. Frage, ob das begünstigte Objekt nur eine Wohnung enthält, die als Eigenwohnung genutzt wurde

Nach der Eingabe eines gültigen Schlüssels gemäß Tz. 53 wird auf dem Bildschirm der **BFT-Nr. E49**

„Ist im erworbenen/hergestellten Objekt nur eine Eigenwohnung J/N?"

angezeigt.

Enthält das Objekt (Eigentumswohnung oder Haus) **nur eine** Wohnung und diente diese im VZ mindestens zeitweise eigenen Wohnzwecken des Stpfl. und/oder – bei ZV – seines Ehegatten, ist „J" einzugeben.

„N" ist einzugeben, wenn das Objekt **mehr als eine** Wohnung enthält. Nach der Eingabe von „N" wird der Ablauf gemäß Tz. 56, sonst gemäß der nachfolgenden Tz. weitergeführt.

55. Nutzfläche der Wohnung im erworbenen/hergestellten Objekt

Wurde durch Eingabe von „J" gemäß Tz. 54 bejaht, daß sich in dem erworbenen/hergestellten Objekt nur eine für eigene Wohnzwecke genutzte Wohnung befindet, wird auf Bildschirm der **BFT-Nr. E50**

„Nutzfläche der Eigenwohnung in qm im erworbenen/hergestellten Objekt?"

ausgegeben.

Daraufhin ist die Nutzfläche der Eigenwohnung, die hier zugleich die Nutzfläche des gesamten Objekts ist, abgerundet auf volle qm einzugeben. Fortgesetzt wird danach der Ablauf gemäß Tz. 57.

56. Nutzfläche der zu fördernden Wohnung

Wurde gemäß Tz. 54 „N" eingegeben und damit zum Ausdruck gebracht, daß das nach dem 31.12.86 erworbene oder fertiggestellte Objekt mehr als eine Eigenwohnung enthält, erscheint auf dem Datensichtgerät der **BFT-Nr. E51**

„Nutzfläche der zu fördernden Eigenwohnung?"

Danach ist die Nutzfläche der Eigenwohnung einzugeben, deren Anschaffungs- oder Herstellungskosten die Ausgangsgrundlage zur Berechnung des jeweiligen Abzugswerts nach § 10e EStG 1987 oder § 15b Berlin-Förderungsgesetz bilden.

Nach der Eingabe wird der PGM-Lauf gemäß der nachfolgenden Tz. weitergeführt.

57. Gesamtnutzfläche des erworbenen oder hergestellten Objekts

Nach der jeweiligen Eingabe gemäß Tz. 55 oder Tz. 56 wird auf Bildschirm der **BFT-Nr. E52**

„Gesamtnutzfläche in qm im erworbenen/hergestellten Objekt?"

ausgegeben.

Danach ist die Gesamtnutzfläche des voll oder teilweise für eigene Wohnzwecke genutzten Objekts – abgerundet auf volle qm – einzugeben.

Nach der Eingabe prüft der Rechner, ob die nach Tz. 55 oder Tz. 56 eingegebene Nutzfläche größer als die nach dieser Tz. eingegebenen Nutzfläche ist. Trifft dies zu, gibt er zuerst den Fehlermeldungstext und danach erneut den vorgenannten BFT-Nr. E52 auf Bildschirm aus. Anschließend ist die richtige Gesamtnutzfläche einzugeben. Wurde gemäß Tz. 53 der Schlüssel 5 eingegeben wird der Ablauf wie in der nachfolgenden Tz. beschrieben, sonst nach Tz. 59 fortgesetzt.

58. Eingabe der Daten für Baumaßnahmen nach § 82a/g und/oder i EStDV

Wurde gemäß Tz. 53 der Schlüssel 5 eingegeben, setzt der Rechner nach der Eingabe zum BFT-Nr. E52 (Tz. 57) den Ablauf gemäß der Beschreibung in den Tz. 44-46 fort.

Nachdem er den nach Tz. 46 einzugebenden erhöhten Absetzungsbetrag geprüft und gespeichert hat, setzt er den PGM-Lauf nicht – wie in Tz. 46 beschrieben – gemäß Tz. 47, sondern hier mit der in Tz. 90 beschriebenen Prüfung, ob ein Freibetrag für freie Berufe zu gewähren ist, fort.

59. Frage, ob nach 1964 schon § 7b EStG oder § 15 Berlin-Förderungsgesetz oder § 10e EStG 1987 beansprucht wurde

Wurde gemäß Tz. 53 nicht der Schlüssel 5 eingegeben, wird nach der Eingabe zum BFT-Nr. E52 (Tz. 57) der **BFT-Nr. E53**

> **„Wurde seit 64 (77) schon Par. 7b (15 Berl-FG)/10e EStG bei einem erworbenen/hergestellten Objekt beansprucht J/N?“**

auf dem Datensichtgerät angezeigt.

Wurden seit 1964 schon für ein Objekt erhöhte Absetzungen nach § 7b EStG oder seit 1977 schon für ein in Berlin/West gelegenes Objekt erhöhte Absetzungen nach § 15 Berlin-Förderungsgesetz oder seit 1987 schon Abzüge nach § 10e EStG 1987 beansprucht, ist „J“ sonst ist „N“ einzugeben.

Nach der Eingabe von „N“ wird der Ablauf gemäß Tz. 67 sonst gemäß der nachfolgenden Tz. weitergeführt.

60. Frage, ob das Objekt ein Folgeobjekt ist

Nach der Eingabe von „J“ gemäß Tz. 59 erscheint auf dem Bildschirm der **BFT-Nr. E54**

> **„Ist das ein Folgeobjekt J/N?“**

Anmerkung:
Wegen des Begriffs „Folgeobjekt“ wird auf die Ausführungen zu Zeile 33 Absatz 3 der Anleitung zur Anlage FW zur ESt-Erklärung 1987 (Kapitel 2 Nr. VI) hingewiesen.

Liegt gemäß diesen Ausführungen ein Folgeobjekt vor, weil für das Erstobjekt die in Tz. 59 genannten erhöhten Absetzungen oder Abzugswerte nicht für den gesamten Begünstigungszeitraum in Anspruch genommen werden konnten und soll für die restlichen Jahre des Begünstigungszeitraums der Abzug gemäß § 10e EStG 1987 vorgenommen werden, ist „J“ sonst ist „N“ einzugeben.

Nach der Eingabe von „N“ wird der Ablauf gemäß Tz. 64 sonst gemäß der nachfolgenden Tz. fortgesetzt.

61. Erwerbs- oder Bezugsjahr des Folgeobjekts

Wurde gemäß Tz. 60 „J“ eingegeben, wird auf dem Datensichtgerät der **BFT-Nr. E55**

> **„Erwerbs-/Bezugsjahr (z.B. 87) des Folgeobjekts?“**

angezeigt.

Daraufhin ist **das Kj., in dem das Folgeobjekt** (= Zweitobjekt) **angeschafft oder hergestellt** wurde, in der beispielhaft dargestellten zweistelligen Form einzugeben. Fortgeführt wird danach der Ablauf gemäß der nachstehenden Tz.

62. Kalenderjahr der letztmaligen Nutzung des Erstobjekts

Nach der Eingabe gemäß Tz. 61 wird auf Bildschirm der **BFT-Nr. E56**

„Kj. (z.B. 86) der letzten Nutzung des Erstobjekts als Eigenwohnung?"

ausgegeben.

Einzugeben ist danach in der beispielhaft dargestellten zweistelligen Form das Kj., in dem das durch Veräußerung aufgegebene Erstobjekt letztmalig als Eigenwohnung genutzt und für das demgemäß letztmalig die erhöhte Absetzung oder der Abzugswert gemäß der jeweiligen, in Tz. 59 aufgeführten Vorschrift beansprucht wurde.

Nach der Eingabe prüft der Rechner, ob das eingegebene Kj. der letztmaligen Nutzung mehr als zwei Kj. vor oder mehr als drei Kj. nach dem Erwerbs- oder Bezugsjahr des Folgeobjekts (Tz. 61) liegt. Ist dies der Fall, wird der Hinweistext

„Das erworbene/hergestellte Objekt ist kein Folgeobjekt, weil sein Erwerbs/Bezugsjahr (z.B. 87) mehr als 2 Kj. vor oder 3 Kj. nach der letzten Nutzung des Erstobjekts als Eigenwohnung liegt"

auf Bildschirm ausgegeben. Nach dieser Ausgabe wird der Ablauf gemäß Tz. 64 fortgesetzt.

Liegt das Erwerbs- oder Bezugsjahr des Folgeobjekts innerhalb des vorgenannten Zeitraums, wird der PGM-Lauf gemäß der nachstehenden Tz. weitergeführt.

63. Erwerbs- oder Bezugsjahr des Erstobjekts

Ist gemäß der Eingabe und Prüfung nach Tz. 62 das Zweitobjekt ein Folgeobjekt, erscheint auf dem Bildschirm der **BFT-Nr. E57**

„Erwerbs-/Bezugsjahr für das Erstobjekt?"

Einzugeben ist in der – in Tz. 62 beispielhaft dargestellten – zweistelligen Form das Kj., in dem das Erstobjekt erworben (= angeschafft) oder bezugsfertig (= fertiggestellt) wurde.

Nach der Eingabe prüft der Rechner, ob das eingegebene Kj. größer als das gemäß Tz. 62 eingegebene Kj. der letztmaligen Nutzung des Erstobjekts ist. Ist dies der Fall, werden zuerst der Fehlermeldungstext und danach erneut der vorgenannte BFT-Nr. E57 als Aufforderung zur Eingabe des richtigen Erwerbs- oder Fertigstellungsjahres auf dem Datensichtgerät angezeigt.

Wird ein gültiges Erwerbs- oder Bezugsjahr eingegeben, ermittelt der Rechner den restlichen Begünstigungszeitraum, für den Abzüge nach § 10e EStG 1987 noch zulässig sind. Danach prüft er, ob der jeweilige VZ schon nach Ablauf des restlichen Begünstigungszeitraums für das Folgeobjekt liegt. Ist dies der Fall, gibt er den Hinweistext

„Da Folgeobjekt, Abzug nur bis XX (= VZ, mit dem die Abzüge nach § 10e EStG für das Folgeobjekt auslaufen) **zulässig"**

auf Bildschirm aus.

Nach dieser Ausgabe wird der Ablauf – wie auch in dem Fall, in dem ein Abzug für das Folgeobjekt noch zulässig ist – gemäß der nachfolgenden Tz. fortgesetzt.

64. Prüfung, ob ein Zweitobjekt vorliegt

Nach der entsprechenden Eingabe gemäß Tz. 60 oder 62 oder der Prüfung nach Tz. 63 prüft der Rechner, ob eine ZV durchzuführen ist. Ist dies nicht der Fall, wird der Ablauf gemäß Tz. 67 weitergeführt.

Ist eine ZV durchzuführen, wird der **BFT-Nr. E58**

„Ist das erworbene/hergestellte Objekt ein Zweitobjekt J/N?“

auf dem Datensichtgerät angezeigt.

„J“ ist einzugeben, wenn für ein Objekt nach 1964 schon erhöhte Absetzungen nach § 7b EStG oder nach 1977 schon erhöhte Absetzungen nach § 15 Berlin-Förderungsgesetz oder nach 1987 schon Abzüge nach § 10e EStG 1987 beansprucht wurden, andernfalls ist „N“ einzugeben. Nach der Eingabe von „N“ wird der Ablauf gemäß Tz. 67, sonst gemäß der nachfolgenden Tz. fortgeführt.

65. Frage, ob sich die erste und die zweite Eigenwohnung in dem erworbenen/hergestellten Objekt befinden

Nach der Eingabe von „J“ gemäß Tz. 65 erscheint auf dem Bildschirm der **BFT-Nr. E59**

„Befinden sich 1. und 2. Eigenwohnung in dem erworbenen/hergestellten Objekt J/N?“

Nach der Eingabe von „N“ wird der Ablauf gemäß Tz. 67, sonst gemäß Tz. 66 weitergeführt.

66. Frage, ob für die erste Eigenwohnung noch § 10e EStG beansprucht wird

Nach der Eingabe von „J“ gemäß Tz. 65 wird auf dem Datensichtgerät der **BFT-Nr. E60**

„Wird für die 1. Eigenwohnung noch § 10e EstG beansprucht J/N?“

angezeigt. Wenn sich sowohl die erste als auch die zweite Eigenwohnung im selben Objekt befinden, kann für die zweite Eigenwohnung wegen des räumlichen Zusammenhangs § 10e EStG nicht beansprucht werden. In einem solchen Fall ist deshalb „J“, sonst ist „N“ einzugeben. Nach der jeweiligen Eingabe wird der Ablauf gemäß der nachfolgenden Tz. weitergeführt.

67. Erwerbs-/Bezugsjahr des erworbenen/hergestellten Objekts mit der Eigenwohnung

Nach der entsprechenden Eingabe gemäß Tz. 59, 64, 65 oder 66 prüft der Rechner, ob ZV durchzuführen ist. Ist dies nicht der Fall und ist das Objekt ein Zweitobjekt, wird der Ablauf mit der in Tz.90 beschriebenen Prüfung fortgesetzt, ob ein Freibetrag für freie Berufe zu gewähren ist, weil ein Zweitobjekt nur bei ZV förderungsbegünstigt ist.

Ist eine ZV vorzunehmen, wird der Ablauf gemäß der nachstehenden Tz. weitergeführt. Bei EV oder GV wird der Ablauf gemäß der nachstehenden Tz. fortgeführt, wenn das Objekt kein Zweitobjekt ist.

68. Erwerbs- oder Bezugsjahr des erworbenen oder hergestellten Objekts

Ist gemäß der Prüfung in Tz. 67 eine ZV durchzuführen oder handelt es sich bei einer EV oder GV bei dem begünstigten Objekt nicht um ein Zweitobjekt, erscheint auf dem Bildschirm der **BFT-Nr. E61**

„Erwerbs-/Bezugsjahr des Objekts mit der Eigenwohnung?“

Einzugeben ist danach das Anschaffungs- oder das Fertigstellungsjahr des jeweils begünstigten Objekts in der – in Tz. 61 beispielhaft dargestellten – zweistelligen Form.

Ist das eingegebene Erwerbs- oder Fertigstellungsjahr kleiner als 1987 oder größer als 1999 werden zunächst der Fehlermeldungstext und danach wieder der vorgenannte BFT-Nr. E61 als Aufforderung zur Eingabe eines gültigen Erwerbs- oder Bezugsjahres auf dem Bildschirm angezeigt.

Nach der Eingabe eines gültigen Kj. wird der Ablauf gemäß der nachfolgenden Tz. weitergeführt.

69. Erwerbs- oder Herstellkosten des erworbenen oder hergestellten Objekts ohne Erwerbskosten des Grund und Bodens

Nach der Eingabe eines gültigen Kj. gemäß Tz. 68 erscheint auf dem Datensichtgerät der **BFT-Nr. E62**

> **„Erwerbs-/Herstellkosten ohne Grund und Boden des erworbenen/hergestellten Objekts bis XX** (= VZ) **in DM?"**

Einzugeben ist die auf volle DM aufgerundete Summe der Erwerbs- oder Herstellkosten des begünstigten Objekts bis zum Ende des jeweiligen VZ, jedoch ohne Erwerbs- und Erwerbsnebenkosten des Grund und Bodens. Etwaige, bis zum Ende des jeweiligen VZ angefallene nachträgliche Herstellkosten sind jedoch in diese Summe einzubeziehen. Nach der Eingabe setzt das PGM den Ablauf gemäß der nachstehenden Tz. fort.

70. Erwerbskosten des Grund und Bodens

Nach der Eingabe gemäß Tz. 69 wird am Bildschirm der **BFT-Nr. E63**

> **„Erwerbs- mit Nebenkosten des Grund und Bodens des erworbenen/hergestellten Objekts bis XX** (= VZ) **in DM?"**

angezeigt.

Einzugeben ist danach die auf volle DM aufgerundete Summe der Erwerbskosten des Grund und Bodens des begünstigten Objekts. Dazu gehören auch die mit dem Erwerb im Zusammenhang stehenden Nebenkosten (z.B. Erschließungsbeiträge für Straßen, Wasser und Abwasser, Grunderwerbsteuer, Beurkundungskosten, Maklergebühren, Eintragungsgebühren für die Eigentumsumschreibung).

Diese Summe ist auch dann einzugeben, wenn alle Kosten schon vor dem Beginn der Errichtung des begünstigten Objekts oder schon beim Rechtsvorgänger angefallen sind, vorausgesetzt, daß im letztgenannten Fall das Grundstück durch Erbfall im Wege der Gesamtrechtsnachfolge vom Rechtsvorgänger übernommen wurde.

Ist das Grundstück dagegen im Wege der Einzelrechtsnachfolge (z.B. durch Schenkung oder Vermächtnis) von einem Rechtsvorgänger übernommen worden, gehören sie nicht zur Berechnungsgrundlage für den Abzugswert und sind deshalb in einem solchen Fall nicht einzugeben. In einem solchen Fall oder wenn es sich bei dem begünstigten Objekt um einen Ausbau oder eine Erweiterung (= Schlüssel 2 nach Tz. 53) handelt, ist 0 einzugeben.

Wurde gemäß Tz. 53 der Schlüssel 1, 3 oder 4 eingegeben, ist **hier** die **volle Summe der Erwerbs- und Erwerbsnebenkosten** einzugeben. Die Kürzung auf die – in die Bemessungsgrundlage eingehende – Hälfte und die Ermittlung der Bemessungsgrundlage für den Abzugswert werden vom Rechner durchgeführt.

Ist die eingegebene Summe der Erwerbskosten für den Grund und Boden größer als die nach Tz. 69 eingegebene Summe der Erwerbs- oder Herstellkosten des Objekts, werden der Fehlermeldungstext und danach wiederum der vorgenannte BFT-Nr. E63 als Aufforderung zur Eingabe richtiger Erwerbskosten für den Grund und Boden ausgegeben.

Nach der Eingabe gültiger Erwerbskosten ermittelt der Rechner zunächst den Ausgangswert aus der Summe nach Tz. 69 zuzüglich der hälftigen Summe nach Tz. 70. Aufgrund dieses Ausgangswerts ermittelt er anschließend nach dem Verhältnis der Nutzfläche der zu eigenen Wohnzwecken genutzten Wohnung zur Gesamtnutzfläche des Objekts die Bemessungsgrundlage für den Abzugswert gemäß § 10e EStG für die Fälle, bei denen der Stpfl. und/oder – bei ZV – sein mit ihm zusammen zu veranlagender Ehegatte die ausschließlichen Eigentümer des Objekts sind. Danach wird der Ablauf gemäß der nachfolgenden Tz. fortgesetzt.

71. Frage, ob der Stpfl. Alleineigentümer des Objekts ist

Nach der Eingabe und Ermittlung gemäß Tz. 70 prüft der Rechner, ob keine ZV durchzuführen ist.

Ist keine ZV durchzuführen, erscheint auf dem Bildschirm der **BFT-Nr. E64**

„Sind nur Sie Eigentümer des erworbenen/hergestellten Grundstücks J/N?“

Ist eine ZV durchzuführen, wird dieser BFT mit folgendem Text ausgegeben

„Sind nur Sie und/oder Ihr Ehegatte Eigentümer des erworbenen/hergestellten Objekts J/N?“

Wird nach der jeweiligen Ausgabe „J“ eingegeben, wird gespeichert, daß der Stpfl. und – bei ZV – sein Ehegatte zu 100% Eigentümer des Objekts ist bzw. sind. Nach einer solchen Eingabe wird der Ablauf gemäß Tz. 73, sonst gemäß der nachfolgenden Tz. fortgesetzt.

72. Frage nach dem Vomhundertsatz des Miteigentums an dem Objekt

Wurde gemäß Tz. 71 „N“ eingegeben, wird auf dem Datensichtgerät der **BFT-Nr. E65** angezeigt.

„%-Satz, zu dem Sie Miteigentümer des erworbenen/hergestellten Objekts sind (z.B. 33.33)?

„Der Miteigentumsanteil ist als Ganz- oder (wie im BFT beispielhaft dargestellt) Dezimalbruchzahl mit Dezimal**punkt** einzugeben.

Bei einer ZV bezieht sich diese Eingabe auf die Summe der Miteigentumsanteile beider Ehegatten.

Sind z.B. beide Ehegatten zu je einem Drittel Miteigentümer des begünstigten Objekts, ist 66.67 einzugeben.

Nach der Eingabe prüft der Rechner, ob ein Miteigentumsanteil von weniger als 1% oder mehr als 99.99% eingegeben wurde. Ist dies der Fall, wird der vorgenannte BFT-Nr. E65 als Aufforderung zur Neueingabe erneut auf dem Bildschirm angezeigt. Anschließend ist der gültige Vomhundertsatz einzugeben.

Nach der Eingabe eines gültigen Vomhundertsatzes wird der Ablauf gemäß der nachfolgenden Tz. fortgesetzt.

73. Frage, ob das begünstigte Objekt in Berlin/West liegt

Nach der Eingabe gemäß Tz. 71 oder 72 erscheint auf dem Bildschirm der **BFT-Nr. E66**

„Ist das erworbene/hergestellte Objekt in Berlin/West J/N?“

Wird daraufhin „N“ eingegeben und damit angegeben, daß das begünstigte Objekt nicht in Berlin/West gelegen ist, wird 0.05 als Berechnungsfaktor zur Ermittlung des Abzugswerts gespeichert.

Danach setzt der Rechner den Ablauf gemäß Tz. 79 fort.

Nach der Eingabe von „J“ wird der PGM-Lauf gemäß der nachfolgenden Tz. weitergeführt.

74. Abzugssatz in % im jeweiligen VZ

Nach der Eingabe von „J“ gemäß Tz. 73 wird auf dem Datensichtgerät der **BFT-Nr. E67**

„Abzug in % in XX (= VZ)?“

angezeigt.

Danach ist der Vomhundertsatz als Ganzzahl (z.B. 10) einzugeben, mit dem im jeweiligen VZ der Abzugswert nach § 15 Berlin-Förderungsgesetz von der Berechnungsgrundlage ermittelt werden soll. Wird eine negative Zahl oder 0 eingegeben, setzt der Rechner den Ablauf gemäß Tz. 79, sonst gemäß der nachfolgenden Tz. fort.

75. Frage, ob das erworbene oder hergestellte Objekt in Berlin/West steuerbegünstigt oder freifinanziert gebaut wurde

Nach der Eingabe eines positiven Abzugssatzes gemäß Tz. 74 erscheint auf dem Bildschirm der **BFT-Nr. E68**

„Wurde das erworbene/hergestellte Objekt in Berlin/West steuerbegünstigt/freifinanziert erbaut J/N?“

Wurde das in Berlin/West gelegene begünstigte Objekt im steuerbegünstigten oder im freifinanzierten Wohnungsbau (d.h. in den ersten 10 Jahren grundsteuerfrei, aber nicht unter Inanspruchnahme öffentlicher Förderungsmittel errichtet) erbaut, ist „J“, trifft dies nicht zu, ist „N“ einzugeben.

Nach der Eingabe von „N“ wird der Ablauf gemäß Tz. 78, sonst gemäß der nachfolgenden Tz. fortgesetzt.

76. Frage bei VZ nach 1987, wieviel % der Bemessungsgrundlage bis zum Vorjahr des VZ schon als Abzugswerte berücksichtigt wurden

wurde gemäß Tz. 75 „J“ eingegeben, wird auf dem Bildschirm der **BFT-Nr. E69**

„Abzug in Berlin/West bis XX (= Vorjahr des VZ) **in %?“**

angezeigt, falls der jeweilige VZ nach 1987 liegt.

Daraufhin ist der Vomhundertsatz einzugeben, bis zu dem einschließlich des Vorjahres des VZ vor dem jeweiligen VZ schon Abzüge von der Bemessungsgrundlage nach § 15 Berlin-Förderungsgesetz vorgenommen wurden.

Beispiel

Im VZ 87 wurde in Berlin/West im steuerbegünstigten Wohnungsbau ein Zweifamilienhaus errichtet und dafür ein Abzug von 20% gemäß § 15 Berlin-Förderungsgesetz in Anspruch genommen.

Im VZ 88 ist gemäß dieser Tz. 20 einzugeben.

Nach dieser Eingabe oder sofort, wenn es sich um einen Fall des VZ 87 handelt, wird der Ablauf gemäß der nachstehenden Tz. weitergeführt.

77. Prüfung, ob in den ersten drei Jahren nicht mehr als 50 v.H. der Bemessungsgrundlage abgesetzt werden

Nach der jeweiligen Prüfung und ggf. der Eingabe gemäß Tz. 76 prüft der Rechner, ob es sich bei dem VZ um das Erwerbs- oder Bezugsjahr gemäß Tz. 67 oder 68 oder um eines der beiden darauf folgenden Kj. handelt und – falls dies zutrifft – ob bis zum Ablauf des VZ nicht mehr als 50% der Bemessungsgrundlage gemäß § 15 Berlin-Förderungsgesetz abgezogen wurden.

Liegt der VZ in diesem Dreijahreszeitraum und wurden – einschließlich des Abzugssatzes gemäß Tz. 74 – bis zum jeweiligen VZ noch nicht mehr als 50% der Bemessungsgrundlage als Abzugswert begehrt, ermittelt und speichert der Rechner den für die Ermittlung des Abzugswerts im VZ erforderlichen Berechnungsfaktor gemäß der Eingabe nach Tz. 74. Danach setzt er den Ablauf gemäß Tz. 79 fort. Fällt der jeweilige VZ nicht mehr in den vorgenannten Dreijahreszeitraum oder werden bis zum jeweiligen VZ – einschließlich des Abzugssatzes gemäß Tz. 74 – mehr als 50 v.H. der Bemessungsgrundlage als Abzugswerte begehrt, gibt der Rechner zuerst den Fehlermeldungstext

„**Abzug größer als 50% oder Kj. größer XX** (= Drittjahr seit Erwerb oder Bezug) – **Bitte Neueingabe**"

aus. Danach wiederholt er den Ablauf ab Tz. 74, damit ggf. dort ein niedrigerer Abzugssatz oder 0 eingegeben werden kann.

78. Prüfung des Abzugssatzes, falls das Objekt in Berlin/West nicht im steuerbegünstigten oder freifinanzierten Wohnungsbau errichtet wurde

Wurde gemäß Tz. 75 „N" eingegeben, prüft der Rechner, ob der gemäß Tz. 74 eingegebene Abzugssatz zulässig ist.

Zulässig ist in einem solchen Fall der nach Tz. 74 eingegebene Abzugssatz, wenn der VZ

a) das Erstjahr (= Erwerbs- oder Bezugsjahr) ist und der Abzugssatz 10 nicht übersteigt oder
b) das 3.-12. Kj. seit Erwerb oder Bezug ist und der Abzugssatz 3 nicht übersteigt.

Trifft eine der vorgenannten Alternativen zu, wird der zur Ermittlung des Abzugswerts erforderliche Berechnungsfaktor unter Berücksichtigung der Eingabe gemäß Tz. 74 ermittelt und gespeichert. Danach wird der Ablauf gemäß Tz. 79 fortgesetzt.

Liegt das Erwerbs- oder Bezugsjahr länger als 12 Jahre vor dem jeweiligen VZ, wird der in Tz. 77 beschriebene Fehlermeldungstext ausgegeben und danach der Ablauf ab Tz. 74 wiederholt.

79. Ermittlung des Abzugswerts nach § 10e EstG oder § 15b Berlin-Förderungsgesetz

Nach der entsprechenden Eingabe gemäß Tz. 73, 74 oder 78 ermittelt der Rechner zunächst den Abzugswert nach § 10e EStG oder § 15b Berlin-Förderungsgesetz und speichert diesen ab.

Danach prüft er, ob gemäß Tz. 53 der Schlüssel 1 (= Anschaffung oder Fertigstellung des begünstigten Objekts im VZ) oder der Schlüssel 2 (= Ausbau oder Erweiterung einer Eigenwohnung im VZ) eingegeben wurde. Ist dies der Fall, wird der Ablauf gemäß Tz. 87 fortgesetzt. Wurde dort der Schlüssel 4 (= nachträgliche Herstellkosten in den 8 Jahren des Begünstigungszeitraums) eingegeben, wird der Ablauf gemäß Tz.85 fortgeführt.

Erfolgte gemäß Tz. 53 die Eingabe des Schlüssels 3 (= Nachholung eines Abzugs im 1.-4. Kj. des Abzugszeitraums), wird der PGM-Lauf gemäß der nachfolgenden Tz. 80 weitergeführt.

80. Abzugswerte bis zum Vorjahr des VZ

Soll gemäß der Eingabe in Tz. 53 eine Nachholung eines Abzugs im 1.-4. Kj. des achtjährigen Abzugszeitraums durchgeführt werden, prüft der Rechner zunächst, ob es sich bei dem VZ um das 2.-4. Kj. des Begünstigungszeitraums (= 1.-3. Kj. nach dem Erwerbs- oder Bezugsjahr handelt.

Ist dies nicht der Fall, wird der Ablauf gemäß Tz. 84 fortgesetzt.

Ist der jeweilige VZ das 2., 3. oder 4. Kj. des Abzugszeitraums, wird auf Bildschirm der **BFT-Nr. E70**

„**Abzugswerte n. § 10e EStG (15b Berl-FG) von XX** (= Erwerbs- oder Bezugsjahr) **bis YY** (= Kj. vor dem VZ) **in DM?**"

ausgegeben.

Daraufhin ist die Summe der Abzugswerte nach § 10e EStG oder § 15b Berlin-Förderungsgesetz einzugeben, die vom Erstjahr bis zu dem Kj., das dem VZ unmittelbar voranging, schon abgezogen wurde. Nach dieser Eingabe ermittelt der Rechner den maximalen Abzugswert für den abgelaufenen Abzugszeitraum (= Erstjahr bis VZ) und vergleicht diesen maximalen Abzugswert mit dem Eingabebetrag zum vorstehenden BFT-Nr. E70.

Ist der Maximalwert kleiner als der vorgenannte Eingabebetrag, werden zuerst der Fehlermeldungstext und danach wiederum der vorerwähnte BFT-Nr. E70 auf Bildschirm ausgegeben.

Ist der ermittelte maximale Abzugswert größer als der vorgenannte Eingabebetrag, zieht der Rechner den Eingabebetrag vom maximalen Abzugswert ab und speichert den verbleibenden Restbetrag als Abzugswert für den VZ. Danach setzt er den Ablauf gemäß der nachstehenden Tz. fort.

81. Frage, ob der mögliche Höchstabzug nach § 10e EStG oder § 15b Berlin-Förderungsgesetz voll im VZ abgesetzt werden soll

Nach der Ermittlung des Abzugsbetrags gemäß Tz. 80 wird zunächst der Hinweistext

> **„Höchstabzug n. § 10e EStG (15 BerlFG) in XX** (= VZ) **YY DM** (= ermittelter Höchstabzug)"

auf Bildschirm ausgegeben.

Beträgt der ermittelte Abzugswert mehr als 0 DM, wird danach der **BFT-Nr. E71**

> **„Soll der Höchstbetrag n. § 10e EstG (15 BerlFG) voll in XX** (= VZ) **abgesetzt werden J/N?"**

auf dem Datensichtgerät angezeigt.

Wird aufgrund dieses BFT „N" eingegeben und beträgt der ermittelte Höchstbetrag nicht 0, wird der Ablauf gemäß Tz. 83, sonst gemäß der nachfolgenden Tz. fortgesetzt.

82. Weiterer Ablauf, wenn der Höchstabzug voll im VZ berücksichtigt werden soll

Wurde gemäß der vorstehenden Tz. „J" eingegeben oder beträgt der Höchstabzug 0 DM, wird der Ablauf nach Tz. 87 fortgesetzt.

83. Weiterer Ablauf, wenn der Höchstabzug nur teilweise im VZ berücksichtigt werden soll

Wurde gemäß Tz. 81 „N" eingegeben und beträgt der ermittelte Höchstabzug nicht 0 DM, erscheint auf dem Datensichtgerät der **BFT-Nr. E72**

> **„In welcher Höhe soll der Höchstbetrag n. § 10e (15 BerlFG) in XX** (= VZ) **abgesetzt werden?"**

Einzugeben ist danach der auf volle DM abgerundete Teilbetrag des Maximalbetrags (Tz. 81), der in dem jeweiligen VZ als Abzugswert berücksichtigt werden soll.

Nach der Eingabe prüft der Rechner, ob dieser Eingabebetrag kleiner als 0 oder gleich oder größer als der gemäß Tz. 81 ausgegebene Maximalbetrag ist. Falls dies der Fall ist, werden zunächst der Fehlermeldungstext und anschließend erneut der vorgenannte BFT-Nr. E72 zwecks Neueingabe eines gültigen neuen Teilbetrags auf dem Bildschirm angezeigt.

Nach der Eingabe eines gültigen Teilbetrags wird dieser als Abzugswert für den VZ gespeichert und der Ablauf gemäß Tz. 87 weitergeführt.

84. Ablauf, wenn ein Nachholfall eingegeben wurde, der Nachholzeitraum im VZ aber schon verstrichen ist

Wurde gemäß Tz. 80 bei einem Nachholfall (= Schlüssel 3 laut Eingabe gemäß Tz. 53) festgestellt, daß der Nachholzeitraum von 4 Jahren im VZ schon verstrichen ist, wiederholt der Rechner den Ablauf ab Tz. 53, damit durch Eingabe eines anderen Schlüssels (1, 2 oder 4) der Abzugswert neu berechnet werden kann.

85. Erwerbs- oder Bezugsjahr bei Geltendmachung nachträglicher Herstellungskosten im Abzugszeitraum

Wurde gemäß Tz. 53 der Schlüssel 4 (= nachträgliche Herstellkosten in den 8 Kj. des Abzugszeitraums) eingegeben, wird nach der Ermittlung des Abzugswerts gemäß Tz. 79 der **BFT-Nr. E73**

> **„1. Erwerbs-/Bezugsjahr des erworbenen/hergestellten Objekts (z.B. 87)?"**

auf dem Bildschirm angezeigt.

Danach ist das Erwerbs- oder Bezugsjahr, für das erstmalig ein Abzugswert nach § 10e EStG oder § 15 Berlin-Förderungsgesetz abgezogen wurde, in der beispielhaft angezeigten zweistelligen Form einzugeben.

Nach der Eingabe prüft der Rechner, ob der VZ gleich dem eingegangenen Erwerbs- oder Bezugsjahr ist.

Trifft dies zu, gibt er zuerst den Fehlermeldungstext und danach wiederum den vorgenannten BFT-Nr. E73 zwecks Neueingabe eines richtigen Erwerbs- oder Bezugsjahres aus.

Anschließend prüft er, ob der VZ unter Berücksichtigung des eingegebenen Bezugs- oder Erwerbsjahres nach dem achtjährigen Abzugszeitraum liegt. Trifft dies zu, wird der Ablauf gemäß der nachfolgenden Tz. weitergeführt.

Ist gemäß der vorgenannten Prüfung der achtjährige Abzugszeitraum noch nicht verstrichen, werden der maximale Abzugswert gemäß Tz. 79 und die Anzahl der Kj. vom Erstjahr (= Erwerbs- oder Bezugsjahr) bis zum jeweiligen VZ ermittelt. Danach wird der Ablauf gemäß Tz. 80 ab der Ausgabe des dort genannten BFT-Nr. E70 bis einschließlich Tz. 83 und danach ab Tz. 87 weitergeführt.

86. Frage, ob das eingegebene Erwerbs- oder Bezugsjahr (Tz. 85) zutreffend ist

Stellt der Rechner bei der gemäß Tz. 85 durchgeführten Prüfung fest, daß der VZ nach dem achtjährigen Begünstigungszeitraum liegt, gibt er den **BFT-Nr. E74**

> **„Ist das wirklich das 1. Erwerbs-/Bezugsjahr des erworbenen/hergestellten Objekts J/N?"**

auf Bildschirm aus. Wird dies durch Eingabe von „J" bestätigt, wird auf dem Datensichtgerät der Hinweistext

> **„Kein Abzug nach § 10e, da Erstbezug schon XX** (= 1. Erwerbs- oder Bezugsjahr)"

angezeigt. Danach vermerkt der Rechner, daß der Nachholungszeitraum für die Geltendmachung nachträglicher Herstellkosten schon verstrichen ist. Der Ablauf wird gemäß der nachfolgenden Tz. fortgeführt.

87. Weiterer Ablauf für die einzelnen Verursachungsarten nach Tz. 53

Wurde gemäß Tz. 86 der Merker gesetzt, daß der Abzugszeitraum für die Geltendmachung nachträglicher Herstellkosten verstrichen ist, wird der Ablauf gemäß Tz. 90 fortgesetzt.

Wurde gemäß Tz. 53 der Schlüssel 3 (= Nachholung eines Abzugs im 1.-4. Kj. des Abzugszeitraums) oder der Schlüssel 4 (= nachträgliche Herstellkosten in den 8 Kj. des Abzugszeitraums) eingegeben, wird der Ablauf gemäß Tz. 89 fortgeführt.

Der PGM-Lauf wird gemäß der nachfolgenden Tz. weitergeführt, wenn gemäß Tz. 53 der Schlüssel 1 (= Anschaffung oder Fertigstellung eines Objekts im VZ) oder der Schlüssel 2 (= Ausbau oder Erweiterung eines Objekts im VZ) eingegeben wurde.

88. Ausgaben, die bis zum Bezug der Wohnung anfielen

Wurde gemäß Tz. 53 der Schlüssel 1 oder der Schlüssel 2 eingegeben, erscheint nach der Prüfung gemäß Tz. 87 der **BFT-Nr. E75**

> **„Ausgaben (z.B. Zinsen), die bis zum Bezug der Eigenwohnung beim erworbenen/hergestellten Objekt anfielen und nicht Erwerbs-/Herstellkosten sind?"**

auf dem Datensichtgerät.

Einzugeben ist danach die auf volle DM aufgerundete Summe der Ausgaben, die unmittelbar mit dem Erwerb oder der Herstellung des begünstigten Objekts angefallen sind, aber nicht zu den Anschaffungs-, Anschaffungsneben- oder Herstellkosten des Grund und Bodens und des Gebäudes gehören, und die bis zum erstmaligen Bezug der geförderten Eigenwohnung zu eigenen Wohnzwecken **für das gesamte Objekt** entstanden sind.

Hierzu gehören vor allem die bis zum Bezug dieser Wohnung entstandenen (nicht bezahlten) Zinsen, Geldbeschaffungskosten und Instandsetzungs- oder Instandhaltungskosten.

Falls solche Aufwendungen bis zum Bezug der Wohnung für eigene Wohnzwecke nicht entstanden sind, ist 0 einzugeben.

Nach der Eingabe prüft der Rechner, ob der Eingabebetrag negativ oder größer als die Bemessungsgrundlage des Objekts ist.

Ist dies der Fall, wird der vorgenannte BFT-Nr. E75 als Aufforderung zur Neueingabe noch einmal ausgegeben.

Wird ein gültiger Betrag eingegeben, ermittelt der Rechner nach dem Verhältnis der Nutzfläche der begünstigten Eigenwohnung zur Gesamtnutzfläche des Objekts den nach § 10e Absatz 6 EStG 87 wie Sonderausgaben abzugsfähigen Aufwandsbetrag. Danach setzt er den Ablauf gemäß der nachfolgenden Tz. fort.

89. Herstellkosten nach § 82a/g/i EStDV

Nach Tz. 87 (bei Schlüssel 3) oder 88 (bei Schlüssel 1 oder 2 gemäß Tz. 53) wird der Ablauf mit der Ausgabe des in Tz. 44 beschriebenen BFT-Nr. E39 bis zur Ausgabe des in Tz. 46 erläuterten BFT-Nr. E41 bzw. bis zu dem dort genannten Fehlermeldungstext fortgeführt. Die Ausführungen in den Tz. 44-46 gelten deshalb hier entsprechend.

Nach der Eingabe zum BFT-Nr. E41 (Tz. 44) wird hier jedoch der Ablauf gemäß der nachfolgenden Tz. fortgesetzt.

90. Ausgabe der nach § 10e oder § 52 Absatz 21 EStG 87 ermittelten Abzugswerte und der Freibeträge für freie Berufe

Je nachdem, ob die Dateneingabe gemäß dem Unterabschnitt II.1 oder dem Unterabschnitt II.2 durchgeführt wurde, wird nach Abschluß der Dateneingabe und Ermittlung des Abzugswerts geprüft, ob im jeweiligen Einzelfall ein Abzugswert vorliegt.

Ist dies der Fall, wird dieser auf dem Bildschirm mit folgendem Hinweistext angezeigt

„**Abzugswerte nach § 10e und/oder 52 Abs. 21 EStG 87 XX DM** (= ermittelte Summe der Abzugswerte)“

Danach zieht der Rechner diese Summe von dem Gesamtbetrag der Einkünfte ab.

Liegt ein Abzugswert nicht vor (z.B. Tz. 35) oder wurde er gemäß der vorstehenden Beschreibung auf Bildschirm ausgegeben, prüft der Rechner, ob vom Einkommen des Stpfl. oder – bei ZV – vom gemeinsamen Einkommen ein Freibetrag für freie Berufe für den Stpfl. und/oder – bei ZV – für den Ehegatten abzusetzen ist bzw. sind. Ist dies bei der Veranlagung der Fall, ermittelt er den Freibetrag für den Stpfl. und/oder für den Ehegatten. Das Ergebnis dieser Ermittlung wird mit der Ausgabe des folgenden Hinweistextes auf Bildschirm angezeigt:

„**ab Freibetrag für freie Berufe XX** (= ermittelter Freibetrag für Stpfl.) **YY DM** (= ermittelter Freibetrag für Ehegatten)“

Danach erscheint wieder der folgende Hinweistext auf dem Bildschirm:

„Bildschirminhalt ausdrucken J/N?“

Nach der Eingabe von „J“ wird, falls der Drucker angeschlossen ist, der Ausdruck der Ergebnisliste, der gemäß Kapitel 5 Abschnitt I Tz. 20 mit den ermittelten Einkünften begonnen und nach Tz. 34 dieses Abschnitts mit den Sonderausgaben fortgesetzt wurde, um die vorstehenden Ergebnistexte über die Abzugswerte nach § 10e und § 50 Absatz 21 EStG 1987 und die Freibeträge für freie Berufe ergänzt.

Nach Beendigung des Ausdrucks oder nach der Eingabe von „N“ wird der Ablauf mit den Aufforderungen zur Eingabe der Daten zur Ermittlung der abzugsfähigen außergewöhnlichen Belastungen gemäß dem nachfolgenden Abschnitt III fortgesetzt.

III. Eingabe der Daten zur Ermittlung der außergewöhnlichen Belastungen (Seiten 3 und 4 des Erklärungsvordrucks)

91. Frage, ob Pauschbeträge für Körperbehinderte und/oder für Hinterbliebene zu berücksichtigen sind

Nach dem Ausdruck oder der Bildschirmanzeige gemäß Tz. 90 erscheint auf dem Datensichtgerät der **BFT-Nr. E76**

„Sind Sie, Ihr Ehegatte u./o. Ihre steuerlich zu berücksichtigenden Kinder körperbehindert und/oder Hinterbliebene J/N?"

„J" ist einzugeben, wenn entweder für den Stpfl. und/oder – bei GV oder ZV – für den Ehegatten und/oder für die steuerlich zu berücksichtigenden Kinder ein Pauschbetrag für Körperbehinderte und/oder für Hinterbliebene bei der Einkommensermittlung abgezogen werden soll.

Wird der Abzug solcher Pauschbeträge nicht begehrt, ist „N" einzugeben.

Nach der Eingabe von „N" wird der Ablauf gemäß Tz. 99, sonst gemäß der nachstehenden Tz. fortgeführt.

92. Anzahl der Personen, die körperbehindert oder Hinterbliebene sind

Wurde gemäß Tz. 91 „J" eingegeben, wird auf dem Datensichtgerät der **BFT-Nr. E77**

„Anzahl der Familienangehörigen, die körperbehindert o. Hinterbliebene sind?"

angezeigt.

Daraufhin ist die Gesamtzahl der Personen aus dem in Tz. 91 beschriebenen Personenkreis einzugeben, für die ein Pauschbetrag wegen Körperbehinderung und/oder als Hinterbliebene vom Gesamtbetrag der Einkünfte abgezogen werden soll.

Nach der Eingabe der Anzahl dieser Personen wird der Ablauf gemäß der nachfolgenden Tz. fortgeführt.

Das PGM berücksichtigt, wie dies auch die ESt-Erklärung vorsieht, maximal 2 Personen.

93. Frage, ob die 1. oder die 2. Person Hinterbliebene ist

Nach der Eingabe gemäß Tz. 92 erscheint auf dem Bildschirm der **BFT-Nr. E78**

„Ist die X. (1. oder 2.) **Person (Zeile-Nr. 88-89) Hinterbliebene J/N?"**

Nach der Eingabe von „J" wird der Hinterbliebenen-Pauschbetrag von 720 DM gespeichert. Danach wird – wie auch, wenn „N" eingegeben wurde – der Ablauf gemäß der nachfolgenden Tz. fortgesetzt.

94. Frage, ob die 1. oder 2. Person körperbehindert ist

Nach der Eingabe gemäß Tz. 93 wird auf dem Bildschirm der **BFT-Nr. E79**

„Ist die X. (1. oder 2.) **Person (Zeile-Nr. 88-89) nur oder auch körperbehindert J/N?"**

angezeigt.

Wird „N" eingegeben, prüft der Rechner, ob es sich um die letzte Person gemäß Tz. 92 handelt. Ist dies der Fall, wird der Ablauf gemäß Tz. 99 fortgesetzt.

Ist noch eine weitere, gemäß Tz. 92 zu berücksichtigende Person vorhanden, wird der Ablauf für diese Person ab Tz. 93 wiederholt.

Nach der Eingabe von „J" setzt der Rechner den PGM-Lauf gemäß der nachfolgenden Tz. fort.

95. Festgestellter Erwerbsminderungsgrad der 1. oder 2. Person

Nach der Eingabe von „J“ gemäß Tz. 94 erscheint auf dem Datensichtgerät der **BFT-Nr. E80**

„Festgest. Erwerbsminderungsgrad in %?“

Danach ist der Vomhundertsatz des Erwerbsminderungsgrades, der für die jeweilige Person amtlich oder durch den Rentenversicherungsträger spätestens bis zum Ende des jeweiligen VZ festgestellt wurde, einzugeben (z.B. 50).

Nach der Eingabe prüft der Rechner, ob der eingegebene Erwerbsminderungsgrad kleiner als 1 oder größer als 100 ist.

Ist dies der Fall, werden zunächst der Fehlermeldungstext und dann erneut der vorgenannte BFT-Nr. E80 als Aufforderung zur Eingabe des richtigen Erwerbsminderungsgrads auf Bildschirm ausgegeben. Auch bei Blinden oder immer Pflegebedürftigen ist hier als Erwerbsminderungsgrad 100 und nicht 300 einzugeben. Wegen der Gewährung des erhöhten Pauschbetrags für diese Personen wird auf Tz. 97 hingewiesen.

96. Frage, ob die 1. oder 2. Person erheblich geh- oder stehbehindert ist

Nach einer gültigen Eingabe gemäß Tz. 95 prüft der Rechner, ob der eingegebene Erwerbsminderungsgrad kleiner als 70 ist. Ist dies der Fall, wird der Ablauf, falls es sich um die 1. Person handelt, ab Tz. 93 für die 2. Person wiederholt. Handelt es sich um die 2. Person, wird der Ablauf gemäß Tz. 99 fortgesetzt.

Beträgt der eingegebene Erwerbsminderungsgrad für die jeweilige Person mehr als 69 und weniger als 80 v.H., wird der **BFT-Nr. E81**

„Ist die X. (1. oder 2.) Person erheblich geh- oder stehbehindert J/N?“

auf dem Bildschirm angezeigt.

Ist in dem amtlichen oder dem Bescheid des Rentenversicherungsträgers festgestellt, daß die jeweilige Person erheblich steh- oder gehbehindert ist, ist „J“, sonst ist „N“ einzugeben.

Nach der Eingabe von „J“ oder bei einem Erwerbsminderungsgrad von mindestens 80 generell wird für die jeweilige Person ein Merker gesetzt, daß die Voraussetzungen für den Abzug von Kraftfahrzeugkosten als außergewöhnliche Belastung vorliegen. Danach wird – wie auch in dem Fall, daß „N“ eingegeben wurde – der Ablauf gemäß der nachstehenden Tz. fortgesetzt.

97. Frage, ob die 1. oder 2. Person blind oder ständig pflegebedürftig ist

Nach der jeweiligen Eingabe gemäß Tz. 96 erscheint auf dem Datensichtgerät der **BFT-Nr. E82**

„Ist die X. (1. oder 2.) Person blind oder ständig pflegebedürftig J/N?“

Trifft dies nach dem amtlichen oder dem Bescheid des Rentenversicherungsträgers für die jeweilige Person zu, ist „J“, sonst ist „N“ einzugeben.

Nach der Eingabe von „J“ wird für die jeweilige Person ein entsprechender Merker gesetzt, daß diese Person blind oder ständig pflegebedürftig ist. Aufgrund dieses Merkers wird bei der Ermittlung der Pauschbeträge nach § 33b EStG (Tz.98) der erhöhte Pauschbetrag von 7200 DM für Blinde oder ständig Pflegebedürftige berücksichtigt. Danach wird – wie auch in dem Fall, daß „N“ eingegeben wurde – der Ablauf gemäß der nachstehenden Tz. fortgeführt.

98. Ermittlung der nach § 33b EStG abzugsfähigen Pauschbeträge

Sind die nach Tz. 93-97 erforderlichen Eingaben für die 1. und ggf. 2. Person erfolgt, ermittelt der Rechner für die jeweilige Person unter Berücksichtigung der Eingaben nach Tz. 93, 95 und 97 die nach § 33b EStG abzusetzenden Pauschbeträge für Hinterbliebene, Körperbehinderte oder Blinde und ständig Pflegebedürftige für die 1. und ggf. für die 2. Person und speichert diese für die Einkommensermittlung und -ausgabe.

Fortgesetzt wird danach der PGM-Lauf gemäß der nachstehenden Tz.

99. Ermittlung der Einkünfte für die Berlinermäßigung

Nach der Ermittlung der Pauschbeträge nach § 33b EStG gemäß Tz. 98 ermittelt der Rechner, bevor er das PGM „Folgesteuern" nachlädt und mit diesem die Aufforderungen zur Eingabe der Daten für die übrigen außergewöhnlichen Belastungen fortsetzt, aufgrund der – bei der Einkünfteermittlung gespeicherten – Eingabedaten und gesetzten Merker die Einkünfte, die für die Berlinermäßigung in Betracht kommen.

Stellt er bei dieser Ermittlung fest, daß ein Stpfl. und – bei ZV – sein Ehegatte im VZ ihren Wohnsitz nicht in Berlin/West hatten, aber Einkünfte aus Gewerbebetrieb in Berlin/West erzielt haben, gibt er den **BFT-Nr. E83**

> **„Wurden in den Berliner Betriebsstätten des Gewerbebetriebs des X** (Stpfl. oder Ehegatte) **in XX** (= VZ) **durchschnittlich mehr als 25 Arbeitnehmer beschäftigt J/N?"**

auf Bildschirm aus.

Nach der Eingabe von „J" werden die entsprechenden Einkünfte in die berlinbegünstigten Einkünfte einbezogen.

Danach wird – wie auch in dem Fall, daß „N" eingegeben wurde – vom PGM „Gewinne" das PGM „Folgesteuern" nachgeladen und mit diesem PGM der Ablauf gemäß der nachfolgenden Tz. fortgeführt.

100. Aufwendungen für die Beschäftigung einer Hausgehilfin

Nach dem Laden des PGM „Folgesteuern" gibt dieses PGM den **BFT-Nr. E84**

> **„Aufwendungen für die Beschäftigung einer Hausgehilfin (Zeile-Nr. 90) in DM?"**

auf Bildschirm aus.

Sind dem Stpfl. und/oder – bei GV oder ZV – seinem Ehegatten solche Aufwendungen im VZ erwachsen, ist deren auf volle DM aufgerundete Summe, sonst ist 0 einzugeben.

Nach der Eingabe wird der Ablauf gemäß der nachstehenden Tz. fortgesetzt.

101. Aufwendungen für Heim- und Pflegeunterbringung

Nach der Eingabe gemäß Tz. 100 erscheint auf dem Datensichtgerät der **BFT-Nr. E85**

> **„Aufwendungen für Heim-/Pflegeunterbringung (Zeile-Nr. 90) in DM?"**

Sind neben Aufwendungen für eine Hausgehilfin (Tz. 100) oder an deren Stelle im VZ Aufwendungen für eine Heim- oder Pflegeunterbringung des Stpfl. und/oder – bei GV oder ZV – des Ehegatten entstanden, ist die auf volle DM aufgerundete Summe dieser Aufwendungen, sonst ist 0 einzugeben.

Nach der Eingabe von 0 wird der Ablauf gemäß Tz. 106, sonst gemäß der nachfolgenden Tz. fortgesetzt.

102. Dauer der Heim- oder Pflegeunterbringung und der Beschäftigung im VZ

Wurden gemäß Tz. 100 und 101 Aufwendungen von mehr als 0 eingegeben, wird auf dem Bildschirm der **BFT-Nr. E86**

> **„Dauer der Aufwendungen für die Beschäftigung einer Hausgehilfin und der Heim-/Pflegeunterbringung in XX** (= VZ) **(z.B. 01.01.-31.12.)?“**

angezeigt.

Einzugeben ist in der beispielhaft angegebenen 13-stelligen Form, von wann bis wann die Leistungen für die Aufwendungen nach Tz. 100 und 101 erfolgten.

Nach der Eingabe prüft der Rechner, ob die Eingabe in der vorgenannten 13-stelligen Form erfolgte und ob die jeweiligen Monatsangaben in den Stellen 4 und 5 sowie 11 und 12 gültige Monatszahlen (1-12) enthalten.

Ist dies nicht der Fall, werden zunächst der Fehlermeldungstext

> **„Zeitraum falsch!“**

und danach erneut der vorgenannte BFT-Nr. E86 als Aufforderung zur Eingabe eines gültigen Zeitraums ausgegeben.

Nach einer gültigen Eingabe wird die auf volle Monate aufgerundete Leistungsdauer ermittelt. Beträgt der ermittelte Zeitraum mehr als 12 Monate, wird er auf 12 Monate begrenzt. Anschließend wird der Ablauf gemäß der nachfolgenden Tz. fortgeführt.

103. Frage, ob die Beschäftigung einer Hausgehilfin und/oder die Heim- oder Pflegeunterbringung wegen einer längeren körperlichen Hilflosigkeit oder schweren Krankheit erfolgte

Nach der Eingabe eines gültigen Zeitraums gemäß Tz. 102 erscheint auf dem Bildschirm der **BFT-Nr. E87**

> **„Erfolgte die Beschäftigung einer Hausgehilfin u./o. die Heim-/Pflegeunterbringung wegen der längeren körperlichen Hilflosigkeit oder schweren Krankheit J/N?“**

Erfolgte diese Beschäftigung oder Unterbringung der in Tz. 100 und 101 genannten Person(en) aus den vorgenannten Gründen, ist „J“, sonst ist „N“ einzugeben.

Nach der Eingabe von „N“ wird der Ablauf gemäß Tz. 105, sonst gemäß der nachfolgenden Tz. weitergeführt.

104. Dauer der längeren körperlichen Hilfslosigkeit und schweren Krankheit im VZ

Wurde gemäß Tz. 103 „J“ eingegeben, wird auf dem Datensichtgerät der **BFT-Nr. E88**

> **„Dauer der längeren körperlichen Hilflosigkeit oder schweren Krankheit in XX (= VZ) (z.B. 01.01.-31.12.)?“**

angezeigt.

Daraufhin ist die Dauer dieser Hilflosigkeit oder Krankheit im VZ in der beispielhaft dargestellten 13-stelligen Form einzugeben.

Auch diese Eingabe wird wiederum – wie in Tz. 102 geschildert – auf Gültigkeit geprüft.

Wird bei dieser Prüfung einer der dort genanntem Fehlerursachen festgestellt, werden wiederum zuerst der dort beschriebene Fehlermeldungstext und danach erneut der vorgenannte BFT-Nr. E88 als Aufforderung zur Eingabe eines gültigen Zeitraums auf Bildschirm ausgegeben.

Nach der Eingabe eines gültigen Zeitraums wird die Dauer der Hilflosigkeit oder Krankheit – aufgerundet auf volle Monate – ermittelt. Ergibt sich ein Zeitraum von mehr als 12 Monaten, wird dieser auf 12 Monate begrenzt.

Danach wird der Ablauf gemäß der nachstehenden Tz. weitergeführt.

105. Ermittlung des Abzugsbetrags wegen der Beschäftigung einer Hausgehilfin und/oder der Heim- oder Pflegeunterbringung

Nach der Eingabe gemäß Tz. 104 prüft der Rechner, ob der Stpfl. und/oder – bei GV oder ZV – der Ehegatte schon zu Beginn oder im Laufe des VZ das 60. Lebensjahr vollendeten.

Trifft eine dieser Bedingungen zu, ermittelt er als weiteren Begünstigungszeitraum die Anzahl der Monate, in der der Stpfl. oder sein Ehegatte im VZ das 60. Lebensjahr vollendet haben.

Danach ermittelt er durch Vergleich den Zeitraum, in dem sowohl die Bedingungen gemäß Tz. 102 als auch diejenigen nach Tz. 104 und 105 gleichzeitig im VZ vorgelegen haben. Für diesen Zeitraum ermittelt der Rechner den maximalen Abzugsbetrag, indem er den wie vorstehend ermittelten Monatszeitraum mit dem Monatssatz von 100 DM vervielfacht. Ist die Summe der tatsächlichen Aufwendungen gemäß Tz. 100 und 101 kleiner als der ermittelte maximale Abzugsbetrag wird der tatsächliche Aufwand, sonst der Maximalbetrag als Abzugsbetrag gespeichert. Danach wird der Ablauf gemäß der nachstehenden Tz. weitergeführt.

106. Frage, ob der Freibetrag für Vertriebene, Flüchtlinge oder politisch Verfolgte beantragt wird

Nach der Eingabe von 0 gemäß Tz. 101 oder der Ermittlung gemäß Tz. 105 erscheint auf dem Datensichtgerät der **BFT-Nr. E89**

> **„Beantragen Sie/Ihr Ehegatte den Freibetrag für Vertriebene, Flüchtlinge, politisch Verfolgte J=Ja, N=Nein?“**

Wird dieser Freibetrag beantragt, weil der Stpfl. und/oder – bei GV oder ZV – sein Ehegatte Vertriebener, Flüchtling oder politisch Verfolgter und erst vor kurzer Zeit in die BRD zugezogen ist, ist „J“, sonst ist „N“ einzugeben.

Nach der Eingabe von „J“ wird der Ablauf gemäß der nachfolgenden Tz., sonst gemäß Tz. 108 weitergeführt.

107. Frage, in welchem Kj. der Zuzug in die BRD erfolgte oder hier erstmals Einkünfte erzielt wurden

Nach der Eingabe von „J“ gemäß Tz. 106 wird auf dem Bildschirm der **BFT-Nr. E90**

> **„Wann (z.B. 83) kamen Sie/Ihr Ehegatte in die BRD oder hatten hier erstmals Einkünfte?“**

angezeigt.

Einzugeben ist entweder das Kj. des Zuzugs oder, falls erst in einem späteren Kj. erstmals Einkünfte in der BRD erzielt wurden, dieses Kj. in der beispielhaft dargestellten zweistelligen Form.

Nach der Eingabe prüft der Rechner, ob das Eingabejahr der VZ oder eines der beiden Kj. vor dem VZ ist.

Ist dies nicht der Fall, setzt der Rechner den Ablauf gemäß Tz. 108 fort, weil in einem solchen Fall die Voraussetzungen für den begehrten Freibetrag zeitlich nicht mehr erfüllt sind. Liegt das Eingabejahr innerhalb des vorgenannten Zeitraums, ermittelt der Rechner unter Berücksichtigung der Veranlagungsform (EV oder ZV) und der Anzahl der berücksichtigungsfähigen Kinder den jeweils abzugsfähigen Freibetrag und speichert diesen. Danach wird der Ablauf gemäß der nachfolgenden Tz. weitergeführt.

108. Kinder (mit getrennt lebenden/geschiedenen oder anderen Personen), die dem anderen Elternteil zugeordnet sind

Nach der Eingabe von „N“ gemäß Tz. 106 oder der Ermittlung gemäß Tz. 107 erscheint auf dem Datensichtgerät der **BFT-Nr. E91**

> **„Kinder (mit getrenntlebenden/geschiedenen oder anderen Personen), die dem anderen Elternteil zugeordnet sind und für die Sie oder Ihr zusammenveranlagter Ehegatte im Kj. Unterhalt zahlten?“**

Zahlten der Stpfl. und/oder – bei GV oder ZV – sein Ehegatte im VZ Unterhalt für Kinder, die dem anderen Elternteil (dauernd getrennt lebender oder geschiedener Ehegatte oder andere Personen, die mit dem Stpfl. nicht verheiratet sind) steuerlich zugeordnet sind und wird die steuerliche Berücksichtigung dieser Unterhaltsleistungen im VZ begehrt, ist die **Zahl der Kinder**, für die solche Unterhaltsleistungen im VZ erfolgten, einzugeben.

Sind solche Kinder nicht vorhanden oder erfolgten im VZ Unterhaltszahlungen an solche Kinder nicht, ist 0 einzugeben.

Liegen solche Kinder gemäß den Zeilen 42-47 des Erklärungsvordrucks nicht vor oder wird hier 0 eingegeben, wird der Ablauf gemäß Tz. 110, sonst gemäß der nachfolgenden Tz. weitergeführt.

109. Dauer der Unterhaltsleistungen für diese Kinder

Wurde gemäß Tz. 108 nicht 0 eingegeben, wird die eingegebene Zahl solcher Kinder gespeichert und danach der **BFT-Nr. E92**

> **„Dauer des Unterhalts für X.** (1. oder jeweils nächstes) **Kind in XX** (= VZ) **(z.B. 01.01.-31.12.)?“**

auf Bildschirm angezeigt.

Danach ist die Dauer der Unterhaltsleistungen für das erste oder jeweils nächste Kind im VZ in der – im BFT beispielhaft angezeigten – 13-stelligen Form einzugeben.

Das Eingabedatum wird – wie in Tz. 102 geschildert – auf Gültigkeit geprüft. Ist es gemäß den dortigen Ausführungen nicht gültig, erfolgt die erneute Ausgabe des BFT-Nr. E92 als Aufforderung zur Eingabe eines gültigen Eingabedatums auf dem Datensichtgerät.

Wird ein gültiges Datum eingegeben, werden die Dauer der Unterhaltsleistungen in Monaten und danach der sich ergebende Abzugsbetrag für das jeweilige Kind ermittelt.

Beträgt die Anzahl der gemäß Tz. 108 eingegebenen Kinder mehr als eins, wird danach der Ablauf gemäß dieser Tz. solange fortgesetzt, bis für alle nach Tz. 108 angegebenen Kinder die Abzugsbeträge ermittelt sind.

Danach wird der Ablauf gemäß der nachfolgenden Tz. weitergeführt.

110. Im VZ unterstützte Personen

Nach der Eingabe von 0 gemäß Tz. 108 oder den Eingaben und Ermittlungen gemäß Tz. 109 wird auf dem Datensichtgerät der **BFT-Nr. E93**

> **„Von Ihnen/Ihrem Ehegatten in XX** (= VZ) **unterstützte Personen?“**

angezeigt.

Wurden im VZ vom Stpfl. und/oder – bei GV oder ZV – vom Ehegatten dritte Personen unterstützt und sollen diese Unterstützungsleistungen als außergewöhnliche Belastung bei der Einkommensermittlung berücksichtigt werden, ist die Anzahl der im VZ unterstützten Personen, sonst ist 0 einzugeben.

Nach der Eingabe von 0 wird der Ablauf gemäß Tz. 120, sonst gemäß der nachfolgenden Tz. fortgesetzt.

111. Anspruch auf Kindergeld bzw. Kinderfreibetrag für die erste bzw. nächste unterstützte Person

Wurde gemäß Tz. 110 nicht 0 eingegeben, erscheint der **BFT-Nr. E94**

> **„Von wann bis wann bestand für diese Person Anspruch auf Kindergeld** (bei VZ bis 1985) bzw. **Erhalt des Kinderfreibetrags** (bei VZ ab 1986) **in XX** (= VZ) **(z.B. 01.01.-31.12.)?“**

auf dem Bildschirm.

Einzugeben ist daraufhin, falls ein Anspruch auf Kindergeld (bei Veranlagungen bis 1985) oder auf Erhalt eines Kinderfreibetrags (bei Veranlagungen ab 1986) im VZ für die jeweilige unterstützte Person bestand, die Dauer dieses Anspruchs in der – im vorgenannten BFT beispielhaft angezeigten – 13-stelligen Form.

Bestand ein solcher Anspruch nicht, ist 0 einzugeben.

Auch diese Eingabe wird, wie dies in Tz. 102 geschildert wurde, auf Gültigkeit geprüft.

Eine ungültige Eingabe führt zur Ausgabe des dort beschriebenen Fehlermeldungstextes und zur erneuten Ausgabe des vorerwähnten BFT-Nr. E94.

Nach der Eingabe eines gültigen Datums wird daraus der Anspruchszeitraum ermittelt und gespeichert.

Falls gemäß Tz. 110 mehr als eine Person unterstützt wurde, wiederholt sich für die jeweils nächste Person der ab dieser Tz. beschriebene Ablauf bis Tz. 119.

Nachdem für die jeweils nächste Person der Anspruchszeitraum ermittelt und gespeichert ist, wird der Ablauf gemäß der nachstehenden Tz. weitergeführt.

112. Versorgungsbezüge der unterstützten Personen

Nachdem die Eingabe und Ermittlung gemäß Tz. 111 durchgeführt ist, erscheint auf dem Datensichtgerät der **BFT-Nr. E95**

> **„Versorgungsbezüge der unterstützten X.** (1. oder jeweils nächsten) **Person in XX** (= VZ)**?“**

Falls die jeweil unterstützte (1. oder nächste) Person Versorgungsbezüge (z.B. Ruhegehalt aus einem früheren öffentlichen oder Betriebsrenten aus einem früheren privaten Dienstverhältnis) bezogen hat, für die ein Versorgungsfreibetrag nach § 19 Absatz 2 EStG bis maximal 4800 DM gewährt wird, ist die Summe dieser im VZ erzielten Bruttobezüge abgerundet auf volle DM, sonst ist 0 einzugeben.

Übersteigt der Eingabebetrag 12000 DM, wird ein Versorgungsfreibetrag von 4800 DM, sonst ein solcher von 40% des Eingabebetrags von den Bruttobezügen abgezogen. Danach wird der Ablauf gemäß der nachstehenden Tz. weitergeführt, falls für die jeweils in Tz. 110 genannte Person der Versorgungsfreibetrag ermittelt ist.

Anmerkung

Renten aus der Sozialversicherung sind nicht hier, sondern gemäß Tz. 114 einzugeben.

113. Übriger Arbeitslohn der unterstützten Personen

Nachdem die Eingabe gemäß Tz. 112 für die unterstützte Person erfolgt ist, wird auf dem Bildschirm der **BFT-Nr. E96**

„**Übriger Arbeitslohn der unterstützten X.** (1. oder jeweils nächsten) **Person in XX** (= VZ)?"

angezeigt.

Erzielte die 1. oder jeweils nächste unterstützte Person im VZ Arbeitslohn aus gegenwärtigen Dienstverhältnissen, ist die im VZ erzielte Summe dieser Arbeitslöhne – abgerundet auf volle DM – einzugeben.

Sind solche Arbeitslöhne nicht erzielt worden, ist 0 einzugeben. Nach der Eingabe setzt der Rechner den Eingabebetrag den – nach Abzug des Versorgungsfreibetrags gemäß Tz. 112 verbleibenden – Versorgungsbezügen hinzu und zieht davon die Summe von 1644 DM aus Weihnachtsfreibetrag, Arbeitnehmerfreibetrag und Werbungskosten-Pauschbetrag ab. Ergibt sich durch diesen Abzug ein negativer Betrag, wird der Arbeitslohn der jeweiligen Person mit 0 angesetzt.

Fortgesetzt wird danach der Ablauf gemäß der nachfolgenden Tz.

114. Bruttorenten der unterstützten Personen

Nach der Ermittlung der Einkünfte aus nichtselbständiger Arbeit für die jeweils unterstützte Person gemäß Tz. 113 wird auf dem Datensichtgerät der **BFT-Nr. E97**

„**Bruttorenten der unterstützten X.** (1. bzw. jeweils nächsten) **Person in XX** (= VZ) ?"

angezeigt.

Einzugeben ist die im VZ bezogene Summe der Bruttorenten aus der Sozialversicherung und der Bruttorenten, die nicht gemäß Tz. 112 Betriebsrenten aus einem früheren Arbeitsverhältnis und damit Versorgungsbezüge sind.

Sind solche Renten im VZ nicht bezogen worden, ist 0 einzugeben. Nach der Eingabe wird vom Rechner der Werbungskosten-Pauschbetrag von 200 DM abgezogen und die Rente mit 0 DM angesetzt, falls sich durch diesen Abzug ein negativer Betrag ergibt.

Anschließend wird der Ablauf gemäß der nachfolgenden Tz. weitergeführt.

115. Sonstige Bezüge der unterstützten Personen

Nach der Ermittlung der bei der jeweils unterstützten Person anzusetzenden Bruttorenten (Tz. 114) erscheint auf dem Bildschirm der **BFT-Nr. E98**

„**Sonstige Bezüge der unterstützten X.** (1. bzw. jeweils nächsten) **Person in XX** (= VZ)?"

Danach ist die Summe der sonstigen Bezüge, die der unterstützten jeweiligen Person aus öffentlichen oder privaten Mitteln als Hilfe für den Lebensunterhalt im VZ gewährt wurden – abgerundet auf volle DM – oder 0 einzugeben, falls solche Bezüge im VZ nicht bezogen wurden.

Nach der Eingabe setzt der Rechner vom Eingabebetrag einen pauschalen Abzugsbetrag von 360 DM ab. Danach rechnet er die nach Tz. 114 verbleibenden Rentenbezüge und die nach dieser Tz. verbleibenden sonstigen Bezüge zusammen. Ergibt sich danach ein negativer Betrag, setzt er die Summe dieser Bezüge mit 0 an. Anschließend ermittelt der Rechner den Betrag, bis zu dem die Einkünfte und Bezüge der jeweils unterstützten Person nicht auf die – als außergewöhnliche Belastung abzugsfähigen – Unterstützungsleistungen angerechnet werden (= bei VZ **bis 85** 4200 DM, bei VZ **ab 86** 4500 DM) sowie die Gesamtsumme der Einkünfte und Bezüge der unterstützten Person nach Tz. 113-115. Diese Gesamtsumme kürzt er um die vorerwähnten nichtanrechenbaren Beträge. Ergibt sich durch den Abzug dieser Beträge ein negativer Betrag, werden die Einkünfte und Bezüge der unterstützten Person mit 0 angesetzt.

Danach wird der Ablauf gemäß der nachfolgenden Tz. fortgeführt.

116. Unterstützungsdauer der unterstützten Personen

Nach der Eingabe und Ermittlung gemäß Tz. 115 wird auf dem Datensichtgerät der **BFT-Nr. E99**

> **„Unterstützungsdauer der unterstützten X.** (1. bzw. jeweils nächsten) **Person in XX** (= VZ) **(z.B. 01.01.-31.12.)?"**

angezeigt.

Einzugeben ist danach die Dauer der Unterstützung der jeweiligen Person im VZ in der – im BFT beispielhaft angezeigten – 13-stelligen Form.

Auch dieser Eingabewert wird – wie in Tz. 102 geschildert – auf Gültigkeit geprüft.

Nach Eingabe eines implausiblen Datums werden wiederum zunächst der in Tz. 102 beschriebene Fehlermeldungstext und danach erneut der vorgenannte BFT-Nr. E99 auf dem Bildschirm angezeigt.

Nach der Eingabe eines gültigen Datums wird daraus die Unterstützungsdauer ermittelt und gespeichert. Anschließend wird der PGM-Lauf gemäß der nachfolgenden Tz. weitergeführt.

117. Aufwand für die unterstützten Personen

Nach der Eingabe und Ermittlung gemäß Tz. 116 wird der **BFT-Nr. E100**

> **„Aufwand für die unterstützte X.** (1. bzw. jeweils nächste) **Person in XX** (= VZ)?"

auf dem Bildschirm angezeigt.

Daraufhin ist die Summe der Unterstützungsleistungen, die in dem Unterstützungszeitraum gemäß Tz. 116 für die jeweils unterstützte Person geleistet wurde – aufgerundet auf volle DM – einzugeben. Anschließend wird der Ablauf gemäß der nachfolgenden Tz. fortgeführt.

118. Höhe der Unterstützungen durch andere Personen

Nach der Eingabe gemäß Tz. 117 erscheint auf dem Datensichtgerät der **BFT-Nr. E101**

> **„Unterstützung dieser Person durch andere Personen in DM?".**

Haben im VZ neben dem Stpfl. und/oder – bei GV oder ZV – dem Ehegatten andere Personen (z.B. Verwandte, Bekannte) die jeweilige Person ebenfalls durch Leistungen unterstützt, ist der Geldwert dieser Unterstützungsleistungen – abgerundet auf volle DM – einzugeben.

Erfolgte keine Unterstützung durch solche Personen, ist 0 einzugeben.

Nach der Eingabe ermittelt der Rechner unter Berücksichtigung der Eingaben nach Tz. 117 und 118 den Anteil des Stpfl. und/oder – bei GV oder ZV – des Ehegatten an der Gesamtunterstützung der jeweiligen Person und die Dauer des Unterstützungszeitraums, für den kein Anspruch auf Kindergeld bzw. Erhalt des Kinderfreibetrags bestand. Danach setzt er den Ablauf gemäß der nachfolgenden Tz. fort.

119. Geburtsdaten der unterstützten Personen und Ermittlung der Höchstbeträge der berücksichtigungsfähigen Unterstützungsleistungen

Nach der Eingabe und Ermittlung gemäß Tz. 118 prüft der Rechner, ob es sich bei dem jeweiligen VZ um einen VZ vor 1986 handelt. Ist dies der Fall, wird als berücksichtigungsfähiger Höchstbetrag 3600 DM gespeichert.

Handelt es sich um einen VZ nach 1985, wird der **BFT-Nr.E102**

„Geburtsdatum der unterstützten X. (1. bzw. jeweils nächsten) **Person (z.B. 06.03.1900)?“**

auf dem Bildschirm angezeigt.

Anschließend ist das Geburtsdatum der jeweils unterstützten Person in der – im BFT beispielhaft angezeigten – 10-stelligen Form einzugeben.

Erfolgt diese Eingabe nicht in der zehnstelligen Form oder wird ein größeres Kj. als der VZ eingegeben, werden zuerst der in Tz. 102 beschriebene Fehlermeldungstext und danach wiederum der vorgenannte BFT-Nr. E102 auf dem Bildschirm angezeigt.

Daraufhin ist das richtige Geburtsdatum der unterstützten Person einzugeben.

Nach der Eingabe eines gültigen Geburtsdatums ermittelt der Rechner das Alter der unterstützten Person im VZ.

War die unterstützte Person schon zu Beginn des VZ 18 Jahre alt, wird ein Betrag von 4500 DM als berücksichtigungsfähiger Maximalbetrag gespeichert.

Vollendete er im VZ noch nicht das 18. Lebensjahr, wird ein Betrag von 2484 DM für den Unterstützten als berücksichtigungsfähiger Maximalbetrag gespeichert.

Vollendete die unterstützte Person im jeweiligen VZ das 18. Lebensjahr, wird der berücksichtigungsfähige Maximalbetrag ermittelt, indem für die Monate vor dem Geburtsmonat der anteilige Maximalbetrag unter Zugrundelegung des Betrags von 2484 DM und für die Monate ab dem Geburtsmonat unter Zugrundelegung des Betrags von 4500 DM ermittelt wurde. Anschließend werden diese Teilbeträge zusammengerechnet.

Danach wird der jeweils maßgebliche Maximalbetrag um die anrechenbaren Einkünfte und Bezüge (Tz. 115) gekürzt. Der verbleibende Betrag wird auf die Unterstützungsdauer in Monaten (Dauer gemäß Tz. 116 abzüglich Dauer gemäß Tz. 111) umgerechnet und mit dem Unterstützungsanteil gemäß Tz. 118 vervielfacht. Der für die jeweilige Person errechnete abzugsfähige Betrag wird anschließend mit dem Aufwand gemäß Tz. 117 verglichen. Der jeweils niedrigere Betrag wird der Summe der abzugsfähigen Unterstützungsleistungen hinzugerechnet.

Falls noch nicht für alle gemäß Tz.110 eingegebenen Personen die Ermittlung der abzugsfähigen Unterstützungsleistungen durchgeführt wurde, wird der in den Tz. 111-119 beschriebene Ablauf für die jeweils nächste unterstützte Person wiederholt.

Ist die Ermittlung der abzugsfähigen Unterstützungsleistungen für alle – nach Tz. 110 – unterstützten Personen durchgeführt, wird der Ablauf gemäß der nachfolgenden Tz. fortgesetzt.

120. In Ostblockstaaten gesandte Pakete und Päckchen

Nach der Eingabe von 0 gemäß Tz. 110 oder nach der Ermittlung der abzugsfähigen Unterstützungsleistungen (Tz. 111-119) für alle – nach Tz. 110 eingegebenen – Personen erscheint auf dem Datensichtgerät der **BFT-Nr. E103**

„In XX (= VZ) **in Ostblockstaaten gesandte Päckchen und Pakete?“.**

Einzugeben ist daraufhin die **Anzahl der Pakete und Päckchen**, die im VZ an Bekannte und Verwandte in Ostblockstaaten gesandt wurden. Sind keine solche Sendungen erfolgt, ist 0 einzugeben.

Nach der Eingabe von 0 wird der Ablauf gemäß Tz. 124, sonst gemäß der nachstehenden Tz. fortgesetzt.

121. Anzahl der in die Ostblockstaaten gesandten Päckchen

Wurde gemäß Tz. 120 nicht 0 eingegeben, wird der **BFT-Nr. E104**

„Davon waren Päckchen?"

auf Bildschirm ausgegeben.

Danach ist die Anzahl der Päckchen einzugeben, die in der Eingabe nach Tz. 120 enthalten sind.

Nach dieser Eingabe wird der für Pakete abzugsfähige Betrag ermittelt, indem die gemäß Tz. 120 eingegebene Anzahl der Pakete und Päckchen um die gemäß dieser Tz. eingegebene Anzahl der Päckchen vermindert und die danach verbleibende Anzahl mit 40 DM vervielfacht wird.

Der für Päckchen abzugsfähige Betrag wird errechnet, indem die gemäß dieser Tz. eingegebene Anzahl der Päckchen mit 30 DM vervielfacht wird. Beide Beträge werden anschließend zusammengerechnet. Danach wird der Ablauf gemäß der nachfolgenden Tz. fortgesetzt.

122. Angehörigenbesuche in Ostblockstaaten

Nach der Eingabe und Ermittlung gemäß Tz. 121 wird auf dem Bildschirm der **BFT-Nr. E105**

„In XX (= VZ) **unternommene Angehörigenbesuche in Ostblockstaaten?"**

angezeigt.

Einzugeben ist die **Anzahl der Besuche**, die im VZ zu Angehörigen, die in Ostblockstaaten wohnen, unternommen wurden.

Wurden solche Besuche im VZ nicht durchgeführt, ist 0 einzugeben. Nach der Eingabe wird der abzugsfähige Betrag für diese Besuche dadurch ermittelt, daß die Anzahl dieser Besuche mit 50 DM vervielfacht wird. Danach wird der Ablauf gemäß der nachstehenden Tz. weitergeführt.

123. Anzahl der Besuche von Angehörigen aus Ostblockstaaten

Nach der Eingabe und Ermittlung gemäß Tz. 122 erscheint auf dem Datensichtgerät der **BFT-Nr. E106**

„Anzahl der Besuchstage von Angehörigen aus Ostblockstaaten in XX (= VZ) **?".**

Einzugeben ist die Summe der Besuchstage von Angehörigen aus Ostblockstaaten im VZ oder 0.

Wird nicht 0 eingegeben, wird der abzugsfähige Betrag ermittelt, indem die Eingabetage mit 10 DM vervielfacht werden.

Danach wird – wie auch im Fall der 0-Eingabe – der Ablauf gemäß der nachfolgenden Tz. fortgeführt.

124. Anzahl der insgesamt unterstützten Personen aus Ostblockstaaten

Nach der Eingabe und Ermittlung gemäß Tz. 123 wird auf Bildschirm der **BFT-Nr. E107**

„Anzahl der insgesamt unterstützten Angehörigen aus Ostblockstaaten?"

ausgegeben.

Einzugeben ist die Anzahl der Personen einschließlich Familienangehörigen, an die Pakete und/oder Päckchen gemäß Tz. 120 gesandt wurden.

Übersteigt der abzugsfähige Betrag gemäß Tz. 121 das Produkt aus dem Eingabewert gemäß dieser Tz. × 3600 DM, begrenzt der Rechner den abzugsfähigen Betrag auf dieses Produkt.

Nach der Eingabe bzw. Begrenzung wird der Ablauf gemäß der nachfolgenden Tz. weitergeführt.

125. Zahl der Kinder, für die ein Berufsausbildungs-Freibetrag beantragt wird

Nach der Eingabe von 0 gemäß Tz. 120 oder der Eingabe gemäß Tz. 124 erscheint auf dem Datensichtgerät der **BFT-Nr. E108**

> **„Zahl der Kinder, für die in XX** (= VZ) **ein Berufsausbildungs-Freibetrag beantragt wird?“.**

Einzugeben ist daraufhin die Anzahl der steuerlich berücksichtigungsfähigen Kinder, für die dem Stpfl. und/oder – bei GV oder ZV – dem Ehegatten Aufwendungen für die Berufsausbildung im VZ erwachsen sind und für die deshalb ein solcher Freibetrag beantragt wird.

Wird kein solcher Freibetrag beantragt, ist 0 einzugeben.

Nach der Eingabe von 0 wird der Ablauf gemäß Tz. 135, sonst gemäß der nachfolgenden Tz. fortgeführt.

126. Dauer des Kindergeldanspruchs bzw. des Erhalts des Kinderfreibetrags für das jeweilige (1. oder nächste) **Kind gemäß Tz. 125**

Wurde gemäß Tz. 125 nicht 0 eingegeben, wird auf dem Bildschirm der **BFT-Nr. E109**

> **„„Dauer des Kindergeldanspruchs** (bei VZ vor 86) **oder des Erhalts des Kinderfreibetrags** (bei VZ nach 85) **für das X.** (1. bzw. jeweils nächste) **Kind in XX** (= VZ) **z.B. 01.01.-31.12.)?“**

angezeigt.

Danach ist für das jeweilige (1. oder nächste) Kind, für das im VZ ein Ausbildungs-Freibetrag beantragt wird, die Dauer des Zeitraums im VZ in der beispielhaft angezeigten 13-stelligen Form einzugeben, in dem für dieses Kind im VZ ein Anspruch auf Kindergeld (bei VZ vor 86) oder auf Erhalt des Kinderfreibetrags (bei VZ nach 85) bestand.

Der Eingabezeitraum wird – wie dies gemäß Tz. 102 geschildert wurde – auf Gültigkeit geprüft. Wurde gemäß dieser Prüfung ein implausibler Zeitraum eingegeben, werden zunächst wiederum der in Tz. 102 beschriebene Fehlermeldungstext und danach erneut der vorgenannte BFT-Nr. E109 als Aufforderung zur Eingabe eines Zeitraums in Monaten auf Bildschirm ausgegeben. Nach der Eingabe eines gültigen Zeitraums wird die Dauer dieses Zeitraums in Monaten ermittelt und gespeichert. Danach wird der PGM-Lauf gemäß der nachfolgenden Tz. weitergeführt.

127. Dauer der Berufsausbildung im VZ f. das jeweils nächste Kind gemäß Tz. 125

Nach der Eingabe eines gültigen Zeitraums gemäß Tz. 126 erscheint auf dem Datensichtgerät der **BFT-Nr. E110**

> **„Dauer der Berufsausbildung für das X.** (1. bzw. jeweils nächste) **Kind in XX** (= VZ) **(z.B. 01.01.-31.12.)?“.**

Einzugeben ist danach die Dauer der Berufsausbildung im VZ für das jeweilige Kind gemäß Tz. 125. Auch hier ist die Dauer in der beispielhaft angezeigten 13-stelligen Form einzugeben, und sie wird – wie in Tz. 102 geschildert – auf Gültigkeit geprüft.

Wird ein implausibler Zeitraum eingegeben, erscheinen wiederum zunächst der in Tz. 102 beschriebene Fehlermeldungstext und dann erneut der vorgenannte BFT-Nr. E110 als Aufforderung zur Eingabe eines gültigen Zeitraums auf dem Bildschirm.

Nach der Eingabe eines gültigen Zeitraums wird die Dauer der Berufsausbildung in Monaten ermittelt und gespeichert.

Anschließend wird der Ablauf gemäß der nachfolgenden Tz. weitergeführt.

128. Dauer der Ausbildungsleistungen für das jeweils nächste Kind gemäß Tz. 125

Nach der Eingabe eines gültigen Zeitraums gemäß Tz. 127 wird auf dem Bildschirm der **BFT-Nr. E111**

> **„Dauer der Ausbildungsleistungen für das X.** (1. bzw. jeweils nächste) **Kind in XX** (= VZ)?"

angezeigt.

Einzugeben in der beispielhaft angezeigten 13-stelligen Form ist der Zeitraum, für den im VZ vom Stpfl. und/oder – bei GV oder ZV – vom Ehegatten Aufwendungen für die Berufsausbildung des jeweiligen Kindes geleistet wurden.

Auch dieser Eingabezeitraum wird – wie in Tz. 102 geschildert – auf Gültigkeit geprüft. Wird ein implausibles Datum eingegeben, werden wiederum zunächst der in Tz. 102 beschriebene Fehlermeldungstext und danach erneut der vorgenannte BFT-Nr. E111 als Aufforderung zur Eingabe eines gültigen Zeitraums eingegeben. Nach der Eingabe eines gültigen Zeitraums wird die Dauer der Unterhaltsleistungen in Monaten ermittelt und gespeichert. Anschließend ermittelt der Rechner aus den gemäß Tz. 126, 127 und 128 eingegebenen Zeiträumen den Zeitraum, in dem sämtliche – in diesen Tz. genannten – Tatbestandsmerkmale zur Gewährung des Ausbildungsfreibetrags im VZ vorgelegen haben (= Kindergeld- bzw. -freibetragsanspruch + Berufsausbildung + Ausbildungsaufwendungen). Dieser maßgebliche Zeitraum wird für die spätere Ermittlung des Ausbildungsfreibetrags gespeichert. Anschließend wird der PGM-Lauf gemäß der nachfolgenden Tz. fortgeführt.

129. Dauer der auswärtigen Unterbringung für das jeweils nächste Kind gemäß Tz. 125

Nach der Ermittlung des maßgeblichen Zeitraums gemäß Tz. 128 erscheint auf dem Datensichtgerät der **BFT-Nr. E112**

> **„Dauer der auswärtigen Unterbringung für das X.** (1. bzw. jeweils nächste) **Kind in XX** (=VZ) **bis zum vollendeten 18. Lebensjahr (z.B. 01.01.-31.12.)?"**

War das jeweilige Kind, für das der Ausbildungsfreibetrag im VZ begehrt wird, im VZ noch nicht 18 Jahre alt oder vollendete es erst im VZ das 18. Lebensjahr und war es bis zur Vollendung dieses Lebensjahres wegen seiner Berufsausbildung auswärts (d.h. in einem anderen Ort als dem Wohnort des oder der Unterhaltsleistenden) untergebracht, ist die Dauer der auswärtigen Unterbringung im VZ bzw. bis zur Vollendung des 18. Lebensjahres im VZ in der beispielhaft angezeigten 13-stelligen Form einzugeben. Lag eine auswärtige Unterbringung im VZ nicht oder nicht bis zur Vollendung des 18. Lebensjahres des Kindes vor, ist 0 einzugeben.

Auch diese Eingabe wird – wie in Tz. 102 geschildert – auf Gültigkeit geprüft. Nach der Eingabe eines implausiblen Zeitraums erscheinen deshalb wiederum zuerst der in Tz. 102 beschriebene Fehlermeldungstext und danach noch einmal der obige BFT-Nr. E112.

Nach der Eingabe eines gültigen Zeitraums wird daraus die Dauer dieser Unterbringung in Monaten ermittelt und für die spätere Berechnung des Ausbildungsfreibetrags gespeichert.

Fortgesetzt wird danach der Ablauf gemäß Tz. 130.

130. Dauer der auswärtigen Unterbringung nach dem 18. Lebensjahr des jeweiligen Kindes gemäß Tz. 125

Nach der Eingabe und Speicherung gemäß Tz. 129 wird auf dem Bildschirm der **BFT-Nr. E113**

> **„Dauer der auswärtigen Unterbringung für das X.** (1. bzw. jeweils nächste) **Kind in XX** (= VZ) **nach dem vollendeten 18. Lebensjahr (z.B. 01.01.-31.12.)?“**

angezeigt.

Hat das jeweilige Kind, für das der Ausbildungsfreibetrag begehrt wird, entweder zu Beginn des VZ das 18. Lebensjahr schon vollendet oder vollendet es dieses Lebensjahr im Laufe des VZ und war es im VZ nach Vollendung des 18. Lebensjahres wegen seiner Berufsausbildung auswärts untergebracht, ist der Zeitraum, in dem es im VZ nach Vollendung des 18. Lebensjahres zur Berufsausbildung auswärts untergebracht war, in der beispielhaft angezeigten 13-stelligen Form einzugeben.

Lag eine solche auswärtige Unterbringung im VZ nicht vor, ist 0 einzugeben.

Auch dieser Eingabezeitraum wird – wie in Tz. 102 geschildert – auf Gültigkeit geprüft. Nach der Eingabe eines implausiblen Zeitraums erscheinen deshalb zunächst wiederum die in Tz. 102 beschriebene Fehlermeldung und danach erneut der vorgenannte BFT-Nr. E113 als Aufforderung zur Eingabe eines gültigen Zeitraums auf dem Bildschirm.

Nach der Eingabe eines gültigen Zeitraums wird daraus die Dauer dieser auswärtigen Unterbringung im VZ in Monaten errechnet und für die Ermittlung des Ausbildungsfreibetrags gespeichert. Anschließend wird der PGM-Lauf gemäß der nachfolgenden Tz. fortgesetzt.

131. Dauer der Haushaltsunterbringung nach dem 18. Lebensjahr des jeweiligen Kindes gemäß Tz. 125

Nach der Eingabe und Speicherung gemäß Tz. 130 erscheint auf dem Datensichtgerät der **BFT-Nr. E114**

> **„Dauer der Haushaltsunterbringung für das X.** (1. bzw. jeweils nächste) **Kind in XX** (=VZ) **nach dem vollendeten 18. Lebensjahr (z.B. 01.01.-31.12.)?“**

Einzugeben in der beispielhaft angezeigten 13-stelligen Form ist der Zeitraum im VZ, in dem das jeweilige Kind, für das der Ausbildungsfreibetrag beantragt wird, nach Vollendung des 18. Lebensjahres für einen Beruf ausgebildet wird und im Haushalt des Stpfl. und/oder – bei GV oder ZV – des Ehegatten untergebracht war.

Bestand eine solche Unterbringung im VZ nicht, oder hatte das jeweilige Kind bis zum Ablauf des VZ das 18. Lebensjahr noch nicht vollendet, ist 0 einzugeben.

Die Eingabe wird auch hier – wie in Tz. 102 geschildert – auf Gültigkeit geprüft.

Deshalb erscheinen auch hier nach der Eingabe eines implausiblen Zeitraums zunächst der in Tz. 102 beschriebene Fehlermeldungstext und danach erneut der vorgenannte BFT-Nr. E114 als Aufforderung zur Eingabe eines gültigen Zeitraums. Nach der Eingabe eines solchen Zeitraums ermittelt der Rechner die Dauer der Haushaltsunterbringung im VZ in Monaten und speichert sie für die später folgende Ermittlung des Ausbildungsfreibetrags. Danach rechnet er die Zeiträume gemäß Tz. 129-131 zusammen und vergleicht sie mit dem gemäß Tz. 128 ermittelten berücksichtigungsfähigen Zeitraum. Ist die Summe der Unterbringungszeiträume länger als der berücksichtigungsfähige Zeitraum gemäß Tz. 128, wird der gemäß Tz. 131 ermittelte Zeitraum der Haushaltsunterbringung um den überschießenden Zeitraum vermindert. Anschließend wird der Ablauf gemäß der nachfolgenden Tz. fortgeführt.

132. Arbeitslohn des jeweiligen Kindes gemäß Tz. 125

Nach der Ermittlung gemäß Tz. 131 wird auf dem Bildschirm der **BFT-Nr. E115**

> **„Arbeitslohn für das X.** (1. bzw. jeweils nächste) **Kind in XX** (= VZ)?**“**

angezeigt.

Einzugeben ist die Summe der Bruttoarbeitslöhne, die das jeweilige Kind, für das der Ausbildungsfreibetrag beantragt wird, im VZ aus Dienstverhältnissen erzielt hat.

Hat das Kind keinen Arbeitslohn erzielt, ist 0 einzugeben.

Nach der Eingabe kürzt der Rechner den Eingabebetrag um 1644 DM (= Summe aus Weihnachtsfreibetrag, Arbeitnehmerfreibetrag und Werbungskosten-Pauschbetrag). Verbleibt nach dieser Absetzung ein negativer Betrag, werden die Einkünfte aus nichtselbständiger Arbeit mit 0 gespeichert.

Die zeitanteilige Umrechnung dieser Einkünfte auf den Begünstigungszeitraum findet erst gemäß Tz. 134 statt.

Fortgesetzt wird der Ablauf gemäß der nachfolgenden Tz.

133. Ausbildungsbeihilfe und übrige eigene Einkünfte und Bezüge des jeweiligen Kindes gemäß Tz. 125

Nach der Eingabe und Ermittlung gemäß Tz. 132 wird auf dem Datensichtgerät der **BFT-Nr. E116**

> **„Ausbildungsbeihilfen/eigene Einkünfte/Bezüge für das X.** (1. bzw. jeweils nächste) **Kind in XX** (= VZ)?“

angezeigt.

Einzugeben ist die Summe der aus privaten und öffentlichen Quellen bezogenen Ausbildungsbeihilfen (z.B. BAFöG-Zuschüsse, nicht jedoch BAFöG-Darlehen) und übrigen Einkünfte und Bezüge (andere Einkünfte als aus Arbeitsverhältnissen oder wiederkehrende Bezüge, die zum Lebensunterhalt geeignet und bestimmt sind), die das jeweilige Kind, für das der Ausbildungsfreibetrag beantragt wird, im VZ erzielt oder bezogen hat.

Wurden solche Beihilfen, Einkünfte oder Bezüge im VZ von dem jeweiligen Kind nicht erzielt oder bezogen, ist 0 einzugeben. Nach der Eingabe wird vom Eingabebetrag eine Unkostenpauschale von 360 DM abgezogen. Ergibt sich dadurch ein negativer Betrag, werden diese Einkünfte und Bezüge mit 0 gespeichert.

Anschließend wird der Ablauf gemäß der nachstehenden Tz. weitergeführt.

134. Ermittlung des abzugsfähigen Ausbildungsfreibetrags für das jeweilige Kind gemäß Tz. 125

Nach der Eingabe und Ermittlung gemäß Tz. 133 ermittelt der Rechner für den jeweiligen VZ zunächst den Jahresfreibetrag, bis zu dem die eigenen Einkünfte und Bezüge des jeweiligen Kindes nicht auf den Ausbildungsfreibetrag angerechnet werden, und danach – unter Berücksichtigung dieses Nichtanrechnungsbetrages – die auf den Ausbildungsfreibetrag anrechenbaren eigenen Einkünfte und Bezüge des Kindes für den berücksichtigungsfähigen Zeitraum (Tz. 128).

Anschließend werden die im jeweiligen VZ maßgeblichen Jahreshöchstbeträge für die einzelnen Unterbringungsarten (Tz. 129-131) ermittelt, wobei die Änderungen (Verminderungen und Erhöhungen) berücksichtigt werden, die sich gesetzlich seit 1984 bis 1988 ergeben haben. Danach wird der ermittelte Jahreshöchstbetrag der einzelnen Unterbringungsart auf die Dauer der Unterbringungsart im VZ (Tz. 129-131) umgerechnet. Die zeitanteilig umgerechneten Höchstbetrage aller im VZ vorkommenden Unterbringungsarten werden zusammengerechnet und um die vorerwähnte Summe der anrechenbaren Einkünfte und Bezüge des jeweiligen Kindes gekürzt. Das Ergebnis dieser Rechenoperationen ist der für den VZ abzugsfähige Ausbildungsfreibetrag des jeweiligen Kindes gemäß Tz. 125. Der Ablauf gemäß Tz. 126-134 wiederholt sich für das jeweils nächste Kind, für das ein Ausbildungsfreibetrag gemäß Tz. 125 beantragt wird. Sind auf die geschilderte Weise die abzugsfähigen Ausbildungsfreibeträge für die Anzahl der Kinder ermittelt, die in Tz. 125 eingegeben wurde, wird der Ablauf gemäß der nachstehenden Tz. fortgesetzt.

135. Zahl der Kinder im Haushalt von erwerbstätigen Alleinstehenden, für die Kinderbetreuungskosten entstanden sind

Nach der Eingabe von 0 gemäß Tz. 125 oder der Ermittlung der Ausbildungsfreibeträge gemäß Tz. 126-134 erscheint auf dem Datensichtgerät der **BFT-Nr. E117**

> **„Zahl der Kinder im Haushalt von erwerbstätigen Alleinstehenden, für die Kinderbetreuungskosten entstanden sind?".**

Alleinstehende sind Unverheiratete sowie Verheiratete, die von ihrem Ehegatten dauernd getrennt leben oder deren Ehegatte nicht im Inland wohnt.

Sind solche Alleinstehende erwerbstätig und haben sie Kinder, die in ihrem Haushalt wohnen, und sind für die Betreuung dieser Kinder im VZ Betreuungskosten entstanden, die steuerlich berücksichtigt werden sollen, ist die **Zahl der Kinder**, für die Betreuungskosten entstanden sind, einzugeben.

Sind solche Kinder nicht vorhanden oder sind für diese keine Betreuungskosten entstanden, ist 0 einzugeben.

Anmerkung:

Wegen des Begriffs „Kinderbetreuungskosten" wird auf die Ausführungen zu den Zeilen 109-113 der Anleitung zur ESt-Erklärung (Kapitel 2 Abschnitt VII) hingewiesen.

Wird 0 eingegeben, wird der Ablauf gemäß Tz. 144, sonst gemäß der nachfolgenden Tz. fortgeführt.

136. Dauer des Unverheiratetseins oder Getrenntlebens im VZ

Wurden gemäß Tz. 135 Kinder mit Betreuungskosten eingegeben, wird auf dem Datensichtgerät der **BFT-Nr. E118**

> **„Dauer des Unverheiratetseins/Getrenntlebens in XX** (= VZ) **(z.B. 01.01.-31.12.)?"**

angezeigt.

Einzugeben in der beispielhaft angezeigten 13-stelligen Form ist der Zeitraum im VZ, in dem der Stpfl., der den Abzug der Betreuungskosten begehrt, unverheiratet war oder als Ehegatte dauernd von dem anderen Ehegatten getrennt oder als Ehegatte allein im Inland lebte.

Der Eingabezeitraum wird in der in Tz. 102 geschilderten Form auf Gültigkeit geprüft. Wird bei dieser Prüfung eine unvollständige Eingabe oder ein implausibler Zeitraum festgestellt, werden der in Tz. 102 beschriebene Fehlermeldungstext und anschließend erneut der vorgenannte BFT-Nr. E118 als Aufforderung zur Eingabe eines gültigen Zeitraums auf Bildschirm ausgegeben. Nach der Eingabe eines gültigen Zeitraums wird daraus die Dauer in Monaten im VZ ermittelt und gespeichert. Danach wird der PGM-Lauf gemäß der nachstehenden Tz. weitergeführt.

137. Dauer der Erwerbstätigkeit, Behinderung oder Krankheit im VZ

Nach der Eingabe und Ermittlung gemäß Tz. 136 erscheint auf dem Bildschirm der **BFT-Nr. E119**

> **„Dauer der Erwerbstätigkeit, Behinderung oder Krankheit in XX** (= VZ) **(z.B. 01.01.-31.12.)?“.**

Einzugeben in der beispielhaft angezeigten Form ist daraufhin die Dauer der Erwerbstätigkeit, Behinderung oder Krankheit des Stpfl. im VZ, wegen der die Kinderbetreuungskosten erwachsen sind.

Hierzu wird wiederum auf die Zeilen 109-113 der Anleitung zum Antrag zum LStJA oder zur ESt-Erklärung (Kapitel 2 Abschnitt VII) hingewiesen, aus denen hervorgeht, daß Kinderbetreuungskosten bei Alleinstehenden nicht nur wegen ihrer Erwerbstätigkeit, sondern auch wegen körperlicher, geistiger oder seelischer Behinderung oder wegen Krankheit des Alleinstehenden berücksichtigungsfähig sind.

Auch Betreuungskosten für den Ehegatten sind berücksichtigungsfähig, wenn entweder beide Ehegatten krank oder behindert sind oder ein Ehegatte krank oder behindert und der andere Ehegatte erwerbstätig ist.

Wegen der Prüfung des Eingabezeitraums auf Gültigkeit gelten die entsprechenden Ausführungen in der vorstehenden Tz. 136 hier mit der Maßgabe, daß nach Eingabe eines implausiblen Zeitraums und Ausgabe des in Tz. 102 beschriebenen Fehlermeldungstextes hier der vorgenannte BFT-Nr. E119 als Aufforderung zur Eingabe eines gültigen Zeitraums auf Bildschirm ausgegeben wird. Nach der Eingabe eines gültigen Zeitraums wird daraus die Dauer der Erwerbstätigkeit, Behinderung oder Krankheit des Stpfl. im VZ in Monaten ermittelt und gespeichert. Anschließend wird der Ablauf gemäß der nachfolgenden Tz. fortgesetzt.

138. Alter des jeweiligen Kindes gemäß Tz. 135

Nach der Eingabe und Ermittlung gemäß Tz. 137 wird auf dem Datensichtgerät der **BFT-Nr. E120**

> **„Alter des betreuten X.** (1. bzw. jeweils nächsten) **Kindes?“**

angezeigt.

Einzugeben ist daraufhin das Alter des jeweils betreuten Kindes zu Beginn des VZ. Hierbei ist zu beachten, daß ein am 1.1. eines Kj. Geborener das jeweilige Lebensjahr schon mit Ablauf des vorangegangenen 31.12. vollendet.

Beispiel

Ein betreutes Kind, für das im VZ 87 Betreuungskosten entstanden sind und geltend gemacht werden, ist am 01.01.72 geboren. Er vollendet somit am 31.12.86 das 14. Lebensjahr. Einzugeben ist demgemäß 14.

Nach der Eingabe prüft der Rechner, ob das eingegebene Alter größer als 15 ist. Trifft dies zu, wird der Ablauf gemäß Tz. 143 vorletzter Satz für das jeweils nächste Kind, sonst gemäß der nachfolgenden Tz. fortgesetzt.

139. Dauer der Haushaltszugehörigkeit des jeweiligen Kindes gemäß Tz. 135

Hatte das jeweilige Kind gemäß Tz. 138 das 16. Lebensjahr zu Beginn des VZ noch nicht vollendet, erscheint auf dem Bildschirm der **BFT-Nr. E121**

> **„Dauer der Haushaltszugehörigkeit des X.** (1. bzw. jeweils nächsten) **Kindes während des Unverheiratetseins/dauernd Getrenntlebens in XX** (= VZ) **(z.B. 01.01.-31.12.)?“.**

Einzugeben in der beispielhaft angezeigten Form ist der Zeitraum, in dem das jeweilige Kind im VZ zum Haushalt des Stpfl. gehörte und der Steuerpflichtige während dieses Zeitraums unverheiratet war oder von seinem Ehegatten dauernd getrennt lebte oder als Ehegatte allein im Inland lebte.

Auch dieser Eingabezeitraum wird – wie in Tz. 102 geschildert – auf Gültigkeit geprüft. Erfolgt die Eingabe nicht in der angezeigten 13-stelligen Form oder wird ein implausibles Datum eingegeben, werden deshalb der in Tz. 102 beschriebene Fehlermeldungstext und danach erneut der vorgenannte BFT-Nr. E121 als Aufforderung zur Eingabe eines gültigen Zeitraums auf Bildschirm ausgegeben.

Nach der Eingabe eines gültigen Zeitraums wird aus diesem die Dauer der Haushaltszugehörigkeit im VZ in Monaten ermittelt. Anschließend wird der Ablauf gemäß der nachfolgenden Tz. fortgeführt.

140. Frage, ob ein gemeinsamer Haushalt mit dem anderen Elternteil des gemeinsamen Kindes geführt wurde

Nach der Eingabe und Ermittlung gemäß Tz. 139 wird auf dem Datensichtgerät der **BFT-Nr. E122**

> **„Führten Sie in XX (= VZ) einen gemeinsamen Haushalt mit dem anderen Elternteil des gemeinsamen X.** (1. bzw. jeweils nächsten) **Kindes J/N?“**

angezeigt.

„J“ ist einzugeben, wenn der Alleinstehende, dauernd Getrenntlebende oder allein im Inhalt lebende Ehegatte mit dem anderen Elternteil des jeweils betreuten Kindes, für das Betreuungskosten geltend gemacht werden, im VZ einen gemeinsamen Haushalt führte und dieses Kind ihr gemeinsames Kind ist. Andernfalls ist „N“ einzugeben.

Nach der Eingabe von „N“ wird der Ablauf gemäß Tz. 142, sonst gemäß der nachstehenden Tz. fortgeführt.

141. Dauer des gemeinsamen Haushalts mit dem anderen Elternteil des jeweiligen gemeinsamen Kindes im VZ

Nach der Eingabe von „J“ gemäß Tz. 140 wird auf Bildschirm der **BFT-Nr. E123**

> **„Dauer des gemeinsamen Haushalts mit dem anderen Elternteil des gemeinsamen X.** (1. bzw. jeweils nächsten) **Kindes in XX** (= VZ) **während des Unverheiratetseins/dauernd Getrenntlebens (z.B. 01.01.-31.12.)?“**

ausgegeben.

Einzugeben in der beispielhaft angezeigten 13-stelligen Form ist daraufhin die Dauer des gemeinsamen Haushalts gemäß Tz. 140 im VZ.

Auch diese Eingabe wird – wie in Tz. 102 geschildert – auf Gültigkeit geprüft.

Nach nicht dreizehnstelliger Eingabe oder Eingabe eines implausiblen Zeitraums erscheinen zunächst wieder der in Tz. 102 beschriebene Fehlermeldungstext und danach wiederum der vorgenannte BFT-Nr. E123 als Aufforderung zur Eingabe eines gültigen Zeitraums. Nach gültiger Eingabe wird aus dem Eingabedatum die Dauer des gemeinsamen Haushalts im VZ in Monaten errechnet und gespeichert. Danach wird der Ablauf gemäß der nachstehenden Tz. weitergeführt.

142. Betreuungskosten des jeweiligen Kindes gemäß Tz. 135

Nach der Eingabe gemäß Tz. 141 erscheint auf dem Datensichtgerät der **BFT-Nr. E124**

> **„Betreuungskosten des X.** (1. bzw. jeweils nächsten) **Kindes in XX** (= VZ) **während der Dauer der Erwerbstätigkeit, Behinderung oder Krankheit?".**

Danach ist die auf volle DM aufgerundete Summe der im VZ für das jeweilige Kind angefallenen Kinderbetreuungskosten einzugeben, soweit diese Kosten während des Zeitraums gemäß Tz. 137 entstanden sind. Sind in diesem Zeitraum keine solchen Kosten entstanden, ist 0 einzugeben.

Nach der Eingabe von 0 wird der Ablauf gemäß dem vorletzten Satz, sonst ab dem ersten Satz der nachfolgenden Tz. fortgesetzt.

143. Ermittlung der abzugsfähigen Betreuungskosten für das jeweilige Kind gemäß Tz. 135

Nach der Eingabe von Betreuungskosten gemäß Tz. 142 ermittelt der Rechner zuerst den Zeitraum, in dem im VZ sowohl eine Erwerbstätigkeit, Behinderung oder Krankheit vorlag als auch eine Haushaltszugehörigkeit des jeweiligen Kindes in dem Zeitraum nach Tz. 139 und 141 bestand.

Für diesen Zeitraum wird für das jeweilige Kind der abzugsfähige Betreuungsaufwand unter Beachtung der Bestimmungen des § 33c EStG ermittelt, wobei für den Zeitraum, in dem ein gemeinsamer Haushalt mit dem anderen Elternteil des gemeinsamen Kindes bestand, gemäß § 33c Absatz 3 Satz 4 EStG nur die Hälfte des nachgenannten Höchstbetrages berücksichtigt wird.

Bestand ein gemeinsamer Haushalt mit dem anderen Elternteil des jeweiligen gemeinsamen Kindes im VZ nicht, werden, wenn es sich bei dem jeweiligen Kind um das erste handelt, die Betreuungskosten bis höchstens 4000 DM (§ 33c Absatz 3 Satz 1 EStG), für jedes weitere Kind bis höchstens 2000 DM (§ 33c Absatz 3 Satz 2 EStG) berücksichtigt. Mindestens wird für jedes Kind ein Pauschbetrag von 40 DM je Monat abgezogen, falls die tatsächlichen Betreuungskosten diesen Pauschbetrag nicht übersteigen (§ 33c Absatz 4 EStG). Liegen die tatsächlichen Betreuungskosten über dem Pauschbetrag aber unter dem jeweils maßgeblichen Höchstbetrag, werden sie als Abzugsbetrag berücksichtigt.

Nach der Ermittlung des Abzugsbetrags für das jeweilige Kind prüft der Rechner, ob noch für ein weiteres Kind gemäß Tz. 135 der Abzugsbetrag zu berechnen ist. Ist dies der Fall, wiederholt er für das jeweils nächste Kind den Ablauf gemäß Tz. 136-143, bis für alle Kinder gemäß Tz. 135 die abzugsfähigen Betreuungskosten ermittelt sind.

Fortgesetzt wird danach der PGM-Lauf gemäß der nachfolgenden Tz.

144. Andere außergewöhnliche Belastungen

Nach der Ermittlung der abzugsfähigen Betreuungskosten gemäß Tz. 143 wird auf Bildschirm der **BFT-Nr. E125**

> **„Andere außergewöhnliche Belastungen (Zeilen 114/115) in DM in XX (= VZ)?"**

ausgegeben.

Wegen des Begriffs „andere außergewöhnliche Belastungen" wird auf die Ausführungen zu den Zeilen 114-117 der Anleitung zum Antrag auf LStJA und zur EST-Erklärung (Kapitel 2 Abschnitt VII) hingewiesen.

Sind solche Belastungen (z.B. durch Krankheit, Ehescheidung oder eine erhebliche Geh- und Stehbehinderung) vorhanden, ist die Summe der dafür im VZ entstandenen Aufwendungen – abgerundet auf volle DM – einzugeben.

Sind solche Aufwendungen im VZ nicht angefallen, ist 0 einzugeben.

Wird 0 eingegeben, wird der Ablauf gemäß Tz. 145 vorletzter Satz, sonst gemäß Tz. 145 erster Satz fortgeführt.

Anmerkung:
Solche Aufwendungen sind nur dann als außergewöhnliche Belastung berücksichtigungsfähig, wenn sie zwangsläufig entstanden sind. Sie sind dann zwangsläufig entstanden, wenn sich der Stpfl. und/oder – bei GV oder ZV – der Ehegatte ihnen aus rechtlichen, tatsächlichen oder sittlichen Gründen nicht entziehen konnte.

145. Auf Aufwendungen gemäß Tz. 144 erhaltene oder zu beanspruchende Versicherungsleistungen, Beihilfen und Unterstützungen

Wurden gemäß Tz. 144 Aufwendungen für andere außergewöhnliche Belastungen eingegeben, erscheint auf dem Datensichtgerät der **BFT-Nr. E126**

> **„Darauf erhaltene/zu beanspruchende Versicherungsleistungen, Beihilfen, Unterstützungen bzw. Nachlaß in DM?“.**

Einzugeben ist die Summe der zu beanspruchenden und/oder schon erhaltenen Versicherungsleistungen, Beihilfen und Unterstützungen, falls es sich bei den Aufwendungen gemäß Tz. 145 um Krankheitskosten oder der Wert des Nachlasses, soweit es sich um Beerdigungskosten für einen Erblasser handelt.

Falls keine solchen Leistungen zu beanspruchen sind bzw. kein Nachlaß vorhanden ist, ist 0 einzugeben.

In die einzugebende Summe sind auch die Ansprüche auf Ersatz von Aufwendungen einzubeziehen, wenn diese Ansprüche erst in einem Kj. nach dem VZ dem Stpfl. und/oder – bei GV oder ZV – dem Ehegatten in Geld oder Geldeswert zufließen.

Nach der Eingabe kürzt der Rechner den Eingabewert gemäß Tz. 144 um den Eingabewert gemäß dieser Tz. Danach errechnet er unter Zugrundelegung des Gesamtbetrags der Einkünfte (Kapitel 5 Abschnitt I Tz. 20), der Zahl der berücksichtigungsfähigen Kinder und der Tabelle nach § 33 Absatz 3 EStG die für den jeweiligen Fall in Betracht kommende zumutbare Belastung, d.h. den Vomhundertsatz des Gesamtbetrags der Einkünfte, bis zu dem die vorgenannten verbleibenden Aufwendungen für andere außergewöhnliche Belastungen steuerlich nicht berücksichtigungsfähig sind.

Nach der Ermittlung der zumutbaren Belastung prüft der Rechner, ob es sich bei dem jeweiligen Veranlagungsfall um eine Einzelveranlagung handelt, bei der vom Stpfl. Kinder mit einem Kinderfreibetrag von 1242 DM eingegeben wurden.

Ist dies der Fall, wird der Ablauf gemäß der nachfolgenden Tz., sonst gemäß Tz. 153 fortgesetzt.

146. Frage, ob der andere Elternteil zu den Aufwendungen der Berufsausbildung der gemeinsamen Kinder beigetragen hat

Ist gemäß der Prüfung nach Tz. 145 vorletzter Satz eine Einzelveranlagung beim jeweiligen Veranlagungsfall durchzuführen und sind bei dieser Kinder mit einem Kinderfreibetrag von 1242 DM zu berücksichtigen, wird auf Bildschirm der **BFt-Nr. E127**

> **„Trug der andere Elternteil zu den Aufwendungen für die Berufsausbildung Ihrer gemeinsamen Kinder bei J/N?“**

ausgegeben.

Trifft dies zu, ist „J“, sonst ist „N“ einzugeben.

Nach der Eingabe von „N“ setzt der Rechner den Ablauf gemäß Tz. 149, sonst gemäß der nachfolgenden Tz. fort.

147. Frage, ob die Ausbildungsfreibeträge mit Zustimmung des anderen Elternteils anders als zu je 50 v.H. aufgeteilt werden sollen

Nach der Eingabe von „J“ gemäß Tz. 146 wird auf dem Bildschirm der **BFT-Nr. E128**

> **„Sollen die Ausbildungsfreibeträge mit Zustimmung des anderen Elternteils anders als zu je 50% aufgeteilt werden J/N?“**

angezeigt.

Soll, weil ein Elternteil die Aufwendungen für die Berufsausbildung der gemeinsamen Kinder überwiegend oder allein getragen hat, mit Zustimmung des anderen Elternteils eine andere als hälftige Aufteilung der Ausbildungsfreibeträge erfolgen, ist „J“, sonst ist „N“ einzugeben.

Nach der Eingabe von „N“ werden die Ausbildungsfreibeträge hälftig aufgeteilt und der Ablauf gemäß Tz. 149, sonst gemäß der nachfolgenden Tz. weitergeführt.

148. Vomhundertsatz der Ausbildungsfreibeträge, der bei anderer als hälftiger Aufteilung auf den Stpfl. entfällt

Nach der Eingabe von „J“ gemäß Tz. 147 erscheint auf dem Datensichtgerät der **BFT-Nr. E129**

> **„%-Satz, der auf Sie entfällt?“.**

Danach ist der Vomhundertsatz als Ganzzahl (z.B. 80) oder Dezimalbruchzahl (z.B. 66.67) einzugeben, zu dem mit Zustimmung des anderen Elternteils die Ausbildungsfreibeträge für die gemeinsamen Kinder beim Stpfl. berücksichtigt werden sollen.

Beträgt der eingegebene Vomhundertsatz mehr als 100, werden der Fehlermeldungstext

> **„Bitte Neueingabe, da Eingabefehler!“**

und danach wiederum der vorgenannte BFT-Nr. E129 auf Bildschirm ausgegeben.

Nach der Eingabe eines gültigen Vomhundertsatzes werden die anteiligen, beim Stpfl. abzugsfähigen Ausbildungsfreibeträge unter Berücksichtigung des Eingabesatzes ermittelt und gespeichert. Danach wird der Ablauf gemäß der nachfolgenden Tz. fortgesetzt.

149. Frage, ob die in den Zeilen 88 und 89 der ESt-Erklärung angegebenen Personen körperbehinderte Kinder sind

Wurde gemäß Tz. 147 „N“ eingegeben oder gemäß Tz. 148 die begehrte Aufteilung der Ausbildungsfreibeträge durchgeführt, prüft der Rechner, ob in den Zeilen 88 und 89 des ESt-Erklärungsvordrucks körperbehinderte Personen angegeben sind.

Ist dies nicht der Fall, wird der Ablauf gemäß Tz. 153 fortgesetzt.

Sind in diesen Zeilen des Erklärungsvordrucks körperbehinderte Personen aufgeführt, erscheint auf dem Bildschirm der **BFT-Nr. E130**

> **„Ist die in Zeile 88** (beim 1. Durchlauf) **bzw. 89** (beim 2. Durchlauf) **angegebene Person ein körperbehindertes Kind J/N?“**

„J“ ist einzugeben, wenn die in Zeile 88 bzw. 89 angegebene Person ein körperbehindertes Kind ist, für das der Stpfl. einen Kinderfreibetrag von 1242 DM erhält. Andernfalls ist „N“ einzugeben.

Wird „N“ eingegeben und wurde im BFT die Zeile 88 angezeigt, wird der vorgenannte BFT-Nr. E130 noch einmal mit Zeile 89 auf Bildschirm ausgegeben. Wird nach dieser erneuten Ausgabe „N“ eingegeben, wird der Ablauf gemäß Tz. 153, sonst gemäß der nachfolgenden Tz. weitergeführt.

150. Frage, ob der andere Elternteil zu den Aufwendungen für den Unterhalt der gemeinsamen Kinder beiträgt

Nach der jeweiligen Eingabe von „J“ gemäß Tz. 149 wird auf dem Bildschirm der **BFT-Nr. E131**

> **„Trug der andere Elternteil zu den Aufwendungen für den Unterhalt ihrer gemeinsamen Kinder bei J/N?“**

angezeigt.

Wird daraufhin „N“ eingegeben, wird für den Stpfl. 100 als Aufteilungsvomhundertsatz für das jeweilige körperbehinderte Kind gespeichert. Danach wird der Ablauf sofort mit der in Tz. 152 beschriebenen Aufteilung des Körperbehindertenfreibetrags weitergeführt.

Nach der Eingabe von „J“ wird der Ablauf gemäß der nachstehenden Tz. fortgesetzt.

151. Frage, ob die Pauschbeträge für körperbehinderte Kinder mit Zustimmung des anderen Elternteils anders als zu je 50 v.H. aufgeteilt werden sollen

Nach der Eingabe von „J“ gemäß Tz. 150 wird auf dem Datensichtgerät der **BFT-Nr. E132**

> **„Sollen die Pauschbeträge für körperbehinderte Kinder mit Zustimmung des anderen Elternteils anders als zu je 50% aufgeteilt werden J/N?“**

angezeigt.

Wird dies durch Eingabe von „N“ verneint und handelt es sich um das erste, in Zeile 88 des ESt-Erklärungsvordrucks angegebene Kind, wird der Körperbehindertenpauschbetrag für dieses Kind dem Stpfl. hälftig zugerechnet. Danach wird der Ablauf gemäß Tz. 149-151 für die in Zeile 89 des Erklärungsvordrucks angegebene körperbehinderte Person wiederholt. Handelt es sich bei dieser Person um das zweite körperbehinderte Kind und wird für dieses Kind „N“ eingegeben, weil auch für dieses Kind der Körperbehindertenpauschbetrag hälftig aufzuteilen ist, wird nach hälftiger Aufteilung für den Stpfl. der Ablauf gemäß Tz. 152 mit der Ermittlung des anteiligen Abzugsbetrags fortgesetzt.

Wird „J“ eingegeben, wird der PGM-Lauf gemäß der nachfolgenden Tz. weitergeführt.

152. Vomhundertsatz, der bei anderer als hälftiger Aufteilung der Körperbehindertenfreibeträge auf den Stpfl. entfällt

Nach der Eingabe von „J“ gemäß Tz. 151 erscheint auf dem Bildschirm der **BFT-Nr. E133**

> **„%-Satz, der auf Sie entfällt?“.**

Daraufhin ist der Vomhundertsatz als Ganzzahl (z.B. 80) oder als Dezimalbruchzahl (z.B. 66.67) einzugeben, mit dem die Aufteilung der auf den Stpfl. entfallenden anteiligen Körperbehindertenfreibeträge für die körperbehinderten Kinder vorgenommen werden soll.

Wird eine größere Zahl als 100 eingegeben, werden zuerst der in Tz. 148 beschriebene Fehlermeldungstext und danach wiederum der vorgenannte BFT-Nr. E133 als Aufforderung zur Eingabe eines gültigen Vomhundertsatzes auf Bildschirm ausgegeben.

Nach der Eingabe eines gültigen Prozentsatzes wird für das jeweilige körperbehinderte Kind unter Berücksichtigung dieses Satzes der anteilige Körperbehindertenfreibetrag ermittelt und gespeichert, den der Stpfl. absetzen kann.

Dann wird – wie schon gemäß Tz. 151 bei hälftiger Aufteilung bemerkt – der Ablauf gemäß Tz. 149-152 für die in Zeile 89 angegebene körperbehinderte Person wiederholt.

Sind die anteilig auf den Stpfl. entfallenden Körperbehindertenfreibeträge für alle körperbehinderten Kinder ermittelt und gespeichert, wird der Ablauf gemäß der nachfolgenden Tz. fortgesetzt.

153. Prüfung, ob eine Getrenntveranlagung durchzuführen ist und Ermittlung der zumutbaren Belastung bei Getrenntveranlagung

Nach der Eingabe von „N" gemäß Tz. 149 oder der Aufteilung der Ausbildungsfreibeträge und Pauschbeträge für körperbehinderte Kinder gemäß Tz. 146-152 bei einer Einzelveranlagung prüft der Rechner, ob eine Getrenntveranlagung durchzuführen ist.

Ist dies nicht der Fall, wird der Ablauf gemäß Tz. 156 mit der Ausgabe der außergewöhnlichen Belastungen fortgesetzt.

Ist eine Getrenntveranlagung durchzuführen, ermittelt der Rechner die zumutbare Belastung, wie dies in Tz. 145 geschildert wurde. Bei dieser Ermittlung legt er jedoch den Gesamtbetrag der Einkünfte zugrunde, der von ihm gemäß Kapitel 5 Abschnitt I Tz. 26-29 als Gesamtbetrag der Einkünfte für die Ermittlung der zumutbaren Belastung bei Getrenntveranlagung errechnet und gespeichert wurde.

Danach prüft er, ob gemäß den Angaben in den Zeilen 88 und 89 des Erklärungsvordrucks Körperbehindertenpauschbeträge ermittelt und gespeichert wurden.

Ist dies nicht der Fall, wird der Ablauf gemäß Tz. 155, sonst gemäß der nachstehenden Tz. fortgesetzt.

154. Frage, ob die in Zeilen 88 und 89 des Erklärungsvordrucks angegebenen Personen körperbehinderte Kinder sind

Ist nach der in Tz. 153 beschriebenen Prüfung mindestens ein Körperbehindertenpauschbetrag gespeichert, erscheint auf dem Datensichtgerät der **BFT-Nr. E134**

> **„Ist die in Zeile Nr. 88** (beim 1. Durchlauf) **bzw. 89** (beim 2. Durchlauf) **angegebene Person ein körperbehindertes Kind J/N?"**

Wird dies durch Eingabe von „N" verneint, handelt es sich um einen Körperbehindertenpauschbetrag für den Stpfl. oder dessen Ehegatten. Ein solcher Pauschbetrag wird anschließend vom Rechner mit dem Vomhundertsatz, der als Aufteilungsverhältnis gemäß Kapitel 5 Abschnitt I Tz. 31 eingegeben wurde, vervielfacht. Der sich ergebende anteilige Pauschbetrag wird dem Steuerpfl. als Abzugsbetrag zugeordnet.

Handelt es sich dabei um den ersten Körperbehindertenpauschbetrag, wird anschließend die Ausgabe des vorgenannten BFT-Nr. 134 für die in Zeile 89 des Erklärungsvordrucks angegebene körperbehinderte Person wiederholt. Wird auch für die zweite Person „N" eingegeben, setzt der Rechner den Ablauf sofort gemäß Tz. 155 fort.

Nach der Eingabe von „J" werden die Körperbehindertenpauschbeträge für das erste (beim 1. Durchlauf) und ggf. zweite Kind (beim 2. Durchlauf) hälftig auf den Stpfl. aufgeteilt. Danach wird der Ablauf ebenfalls gemäß der nachfolgenden Tz. weitergeführt.

155. Aufteilung der übrigen außergewöhnlichen Belastungen nach dem anderen als hälftigen Aufteilungsverhältnis bei einer Getrenntveranlagung

Nach der Aufteilung der Körperbehindertenpauschbeträge gemäß Tz. 154 werden bei einer Getrenntveranlagung die übrigen außergewöhnlichen Belastungen gemäß dem in Kapitel 5 Abschnitt I Tz. 31 eingegebenen Vomhundertsatz dem Stpfl. zugeordnet. Damit ist die Aufteilung der außergewöhnlichen Belastungen bei einer Getrenntveranlagung beendet, und der Ablauf wird gemäß der nachfolgenden Tz. fortgesetzt.

156. Ausgabe der außergewöhnlichen Belastungen, des steuerlichen und des zu versteuernden Einkommens auf Bildschirm und auf Drucker

Nach der Prüfung gemäß Tz. 153 oder – bei Getrenntveranlagung – der Aufteilung gemäß Tz. 154 und 155 ermittelt der Rechner die Gesamtsumme aller abzugsfähigen außergewöhnlichen Belastungen. Beträgt diese 0 DM, setzt er den Ablauf mit der Ausgabe des ermittelten Einkommens gemäß nachstehender Zeile-Nr. 12 fort. Sind außergewöhnliche Belastungen vorhanden, löscht er den Bildschirm und gibt auf diesem im Maximalfall folgende Ausgabetexte aus:

		(Zeile-Nr.)
„Als außergewöhnliche Belastungen sind abzuziehen:“		(1)
„Pauschbetrag für Hinterbliebene für 1. (beim ersten Durchlauf) **bzw. 2.** (beim zweiten Durchlauf) **Person“**		**XX DM** (2)
„Pauschbetrag für Körperbehinderte für 1. (beim ersten Durchlauf) **bzw. 2.** (beim zweiten Durchlauf) **Person“**		**XX DM** (3)
„abzugsfähig für die Hausgehilfin/Haushaltshilfe“		**XX DM** (4)
„Freibetrag für Flüchtlinge“		**XX DM** (5)
„abzugsfähige Unterhaltsaufwendungen“		**XX DM** (6)
„abzugsfähige Unterhaltsverpflichtungen“		**XX DM** (7)
„abzugsfähige Ausbildungsfreibeträge“		**XX DM** (8)
„abzugsfähige Kinderbetreuungskosten für Alleinstehende“		**XX DM** (9)
„Aufwand für Angehörige in Ostblockstaaten“		**XX DM** (10)
„Eigenaufwand für andere außergewöhnliche Belastungen	**XX DM**	
– zumutbare Eigenbelastung	**XX DM**	
= abziehbare Überbelastung“		**XX DM** (11)
„steuerliches Einkommen in XX“ (= VZ)		**XX DM** (12)
„ab Altersfreibetrag“		**XX DM** (13)
„ab Altersfreibetrag Ehegatte“		**XX DM** (14)
„ab Haushaltsfreibetrag“		**XX DM** (15)
„ab volle Kinderfreibeträge“		**XX DM** (16)
„ab halbe Kinderfreibeträge“		**XX DM** (17)
„ab Härteausgleich nach Par. 46 Abs. 3 EStG/70 EStDV“		XX DM (18)
„zu versteuerndes Einkommen“		**XX DM** (19)

Anmerkungen

Die Ausgabe der vorerwähnten Ausgabezeile Nr. 1 erfolgt nur, wenn mindestens eine der Ausgabezeilen Nr. 2-11 auszugeben ist. Jede der Ausgabezeilen Nr. 2-10 wird nur dann ausgegeben, wenn die jeweilige außergewöhnliche Belastung mehr als 0 DM beträgt.

Die Ausgabezeile-Nr. 11 wird dann ausgegeben, wenn ein Eigenaufwand für andere außergewöhnliche Belastungen eingegeben wurde.

Die Ausgabezeile 12 wird immer ausgegeben.

Die Ausgabezeilen 13-18 werden ebenfalls nur dann ausgegeben, wenn nach der jeweils vorangegangenen Prüfung und Ermittlung der jeweilige Freibetrag vom Einkommen abzuziehen ist.

Die Ausgabezeile 19 wird immer ausgegeben.

Nach der Ausgabe des zu versteuernden Einkommens erscheint auf dem Bildschirm der Ausgabetext

„Bildschirminhalt ausdrucken J/N?“

Nach der Eingabe von „J“ setzt, wenn der Drucker angeschlossen ist, dieser den Ausdruck auf der Ausgabeliste, der bisher gemäß Kapitel 5 Abschnitt II Tz. 90 nur die Einkünfte bis zum Gesamtbetrag der Einkünfte und die Sonderausgaben umfaßte, mit der Ausgabe der vorgenannten Ausgabetexte bis zum steuerlichen Einkommen fort.

Nach der Eingabe von „N“ oder nach dem Ausdruck des zu versteuernden Einkommens wird der Ablauf gemäß der nachfolgenden Tz. mit der Ermittlung und Ausgabe der festzusetzenden und der verbleibenden Steuern fortgesetzt.

157. Ermittlung und Ausgabe der – nach § 32a, §32b oder § 32a und § 34 Absatz 1 EStG – errechneten Einkommensteuer und der Abzugswerte nach § 34f und g EStG sowie der Ermäßigungsbeträge nach §§ 21, 22 oder 26 Berlin-Förderungsgesetz

Nach der Ausgabe des zu versteuernden Einkommens gemäß Tz. 156 rundet der Rechner das zu versteuernde Einkommen nach § 32a Absatz 2 oder Absatz 5 Satz 1 EStG ab.

Danach ermittelt er die Summe der Lohnersatzleistungen, die für die Steuerberechnung nach § 32b EStG zu berücksichtigen sind. Falls solche Lohnersatzleistungen im VZ bezogen wurden, wird geprüft, ob die Freibeträge nach § 19 Absätze 3 und 4 EStG und der Werbungskosten-Pauschbetrag nach § 9a Nr. 1 EStG bei der Ermittlung der Einkünfte aus nichtselbständiger Arbeit schon voll berücksichtigt werden konnten. Soweit dies noch nicht der Fall ist, werden die nicht berücksichtigten Beträge von der Summe der Lohnersatzleistungen gekürzt. Die verbleibende Summe dieser Ersatzleistungen wird für die Steuerberechnung nach § 32b EStG dem zu versteuernden Einkommen hinzugerechnet.

Danach prüft der Rechner, ob

a) im VZ nach § 34 Absatz 1 EStG ermäßigt zu versteuernde Einkünfte vorhanden sind oder
b) im VZ keine Einkünfte gemäß Buchstabe a) vorhanden sind, aber Lohnersatzleistungen oder andere Progressionsvorbehaltseinkünfte bezogen wurden und deshalb eine Versteuerung nach § 32b EStG vorzunehmen ist oder
c) im VZ nur Einkünfte erzielt wurden, die der Einkommensteuer mit dem Einkommensteuertarif nach § 32a EStG unterliegen.

Entsprechend dem Ergebnis dieser Prüfung ermittelt der Rechner danach die festzusetzende Einkommensteuer nach der jeweils in Betracht kommenden obigen Vorschrift und gibt als Ergebnis dieser Ermittlung alternativ den jeweils in Betracht kommenden Ausgabetext der nachstehend beschriebenen möglichen Ausgabetexte auf Bildschirm aus.

1. **bei Ermittlung der Einkommensteuer nach § 32a EStG:**
   „Tarifliche ESt auf Einkommen von XX (= ermitteltes Einkommen) **nach § 32a EStG YY DM“** (= tarifliche ESt nach Grund- oder Splittingtabelle).

2. **bei Ermittlung der Einkommensteuer nach § 32b EStG:**

2.1 **„ESt nach ESt-Tabelle auf Einkommen von XX** (= ermitteltes Progressionsvorbehaltseinkommen nach § 32b EStG) **für Progressionsvorbehalt YY DM** (= tarifliche ESt auf Progressionsvorbehaltseinkommen)

2.2 **„Durchschn. Steuersatz XX v.H.** (= YY nach 2.1/XX nach 2.1 mal 100)"

2.3 **„ESt nach § 32b EStG XX DM** (= 2.2 mal abgerundetes zu versteuerndes Einkommen ohne Progressionsvorbehaltseinkünfte/100).

3. **bei Ermittlung der Einkommensteuer nach § 32a und § 34 Absatz 1 EStG:**

3.1 **„Durchschn. Steuersatz auf zu verst. Einkommen von XX** (= abgerundetes zu versteuerndes Einkommen) **YY v.H."** (= tarifl. ESt nach § 32a/XX mal 100)

3.2 **„Hälftiger Steuersatz auf ausserord. Einkünfte von XX** (= ermittelte außerordentliche Einkünfte nach § 34 Absätze 1 und 2 EStG) **YY DM"** (= YY nach 3.1/2)

3.3 **„Tarifliche ESt auf Einkommen von XX** (= zu versteuerndes Einkommen abzüglich außerordentlicher Einkünfte) **nach § 32a EStG YY DM"** (= tarifliche ESt nach Grund- oder Splittingtabelle)

3.4 **„ESt auf außerord. Einkünfte von XX** (= außerord. Einkünfte) **YY DM"** (= ESt zum ermäßigten hälftigen Steuersatz nach 3.2)

3.5 **„ESt nach § 32a, 34 (1) XX DM"** (= Summe aus YY nach 3.3 und YY nach 3.4).

Nach der alternativen Ausgabe der nach Nr. 1, 2 oder 3 festzusetzenden ESt prüft der Rechner, ob im Zusammenhang mit den §§ 7b, 10e oder 52 Absatz 21 EStG für die haushaltszugehörigen Kinder Steuerermäßigung nach § 34f EStG beantragt wurde. Ist dies der Fall und handelt es sich um einen VZ vor 1987, ermittelt er den Abzugsbetrag nach § 34f EStG ab dem zweiten haushaltszugehörigen Kind. Dies geschieht auch, wenn es sich um einen VZ nach 1986 handelt und ein Abzug nach § 52 Absatz 21 EStG erfolgt.

Bei einem VZ nach 1986 erfolgt der Abzug nach § 34f EStG schon ab dem ersten haushaltszugehörigen Kind, wenn ein Abzug nach § 10e EStG 1987 vorgenommen wird. Ist der Abzugswert nach § 34f EStG nach dem jeweils geltenden EStG ermittelt, wird geprüft, ob der nach dieser Vorschrift ermittelte Abzugsbetrag höher als die tarifliche ESt ist. Ist dies der Fall, wird der Abzug auf die tarifliche ESt begrenzt. Danach wird folgender Ausgabetext auf Bildschirm ausgegeben:

„Abzug nach § 34f EStG XX DM"(= ermittelter Abzugsbetrag)."

Anschließend ermittelt der Rechner den nach § 34g EStG abzugsfähigen Betrag und begrenzt auch diesen Betrag, falls er die – nach Abzug des Abzugsbetrags nach § 34f EStG von der tariflichen ESt – verbleibende Zwischensumme übersteigt, auf diese verbleibende Summe.

Ist der verbleibende Betrg noch größer als 0, wird er mit folgendem Ausgabetext auf Bildschirm ausgegeben:

„Abzug nach § 34g EStG XX DM (= ermittelter Abzugsbetrag)."

Danach prüft der Rechner aufgrund der gespeicherten Eingabe- und Ausgabedaten, ob Einkünfte aus Berlin/West erzielt wurden. Ist dies der Fall, gibt er den **BFT-Nr. E135**

„Bei ESt = 1, bei LStJA = 2 eingeben"

auf Bildschirm aus. Der Schlüssel **„1"** ist daraufhin einzugeben, wenn es sich bei dem jeweiligen Bearbeitungsfall um eine ESt-Veranlagung handelt; der Schlüssel **„2"** ist bei einem Lohnsteuerjahresausgleich einzugeben.

Wird ein anderer Schlüssel als 1 oder 2 eingegeben, wird die Ausgabe des vorgenannten BFT-Nr. E135 als Aufforderung zur Eingabe eines gültigen Schlüssels wiederholt.

Nach der Eingabe eines gültigen Schlüssels wird die jeweils nach den §§ 21, 22 oder 26 des Berlin-Förderungsgesetzes in Betracht kommende Steuerermäßigung für die Berlineinkünfte ermittelt und mit folgendem Text auf Bildschirm ausgegeben:

„ab Abzug nach § 21, 22, 26 Berlin-FG XX DM“ (= ermittelter Abzugsbetrag).“

Nach dieser Ausgabe erscheint auf dem Datensichtgerät wieder der Ausgabetext

„Bildschirminhalt ausdrucken J/N?“

Nach der Eingabe von „J“ setzt, falls der Drucker angeschlossen ist, dieser den Ausdruck der Ausgabeliste, die gemäß Tz. 155 bis dahin nur bis zum zu versteuernden Einkommen ging, mit der Ausgabe der in dieser Tz. beschriebenen Ausgabetexte fort. Nach dem Ausdruck oder sofort, falls „N“ eingegeben wurde, wird der Ablauf gemäß der nachfolgenden Tz. fortgesetzt.

158. Ein- und Ausgaben zur Versteuerung von Arbeitslöhnen und/oder Renten gemäß § 34 Absatz 3 EStG

Wurden im VZ Nachzahlungen von Arbeitslöhnen und/oder Renten für mehrere Jahre bezogen und wird für diese Nachzahlungen die Verteilung auf die Erzielungsjahre gemäß § 34 Absatz 3 Satz 2 EStG begehrt, gibt der Rechner nach den Ausgaben gemäß Tz. 157 den **BFT-Nr. E136**

„Auf wieviele Kj. sind die Nachzahlungen an Arbeitslöhnen von XX (= im VZ für mehrere Kj. bezogener Arbeitslohn) **und Rente von YY**, (= im VZ für mehrere Kj. bezogene Rente) **die nicht auf ZZ** (= VZ) **entfallen, nach § 34 Abs. 3 EStG zu verteilen?“**

auf Bildschirm aus.

Daraufhin ist die **Anzahl der Kj.** einzugeben, auf die diese Nachzahlungen, soweit sie nicht auf den VZ entfallen, verteilt werden sollen. Werden mehr als 3 Kj. eingegeben, begrenzt der Rechner den Verteilungszeitraum gemäß § 34 Absatz 3 Satz 2 EStG auf 3 Kj.

Nach der Eingabe der Verteilungsjahre erscheint auf dem Datensichtgerät der **BFT-Nr. E137**

„Bisheriges zu versteuerndes Einkommen des Kj. XX (1. bzw. jeweils nächstes Verteilungsjahr vor dem VZ)**?“.**

Einzugeben ist danach das veranlagte zu versteuernde Einkommen des jeweiligen Verteilungsjahres (= drittletztes, vorletztes oder letztes Kj. vor dem VZ).

Nach der Eingabe des jeweiligen Verteilungsjahres wird auf dem Bildschirm der **BFT-Nr. E138**

„Bisherige ESt für dieses Einkommen?“

angezeigt.

Danach ist die – für das jeweilige Veranlagungsjahr bisher – veranlagte ESt (= festgesetzte tarifliche ESt nach § 32a EStG vor Anrechnung der Steuerabzugsbeträge nach § 36 Absatz 2 EStG) einzugeben.

Nach dieser Eingabe erscheint auf dem Datensichtgerät der **BFT-Nr. E139**

„In XX (= VZ) **bezogene Lohn + Rente, die auf YY** (= 1. bzw. jeweils nächstes Verteilungsjahr vor dem VZ) **entfallen?“.**

Daraufhin ist der Teilbetrag der zu verteilenden Nachzahlungssumme an Arbeitslohn und Rente (siehe Ausgabe mit BFT-Nr. E136) einzugeben, der auf das jeweilige – mit BFT-Nr. E137 und BFT-Nr. E139 ausgegebene – Verteilungsjahr entfällt.

Nach dieser Eingabe werden das bisher zu versteuernde Einkommen des Verteilungsjahres (= Eingabe nach BFT-Nr. E138) und der Eingabebetrag nach BFT-Nr. E139 zusammengerechnet. Danach wird aus dem dadurch errechneten neuen zu versteuernden Einkommen des Verteilungsjahres unter Zugrundelegung der für dieses Kj. gültigen Grund- oder Splittingtabelle die neue tarifliche ESt gemäß § 32a EStG ermittelt.

Von dieser – neu für das Verteilungsjahr ermittelten – ESt wird die ESt gemäß der Eingabe zum BFT-Nr. E138 abgezogen. Der verbleibende Unterschiedsbetrag wird mit folgendem Ausgabetext auf dem Bildschirm angezeigt:

> **„zuzüglich ESt für XX** (= Verteilungsjahr), **die auf Lohn + Rente für dieses Jahr entfällt YY DM“** (= Unterschiedsbetrag gemäß vorerwähnter Ermittlung).

Danach wird der in dieser Tz. geschilderte Ablauf von der Ausgabe des BFT-Nr. E137 bis zur Ausgabe des ermittelten Unterschiedsbetrags für das jeweilige Verteilungsjahr wiederholt, bis für alle (maximal 3) Verteilungsjahre diese Unterschiedsbeträge ermittelt und auf Bildschirm ausgegeben sind.

Nachdem dies geschehen ist, wird auf dem Bildschirm wieder der Ausgabetext

> **„Bildschirminhalt ausdrucken J/N?“**

angezeigt.

Nach der Eingabe von „J“ setzt, falls der Drucker angeschlossen ist, dieser den Ausdruck der Ausgabeliste, die bisher gemäß Tz. 157 mit dem Ausdruck der errechneten ESt und der Abzugswerte nach §§ 34f und 34g EStG sowie der Berlin-Ermäßigungen gemäß §§ 21, 22 oder 26 Berlin-Förderungsgesetz endete, mit dem Ausdruck der in dieser Tz. angezeigten ESt-Nachzahlungen für die Vorjahre vor dem VZ fort, auf die Nachzahlungen an Arbeitslohn und/oder Rente zu verteilen waren.

Nach der Beendigung des Ausdrucks oder nach der Eingabe von „N“ wird der Ablauf gemäß der nachfolgenden Tz. fortgesetzt.

159. Ausgabe der festzusetzenden Einkommensteuer, der Steueranrechnungsbeträge und der verbleibenden Einkommensteuer oder Jahreslohnsteuer

Nach dem Ausdruck bzw. der Ausgabe erscheinen die folgenden Ausgabetexte auf dem Datensichtgerät:

1. **„Festzusetzende Einkommensteuer nach Par. 2 Abs. 6 EStG XX DM“**
   (= Summe der errechneten EST nach Tz. 157 abzüglich der Abzugs- und Ermäßigungsbeträge nach Tz. 157 zuzüglich Summe der Nachzahlungsbeträge nach Tz. 158)
2. **„ab Körperschaftsteuer** (auf volle DM aufgerundet) **XX DM“**
3. **„ab Kapitalertragsteuer** (auf volle DM aufgerundet) **XX DM“**
4. **„ab Lohnsteuer** (auf volle DM aufgerundet) **XX DM“**
5. **„verbleibende ESt** (Nr. 1 abzüglich Nr. 2-4) **XX DM“**

Anmerkung:

Die Ausgaben nach Nr. 1 und nach Nr. 5 erfolgen immer, die Ausgaben nach Nr. 2-4 jeweils nur dann, wenn die entsprechenden anrechenbaren Steuerbeträge vorhanden sind.

Wird bei der Ausgabe nach Nr. 5 ein negativer Steuerbetrag angezeigt, handelt es sich um den Erstattungsbetrag, der bei der ESt-Veranlagung oder dem LStJA zu erwarten ist, falls die Daten richtig eingegeben wurden.

Nach der Ausgabe dieser Texte auf Bildschirm wird wieder der Ausgabetext

„Bildschirminhalt ausdrucken J/N?“

auf dem Datensichtgerät angezeigt.

Nach der Eingabe von „J“ setzt der Drucker, falls er angeschlossen ist, den Druck der Ausgabeliste, die bisher mit dem Ausgabetext gemäß Tz. 158 endete, mit dem Druck der in dieser Tz. beschriebenen Ausgabetexte fort.

Danach wird der Ablauf gemäß der nachfolgenden Tz. weitergeführt. Nach der Eingabe von „N“ geschieht dies sofort.

160. Ermittlung und Ausgabe der Kirchensteuer

Nach der Ausgabe bzw. dem Ausdruck der verbleibenden EStG gemäß Tz. 159 erscheint auf dem Datensichtgerät der **BFT-Nr. E140**

„Kirchensteuersatz (BA-W, BAY, HH, HB = 8, übrige Länder = 9)?“

Einzugeben ist der Vomhundertsatz der Kirchensteuer als Ganzzahl, der für das jeweilige Bundesland, in dem sich der Wohnsitz des Stpfl. im jeweiligen VZ befand, im VZ gilt.

Die im BFT-Nr. E140 gegebenen Hinweise über die Kirchensteuersätze in den einzelnen Bundesländern sind grundsätzlich zutreffend, sie können sich aber in einzelnen Bundesländern zwischenzeitlich geändert haben.

Wird ein anderer Vomhundertsatz als 8 oder 9 eingegeben, erscheint auf dem Datensichtgerät der Fehlermeldungstext

„Eingabefehler! Bitte Neueingabe!“

Danach wird erneut der vorgenannte BFT-Nr. E140 als Aufforderung zur Eingabe eines gültigen Kirchensteuersatzes auf dem Bildschirm angezeigt.

Nach der Eingabe eines gültigen Satzes ermittelt der Rechner das besondere Kirchgeld, wenn bei ZV der Stpfl. keiner Religionsgemeinschaft, aber die Ehefrau einer solchen angehört und keine eigenen Einkünfte erzielt hat und das zu versteuernde Einkommen 48000 DM übersteigt.

Gehört der Stpfl. und/oder – bei ZV – der Ehegatte einer Religionsgemeinschaft an und hat der Stpfl. und/oder der Ehegatte, der einer Religionsgemeinschaft angehört, auch eigene Einkünfte, wird zunächst unter Berücksichtigung der eingegebenen Kinder und der für den jeweiligen VZ geltenden Rechtslage der Abzugsbetrag nach § 51a EStG ermittelt und von der festgesetzten ESt oder Jahreslohnsteuer (Tz. 159) abgezogen. Die danach verbleibende ESt oder Jahreslohnsteuer stellt gemäß § 51a EStG die Maßstabsteuer für die Kirchensteuer dar. Aus ihr wird die festzusetzende Kirchensteuer für den VZ oder den LStJA-Zeitraum durch Vervielfachung mit dem eingegebenen Kirchensteuersatz ermittelt.

Die ermittelte Kirchensteuer und die darauf anzurechnenden Kirchensteuerabzugsbeträge werden anschließend mit folgenden Ausgabetexten auf dem Bildschirm angezeigt:

1. **„Festzusetzende Kirchensteuer** (= ermittelter Betrag) **XX.XX DM“**
2. **„ab Kirchenlohnsteuer** (= eingegebener Betrag) **XX.XX DM“**
3. **„verbleibende Kirchensteuer** (Nr. 1 – Nr. 2) **XX.XX DM“.**

Anmerkung:

Die Ausgabe der vorgenannten Zeile-Nr. 2 erfolgt nur, wenn einbehaltene Lohnkirchensteuer eingegeben wurde.

Nach der Ausgabe der Zeile-Nr. 3 erscheint auf dem Bildschirm wieder der Ausgabetext

„Bildschirminhalt ausdrucken J/N?“.

Wird daraufhin „J“ eingegeben, vollendet der angeschlossene Drucker für den jeweiligen Bearbeitungsfall den Ausdruck der Ausgabeliste, indem er noch die vorgenannten Ausgabetexte ausdruckt.

Nach dem Ausdruck oder der Eingabe von „N“ wird der Hinweistext

„Neuer ESt/LStJA-Fall J/N?“

auf Bildschirm ausgegeben.

Nach der Eingabe von „N“ beendet der Rechner die Bearbeitung.

Wird „J“ eingegeben, werden alle vom abgeschlossenen Bearbeitungsfall belegten Variablen gelöscht und wieder das PGM „ESt/LStJA“ geladen.

Nach dem Laden dieses PGM erscheint für den neuen Bearbeitungsfall auf dem Bildschirm wieder der in Kapitel 3 Abschnitt I Tz. 2 beschriebene BFT-Nr. 1, und die Eingabe der Daten für den neuen Bearbeitungsfall kann beginnen.

Kapitel 6:

Programmlisten

```
0 REM EST/LSTJA
1 PRINT"♥":I$=CHR$(18):A$="*":GOSUB12
2 PRINT"* ERMITTLUNG DER EINKOMMEN- ODER DER   *"
3 PRINT"* JAHRESLOHNSTEUER FUER EINKOMMEN-     *"
4 PRINT"* STEUERVERANLAGUNGEN ODER LOHNSTEUER-*"
5 PRINT"* JAHRESAUSGLEICHE AB KJ. 1982         *"
6 PRINT"* AUTOR: ERNST PORSCHE                 *"
7 PRINT"*       SIEBENBUERGENER STRASSE 1      *"
8 PRINT"*       6430 BAD HERSFELD              *"
9 PRINT"*       TEL.06621/76921                *"
10 GOSUB12:GOTO13
12 FORI=1TO38:PRINTA$;:NEXTI:PRINTA$:RETURN
13 IF L%=1ORG%=1THEN50
14 PRINT:PRINTI$;" BITTE NEHMEN SIE DIE EST/LSTJA-ERKLAERUNG ZUR HAND";
15 PRINTI$;" UND GEBEN SIE DIE DATEN AUS DEN AUFGERUFENEN ZEILEN EIN":GOTO50
30 IFE=0THENF%=1
31 RETURN
32 IFE$=""THENF%=1
33 RETURN
34 PRINTF$:F%=0:RETURN
35 INPUTE$:GOSUB1000:RETURN
36 IFFS%=2THEN42
37 PRINT:PRINTI$;"HAT IHR BISHERIGER EHEGATTE IM SCHEIDUNGSJAHR ";
38 PRINTI$;" WIEDER GEHEIRATET UND WOHNT ER MIT SEINEM NEUEN EHEGATTEN IM INLAND
";
39 PRINT:PRINTI$;C$:INPUTE$:IFE$="J"THENVF=4:RETURN
40 IFE$="N"THENS%=1:RETURN
41 GOTO37
42 IFJ<VZ-1THENRETURN
43 IFJ=VZTHENFS%=1:RETURN
44 VF=3:RETURN
50 F$="BITTE NEUEINGABE":G$="GEBURTSDATUM":Z$=" ZEILE-NR. "
51 R$="RELIGION":C$="(J=JA,N=NEIN)":N$="NICHTSELBSTAENDIGER ARBEIT DES "
52 D$="(Z.B.06.03.48)":K$="FUER EINKUENFTE AUS  ":H$="ANZAHL DER ANLAGEN "
53 FA$="FAMILIENSTAND":L$=" ":M$="JAHRESALTERSRENTE DES "
54 A$=" STEUERPFL./EHEMANN(S)":B$=" EHEGATTE(N)":O$="RENTENBEGINN"
55 S$="SPAR-/BAUSPARZINSEN DES ":U$="NEHMEN SIE DIE ANLAGE"
56 T$="DIVIDENDEN(NETTODIVIDENDE+KAPITALERTRAG-+KOERPERSCHAFTSTEUER) DES "
57 V$="ZUR HAND UND GEBEN SIE BITTE DIE DATEN AUS DEN AUFGERUFENEN ZEILEN EIN"
58 W$="SUMME DES/DER":Y$=" KIRCHENSTEUER(N)":N1$="BRUTTOARBEITSLOHN(S)"
59 N0$=" VERMOEGENSWIRKSAMEN LEISTUNGEN MIT ZULAGESATZ":N2$=" IN DM"
60 N3$=" IN DM,PF ":N4$="LOHNSTEUER":N5$="BRUTTOBETRAG":N6$="ARBEITSLOHN"
61 N7$=" KURZARBEITER- U. SCHLECHTWETTERGELDS":NA$="VERSORGUNGSBEZUEGE"
62 N8$="STEUERFREIER ARBEITSLOHN FUER TAETIGKEIT IM AUSLAND NACH":NM$="MEHREREN"
63 N9$=" ARBEITSLOHN FUER MEHRERE JAHRE":NB$="ANWARTSCHAFT AUF ALTERSVERSORGUNG"
64 NC$="EIGENE(R) BEITRAGSLEISTUNG":ND$="AKTIVE(M) DIENSTVERHAELTNIS"
65 NE$="GESETZLICHE(N) RENTENVERSICHERUNG":NF$="FAHRTEN ZWISCHEN WOHNUNG UND"
66 NG$="AUFWENDUNGEN FUER ":NH$="ARBEITSSTAETTE(N)":NI$="BEHINDERUNG "
67 NJ$="ANZAHL DER TAGE MIT ":NK$="STUENDIGER ABWESENHEIT VON DER WOHNUNG "
68 NL$=" STAENDIG WECHSELNDE(N) EINSATZSTELLE(N)":NO$="BISHERIGE(N) WOHNORT"
69 NN$="DOPPELTE HAUSHALTSFUEHRUNG ":NP$="EIGENER(N) HAUSSTAND "
70 NQ$=" NEUEN UNTERKUNFTSORT ":NR$="EIGENEM KFZ(Z.B.PKW "
71 NZ$="WERBUNGSKOSTEN FUER ARBEITSLOHN JETZT DM":VZ$=STR$(VZ)+L$
72 DM$="DM":IFL%=1ORG%=1THEN495
99 GOTO200
100 IFVZ<86ORFS%<>1THEN107
101 IFFS%=1ANDVZ<>J%THEN107
102 UU$="BITTE EINGEBEN:BV(=BESONDERE VERANLAGUNG IM EHESCHLIESSUNGSJAHR)"
```

```
103 VV$="WENN SIE GEMEINSAM MIT IHREM EHEGATTEN GEWAEHLT WIRD,SONST NUR RETURN"
104 PRINT:PRINTI$;UU$;VV$:INPUTE$:IFE$="BV"THENBV=1:VF=0:GOTO109
105 IFE$=""THEN107
106 GOTO104
107 IFFS%=1THENPRINT:PRINTI$;"EINGABE BITTE:ZV(=ZUSAMMEN-) ODER GV(=GETRENNT)";
108 GOTO229
109 UU$="WAREN SIE BIS ZU DIESER EHESCHLIESSUNG VERWITWET UND STARB IHR"
110 VV$="FRUEHERER EHEGATTE IN "
111 PRINT:PRINTI$;UU$;VV$;VZ-1;C$:INPUTE$:IFE$="J"THENVF=3:GOTO231
112 PRINT:PRINTI$;N8$;" AUSLANDSTAETIGKEITSERLASS";Z$;" N18)";N2$:INPUTE:NA=NA+E
113 GOTO111
114 IFVZ>85THEN116
115 PRINT:PRINTI$;"DAVON KINDER,DIE IHREM GESCHIEDENEN/DAUERND GETRENNT";:GOTO23
4
116 UU$="DAVON KINDER":VV$="AUS DER JETZIGEN EHE,DIE ERST NACH DER TRAUUNG"
117 IFVF=0ANDBV=1THENPRINT:PRINTI$;UU$;VV$;"GEBOREN WURDEN":INPUTKB
118 VV$=",DIE GEMEINSAME(LEIBLICHE,ADOPTIV-ODER PFLEGE)KINDER SIND"
119 IFVF=1THENGOSUB140:KV=E
120 IFVF=1ANDGZ=KVTHEN236
121 VV$=",DIE ADOPTIV- ODER PFLEGEKINDER NUR EINES EHEGATTEN SIND"
122 IFVF=1THENGOSUB140:KV=KV+E
123 VV$=",DEREN ANDERER ELTERNTEIL VOR DEM VERANLAGUNGSZEITRAUM GESTORBEN IST"
124 IFVF<>1THENGOSUB140:KV=E
125 VV$="DIE NUR IHRE ALLEINIGEN ADOPTIV- ODER PFLEGEKINDER SIND"
126 IFVF<>1THENGOSUB140:KV=KV+E
127 VV$="GEGENUEBER DENEN NUR ODER FAST NUR SIE IM VZ UNTERHALT LEISTETEN"
128 IFVF<>1THENGOSUB140:KV=KV+E
129 VV$=",FUER DIE IM VZ DER ANDERE ELTERNTEIL AUCH EINEN KINDER-FREIB. ERHAELT"
130 GOSUB140:KH=E
131 IFGZ=KV+KHTHEN236
132 PRINT:PRINTI$;"UNRICHTIGE EINGABEN BEI DEN KINDERZAHLEN-BITTE NEIEINGABE"
133 GOTO231
140 PRINT:PRINTI$;UU$;VV$:INPUTE:RETURN
141 IFE$="ZV"THENVF=1:RETURN
142 VF=2:RETURN
200 PRINT:PRINTI$;"JAHR(Z.B.86)":INPUTE:IFE<82THENF%=1:GOSUB34:GOTO200
202 VZ=E:VZ$=STR$(VZ)
204 PRINT:PRINTI$;G$;A$;Z$;"4)";D$:INPUTE$:GOSUB1000:IFF%=0 THEN206
205 GOSUB34:F%=0:GOTO204
206 A=1:GA$=E$:GOSUB1008
207 PRINT:PRINTI$;R$;A$;Z$;" 4)";C$:INPUTE$:IFE$="J"THENRA=1:GOTO210
208 IFE$="N"THENRA=0:GOTO210
209 GOTO207
210 PRINT:PRINTI$;FA$;"(Z.B.VERHEIRATET)";Z$;"8)":INPUTE$
211 IFE$="VERHEIRATET"THENFS%=1:GOTO218
212 IFE$="VERWITWET"THENFS%=2:GOTO218
213 IFE$="GESCHIEDEN" THENFS%=3:GOTO218
214 IFE$="DAUERND GETRENNT LEBEND"THENFS%=4:GOTO218
215 IFE$="LEDIG"THEN217
216 GOSUB34:GOTO210
217 FS%=0:VF=0:GOTO231
218 PRINT:PRINTI$;E$;" SEIT";D$;Z$;" 8)":GOSUB35:IFF%=1THENGOSUB34:GOTO218
219 IFVAL(RIGHT$(E$,2))>90THENGOSUB34:GOTO218
220 J=VAL(RIGHT$(E$,2)):IFFS%=4ANDJ%=VZORFS%=2ANDJ=VZTHENFS%=1:GOTO223
221 IFFS%=2ORFS%=3ANDJ=VZTHENGOSUB36
222 IFFS%<>1THEN231
223 PRINT:PRINTI$;G$;B$;Z$;" 11)";D$:GOSUB35:IFF%=1THENGOSUB34:GOTO223
224 A=2:GB$=E$:GOSUB1008
225 PRINT:PRINTI$;R$;B$;Z$;" 11)";C$:INPUTE$:IFE$="J"THENRB=1:GOTO228
```

```
227 GOSUB34:GOTO225
228 GOTO100
229 PRINTI$;"VERANLAGUNG)":INPUTE$:IFE$="ZV"OR E$="GV"THEN GOSUB141:GOTO231
230 GOTO107
231 PRINT:PRINTI$;"GESAMTZAHL DER KINDER LAUT"Z$;" 29-47)":INPUTE:GZ=E
232 IFE=0THENKV=0:KH=0:GOTO236
233 GOTO114
234 PRINTI$;"LEBENDEN EHEGATTEN ZUZUORDNEN SIND UND FUER DIE SIE UNTERHALT";
235 PRINTI$;" ZAHLTEN":INPUTE:KV=GZ-E
236 GOTO490
237 PRINT:PRINTI$;H$;K$;N$;B$;Z$;" 49)":INPUTO%
238 PRINT:PRINTI$;H$;K$;"VERMIETUNG UND VERPACHTUNG";Z$;" 50)":INPUTV%
239 PRINT:PRINTI$;H$;"FUER SONSTIGE EINKUENFTE";Z$;" 51)";L$:INPUTS%
240 PRINT:PRINTI$;H$;K$;"KAPITALVERMOEGEN"Z$;" 51)";L$:INPUTK%:IFS%=1THEN246
241 PRINT:PRINTI$;M$;A$;Z$;" 52)":INPUTA:IFA<1THEN243
242 A%=0:PRINT:PRINTI$;O$;" FUER";A$;Z$;" 53)";D$:GOSUB1013:IFA%=1THEN242
243 P$=E$:IFVF=1THENPRINT:PRINTI$;M$;B$;Z$;" 52)":INPUTB:IFB<1THEN246
244 IFVF=1THENA%=0:PRINT:PRINTI$;O$;" FUER";B$;Z$;" 53)";D$:GOSUB1013:Q$=E$
245 IFVF=1ANDA%=1GOTO244
246 IFK%=0THENPRINT:PRINTI$;S$;A$;Z$;" 52)":INPUTR:PRINT:PRINTI$;T$;A$;Z$;
247 IFK%=0THENPRINTI$;" 53)":INPUTC:IF VF=1THENPRINT:PRINTI$;S$;B$;Z$;" 52)"
248 IFK%=0ANDVF=1THENINPUTS:PRINT:PRINTI$;T$;B$;Z$;" 53)":INPUTD
249 PRINT:PRINTI$;"KOERPERSCHAFTSTEUER IN DM.PF";Z$;" 54)":INPUTKS
250 PRINT:PRINTI$;"KAPITALERTRAGSTEUER IN DM.PF";Z$;" 54)":INPUTKP:IFGZ=0THEN260
251 PRINT:PRINTI$;"BEANTRAGEN SIE FUER EIN(E) SELBSTGENUTZTE(S) EIGENTUMSWOHNUNG
,EIN- ";
252 PRINTI$;"ODER ZWEIFAMILIENHAUS,DIE/DAS SIE NACH DEM 29.7.81 ERWARBEN ODER";
253 PRINTI$;" BAUTEN,ERHOEHTE ABSETZUNG NACH PAR. 7B ODER DEN ABZUG NACH 10 E";
254 PRINTI$;" UND STEUERERMAESSIGUNG NACH 34 F ESTG";Z$;" 61)";C$:INPUTE$
255 IFE$="N"THEN260
256 IFE$="J"THEN258
257 GOTO251
258 PRINT:PRINTI$;"ANZAHL DER KINDER";Z$;" 30-47),DIE IN";STR$(VZ);" DAUERND";
259 PRINTI$;" ZU IHREM HAUSHALT GEHOERTEN":INPUTZ%
260 IFN%=1THENA%=1:YY$=A$:GOSUB1100:IFNG<564THENNG=564
261 IFO%=1THENA%=2:YY$=B$:GOSUB1100:IFNH<564THENNH=564
262 IFV%>0THENGOSUB1400:V%=V%-1:GOTO262
263 GOSUB293:IFK%>0THENGOSUB705:GOTO265
264 IFK%=0THENGOSUB765:IFO=0THEN266
265 GOSUB298
266 U$="NEHMEN SIE JETZT WIEDER DIE EST/LSTJA-ERKLAERUNG ":GOTO299
293 IFXP=0ANDXQ=0THENRETURN
294 IFXP<>0THENY$=A$:E=XP:GOSUB297
295 IFXQ<>0THENY$=B$:E=XQ:GOSUB297
296 RETURN
297 PRINT:PRINTW$;" MIETEINKUENFTE DES";Y$;TAB(77-LEN(STR$(E)));E;DM$:GOSUB298:R
ETURN
298 FORI=1TO3E3:NEXTI:RETURN
299 PRINT:PRINTI$;U$;V$:PRINTFRE(X):LOAD"EINKOMMEN",8
490 PRINT:PRINTI$;H$;K$;" LAND- U. FORSTWIRTSCHAFT";Z$;" 50)":INPUTL%
491 IFL%<0ORL%>1THENGOSUB34:GOTO490
492 PRINT:PRINTI$;H$;K$;" GEWERBEBETRIEB U./O. SELBSTAENDIGER ARBEIT";Z$;" 49)":
INPUTG%
493 IFG%<0ORG%>1THENGOSUB34:GOTO492
494 GOSUB500:IFL%=1ORG%=1THENKJ=VZ:LOAD"GEWINNE",8
495 PRINT:PRINTI$;H$;K$;N$;A$;Z$;" 49)":INPUTN%:IFVF<>1THEN238
496 GOTO 237
500 IFL%=1THENPRINT"J";I$;U$;" L ";V$:RETURN
501 IFG%=1THENPRINT"J";I$;U$;" GSE ";V$
```

```
502 RETURN
700 UU$="SUMME DER ":XX$="INLAENDISCHEN ":WW$=" FUER DEN":QQ$="WERBUNGSKOSTEN "
701 VV$="KAPITALERTRAEGE(EINN.+KAP.ERTRAG-+KOERPERSCH.STEUER)":ZZ$="14"
702 RR$="BITTE NEHMEN SIE JETZT DIE ANLAGE KSO ZUR HAND":TT$="KSO ":YY$=A$
703 SS$=" UND GEBEN SIE AUS DIESER DIE DATEN EIN":PP$=VV$:RETURN
705 GOSUB700:PRINT"♥":PRINTI$;RR$;SS$:GOTO707
706 PRINT:PRINTI$;UU$;XX$;PP$;Z$;TT$;ZZ$;WW$;YY$;N2$:RETURN
707 F=0:GOSUB763:O0=E:O1=F:ZZ$="22":YY$=A$:PP$="KAPITALERTRAEGE "
708 XX$="IN- UND AUSLAENDISCHEN ":GOSUB763:O0=O0+E:O1=O1+F
709 PP$=QQ$:YY$=A$:ZZ$="23":GOSUB763:O2=E:O3=F
710 PRINT:PRINTI$;"WIRD DIE ERKLAERUNG IN BERLIN/WEST ABGEGEBEN";
711 PRINTC$:INPUTE$:IFE$="J"THEN714
712 IFE$="N"THEN719
713 GOTO710
714 RR$=",DIE NICHT AUS BERLIN/WEST SIND":YY$=A$:PP$=VV$:ZZ$="24":GOSUB716
715 INPUTPO4:O4%=1:GOTO717
716 PRINT:PRINTI$;UU$;PP$;RR$;WW$;YY$;N2$;Z$;ZZ$:RETURN
717 YY$=B$:GOSUB716:INPUTO5:O5%=1
718 PP$=QQ$:YY$=A$:ZZ$="25":GOSUB716:INPUTO6:YY$=B$:GOSUB716:INPUTO7:GOTO725
719 RR$=" AUS BERLIN/WEST ":YY$=A$:ZZ$="26":PP$=VV$:PRINT:PRINTI$;"IST IHR";
720 PRINTI$;" WOHNSITZ IN BERLIN/WEST ";C$:INPUTE$:IFE$="J"THEN723
721 IFE$="N"THEN725
722 GOTO720
723 GOSUB716:INPUTO8:O8%=1:YY$=B$:GOSUB716:INPUTO9:O9%=1:YY$=A$:PP$=QQ$:ZZ$="27"
724 GOSUB716:INPUTOA:YY$=B$:GOSUB716:INPUTOB
725 IFVF<>1THEN735
726 IF(O22+O3)=>200THEN738
727 IF(O0+O1)>200ANDO0>100ANDO1>100THENGOSUB767:GOTO738
732 IF(O0+O1)>200ANDO0>100ANDO1<=100THENO2=200-O1:O3=O1:GOTO738
733 IF(O0+O1)>200ANDO0<=100ANDO1>100THENO2=O0:O3=200-O0:GOTO738
734 O2=O0:O3=O1:GOTO738
735 IFO2>100THEN738
736 IFO0>100THENO2=100:GOTO738
737 IFO0>0THENO2=O0
738 IFVF<>1THENOC=O0-O2:GOTO741
739 OC=O0-O2:OOD=O1-O3
740 IFVF=1THEN744
741 IFOC>300THENOC%=300:GOTO752
742 IFOC>0THENOC%=OC:GOTO752
743 OC%=0:GOTO752
744 IFOC>600ANDOD=0THENOC%=600:OD%=0:GOTO752
745 IFOC>0ANDOD=0THENOC%=OC:OD%=0:GOTO752
746 IFOC=0ANDOD>600THENOC%=0:OD%=600:GOTO752
747 IFOC=0ANDOD>0THENOC=0:OD%=OD:GOTO752
748 IFOC+OD<=600THENOC%=OC:OD%=OD:GOTO752
749 IFOC>300ANDOD>300THENOC%=300:OD%=300:GOTO752
750 IFOC+OD>600ANDOC>300ANDOD<300THENOC%=600-OD:OD%=OD:GOTO752
751 OC%=OC:OD%600-OC
752 OC=OC-OC%:OD=OD-OD%
753 RR$="DIE EINKUENFTE AUS KAPITALVERMOEGEN BETRAGEN":YY$=A$:TT$=":"
754 XX$="AB ":SS$="ERGIBT UEBERSCHUSS":ZZ$="SPARER-FREIBETRAG":IFO0=0THEN761
755 O=O0:P=O2:Q=OC%:T=OC:PRINT"♥":GOSUB756:GOTO761
756 PRINT:PRINTRR$;WW$;YY$;" IN";VZ$;TT$
757 PRINTVV$;TAB(77-LEN(STR$(O)));O;DM$
758 PRINTXX$;QQ$;TAB(37-LEN(STR$(P)));P;DM$
759 PRINTXX$;ZZ$;TAB(37-LEN(STR$(Q)));Q;DM$
760 PRINTSS$;TAB(37-LEN(STR$(T)));T;DM$:FORI=1TO4E3:NEXTI:RETURN
761 IFVF<>1OR(O1+O3+OD%+OD)=0THENRETURN
762 O=O1:P=O3:Q=OD%:T=OD:YY$=B$:GOSUB756:RETURN
763 GOSUB706:INPUTE:IFVF<>1THENRETURN
```

```
764 F=0:YY$=B$:GOSUB706:INPUTF:RETURN
765 O0=C+R:O1=D+S:O2=0:O3=0:O=O0+O1+O2+O3:IFO=0THENRETURN
766 GOSUB700:GOSUB725:RETURN
767 IFO2>100THENO3=200-O2:RETURN
768 IFO3>100THENO2=200-O3:RETURN
769 O2=100:O3=100:RETURN
990 IFVZ<89THENE=.36:RETURN
991 E=.43:RETURN
995 IFVZ<89THENE=.16:RETURN
996 E=.19:RETURN
1000 L=LEN(E$):IFL<>8THEN1007
1001 T%=VAL(LEFT$(E$,2)):IFT%<0ORT%>31THEN1007
1002 M%=VAL(MID$(E$,4,2)):IFM%<1ORM%>12THEN1007
1003 IFT%>30THEN1015
1004 J=VAL(RIGHT$(E$,2)):IFJ/4=INT(J/4)ANDM%=2ANDT%>29THEN1007
1005 IFJ/4<>INT(J/4)ANDM%=2ANDT%>28THEN1007
1006 F%=0:RETURN
1007 F%=1:RETURN
1008 IFT%<>1ORM%<>1THEN1010
1009 J=J-1
1010 AB=VZ-1-J:IFAB<=0THENAB=AB+100
1011 IFA=1THENAA=AB:AB=0
1012 RETURN
1013 INPUTE$:GOSUB1000:IFF%=0THENRETURN
1014 GOSUB34:A%=1:RETURN
1015 IFM%=4ORM%=6ORM%=9ORM%=11THEN1007
1016 GOTO1004
1017 N4=N4+E:PRINT:PRINTI$;"AUSGEZAHLTE ARBEITNEHMER-SPARZULAGE";Z$;" N13)";N3$
1018 INPUTE:N5=N5+E:RETURN
1019 PRINT:PRINTI$;N4$;" AUS";N9$;Z$;" N19)";N3$:INPUTE:NC=NC+E:N1=N1+NC:RETURN
1020 IFA%=1THENPA=1:RETURN
1021 PB=1:RETURN
1022 IFA%=1THENPC=1:RETURN
1023 PD=1:RETURN
1024 IFA%=1THENPC=2:RETURN
1025 PD=2:RETURN
1026 IFA%=1THENNG=NG+E:PRINTNZ$,NG:WC=NG:RETURN
1027 NH=NH+E:PRINTNZ$,NH:WD=NH:RETURN
1028 PRINT:PRINTI$;"FAHRZEUGART(Z.B.PKW)";Z$;" N38)":INPUTE$
1029 IFE$="PKW"THENN0%=1:GOTO1036
1030 IFE$="MOTORRAD"THENN0%=2:GOTO1036
1031 IFE$="MOTORROLLER"THENN0%=3:GOTO1036
1032 IFE$="MOPED"THENN0%=3:GOTO1036
1033 IFE$="MOFA"THENN0%=3:GOTO1036
1034 IFE$="FAHRRAD"THENN0%=4:GOTO1036
1035 GOSUB34:GOTO1028
1036 PRINT:PRINTI$;"KOERPER";NI$;" IN %";Z$;" N39)":INPUTE:IFE>49THENGOSUB1063
1037 YY$="ENTFERNUNG IN KILOMETER ":ZZ$=" N40-N43)":XX$="IN"+VZ$:PRINT
1038 PRINTI$;"ANZAHL DER ";NH$;" MIT UNTERSCHIEDLICHER ";YY$;XX$
1039 INPUTN2%
1040 FORI=1TON2%:PRINT:J$=STR$(I)+"."
1041 PRINTI$;NJ$;NF$;J$;NH$;Z$;ZZ$;XX$:INPUTE:N3%=E:PRINT:PRINTI$;"EINFA";
1042 PRINTI$;"CHE ";YY$;" BEI ";NF$;J$;NH$;Z$;ZZ$;XX$:INPUTE:N4%=E:PRINT
1043 PRINTI$;"DAVON ";NJ$;" MIT ";NF$;NL$;Z$;ZZ$;XX$:INPUTN5%:IFN5%<79THEN1046
1044 PRINT:PRINTI$;NJ$;NF$;" IN FDEN ERSTEN 3 MONATEN AUF DIESER ";NL$
1045 INPUTE:N5%=E
1046 IFN1%>0THEN1054
1047 IFN5%>0THENN3%=N3%-N5%
1048 IFN0%=1THENNI=.36:IFVZ=89THENNI=.43
1049 IFN0%=2THENNI=.16:IFVZ=89THENN=.19
```

```
1050 IFN0%=3THENNI=.22
1051 IFN0%=4THENNI=.12
1052 E =INT(NI*N3%*INT(N4%+.9)+.9)
1053 IFN5%=0THEN1061
1054 IFN0%=1THENNI=.84
1055 IFN0%=2THENNI=.36
1056 IFNO%=3THENNI=.22
1057 IFN0%=4THENNI=.12
1058 N4%=INT(N4%+.9):E=INT(NI*N3%*N4%+.9)
1059 IFN1%>0THEN1061
1060 E=INT(NI*N5%*INT(N4%+.9)+.9)
1061 GOSUB1087
1062 NEXTI:RETURN
1063 IFE>69THENN1%=1:RETURN
1064 PRINT:PRINTI$;"KOERPER";NI$;" WEGEN GEH";NI$;Z$;" N39)";C$:INPUTE$
1065 IFE$="J"THENN1%=2:RETURN
1066 IFE$="N"THENRETURN
1067 GOTO1064
1068 PRINT:PRINTI$;"FAHRZEUGART":INPUTE$:IFE$="PKW"THENE=.42:GOTO1071
1069 IFE$="MOTORRAD"ORE$="MOTORROLLER"THENE=.18:GOTO1071
1070 GOSUB34:GOTO1068
1071 PRINT:PRINTI$;"ENTFERNUNG ZWISCHEN DEM ";NO$;" UND DEM ";NQ$;" IN KM"
1072 INPUTN9%:GOTO1080
1073 E=INT(E*N9%+.9):GOSUB1088:B%=0:RETURN
1074 PRINT:PRINTI$;"KOSTEN DER ";NS$;N2$:INPUTE:E=E*NA%*E:GOSUB1088
1075 RETURN
1076 B%=1:IFN1%>0THEN1068
1077 PRINT:PRINTI$;"FAHRZEUGART":INPUTE$:IFE$="PKW"THENGOSUB990:GOTO1071
1078 IFE$="MOTORRAD"ORE$="MOTORROLLER"THENGOSUB995:GOTO1071
1079 GOSUB34:GOTO1077
1080 IFN1%>0ANDB%=1THENN9%=N9%*2
1081 IFB%=1THENE=E*NA%
1082 GOTO1073
1083 IFA%=1THENNH%=NH%+E:RETURN
1084 NI%=NI%+E:RETURN
1085 IFA%=1THENNJ%=NJ%+E:RETURN
1086 NK%=NK%+E:RETURN
1087 GOSUB1026:GOSUB1083:RETURN
1088 GOSUB1026:GOSUB1085:RETURN
1089 IFA%=1THENFK=NH%:DH=NJ%:W=NG:GOTO1091
1090 FK=NI%:DH=NK%:W=NH
1091 E=AL*H:L=INT(BM+.99):L%=L%+L:E1=L*HB:IFE>E1THENE=E1
1092 F=E/L:WK=WK+E:RETURN
1093 GOSUB1313:GOSUB1309:WK=INT(WK+.99+FK+DH):IFWK>W THENGOSUB1098
1094 Q$="WERBUNGSKOSTEN ":M$="DM":S$=" NACH ABZUGSFAEHIGEN ":R$="EINGABE-"
1095 PRINT"DIE ";Q$;"BETRAGEN";S$:PRINTP$;"U.";R$;Q$;TAB(77-LEN(STR$(WK)));WK;M$
1096 PRINTR$;Q$;TAB(37-LEN(STR$(W)));W;M$:WK=0:NM=0:NO=0:NQ=0:NL=0:L%=0
1097 PRINT"DER JEWEILS HOEHERE BETRAG WIRD BERUECKSICHTIGT":NS=0:NU=0:RETURN
1098 IFA%=1THENNG=WK:RETURN
1099 NH=WK:RETURN
1100 PRINT"[]":PRINTI$;U$;" N";" FUER DEN ";YY$;V$
1102 PRINT:PRINTI$;W$;L$;N1$;Z$;" N3)";N2$;X$:INPUTN0
1103 PRINT:PRINTI$;W$;L$;N4$;Z$;" N4)";N3$;X$:INPUTE:N1=N1+E
1104 PRINT:PRINTI$;W$;" 1.";Y$;" N5)";N3$;X$:INPUTE:N2=N2+E
1105 PRINT:PRINTI$;W$;" 2.";Y$;" N6)";N3$;X$:INPUTE:N2=N2+E
1106 PRINT:PRINTI$;W$;N0$;" 16/26 V.H.";Z$;" N7-N9)";N2$:INPUTE:N3=N3+E
1107 PRINT:PRINTI$;W$;N0$;" 23/33 V.H.";Z$;" N10-N12)";N2$:INPUTE:GOSUB1017
1108 PRINT:PRINTI$;" AUSZAHLUNGSBETRAG DES";N7$;Z$;" N14)";N2$:INPUTE:N6=N6+E
1109 IFE>0THENPRINT:PRINTI$;N5$;" DES";N7$;Z$;" N14)";N2$:INPUTE:N7=N7+E:PRINT
1110 PRINTI$;N5$;" AN ARBEITSLOSENGELD/HILFE";Z$;" N15)":INPUTE:N8=N8+E:PRINT
```

```
1111 PRINTI$;N8$;" DOPPELBESTEUERUNGSABKOMMEN";Z$;" N18)";N2$:INPUTE:N9=N9+E
1112 PRINT:PRINTI$;N8$;" AUSLANDSTAETIGKEITSERLASS";Z$;" N18)";N2$:INPUTE:NA=NA+
E
1113 PRINT:PRINTI$;"BEZOGEN SIE IN";VZ$;L$;N9$;C$:INPUTE$:IFE$="N"THEN1132
1114 IFE$="J"THEN1116
1115 GOTO1113
1116 PRINT:PRINTI$;"BITTE EST(WENN EST-VERANLAGUNG) ODER LST(WENN LOHNSTEUER";
1117 PRINTI$;"JAHRESAUSGLEICH BEANTRAGT) EINGEBEN":INPUTE$:IFE$="EST"THEN1124
1118 IFE$="LST"THEN1120
1119 GOTO1116
1120 PRINT:PRINTI$;"SOLL DER";N9$;" IN DEN LSTJA EINBEZOGEN WERDEN";C$
1121 INPUTE$:IFE$="J"THENBX%=1:GOTO1124
1122 IFE$="N"THEN1132
1123 GOTO1120
1124 PRINT:PRINTI$;N9$;Z$;" N19)";N2$:INPUTE:NB=NB+E:N0=N0+NB:GOSUB1019
1126 PRINT:PRINTI$;W$;Y$;" AUS ";N9$;Z$;" N19+N20)";N3$:INPUTE:ND=ND+E:N2=N2+E
1127 IFBX%=1THEN1132
1128 PRINT:PRINTI$;"SOLL DER ";N9$;" AUF DIE ERZIELUNGSJAHRE VERTEILT WERDEN"
1129 INPUTE$:IFE$="J"THENPRINT:PRINTI$;N9$;" DER NICHT AUF";VZ;"ENTFAELLT"
1130 IF E$="J" THEN INPUTE:NE=NE+E:N0=N0-NE:GOTO1132
1131 IF E$<>"N" THEN 1128
1132 PRINT:PRINTI$;W$;L$;"IM ";N1$;" ENTHALTENEN ";NA$;Z$;" N24)";N2$:INPUTE
1133 NF=E:IFAX%=1THENVA=NF:GOTO1135
1134 VB=NF
1135 IFNF=0THEN1139
1136 PRINT:PRINTI$;"DAVON ";NA$;" MIT AUSGEZAHLTER BERLIN-ZULAGE";Z$;" N24)";
1137 INPUTE:IFAX%=1THENVC=E:GOTO1139
1138 VD=E
1139 PRINT:PRINTI$;"NACH BERLINFOERDERUNGSGESETZ AUSGEZAHLTE ARBEITNEHMER";
1140 PRINTI$;"ZULAGEN";Z$;" N25)";N3$:INPUTE:IFAX%=1THENVE=E:GOTO1142
1141 VN=E
1142 YY$="IN ZEILEN N3+N19 ENTHALTENE ARBEITSLOEHNE":PRINT:PRINTI$;"WIRD ERKL";
1143 PRINTI$;"AERUNG IN BERLIN(WEST) ABGEGEBEN";C$:INPUTE$:IFE$="J"THENNCX%=1:GOT
O1146
1144 IFE$="N"THEN1149
1145 GOTO1142
1146 F=N0:PRINT:PRINTI$;YY$;"(OHNE ";NA$;"),DIE NICHT AUS BERLIN(WEST) SIND";Z$;
" N26)";
1147 PRINTI$;N2$:INPUTE:IFAX%=1THENVG=E:F=F-VG:E=VA:YB=YB+F-E:YC=YC+E:GOTO1152
1148 VH=E:F=F-VH:E=VB:YB=YB+F-E:YC=YC+E:GOTO1152
1149 PRINT:PRINTI$;YY$;",FUER DIE BERLIN-ZULAGEN GEZAHLT WORDEN SIND";
1150 PRINTI$;Z$;" N27)";N2$:INPUTE:IFAX%=1THENVI=E:F=E:YB=YB+F:GOTO1152
1151 VJ=E:F=E:YB=YB+E
1152 BE=BE+F:YD=YD+F:PRINT:PRINTI$;"ENTSCHAEDIGUNGEN,FUER DIE DER ERMAESSIGTE ";
1153 PRINTI$;"STEUERSATZ BEANTRAGT WIRD";Z$;" N21)";N2$:INPUTE:VK=VK+E
1154 PRINT:PRINTI$;W$;" ERHALTENEN STREIKGELDER U. ANDERER STEUERPFL. ";
1155 PRINTI$;"BETRAEGE OHNE LST-ABZUG";Z$;" N29)";N2$:INPUTE:N0=N0+E
1156 PRINT:PRINTI$;"STEUERFREIE AUFWANDSENTSCHAEDIGUNGEN,DIE SIE ALS ARBEIT";
1157 PRINTI$;"NEHMER,NEBENBERUFLICHER AUSBILDER,ERZIEHER ODER UEBUNGS";
1158 PRINTI$;"LEITER ERHIELTEN";Z$;" N30)";N2$:INPUTE:E=E-2400
1159 IFE<0THENE=0
1160 N0=N0+E:IFAX%=1THENBA=N0:GOTO1162
1161 BB=N0
1162 PRINT:PRINTI$;"ERHIELTEN SIE IN ";VZ$;L$;NA$;" ODER ALTERSRUHEGELD";
1163 PRINTI$;" AUS DER ";NE$;Z$;"N31)";C$:INPUTE$:IFE$="J"THENGOSUB1020:GOTO1184
1164 YY$="BESTAND IN "
1166 PRINT:PRINTI$;YY$;VZ$;L$;NE$;"SPFLICHT ";Z$;" N33)";C$:INPUTE$
1167 IFE$="J"THEN1184
1168 IFE$="N"THEN1170
1169 GOTO1166
```

```
1170 PRINT:PRINTI$;YY$;VZ$;" EINE ";NB$;" AUS DEM ";ND$;"(Z.B.ALS BEAMTER)";
1171 PRINTI$;" GANZ ODER TEILWEISE OHNE ";NC$;C$:INPUTE$:IFE$="N"THEN1180
1172 IFE$="J"THENGOSUB1020:GOTO1174
1173 GOTO1170
1174 PRINT:PRINTI$;YY$;VZ$;" DAS ";ND$;" WAEHREND DES GANZEN JAHRES";C$
1175 INPUTE$:IFE$="J"THENGOSUB1022:GOTO1178
1176 IFE$="N"THENGOSUB1024:GOTO1178
1177 GOTO1174
1178 PRINT:PRINTI$;N6$;" AUS ";ND$;" IN ";VZ$:INPUTE:IFA%=1THENVL=E:GOTO1184
1179 VM=E:GOTO1184
1180 PRINT:PRINTI$;YY$;VZ$;" EINE ";NB$;" NUR AUF GRUND ";NC$;" ODER BESTAND ";
1181 PRINTI$;"KEINE ";NB$;C$:INPUTE$:IFE$="J"THEN1184
1182 IFE$="N"THEN1164
1183 GOTO1180
1184 PRINT:PRINTI$;"HATTEN SIE IN ";VZ$;L$;NG$;NF$;L$;NH$;" MIT EIGENEM FAHR";
1185 PRINTI$;"ZEUG";C$:INPUTE$:PRINT:IFE$="J"THENGOSUB1028:GOTO1188
1186 IFE$="N"THEN1188
1187 GOTO1184
1188 PRINTI$;NG$;NF$;L$;NH$;" MIT OEFFENTLICHEN VERKEHRSMITTELN ";Z$;" N43)";
1189 PRINTI$;N2$:INPUTE:GOSUB1087
1190 PRINT:PRINTI$;"VOM ARBEITGEBER IN";VZ$;" FUER ";NF$;" STEUERFREI";
1191 PRINTI$;" ERSETZTE FAHRKOSTEN ";Z$;" N44)";N2$:INPUTE:E=E*(-1):GOSUB1087
1192 PRINT:PRINTI$;"BEITRAEGE ZU BERUFSVERBAENDEN";Z$;" N45)";N2$:INPUTE
1193 GOSUB1026
1194 PRINT:PRINTI$;NG$;" ARBEITSMITTEL ";Z$;" N46)";N2$:INPUTE:GOSUB1026
1195 PRINT:PRINTI$;W$;" WEITEREN WERBUNGSKOSTEN ";Z$;" N47+N48)";N2$:INPUTE
1196 GOSUB1026
1198 PRINT:PRINTI$;NJ$;" UEBER ZWOELF";NK$;" UND KEINEN ";NL$:INPUTE:E=E*3
1199 GOSUB1026:PRINT:PRINTI$;NJ$;" UEBER ZEHN";NK$;" UND ";NL$:INPUTE:E=E*5
1200 GOSUB1026:YY$=" BEI BERUFSFAHRERN MIT FAHRTAETIGKEIT":XX$=" MEHR ALS":PRINT
1201 PRINTI$;NJ$;XX$;L$;"SECHS";NK$;" ABER NICHT ";XX$;" ZWOELF";NK$;YY$:INPUTE
1202 E=E*8:GOSUB1026:PRINT:PRINTI$;NJ$;XX$;" ZWOELF";NK$;YY$:INPUTE:E=E*16
1203 GOSUB1026:PRINT:PRINTI$;"VOM ARBEITGEBER STEUERFREI ERSETZTE";L$;NM$;NG$;
1204 PRINTI$;" VERPFLEGUNG ";Z$;" N54)";N2$:INPUTE:E=E*(-1):GOSUB1026
1205 PRINT:PRINTI$;"HATTEN SIE IN ";VZ$;" BERUFLICH BEGRUENDETE MEHR"+NG$;
1206 PRINTI$;NN$;C$:INPUTE$:IFE$="J"THEN1209
1207 IFE$="N"THEN1255
1208 GOTO1205
1209 PRINT:PRINTI$;" BESTAND ";NP$;" AM ";NO$;" WEITER ";C$:INPUTE$
1210 IFE$="J"THENN6%=1:GOTO1217
1211 IFE$="N"THEN1213
1212 GOTO1209
1213 PRINT:PRINTI$;"BESTAND UNTERKUNFT AM ";NO$;" WEITER";C$:INPUTE$
1214 IFE$="J"THENN6%=2:GOTO1217
1215 IFE$="N"THENN6%=3:GOTO1217
1216 GOTO1213
1217 PRINT:PRINTI$;"BEGANN DIE ";NN$;" IN ";VZ$;C$:INPUTE$
1218 IFE$="J"THENN7%=1:GOTO1221
1219 IFE$="N"THEN1235
1220 GOTO1217
1221 PRINT:PRINTI$;"ENDETE DIE ";NN$;" IN ";VZ$;C$:INPUTE$
1222 IFE$="J"THENN7%=N7%+2:GOTO1225
1223 IFE$="N"THEN1225
1224 GOTO1221
1225 PRINT:PRINTI$;"ERFOLGTE DIE ERSTE FAHRT ZUM ";NQ$;" MIT ";NR$;C$:INPUTE$
1226 IFE$="J"THENGOSUB1068:GOTO1229
1227 IFE$="N"THENGOSUB1074:GOTO1229
1228 GOTO1225
1229 IFN7%<2THEN1235
1230 PRINT:PRINTI$;"ERFOLGTE DIE LETZTE FAHRT ZUM ";NP$;" MIT ";NR$;C$:INPUTE$
```

```
1231 IFE$="J"THENGOSUB1068:GOTO1234
1232 IFE$="N"THENGOSUB1074:GOTO1234
1233 GOTO1230
1234 IFN6%=3THEN1241
1235 PRINT:PRINTI$;"ANZAHL DER WOECHENTLICHEN HEIMFAHRTEN VOM ";NQ$;" ZUM ";NO$
1236 INPUTNA%
1237 PRINT:PRINTI$;"ERFOLGTEN DIESE FAHRTEN MIT ";NR$;C$:INPUTE$
1238 IFE$="J"THENGOSUB1076:GOTO1241
1239 IFE$="N"THENB%=1:GOSUB1074:GOTO1241
1240 GOTO1237
1241 PRINT:PRINTI$;NJ$;" REISEKOSTEN,WENN DER ";NN$;" EINE DIENSTREISE UNMIT";
1242 PRINTI$;"TELBAR VORAUSGING":INPUTNB%:YY$="KOSTEN DER UNTERKUNFT "
1243 XX$="MEHRAUFWAND FUER VERPFLEGUNG ":ZZ$="IN DEN ERSTEN 2 WOCHEN ":GOSUB1303
1244 IFN6%=3THENPRINT:PRINTI$;YY$;NQ$;ZZ$;N2$:INPUTNC%
1245 IFN6%<3THEN1248
1246 IFNB%>14THENNB%=14
1247 E=NC%+(14-NB%)*F:GOSUB1088:GOTO1253
1248 PRINT:PRINTI$;YY$;" IN ";VZ$;" AM ";NQ$:INPUTND%:E=ND%:GOSUB1088:PRINT
1249 GOSUB1305
1251 IFNB%>13THENE=0
1252 E=(NF%-E)*G:GOSUB1088
1253 PRINT:PRINTI$;"VOM ARBEITGEBER STEUERFREI ERSETZTER ";XX$;" UND FUER ";YY$;
1254 PRINTI$;Z$;" N62)":INPUTNG%:E=NG%*(-1):GOSUB1088
1255 VV$=",":WW$="ARTIST":XX$="DARSTELLENDER KUENSTLER":ZZ$="JOURNALIST"
1256 YY$="HAUPTBERUFLICH TAETIGER MUSIKER"
1257 SS$="BEANTRAGEN SIE IM VZ DEN WERBUNGSKOSTEN-PAUSCHSATZ ALS ":PRINT
1258 PRINTI$;SS$;WW$;VV$;XX$;VV$;" ODER ";ZZ$;C$:INPUTE$:IFE$="J"THEN1261
1259 IFE$="N"THENRETURN
1260 GOTO1257
1261 UU$="ANZAHL DER BESCHAEFTIGUNGSMONATE ALS ":TT$=" IN DIESEN MONATEN"
1262 PRINT:PRINTI$;SS$;WW$;C$:INPUTE$:IFE$="J"THEN1265
1263 IFE$="N"THEN1267
1264 GOTO1262
1265 PRINT:PRINTI$;UU$;WW$:INPUTNM:NL=NL+NM
1266 PRINT:PRINTI$;N6$;TT$:INPUTNN
1267 PRINT:PRINTI$SS$;XX$;C$:INPUTE$:IFE$="J"THEN1270
1268 IFE$="N"THEN1277
1269 GOTO1267
1270 RR$=" SOLIST ":PRINT:PRINTI$;SS$;RR$;C$:INPUTE$:IFE$="J"THEN1273
1271 IFE$="N"THEN1275
1272 GOTO1270
1273 PRINT:PRINTI$;UU$;RR$:INPUTNO:NL=NL+NO
1274 PRINT:PRINTI$;N6$;TT$:INPUTNP
1275 RR$=" IN EINER GRUPPE ":PRINT:PRINTI$;UU$;XX$;RR$:INPUTNQ:NL=NL+NQ
1276 PRINT:PRINTI$;N6$;TT$:INPUTNR
1277 PRINT:PRINTI$;SS$;YY$;C$:INPUTE$:IFE$="J"THEN1280
1278 IFE$="N"THEN1289
1279 GOTO1277
1280 PRINT:PRINTI$;UU$;YY$:INPUTNS:NL=NL+NS
1281 PRINT:PRINTI$;"TRITT IHRE GRUPPE IN EINHEITLICHER KLEIDUNG AUF";C$:INPUTE$
1282 IFE$="J"THENNT%=90:GOTO1285
1283 IFE$="N"THENNT%=45:GOTO1285
1284 GOTO1281
1285 PRINT:PRINTI$;"WAREN SIE KAPELLMEISTER/LEITER";C$:INPUTE$
1286 IFE$="J"THENNT%=NT%+45:GOTO1289
1287 IFE$="N"THEN1289
1288 GOTO1285
1289 PRINT:PRINTI$;SS$;ZZ$;C$:INPUTE$:IFE$="J"THEN1292
1290 IFE$="N"THEN1294
1291 GOTO1289
```

```
1292 PRINT:PRINTI$;UU$;ZZ$:INPUTNU:NL=NL+NU
1293 PRINT:PRINTI$;N6$;TT$:INPUTNV
1294 IFNL<13THEN1297
1295 NL=0:NM=0:NN=0:NO=0:NR=0:NS=0:NU=0:NV=0
1296 PRINT:PRINTI$;"MEHR ALS 12 MONATE EINGEGEBEN":GOSUB34:GOTO1257
1297 IFNM>0THENBM=NM:AL=NN:HB=400:H=.2:GOSUB1089:F(1)=F
1298 IFNO>0THENBM=NO:AL=NP:HB=500:H=.25:GOSUB1089:F(2)=F
1299 IFNQ>0THENBM=NQ:AL=NR:HB=400:H=.2:GOSUB1089:F(3)=F
1300 IFNS>0THENWK=WK+NS*NT%:GOSUB1311:F(4)=F
1301 IFNU>0THENBM=NU:AL=NV:HB=250:H=.15:GOSUB1089:F(5)=F
1302 P$="PAUSCHSAETZE(N) IHRER BERUFSGRUPPE(N) ":GOSUB1093:RETURN
1303 IFVZ<86THENF=35:G=14:RETURN
1304 F=42:G=16:RETURN
1305 PRINTI$;NJ$;XX$;" IN ";VZ$:INPUTNF%
1306 IF NB%>0 AND NB%<14THENE=(14-NB%)*F:GOSUB1088:E=14-NB%
1307 IF NB%=0 THEN E=14*F:GOSUB1088:E=14
1308 RETURN
1309 IFFK>0THENFK=FK-(15*NL):IFFK<1THENFK=0
1310 RETURN
1311 IFA%=1THENWK=WK+NG:W=NG:RETURN
1312 WK=WK+NH:W=NH:RETURN
1313 IFL%=NLTHENRETURN
1314 N=L%-NL:IFN<1THENRETURN
1315 FORI=1TO4:FORJ=I+1TO5:IFF(I)<=F(J)THEN1317
1316 F(0)=F(I):F(I)=F(J):F(J)=F(0)
1317 NEXTJ:NEXTI:I=0:FORJ=1TO5:IFF(J)=0THENI=I+1:NEXTJ
1318 FORI=I+1TON+I-1:WK=WK-F(I):NEXTI
1319 PRINTI$;"IN EINGABE-WK ENTHALTENE UMZUGSKOSTEN";N2$:INPUTUK:WK=WK+UK:RETURN
1400 PRINT"J":PRINTI$;U$;" V (ERSTE ODER NAECHSTE) ";V$:GOSUB1403:IFVZ<87THEN141
0
1402 ZZ$=" V1-V55 ":GOTO1451
1403 X3$="ZWEIFAMILIENHAUS":X4$="ANDERE(S) HAUS":X5$="WAR DAS EIN(E) "
1404 X6$="WURDE IN ":X7$=" MINDESTENS EINE WOHNUNG":X1$="EINFAMILIENHAUS"
1405 X8$="ANDEREN ALS WOHNZWECKEN DIENENDE EINHEIT VON RAEUMEN IN DIESEM HAUS "
1406 X9$="ZUR DAUERNDEN NUTZUNG VERMIETET ":XA$="BEENDIGUNG DER ":X0$=" ODER "
1407 XB$="VERMIETUNG":XC$="SELBSTNUTZUNG ":XE$="UNENTGELTLICH UEBERLASSEN"
1408 XD$="ZU GEWERBLICHEN ODER BERUFLICHEN ZWECKEN ":X2$="EIGENTUMSWOHNUNG "
1409 XF$="DER GESAMTEN NUTZFLAECHE DES HAUSES":XG$="IN % ":RETURN
1410 PRINT:PRINTI$;X6$;VZ$;" EIN(E) ";X2$;X0$;X1$;X0$;X3$;X0$;X4$;" AUSSCHLIESS"
;
1411 PRINTI$;"LICH ODER UEBERWIEGEND NUR FUER EIGENE WOHNZWECKE GENUTZT";C$
1412 INPUTE$:IFE$="J"THEN1415
1413 IFE$="N"THEN1450
1414 GOTO1410
1415 PRINT:PRINTI$;X5$;X1$;X0$;X2$;C$:INPUTE$:IFE$<>"J"ANDE$<>"N"THEN1415
1416 IFE$="J"THENX6%=1:GOSUB1552:GOTO1450
1417 GOSUB1420:IFE$<>"J"ANDE$<>"N"THEN1417
1418 IFE$="J"THEN1450
1419 GOTO1423
1420 PRINT:PRINTI$;"ERFOLGTEN FUER DAS ";X3$;" ODER ";X4$;" BAUANTRAG,BESTELUNG"
;X0$;
1421 PRINTI$;" ERWERB VOR DEM 30.07.81";C$:INPUTE$:RETURN
1423 PRINT:PRINTI$;X6$;VZ$;X7$;X0$;X8$;X9$;C$:INPUTE$:IFE$="J"THEN1450
1424 IFE$="N"THEN1426
1425 GOTO1423
1426 PRINT:PRINTI$;X6$;VZ$;X7$;X0$;X8$;"INNERHALB VON 6 MONATEN NACH FERTIG";
1427 PRINTI$;"STELLUNG ODER ANSCHAFFUNG DES HAUSES,NACH ";XA$;XB$;" ODER ";
1428 PRINTI$;XC$;X9$;C$:INPUTE$:IFE$="J"THEN1450
1429 IFE$="N"THEN1431
1430 GOTO1426
```

```
1431 PRINTI$;X6$;VZ$;X7$;X0$;X8$;XD$;"SELBST GENUTZT ODER ";XD$;
1432 PRINTI$;XE$;" UND BETRAEGT DER ";XD$;"GENUTZTE TEIL DES HAUSES ";
1433 PRINTI$;"MINDESTENS EIN DRITTEL ";XF$;C$:INPUTE$:IFE$="J"THEN1450
1434 IFE$="N"THEN1436
1435 GOTO1431
1436 PRINT:PRINTI$;X6$;VZ$;X7$;" AUFGRUND EINES LEIHVERTRAGS FUER MINDESTENS";
1437 PRINTI$;" EIN JAHR ";XE$;C$:INPUTE$:IFE$="J"THEN1441
1438 IFE$="N"THENGOSUB1550:GOTO1450
1439 GOTO1436
1441 PRINT:PRINTI$;"ANTEIL DER ";XE$;"EN WOHNUNG AN ";XF$;XG$:INPUTE:X0%=E
1442 PRINT:PRINTI$;"AN WIEVIEL TAGEN ";X6$;VZ;" DIE WOHNUNG ";XE$:INPUTE
1443 X0=E/365:GOSUB1550:GOTO1450
1444 PRINT:PRINTI$;X5$;X2$;X0$;X1$;C$:INPUTE$:IFE$="J"THENX6%=1:RETURN
1445 PRINT:PRINTI$;X5$;" ";X3$;C$:INPUTE$:IFE$="J"THENX6%=2:RETURN
1446 PRINT:PRINTI$;X5$;X4$;C$:INPUTE$:IFE$="J"THENX6%=3:RETURN
1447 GOSUB34:GOTO1444
1450 ZZ$=" V29-V51 "
1451 PRINT"□":PRINTI$;"SIND DATEN IN ";Z$;ZZ$;"DA ";C$:INPUTE$:IFE$="N"THEN1525
1452 IFE$="J"THENGOSUB1444:GOTO1454
1453 GOTO1451
1454 UU$="VEREINNAHMTE MIETEN FUER ":VV$="EINNAHMEN AUS ":WW$="MIETWERT DER "
1455 XX$="WOHNUNG(EN)/RAEUME ":TT$="SELBSTGENUTZTEN ":SS$="NUTZFLAECHE DER "
1456 ZZ$="ANDEREN PERSONEN OHNE GESICHERTE RECHTSPOSITION ":YY$="GARAGEN "
1457 PRINT:PRINTI$;"BAUJAHR ";Z$;" V29(Z.B.1960)":INPUTX1%:IFX1%<1500ORX1%>1900+
VZTHEN1457
1458 PRINT:PRINTI$;UU$;XX$;"IN";VZ$;N2$:GOSUB1468
1459 PRINT:PRINTI$;SS$;XX$;" IN QM":INPUTX2%:IFX2%>0ANDX1>0THENX3=X1/X2%
1460 PRINT:PRINTI$;UU$;" FRUEHERE JAHRE "Z$;" V31)";N2$:GOSUB1468
1462 PRINT:PRINTI$;VV$;" UMLAGEN "Z$;" V32)";N2$:GOSUB1468:X2=E
1463 PRINT:PRINTI$;VV$;XB$;" VON ";YY$;" USW.";Z$;" V33)";N2$:GOSUB1468
1464 PRINT:PRINTI$;"SONSTIGE ";VV$;XB$;Z$;" V34)";N2$:GOSUB1468:RR$=" IN QM"
1465 PRINT:PRINTI$;SS$;TT$;XX$;RR$:GOSUB1469:X3%=E%
1466 PRINT:PRINTI$;SS$;ZZ$;XE$;"EN ";XX$;RR$;Z$;" V36)":GOSUB1469:X4%=E%:IFXA%>0
THEN1471
1467 PRINT:PRINTI$;WW$;TT$;" UND ";ZZ$;XE$+"EN ";YY$;N2$:GOSUB1468:GOTO1471
1468 INPUTE:X1=X1+E:GOTO1470
1469 INPUTE%:IFE%>0THENGOSUB1857
1470 PRINT:PRINTW$;" ";VV$;XB$;Z$;" V30-37) BIS JETZT";TAB(77-LEN(STR$(X1)));X1;
DM$:RETURN
1471 PRINT:PRINTI$;"SCHULDZINSEN USW.";Z$;" V40)";N2$:X4=0:GOSUB1485
1472 UU$=" INSTANDHALTUNG ":VV$=" ABZUSETZENDE ":WW$=" GROESSERE "
1473 PRINT:PRINTI$;NG$;" KLEINERE ";UU$;Z$;" V41)";N2$:GOSUB1485
1474 PRINT:PRINTI$;"IN ";VZ$;VV$;NG$;WW$;UU$;" AUS ";VZ$;Z$;" V42)";N2$
1475 GOSUB1485:PRINT:PRINTI$;"IN ";VZ$;VV$;NG$;WW$;UU$;" AUS VORJAHREN ";
1476 PRINTI$;Z$;" V43)";N2$:GOSUB1485
1477 PRINT:PRINTI$;NG$;" GRUNDSTEUER USW. ";Z$;" V44)";N2$:IFX2=0THENGOSUB1485:G
OTO1480
1478 UU$="DAVON ENTFALLEN AUF DIE ":GOSUB1479:GOTO1480
1479 INPUTF:GOSUB1484:E=F:X4=X4+E:GOSUB1487:RETURN
1480 PRINT:PRINTI$;NG$;" SCHORNSTEINREINIGUNG USW."Z$;" V45)";N2$:IFX2=0THENGOSU
B1485:GOTO1483
1482 GOSUB1479
1483 VV$="DIE ABSETZUNG FUER ABNUTZUNG BEMESSEN WERDEN NACH PAR.":GOTO1489
1484 PRINT:PRINTI$;UU$;TT$;" ODER ";ZZ$;XE$;"EN ";XX$;" UND ";YY$;N2$:INPUTE:F=F
-E:RETURN
1485 INPUTE
1486 X7%=X2%+X3%+X4%:X4=X4+INT(E-E*XA%/X7%)
1487 PRINT:PRINT"WERBUNGSKOSTEN";Z$;"V40-V49) BIS JETZT ";TAB(77-LEN(STR$(X4)));
X4;DM$:RETURN
1489 UU$="SOLL ":WW$="ESTG":ZZ$=" 7 ABS. 4 ":X$=" V46 ":GOSUB1499:IFE$="N"THEN14
```

```
92
1490 IFE$="J"THENX5%=1:GOSUB1770:GOSUB1486:X$=" V47)":GOTO1503
1491 GOTO1489
1492 ZZ$=" 7 ABS. 5 ":GOSUB1499:IFE$="J"THENX5%=2:GOSUB1750:GOTO1495
1493 IFE$="N"THEN1496
1494 GOTO1492
1495 PRINT:PRINTI$;XX$;" (Z.B. 80)":INPUTE:GOSUB1650:GOSUB1486:GOTO1503
1496 ZZ$=" 7 B ":GOSUB1499:IFE$="N"THEN1500
1497 IFE$="J"THENX5%=3:GOSUB1600:GOSUB1486:GOTO1503
1498 GOTO1496
1499 PRINT:PRINT1$;UU$;VV$;ZZ$;WW$;Z$;X$;C$:INPUTE$:RETURN
1500 ZZ$=" 14 A,15 ":WW$="BERLIN-FG":GOSUB1499:IFE$="N"THEN1503
1501 IFE$="J"THENX5%=4:GOSUB1670:GOSUB1486:GOTO1503
1502 GOTO1500
1503 ZZ$=" 82 A-I ESTDV":GOSUB1631:PRINT:PRINTI$;UU$;ZZ$;C$:INPUTE$
1504 IFE$="J"THENX5%=5:GOSUB1660:GOSUB1486:GOTO1507
1505 IFE$="N"THEN1507
1506 GOTO1503
1507 PRINT:PRINTI$;"IN ";VZ$;" VEREINNAHMTE OEFFENTLICHE ZUSCHUESSE FUER ";
1508 PRINTI$;NG$;" ERHALTUNG";Z$;" V48)";N2$:INPUTE:X4=X4-E:GOSUB1487
1509 UU$="VON DEN WERBUNGSKOSTEN VON":VV$=" ENTFALLEN AUF DIE "
1510 WW$="EIGENBERUFLICH/-GEWERBLICH ":XX$="GENUTZTEN RAEUME":F=1:GOSUB1511:GOTO
1513
1511 PRINT:PRINTI$;UU$;STR$(X4);L$;DM$;VV$;WW$;XX$;N2$:INPUTE:IFE=>X4THENGOSUB34
:GOTO1511
1512 X4=X4-INT(E*F):GOSUB1487:RETURN
1513 WW$="AUFGRUND VON LEIHVERTRAEGEN FUER MINDESTENS 1 JAHR GANZ "
1514 XX$="UNENTGELTLICH  DRITTEN ZUR NUTZUNG UEBERLASSENEN WOHNUNGEN/RAEUMEN"
1515 GOSUB1511:WW$="AUFGRUND VON MIETVERTRAEGEN "
1516 XX$="TEILWEISE UNENTGELTLICH DRITTEN ZUR NUTZUNG UEBERLASSENEN RAEUME"
1517 PRINT:PRINTI$;"ANZAHL DER ";WW$;XX$:INPUTE:IFE=0THEN1521
1518 PRINT:PRINTI$;"DURCHSCHN.MIETPREIS JE QM DER ";WW$;XX$;N2$:INPUTE
1519 IFE>X3THENGOSUB34:GOTO1518
1520 F=INT((1-E*12/X3)*100+.5)/100:GOSUB1511
1521 X8=X1-X4:PRINT:PRINT"UEBERSCHUSS NACH ZEILE V52 =";TAB(37-LEN(STR$(X8)));X8
;L$;DM$
1522 IFVF<>1THENXP=XP+X8:GOTO1525
1523 PRINT:PRINTI$;"ANTEIL DES";B$;" AN DEN ";STR$(X8);L$;DM$;N2$:INPUTE
1524 XQ=XQ+E:XP=XP+X8-E
1525 IFVZ>86THEN1548
1526 UU$="WURDEN DEM ":XX$="WOHNUNGEN ZUR NUTZUNG TEILWEISE ":YY$=A$:A%=2
1527 GOSUB1528:GOTO1539
1528 PRINT:PRINTI$;UU$;YY$;L$;WW$;XX$;XE$;C$:INPUTE$:IFE$="J"THEN1531
1529 IFE$="N"THENRETURN
1530 GOTO1528
1531 XX$="DIESER WOHNUNGEN "
1532 PRINT:PRINTI$;"NUTZFLAECHE ";XX$;" IN QM ":INPUTE
1533 PRINT:PRINTI$;"NORMAL(=MARKT)MIETE ";XX$;"JE QM ";N2$:INPUTF:H=1
1534 IFA%=2THENPRINT:PRINTI$;"GEZAHLTE MIETE JE QM";N2$:INPUTG:H=1-G/F
1535 E=INT(E*F*H)
1536 XX$="GEZAHLTE-ERSTATTETE AUSGABEN FUER DIESE WOHNUNGEN IN"
1537 PRINT:PRINTI$;"VOM ";YY$;XX$;VZ$;N2$:INPUTI:E=E-I:IFYY$=A$THENXP=XP+E:RETUR
N
1538 XQ=XQ+E:RETURN
1539 GOSUB1540:GOTO1543
1540 IFYY$=A$THENX=XP:GOTO1542
1541 X=XQ
1542 PRINT:PRINT"MIETEINKUENFTE DES";YY$;"BIS JETZT";TAB(77-LEN(STR$(E)));X;DM$:
RETURN
1543 IFVF=1THENYY$=B$:GOSUB1528:GOSUB1540
```

```
1544 WW$="AUFGRUND VON LEIHVERTRAEGEN FUER MINDESTENS 1 JAHR "
1545 XX$="WOHNUNGEN ZUR NUTZUNG GANZ "
1546 YY$=A$:A%=1:GOSUB1528:GOSUB1540:IFVF<>1THEN1548
1547 YY$=B$:GOSUB1528:GOSUB1540
1548 GOSUB1820:SU=SU+XP:SV=SV+XQ
1549 RETURN
1550 IFX6%<>1THENPRINT:PRINTI$;X5$;X3$;C$:INPUTE$:IFE$="J"THENX6%=2:GOTO1552
1551 IFN6%<>1THENX6%=3
1552 UU$="GRUNDSTUECKSFLAECHE IN QM":VV$="(Z.B.01.07.86)":PRINT:PRINTI$;"GESAMTE
 ";UU$
1553 INPUTX7%:PRINT:PRINTI$;"BEBAUTE ";UU$:INPUTX8%:IFX7%<=X8%*20THEN1556
1554 PRINT:PRINT"KEIN 21 A-FALL":PRINTU$;" V-RUECKSEITE ";V$:GOSUB298:RETURN
1556 PRINT:PRINTI$;XC$;" AB ";VV$;" IN ";VZ$:INPUTE$:GOSUB1000
1557 IFF%=1THENGOSUB34:GOTO1556
1558 X9%=M%*(-1):IFT%=1THENX9%=X9%+1
1559 PRINT:PRINTI$;XC$;" BIS ";VV$;" IN ";VZ$:INPUTE$:GOSUB1000
1560 IFF%=1THENGOSUB34:GOTO1559
1561 GOSUB1740
1562 UU$="VOM EINHEITSWERT ENTFALLEN AUF":VV$="BITTE GEBEN SIE DIE DATEN AUS"
1563 PRINT:PRINTI$;"MASSGEBLICHER EINHEITSWERT ";N2$:INPUTXD:PRINT
1564 PRINTI$;UU$;" DIE ";XC$;" VON WOHNUNGEN ";XG$:INPUTXA:IFXA>100THEN1564
1565 PRINT:PRINTI$;UU$;A$;N2$:INPUTXE::IFXE=XDTHEN1568
1566 PRINT:PRINTI$;UU$;B$;N2$:INPUTXF:IFXD=(XE+XF)THEN1568
1567 PRINT"DIE ANTEILE ERGEBEN NICHT DEN EINHEITSWERT VON";XD:GOSUB34:GOTO1565
1568 WW$=" V7-V13 FUER DEN ":XX$=" EIN":UU$="SCHULDZINSEN-ZINSZUSCHUESSE "
1569 ZZ$=" BEI BAUANTRAG ODER BAUBEGINN ":TT$="FUER DIE VOLLEN MONATE DER "
1570 IF(XE+XF)=XDTHENB%=1:YY$=A$+" UND DEN"+B$:GOSUB1573:GOSUB1599:GOTO1576
1571 IFXF>0THENB%=2:YY$=B$:GOSUB1573:GOSUB1599
1572 PRINT:GOTO1576
1573 E=1.4/100*XA/100*X9%/12:IFB%=1THENXB%=INT(XD*E+.99):E=XB%
1574 IFB%=2THENXC%=INT(XF*E+.99):E=XC%
1575 PRINT"DER GRUNDBETRAG FUER";YY$;" = ";TAB(77-LEN(STR$(E)));E;DM$:X%=1:RETUR
N
1576 PRINTI$;UU$;TT$;XC$;"IN";VZ$;ZZ$;"VOR DEM 1.10.82";N2$:INPUTXG:IFXG>0THEN15
79
1577 PRINT:PRINTI$;UU$;TT$;XC$;"IN";VZ$;ZZ$;"NACH DEM 30.9.82";N2$:INPUTXH:GOTO1
583
1579 IFXG=0THEN1583
1580 IFXG>ETHENXG=E
1581 IFB%=1THENXD%=XG:GOTO1592
1582 XE%=XG:GOTO1592
1583 IFXH=0THEN1588
1584 IFXH>ETHENXG=E:XH=XH-E:GOTO1586
1585 XG=XH:GOTO1581
1586 IFXH>1E4THENXH=1E4
1587 IFB%=1THENXF%=XH:XD%=XG:GOTO1589
1588 XG%=XH:XE%=XG
1589 E=0:IFVZ>84THENPRINTI$;"NACHHOLBARE ";UU$;"AUS";STR$(VZ-3);N2$:INPUTE
1590 IFB%=1THENXF%=XF%+E:GOTO1592
1591 XG%=XG%+E
1592 GOSUB1700
1593 RETURN
1598 XC=0:C%=0:RETURN
1599 PRINT:PRINTI$;VV$;Z$;WW$;YY$;XX$:PRINT:RETURN
1600 RR$="EIGENTUMSWOHNUNG/EIN-/ZWEIFAMILIENHAUS":IFX6%=3THENX5%=1:GOSUB1770:RET
URN
1601 PRINT:PRINTI$;"LIEGT DIE/DAS ";RR$;" IM INLAND";C$
1602 INPUTE$:IFE$="N"THENX5%=1:GOSUB1770:RETURN
1603 IFE$="J"THEN1605
1604 GOTO1601
```

```
1605 GOSUB1403:PRINT:PRINTI$;"ANTEIL AN ";XF$;" DER ";XD$;" DIENT ";XG$:INPUTE
1606 IFE>33.33 THENX5%=1:GOSUB1770:RETURN
1607 TT$="ANSCHAFFUNG ":SS$="IN FORM EINES ":PRINT:PRINTI$;X5$;TT$;"VOM";
1608 PRINTI$;B$;SS$;"TAUSCHS";X0$;"RUECKKAUFS ";
1609 PRINTI$;C$:INPUTE$:IFE$="J"THENX5%=1:GOSUB1598:GOTO1631
1610 PRINT:PRINTI$;"WURDE SEIT 64(77) SCHON PAR.7 B ESTG(15 BERL-FG) FUER EIN OB
JEKT";
1611 PRINTI$;" BEANSPRUCHT";C$:INPUTE$:IFE$="N"THEN1617
1612 IFE$="J"THEN1614
1613 GOTO1610
1614 PRINT:PRINTI$;X5$;" FOLGEOBJEKT ";C$:INPUTE$:IFE$="J"THEN1617
1616 X5%=1:GOSUB1598:GOTO1631
1617 PRINT:PRINTI$;"WURDE DAS OBJEKT VOR DEM 30.07.81 ANGESCHAFFT";
1618 PRINTI$;" ODER BEGONNEN";C$:INPUTE$:GOSUB1750:IFE$="J"THEN1621
1619 IFE$="N"THEN1623
1620 GOTO1617
1621 IFX6%=1THENXB=15E4:GOTO1625
1622 XB=2E5:GOTO1625
1623 IFX6%=1THENXB=2E5:GOTO1625
1624 XB=25E4
1625 PRINT:PRINTI$;"BEGUENSTIGTE ";WW$;VZ$;:IFC%<>1THENPRINTI$;" ODER RESTWERT";
1626 PRINTI$;N2$:INPUTX9:IFC%<>1THENPRINT:PRINTI$;;X5$;" RESTWERT ";C$
1627 IFC%<>1THENINPUTE$:IFE$="J"THENE=INT(X9*.025+.99):RETURN
1628 GOSUB1634:IFX9<XBTHENXC=INT(X9*F+.99):XB=X9:GOTO1632
1629 XC=INT(XB*F+.99):GOTO1632
1630 XC=INT(XC*XA/100+.99):IFB%=2THENXL=XC:XC=0
1631 UU$="BEANSPRUCHEN SIE ERHOEHTE ABSETZUNGEN NACH ":RETURN
1632 IFC%=1THEN1630
1633 GOTO1640
1634 IFX5%=3THENF=.05
1635 RETURN
1640 E=XC:GOSUB1486:GOSUB1750:GOSUB1770:RETURN
1650 IFE<81THEN1657
1651 GOSUB1420:IFE$="J"THEN1657
1652 IFE+7=>VZTHENX7=5:GOTO1656
1653 IFE+13=>VZTHENX7=2.5:GOTO1656
1654 IFE+49=>VZTHENX7=1.25:GOTO1656
1655 X7=0
1656 GOSUB1770:RETURN
1657 IFE+11=>VZTHENX7=3.5:GOTO1656
1658 IFE+32=>VZTHENX7=2:GOTO1656
1659 X7=1:GOTO1656
1660 S$="BESTIMMTE(R) ANLAGEN ODER EINRICHTUNGEN "
1661 UU$="BEANTRAGEN SIE ERHOEHTE ABSETZUNGEN FUER ":VV$=" NACH PAR.82 "
1662 TT$="BAUMASSNAHMEN NACH BUNDESBAU-BZW.STAEDTEBAU-FOERDG-GESETZ"
1663 PRINT:PRINTI$;UU$;S$;VV$;"A ESTDV";C$:INPUTE$:IFE$="J"THENGOSUB1720:RETURN
1664 IFE$="N"THEN1666
1665 GOTO1663
1666 PRINT:PRINTI$;UU$;TT$;C$:INPUTE$:IFE$="J"THENGOSUB1764:RETURN
1667 IFE$="N"THENRETURN
1668 GOTO1666
1670 UU$="LIEGT DAS OBJEKT IN BERLIN(WEST)":VV$=",DER WOHNZWECKEN DIENT ":PRINT
1671 SS$=" MIT MEHR ALS 2 WOHNUNGEN":PRINTI$;UU$;C$:INPUTE$:IFE$="J"THEN1674
1672 IFE$="N"THENX5%=3:GOSUB1600:RETURN
1673 GOTO1671
1674 IFX6%<3THEN1679
1675 PRINT:PRINTI$;"ANTEIL AN ";XF$;VV$;XG$:INPUTE:IFE<66.66THENGOSUB1699:RETURN
1676 PRINT:PRINTI$;"IST ES EIN ";X4$;SS$;C$:INPUTE$:IFE$="J"THENGOSUB1688:RETURN
1677 IFE$="N"THENGOSUB1699:RETURN
1678 GOTO1676
```

```
1679 GOSUB1768:PRINT:PRINTI$;UU$;VV$;C$:INPUTE$:IFE$="J"THENGOSUB1685:GOTO1687
1680 IFE$="N"THENGOSUB1691:GOTO1687
1681 GOTO1679
1685 PRINT:PRINTI$;"AFA NACH PAR.14 A,15 BERLIN-FG ";XG$:INPUTE:IFE<0ORE>100THEN
1685
1686 F=E/100:RETURN
1687 GOSUB1605:GOTO1694
1688 GOSUB1750:GOSUB1696:GOSUB1691:IFX+11<VZTHENE=INT(XB/2*.025+.99):RETURN
1689 E=INT(XB*F+.99):RETURN
1691 GOSUB1685:X=X1%-1900:IFX+1<=VZANDE>10THENGOSUB34:GOTO1691
1692 IFVZ>X+1AND1ANDVZ<=X+11ANDE>3THENGOSUB34:GOTO1691
1693 RETURN
1694 C%=0:IFB%=1THENXC=E:RETURN
1695 XL=E:RETURN
1696 PRINT:PRINTI$;WW$;VZ$;N2$:INPUTXB:RETURN
1699 X5%=1:GOSUB1770:RETURN
1700 UU$="BEANSPRUCHEN SIE ERHOEHTE ABSETZUNG NACH ":C%=1
1701 PRINT:PRINTI$;UU$;"PAR.7 B ESTG";C$:INPUTE$:IFE$="J"THENGOSUB1600
1703 PRINT:PRINTI$;UU$;"PAR.82 A-I ESTDV";C$:INPUTE$:IFE$="J"THENGOSUB1660
1704 UU$=" VON RAEUMEN INSGESAMT":PRINTI$;"EINNAHMEN - AUSGABEN AUS DER ";XB$;UU
$;
1705 PRINTN2$:INPUTE:IFE<1E4ORE<=3*XA*1.4/100*X9%/12THEN1717
1706 PRINT:PRINTI$;"WERBUNGSKOSTEN FUER DIE ";XB$;UU$;N2$:INPUTF
1707 E=E-F:IFB%=1THENXH%=INT(E*XE/XD):GOTO1709
1708 XI%=INT(E1*XF/XD)
1709 PRINT:PRINTI$;"ANTEIL DER VERMIETETEN RAEUME AN";XF$;XG$:INPUTE
1710 PRINT:PRINTI$;"IST DIESER ANTEIL ALS ";XC$;"DER EIGENWOHNUNG MITERFASST"
1711 INPUTE$:UU$="DER GRUNDBETRAG MINDERT SICH DURCH DIE ":IFE$="J"THEN1714
1712 IFE$="N"THEN1717
1713 GOTO1710
1714 XA%=XA%-E:E=1.4/100*XA%/100*X9%/12:IFB%=1THENXB%=INT(XE*E):E=XB%:GOTO1716
1715 XC%=INT(XF*E):E=XC%
1716 PRINT:PRINTI$;UU$;XB$;" FUER DEN ";YY$;" AUF ";N2$:INPUTE:GOSUB1812
1717 SS$="SUMME ALLER WERBUNGSKOSTEN FUER DIE ZEIT VOR UND NACH DER"
1718 PRINT:PRINTI$;SS$;XC$;" FUER ";YY$;" IN ";VZ$;N2$:INPUTE:IFB%=1THENXJ=E:GOT
O1800
1719 XK=E:GOTO1800
1720 RR$="IST DER EINBAU ":PRINT:PRINTI$;RR$;"NACH DEM 30.06.78 UND VOR ";
1721 PRINTI$;"DEM 1.1.88 FERTIGGESTELLT WORDEN";C$:INPUTE$:IFE$="J"THEN1724
1722 IFE$="N"THENGOSUB1760:RETURN
1723 GOTO1720
1724 PRINT:PRINTI$;RR$;" TEIL EINER HEIZUNGS-/WARMWASSER-/WINDKRAFT-/GASGEWINNUN
GS-/";
1725 PRINTI$;"WAERMEPUMPEN-/SOLAR-/WAERMERUECKGEWINNUNGSANLAGE ";
1726 PRINTI$;"ODER EIN ANSCHLUSS AN DIE FERNWAERMEVERSORGUNG";C$:INPUTE$
1730 IFE$="J"THEN1755
1731 GOSUB1732:GOTO1733
1732 VV$="IST DER EINBAU IN EIN GEBAEUDE ERFOLGT, DAS VOR DEM 1.JULI ":RETURN
1733 PRINT:PRINTI$;VV$;"88 EINE ";TT$;C$:INPUTE$:IFE$="J"THEN1755
1734 IFE$="N"THENPRINT:PRINT"KEINE NACH 82 A-I BEGUENSTIGTE ANLAGE":E=0:RETURN
1735 GOTO1733
1740 X9%=X9%+M%:IFM%=2THEN1744
1741 IFM%=4ORM%=6ORM%=9ORM%=11THEN1746
1742 IFT%=31THENRETURN
1743 X9%=X9%-1:RETURN
1744 IFJ/4=INT(J/4)ANDT%=29ORJ/4<>INT(J/4)ANDT%=28THENRETURN
1745 GOTO 1743
1746 IFT%=30THENRETURN
1747 GOTO1743
1750 UU$="IST DIE ABSETZUNG FUER ABNUTZUNG WIE IM VORJAHR ANZUSETZEN "
```

```
1751 VV$="ABSETZUNG FUER ABNUTZUNG IM VORJAHR"
1752 WW$="ANSCHAFFUNGS-/HERSTELLUNGSKOSTEN ABZUEGLICH ZUSCHUESSE BIS ENDE"
1753 XX$="KJ. DER FERTIGSTELLUNG"
1754 RETURN
1755 PRINT:PRINTI$;"WURDE INVESTITIONSZULAGE GEWAEHRT ";C$:INPUTE$:IFE$="J"THENG
OSUB1760:RETURN
1756 IFE$<>"N"THEN1755
1757 PRINT:PRINTI$;WW$;VZ$;N2$:INPUTE:PRINT:PRINTI$;XX$;" (Z.B.80)":INPUTF:IFF+9
<VZTHENGOSUB1760:RETURN
1758 GOSUB1750:PRINT:PRINTI$;UU$;C$:INPUTE$:IFE$="N"THEN1761
1759 PRINT:PRINTI$;VV$:INPUTE:RETURN
1760 E=0:PRINT:PRINT"PAR.82A-I ESTDV NICHT MEHR BZW. NOCH NICHT ZULAESSIG":RETUR
N
1761 E=INT(E*.1+.99):IFC%<>1THENRETURN
1762 IFB%=1THENXI=E:RETURN
1763 XO=E:RETURN
1764 UU$="ERFOLGTE DIE BAUMASSNAHME NACH DEM 31.7.71 UND VOR DEM 1.1.88"
1765 PRINT:PRINTI$;UU$;C$:INPUTE$:IFE$="J"THENGOSUB1757:RETURN
1766 IFE$="N"THENGOSUB1734:RETURN
1767 GOTO1765
1768 UU$="WURDE ES IM STEUERBEGUENSTIGTEN/FREIFINANZIERTEN WOHNUNGBSAU ERBAUT"
1769 VV$=" UND DIENT ES MEHR ALS 3 JAHRE ZU MEHR ALS 80% WOHNZWECKEN":RETURN
1770 GOSUB1750:Y$=" N. 7 ABS.4 ":PRINT:PRINTI$;UU$;" = "+VV$+Y$;C$:INPUTE$:IFE$=
"N"THEN1773
1771 IFE$="J"THENPRINT:PRINTI$;VV$;Y$;N2$:INPUTE::RETURN
1772 GOTO1770
1773 PRINT:PRINTI$;"GESAMTE ";WW$;VZ$;N2$:INPUTX9:GOSUB1787:IFX5%=2THEN1786
1774 IFX9<=0THENE=0:RETURN
1775 PRINT:PRINTI$;XX$;"(Z.B.1900)":INPUTE:X%=E:IFE>1900+VZTHENGOSUB34:GOTO1775
1776 PRINT:PRINTI$;"ANGEFANGENE NUTZUNGSMONATE IN";VZ$;" (Z.B.10)":INPUTE
1777 IFE<1OREE>12THENGOSUB34:GOTO1776
1778 ZZ$="KUERZERE(N) NUTZUNGSDAUER ":PRINT:PRINTI$;"IST DIE AFA ";Y$;"NACH DER
";ZZ$;
1779 PRINTI$;"ALS 50 BZW. 40 JAHRE ZU BERECHNEN ";C$:INPUTE$:IFE$="J"THEN1783
1781 IFE$="N"THEN1784
1782 GOTO1778
1783 PRINT:PRINTI$;ZZ$;"IN KJ.(Z.B.30)":INPUTX:XA=100/X:GOTO1786
1784 IFX%>1924 THENXA=2:GOTO1786
1785 XA=2.5
1786 E=INT(X9*XA/100*E/12+.99):RETURN
1787 IFX5%=2THENXA=X7:E=12:RETURN
1788 IFX5%=3ORX5%=4THENX9=X9-XB:RETURN
1789 RETURN
1800 PRINT"□":PRINT"VOM GRUNDBETRAG FUER ";YY$;" SIND ABZUSETZEN"
1801 IFB%=1THENE=XD%:F=XF%:G=XJ:H=XC:I=XI:J=XH%:GOTO1803
1802 E=XE%:F=XG%:H=XL:I=XO:J=XI%
1803 UU$="SCHULDZINSEN NACH PAR.21 A ABSATZ":VV$=" 3 ESTG":X=E:GOSUB1804:GOTO180
5
1804 PRINTUU$;VV$;TAB(77-LEN(STR$(X)));X;DM$:RETURN
1805 X=F:VV$=" 4 ESTG":GOSUB1804:PRINTSS$;XC$;TAB(37-LEN(STR$(G)));G;DM$
1806 UU$="ERHOEHTE ABSETZUNGEN NACH PAR.":VV$=" 7 B ESTG ":X=H
1807 GOSUB1804:VV$=" 82 A-I ESTDV":X=I:GOSUB1804:GOSUB1810:PRINT:PRINT"DER UEBER
SCHUSS NACH ";
1808 PRINT"PAR.21 A ESTG MIT DEN EINKUENFTEN AUS DER ";XB$;" BETRAEGT FUER DEN"
1809 PRINTA$;TAB(37-LEN(STR$(E)));E;DM$:PRINTB$;TAB(37-LEN(STR$(F)));F;DM$:GOSUB
298:RETURN
1810 E=XB%-XC-XD%-XF%+XH%-XI-XJ:F=INT(E*XF/XD):E=E-F:X5=E:XP=X5
1811 F=F+XC%-XL-XE%-XG%+XI%-XK-XO:X6=F:XQ=F:RETURN
1812 IFB%=2THEN1816
```

```
1813 IFXE%>0ANDXE%<1E4THENXE%=XE%+E-XD%
1814 IFXD%>0THENXD%=E
1815 IFXE%>1E4THENXE%=1E4
1816 RETURN
1820 YY$=A$:ZZ$=" V18)":GOSUB1821:GOTO1828
1821 UU$="EINKUENFTE AUS ":VV$="VERMIETUNG UND VERPACHTUNG "
1822 WW$="UNBEBAUTER GRUNDSTUECKE,VON SACHINBEGRIFFEN U. RECHTSUEBERLASSUNGEN "
1823 PRINT:PRINTI$;UU$;VV$;WW$;" DES ";YY$;" IN";VZ$;N2$;L$;Z$;ZZ$
1824 INPUTE:IFYY$=A$THENXP=XP+E:GOTO1826
1825 XQ=XQ+E
1826 IFE<>0THENGOSUB1540
1827 RETURN
1828 IFVF<>1THEN1830
1829 YY$=B$:GOSUB1821
1830 YY$=A$:VV$="UNTERVERMIETUNG ":WW$="VON GEMIETETEN RAEUMEN":ZZ$=" V19)"
1831 GOSUB1823:IFVF<>1THEN1833
1832 YY$=B$:GOSUB1823
1833 YY$=A$:VV$="ANTEILEN AN ":WW$="GRUNDSTUECKSGEMEINSCHAFTEN":ZZ$=" V21-24)"
1835 GOSUB1823:IFVF<>1THEN1837
1836 YY$=B$:GOSUB1823
1837 YY$=A$:VV$="WURDE DIE ERKLAERUNG IN BERLIN/WEST ABGEGEBEN"
1838 WW$="AUS BERLIN/WEST":F=XP:UU$="MIETEINKUENFTE DES"
1839 PRINT:PRINTI$;VV$;C$:INPUTE$:IFE$="J"THEN1842
1840 IFE$="N"THEN1848
1841 GOTO1839
1842 GOSUB1843:GOSUB1844:GOTO1846
1843 PRINT:PRINTI$;UU$;YY$;" IN";VZ$;" NICHT ";WW$:INPUTE:RETURN
1844 XM%=1:IFYY$=A$THENXM=XP-E:RETURN
1845 XN%=1:XN=XQ-E:RETURN
1846 IFVF<>1THENRETURN
1847 YY$=B$:F=XQ:GOSUB1843:GOSUB1844:RETURN
1848 ZZ$=" DER WOHNSITZ DES":XX$=" IN BERLIN/WEST ":YY$=A$:F=XP:GOSUB1849:GOTO18
55
1849 PRINT:PRINTI$;"WAR IN ";VZ$;ZZ$;YY$;XX$;C$:INPUTE$:IFE$="J"THEN1852
1850 IFE$="N"THENRETURN
1851 GOTO1849
1852 PRINT:PRINTI$;UU$;YY$;" IN";VZ$;L$;WW$:INPUTE
1853 IFYY$=A$THENXM%=1:XM=E:RETURN
1854 XN%=1:XN=E:RETURN
1855 IFVF<>1THENRETURN
1856 YY$=B$:F=XQ:GOSUB1849:RETURN
1857 IFVZ<87THEN1861
1858 PRINT:PRINTI$;"BLEIBT DER MIETWERT STEUERFREI ";C$:INPUTE$:IFE$="J"THENXA%=
XA%+E%:RETURN
1859 IFE$="N"THEN1861
1860 GOTO1858
1861 X1=X1+INT(E%*X3):IFX3>0THENRETURN
1862 PRINT:PRINTI$;WW$;TT$;X0$;ZZ$;XE$;"EN ";XX$;N2$:INPUTE:X1=X1+E:RETURN

READY.
```

```
1 REM GEWINNE
2 KJ=VZ:GOSUB3:GOTO35
3 F$="BITTE NEUEINGABE":Z$="(ZEILE-NR.":C$=" J=JA,N=NEIN"
4 A$=" STEUERPFL./EHEMANN(S) ":B$=" EHEGATTE(N) ":N2$=" IN DM ":L$=" ":DM$="DM"
7 W$="SUMME DES/DER ":VZ$=STR$(KJ):V1$=STR$(KJ-1):V2$=STR$(KJ+1)
8 I$=CHR$(18):RETURN
10 INPUT"BILDSCHIRMINHALT AUSDRUCKEN J/N";E$:IFE$="J"THEN13
11 IFE$="N"THENRETURN
12 GOTO10
13 OPEN1,4:FORNY=0TO24:FORNX=0TO39
14 NS=PEEK(1024+NY*40+NX):NS$=CHR$(NS)
15 IFNS$="?"ANDNX=31THENNY=24
16 IFNS=>0ANDNS<32THENNS$=CHR$(NS+64)
17 IFNS>63ANDNS<96THENNS$=CHR$(NS+32)
18 PRINT#1,NS$;:NEXTNX:PRINT#1:FORNV=0TO5:PRINT#1,CHR$(0);:NEXTNV
20 NEXTNY
21 PRINT#1:CLOSE1:PRINTCHR$(147):RETURN
22 IFE%=2THEN25
23 IFI=1THENAI%=1:GOTO27
24 AL%=1:GOTO27
25 IFI=1THENAI%=2:GOTO27
26 AL%=2
27 E%=0:RETURN
34 PRINTF$:F%=0:RETURN
35 PRINT"□":IFE%=1THEN40
36 IFL%=1THENGOSUB500
37 IFG%=1THENGOSUB700:M1%=0
38 PRINTFRE(X):LOAD"EST/LSTJA",8
40 IFVF<>2THEN146
41 WW$="ANDERS ALS ZU JE 50% AUFGETEILT WERDEN <J/N>?":N1$="BRUTTOARBEITSLOHN"
42 XX$="PROZENTSATZ, DER AUF SIE ENTFAELLT?":SS$="IST DIE IN ZEILE-NR."
43 TT$=" ANGEGEBENE PERSON EIN KOERPERBEHINDERTES KIND <J/N>?"
44 UU$="SOLLEN SONDERAUSGABEN U. AUSSERGEWOEHNLICHE BELASTUNGEN "
45 VV$="MIT ZUSTIMMUNG DES EHEGATTEN ":NA$="VERSORGUNGSBEZUEGE"
46 PRINTI$;N1$;" DES ";B$;" IN";VZ$:INPUTE:IFE=0THENS1%=300:GOTO63
47 PRINTI$;"DAVON ";NA$:INPUTF:IFF>12E3THENH=4800:PRINT:GOTO49
48 H=F*.4
49 G=E-H-600:PRINTI$;"WAR IHR ";B$;" AM 2.1."VZ$;" AELTER ALS 64 JAHRE ";C$
50 INPUTE$:IFE$="N"THEN54
51 IFE$="J"THEN53
52 GOTO49
53 I=(E-F)*.4:IFI>3E3THENI=3E3
54 G=G-I:S7=G-1044:GB=GB+S7
55 IFVZ=82ANDG>56400THENG=56400
56 IFVZ=83ANDG>6E4THENG=6E4
57 IFVZ=84ANDG>62400THENG=62400
58 IFVZ=85ANDG>64800THENG=64800
59 PRINTI$;"WAR DER ";B$;" IN ";VZ$;"RENTENVERSICHERUNGSPFLICHTIG ";C$:INPUTE$
60 IFE$="J"THENY=0:GOTO62
61 Y=1
62 X=G:GOSUB79:SB%=INT(SX%/54)*54
63 SC%=270:PRINT:PRINTI$;UU$;VV$;WW$:INPUTE$:IFE$="J"THEN67
64 IFE$="N"THEN66
65 GOTO63
66 A%=50:S9%=270:GOTO68
67 PRINT:PRINTI$;XX$:INPUTA%:S9%=270:IFA%>100THEN67
68 IFS9%=>S9THEN75
69 IFS5%>0THENS9=S9-S5%:GOTO71
```

```
70 E=0:GOTO74
71 RR$="UNTERHALT,DEN SIE NUR ":OO$="EHEGATTEN LEISTETEN"
72 QQ$="FUER IHREN GESCHIEDENEN "
73 PRINT:PRINTI$;RR$;QQ$;OO$;N2$:INPUTE:GOSUB97
74 S9=S9-S9%-SC%:S9=INT(S9*A%/100+.99+S9%+E)
75 IFS4%>0THENX=S6:Y=PA:GOSUB79:GOTO91
76 IFS2%>0THENS2%=300
77 IFS2%=>S3%THEN146
78 S3%=S3%-S2%*2:S3%=INT(S3%*A%/100+.5+S2%):GOTO146
79 E=INT(X*.09+.5):IFY=0THENF=2340:GOTO81
80 F=1E3
81 IFVZ>85THEN83
82 F=F+(KV*300+KH*150)
83 IFE<FTHENG=E:GOTO85
84 G=F
85 SX%=G:IFY=0THENF=1170:GOTO87
86 F=1E3
87 IFVZ>85THEN89
88 F=F+(KV*150+KH*75)
89 IFE<FTHENSX%=SX%+E:RETURN
90 SX%=SX%+F:RETURN
91 S4%=SX%:S4%=INT(S4%/54)*54
92 IFS4%>S3%THENS0%=1:S1%=A%:GOTO146
93 S3%=INT((S3%-S4%-SB%-S1%-S2%)*A%/100+.5+S4%+S2%):S0%=1:S1%=A%:GOTO146
97 IFVZ<86ANDE>9E3THENE=9E3:RETURN
98 IFVZ>85ANDE>18E3THENE=18E3
99 RETURN
146 UU$="DER VORSORGE-PAUSCHBETRAG VON":WW$="DIE VORSORGEPAUSCHALE VON":YY$="DM"
147 PRINT"ALS SONDERAUSGABEN SIND VOM GESAMTBETRAG DER EINKUENFTE ABZUZIEHEN:"
148 TT$="ALS VORSORGEAUFWENDUNGEN:":PRINTTT$:VV$=" DER HOECHSTBETRAG VON"
150 IFS2%>S3%THENPRINT:PRINTUU$;TAB(39-LEN(STR$(S2%)));S2%:EI=GB-S2%:GOTO154
151 IFS3%=>S4%THENPRINTVV$;TAB(39-LEN(STR$(S3%)));S3%:EI=GB-S3%:GOTO154
152 PRINTWW$;TAB(79-LEN(STR$(S4%)));S4%:EI=GB-S4%
154 TT$="UEBRIGE SONDERAUSGABEN:":UU$="DIESE SONDERAUSGABEN VON"
156 VV$="DER PAUSCHBETRAG VON":PRINTTT$
158 IFS9<S9%THENPRINTVV$;TAB(39-LEN(STR$(S9%)));S9%:EI=EI-S9%:GOTO162
159 PRINTUU$;TAB(39-LEN(STR$(S9)));S9:EI=EI-S9
160 TT$="VERLUSTRUECKTRAEGE UND -ABZUEGE"
161 IFSA>0THENPRINTTT$;TAB(37-LEN(STR$(SA)));SA:EI=EI-SA
162 GOSUB962:UU$="SIND SIE,IHR EHEGATTE U/O. IHR(E) STEUERLICH ZU BERUECKS. "
163 RR$="KIND(ER) ":VV$="KOERPERBEHINDERT ":WW$= " HINTERBLIEBENE(R)"
164 XX$=" BLIND ODER STAENDIG PFLEGEBEDUERFTIG"
166 PRINT:PRINTI$;UU$;RR$;VV$;"UND/ODER";WW$;C$:INPUTE$:IFE$="J"THEN169
167 IFE$="N"THEN970
168 GOTO166
169 UU$="ANZAHL DER FAMILIENANGEHOERIGEN,DIE ":TT$="IST DIE":SS$=".PERSON"
170 PRINT:PRINTI$;UU$;VV$;"O.";WW$;" SIND ":INPUTJ:RR$="FESTGEST.ERWERBSMINDERUN
GSGRAD"
171 FORI=1TOJ:J$=STR$(I):K$=STR$(I+87)+")"
172 PRINT:PRINTI$;TT$;J$;SS$;Z$+K$;WW$;C$:INPUTE$:IFE$="N"THEN175
173 IFI=1THENAG%=720:GOTO175
174 IFI=2THENAJ%=720
175 PRINT:PRINTI$;TT$;J$;SS$;Z$;K$;" NUR ODER AUCH ";VV$;C$:INPUTE$
176 IFE$="N"THEN185
177 PRINT:PRINTI$;RR$;" IN %":INPUTE:IFE<1ORE>100THENGOSUB34:GOTO177
178 IFI=1THENAH%=E:GOTO180
179 AK%=E
180 YY$="ERHEBLICH GEH- U. STEHBEHINDERT ":IFE<70THEN185
181 IFE<80THENPRINT:PRINTI$;TT$;J$;SS$;YY$;C$:INPUTE$:IFE$="N"THEN183
182 E%=1:GOSUB22
```

```
183 PRINT:PRINTI$;TT$;J$;SS$;XX$;C$:INPUTE$:IFE$="N"THEN185
184 E%=2:GOSUB22
185 NEXTI
186 IFAH%<25THEN197
187 E=AH%:GOSUB188:AM%=F:GOTO196
188 IFE<35THENF=600:RETURN
189 IFE<45THENF=840:RETURN
190 IFE<55THENF=1110:RETURN
191 IFE<65THENF=1410:RETURN
192 IFE<75THENF=1740:RETURN
193 IFE<85THENF=2070:RETURN
194 IFE<91THENF=2400:RETURN
195 F=2760:RETURN
196 IFAI%=2THENAM%=7200
197 IFAK%<25THEN970
198 E=AK%:GOSUB188:AN%=F:IFAL%=2THENAN%=7200
199 GOTO970
200 PRINT:TT$="GEWINN(E)/-ANTEIL(E)":WW$=" AUS FREIBERUFLICHER TAETIGKEIT DES"
201 VV$=" ALS EINZELUNTERNEHMER":SS$=" AUS BETEILIGUNGEN AN GESELLSCHAFTEN "
202 XX$=" OHNE VERAEUSSERUNGSGEWINNE AUS GSE 40-43)"
203 YY$="BETRIEBSEINNAHMEN ":GOSUB204:GOTO208
204 PRINT:PRINTI$;W$;TT$;WW$;Y$;" IN ";VZ$;VV$;Z$;"GSE 32-33)";N2$:INPUTE:IFE=0T
HENRETURN:PRINT
205 PRINTI$;W$;YY$;WW$;Y$;VV$;" IN";VZ$;Z$;"GSE 30)";N2$:INPUTF:IFF<ETHENGOSUB34
:GOTO205
206 IFY$=A$THENMI=E:MQ=F:RETURN
207 MJ=E:MR=F:RETURN
208 GOSUB209:GOTO216
209 VV$=" DIESER(N) GESELLSCHAFTEN "
210 ZZ$="IN %(Z.B.33.33)"
211 PRINT:PRINTI$;W$;TT$;WW$;Y$;" IN ";VZ$;SS$;Z$;"GSE 34-35 ";XX$;N2$:INPUTE:IF
E=0THENRETURN
212 PRINT:PRINTI$;W$;YY$;VV$;" IN ";VZ$;N2$:INPUTF:IFF<ETHENGOSUB34:GOTO212
213 PRINT:PRINTI$;TT$;WW$;Y$;" IN";VZ$;" AN ";VV$;ZZ$:INPUTH:IFH<1ORH>100THENGOS
UB34:GOTO213
214 IFY$=A$THENMK=E:MS=F:P0=H:RETURN
215 ML=E:MT=F:P1=H:RETURN
216 GOSUB242:GOSUB573:GOSUB623:GOSUB649:IFY$=A$THENMU%=LC%:GOSUB760:GOSUB218:GOT
O239
217 MV%=LD%:GOSUB760:GOSUB218:GOTO239
218 TT$="AUFWANDSENTSCHAEDIGUNGEN DES ":VV$=" ALS NEBENBERUFLICHER AUSBILDER,"
219 WW$="ERZIEHER,UEBUNGSLEITER FUER OEFFENTLICHE/STEUERFREIE KOERPERSCHAFTEN"
220 PRINT:PRINTI$;TT$;Y$;" IN";VZ$;VV$;WW$;Z$;"GSE 54)";N2$:INPUTE:IFE<0THENGOSU
B34:GOTO220
221 E$=STR$(E)+" ":IFE=0THENRETURN
222 PRINT:PRINTI$;"SIND DIESE ";TT$;Y$;" VON";E$;DM$;" IN DEN GEWINNEN NACH ";Z$
;
223 PRINTI$;"GSE 32-36 ENTHALTEN ";C$:INPUTE$:IFE$="J"THENA%=1:GOTO226
224 IFE$="N"THENA%=0:GOSUB245:GOTO226
225 GOTO222
226 PRINT:PRINTI$;"IST FUER DIESE ";TT$;Y$;" DER FREIBETRAG VON MAXIMAL 2400 DM
NOCH";
227 PRINTI$;" ABZUSETZEN ";C$:INPUTE$:IFE$="J"THENB%=1:GOTO230
228 IFE$="N"THENB%=0:GOTO230
229 GOTO229
230 IFA%=1ANDB%=0THENRETURN
231 IFA%=0ANDB%=0THENF=0:GOTO234
232 IFE=>2400THENF=2400:GOTO234
233 F=E
234 IFY$=B$THEN237
```

```
235 IFA%=1THENMY=MY-F:RETURN
236 MY=MY+E-F:RETURN
237 IFA%=1THENMZ=MZ-F:RETURN
238 MZ=MZ+E-F:RETURN
239 A%=0:B%=0:IFY$=B$THENRETURN
240 IFVF=1THENY$=B$:GOTO200
241 RETURN
242 TT$="GEWINNE AUS ANDERER SELBST.ARBEIT(Z.B.VERMOEGENSVERWALTUNG)"
243 PRINT:PRINTI$;TT$;"DES ";Y$;"IN ";VZ$;N2$:INPUTE:IFY$=A$THENP2=E:RETURN
244 P3=E:RETURN
245 IFY$=A$THENMY=MY+E:RETURN
246 MZ=MZ+E:RETURN
263 IFVZ<87THENRETURN
264 XH$=" UND VOLL ODER TEILWEISE ALS EIGENWOHNUNG GENUTZT ":XO$="ODER "
265 XI$="WIRD DER ABZUG N. PAR.10 E ESTG/15 B BERL-FG/82 A/G/I ESTDV BEGEHRT "
266 XJ$=" WIRD ERHOEHTE ABSETZUNG WIE IN 86 BEGEHRT ":X6$="WURDE "
267 X2$=" EINE EIGENTUMSWOHNUNG ":X1$="EIN HAUS ANGESCHAFFT ODER FERTIGGESTELLT"
268 PRINT:PRINTI$;X6$;"NACH 86";X2$;X0$;X1$;XH$;C$:INPUTE$:IFE$="J"THENSD%=1:GOT
O276
269 IFE$="N"THENPRINT:PRINTI$;X6$;"VOR 87 ";X2$;X0$;X1$;" UND ";XJ$;C$:GOTO271
270 GOTO268
271 INPUTE$:IFE$="J"THENSD%=0:GOTO279
272 IFE$="N"THENRETURN
273 GOTO269
276 XG$="IN QM ":XH$="DAS OBJEKT ":PRINT:PRINTI$;XI$;C$:INPUTE$:IFE$="J"THENGOSU
B300:RETURN
277 IFE$="N"THENRETURN
278 GOTO276
279 XH$="DAS OBJEKT ":XC$="IN 86 VOLL ALS EIGENWOHNUNG GENUTZT "
280 PRINT:PRINTI$;X6$;XH$;XC$;C$:INPUTE$:IFE$="J"THENGOSUB420:SJ=SN%+SO%+SP%:RET
URN
281 UU$="KEIN ABZUG NACH PAR.52 ABS.21 ESTG 87,DA PAR.21 ESTG 86 ":IFE$="N"THEN2
83
282 GOTO280
283 VV$="WEITER GUELTIG":PRINT:PRINTI$;X6$;XH$;"IN 86 VERMIETET ";C$:INPUTE$
284 IFE$="J"THENPRINT:PRINTUU$;VV$:RETURN
285 WW$="86 DER EIGENWOHNUNGS-MIETWERT NACH PAR.21 ESTG ":IFE$<>"N"THEN283
286 PRINT:PRINTI$;X6$;WW$;"ERMITTELT ";C$:INPUTE$:IFE$="J"THEN288
287 IFE$="N"THENGOSUB420:RETURN
288 WW$="SCHLUESSEL ":XJ$=" MIETWERTANSATZ ":XK$=" STEUERVERGUENSTIGUNGEN "
289 XX$="FUER DIE EIGENWOHNUNG ANGEBEN":PRINT:PRINTI$;WW$;" ZUR RECHTSANWENDUNG"
;XX$
290 PRINTI$;"1=ESTG 86(";XJ$;"UND";XK$;"BIS 1998)"
291 XI$="KEIN(E) ":PRINTI$;"2=ESTG 87(";XI$;XJ$;"UND";XI$;XK$;"EN)"
292 INPUTE:IFE<1ORE>2THENGOSUB34:GOTO289
293 IFE=1THEPRINTUU$;VV$:RETURN
294 GOSUB425:RETURN
300 GOSUB301:INPUTE$:GOTO302
301 PRINT:PRINTI$;"LIEGT ";XH$;"IM INLAND";C$:RETURN
302 IFE$="J"THEN305
303 IFE$="N"THENRETURN
304 GOTO300
305 TT$="ANSCHAFFUNG ":SS$="IN FORM EINES ":PRINT:PRINTI$;"IST ES EINE ";TT$;"VO
M";B$;
306 PRINTI$;XO$;TT$;SS$;"TAUSCHS ";XO$;"RUECKKAUFS";C$:INPUTE$:IFE$="J"THENRETUR
N
307 IFE$="N"THEN310
308 GOTO305
310 GOSUB312:IFSF%=5THENRETURN
311 GOTO363
```

```
312 TT$="ANSCHAFFUNG ODER FERTIGSTELLUNG IN ":SS$="AUSBAU ODER ERWEITERUNG IN "
313 UU$="NACHHOLUNG EINES ABZUGS IM 1.-4.":VV$="KJ. DER ABZUGSJAHRE"
314 ZZ$="NACHTRAEGLICHE HERSTELLKOSTEN IN DEN 8" :WW$="SCHLUESSEL "
315 YY$="MASSNAHMEN NACH PAR.82 A/G/I ESTDV":PRINT:PRINTI$;WW$;"ZUR VERURSACHUNG
SART:":PRINT
316 PRINTI$;"1=";TT$;VZ
317 PRINTI$;"2=";SS$;VZ
318 PRINTI$;"3=";UU$;VV$
319 PRINTI$;"4=";ZZ$;VV$:PRINTI$;"5=";YY$
320 INPUTE:IFE<1ORE>5THENGOSUB34:GOTO315
321 SF%=E:XX$="EIGENWOHNUNG ":XF$="NUTZFLAECHE "
322 XH$="ERWORBENE(N)/HERGESTELLTE(N) OBJEKT(S) "
323 PRINT:PRINTI$;"IST IM ";XH$;"NUR EINE ";XX$;C$:INPUTE$:TT$=XF$+"DER "+XX$
324 IFE$="J"THEN327
325 IFE$="N"THENTT$=XF$+"DER ZU FOERDERNDEN "+XX$:GOTO327
326 GOTO323
327 PRINT:PRINTI$;TT$;XG$;"IM ";XH$:INPUTSG%:TT$="GESAMTE "+XF$+XG$+"IM "+XH$
328 PRINT:PRINTI$;TT$:INPUTSI%:IFSG%>SI%THENGOSUB34:GOTO327
329 XI$="BEANSPRUCHT":IFSF%=5THENGOSUB411:RETURN
330 PRINT:PRINTI$;X6$;"SEIT 64(77) SCHON PAR.7 B(15 BERL-FG)/10 E ESTG BEI EINEM
 ";XH$;
331 ZZ$="ERWERBS-/BEZUGSJAHR (Z.B.87) ":PRINTI$;XI$;C$:INPUTE$:IFE$="J"THEN333
332 IFE$="N"THENRETURN
333 SS$="IST DAS ":UU$="FOLGEOBJEKT(S) "
334 PRINT:PRINTI$;SS$;XH$;"EIN ";UU$;C$:INPUTE$:IFE$="J"THEN338
335 IFE$="N"THEN346
336 GOTO334
338 VV$=" DER LETZTEN NUTZUNG DES ERSTOBJEKTS ALS ":PRINT:PRINTI$;ZZ$;"DES ";UU$
339 INPUTE:PRINT:PRINTI$;"KJ.(Z.B.86)";VV$;XX$:INPUTF
340 IFF<E-2ORF>E+3THEN342
341 VV$="DAS ERSTOBJEKT ":PRINT:PRINTI$;ZZ$;" FUER ";VV$:INPUTG:GOTO344
342 PRINT"DAS ";XH$;"IST KEIN ";UU$;",WEIL SEIN ";ZZ$;
343 PRINT"MEHR ALS 2 KJ. VOR ODER 3 KJ. NACH";VV$;XX$;" LIEGT!":F%=1:GOTO346
344 IFG>FTHENGOSUB34:GOTO341
345 SH%=F-G+1:GOTO360
346 IFVF=1THEN348
347 A%=1:RETURN
348 UU$="EIN ZWEITOBJEKT ":PRINT:PRINTI$;SS$;XH$;UU$;C$:INPUTE$
349 IFE$="J"THEN352
350 IFE$="N"THEN347
351 GOTO348
352 PRINT:PRINTI$;"BEFINDEN SICH 1. UND 2.";XX$;" IN DEM ";XH$;C$:INPUTE$:IFE$="
J"THEN356
354 IFE$="N"THENRETURN
355 GOTO352
356 PRINT:PRINTI$;"WIRD FUER DIE 1.";XX$;" NOCH PAR.10 E ESTG BEANSPRUCHT ";C$:I
NPUTE$
357 IFE$="J"THEN347
358 IFE$="N"THENRETURN
359 GOTO356
360 IFVZ-E+1+SH%>8THENPRINT"DA ";UU$;"ABZUG NUR BIS";STR$(E+8-SH%-1);" ZULAESSIG
"
361 GOTO346
363 IFA%=1THENA%=0:RETURN
364 GOSUB365:GOTO373
365 PRINT:PRINTI$;ZZ$;"DES ";XH$;"MIT DER ";XX$:INPUTE:IFE<87ORE>99THENGOSUB34:G
OTO365
366 SL%=E
367 ZZ$="ERWERBS":YY$="/HERSTELL":XX$="KOSTEN ":WW$="GRUND UND BODEN(S) "
368 VV$="DES ":PRINT:PRINTI$ ;ZZ$+YY$+XX$+"OHNE "+WW$+VV$+XH$+"BIS"+VZ$+N2$:INPU
```

```
TSD
369 PRINT:PRINTI$;ZZ$+"- MIT NEBEN"+XX$+VV$+WW$+VV$+XH$+"BIS"+VZ$+N2$:INPUTSE
370 IFSE=>SDTHENGOSUB34:GOTO368
371 SE=INT(SE/2+.5):SF=(SD+SE)*SG%/SI%:SF=INT(SF+.5):IFSF>3E5THENSF=3E5
372 RETURN
373 TT$="SIND NUR SIE ":UU$="EIGENTUEMER ": GOSUB374:GOSUB460:GOTO381
374 VV$="UND/ODER IHR EHEGATTE ":IFVF<>1THENPRINT:PRINTI$;TT$;UU$;:GOTO376
375 PRINT:PRINTI$;TT$;VV$;UU$;
376 PRINTI$;"DES ";XH$;C$:INPUTE$:IFE$="J"THENSK%=100:RETURN
377 IFE$="N"THENTT$="%-SATZ,ZU DEM SIE ":UU$="MITEIGENTUEMER DES ":GOTO379
378 GOTO374
379 PRINT:PRINTI$;TT$;VV$;UU$;XH$;"SIND(Z.B.33.33)":INPUTSK%:IFSK%<=0ORSK%=>100T
HEN379
380 RETURN
381 GOSUB382:GOSUB383:GOSUB404:RETURN
382 E=INT(SF*SK%/100*F+.99):SJ=E:RETURN
383 IFSF%<3THENRETURN
385 IFSF%=4THEN395
386 E=VZ-SL%+1:IFE<2ORE>4THEN391
387 TT$="ABZUGSWERTE N. PAR.10 E ESTG(15 B BERL-FG) VON "
388 PRINT:PRINTI$;TT$;STR$(SL%);" BIS";STR$(VZ-1);N2$:INPUTF
389 IFSJ*E<=FTHENGOSUB34:GOTO388
390 SJ=SJ*E-F:GOSUB453:RETURN
391 PRINT;VZ$;" KEIN NACHHOLFALL":GOSUB312:GOSUB365:GOSUB382:GOTO385
395 UU$="ERWERBS-/BEZUGSJAHR DES "
396 PRINT:PRINTI$;"1.";UU$;XH$;"(Z.B.87)":INPUTSL%:L$=STR$(SL%)
397 E=VZ-SL%+1:IFE<2THENGOSUB34:GOTO396
398 IFE>8THEN400
399 GOSUB382:GOSUB387:RETURN
400 PRINT:PRINTI$;"IST";L$;" WIRKLICH DAS 1.";UU$;XH$;C$:INPUTE$
401 IFE$="J"THENF%=1:PRINT:PRINT"KEIN ABZUG NACH PAR.10 E,DA ERSTBEZUG SCHON";L$
:RETURN
402 IFE$="N"THEN396
403 GOTO400
404 IFF%=1THENF%=0:RETURN
405 IFSF%>2THEN411
406 TT$="AUSGABEN(Z.B.ZINSEN),DIE BIS ZUM BEZUG DER ":WW$="ANFIELEN UND NICHT "
407 GOSUB453:PRINT:PRINTI$;TT$;XX$;" BEIM ";XH$;WW$;ZZ$;YY$;XX$;DES ";XH$;"SIND"
408 INPUTE:IFE=0THEN411
409 IFE<0ORE=>SFTHEN407
410 SM%=INT(E*SG%/SI%*SK%/100+.5):SJ=SJ+SM%
411 ZZ$="HERSTELLUNGSKOSTEN NACH PAR.82 A/G/I ESTDV IM GEBAEUDE MIT EINER "
412 UU$="KJ. DER ":PRINT:PRINTI$;UU$;ZZ$;XX$;"(Z.B.87 ODER 0)":INPUTF:IFF=0THENR
ETURN
413 IFF>91THENPRINT"KJ. FALSCH,DA > 91":GOTO412
414 PRINT:PRINTI$;ZZ$;XX$;N2$:INPUTE:IFE>0THENGOSUB436
416 RETURN
420 TT$="IN 86 DER NUTZUNGSWERT DER EIGENWOHNUNG "
421 UU$="NACH PAR.21 A ESTG MIT 1% DES EINHEITSWERTS ERMITTELT ":IFSF%=5THEN416
422 PRINT:PRINTI$;X6$;TT$;UU$;C$:INPUTE$:XJ$="ERHOEHTER ABSETZUNGEN,":IFE$="J"TH
EN425
423 IFE$="N"THENPRINTXI$;XJ$;"WEIL IN ";TT$;XX$;"NICHT ";UU$;"WURDE ":RETURN
424 GOTO422
425 SS$="ERHOEHTE(N) ABSETZUNG(EN) NACH PAR. "
426 YY$="86 IN DM ":RR$="7 B ESTG IN"
427 VV$="ANSCHAFFUNGS-/FERTIGSTELLUNGSJAHR FUER "
428 WW$="AUFWAND NACH PAR. 82 A ABS. 3 ESTDV"
429 XX$="DM WIE IN 86 ABGEZOGEN WERDEN "
430 PRINT:PRINTI$;SS$;RR$;VZ$;" WIE ";YY$:INPUTE:IFE<0THENGOSUB34:GOTO430
431 IFE=0THENGOSUB411:GOTO441
```

```
432 PRINT:PRINTI$;VV$;"DAS OBJEKT (Z.B.83),FUER DAS ";SS$;RR$;"86 ERFOLGTEN ":IN
PUTF
433 IFF>86THENGOSUB34:GOTO432
434 IFVZ-F+1>8THENPRINTTT$;RR$;VZ;"AUSGELAUFEN ":RETURN
435 SN%=E:XX$="EIGENWOHNUNG":GOSUB411:GOTO441
436 RR$="PAR.82 A ESTDV = HOECHSTENS 10% DES VERTEILUNGSAUFWANDS ":PRINT
437 PRINTI$;"ABSETZUNG NACH ";RR$;"IN";VZ$;N2$:INPUTG:IFG=0THENRETURN
439 IFF<VZ-9ORG>E/10THENPRINT"ABZUG NACH ";RR$;"> 10% ODER KJ. >";F+9:GOTO436
440 SO%=G:SJ=SJ+SO%:RETURN
441 TT$="ZINSEN NACH PAR.21 ABS.4 ESTG 86 -BIS 10000 DM IN"
442 PRINT:PRINTI$;TT$;VZ$;N2$:INPUTH:IFH<0ORH>1E4THENGOSUB34:GOTO442
443 IFH=0THEN452
444 PRINT:PRINTI$;VV$;XH$;"(Z.B.86)":INPUTE:IFE<84ORE>86THENPRINT"KJ. FALSCH":GO
TO442
445 PRINT:PRINTI$;TT$;E;"-UEBER GRUNDBETRAG-":INPUTF:IFF<0ORF>1E4THENGOSUB34:GOT
O445
448 IFVZ-E>0ANDVZ-E<3THEN452
449 IFVZ-E=3THENH=1E4-F:GOTO452
450 PRINTTT$;E+3;"AUSGELAUFEN ":GOTO442
452 SP%=H:Z%=Z%-1:RETURN
453 UU$="DER HOECHSTABZUG N.PAR.10 E ESTG(15 BERL.-FG) ":VV$=" ABGESETZT WERDEN"
454 PRINT:PRINTUU$;"IST IN";VZ$;STR$(SJ);" DM":SJ%=0:IFSJ=0THENRETURN
455 PRINT:PRINTI$;"SOLL ";UU$;"VOLL IN";VZ$;VV$;C$:INPUTE$:IFE$="J"THENRETURN
456 IFE$="N"THENPRINT:PRINTI$;"IN WELCHER HOEHE SOLL ";UU$;"IN";VZ$;VV$:INPUTE:G
OTO458
457 GOTO455
458 IFE<0ORE=>SJTHENGOSUB34:GOTO455
459 SJ=E:RETURN
460 UU$="IN BERLIN/WEST ":VV$="ABZUG ":PRINT:PRINTI$;"IST DAS ";XH$;UU$;C$:INPUT
E$
461 WW$="STEUERBEGUENSTIGT/FREIFINANZIERT GEBAUT":IFE$<>"J"ANDE$<>"N"THEN460
462 IFE$="N"THENF=.05:RETURN
463 XG$="IN % ":PRINT:PRINTI$;VV$;XG$;"IN";VZ$:INPUTE:IFE<=0THENRETURN
464 PRINT:PRINTI$;X6$+"DAS ";XH$;UU$;WW$;C$:INPUTE$:IFE$<>"J"ANDE$<>"N"THEN464
465 BE%=1:IFE$="N"THEN469
466 G=0:IFVZ>87THENPRINT:PRINTI$;VV$;UU$;"BIS ";STR$(VZ-1);L$;XG$:INPUTG
467 IFSL%+2=>VZANDE+G<=50THEN473
468 PRINT:PRINTVV$+"> 50% O. KJ. > "+STR$(SL%+2):F=0:PRINTF$:GOTO463
469 IFSL%+1=>VZANDE<=10THEN473
470 IFSL%+11=>VZANDE=3THEN473
471 IFSL%+11<VZTHEN468
472 PRINTF$:GOTO463
473 F=E/100:RETURN
500 GOSUB501:GOTO510
501 VV$=" ENTFALLENDER GEWINN/-ANTEIL OHNE VERAEUSSERUNGSGEWINNE DES"
502 WW$="AUS WIRTSCHAFTSJAHR":UU$="AUF KJ."
503 RR$=",WENN NUR DER":XX$="UND/ODER SEIN MIT IHM ZUSAMMEN VERANLAGTER"
504 YY$="UNTERNEHMER IST/SIND":ZZ$="/"
505 RETURN
506 UU$="ZUR ABFINDUNG ":YY$="WURDE IN":VV$="WEICHENDER(N) ERBE(N) "
507 WW$="VERAEUSSERT ODER ENTNOMMEN":RETURN
508 TT$=" GRUND/BODEN,DEN DER ":ZZ$="IM WEGE DER ERBFOLGE ERHIELT(EN)":RETURN
510 Y$=A$:GOSUB511:L0=E:GOTO520
511 PRINT:PRINTI$;UU$;VZ$;VV$;Y$;WW$;V1$+ZZ$+VZ$;RR$;A$;XX$;B$;YY$;Z$;" L2":INPU
TE:RETURN
520 IFVF=1THENY$=B$:GOSUB511:L1=E
521 Y$=A$:GOSUB522:L2=E:GOTO530
522 PRINT:PRINTI$;UU$;VZ$;VV$;Y$;WW$;VZ$;ZZ$;V2$;RR$;A$;XX$;B$;YY$;Z$;"L3)":INPU
TE:RETURN
530 IFVF=1THENY$=B$:GOSUB501:GOSUB522:L3=E
```

```
531 YY$="UNTERNEHMER SIND":WW$=",BEI DEM NICHT NUR DER":TT$="ANTEIL DES"
532 VV$="LAUFD.GEWINN DES L+F-BETRIEBS AUS WJ.":Y$=A$:PRINT:GOSUB533:L0=L0+E:GOT
O534
533 PRINTI$;TT$;Y$;N2$;"AM ";VV$;V1$;ZZ$;VZ$;WW$;A$;XX$;B$;YY$;Z$;"L4-7)":INPUTE
:RETURN
534 IFVF=1THENY$=B$:GOSUB533:L1=L1+E
535 Y$=A$:V1$=STR$(VZ):VZ$=STR$(VZ+1):GOSUB533:L2=L2+E
536 IFVF<>1THEN543
537 Y$=B$:GOSUB533:L3=L3+E:GOTO543
543 VZ$=STR$(VZ):V1$=STR$(VZ-1):IFVZ<80ORVZ>91THEN572
544 TT$=" GRUND UND BODEN DES LAND-/FORSTW. BETRIEBS ":GOSUB506
545 PRINT:PRINTI$;YY$;VZ$;TT$;WW$;" UND ";UU$;VV$;"VERWENDET ";C$:INPUTE$
546 IFE$="J"THENPRINT:PRINTI$;"ANZAHL DER ABGEFUNDENEN ";VV$:INPUTL:GOSUB552:GOT
O558
547 IFE$="N"THENGOSUB508:WW$="ENTNOMMEN ":PRINT:PRINTI$;YY$;VZ$;TT$;A$;XX$;:GOTO
549
548 GOTO546
549 PRINTI$;B$;ZZ$;UU$;VV$;WW$;C$:INPUTE$:IFE$="J"THENL=1:GOSUB552:GOTO558
550 IFE$="N"THEN572
551 GOTO549
552 TT$="HOEHE DES ":UU$="VERAEUSSERUNGS- ODER ENTNAHMEGEWINN(S) IN "
553 PRINT:PRINTI$;TT$;UU$;VZ$;N2$;N2$:INPUTG:IFG<=0THENGOSUB34:GOTO553
554 PRINT:PRINTI$;"WAR IN";V1$;" ZUSAMMENVERANLAGUNG ";C$:INPUTE$:IFE$="J"THENA%
=1:GOTO557
555 IFE$="N"THENA%=0:GOTO557
556 GOTO554
557 PRINT:PRINTI$;TT$;" EINKOMMENS OHNE ";UU$;V1$:INPUTE:RETURN
558 IFA%=0ANDE>24E3ORA%=1ANDE>48E3THEN572
559 IFVZ<86THENF=6E4:GOTO561
560 F=L*6E4
561 IFF>GTHENF=G
562 GOSUB563:GOTO572
563 B%=0:IFVF=1THENPRINT:PRINTI$;"ERZIELTE IHR ";B$;" DIESEN ";UU$;VZ$;L$;C$:INP
UTE$
564 IFE$="J"THENB%=1
565 PRINT:PRINTI$;L1$;L$;C$:INPUTE$:IFE$="J"THEN568
566 IFE$="N"THEN570
567 GOTO565
568 IFB%=1THENL5=L5+G-F:RETURN
569 L4=L4+G-F:RETURN
570 IFB%=1THENL7=L7+G-F:RETURN
571 L6=L6+G-F:RETURN
572 GOSUB680:L0%=1:Y$=A$:GOSUB573:GOSUB623:GOTO646
573 VV$=" DIE VERAEUSSERUNG/AUFGABE EINES GANZEN EINZELBETRIEBS DURCH DEN "
574 TT$="ERFOLGTE ":UU$="VERAEUSSERUNGS/AUFGABEGEWINN(S) ":A%=0
575 WW$=" WEGEN DAUERNDER ERWERBSUNFAEHIGKEIT ODER NACH DEM 55.LEBENSJAHR ":P=1
576 PRINT:PRINTI$;TT$;"IN ";VZ$;VV$;Y$;C$:INPUTE$:IFE$="J"THEN579
577 IFE$="N"THENRETURN
578 GOTO574
579 PRINT:PRINTI$;UU$;" DES ";Y$;" IN";VZ$;N2$:INPUTE:IFE<=0THENGOSUB34:GOTO579
580 PRINT:PRINTI$;TT$;VV$;Y$;WW$;C$:INPUTE$:IFE$="J"THENI=P*12E4:J=P*3E5:GOSUB58
3:RETURN
581 IFE$="N"THENI=P*3E4:J=P*1E5:GOTO595
582 GOTO580
583 IFE<=ITHENF=E:GOTO587
584 IFE>IANDE<JTHENF=I:GOTO587
585 F=I-(E-J):IFF<0THENF=0
587 YY$="SOLL DER STEUERPFLICHTIGE TEIL DES ":G=E-F:E$=STR$(G):IFG=0THENRETURN
588 ZZ$=" NUR MIT DEM HALBEN STEUERSATZ BESTEUERT WERDEN ":E$=E$+L$+DM$
589 PRINT:PRINTI$;YY$;UU$;" IN ";VZ$;" VON";E$;ZZ$;C$:INPUTE$:IFE$="J"THENVK=VK+
```

```
G:GOTO592
590 IFE$="N"THEN592
591 GOTO588
592 GOSUB664:GOSUB740
593 E$=STR$(F)+L$+DM$:XX$=" ABGEZOGENE FREIBETRAG NACH PAR.":PRINT"DER VOM ";UU$
;
594 PRINT" DES";Y$;"IN";VZ$;XX$;"14,14 A ABS.1-3,16 ABS.4 ODER 17 ESTG = ";E$:RE
TURN
595 IFL0%<>1ORA%=2THENGOSUB583:RETURN
596 YY$=" UM MAXIMAL 90000 DM NACH PAR.14A ABS.1 ESTG":IFVF>91ORA%=2THENGOSUB583
:RETURN
597 PRINT:PRINTI$;"IST DER ";UU$;VZ$;" DES ";Y$;YY$;" ZU KUERZEN":INPUTE$:IFE$="
J"THEN600
598 IFE$="N"THENGOSUB583:RETURN
599 GOTO597
600 TT$="WIRTSCHAFTSWERT (PAR.46 BEWG) DES BETRIEBS IM VERAEUSSERUNGSZEITPUNKT"
601 PRINT:PRINTI$;TT$;N2$:INPUTH:IFVZ<86ANDH>3E4THENJ=3E4:GOSUB604:GOSUB583:RETU
RN
602 IFH>4E4THENJ=4E4:GOSUB604:GOSUB583:RETURN
603 XX$=" ZUSAMMENVERANLAGUNG ":GOTO605
604 PRINT:PRINTI$;"KEIN ABZUG ";YY$;",DA DER ";TT$;VZ$;" MEHR ALS";J;DM$;" BETRU
G":RETURN
605 FORI=VZ-2TOVZ-1:TT$=" EHEGATTENEINKUENFTE IN":V1$=STR$(I)
606 PRINT:PRINTI$;"ERFOLGTE IN";V1$;XX$;C$:INPUTE$:IFE$="J"THENA%=1:GOTO609
607 IFE$="N"THENTT$=" EINKUENFTE IN":GOTO609
608 GOTO606
609 PRINT:PRINTI$;W$;TT$;V1$;N2$:INPUTH:B%=0:IFVZ>85THEN611
610 IFA%=1ANDH>36E3ORA%=0ANDH>18E3THENB%=1:GOTO612
611 IFA%=1ANDH>48E3ORA%=0ANDH>24E3THENB%=1
612 IFB%=1THENI=VZ:NEXTI:GOTO614
613 NEXTI:GOTO620
614 IFVZ>85THEN617
615 IFA%=1THENJ=36E3:GOTO619
616 J=18E3:GOTO619
617 IFA%=1THENJ=48E3:GOTO619
618 J=24E3
619 GOSUB604:I=3E4:J=1E5:GOSUB583:RETURN
620 IFVZ>85THENF=9E4:GOTO622
621 F=6E4
622 GOSUB587:A%=2:RETURN
623 TT$="ANZAHL DER WEITEREN VERKAEUFE/AUFGABEN GANZER BETRIEBE DES "
624 UU$="VERKAUFS-/AUFGABEGEWINN(S) ":XX$="BITTE DATENEINGABE ":GOSUB625:GOTO630
625 PRINT:PRINTI$;TT$;Y$;" IN";VZ$;Z$;"L 13,GSE 11 ODER 43)":INPUTA:A=A+1:P=1:IF
A<2THENRETURN
626 FORZ=2TOA:E$=STR$(Z):PRINTI$;XX$;"DES";E$;"."+UU$;"IN";VZ$:IFB%=0THEN629
627 PRINT:PRINTI$;YY$:INPUTP:IFP<1ORP=>100THENGOSUB34:GOTO627
628 P=P/100
629 E$="N":TT$="ERFOLGTE ":VV$="DIE VERAEUSSERUNG/AUFGABE ":GOSUB579:NEXTZ:RETUR
N
630 TT$="ZAHL DER VERKAEUFE VON TEILBETRIEBEN/BETRIEBSVERMOEGENSANTEILEN DES"
631 YY$="ANTEIL IN % DES TEILBETRIEBS/ANTEILS AM GANZEN BETRIEB/VERMOEGEN"
632 B%=1:GOSUB625:B%=0:YY$="SONSTIGE ZU BEGUENSTIGENDE GEWINNE DES ":GOSUB633:RE
TURN
633 ZZ$="ENTHALTEN,DIE MIT DEM HALBEN STEUERSATZ ZU VERSTEUERN SIND "
634 PRINT:PRINTI$;"SIND IN ";Z$;"GSE 2-7)";YY$;Y$;ZZ$;C$:INPUTE$:IFE$="J"THEN637
635 IFE$="N"THENRETURN
636 GOTO634
637 TT$="ENTSCHAEDIGUNGEN FUER ENTGANGENE/ENTGEHENDE EINNAHMEN/AUFGABE/NICHT"
638 VV$="AUSUEBUNG EINER TAETIGKEIT/GEWINNBETEILIGUNG ODER -ANWARTSCHAFT ODER "
639 WW$="VERGUETUNGEN FUER MEHR ALS 3KJ. OEFFENTLICHE GRUNDSTUECKSNUNTZUNG DES"
```

```
640 PRINT:PRINTI$;"SIND DIES ";TT$;VV$;WW$;Y$;C$:INPUTE$:IFE$="J"THEN643
641 IFE$="N"THENPRINT:PRINT"ANDERE GEWINNE  SIND NACH PAR.34 ABS.2 NICHT BEGUENS
TIGT":RETURN
642 GOTO640
643 PRINT:PRINTI$;"HOEHE DIESER ";TT$;VV$;WW$;Y$;N2$:INPUTE:IFE<=0THENGOSUB34:GO
TO643
644 VK=VK+E:RETURN
646 IFY$=A$THENGOSUB649:GOSUB760
647 IFVF<>1THENRETURN
648 Y$=B$:GOSUB573:GOSUB623:GOSUB649:GOSUB760:RETURN
649 TT$=" DER WOHNSITZ DES":WW$="IN BERLIN/WEST "
650 PRINT:PRINTI$;"WAR IN";VZ$;TT$;Y$;WW$;C$:INPUTE$:IFE$="J"THEN653
651 IFE$="N"THENRETURN
652 GOTO650
653 IFY$=A$THENLC%=1:GOSUB672:GOTO655
654 LD%=1:GOSUB672
655 WW$="ERZIELTE STEUETRPFL.TEILE DER LAUFENDEN UND VERAEUSSERUNGSGEWINNE DES"
656 VV$="IN BERLIN/WEST":IFLC%=1ORLD%=1THENVV$=" NICHT IN BERLIN/WEST "
657 PRINT:PRINTI$;"IN";VZ$;L$;VV$;WW$;Y$;N2$:GOSUB662:GOSUB750:TT$="UEBRIGE EINK
UENFTE DES"
658 PRINT:PRINTTT$;Y$;" AUS DER EINKUNFTSART =";G-H;DM$;" OHNE";VV$;WW$;Y$;" VON
";H;DM$
659 RETURN
662 INPUTH:IFM1%=1THEN696
663 GOTO693
664 IFM1%=1THEN668
665 IFM1%=2THEN670
666 IFY$=A$THENLC=LC+G:RETURN
667 LD=LD+G:RETURN
668 IFY$=A$THENMC=MC+G:RETURN
669 MD=MD+G:RETURN
670 IFY$=A$THENMU=MU+G:RETURN
671 MV=MV+G:RETURN
672 IFM1%=1THEN676
673 IFM1%=2THEN678
674 IFY$=A$THENE=LC:G=L0+L2+E:RETURN
675 E=LD:G=L1+L3+E:RETURN
676 IFY$=A$THENE=MC:G=M0+M2:RETURN
677 E=MD:G=M1+M3:RETURN
678 IFY$=A$THENE=MU:G=MI+MK:RETURN
679 E=MV:G=MJ+ML:RETURN
680 A%=0:B%=0:UU$=" GRUND UND BODEN ZUR TILGUNG VON SCHULDEN DIESES BETRIEBS "
681 VV$="VERAEUSSERT,DIE SEIT DEM 1.1.85 BESTANDEN "
682 PRINT:PRINTI$;"WURDE IN";VZ$;UU$;VV$;C$:INPUTE$:IFE$="J"THEN685
683 IFE$="N"THENRETURN
684 GOTO682
685 IFVZ<86ORVZ>88THENRETURN
686 GOSUB552:IFA%=0ANDE>24E3ORA%=1ANDE>48E3THENA%=0:RETURN
687 L2$=" DER FREIBETRAG NACH PAR.":L3$="ESTG BEANTRAGT ":L0$="WIRD FUER DEN "
688 PRINT:PRINTI$;L0$;UU$;VZ$;L2$;"14 A ABS.5 ";L3$;C$:INPUTE$:IFE$="J"THEN691
689 IFE$="N"THENRETURN
690 GOTO688
691 F=9E4:IFF>GTHENF=G
692 GOSUB563:RETURN
693 IFM1%=2THEN698
694 IFY$=A$THENLE=LE+H:RETURN
695 LF=LF+H:RETURN
696 IFY$=A$THENME=ME+H:RETURN
697 MF=MF+H:RETURN
698 IFY$=A$THENMW=MW+H:RETURN
```

```
699 MX=MX+H:RETURN
700 TT$="EINKUENFTE AUS ":VV$="GEWERBEBETRIEB":WW$="SELBSTAENDIGER ARBEIT"
701 PRINT:PRINTI$;"BITTE SCHLUESSEL FUER ";TT$;"DER ANLAGE GSE EINGEBEN:"
702 PRINTI$;" 1 = NUR ";TT$;VV$
703 PRINTI$;" 2 = NUR ";TT$;WW$
704 PRINTI$;" 3 = ";TT$;VV$;" UND ";TT$;WW$;:PRINT:INPUTM0%:IFM0%<1ORM0%>3THENGO
SUB34:GOTO701
705 PRINT:IFM0%=2THENM1%=2:PRINT:PRINTI$;TT$;WW$;":":PRINT:Y$=A$:GOSUB200:M1%=0:
RETURN
706 PRINTTT$;VV$:TT$="GEWINNS(E)/GEWINNANTEILS(E) DES ":VV$=" AUS EINZELUNTERNEH
MEN"
707 WW$=" AUS GESELLSCHAFTEN":XX$=" OHNE VERAEUSSERUNGSGEWINNE AUS GSE 8-11)"
708 PRINT:M1%=1:Y$=A$:GOSUB710:IFVF<>1THEN716
709 Y$=B$:GOSUB710:Y$=A$:GOTO716
710 PRINT:PRINTI$;W$;TT$;Y$;" IN ";VZ$;VV$;N2$;Z$;"GSE 2-4";XX$:INPUTE
711 IFY$=A$THENM0=E:GOTO713
712 M1=E
713 PRINT:PRINTI$;W$;TT$;Y$;" IN";VZ$;WW$;N2$;Z$;"GSE 5-7";XX$:INPUTE
714 IFY$=A$THENM2=E:RETURN
715 M3=E:RETURN
716 GOSUB573:GOSUB623:GOSUB649:MC%=LC%:GOSUB760:GOSUB718:IFVF<>1THEN738
717 Y$=B$:GOSUB573:GOSUB623:GOSUB649:MD%=LD%:GOSUB760:GOSUB718:GOTO738
718 TT$=" GEWINNE AUS DEM VERKAUF VON ANTEILEN AN ODER DER AUFLOESUNG ODER "
719 SS$="DER KAPITALHERABSETZUNG UND -RUECKZAHLUNG EINER KAPITALGESELLSCHAFT,"
720 WW$="AN DER ER IN DEN LETZTEN 5 JAHREN ZU MEHR ALS EINEM VIERTEL BETEILIGT "
721 VV$="WAR UND UEBERSTIEGEN DIESE ANTEILE 1 % DES GESELLSCHAFTSKAPITALS "
722 PRINT:PRINTI$;"ERZIELTE DER ";Y$;" IN ";VZ$;TT$;SS$;WW$;VV$;C$:INPUTE$:IFE$=
"J"THEN725
723 IFE$="N"THENRETURN
724 GOTO722
725 UU$="VERAEUSSERUNGS-,AUFLOESUNGS- ODER RUECKZAHLUNGSGEWINN OHNE FREIBETRAG"
726 PRINT:PRINTI$;UU$;" DES ";Y$;" IN ";VZ$;N2$:INPUTE:IFE<0THENGOSUB34:GOTO726
727 YY$="ANTEIL IN % DES KAPITALS(=NOMINALKAPITAL-EIGENANTEILE)DER GESELLSCHAFT"
728 PRINT:PRINTI$;YY$:INPUTP:IFP<=1THENGOSUB34:GOTO727
729 I=P/100*2E4:J=P/100*8E4:GOSUB583
730 IFY$=A$THENMG=MG+E:GOTO732
731 MH=MH+G
732 TT$="ZUZURECHNENDEN EINKOMMEN(S) BEHERRSCHTER ORGANGESELLSCHAFTEN DES "
733 PRINT:PRINTI$;W$;TT$;Y$;" IN ";VZ$;N2$:INPUTE
734 IFY$=A$THENMG=MG+E:SU=SU+E:RETURN
735 MH=MH+E:SV=SV+E:RETURN
738 IFM0%=3THENM1%=2:Y$=A$:PRINT"J":PRINTI$;"EINKUENFTE AUS SELBSTAENDIGER ARBEI
T":GOSUB200
739 RETURN
740 IFM1%=1THEN744
742 IFY$=A$THENLG=LG+F
743 LH=LH+F
744 IFY$=A$THENM4=M4+F:RETURN
745 M5=M5+F
746 IFY$=A$THENMM=MM+F:RETURN
747 MN=MN+F:RETURN
750 RR$="VON DEN FREIBETRAEGEN NACH PAR.16 (4) ESTG VON ":F=LG:IFY$=B$THENF=LH
752 IFM1%=1THEN756
753 IFM1%=2THEN758
754 IFY$=A$THENLI=LI+E:RETURN
755 LJ=LJ+E:RETURN
756 IFY$=A$THENM6=M6+E:RETURN
757 M7=M7+E:RETURN
758 IFY$=A$THENMO=MO+E:RETURN
759 MP=MP+E:RETURN
```

```
760 IFM1%=1THEN764
761 IFM1%=2THEN766
762 IFY$=A$THENLQ=L0+L2+LC:RETURN
763 LR=L1+L3+LD:RETURN
764 IFY$=A$THENMG=M0+M2+MC:RETURN
765 MH=M1+M3+MD:RETURN
766 IFY$=A$THENMY=MI+MK+MU+P2:RETURN
767 MZ=MJ+ML+MV+P3:RETURN
893 IFSJ=0THENSJ=SJ%+SM%+SN%+SO%+SP%+SQ:IFSJ=0THENRETURN
894 PRINT"♥":PRINT"ABZUGSWERTE NACH PAR. 10 E UND/ODER"
895 PRINT"52 ABS. 21 ESTG 87";TAB(37-LEN(STR$(SJ)));SJ:EI=EI-SJ:RETURN
897 I=MI+MK:IFI=0THEN901
898 IFI<=(SU-I)THEN901
899 E=INT((MQ+MS*P0/100)*.05+.99):IFE>1200THENMI%=1200:GOTO901
900 MI%=E
901 IFVF<>1THEN906
902 J=MJ+ML:IFJ=0THEN906
903 IFJ<=(SV-J)THEN906
904 E=INT((MR+MT*P1/100)*.05+.99):IFE>1200THENMJ%=1200:GOTO906
905 MJ%=E
906 IFMI%+MJ%=0THENRETURN
907 PRINT"AB FREIBETRAG FUER FREIE":PRINT"BERUFE";TAB(25-LEN(STR$(MI%)));MI%;
908 PRINTTAB(32-LEN(STR$(MJ%)));MJ%;TAB(39-LEN(STR$(MI%+MJ%)));MI%+MJ%
909 EI=EI-MI%-MJ%:RETURN
962 GOSUB10:PRINT"♥":GOSUB263:IFSJ>0THENGOSUB893
963 IFMI+MJ+MK+ML>0THENGOSUB897
964 IFSJ>0ORMI%>0ORMJ%>0THENGOSUB10
965 RETURN
970 E=0:IFLC%=1THENE=LQ-LC-LE
971 IFLD%=1THENE=E+LR-LD-LF
972 IFMC%=1THENE=E+MG-MC-ME
973 IFMD%=1THENE=E+MH-MD-MF
974 IFMU%=1THENE=E+MY-MU-MW
975 IFMV%=1THENE=E+MZ-MV-MX
976 YX=LC+LD+MC+MD+MU+MV:GOSUB983:IFMC%=0ANDME>0THENY$=A$:GOSUB990
977 IFMD%=0ANDMF>0THENY$=B$:GOSUB990
978 IFXM%=1ANDXM>0THENE=XM
979 IFXN%=1ANDXN>0THENE=E+XN
980 GOSUB983:IFO4%=0ANDO5%=0ANDO8%=0ANDO9%=0THEN986
981 F=OC%+OD%:H=F+OC+OD:IFO8%=1ORO9%=1THENE=O8+O9-OA-OB:GOSUB984:GOSUB983:GOTO98
6
982 E=O0+O1-O2-O3-O4-O5+O6+O7:GOSUB984:GOSUB983:GOTO986
983 BE=BE+E:YC=YC+E:YD=YD+E:E=0:RETURN
984 IFO0+O1=O4+O5ORO8%+O9%>0ANDE=0THENE=0:RETURN
985 E=INT(E+O2+O3-((O2+O3-O6-O7+F)*E/H)+.99):RETURN
986 IFQD%=1THENE=E+QD
987 IFQD%=1THENE=E+QD
988 GOSUB983:GOTO999
990 UU$="WURDEN IN DEN BERLINER BETRIEBSSTAETTEN DES GEWERBEBETRIEBS DES"
991 VV$=" DURCHSCHNITTLICH MEHR ALS 25 ARBEITNEHMER BESCHAEFTIGT"
992 PRINT:PRINTI$;UU$;Y$;"IN";VZ$;C$:INPUTE$:IFE$="J"THEN995
993 IFE$="N"THENRETURN
994 GOTO992
995 IFY$=A$THENE=ME:GOSUB983:RETURN
996 E=MF:GOSUB983:RETURN
999 PRINTFRE(X):LOAD"FOLGESTEUERN",8

READY.
```

```
1 REM EINKOMMEN
2 GOSUB1020
5 UU$="ANTEIL ZUR GESETZLICHEN ":VV$=" SOZIAL":XX$="VERSICHERUNG FUER DEN "
6 RR$="ARBEITNEHMER":YY$=A$:ZZ$="63)":GOSUB7:S0=E:GOTO8
7 PRINT:PRINTI$;RR$;UU$;VV$;XX$;YY$;Z$;ZZ$;N2$:INPUTE:RETURN
8 IFVF=1ORVF=2THENYY$=B$:ZZ$="64)":GOSUB7:S0=S0+E
9 RR$="ARBEITGEBER":VV$="RENTEN":YY$=A$:ZZ$="65)":GOSUB7:S1=E:GOTO23
10 INPUT"BILDSCHIRMINHALT AUSDRUCKEN J/N";E$:IFE$="J"THEN 13
11 IFE$="N"THENRETURN
12 GOTO10
13 OPEN 1,4:FORNY=0TO24:FORNX=0TO39
14 NS=PEEK(1024+NY*40+NX):NS$=CHR$(NS)
15 IF NS$="?"ANDNX=31THENNY=24
16 IFNS=>0ANDNS<32THENNS$=CHR$(NS+64)
17 IFNS>63ANDNS<96THENNS$=CHR$(NS+32)
18 PRINT#1,NS$;
19 NEXTNX:PRINT#1:FORNV=0TO5:PRINT#1,CHR$(0);:NEXTNV
20 NEXTNY
21 PRINT#1:CLOSE1:PRINTCHR$(147):RETURN
22 PRINT:PRINTI$;"VOM ";YY$;L$;WW$;Z$;ZZ$;N2$:INPUTE:RETURN
23 IFVF=1ORVF=2THENYY$=B$:ZZ$="66)":GOSUB7:S1=S1+E
24 WW$="FREIWILLIGE ANGESTELLTEN-,ARBEITERRENTEN-HOEHER-":ZZ$="67)"
25 YY$=A$+" UND "+B$:PRINT:PRINTI$;WW$;XX$;YY$;Z$;ZZ$;N2$:INPUTE:S0=S0+E
27 TT$=" GEZAHLTE - ERSTATTETE ":ZZ$="68)":SS$="KRANKEN":GOSUB28:GOTO29
28 PRINT:PRINTI$;TT$+SS$+XX$;YY$;Z$;ZZ$;N2$:INPUTE:S0=S0+E:RETURN
29 ZZ$="69)":SS$="UNFALL":GOSUB28:ZZ$="70)":SS$="LEBENS":GOSUB28
31 ZZ$="71)":SS$="HAFTPFLICHT":GOSUB28
32 PRINT:PRINTI$;"BEITRAEGE AN BAUSPARKASSEN FUER ";YY$;N2$:INPUTS2
33 ZZ$="75)":WW$="RENTEN":GOSUB34:S4=E:GOTO35
34 PRINT:PRINTI$;"VON ";YY$;TT$;WW$;Z$;ZZ$;N2$:INPUTE:RETURN
35 IFS4=0THEN40
36 PRINT:PRINTI$;"DAVON SIND ABZIEHBAR IN %":INPUTE:IFE>100THENGOSUB39:GOTO36
38 S4=INT(S4*E/100+.5):GOTO40
39 PRINT"BITTE NEUEINGABE,DA EINGABEFEHLER!":RETURN
40 ZZ$="76)":WW$="DAUERNDE LASTEN":GOSUB34:S4=S4+E:ZZ$="77)"
41 WW$="UNTERHALTSLEISTUNGEN AN GESCHIEDENE/GETRENNTLEBENDE EHEGATTEN"
42 GOSUB34:GOSUB1172:S5%=E:ZZ$="78)":WW$="KIRCHENSTEUER":XX$="KOSTEN"
43 GOSUB34:S6%=E:ZZ$="79)":WW$="STEUERBERATUNGS"+XX$:GOSUB34:S6%=S6%+E
44 RR$="BERUFSAUS-/-WEITERBILDUNG(S)":ZZ$="80)":WW$=TT$+RR$+"KOSTEN":YY$=A$
45 GOSUB22:S7%=E:IFE<=900THEN53
46 GOSUB47:S7%=E:GOTO53
47 PRINT:PRINTI$;"WAR DER ";YY$;" ZUR ";RR$;" AUSWAERTS UNTERGEBRACHT";C$
48 INPUTE$:IFE$="J"THENF=1200:GOTO51
49 IFE$="N"THENF=900:GOTO51
50 GOTO47
51 IFE<=FTHENRETURN
52 E=F:RETURN
53 IFVF<1ORVF>2THEN56
54 YY$=B$:GOSUB22:IFE<=900THENS7%=S7%+E:GOTO56
55 GOSUB47:S7%=S7%+E
56 GOSUB931:UU$="SPENDEN/BEITRAEGE FUER ":VV$= " ZWECKE":ZZ$="81)"
57 WW$=" WISSENSCHAFTLICHE/KULTURELLE ZWECKE":GOSUB58:GOTO59
58 PRINT:PRINTI$;UU$;WW$;VV$;Z$;ZZ$;N2$:INPUTE:RETURN
59 G=INT(GB*.1+.5):GOSUB70
60 WW$=" MILDTAETIGE,KIRCHLICHE,RELIGIOESE,GEMEINNUETZIGE":ZZ$="82)"
61 GOSUB58:G=INT(GB*.05+.5):GOSUB70
62 UU$="BEITRAEGE/SPENDEN AN POLITISCHE PARTEIEN":PRINT:PRINTI$;UU$;N2$:INPUTE:I
FE=0THEN72
```

```
63 PRINT:PRINTI$;UU$;N2$:INPUTE:IFE=0THEN72
64 IFVF=1THEN67
65 IFE<1200THENF=E:GOTO69
66 F=1200:GOTO69
67 IFE<2400THENF=E:GOTO69
68 F=2400
69 E=E-F:GOSUB70:SA%=F:GOTO72
70 IFE>GTHENE=G
71 S8%=S8%+E:RETURN
72 S9=S4+S5%+S6%+S7%+S8%:IFVF<1ORVF>2THENS9%=270:GOTO74
73 S9%=540
74 PRINT:PRINTI$;"VERLUSTABZUEGE AUS ";STR$(VZ-5);" BIS";STR$(VZ-1);
75 PRINTI$;" UND VERLUSTRUECKTRAG";Z$;"83/84)";N2$:INPUTSA
76 E=S0:F=3000:IFVF=1ORVF=2THENF=F+F
77 F=F-S1:IFPA=0ORPC<>1THEN81
78 G=VL+Q6-Q7-Q8:GOSUB79:GOTO81
79 GOSUB655:G=INT(G*.09):F=F-G:RETURN
81 IFPB=0ORPD<>1THEN83
82 G=VM+Q9-QA-QB:GOSUB79
83 IFF<0THENF=0
84 IFS0<FTHENS3%=S0:GOTO92
85 S3%=F:E=S0-F+S2:F=2340:IFVF=1ORVF=2THENF=F+F
87 IFVZ<86THENF=F+KV*600+KH*300
88 IFE<FTHENS3%=S3%+E:GOTO92
89 S3%=S3%+F:E=E-F:E=E/2:F=F/2:IFE<FTHENS3%=S3%+E:GOTO92
91 S3%=S3%+F
92 S3%=INT(S3%+.5):IFBA=0THENG=0:GOTO95
93 G=BA-VO-WA:F=0:IFAE>0THENF=INT((BA-VA)*.4):IFF>3E3THENF=3E3
94 G=G-F:IFVZ<86THENGOSUB655
95 S6=G:S3=S6:IFBB=0THENG=0:GOTO98
96 G=BB-VP-WB:F=0:IFAF>0THENF=INT((BB-VB)*.4):IFF>3E3THENF=3E3
97 G=G-F:IFVZ<86THENGOSUB655
98 S7=G:S3=S3+S7:IFS3>0THEN102
99 S2%=300:IFVF=1THENS2%=S2%*2
100 GOTO147
102 IFVF=1THEN106
103 IFBA=0THEN106
104 IFPA=1ANDBB>0ANDPB=0THEN122
105 IFPA=0ANDBB>0ANDPB=1THEN122
106 E=INT(S3*.09+.5):G=0:IFVZ<86THENG=KV*600+KH*300
107 IFBA=0THEN120
108 IFBB=0THEN118
109 IFPA=0ANDPB=0THENF=2340:GOSUB111:GOTO142
110 F=1000:GOSUB111:GOTO144
111 IFVF=1THENF=F+F
112 H=F+G:IFE>HTHENJ=H:GOTO114
113 J=E
114 IFF>2E3THENF=F/2:GOTO116
115 IFF=1E3THENF=F
116 G=G/2:I=F+G:IFE>ITHENJ=J+I:E=J:RETURN
117 J=J+E:E=J:RETURN
118 IFPA=0THENF=2340:GOSUB111:GOTO144
119 F=1E3:GOSUB111:GOTO144
120 IFBB=0THENF=2340:GOSUB111:GOTO144
121 F=1E3:GOSUB111:GOTO144
122 G=1000+KV*600+KH*300:H=(G-1000)/2+1000:IFVZ>85THENGOSUB1179:GOTO144
123 IFPA=0THENE=INT(S6*.18+.5):F=INT(S7*.09+.5):GOTO125
124 E=INT(S7*.18+.5):F=INT(S6*.09+.5)
125 IFF<GTHENE=E+F:GOTO127
126 E=E+G
```

```
127 IF F<HTHENE=E+F:GOTO129
128 E=E+H
129 I=E:J=G-1E3+4680:IFI<JTHENE=I:GOTO132
131 E=J
132 IF(I-J)>0THENK=(I-J)/2:L=J/2:GOTO134
133 GOTO142
134 IFK<LTHENE=E+K:GOTO136
135 E=E+L
136 G=G-1E3+2E3:H=(G-1E3)/2+2E3:IFPA=1THENF=INT(S6*.09+.5):GOTO138
137 F=INT(S7*.09+.5)
138 IFF<GTHENM=F:GOTO140
139 M=G
140 IFF<HTHENM=M+F:GOTO142
141 M=M+H
142 IFE>MTHEN144
143 E=M
144 E=INT(E/54)*54:M=300:IFVF=1THENM=M+M
145 IFE>MTHENS4%=E:GOTO147
146 S4%=M
147 E%=1:PRINTFRE(0):LOAD"GEWINNE",8
452 IFJ<55THENAD$="01.01.55"
453 E$=AD$:GOSUB802:LJ=J-J1:G$=ED$:GOSUB802:J=J-100:RJ=J1-J:IFRJ=1ORRJ>93THEN496
454 GOTO485
455 DATA1,93,87,71,1,6,0,-6
456 DATA1,87,82,70,1,9,0,-5
457 DATA1,82,77,69,1,11,0,-5
458 DATA1,77,74,68,1,13,0,-3
459 DATA1,74,70,67,1,15,0,-4
460 DATA0,70,64,67,1,15,2,-3
461 DATA1,64,62,64,0,21,0,0
462 DATA1,62,59,63,0,23,0,0
463 DATA0,59,55,63,1,23,2,-2
464 DATA1,55,53,60,0,28,0,0
465 DATA1,53,51,59,0,30,0,0
466 DATA1,51,49,58,0,31,0,0
467 DATA1,49,48,57,0,33,0,0
468 DATA0,48,44,57,1,33,1,-2
469 DATA0,44,42,55,1,34,2,-1
470 DATA1,42,40,52,0,39,0,0
471 DATA0,40,38,52,1,39,1,-1
472 DATA1,38,36,49,0,42,0,0
473 DATA1,36,35,48,0,43,0,0
474 DATA0,35,28,48,1,44,1,-1
475 DATA0,28,20,41,1,50,1,-1
476 DATA0,20,18,32,1,60,0,-1
477 DATA0,18,16,30,1,60,1,-1
478 DATA0,16,13,27,1,63,1,-1
479 DATA0,13,11,23,1,67,1,-1
480 DATA0,11,9,21,2,69,2,-1
481 DATA0,9,7,18,2,72,2,-1
482 DATA0,7,5,14,2,77,2,-1
483 DATA0,5,3,11,2,80,3,-1
484 DATA0,3,1,8,3,83,7,-1
485 READA%,AW,EW,F,G,J,K,S:IFRJ<=EWTHEN485
486 IFA%=1ANDRJ>EWANDLJ<JTHEN497
487 IFA%=0ANDRJ>EWANDLJ<97THENI=AW:GOTO489
488 IFLJ=>JTHEN498
489 J=J+K:F=F-G:GOSUB492:IFF%=1THENF%=0:GOTO498
490 IFRJ=>I+S+1ANDLJ<JTHEN497
491 I=I+S:PRINT"492:I=";I:GOTO489
```

```
492 IFLJ=JANDI=RJORRJ=45ANDLJ=35ORRJ=47ANDLJ=34ORRJ=47ANDLJ=34ORRJ=56ANDLJ=27THE
N495
493 IFRJ=58ANDLJ=25ORRJ>64ANDRJ<67ANDLJ=19ORRJ>67ANDRJ<70ANDLJ=17THEN495
494 RETURN
495 F%=1:RETURN
497 RESTORE:Z%=1:PRINT"495:LJ,RJ,Z%,F=";LJ;RJ;Z%;F:GOTO454:REM:RJ=0:RETURN
498 RESTORE:IFRJ=1THENF=0:E=0:Z%=1:RETURN
499 Z%=0:F=0:RETURN
500 UU$="RENTE":VV$="BEGINNDATUM (Z.B.01.07.83) DER ":WW$=" DER ANLAGE KSO "
501 XX$=" FUER  DEN ":RR$="ERLISCHT DIE RENTE NUR MIT DEM TODE DES "
502 SS$="BEZOG DER ":F$="EINGABEFEHLER!BITTE NEUEINGABE!"
503 ZZ$=" DURCH ZEITABLAUF UND/ODER MIT DEM TOD ENDENDE(R) LEIBRENTE(N) ":RETURN
504 YY$=A$:OP$="1.":GOSUB505:GOTO506
505 GOSUB500:PRINT:PRINTI$;SS$;YY$;" IN";VZ$;ZZ$;Z$;"30)";WW$;C$:INPUTE$:RETURN
506 IFE$="J"THENPRINT:YY$=A$:GOSUB509:GOTO511
507 IFE$="N"THEN538
508 GOTO505
509 PRINTI$;VV$;OP$;UU$;XX$;YY$:INPUTE$:GOSUB1000:IFF%=1THENF%=0:PRINTF$:GOTO509
510 RETURN
511 OE$=E$:GOSUB512:GOTO513
512 PRINT:PRINTI$;RR$;YY$;C$:INPUTE$:RETURN
513 IFE$="J"THENOF$="XX":GOSUB516:GOSUB521:GOTO522
514 IFE$="N"THENGOSUB516:GOSUB518:OF$=E$:AD$=OE$:ED$=OF$:G$=GA$:GOSUB452:GOTO520
516 QQ$="ENDEDATUM (Z.B.31.07.83) DER ":PP$=" ZUGEFLOSSENER BETRAG DER "
517 OO$="ERTRAGSANTEIL  DER ":NN$="SUMME DER WERBUNGSKOSTEN AUS 1.+2.":RETURN
518 PRINTI$;QQ$;OP$;UU$;XX$;YY$:INPUTE$:GOSUB1000:IFF%=1THENF%=0:PRINTF$:GOTO518
519 RETURN
520 OF$=E$:GOSUB521:GOTO522
521 PRINT:PRINTI$;" IN";VZ$;PP$;OP$;UU$;XX$;YY$;N2$:RETURN
522 INPUTOE:E=OE:E$=O$:G$=GA$:GOSUB523:GOTO524
523 GOSUB802:J=J-J1:GOSUB813:RETURN
524 OE%=F:GOSUB525:GOTO527
525 OV$=" ENTHALTENE NACHZAHLUNGEN,DIE AUF FRUEHERE JAHRE ZU VERTEILEN SIND"
526 PRINT:PRINTI$;" IN DER ";OP$;UU$;XX$;YY$;OV$;N2$:INPUTE:RETURN
527 OM=E:OP$="2.":GOSUB528:GOTO529
528 PRINT:PRINTI$;SS$;YY$;" EINE ";OP$;UU$;C$:INPUTE$:RETURN
529 IFE$="J"THENGOSUB509:OG$=E$:GOTO532
530 IFE$="N"THENGOSUB516:GOTO537
531 GOTO527
532 GOSUB512:IFE$="J"THENOH$="XX":GOSUB516:GOTO535
533 IFE$="N"THENGOSUB516:GOSUB518:OH$=E$:AD$=OG$:ED$=OH$:G$=GA$:GOSUB452:OH=E:GO
TO537
534 GOTO532
535 GOSUB521:INPUTOH:E=OH:E$=OG$:G$=GA$:GOSUB523:OH%=F:GOSUB525:OO=E:GOTO537
536 PRINT:PRINTI$;NN$;UU$;XX$;YY$;N2$:INPUTE:RETURN
537 GOSUB536:OG=E:IFVF<>1THEN552
538 YY$=B$:OP$="1.":GOSUB505:IFE$="J"THENGOSUB509:GOTO541
539 IFE$="N"THEN551
540 GOTO538
541 OI$=E$:GOSUB512:IFE$="J"THENOJ$="XX":GOSUB516:GOTO543
542 IFE$="N"THENGOSUB516:GOSUB518:OJ$=E$:AD$=OI$:ED$=OJ$:G$=GB$:GOSUB452
543 GOSUB521:INPUTOI:E=OI:E$=OI$:G$=GB$:GOSUB523:OI%=F
544 GOSUB525:OP=E:OP$="2.":GOSUB528:IFE$="J"THENGOSUB509:OL$=E$:GOTO547
545 IFE$="N"THEN552
546 GOTO544
547 GOSUB512:IFE$="J"THENOM$="XX":GOTO550
548 IFE$="N"THENGOSUB516:GOSUB518:OM$=E$:AD$=OL$:ED$=OM$:G$=GB$:GOSUB452:GOTO551
549 GOTO547
550 GOSUB521:INPUTOL:E=OL:E$=OL$:G$=GB$:GOSUB523:OL%=F
551 GOSUB525:OQ=E:GOSUB536:OJ=E
```

```
552 SS$="DER STEUERPFLICHTIGE ":TT$=" BETRAEGT ":RR$=" IN "
553 YY$=A$:OP$="1.":GOSUB554:GOTO559
554 O=VAL(OP$):IFOE>0ANDO=1THENOF%=INT((OE-OM)*OE%/100):E=OF%:GOTO558
555 IFOH>0ANDO=2THENOG%=INT((OH-OO)*OH%/100):E=OG%:GOTO558
556 O=VAL(OP$):IFOI>0ANDO=1THENOJ%=INT((OI-OP)*OI%/100):E=OJ%:GOTO558
557 OK%=INT((OL-OQ)*OL%/100):E=OK%:IFOK%=0THENRETURN
558 PRINT:PRINTSS$;OO$;OP$;UU$;TT$;XX$;YY$;RR$;VZ$;TAB(37-LEN(STR$(E)));E;DM$:RE
TURN
559 IFOH=0THEN561
560 OP$="2.":GOSUB554
561 IFVF<>1ORОI=0THEN565
562 YY$=B$:OP$="1.":GOSUB556
563 IFOL=0THEN565
564 OP$="2.":GOSUB556
565 GOSUB500:VV$="EINNAHMEN AUS ":RR$="VERAEUSSERUNGSPREISE"
567 SS$=" AUS SPEKULATIONSGESCHAEFTEN":QQ$="WERBUNGSKOSTEN "
568 UU$="ANDEREN WIEDERKEHRENDEN BEZUEGEN UND UNTERHALTSLEISTUNGEN"
570 YY$=A$:GOSUB571:GOTO573
571 PRINT:PRINTI$;VV$;UU$;XX$;YY$;Z$;" 44+45";WW$;")";N2$:RETURN
572 PRINT:PRINTI$;QQ$;UU$;XX$;YY$;Z$;" 46";WW$:RETURN
573 INPUTOV:IFOV>0THENGOSUB572:INPUTOV%
574 IFVF<>1THEN577
575 YY$=B$:GOSUB571:INPUTOS:IFOS=0THEN577
576 GOSUB572:INPUTOS%
577 YY$=A$:E=OF%+OG%+OV:F=OG+OV%:PRINT"♥":GOSUB578:Q0=E:GOSUB579:Q1=F:GOTO582
578 PRINTVV$;ZZ$;"+";UU$;XX$;YY$;" IN";VZ$;TAB(37-LEN(STR$(E)));E;DM$:RETURN
579 IFF<=200THENF=200
580 IFE<=FANDF=200THENF=E
581 PRINTQQ$;"FUER "ZZ$;"+";UU$;XX$;YY$;" IN";VZ$;TAB(37-LEN(STR$(F)));F;DM$:RET
URN
582 IFVF<>1THEN584
583 YY$=B$:E=OJ%+OK%:F=OJ+OS%:GOSUB578:Q2=E:GOSUB579:Q3=F
584 YY$=A$:PRINT:GOSUB585:Q4=E:GOTO586
585 PRINTI$;RR$;SS$;XX$;YY$;N2$;Z$;" 47";WW$:INPUTE:RETURN
586 IFE=0THEN589
587 YY$=A$:GOSUB588:Q4=Q4-F:GOTO589
588 PRINT:PRINTI$;"ANSCHAFF./HERST.-/";QQ$;SS$;XX$;YY$;N2$;Z$;" 48";WW$:INPUTF:R
ETURN
589 IFVF<>1THEN591
590 YY$=B$:GOSUB585:Q5=E:IFE>0THENGOSUB588:Q5=Q5-F:IFQ5<1E3THENQ5=0
591 YY$=A$:UU$="LEISTUNGEN ":IFQ4<1E3THENQ4=0
592 GOSUB593:GOTO594
593 PRINT:PRINTI$;VV$;UU$;XX$;YY$;N2$;Z$;" 50";WW$:INPUTE:RETURN
594 OT=E:IFE=0THEN597
595 GOSUB596:OT=OT-F:GOTO597
596 PRINT:PRINTI$;QQ$;" FUER ";UU$;XX$;YY$;N2$;Z$;" 51";WW$:INPUTF:RETURN
597 IFVF<>1THEN600
598 YY$=B$:GOSUB593:OU=E:IFE=0THEN600
599 GOSUB596:OU=OU-F:IFOU<500THENOU=0
600 IFOT<500THENOT=0
601 UU$="GESAMTE(N) STEUERPFL. EINNAHMEN AUS ABGEORDNETENBEZUEGEN "
602 YY$=A$:GOSUB604:Q6=E:GOTO606
604 PRINT:PRINTI$;UU$;"IN";VZ$;XX$;YY$;N2$;Z$;" 54";WW$:INPUTE:RETURN
606 IFQ6=0THEN611
607 GOSUB608:Q8=F:GOTO609
608 PRINT:PRINTI$;"DAVON SIND FUER KJ. VOR";VZ$;N2$:INPUTF:RETURN
609 RR$=" ENTHALTENE "+NA$+" AUS":GOSUB610:Q7=E:GOTO611
610 PRINT:PRINTI$;"IN DEN ";UU$;"VON";E;DM$;RR$;VZ$;XX$;YY$;N2$;Z$;" 55";WW$:INP
UTE:RETURN
611 IFVF<>1THEN626
```

```
612 YY$=B$:GOSUB604:Q9=E:IFQ9=0THEN626
613 GOSUB608:QB=F:GOSUB610:QA=E:IFQ7=0THEN624
615 E=Q7:F=VA:GOSUB616:Q7%=G:GOTO624
616 IFF>12E3THENG=0:RETURN
617 IF>0THEN621
618 IFE=>12E3THENG=4800:RETURN
619 IFE>0ANDE<12E3THENG=INT(E*.4):RETURN
620 IFE=0THENG=0:RETURN
621 IFE+F=>12E3THENG=INT(4800-F*.4):RETURN
622 IFE+F>0ANDE+F<12E3THENG=INT(E*.4):RETURN
623 G=0:RETURN
624 IFVF<>1ORQA=0THEN626
625 E=QA:F=VB:GOSUB616:QA%=G
626 YY$=A$:E=Q0:F=Q1:G=Q4:H=QT:I=Q6-Q8:J=Q7%:UU$="- ":VV$="+ ":PRINT"□"
627 WW$="EINKUENFTE":XX$="ABGEORDNETENBEZUEGE":IF(E+F+G+H+I+J)=0THEN638
628 PRINT"□":GOSUB630:QC=K:GOSUB640:GOTO638
630 PRINT:PRINT"DIE SONSTIGEN ";WW$;" FUER DEN ";YY$;" BETRAGEN:":IFE=0THEN633
631 PRINT"ERTRAGSANTEILE AUS LEIBRENTEN UND ANDEREN WIEDERKEHRENDEN BEZUEGEN";
632 PRINTTAB(77-LEN(STR$(E)));E;DM$:PRINTUU$;"WERBUNGSKOSTEN";TAB(37-LEN(STR$(F)
));F;DM$
633 IFG=0THEN634:PRINTVV$;"SPEKULATIONSGESCHAEFTE";TAB(37-LEN(STR$(G)));G;DM$
634 IFH=0THEN635:PRINTVV$;"LEISTUNGEN";TAB(37-LEN(STR$(H)));H;DM$
635 IFI=0THEN636:PRINTVV$;XX$;TAB(37-LEN(STR$(I)));I;DM$
636 IFJ=0THEN637:PRINTUU$;"VORSORGE-FREIBETRAG FUER ";XX$;TAB(77-LEN(STR$(J)));J
;DM$
637 K=E-F+G+H+I-J:PRINT"= SONSTIGE EINKUENFTE";TAB(37-LEN(STR$(K)));K;DM$:RETURN
638 YY$=B$:E=Q2:F=Q3:G=Q5:H=QU:I=Q9-QB:J=QA%:IF(E+F+G+H+I+J)=0THENRETURN
639 GOSUB630:QD=K:GOSUB640:RETURN
640 PRINT:PRINTI$;"WOHNSITZ IN";VZ$;" IN BERLIN/WEST ";C$:INPUTE$:IFE$="J"THEN64
3
641 IFE$="N"THEN645
642 GOTO640
643 IFYY$=A$THENQC%=1:GOTO645
644 QD%=1
645 FORI=1TO2E3:NEXTI:RETURN
655 IFVZ=82ANDG>56400THENG=56400
657 IFVZ=83ANDG>6E4THENG=6E4
658 IFVZ=84ANDG>62400THENG=62400
659 IFVZ=85ANDG>64800THENG=64800
660 IFVZ=86ANDG>67200THENG=67200
661 RETURN
800 IFA=0THEN809
801 E$=P$:G$=GA$:GOSUB802:J=J-J1:Q0%=J:GOTO809
802 J=VAL(RIGHT$(E$,2)):M%=VAL(MID$(E$,4,2)):T%=VAL(LEFT$(E$,2))
803 J1=VAL(RIGHT$(G$,2)):M1%=VAL(MID$(G$,4,2)):T1%=VAL(LEFT$(G$,2))
804 IFJ<J1THEN807
805 IFM%<M1ANDT%<T1ANDT%<>1THENJ=J-1
806 RETURN
807 J=J+100:IFM%<M1%ANDT%<T1%ANDT%<>1THENJ=J-1
808 RETURN
809 IFB=0THEN811
810 E$=Q$:G$=GB$:GOSUB802:J=J-J1:Q2%=J
811 IFA=0THEN858
812 E=A:J=Q0%:GOSUB813:Q0=G:Q1=H:QC=Q0-Q1:GOSUB626:GOTO858
813 IFZ%=1THENZ%=0:GOTO857
814 IFJ<9THENGOSUB860:GOTO856
815 F=.65:IFJ>26THEN820
816 J=17-J:IFJ>18THENJ=18
817 K=INT(J/2+.5)*.01:IFJ<17THENF=F+K
818 IFJ>18THENF=F-K
```

```
819 GOTO856
820 F=.59:K=.01:IFJ>30THEN824
821 IFJ<28THENF=F+K
822 IFJ>29THENF=F-K
823 GOTO856
824 F=.56:IFJ>34THEN828
825 IFJ<33THENF=F+K
826 IFJ>33THENF=F-K
827 GOTO856
828 F=.53:IFJ>37THEN831
829 IFJ<36THENF=F+K
830 GOTO856
831 IFJ>42THEN835
832 F=.5:K=(40-J)*.01:IFJ>40THENK=(J-40)*.01:F=F-K:GOTO856
834 F=F+K:GOTO856
835 IFJ>50THEN839
836 IFJ<45THENF=.47:GOTO856
837 F=.41:K=(50-J)*.01:IFJ<50THENF=F+K
838 GOTO856
839 IFJ>59THEN842
840 F=.31:K=(59-J)*.01:IFJ<59THENF=F+K
841 GOTO856
842 IFJ>75THEN845
843 F=.14:K=(75-J)*.01:IFJ<75THENF=F+K
844 GOTO856
845 IFJ<78THENF=.13:GOTO856
846 IFJ>80THEN849
847 F=.1:K=(80-J)*.01:IFJ<80THENF=F+K
848 GOTO856
849 IFJ>83THEN852
850 F=.08:IFJ<83THENF=.09
851 GOTO856
852 IFJ>96THENF=.01:GOTO856
853 F=.02:K=INT((94-J)/2+.5)*.01:IFJ<94THENF=F+K
856 IFS%=1THENF=INT(F*100+.1):RETURN
857 GOSUB863:RETURN
858 IFB=0THENRETURN
859 E=B:J=Q2%:GOSUB813:Q2=G:Q3=H:QD=Q2-Q3:GOSUB638:RETURN
860 IFJ<3THENF=.72:RETURN
861 IFJ<6THENF=.71:RETURN
862 F=.7:RETURN
863 G=INT(E*F+.01):IFG<200THENH=G:RETURN
864 H=200:RETURN
865 PRINTTAB(15);WW$;TAB(22);WW$;TAB(29);WW$;TAB(36);WW$:IFLQ=0ANDLR=0THEN870
867 PRINT"LAND- U. FORST-":PRINT"WIRTSCHAFT";TAB(18-LEN(STR$(LQ)));LQ;TAB(25-LEN
(STR$LQ)));LQ;
869 PRINTTAB(32-LEN(STR$(LR)));LR;TAB(39-LEN(STR$(LR)));LR:SU=LQ:SV=LR
870 IFMG=0ANDMH=0THEN874
871 PRINT"GEWERBE-":PRINT"BETRIEB";TAB(18-LEN(STR$(MG)));MG;TAB(25-LEN(STR$(MG))
);MG;
873 PRINTTAB(32-LEN(STR$(MH)));MH;TAB(39-LEN(STR$(MH)));MH:SU=SU+MG:SV=SV+MH
874 IFMY=0ANDMZ=0THEN878
875 PRINT"SELBSTAENDIGER"
876 PRINT"ARBEIT";TAB(18-LEN(STR$(MY)));MY;TAB(25-LEN(STR$(MY)));MY;TAB(32-LEN(S
TR$(MZ)));MZ;
877 PRINTTAB(39-LEN(STR$(MZ)));MZ:SU=SU+MY:SV=SV+MZ:IFSU<>0ORSV<>0THENGOSUB10
878 RETURN
879 PRINT"KAPITALVERMOEGEN:":PRINT"EINNAHMEN";TAB(18-LEN(STR$(O0)));O0;
880 PRINTTAB(32-LEN(STR$(O1)));O1:RETURN
881 IFXP<>0ORXQ<>0THENPRINT"VERM.+VERP.:";TAB(25-LEN(STR$(XP)));XP;TAB(39-LEN(ST
```

```
R$(XQ)));XQ
882 RETURN
883 IFLQ+LR=0THENRETURN
884 IFVF=1THEN888
885 IFLQ>2E3THENLP=2E3:GOTO891
886 IFLQ>0THENLP=LQ:GOTO891
887 GOTO890
888 IFLQ+LR>4E3THENLP=4E3:GOTO891
889 IFLQ+LR>0THENLP=LQ+LR:GOTO891
890 LP=0:RETURN
891 PRINT"AB FREIBETRAG FUER LAND- UND":PRINT"FORSTWIRTE";TAB(39-LEN(STR$(LP)));
LP:RETURN
931 PRINT:PRINTI$;"BITTE GEBEN SIE NACH DER EINKUENFTEAUSGABE DIE DATEN AUS ";
932 PRINTI$;"DEN AUFGERUFENEN ZEILEN AB SEITE 3 DER EST/LSTJA-ERKLAERUNG EIN"
933 GOSUB1028:PRINT:PRINT"EINKUENFTE     STEUERPFL.       EHEFRAU":WW$=" DM"
934 VV$="SUMMEN":UU$="WERTE":PRINT"AUS";SPC(10);UU$;" ";VV$;SPC(2);UU$;" ";VV$
935 GOSUB865:IFBA+BB=0THEN970
936 PRINT"NICHTSELBST. ARBEIT:":PRINT"BRUTTOLOHN";TAB(18-LEN(STR$(BA)));BA;
937 PRINTTAB(32-LEN(STR$(BB)));BB:IFVA=0THENEA=BA:GOTO941
938 E=VA:GOSUB939:VO=E:EA=BA-VO:GOTO941
939 E=INT(E*.4+.99):IF E>4800THENE=4800
940 RETURN
941 IFVB=0THENEB=BB:GOTO943
942 E=VB:GOSUB939:VP=E:EB=BB-VP
943 PRINT"VERSORGUNGS- ";TAB(18-LEN(STR$(VO)));VO;TAB(32-LEN(STR$(VP)));VP
944 E=EA:GOSUB945:WA=E:EA=EA-WA:GOTO947
945 IFE<600THENRETURN
946 E=600:RETURN
947 IFEB=0THEN949
948 E=EB:GOSUB945:WB=E:EB=EB-WB
949 PRINT"WEIHNACHTS- ";TAB(18-LEN(STR$(WA)));WA;TAB(32-LEN(STR$(WB)));WB
950 E=EA:GOSUB951:AC=E:EA=EA-AC:GOTO953
951 IFE<480THENRETURN
952 E=480:RETURN
953 IFEB=0THEN955
954 E=EB:GOSUB951:AD=E:EB=EB-AD
955 PRINT"ARBEITNEHMER-":PRINT"FREIBETRAG";TAB(18-LEN(STR$(AC)));AC;
956 PRINTTAB(32-LEN(STR$(AD)));AD:E=EA:F=WC:GOSUB958:WC=E:EA=EA-WC
957 GOTO966
958 IFF<564THENF=564
959 IFF<ETHENE=F
960 RETURN
966 IFEB=0THEN968
967 E=EB:F=WD:GOSUB958:WD=E:EB=EB-WD
968 PRINT"WERBUNGSK.  ";TAB(18-LEN(STR$(WC)));WC;TAB(25-LEN(STR$(EA)));EA;
969 PRINTTAB(32-LEN(STR$(WD)));WD;TAB(39-LEN(STR$(EB)));EB:SU=SU+EA:SV=SV+EB
970 IFO0+O1+O2+O3=0THEN975
971 GOSUB879:PRINT"WERBUNGSK.";TAB(18-LEN(STR$(O2)));O2;
972 PRINTTAB(32-LEN(STR$(O3)));O3:PRINT"SPARER-FREI-":PRINT"BETRAG";SPC(7);
973 PRINTTAB(18-LEN(STR$(OC%)));OC%;TAB(25-LEN(STR$(OC)));OC;
974 PRINTTAB(32-LEN(STR$(OD%)));OD%;TAB(39-LEN(STR$(OD)));OD:SU=SU+OC:SV=SV+OD
975 IFXP<>0ORXQ<>0THENGOSUB881
976 E=OT+Q0+Q4+Q6-Q8:F=QU+Q2+Q5+Q9-QB:IFE+F+Q1+Q3=0THEN982
977 PRINT"SONSTIGE EINKUENFTE:":PRINT"EINNAHMEN";TAB(18-LEN(STR$(E)));E;TAB(32-L
EN(STR$(F)));F
978 PRINT"WERBUNGSK.";TAB(18-LEN(STR$(Q1)));Q1;
979 PRINTTAB(32-LEN(STR$(Q3)));Q3:PRINT"VERSORG.-FB.";TAB(18-LEN(STR$(Q7%)));
980 PRINTQ7%;TAB(25-LEN(STR$(QC)));QC;TAB(32-LEN(STR$(QA%)));QA%;
981 PRINTTAB(39-LEN(STR$(QD)));QD:SU=SU+QC:SV=SV+QD:GOSUB10
982 PRINT"EINKUENFTESUMME";TAB(25-LEN(STR$(SU)));SU;TAB(39-LEN(STR$(SV)));SV
```

```
983 E=SU-EA-OF%-OH%+OG-Q7+Q7%:F=BA-VA:H=AA:GOSUB984:AE=G:GOTO987
984 G=0:IFE<=0THENE=0
985 F=E+F:IFH>63ANDF>0THENG=INT(F*.4+.99):IFG>3E3THENG=3E3
986 RETURN
987 AE$="ALTERSENTLASTUNG":IFAA<64ANDAB<64 THEN989
988 E=SV-EB-OJ%-OK%+OK-QA+QA%:F=BB-VB:H=AB:GOSUB984:AF=G
989 IFAE>0ORAF>0 THEN PRINTAE$;TAB(25-LEN(STR$(AE)));AE;TAB(39-LEN(STR$(AF)));AF
990 GOSUB883:E=SU+SV-AE-AF-LP
992 GB=E:PRINT"GESAMTBETRAG DER EINKUENFTE";TAB(39-LEN(STR$(GB)));GB:GOSUB10:RET
URN
1000 L=LEN(E$):IFL<>8THEN1007
1001 T%=VAL(LEFT$(E$,2)):IFT%<0ORT%>31THEN1007
1002 M%=VAL(MID$(E$,4,2)):IFM%<1ORM%>12THEN1007
1003 IFT%>30THEN1015
1004 J=VAL(RIGHT$(E$,2)):IFJ/4=INT(J/4)ANDM%=2ANDT%>29THEN1007
1005 IFJ/4<>INT(J/4)ANDM%=2ANDT%>28THEN1007
1006 F%=0:RETURN
1007 F%=1:RETURN
1015 IFM%=4ORM%=6ORM%=9ORM%=11THEN1007
1016 GOTO1004
1020 GOSUB1024:IFS%>0THENGOSUB504:RETURN
1023 IFS%=0THENGOSUB800:RETURN
1024 A$="STEUERPFL./EHEMANN":B$="EHEGATTE(N) ":Z$="(ZEILE-NR.":N2$=" IN DM"
1025 XX$="VERSICHERUNG FUER ":TT$=" GEZAHLTE - ERSTATTETE ":VZ$=STR$(VZ):L$=" "
1026 NE$=" GESETZLICHE RENTENVERSICHERUNGSPFLICHT ":C$="<J/N>":I$=CHR$(18)
1027 N1$="BRUTTOARBEITSLOHN":NA$="VERSORGUNGSBEZUEGE":DM$="DM":L$=" ":RETURN
1028 FORI=1TOE3:NEXTI:PRINT"J":RETURN
1172 IFVZ<86ANDE>9E3THENE=9E3
1173 IFVZ>85ANDE>18E3THENE=18E3
1174 RETURN
1179 IFPA=0THENE=INT(S6*.18+.5):F=INT(S7*.18+.5):GOTO1181
1180 E=INT(S7*.18+.5):F=INT(S6*.18+.5)
1181 IFF>2E3THENG=E+2E3:GOTO1183
1182 G=E+F
1183 IFG>4680THENH=G-4680:I=4680:GOTO1185
1184 H=0:I=G:GOTO1187
1185 IFH/2>2340THENI=I+2340:GOTO1187
1186 I=I+H/2
1187 IFF>4E3THENF=4E3
1188 IFF>ITHENI=F
1189 E=I:RETURN
1203 PRINTI$;N1$;" DES ";B$;" IN ";VZ$:INPUTE:IFE=0THENS1%=300:GOTO1212
1204 PRINTI$;"DAVON ";NA$:INPUTF:IFF>12E3THENH=4800:PRINT:GOTO1206
1205 H=F*.4
1206 G=E-H-600:PRINTI$;"WAR IHR ";B$;" AM 2.1.";VZ$;" AELTER ALS 64 JAHRE ";C$
1207 INPUTE$:IFE$="N"THEN1211
1208 IFE$="J"THEN1210
1209 GOTO 1206
1210 I=(E-F)*.4:IFI>3E3THENI=3E3
1211 G=G-I:S7=G-1044:GB=GB+S7:GOSUB373:IFVZ<86THENGOSUB655
1212 PRINTI$;"BESTAND FUER DEN ";B$;" IN ";VZ$;NE$;C$
1213 INPUTE$:IFE$="J"THENY=0:GOTO1215
1214 Y=1
1215 X=G:GOSUB437:SB%=INT(SX%/54)*54:SC%=270:RETURN

READY.
```

```
1 REM FOLGESTEUERN
2 I$=CHR$(18):VZ$=STR$(VZ):L$=" ":Z$="(ZEILE-NR.":N2$=" IN DM":GOTO200
3 UU$="STEUERSATZ ":XX$="AUF ":VV$="V.H.":WW$="DM":YY$="AUSSERORD.EINKUENFTE"
4 ZZ$=" VON ":TT$="EINKOMMEN":RR$=" NACH PAR.":QQ$=" ESTG":PP$="ABZUG":RETURN
10 INPUT"BILDSCHIRMINHALT AUSDRUCKEN J/N";E$:IFE$="J"THEN13
11 IFE$="N"THENRETURN
12 GOTO10
13 OPEN1,4:FORNY=0TO24:FORNX=0TO39:NS=PEEK(1024+NY*40+NX)
14 NS$=CHR$(NS):IFNS$="?"ANDNX=31THENNY=24
15 IFNS=>0ANDNS<32THENNS$=CHR$(NS+64)
16 IFNS>63ANDNS<96THENNS$=CHR$(NS+32)
17 PRINT#1,NS$;:NEXTNX:PRINT#1:FORNV=0TO5:PRINT#1,CHR$(0);:NEXTNV:NEXTNY
18 PRINT#1:CLOSE1:PRINT"[CLR]":RETURN
39 PRINT"BITTE NEUEINGABE,DA EINGABEFEHLER!":RETURN
61 :KS=9000:KP=4000:RETURN
98 OIFZE=>4E5THENKI=4800:RETURN
200 UU$="AUFWENDUNGEN FUER ":ZZ$="90)":D$="(Z.B:01.01.-31.12.)"
201 VV$="BESCHAEFTIGUNG EINER HAUSGEHILFIN "
202 PRINT:PRINTI$;UU$;VV$;Z$;ZZ$;N2$:INPUTAO:WW$="HEIM-/PFLEGEUNTERBRINGUNG
203 PRINT:PRINTI$;UU$;WW$;Z$;ZZ$;N2$:INPUTE:AO=AO+E:IFAO=0THEN237
204 XX$="DAUER DER ":C$="J/N":YY$="ZEITRAUM FALSCH!"
205 PRINT:PRINTI$;XX$;UU$;VV$;" UND DER ";WW$;" IN ";VZ$;" ";D$:INPUTAO$:E$=AO$
206 GOSUB208:IFF%=1THENPRINTYY$:F%=0:GOTO205
207 GOSUB1025:A%=E:GOTO214
208 IFE$="0"THENRETURN
209 E=LEN(E$):IFE<>13THENF%=1:RETURN
210 E=VAL(MID$(E$,4,2)):GOSUB212
211 E=VAL(MID$(E$,11,2)):GOSUB212:RETURN
212 IFE<1ORE>12THENF%=1
213 RETURN
214 ZZ$=" LAENGEREN KOERPERLICHEN HILFLOSIGKEIT ODER SCHWEREN KRANKHEIT"
215 IFA%>12THENA%=12:GOTO217
216 A%=A%+1
217 PRINT:PRINTI$;"ERFOLGTE DIE ";VV$;"U./O. DIE ";WW$;" WEGEN DER ";
218 PRINTI$;ZZ$;" ";C$:INPUTE$:IF E$="N"THEN225
219 IFE$="J"THEN221
220 GOTO217
221 PRINT:PRINTI$;XX$;ZZ$;" IN ";VZ;D$:INPUTAP$:E$=AP$
222 GOSUB208:IFF%=1THENF%=0:PRINTYY$:GOTO221
223 GOSUB1025:A1%=E:GOTO225
224 E=VAL(MID$(E$,11,2))-VAL(MID$(E$,4,2))+1:RETURN
225 IFA1%>11THEN232
226 IFAA>59ORAB>59THENA1%=A1%+12:GOTO232
227 IFAA=59THENE$=GA$:E=VAL(MID$(E$,4,2)):E=13-E
228 IFAB=59THENE$=GB$:E1=VAL(MID$(E$,4,2)):E1=13-E1
229 IFAA<59ANDAB<59THEN237
230 IFE>E1THENA1%=A1%+E:E=0:GOTO232
231 A1%=A1%+E1
232 IFA%=>12THENA%=12
233 IFA1%=>12THENA1%=12
234 IFA%<A1%THENAO%=A%*100
235 IFA1%<=A%THENAO%=A1%*100
236 IFAO<AO%THENAO%=AO
237 UU$="BEANTRAGEN SIE/IHR EHEGATTE DEN FREIBETRAG FUER VERTRIEBENE,"
238 VV$="FLUECHTLINGE,POLITISCH VERFOLGTE?":J$="Z.B.83":L$=" ":C$="J=JA N=NEIN"
239 PRINT:PRINTI$;UU$;VV$;L$;C$:INPUTE$:IFE$="J"THEN242
240 IFE$="N"THEN250
241 GOTO 239
```

```
242 WW$="WANN (Z.B.83)KAMEN SIE/IHR EHEGATTE"
243 ZZ$=" IN DIE BRD ODER HATTEN HIER ERSTMALS EINKUENFTE?"
244 PRINT:PRINTI$;WW$;ZZ$:INPUTE:IFE<VZ-2THEN250
245 KI=KV+KH
246 IFVF=1ANDKI=0ORVF>2ANDKI=0THENAQ%=720:GOTO250
247 IFKI<3THENAQ%=840:GOTO250
248 IFKI>2THENAQ%=720+KI*60:GOTO250
249 AQ%=540
250 UU$="KINDER(MIT GETRENNTLEBENDEN/GESCHIEDENEN EHEGATTEN "
251 XX$="ODER ANDEREN PERSONEN)DIE DEM ANDEREN ELTERNTEIL ZUGEORDNET SIND "
252 TT$="UND FUER DIE SIE ODER IHR ZUSAMMENVERANLAGTER EHEGATTE "
253 SS$="IM KJ UNTERHALT ZAHLTEN ?"
254 PRINT:PRINTI$;UU$;XX$;TT$;SS$:INPUTJ:IFJ=0ORKH=0THEN260
255 WW$="DAUER DES UNTERHALTS FUER ":ZZ$=".KIND IN"
256 FORI=1TOJ
257 PRINT:PRINTI$;WW$;I;ZZ$;D$:INPUTE$:GOSUB 208:IF F%=1 THEN PRINTYY$:F%=0:GOTO
257
258 GOSUB1025:AR%=AR%+E*50
259 NEXTI
260 UU$="VON IHNEN/IHREM EHEGATTEN IN "
261 XX$=" UNTERSTUETZTE PERSONEN"
262 PRINT:PRINTI$;UU$;VZ$;XX$:INPUTJ:IFJ=0THEN290
263 UU$="VON WANN BIS WANN BESTAND FUER DIESE PERSON(EN) ANSPRUCH AUF "
264 QQ$=" DER UNTERSTUETZTEN":SS$="UNTERSTUETZUNGSDAUER "
265 TT$="AUFWAND FUER DIE UNTERSTUETZTE":ZZ$=".PERSON IN"
266 RR$="UNTERSTUETZUNG DIESER PERSON DURCH ANDERE PERSONEN IN DM?"
267 FORI=1TOJ:J$=STR$(I):PRINT:GOSUB760
268 PRINTI$;UU$;WW$;" IN ";VZ$;D$:INPUTE$:GOSUB208:IFF%=1THENGOSUB39:F%=0:GOTO26
8
269 GOSUB1025:E1=E
270 PRINT:PRINTI$;"VERSORGUNGSBEZUEGE ";QQ$;J$;ZZ$;VZ$:INPUTE:IFE=0THEN273
271 IFE=>12E3THENAR=E-4800:GOTO273
272 AR=E*.6:PRINT
273 PRINTI$;"UEBRIGER ARBEITSLOHN ";QQ$;J$;ZZ$;VZ$:INPUTE
274 AR=AR+E-1644:IFAR<0THENAR=0
275 PRINT:PRINTI$;"BRUTTORENTEN ";QQ$;J$;ZZ$;VZ$:INPUTE
276 F=E-200:IFF<0THENF=0:PRINT
277 PRINTI$;"SONSTIGE BEZUEGE ";QQ$;J$;ZZ$;VZ$:INPUTE:F=F+E-360:IFF<0THENF=0
278 GOSUB1177:AR=INT(AR+F-G+.99):IFAR<0THENAR=0
281 PRINT:PRINTI$;SS$;QQ$;J$;ZZ$;VZ$;D$:INPUTE$:GOSUB 208
282 IFF%=1THENGOSUB39:F%=0:GOTO281
283 GOSUB1025:E2=E
284 PRINT:PRINTI$;TT$;J$;ZZ$;VZ$:INPUTE:F=E
285 PRINT:PRINTI$;RR$:INPUTE:AS=F/(F+E):E=E1+E2:IFE>12THENE=E-12:E2=E2-E
286 GOSUB1190:F1=INT((H-AR)*E2/12*AS+.99):IFF<F1THENF1=F
288 AR%=AR%+F1:NEXTJ
290 GOSUB1151:UU$="ZAHL DER KINDER,FUER DIE IN "
291 XX$=" EIN BERUFSAUSBILDUNGS-FREIBETRAG BEANTRAGT WIRD"
292 PRINT:PRINTI$;UU$;VZ$;XX$:INPUTJ:IFJ=0THEN322
293 ZZ$=".KIND IN":PP$="FUER DAS":NN$="DAUER DER(S)"
294 VV$=" BERUFSAUSBILDUNG ":TT$=" AUSWAERTIGEN UNTERBRINGUNG"
295 SS$=" AUSBILDUNGSLEISTUNGEN ":RR$="ARBEITSLOHN "
296 QQ$="AUSBILDUNGSBEIHILFEN/EIGENE EINKUENFTE/BEZUEGE "
297 FORI=1TOJ:J$=STR$(I):PRINT:GOSUB760
298 F%=0:PRINTI$;NN$;WW$;PP$;J$;ZZ$;VZ$;D$:INPUTE$:GOSUB208:IFF%=1THEN298
300 GOSUB1025:E1=E
301 PRINTI$;NN$;VV$;PP$;J$;ZZ$;VZ$;D$:INPUTE$:GOSUB208:IFF%=1THENF%=0:PRINTYY$:G
OTO301
302 GOSUB1025:E2=E:PRINT
303 PRINTI$;NN$;SS$;PP$;J$;ZZ$;VZ$;D$:INPUTE$:GOSUB 208:IFF%=1THENF%=0:PRINTYY$:
```

```
GO303
304 GOSUB1025:E3=E
305 IFE1<E2THENE=E1:GOTO307
306 E=E2
307 IFE3<ETHENE=E3
308 F=E:OO$=" VOLLENDETEN 18.LEBENSJAHR ":PRINT
309 E1=0:E2=0:E3=0:PRINTI$;NN$;TT$;PP$;J$;ZZ$;VZ$;" BIS ZUM";OO$;D$
310 INPUTE$:GOSUB 208:IFF%=1THENF%=0:PRINTYY$:GOTO 309
311 GOSUB1025:E1=E
312 PRINT:PRINTI$;NN$;TT$;PP$;J$;ZZ$;VZ$;" NACH DEM ";OO$;D$:INPUTE$
313 GOSUB208:IFF%=1THENPRINTYY$:F%=0:GOTO312
314 GOSUB1025:E2=E:PRINT
315 PRINTI$;NN$;" HAUSHALTSUNTERBRINGUNG ";PP$;J$;ZZ$;VZ$;" NACH DEM ";
316 PRINTI$;OO$;D$:INPUTE$:GOSUB 208:IFF%=1THENF%=0:PRINTYY$:GOTO315
317 GOSUB1025:E3=E:E=E1+E2+E3:IFE>FTHEN E=E-F:E3=E3-E
318 PRINT:PRINTI$;RR$;PP$;J$;ZZ$;VZ$:INPUTE:E=E-1644:IFE<0THENE=0
319 PRINT:PRINTI$;QQ$;PP$;J$;ZZ$;VZ$:INPUTG:G=G-360:IFG<0THENG=0
320 GOSUB757:GOSUB762:IFAT<0THENAT=0
321 A=INT((F*E1/12)+(G*E2/12)+(H*E3/12)+.99)-AT:AS%=AS%+A:NEXTI
322 UU$="ZAHL DER KINDER IM HAUSHALT VON ERWERBSTAETIGEN " :NN$="DAUER DES(R) "
323 VV$="ALLEINSTEHENDEN,FUER DIE KINDERBETREUUNGSKOSTEN ENTSTANDEN SIND "
324 WW$="HAUSHALTSZUGEHOERIGKEIT DES ":TT$="ALTER DES BETREUTEN "
326 RR$="GEMEINSAMEN HAUSHALT(S) MIT DEM ANDEREN ELTERNTEIL DES GEMEINSAMEN "
327 QQ$="UNVERHEIRATETSEINS/DAUERND GETRENNTLEBENS":CC$=" WAEHREND DES(R) "
328 DD$="ERWERBSTAETIGKEIT,BEHINDERUNG ODER KRANKHEIT ":ZZ$=" .KINDES "
329 PRINT:PRINTI$;UU$;VV$:INPUTJ:IFJ=0THEN366
330 PRINT:PRINTI$;NN$;QQ$;" IN ";VZ$;L$;D$
331 INPUTE$:GOSUB 208:IFF%=1THENPRINTYY$:F%=0:GOTO330
332 GOSUB1025:AW=E:IFAW=0THEN361
333 PRINT:PRINTI$;NN$;DD$;" IN ";VZ$;L$;D$
334 INPUTE$:GOSUB208:IFF%=1THENPRINTYY$:F%=0:GOTO333
335 GOSUB1025:AV=E:IFAV=0THEN366
336 FORI=1TOJ:J$=STR$(I)
337 PRINT:PRINTI$;TT$;J$;ZZ$:INPUTE:IFE>15THEN365
338 PRINT:PRINTI$;NN$;L$;WW$;J$;ZZ$;CC$;QQ$;" IN ";VZ$;L$;D$:INPUTE$:GOSUB208
339 IFF%=1THENPRINTYY$:F%=0:GOTO338
340 GOSUB1025:AU%=E:IFAU%=0THEN365
341 PRINT:PRINTI$;"FUEHRTEN SIE IN ";VZ$;" EINEN ";RR$;J$;ZZ$;C$:INPUTE$
342 SS$="BETREUUNGSKOSTEN DES ":IFE$="J"THEN345
343 IFE$="N"THENAV%=0:GOTO348
344 GOTO341
345 PRINT:PRINTI$;NN$;L$;RR$;J$;ZZ$;" IN ";VZ$;L$;CC$;QQ$;L$;D$:INPUTE$
346 GOSUB208:IFF%=1THENPRINTYY$:F%=0:GOTO345
347 GOSUB1025:AV%=E
348 PRINT:PRINTI$;SS$;J$;ZZ$;" IN ";VZ$;CC$;NN$;DD$
349 INPUTAU:IFAU=0THEN365
350 IFAV<AU%THENM=AV
351 M=AU%
352 IFAV%=0THENH=1:GOSUB355:GOTO357
353 H1=.5:IFM<AV%THENM1=M:GOSUB356:GOTO357
354 M=M-AV%:M1=AV%:GOSUB355:GOSUB356:GOTO357
355 H=M*2E3/12:P=M*40:RETURN
356 H1=H1*M1*2000/12:P1=.5*M1*40:RETURN
357 IFI>1THEN362
358 H=H*2:H1=H1*2
359 IFAU<(H+H1)ANDAU<(P+P1)THENAT%=P+P1:GOTO365
360 IFAU<(H+H1)ANDAU=>(P+P1)THENAT%=AU:GOTO365
361 AT%=H+H1:GOTO365
362 IFAU<(H+H1)ANDAU<(P+P1)THENAT%=AT%+P+P1:GOTO365
363 IFAU<(H+H1)ANDAU=>(P+P1)THENAT%=AT%+AU:GOTO365
```

```
364 ATX=ATX+H+H1
365 NEXT I:ATX=INT(ATX+.5)
366 UU$="ANDERE AUSSERGEWOEHNLICHE BELASTUNGEN "
367 VV$="(ZEILEN 114/115)IN DM IN "
368 WW$="DARAUF ERHALTENE/ZU BEANSPRUCHENDE VERSICHERUNGSLEISTUNGEN,"
369 XX$="BEIHILFEN,UNTERSTUETZUNGEN BZW. NACHLASS IN DM?"
370 PRINT:PRINTI$;UU$;VV$;VZ$:INPUTE:IFE=0THEN383
371 PRINT:PRINTI$;WW$;XX$:INPUTF
372 AX=E-F:GOSUB373:GOTO383
373 K=KV+KH:IFK>0THEN376
374 IFVF>0THENZB=0.04:GOSUB379:GOTO382
375 ZB=0.05:GOSUB379:GOTO382
376 IFK<3THENZB=0.02:GOSUB379:GOTO382
377 IFGB<=1E5THENZB=.01:GOTO382
378 ZB=.02:GOTO382
379 IFGB<=3E4THENRETURN
380 IF GB<=1E5THENZB=ZB+.01:RETURN
381 ZB=ZB+.02:RETURN
382 AX%=INT(GB*ZB):RETURN
383 IFKV=0ANDKH=0ORVF=1ORVF=2ORVF=3ANDKV>0ANDKH=0ORBV=1ANDKV>0ANDKH=0THEN417
384 RR$="TRUG DER ANDERE ELTERNTEIL ZU DEN AUFWENDUNGEN FUER "
385 QQ$="IHRE(R) GEMEINSAMEN KINDER BEI(J/N)?"
386 UU$="SOLLEN DIE ":PP$=" AUSBILDUNGSFREIBETRAEGE "
387 OO$=" PAUSCHBETRAEGE FUER KOERPERBEHINDERTE KINDER "
388 VV$=" MIT ZUSTIMMUNG DES ANDEREN ELTERNTEILS " :GOSUB389:GOTO393
389 WW$="ANDERS ALS ZU JE 50 % AUFGETEILTWERDEN J/N?":SS$="IST DIE IN "+Z$
390 XX$="%-SATZ,DER AUF SIE ENTFAELLT"
391 TT$=" ANGEGEBENE PERSON EIN KOERPERBEHINDERTES KIND J/N?":RETURN
393 PRINT:PRINTI$;RR$;"DIE BERUFSAUSBILDUNG ";QQ$:INPUTE$:IF"J"THEN396
394 IFE$="N"THEN401
395 GOTO393
396 PRINT:PRINTI$;UU$;PP$;VV$;WW$:INPUTE$:IFE$="J"THEN399
397 IFE$="N"THENAS%=INT(AS%/2+.5):GOTO401
398 GOTO396
399 PRINT:PRINTI$;XX$:INPUTE:IFE>100THENGOSUB39:GOTO399
400 AS%=INT(AS%*E/100+.5)
401 Z=88:IFAM%=0ANDAN%=0THEN417
402 FOR I=Z TO Z+1:IFI=Z+1ANDAN%=0THENI=I+1:NEXTI:GOTO417
403 PRINT:PRINTI$;SS$;Z;TT$:INPUTE$:IFE$="J"THEN406
404 IFE$="N"THENNEXTI:GOTO417
405 GOTO403
406 PRINT:PRINTI$;RR$;"DEN UNTERHALT ";QQ$:INPUTE$:IFE$="J"THEN409
407 IFE$="N"THENE=100:GOTO415
408 GOTO406
409 PRINT:PRINTI$;UU$;OO$;VV$;WW$:INPUT E$:IFE$="J"THEN414
410 IFE$="N"THEN412
411 GOTO409
412 IFZ=88THENAM%=INT(AM%/2+.5):AG%=INT(AG%/2+.5):NEXTI:GOTO417
413 AN%=INT(AN%/2+.5):AJ%=INT(AJ%/2+.5):NEXTI:GOTO417
414 PRINT:PRINTI$;XX$:INPUTE:IFE>100THEN414
415 IFZ=88THENAM%=INT(AM%*E/100+.5):NEXTI:GOTO417
416 AN%=INT(AN%*E/100+.5):NEXTI
417 GOSUB1200:GOTO468
452 Z=88:GOSUB389:AX=S1%:IFAM%=0ANDAN%=0THEN465
453 FORI=ZTOZ+1
454 PRINT:PRINTI$;SS$;Z$;I;TT$:INPUTE$:IFE$="J"THEN457
455 IFE$="N"THEN460
456 GOTO454
457 IFI=88THENAM%=AM%/2:AG%=AG%/2
458 IFI=89THENAN%=AN%/2:AJ%=AJ%/2
```

```
459 NEXTI:GOTO465
460 IFI=88THENAM%=AM%*AX%/100+.5:IFAN%=0THENI=I+1:GOTO459
461 IFI=89THENAN%=AN%*AX%/100+.5
462 GOTO459
465 E=AO%:GOSUB467:AO%=E:E=AQ%:GOSUB467:AQ%=E:E=AP%:GOSUB467:AP%=E
466 E=AR%:GOSUB467:AR%=E:E=AS%:GOSUB467:AS%=E:E=AX:GOSUB467:AX=E:RETURN
467 E=INT(E*AX%/100+.5):RETURN
468 GOSUB1161:UU$="PAUSCHBETRAG":VV$="HINTERBLIEBENE":WW$=".PERSON":ZZ$=" FUER "
469 IFVF=2THENE=AX%:GOSUB467:AX%=E
470 FORI=1TO2:J$=STR$(I)
471 IFI=1ANDAG%=0THEN475
472 IFI=2ANDAJ%=0ANDAG%=0THEN475
473 IFI=1THENE=AG%:GOSUB483:GOTO475
474 E=AJ%:IFE>0THENGOSUB483
475 NEXTI
476 VV$="KOERPERBEHINDERTE "
477 FORI=1TO2:J$=STR$(I)
478 IFI=1ANDAM%=0THEN482
479 IFI=2ANDAN%=0THEN482
480 IFI=1ANDAM%>0THENE=INT(AM%+.5):GOSUB483:GOTO482
481 IFI=2ANDAN%>0THENE=INT(AN%+.5):GOSUB483
482 NEXTI:GOTO484
483 PRINTUU$;ZZ$;VV$;ZZ$;J$;WW$;TAB(77-LEN(STR$(E)));E;DM$:EI=EI-E:RETURN
484 UU$="ABZUGSFAEHIG FUER DIE ":VV$="HAUSGEHILFIN/HAUSHALTSHILFE":E=AO%
486 IFAO%>0THENGOSUB496
487 UU$="FREIBETRAG FUER ":VV$="FLUECHTLINGE":E=AQ%:IFAQ%>0THENGOSUB496
489 VV$="UNTERHALTSAUFWENDUNGEN":UU$="ABZUGSFAEHIGE ":E=AR%:IFAR%>0THENGOSUB496
490 VV$="UNTERHALTSVERPFLICHTUNGEN":E=AQ:IFAQ>0THENGOSUB496
491 VV$="AUSBILDUNGSFREIBETRAEGE":E=AS%:IFA$>0THENGOSUB496
493 VV$="KINDERBETREUUNGSKOSTEN FUER ALLEINSTEHENDE":E=AT%:IFAT%>0THENGOSUB496
495 GOSUB1170:GOTO497
496 PRINTUU$;VV$;TAB(77-LEN(STR$(E)));E;DM$:EI=EI-E:RETURN
497 IFAX=0THEN506
498 UU$="EIGENAUFWAND FUER ANDERE AUSSERGEWOEHN- LICHE BELASTUNGEN"
499 VV$="- ZUMUTBARE EIGENBELASTUNG"
500 WW$=" VON ":E=AX:F=AX%
501 PRINTUU$;TAB(70-LEN(STR$(E)));E;DM$
502 PRINTVV$
503 PRINTWW$;TAB(30-LEN(STR$(F)));F;DM$
504 XX$="= ABZIEHBARE UEBERBELASTUNG":G=INT(E-F+.5):IFG<0THENG=0
505 PRINTXX$;TAB(37-LEN(STR$(G)));G;DM$:EI=EI-G:IFVF=2THENEI=EI-87
506 UU$="STEUERLICHES EINKOMMEN IN":WW$="DM"
507 RR$="":SS$="":TT$="":PRINTUU$;VZ;TAB(37-LEN(STR$(EI)));EI;WW$:ZE=EI:GOSUB10
508 WW$="":XX$="":YY$="":ZZ$="":UU$="AB ALTERSFREIBETRAG ":VV$="    "
509 IFAA<64THEN511
510 GOSUB514
511 IF AB<64 THEN 515
513 VV$="EHEGATTE":GOSUB514:GOTO515
514 E=720:ZE=ZE-E:PRINT UU$;VV$;TAB(37-LEN(STR$(E)));E;WW$:RETURN
515 UU$="AB HAUSHALTSFREIBETRAG ":VV$="":IFVF>0ORVZ<86ANDKV=0THEN520
516 IFVZ>85AND(GZ-KB)=0THEN520
517 IFVZ<86THENE=4212:GOSUB528:GOTO520
518 IFVZ=86ORVZ=87THENE=4536:GOSUB528:GOTO520
519 E=4752:GOSUB528
520 UU$="AB VOLLE ":VV$="KINDERFREIBETRAEGE":IFVZ>85THEN522
521 E=432:F=216:GOTO523
522 E=2484:F=1242
523 IFKV=0ANDKH=0THEN529
524 IFKV=0THEN526
525 E=E*KV:GOSUB528
```

```
526 IFKH=0THEN529
527 E=F*KH:UU$="AB HALBE ":GOSUB528:GOTO529
528 PRINTUU$;VV$;TAB(37-LEN(STR$(E)));E;"DM":ZE=ZE-E:RETURN
529 IFVF=1ANDEI>48E3THEN551
530 IFVF<>1ANDEI>24E3THEN551
531 E=SU+SV:F=EA+EB:G=E-F
532 IFG<=0ORG>1600THEN551
533 HA=G:IFHA>800THENHA=1600-HA
534 IFAE=0ANDAF=0THEN551
535 IFAF>0THEN539
536 IF(BA-VA)*0.4=>AETHEN551
537 E=AE-(BA-VA)*.4:IFHA*.4<ETHENHA=HA-HA*.4:GOTO551
538 HA=HA-E:GOTO551
539 C=(BA-VA)*.4:D=(BB-VB)*.4
540 IFC=>AEANDD=>AFTHEN551
541 IFC<AETHENE=AE-C
542 IFD<AFTHENF=AF-D
543 IFC<AETHEN546
544 IFHA*.4<FTHENHA=HA-HA*.4:GOTO551
545 IFHA*.4=>FTHENHA=HA-F:GOTO551
546 IFD<AFTHEN549
547 IFHA*.4<ETHENHA=HA-HA*.4:GOTO551
548 IFHA*.4=>ETHENHA=HA-E:GOTO551
549 IFHA*.4<(E+F)THENHA=HA-HA*.4:GOTO551
550 IFHA*.4=>(E+F)THENHA=HA-(E+F)
551 IFHA<=0THEN554
552 UU$="AB HAERTEAUSGLEICH NACH PAR.46 ABS.3 ESTG/70 ESTDV":HA=INT(HA+.5)
553 PRINTUU$;TAB(77-LEN(STR$(HA)));HA;WW$:ZE=ZE-HA
554 PRINT"ZU VERSTEUERNDES EINKOMMEN";TAB(37-LEN(STR$(ZE)));ZE;"DM":GOSUB10
555 GOSUB3:TE=54:IFVF=1ORVF>2THENT0=INT(ZE/2/TE)*TE:TE=108:GOTO557
556 TA=INT(ZE/TE)*TE
557 T1=N7+N8+N9+NA
558 IFT1=0THEN566
559 E=BA-VO:F=BB-VP:IFE=0ANDF=0THENT2=0:GOTO566
560 IFE>0THENG=E:GOSUB563
561 IFF>0THENG=F:GOSUB563
562 GOTO565
563 IFG=>1644THENT2=0:RETURN
564 G=1644-G:T2=T2-G:RETURN
565 PE=ZE+T1-T2
566 IFVK>0THEN580
567 IFPE>0THEN571
568 IFVF=0ORVF=2THENE=TA:GOSUB574:GOSUB800:GOTO570
569 E=T0:GOSUB574:GOSUB800:E=E*2
570 GOSUB588:VS=TS:GOTO593
571 GOSUB574:PE=INT(PE/TE)*TE:IFVF=1ORVF>2THENPE=INT(PE/2/TE)*TE
572 E=PE:GOSUB800:GOSUB850:IFVF=1ORVF>2THENPE=PE*2:TA=T0*2
573 GOTO576
574 TE=54:IFVF=1ORVF=2THENTE=TE*2
575 RETURN
576 PS=INT(DS*TA/100):PRINT"EST NACH EST-TABELLE AUF EINKOMMEN VON ";PE
577 PRINT"FUER PROGRESSIONSVORBEHALT";TAB(37-LEN(STR$(TS)));TS;WW$
578 PRINT"DURCHSCHN.";UU$;TAB(35-LEN(STR$(DS)));DS;VV$:VS=PS
579 PRINT"EST";RR$;"32 B";QQ$;TAB(37-LEN(STR$(PS)));PS;WW$:GOTO593
580 IFVF=1ORVF>2THENE=T0
581 GOSUB574:GOSUB800:GOSUB850:DS=INT(DS*100)/100:IFVF=1ORVF>2THENE=TA
582 PRINT"DURCHSCHN.";UU$;XX$;"ZU VERST.";TT$;ZZ$;E;TAB(75-LEN(STR$(E)));DS;VV$
583 HS=INT(DS/2*100+.1)/100:PRINT"HAELFTIGER ";UU$;XX$;YY$;ZZ$;
584 PRINTVK;TAB(75-LEN(STR$(HS)));HS;VV$
585 GOSUB574:E=INT((ZE-VK)/TE)*TE:IFVF=1ORVF>2THENE=E/2
```

```
586 GOSUB800:E=E+53:IFVF=1ORVF>2THENE=E*2+1
587 GOSUB588:GOTO590
588 PRINT"TARIFLICHE EST ";XX$;TT$;ZZ$
589 PRINTE;RR$;"32 A ";QQ$;TAB(77-LEN(STR$(TS)));TS;WW$:GOSUB10:RETURN
590 HS=INT((ZE-E)*HS/100):ES=TS+HS:PRINT"EST ";XX$;YY$;ZZ$
591 PRINT(ZE-E);TAB(37-LEN(STR$(HS)));HS;WW$:VS=ES
592 PRINT"EST";RR$;"32 A,34 (1)";TAB(37-LEN(STR$(ES)));ES;WW$
593 IFVZ<87ANDZ%<2THEN598
594 IFVZ<87THENEF=(Z%-1)*600:GOTO596
595 EF=Z%*600
596 IFEF>TSTHENEF=TS
597 PRINTPP$;RR$;"34 F";QQ$;TAB(37-LEN(STR$(EF)));EF;WW$:VS=VS-EF
598 EG=INT(SA%/2+.5):IFEG>(TS-EF)THENEG=TS-EF
599 IFEG>0THENPRINTPP$;RR$;"34 G ";QQ$;TAB(37-LEN(STR$(EG)));EG;WW$:VS=VS-EG
600 IFBE=0THEN615
601 PRINT:PRINT"BEI EST=1;BEI LSTJA=2 EINGEBEN":INPUTE:Y%=E:IFE<1ORE>2THEN600
602 IFY%=2ANDNC%=1THENGOSUB910:GOTO613
603 IFY%=2ANDNC%=0THEN615
604 IFNC%=1ANDBE=BA+BB-VG-VHTHEN608
605 IFVI+VJ>0THENBE=VI+VJ:E=BE:GOSUB914:YB=YB+BE-E:YD=YD+BE-E
606 IFBE=0ANDYB=0ANDYC=0ANDYD=0THEN615
607 GOSUB900:GOTO613
608 BE=BA+BB-VA-VB-VG-VH:GOSUB914:YB=BE:BE=VA+VB:GOSUB914:YD=YB+BE-VO-VP:GOSUB90
0
613 BE=INT(BE+.99):UU$="AB ABZUG NACH PAR.21,22,26 BERLINFG":PRINTUU$;
614 PRINTTAB(77-LEN(STR$(BE)));BE;WW$:VS=VS-BE:GOSUB10
615 O=OM+OO+OP+OQ:U$="AUF WIEVIELE KJ. SIND DIE NACHZAHLUNGEN":IFNE+O<=0THEN627
616 PRINTU$;" AN ARBEITSLOHN VON ";NE;"UND RENTE VON";O;DM$;",DIE NICHT AUF";VZ;
617 PRINT"ENTFALLEN,";RR$;"34 ABS.3 ";QQ$;" ZU VERTEILEN":INPUTZ:IFZ>3THENZ=3
618 FORI=ZTO1STEP-1
619 UU$="BISHERIGE(S)":PRINTUU$;" ZU VERSTEUERNDES ";TT$;" DES KJ.";VZ-I:INPUTE
620 PRINTUU$;" EST FUER DIESES ";TT$:INPUTF:PRINT
621 PRINT"IN";VZ;"BEZOGENE LOHN+RENTE,DIE AUF";VZ-I;" ENTFALLEN":INPUTG:E=E+G
622 IFVF=1ORVF>2THENE=E/2:E=INT(E/54)*54
623 VZ=VZ-I:GOSUB800:EV=TS-F:VZ=VZ+I
624 PRINT"ZUZUEGLICH EST FUER ";VZ-I;",DIE AUF LOHN+RENTE FUER ";
625 PRINT"DIESES JAHR ENTFALLEN";TAB(37-LEN(STR$(EV)));EV;WW$
626 VS=VS+EV:GOSUB10:NEXTI
627 UU$="FESTZUSETZENDE ":YY$="STEUER":VV$="VERBLEIBENDE":PRINTUU$;TT$;YY$;RR$;
628 XX$="LOHN":PRINT"2 ABS.6 ";QQ$;TAB(77-LEN(STR$(VS)));VS;WW$:FS=VS
629 KS=INT(KS+.99):N1=INT(N1+.99):KP=INT(KP+.99)
630 IFKS>0THENPRINT"AB KOERPERSCHAFT";YY$;TAB(37-LEN(STR$(KS)));KS;WW$
631 IFKP>0THENPRINT"AB KAPITALERTRAG";YY$;TAB(37-LEN(STR$(KP)));KP;WW$
632 IFN1>0THENPRINT"AB ";XX$;YY$;TAB(37-LEN(STR$(N1)));N1;WW$
633 VS=VS-KS-KP-N1
634 PRINTVV$;" EST";TAB(37-LEN(STR$(VS)));VS;WW$:GOSUB10
635 PRINT
636 RR$="KIRCHEN":GOSUB860:PRINTUU$;RR$;YY$;TAB(37-LEN(STR$(KI)));KI;WW$
637 IFN2=0THEN996
638 PRINT"AB ";RR$;XX$;YY$;TAB(37-LEN(STR$(N2)));N2;WW$
639 RK=INT((KI-N2)*100+.5)/100:PRINTVV$;" ";RR$;YY$;
640 PRINTTAB(37-LEN(STR$(RK)));RK;WW$:GOSUB10:GOTO996
650 IFVZ>85THEN653
651 IFE>9E3THENE=9E3
652 RETURN
653 IFE>18E3THENE=18E3
654 RETURN
655 IFVZ=82ANDG>56400THENG=56400
657 IFVZ=83ANDG>6E4THENG=6E4
658 IFVZ=84ANDG>62400THENG=62400
```

```
659 IFVZ=85ANDG>64800THENG=64800
660 IFVZ=86ANDG>67200THENG=67200
661 RETURN
665 IFVZ<86THENG=1E3+KV*600+KH*300:H=(G-1E3)/2+1E3:GOTO667
666 G=2E3
667 IFPA=0THENE=INT(S6*0.18+.5):IFVZ<86THENF=INT(S7*.09+.5):GOTO669
668 F=INT(S7*.18+.5)
669 E=INT(S7*.18+.5):IFVZ<86THENF=INT(S6*.09+.5):GOTO671
670 F=INT(S6*.18+.5):IFF<GTHENE=E+F:GOTO672
671 E=F+G
672 IFVZ>85THENRETURN
673 IFF<HTHENE=F:RETURN
674 E=E+H:RETURN
675 IFVZ<86THENJ=G-1E3+3680:RETURN
676 G=4680:RETURN
677 IFVZ<86THENG=G-1E3+2E3:H=(G-1E3)/2+2E3:RETURN
678 G=2E3:RETURN
679 IFVZ>85THENRETURN
680 IFF<HTHM=M+F:RETURN
681 M=M+H:RETURN
682 IFVZ<86THENXX$="KINDERGELD IN":GOTO684
683 XX$="EINEN KINDERFREIBETRAG"
684 QQ$="DER UNTERSTUETZTEN":S$="DAUER  DER UNTERSTUETZUNG DER":RETURN
685 AR=AR+F+E-360:IFVZ<86THENAR=AR-4200:GOTO687
686 AR=AR-4500
687 IFAR<0THENAR=0
688 RETURN
698 IFVZ<86THENSS$="IM VZ UNTERRHALT LEISTETEN":RETURN
700 YD=VC+VD:IFYD=0THENRETURN
702 E=EA*VC/BA:F=EB*VD/BB:YD=E+F
703 YH=30*YD*YG/100*YA
704 YM=INT(YH+.99)
705 PRINT:PRINT"AB ERMAESSIGUMG NACH PAR.26 BERLFG":TAB(37-LEN(STR$(YM)));YM;ZZ$
706 RETURN
709 YA=GB:YG=TS:IFY%=1THEN740
710 GOSUB711:GOTO718
711 IF(VI+VJ)>0THEN714
712 E=BA-VA-VG:
713 F=BB-VB-VH:GOTO716
714 E=VI-VC
715 F=VJ-VD
716 E=E-(AC+WA+WC)*E/BA
717 F=F-(AD+WB+WD)*F/BB:RETURN
718 YD=E+F:GOSUB719:GOTO727
719 IFYD=(SU+SV)=THENGOSUB723:RETURN
720 IF(SU+SV-YD)<=3E3THENGOSUB723:RETURN
721 IFYA<=3E3THENGOSUB723:RETURN
722 GOSUB725:RETRUN
723 YH=30*YG/100
724 A%=1:RETURN
725 YH=30*YD*YG/100*YA
726 A%=2:RETURN
727 YB=YD:GOSUB728:RETURN
728 YF=VE+VN:IFYB<>YDTHEN731
729 IFYF>YHTHENYJ=0:YM=YJ:RETURN
730 YJ=YH-YF:YM=YJ:RETURN
731 IFA%=1THENYK=YB*YH/YA:GOTO733
732 YK=YB*YH/YD
733 IFYK>YHTHEN736
734 IFYF>YKTHENYL=0:GOTO738
```

```
735 GOTO737
736 YK=YH:IFYF>YKTHENL=0:GOTO738
737 YL=YK-YF
738 YM=YL+YH-YK
739 RETURN
740 E=VG+VH+VI+VJ:IFE=0THEN743:
741 GOSUB709:YB=E+F:E=VC:F=VD:GOSUB716:YC=E+F
742 YC=YC-VO*VC/VA-VP*VD/VA
743 IF(XW+XX)=0THEN747
745 IFXY>0THENYC=YC+(XW+XX-XY):GOTO747
746 IFXZ>0THENYC=YC+XZ
747 IF(OC+OD)=0THEN754
748 IF(O0+O1)=(O4+O5)THEN754:
749 IF(O8+O9)>0THEN751
750 E=O0-O4+O6:F=O1-O5+O7
751 E=O8-OA=F-O9-OB
752 E=E-OC%*E/(OC+OC%):F=F-OD%*F/(OD+OD5)
753 YC=YC+E+F
754 YC=YC+QC+QD
755 YD=YB+YC:YE=(SU+SV)-YD
756 GOSUB719:GOSUB728:RETURN
757 IFVZ<88THENJ=2400:GOTO759
758 J=3600
759 AT=INT((E+G-J)*F/12):RETURN
760 IFVZ<86THENWW$=" KINDERGELD(ANSPRUCHS) ":RETURN
761 WW$=" ERHALT(S) DES KINDERFREIBETRAGS ":RETURN
762 IFVZ<84THENF=1800:G=4200:H=2400:RETURN
763 IFVZ<86THENF=900:G=2100:H=1200:RETURN
764 IFVZ<88THENF=1200:G=3000:H=1800:RETURN
765 F=1800:G=4200:H=2400:RETURN
766 UU$="WAR DER ANDERE ELTERNTEIL":OO$="WAEHREND DES GANZEN VZ":
768 RR$="UND HABEN NUR SIE ODER NUR DER ANDERE ELTERNTEIL ODER EIN DRITTER"
770 PRINT:PRINTI$;UU$;PP$;I;ZZ$;OO$;VZ;QQ$;"JIN":INPUTE$:IF"N"THEN783
771 IF"J"THEN773
772 GOTO770
775 IFE$="N"THEN777
776 GOTO774
777 PRINT:PRINTI$;"WOLLEN SIE UND DER ANDERE ELTERNTEIL IN";VZ$;"DEN AUSBILDUN";
778 PRINI$;"GSFREIBETRAG ANDERS ALS ZU JE 50% TEILEN";C$:INPUTE$:IFE$="J"THEN781
779 IFE$="N"THENAS%=INT(AS%/2+.5):GOTO783
780 GOTO777
781 PRINT:PRINTI$;"AUF SIE ENTFALLENDER AUSBILDUNGSFREIBETRAG IN V.H?":INPUTE
782 IFE<1OREE>100THENPRINT"FALSCHEINGABE":GOTO781
783 AS%=INT(AS%*E/100+.5):GOSUB880:RETURN
785 RR$="UND ERHIELTEN AUCH NUR SIE":QQ$="EINEN KINDERFREIBETRAG"
786 PRINT:PRINTI$;UU$;XX$;VZ$;SS$;PP$;J$;ZZ$;QQ$;C$
787 INPUTE$:IFE$="J"THEN782
788 IFE$="N"THEN790
789 GOTO786
790 UU$="ERWACHSEN AUSSER IHNEN NUR EINEN DRITTEN(ANDERER ELTERNTEIL,EHEGATTE)
791 XX$="MIT DEM SIE NICHT ZUSAMMEN VERANLAGT WERDEN KOENNEN IN"
792 RR$="UND ERHIELT NEBEN IHNEN AUCH NUR DIESER"
793 PRINT:PRINTI$;UU$;XX$;VZ$;SS$;PP$;J$;ZZ$;RR$;QQ$;C$
794 IFE$="J"THEN797
795 IFE$="N"THENAS%=AS%/2:GOTO797
796 GOTO793
797 UU$="BEANTRAGEN SIE GEMEINSAM MIT DEM ANDEREN ELTERNTEIL,DASS DER AUF "
798 XX$="ENTFALLENDE ANTEIL AM AUSBILDUNGSFREIBETRAG AUF":Y$="UEBERTRAGEN WIRD"
799 PRINT:PRINTI$;UU$;"IHN ";XX$;" SIE ";Y$;C$:INPUTE$:GOTO871
800 Y=INT((E-18E3)/1E4*1E5)/1E5:Z=INT((E-8E4)/1E4*1E5)/1E5:IFVZ<86THEN830
```

```
801 IFVZ>87THEN819
802 IFE<4537THENTS=0:GOTO846
803 IFE<18036THENTS=E*.22-998:GOTO845
804 IFE<80028THEN807
805 IFE<130032THEN809
806 TS=E*.56-16433:GOTO845
807 TS=2.1*Y:GOSUB843:TS=TS-56.02:GOSUB842:TS=TS+600:GOSUB842
808 TS=TS+2200:GOSUB842:TS=TS+2962:GOTO845
809 TS=42*Z:GOSUB843:TS=TS+5180:TS=TS*Z:GOSUB843:TS=INT(TS+29417):GOTO845
819 IFE<4753THENTS=0:GOTO846
820 IFE<18036THENTS=E*.22-1045:GOTO845
821 IFE<80028THENGOSUB840:GOTO824
822 IFE<130032THENGOSUB841:GOTO826
823 TS=E*.56-19561:GOTO845
824 TS=.34*Y:GOSUB843:TS=TS-21.58:GOSUB842:TS=TS+392:GOSUB842
825 TS=TS+2200:GOSUB842:GOTO844
826 TS=70*Z:GOSUB843:TS=TS+4900:TS=TS*Z:GOSUB843:TS=INT(TS+26974):GOTO845
830 Z=INT((E-6E4)/1E4)*1E5::IFE<4213THENTS=0:GOTO846
831 IFE<18001THENTS=E*.22-926:GOTO845
832 IFE<6E4THEN835
833 IFE<13E4THEN837
834 TS=INT(E*.56-14837):GOTO845
835 TS=Y*3.05:GOSUB843:TS=TS-73.76:GOSUB842:TS=TS+695:GOSUB842:TS=TS+2200
836 GOSUB842:TS=TS+3034:GOTO845
837 Z=INT((E-6E4)/1E4*1E5):/1E5:TS=Z*.09:GOSUB843:TS=TS-5.45:Y=Z:GOSUB842
838 TS=TS+88.13:GOSUB842:TS=TS+5040:GOSUB842:TS=INT(TS+20018):GOTO845
840 Y=INT((E-17982)/1E4*1E5)/1E5:RETURN
841 Z=INT((E-79974)/1E4*1E5)/1E5:RETURN
842 TS=TS*Y
843 TS=INT(TS*1E3)/1E3:RETURN
844 TS=INT(TS+2911)
845 TS=INT(TS):IFVF=1ORVF>2THENTS=TS*2
846 RETURN
850 DS=INT(TS*100/E*1E6)/1E6:IFVF=1ORVF>2THENDS=INT(DS/2*1E6)/1E6
851 RETURN
860 INPUT"KIRCHENSTEUERSATZ(BA-W,BAY,HH,HB=8,UEBRIGE LAENDER=9";K:PRINT"J"
861 IFK<8ORK>9THENPRINT"EINGABEFEHLER!BITTE NEUEINGABE!":GOTO860
862 IFRA=0ANDRB=1ANDSV=0ANDZE>48E3THENGOSUB980:RETURN
863 IFVZ>85THEN868
864 KZ=KV+KH:IFKZ=0THENKA=0:GOTO869
865 IFKZ=1THENKA=600:GOTO869
866 IFKZ=2THENKA=1560:GOTO869
867 KA=KZ*1800-2040:GOTO869
868 KA=KH*300+KV*600
869 KI=FS-KA:KI=INT(KI*K+.5)/100:IFKI<=0THENKI=0
870 RETURN
871 IFE$="J"THENE=100:GOTO783
872 IFE$="N"THEN874
873 GOTO799
874 PRINT:PRINTI$;UU$;"SIE";XX$;RR$;" IHN ";Y$;C$
875 INPUTE$:IF"J"THENAS%=0:GOTO783
876 IFAS%=AS%/2:GOTO782
877 GOTO874
880 PRINT:PRINT"BE$;TAB(37-LEN(STR$(EI)));EI;"DM"
881 PRINTUU$;TAB(37-LEN(STR$(AS%)));AS%;"DM":EI=EI-AS%
882 RETURN
887 IFVZ<86THENPRINT:PRINTI$;UU$;VV$:RETURN:
888 PRINT:PRINTI$;UU$;XX$;VV$;TT$;D$;"GEBOREN WURDEN"
889 BE$="BISHER ERMITTELTES EINKOMMEN"
890 PRINT:PRINTBE$;TAB(37-LEN(STR$(EI)));"DM":RETURN
```

```
891 UU$="AB KINDERBETREUUNGSKOSTEN NACH PAR. 33C ABS.1 ESTG":RETURN
892 PRINT:PRINT;UU$;TAB(37-LEN(STR$(AT%)));AT%;"DM"EI=EI-AT%
893 IFVZ<85ORVF<>1THENRETURN
896 PRINT:PRINTI$;UU$;VV$;"<JIN>?":INPUTE$:IFE$="J"THEN899
897 IFE$="N"THENRETURN
898 GOTO896
900 YA=GB-YX:YE=SU+SV-YD-YX:YF=VE+VN:YG=TS
901 IFSU+SV-YX=YDORYA<=3E3ORYE<=3E3THENA=1:YH=YG*.3:GOTO903
902 A=2:YH=YD*YG*.3/YA
903 IFYB=0THENBE=YH:RETURN
904 IFYB=YDANDYF>YHTHENBE=0:RETURN
905 IFYB=YDTHENBE=YH-YF:RETURN
906 IFA=1THENYK=YB*YH/YA:GOTO908
907 YK=YB*YH/YD
908 IFYK>YHANDYF>YKTHENBE=0:RETURN
909 YL=YK-YF:GOTO916
910 IFVA+VB=BA+BBTHENYH=TS*.3:GOTO912
911 BE=VA+VB:GOSUB914:BE=BE-VO-VP:YH=TS*.3*BE/GB
912 BE=INT(YH+.99):IFBE<0THENBE=0
913 RETURN
914 BE=BE-INT((AC+AD+WA+WB+WC+WD)*BE/(BA+BB)):IFBE<0THENBE=0
915 RETURN
916 IFYL<0THENYL=0
917 BE=YL+YH-YK:RETURN
926 PRINT:PRINTI$;UU$;VV$:INPUTE:IFE<1ORE>12THEN926
927 PRINT:PRINTI$;"SUMME DER AUFWENDUNGEN IN DIESEN MONATEN":INPUTF:IFF<1THEN927
928 IFF>(4E3*E/12)THENAW%=INT(4E3*E/12:GOTO930
929 AW%=INT(F):UU$="AB BETREUUNGSKOSTEN FUER EHEGATTEN NACH PAR.33C ABS.5 ESTG"
930 GOSUB889:PRINT:PRINTUU$;TAB(37-LEN(STR$(AW%)));AW%;"DM":EI=EI-AW%:RETURN
980 IFZE=>4E5THENKI=4800:RETURN
981 IFZE=>3E5THENKI=3600:RETURN
982 IFZE=>25E4THENKI=2520:RETURN
983 IFZE=>2E5THENKI=1980:RETURN
984 IFZE=>15E4THENKI=1500:RETURN
986 IFZE=>8E4THENKI=720:RETURN
987 IFZE=>6E4THENKI=480:RETURN
988 KI=240:RETURN
996 GOSUB10:INPUT"NEUER EST/LSTJA-FALL(J/N)";E$:IFE$="J"THEN999
997 IFE$="N"THENEND
998 GOTO996
999 PRINTFRE(X):CLR:LOAD"EST/LSTJA",8
1020 FOR I=1TO1E3:NEXTI:PRINT"□":RETURN
1021 IF E>9E3THENE=9E3
1022 S5%=E:RETURN
1025 IF E$="0"THENE=0:RETURN
1026 GOSUB224:RETURN
1151 WW$="OSTBLOCKSTAATEN":SS$=" GESANDTE ":TT$="PAECKCHEN":XX$="PAKETE":PRINT
1152 RR$=" IN ":PRINTI$;RR$;VZ$;RR$;WW$;SS$;TT$;"+";XX$:INPUTE:IFE=0THEN1154
1153 PRINT:PRINTI$;"DAVON WAREN ";TT$:INPUTF:AP%=(E-F)*40+F*30:F=AP%
1154 SS$=" UNTERNOMMENE ANGEHOERIGENBESUCHE ":XX$="AUFWAND FUER ANGEHOERIGE"
1155 PRINT:PRINTI$;RR$;VZ$;SS$;RR$;WW$:INPUTE:IFE>0THENAP%=AP%+(E*50)
1156 UU$="ANZAHL DER BESUCHSTAGE VON ANGEHOERIGEN AUS "
1157 PRINT:PRINTI$;UU$;WW$;RR$;VZ$:INPUTE:IFE>0THENAP%=AP%+(E*10)
1158 UU$="ANZAHL DER INSGESAMT UNTERSTUETZTEN ANGEHOERIGEN":RR$=" AUS ":PRINT
1159 PRINT:PRINTI$;UU$;RR$;WW$:INPUTE:IFF>(E*3600)THENG=E*3600:AP%=AP%-F+G
1160 RETURN
1161 UU$="ALS AUSSERGEWOEHNLICHE BELASTUNGEN SIND ABZUZIEHEN:":DM$="DM"
1162 E=AM%+AN%+AO%+AP%+AQ+AQ%+AR%+AS%+AT%+AX:PRINT"□":IFE=0THENRETURN
1163 PRINTUU$:RETURN
1170 UU$="AUFWAND FUER ANGEHOERIGE IN OSTBLOCKSTAATEN":IFAP%=0THENRETURN
```

```
1171 PRINTUU$;TAB(77-LEN(STR$(AP%)));AP%;DM$:EI=EI-AP%:RETURN
1177 IFVZ<86THENG=4200:RETURN
1178 G=4500:RETURN
1190 IFVZ<86THENH=3600:RETURN
1191 PRINT:PRINTI$;"GEBURTSDATUM ";QQ$;J$;".PERSON(Z.B.06.03.1900)":INPUTE$
1192 IFVAL(MID$(E$,7,4))>1899ANDVAL(MID$(E$,9,2))>VZTHENGOSUB39:GOTO1191
1193 IFLEN(E$)<>10THENGOSUB39:GOTO1191
1194 A=(1900+VZ)-VAL(MID$(E$,7,4)):IFA>18THENH=4500
1195 IFA<18THENH=2484
1196 IFA=18THENH=2484*((VAL(MID$(E$,4,2)))-1)/12+4500*(12-(VAL(MID$(E$,4,2)))+1)
/12
1197 RETURN
1198 IFV<>2THENRETURN
1199 GOSUB418:RETURN
1200 IFVF<>2THEN1202
1201 IFS0%=1THENS0%=0:GOSUB373:GOSUB452
1202 RETURN
10001 OPEN15,8,15
10002 INPUT#15,A,B$,C,D
10003 PRINTA,B$,C,D
10004 CLOSE15

READY.
```

Kapitel 7:

Das Programm „LAUFDLST"

0. Vorbemerkungen

Mit dem Programm (PGM) „LAUFDLST", dessen Listing anschließend gedruckt ist und zu dem danach Hinweise zur Dateneingabe, zur Verarbeitung von Eingabedaten und zur Ausgabe der Ergebnisse gegeben werden sowie ein Verzeichnis der Bedienerführungstexte beigefügt wurde, kann für Lohnzahlungszeiträume, die **nach dem 31.12.85 enden**, die jeweils einzubehaltende Lohnsteuer und Kirchenlohnsteuer ermittelt und auf einem Datensichtgerät angezeigt werden.

Lohnzahlungszeiträume können das Jahr, der Monat, die Woche oder der Tag sein.

Das Programm wurde auf einem Heimcomputer Commodore 64 erstellt, kann aber, da nur der BASIC-Grundwortschatz benutzt wurde, auf jeden anderen Heimcomputer übertragen werden. Es kann auch für einen SHARP-Pocket-Computer PC-1246/1247 geliefert werden. Sollte Ihre Zeit für die Eingabe dieses Programms in Ihren Computer zu kostbar sein, können Sie von mir auch eine auf einer VC 1541 erstellte Diskette mit diesem Programm geliefert bekommen, falls Sie Besitzer einer VC 1541 sind oder eine Magnetbandkassette mit diesem Programm, falls Sie zu Ihrem SHARP-Pocket-Computer eine Datasette CE-125 besitzen.

Richten Sie bitte eine Bestellung zur Lieferung einer Diskette oder Kassette an den Oldenbourg-Verlag, der sie an mich weiterleiten wird.

Das PGM basiert auf dem Programmablaufplan zur maschinellen Berechnung der vom laufenden Arbeitslohn einzubehaltenden Lohnsteuer und der Maßstabsteuer für die Kirchenlohnsteuer der vom Bundesminister der Finanzen erstellt und mit dem Erlaß vom

12.09.1985 **IVC2-O 2256-96/85**
IVB6-S 2361-53/85

im Bundessteuerblatt 1985 Teil I Seite 595ff. veröffentlicht wurde. Es wurde mit gedruckten LSt-Tabellen für die o.a. Lohnzahlungszeiträume getestet, deren Anschaffungskosten insgesamt rund 300,– DM betrugen. Den Leistungsumfang aller dieser Tabellen deckt das Programm voll ab.

Sollten Sie nachweislich das Druckwerk des Oldenbourg-Verlages über dieses Programm erworben oder von mir eine Diskette oder Kassette mit diesem PGM bezogen haben, garantiere ich Ihnen, daß Sie – bei rechtzeitiger Bestellung – zu Beginn des nächsten Kalenderjahres auch das auf amtlichen Unterlagen basierende PGM zur LSt- und Kirchenlohnsteuerberechnung für Lohnzahlungszeiträume, die nach dem 31.12.89 enden, erhalten werden, falls sich ab diesem Zeitpunkt Eingabe- oder Berechnungsdaten für dieses Programm ändern sollten.

Der Verfasser

I. Hinweise zur Dateneingabe zur Berechnung der vom laufenden Arbeitslohn einzubehaltenden Lohnsteuer und der Kirchenlohnsteuer

1. Altersschlüssel:

Einzugeben ist, sobald das Programm geladen und mit RUN gestartet wurde und der **Bedienerführungstext 1**

„Altersschlüssel des Arbeitnehmers < 1 wenn vor dem 01.01.XX das 64. Lebensjahr vollendet wurde sonst = 0?“

auf dem Bildschirm erschienen ist, die Ziffer

a) 1, wenn der Arbeitnehmer vor dem 02.01 oder
b) 0, wenn der Arbeitnehmer nach dem 01.01.

des jeweiligen Lohnzahlungsjahres das 64. Lebensjahr vollendet hat.

Eingabe eines fehlerhaften Schlüssels

Wird ein anderer Altersschlüssel als 0 oder 1 eingegeben, werden die **Eingabefehlermeldung 0**

„Dateneingabe unzulässig: Bitte Neueingabe!“

und danach wieder der **Bedienerführungstext 1** auf Bildschirm ausgegeben. Dann ist der jeweils in Betracht kommende richtige Altersschlüssel einzugeben.

2. Schlüssel zur Rentenversicherungspflicht

Wurde unter 1. ein gültiger Altersschlüssel eingegeben, wird auf Bildschirm der **Bedienerführungstext 2**

„Sind für den Arbeitnehmer Beitraege zur Rentenversicherung abzuführen < J/N >?“

ausgegeben. Danach ist der Buchstabe

a) J einzugeben, wenn der Arbeitnehmer im Lohnzahlungszeitraum der gesetzlichen Rentenversicherungspflicht unterliegt oder
b) N einzugeben, wenn der Arbeitnehmer im Lohnzahlungszeitraum in der gesetzlichen Rentenversicherung versicherungsfrei war und zu den in § 10c Abs. 7 EStG genannten Personen gehört.

   Zu diesen Personen gehören:

   - Beamte, Richter, Berufssoldaten.
   - Arbeitnehmer, die von ihrem Arbeitgeber nur Versorgungsbezüge erhalten (z.B. Beamtenpensionäre, Bezieher von Witwen- u. Waisengeld auf Grund beamtenrechtlicher oder entsprechender Vorschriften).
   - Arbeitnehmer, die keinen Beitragsanteil zur gesetzlichen Rentenversicherung entrichten, weil sie von einem früheren Arbeitgeber Versorgungsbezüge im Sinne des § 19 Abs. 2 Nr. 1 EStG erhalten (z.B. weiterbeschäftigte Beamtenpensionäre).
   - Arbeitnehmer, die keinen Beitragsanteil zur gesetzlichen Rentenversicherung entrichten, weil sie Altersruhegeld aus der gesetzlichen Rentenversicherung erhalten (weiterbeschäftigte Altersrentner).
   - Arbeitnehmer, die auf Antrag des Arbeitgebers von der gesetzlichen Rentenversicherungspflicht befreit worden sind (z.B. Beschäftigte bei Trägern der Sozialversicherung, Geistliche der als öffentlich-rechtliche Körperschaften anerkannten Religionsgemeinschaften).
   - Arbeitnehmer, die nicht der gesetzlichen Rentenversicherung unterliegen, und denen ganz oder teilweise ohne eigene Beitragsleistung eine betriebliche Altersversorgung

zugesagt worden ist (Vorstandsmitglieder von Aktiengesellschaften, beherrschende Gesellschafter-Geschäftsführer einer GmbH).

Eingabe eines anderen Buchstaben

Wurde ein anderer Buchstabe als J oder N eingegeben, erscheinen auf dem Bildschirm die unter Nr. 1 beschriebene **Eingabefehlermeldung 0** und danach wieder der **Bedienerführungstext 2**. Dann ist der jeweils zutreffende Buchstabe einzugeben.

3. Schlüssel für Lohnzahlungszeitraum

Wurde nach Nr. 2 einer der zulässigen Buchstaben J oder N eingegeben, wird auf dem Bildschirm der **Bedienerführungstext 3**

„Lohnzahlungszeitraum = < 1 = Jahr, 2 = Monat, 3 = Woche, 4 = Tag >?“

angezeigt.

Daraufhin ist die jeweils für den Lohnzahlungszeitraum in Betracht kommende Ziffer einzugeben.

Eingabe eines fehlerhaften Schlüssels

Ist die eingegebene Ziffer kleiner als 1 oder größer als 4, werden die unter Nr. 1 genannte **Eingabefehlermeldung** und danach wieder der vorgenannte **Bedienerführungstext 3** auf dem Bildschirm ausgegeben. Danach ist der jeweils gültige Schlüssel für den Lohnzahlungszeitraum einzugeben.

4. Schlüssel zur Religionszugehörigkeit

Nach der Eingabe eines zulässigen Schlüssels zum Lohnzahlungszeitraum wird der **Bedienerführungstext 4**

„Gehoert der Arbeitnehmer laut Lohnsteuerkarte einer Religionsgemeinschaft an < J/N >?“

auf dem Bildschirm ausgegeben.

Ist auf der Lohnsteuerkarte des Arbeitnehmers unter I. **Allgemeine Besteuerungsmerkmale für den Kirchensteuerabzug „vd“** eingetragen, ist

N einzugeben. Ist dagegen eine Abkürzungsschlüssel für eine Kirchensteuer erhebende Religionsgemeinschaft (z.B. ev) aufgeführt, ist
J einzugeben.

Eingabe eines anderen Buchstabens

Wurde ein anderer Buchstabe als J oder N eingegeben, erscheinen auf dem Bildschirm die unter Nr. 1 beschriebene **Eingabefehlermeldung 0** und dann wieder der **Bedienerführungstext 4**. Danach ist der jeweils zutreffende Buchstabe einzugeben.

5. Bruttoarbeitslohn

Nach der Eingabe eines zulässigen Buchstabens zur Religionszugehörigkeit erscheint der **Bedienerführungstext 5**

„Bruttoarbeitslohn in DM.PF < z.B. 2300.50 >?“

Danach ist der für den Lohnzahlungszeitraum bezogene Bruttoarbeitslohn in DM und Pfennigen, d.h. **immer** mit zwei Nachkommastellen (Bruttolohn von 2000 DM = 2000.00) einzugeben.

Fehlerhafte Eingabe des Bruttoarbeitslohns

Wird der Bruttoarbeitslohn nicht mit zwei Nachkommastellen oder als Minusbetrag eingegeben, werden die unter Nr. 1 genannte **Eingabefehlermeldung** und dann erneut der **Bedienerführungstext 5** auf dem Bildschirm ausgegeben. Danach ist der Bruttoarbeitslohn in der zulässigen Form einzugeben.

6. Lohnsteuerklasse

Nach der Eingabe des Bruttoarbeitslohns in zulässiger Form erscheint der **Bedienerführungstext 6**

> **„Steuerklasse laut Lohnsteuerkarte < I = 1, II = 2, III = 3, IV = 4, V = 5, VI = 6 >?“**

auf dem Bildschirm.

Wird als Steuerklasse eine Ziffer eingegeben, die kleiner als 1 oder größer als 6 ist, erscheinen auf dem Bildschirm die **Eingabefehlermeldung 0** und dann erneut der **Bedienerführungstext 6.** Danach ist der jeweils in Betracht kommende gültige Steuerklassenschlüssel einzugeben.

7. Versorgungsbezüge

Nach der Eingabe eines zulässigen Steuerklassenschlüssels erscheint der **Bedienerführungstext 7**

> **„Höhe der im Bruttoarbeitslohn enthaltenen Versorgungsbezüge in DM.PF < z.B. 500.00 >?“**

auf dem Bildschirm.

Danach sind die im Bruttoarbeitslohn nach Textziffer (Tz. 5) enthaltenen Versorgungsbezüge in DM und Pfennigen, d.h. **immer** mit zwei Nachkommastellen (Versorgungsbezüge von 1000 DM = 1000.00) einzugeben.

Sind im Bruttoarbeitslohn **keine** Versorgungsbezüge enthalten, ist 0.00 einzugeben.

Erfolgt die Eingabe nicht **mit Dezimalpunkt und zwei Nachkommastellen**, wird die **Eingabefehlermeldung 0** auf dem Bildschirm ausgegeben. Danach sind die Versorgungsbezüge in der zulässigen Form, ggf. mit 0.00 einzugeben.

Die vorgenannte **Eingabefehlermeldung 0** wird auf dem Bildschirm auch ausgegeben, wenn als Versorgungsbezüge ein Betrag eingegeben wird, der größer ist als der unter Tz. 5 eingegebene Bruttoarbeitslohn oder kleiner als 0.00 DM.PF ist.

Danach sind die Versorgungsbeträge sowohl in der tatsächlichen Höhe als auch in der gültigen Form einzugeben.

8. Kinderfreibeträge

Wurde nach Tz. 6 der Steuerklassenschlüssel mit 1, 2, 3 oder 4 eingegeben, erscheint nach Eingabe der Versorgungsbezüge der **Bedienerführungstext 8**

> **„Zahl der Kinderfreibetraege laut LSt-Karte < 0.0-9.5 >?“**

auf dem Bildschirm.

Danach ist die Zahl der Kinderfreibeträge laut Lohnsteuerkarte jeweils mit Dezimalpunkt und einer Ziffer hinter dem Dezimalpunkt, die nur 0 oder 5 sein darf (z.B. 1.0 oder 1.5) einzugeben.

Ist **kein** Kinderfreibetrag auf der Lohnsteuerkarte eingetragen, ist **0.0** einzugeben.

Wird der Kinderfreibetrag nicht mit Dezimalpunkt und einem auf 0 oder 5 laufenden Dezimalbruch eingegeben, erscheinen die **Eingabefehlermeldung 0 und** dann wieder der **Bedienerführungstext 8** auf dem Bildschirm.

Diese Eingabefehlermeldung 0 und dieser Bedienerführungstext erscheinen auch, wenn entweder

a) „als Kinderfreibetrag eine Zahl kleiner als 0.0 oder größer als 9.5 eingegeben wird oder
b) als Kinderfreibetrag 0.0 und als Steuerklasse (bei Tz. 6) 2 eingegeben wurde.

Danach ist jeweils der Kinderfreibetrag richtig und in der zulässigen Form einzugeben.

9. Besonderer Freibetrag

Bei Fällen der Steuerklasse 5 und 6 erscheint nach Eingabe der Versorgungsbezüge (Tz. 7) und bei Fällen der Steuerklasse 1-4 nach Eingabe der Kinderfreibeträge (Tz. 8) der **Bedienerführungstext 9**

> **„Fuer Lohnzahlungszeitraum maßgebende Summe aus Weihnachtsfreibetrag und besonderem Freibetrag laut LSt-Karte in DM.PF <Z.B. 90.00 >, ggf. 0.00?“**

auf dem Bildschirm.

Danach ist der in Abschnitt III der Lohnsteuerkarte ggf. vom Finanzamt für den jeweiligen Lohnzahlungszeitraum (Tz. 3) eingetragene Steuerfreibetrag in DM.PF mit Dezimalpunkt und zwei Dezimalstellen (z.B. 590.00) einzugeben.

Ist **kein Steuerfreibetrag** in Abschnitt der LSt-Karte eingetragen, ist **0.00** einzugeben.

Erfolgt die Eingabe eines Freibetrags ohne Dezimalpunkt und zwei Dezimalstellen oder wird ein Minusbetrag eingegeben, erscheinen die **Eingabefehlermeldung 0 und** der **Bedienerführungstext 9** auf dem Bildschirm.

Danach ist der richtige Betrag in der zulässigen Form einzugeben.

10. Kirchensteuersatz

Nach der Eingabe des besonderen Freibetrages in der zulässigen Form wird der **Bedienerführungstext 10**

> **„Kirchensteuersatz in v.H. < Ba-W, BAY, HH, HB = 8%, übrige Länder = 9% >?“**

auf dem Bildschirm erscheinen.

Hat der Arbeitnehmer seinen Wohnsitz in Baden-Württemberg, Bayern, Hamburg oder Bremen ist die Zahl **8**, bei Wohnsitz in einem der übrigen Bundesländer die Zahl **9** einzugeben.

Wird eine andere Zahl als 8 oder 9 eingegeben, werden die **Eingabefehlermeldung 0 und** der **Bedienerführungstext 10** auf dem Bildschirm erscheinen. Danach ist die jeweils zutreffende Zahl **8 oder 9** einzutasten. Diese Zahl ist **auch** einzugeben, **wenn** für den Arbeitnehmer nach Tz. 4 **„N“** eingegeben wurde, weil er keiner Religionsgemeinschaft angehört.

II. Verarbeitung der Eingabedaten

11. Nach Eingabe des Kirchensteuersatzes ermittelt das Programm den Versorgungsfreibetrag (§ 19 Abs. 2 EStG), den Altersentlastungsbetrag (§ 24a EStG) und den für die Anwendung der Lohnsteuertabelle maßgebenden Arbeitslohn (§ 39b Abs. 2 EStG) unter Berücksichtigung des nach Tz. 9 eingegebenen Freibetrags.

12. Nach der Ermittlung der vorgenannten Freibeträge und des für die Anwendung der LSt-Tabelle maßgebenden Arbeitslohns (Tz. 11) werden die auf den Lohnzahlungszeitraum entfallenden festen Tabellenfreibeträge, nämlich der

a) Arbeitnehmer-Freibetrag (§ 19 Abs. 4 EStG)
b) Werbungskosten-Pauschbetrag (§ 9a Nr. 1 EStG)
c) Sonderausgaben-Pauschbetrag (§ 10c Abs. 1 und 5 EStG)
d) Haushalts-Freibetrag (§ 32 Abs. 3 EStG)
e) Abrundungsbetrag (§ 38c Abs. 1 Nr. 7 EStG)

nach der jeweils in Betracht kommenden Steuerklasse des Arbeitnehmers ermittelt und die Vorsorgepauschalen (§ 10c Abs. 3 in Verbindung mit § 38c Abs. 1 Nr. 4 EStG) sowie das zu versteuernde Einkommen (§ 32a Abs. 1 und 2 in Verbindung mit § 38c Abs. 1 EStG) errechnet.

13. Nach der Ermittlung des zu versteuernden Einkommens gemäß Tz. 12 wird die darauf für den Lohnzahlungszeitraum einzubehaltende Lohnsteuer nach § 38c in Verbindung mit § 32a EStG errechnet.

14. Nach der Ermittlung der für den Lohnzahlungszeitraum einzubehaltenden Lohnsteuer (Tz. 13) wird bei Arbeitnehmern, bei denen nach Tz. 3 die Zugehörigkeit zu einer Religionsgemeinschaft bejaht wurde, für die Kirchensteuer im Steuerabzugsverfahren einzubehalten ist, die Maßstabssteuer für die Kirchenlohnsteuer ermittelt (§ 51a EStG). Danach wird aufgrund dieser Maßstabssteuer unter Berücksichtigung des eingegebenen Kirchensteuersatzes (Tz. 10) die für den Lohnzahlungszeitraum insgesamt einzubehaltende Kirchenlohnsteuer errechnet.

Bei Arbeitnehmern, deren Ehegatte einer anderen Konfession angehört, wird eine Aufteilung der insgesamt einzubehaltenden Kirchenlohnsteuer auf die den beiden Religionsgemeinschaften zustehenden Kirchenlohnsteuern **nicht** vorgenommen.

III. Ausgabe der Ergebnisse

Nach Ermittlung der – auf das zu versteuernde Einkommen des jeweiligen Lohnzahlungszeitraums entfallenden – Lohnsteuer (Tz. 13) und der ggf. auch einzubehaltenden Kirchenlohnsteuer (Tz. 14) werden die Ermittlungsergebnisse auf dem Datensichtgerät in folgender Form ausgegeben:

```
DIE LOHNSTEUER FUER DEN LOHNZAHLUNGSZEITRAUM
BETRAEGT:                                            XXXX DM
DIE KIRCHENLOHNSTEUER FUER DEN LOHNZAHLUNGS-
ZEITRAUM BETRAEGT:                                 XXX.XX DM
```

IV. Verzeichnis der Bedienerführungstexte

Nr.:	**Text:**
1	Altersschlüssel des Arbeitnehmers < 1 wenn vor dem 01.01.XX (des Lohnzahlungsjahres) das 64. Lebensjahr vollendet wurde, sonst = 0?
2	Sind für den Arbeitnehmer Beiträge zur Rentenversicherung abzuführen < J/N >?
3	Lohnzahlungszeitraum = < 1 = Jahr, 2 = Monat, 3 = Woche, 4 = Tag >?
4	Gehört der Arbeitnehmer laut Lohnsteuerkarte einer Religionsgemeinschaft an < J/N >?
5	Bruttoarbeitslohn in DM.PF < z.B. 2300.50 >?
6	Steuerklasse laut Lohnsteuerkarte < I = 1, II = 2, III = 3, IV = 4, V = 5, VI = 6 >?
7	Höhe der im Bruttoarbeitslohn enthaltenen Versorgungsbezüge in DM.PF < z.B. 500.00 >?
8	Zahl der Kinderfreibeträge laut LSt-Karte < 0.0-9.5 >?
9	Für Lohnzahlungszeitraum maßgebende Summe aus Weihnachtsfreibetrag und besonderem Freibetrag laut LSt-Karte in DM.PF < z.B. 90.00 >, ggf. 0.00?
10	Kirchensteuersatz in v.H. < Ba-W, BAY, HH, HB = 8%, übrige Länder = 9% >?

Eingabefehlermeldung

0	Dateneingabe unzulässig! Bitte Neueingabe!

Kapitel 8:

Programmliste LAUFDLST

```
10 REM LAUFDLST
20 PRINTCHR$(147):I$=CHR$(18):A$="*":GOSUB 70
21 PRINT"* BERECHNUNG DER VOM LAUFENDEN *"
22 PRINT"* ARBEITSLOHN EINZUBEHALTENDEN *"
23 PRINT"* LOHNSTEUER,DER MASSSTABSTEUER*"
24 PRINT"* FUER DIE KIRCHENLOHNSTEUER    *"
25 PRINT"* UND DER KIRCHENLOHNSTEUER      *":GOTO 26
26 PRINT "* FUER LOHNZAHLUNGSZEITRAEUME, *"
27 PRINT "* DIE NACH DEM 31.12.85 ENDEN   *":GOSUB70:PRINT:PRINT
28 PRINTI$"KJ. DES LOHNZAHLUNGSZEITRAUMS (Z.B.87)":INPUTVZ:IFVZ<86THENGOSUB90:GO
TO28
29 PRINTI$;"ALTERSSCHLUESSEL DES ARBEITNEHMERS(1=WENN VOR DEM 1.1.";STR$(VZ);"DA
S ";
30 PRINTI$;"64.LEBENSJAHR VOLLENDET WURDE,SONST=0?":INPUTE1%
32 IF E1%<0 OR E1%>1 THEN GOSUB 90:GOTO 29
34 PRINTI$;"SIND FUER DEN ARBEITNEHMER BEITRAEGE ZUR RENTENVERSICHERUNG ";
35 PRINTI$;"ABZUFUEHREN(J/N)?":INPUTE$:IF E$= "J" THEN E2%=1:GOTO 38
36 IF E$="N" THEN E2%=0:GOTO 38
37 GOSUB 90:GOTO 34
38 PRINTI$;"LOHNZAHLUNGSZEITRAUM = (1=JAHR,2=MONAT,3=WOCHE,4=TAG)?":INPUTE3%
39 IF E3%<1 OR E3%>4 THEN GOSUB 90:GOTO 38
40 PRINTI$;"GEHORT DER ARBEITNEHMER LAUT LOHNSTEUERKARTE EINER RELIGIONS-";
41 PRINTI$;"GEMEINSCHAFT AN(J/N)?":INPUTE$:IF E$="J" THEN E4%=1:GOTO 44
42 IF E$="N" THEN E4%=0:GOTO 44
43 GOSUB 90:GOTO 40
44 PRINTI$;"BRUTTOARBEITSLOHN IN DM.PF(Z.B.2300.50)?":GOSUB 80
45 IF F%=1 THEN GOSUB 90:F%=0:GOTO 44
46 E5=F:IF E5<0 THEN GOSUB 90:GOTO 44
47 PRINTI$;"STEUERKLASSE LAUT LOHNSTEUERKARTE(I=1,II=2,III=3,IV=4,V=5,VI=6)?"
48 INPUT E5%:IF E5%<1 OR E5%>6 THEN GOSUB 90:GOTO 47
49 PRINTI$;"HOEHE DER IM BRUTTOARBEITSLOHN ENTHALTENEN VERSORGUNGSBEZUEGE ";
50 PRINTI$;"IN DM.PF(Z.B.500.00)":GOSUB 80:IF F%=1 THEN GOSUB 90:F%=0:GOTO 49
51 E6=F:IF E6>E5 OR E6<0 THEN GOSUB 90:GOTO 49
52 IF E5%>4 THEN 56
53 GOSUB 85:IF F%=1 THEN F%=0:GOTO 53
54 IF E7<0.0 OR E7>9.5 THEN GOSUB 90:GOTO 53
55 IF E7=0.0 AND E5%=2 THEN GOSUB 90:GOTO 53
56 PRINTI$;"FUER LOHNZAHLUNGSZEITRAUM MASSGEBENDE SUMME AUS WEIHNACHTSFREI";
57 PRINTI$;"BETRAG UND BESONDEREM FREIBETRAG LAUT LST-KARTE IN DM.PF(Z.B.90.00)"
;
58 PRINTI$",GGF. 0.00":GOSUB 80:IF F%=1 THEN GOSUB 90:F%=0:GOTO 56
60 E8=F:IF E8<0 THEN GOSUB 90:GOTO 56
61 PRINTI$;"KIRCHENSTEUERSATZ IN V.H.(BA-W,BAY,HH,HB=8%,UEBRIGE LAENDER=9%)?"
62 INPUT E8%:IF E8%<8 OR E8%>9 THEN GOSUB 90:GOTO 61
63 GOTO 100
70 FOR I=0 TO 30:PRINT A$;:NEXT I:PRINTA$:RETURN
80 INPUT E$:F$=RIGHT$(E$,3):IF LEFT$(F$,1)<>"." THEN F%=1:RETURN
81 F =VAL(E$)*100:RETURN
85 PRINTI$;"ZAHL DER KINDERFREIBETRAEGE LAUT LST-KARTE(0.0-9.5)?"
86 INPUTE7:IF(E7*2)=INT(E7*2)THEN RETURN
87 GOSUB 90:GOTO 85
90 PRINT"DATENEINGABE UNZULAESSIG!BITTE NEUEINGABE!":RETURN
100 REM MF
102 REM ERMITTLUNG DES VERSORGUNGS-          FREIBETRAGS,ALTERSENTLASTUNGS-
104 REM UND DES FUER DIE ANWENDUNG DER       LST-TABELLE MASSGEBENDEN
106 REM ARBEITSLOHNS
110 REM ERMITTLUNG DES FB NACH PAR.39B(2) ESTG
```

```
112 F0=INT(E6*.4+.5)
114 F2=480000
116 GOSUB 1000
118 IF F0>A1 THEN F0=A1
120 IF E1%<>1 THEN F4=0:GOTO 124
122 F3=E5-E6:F4=INT(F3*.4+.5):F2=300000:GOSUB 1000:IF F4>A1 THEN F4=A1
124 F5=E5-F0-F4-E8:GOTO 200
200 REM MTABFB
202 REM FESTE TABELLENFREIBETRAEGE,            KINDERFREIBETRAG
210 IF E5%=1 THEN T0=1314+E7*2484:GOTO 222
212 IF E5%=4 THEN GOSUB 290:GOTO 222
214 IF E5%=2 ANDVZ<88 THEN T0=5850+E7*2484:GOTO 222
215 IFE5%=2ANDVZ>87THENT0=6066+E7*2484:GOTO222
216 IF E5%=3 THEN T0=1584+E7*2484:GOTO 222
218 IF E5%=5 THEN T0=1044:GOTO 222
220 T0=18
222 GOSUB 1100:IF E5%>4 THEN T0%=0:T1=0:T2=0:T3=0:GOTO 250
224 IF E2%=0 THEN T1=100000:T3=100000:GOTO 228
226 T1=234000:T3=117000
228 IF E5%=3 THEN T1=T1*2:T3=T3*2
230 T4=T4/100
232 T2=T4*9:IF T2>T1 THEN 236
234 T1=T2
236 IF T2>T3 THEN 240
238 T3=T2
240 T0%=INT((T1+T3)/100)
242 T0%=INT(T0%/54)*54
250 T5=T0+T0%
260 T6=S4/100-T5:GOTO 300
290 T0=1314+E7*1242:IF E7=INT(E7) THEN RETURN
292 T0=T0+27:RETURN
300 REM MST
302 REM STEUERBERECHNUNG
304 IF E5%=3 THEN B0%=2:GOTO 308
306 B0%=1
308 GOSUB 1300
310 IF E5%>4 THEN 314
312 GOSUB 1400:GOTO 334
314 Y0=INT(Y1*2.5/2*10)/10
316 GOSUB 1400
318 B1=X0*2
320 Y0=INT(Y1*1.5/2*10)/10
322 GOSUB 1400
324 B2=X0*2
326 B3=B1-B2
328 B4=INT(Y1*.22)
330 IF B3<B4 THEN X0=B4:GOTO 334
332 X0=B3
334 F2=X0*100
336 GOSUB 1000
338 L=A0
340 IF E4%=1 THEN 400
341 L=L/100:K=K/100
342 PRINTCHR$(147):GOSUB 343:GOTO 345
343 FORI=1TO79:PRINTA$;:NEXT:PRINTA$:RETURN
344 PRINTA$:FOR I=2TO38:PRINT" ";:NEXTI:PRINTA$:RETURN
345 PRINT:PRINT"* DIE LOHNSTEUER FUER DEN LOHNZAHLUNGS-*"
346 PRINT"* ZEITRAUM BETRAEGT:";TAB(75-LEN(STR$(L)));L;"DM *"
347 PRINT"* DIE KIRCHENLOHNSTEUER FUER DEN LOHN- *"
348 PRINT"* ZAHLUNGSZEITRAUM BETRAEGT:";TAB(75-LEN(STR$(K)));K;"DM *"
```

```
349 PRINT:S6=S6/100:S5=S5/100:GOSUB 350:GOSUB 343:END
350 PRINT"* TABELLENUNTERGRENZE BEI DIESEM AL:";TAB(75-LEN(STR$(S6)));S6;"DM *"
351 PRINT"* TABELLENOBERGRENZE BEI DIESEM AL:";TAB(75-LEN(STR$(S5)));S5;"DM *"
352 RETURN
400 REM MK
402 REM MASSSTABSTEUER FUER DIE KIRCHEN-         LOHNSTEUER UND KIRCHENLOHN-
404 REM STEUERBERECHNUNG
406 F2=E7*60000
408 IF E5%=4 THEN F2=F2*.5
410 GOSUB 1000
412 B=L-A0
414 IF B<0 THEN B=0:K=0:GOTO 341
416 K=INT(B*E8%/100):GOTO 341
1000 REM UPANTEIL
1010 IF E3%=4 THEN A0=INT(F2/360):A1=INT(F2/360+.99):RETURN
1020 IF E3%=3 THEN A0=INT(F2*7/360):A1=INT(F2*7/360+.99):RETURN
1030 IF E3%=2 THEN A0=INT(F2/12/10)*10:A1=INT(F2/12):RETURN
1040 A0=F2:A1=F2:RETURN
1100 REM UPSTUF
1110 DIM W(2,4)
1120 FOR I=1 TO 2
1130 FOR J=1  TO 4
1140 READ W(I,J)
1150 NEXT J:NEXT I:GOTO 1180
1160 DATA 1800,150,35,5
1170 DATA 5400,450,105,15
1180 S0=E3%
1190 FOR I=1 TO 2:IF I=1 THEN S1=W(I,S0):NEXT I
1200 S2=W(I,S0):NEXT I
1210 S3=S1+S2:IF F5<S3 THEN S4=0:T4=0:S6=0:S5=S3-1:RETURN
1220 S7=INT((F5-S1)/S2):S4=S7*5400+1800:T4=S4+5300:S6=S7*S2+S1:S5=S6+S2-1
1222 RETURN
1300 REM UPYAB
1310 IF T6<0 THEN T6=0
1320 B0=B0%:T6=T6/B0
1330 Y0=INT(T6/54)*54.0
1340 Y1=Y0*B0%:RETURN
1400 REM UPTAB86 UND UPTAB88
1401 IFVZ>87THEN1430
1410 IF Y0<4537.0 THEN X0=0:RETURN
1411 IF Y0<18036.0 THEN X0=INT(Y0*.22-998):GOTO 1415
1412 IF Y0<80028.0 THEN GOSUB 1416:GOTO 1415
1413 IF Y0<130032.0 THEN GOSUB 1421:GOTO1415
1414 X0=INT(Y0*.56-16433)
1415 X0=X0*B0%:RETURN
1416 X1=(Y0-18000.0)/10000.0
1417 X2=INT(X1*2.1*1000)/1000:X2=X2-56.02
1418 X2=INT(X2*X1*1000)/1000:X2=X2+600
1419 X2=INT(X2*X1*1000)/1000:X2=X2+2200
1420 X2=INT(X2*X1*1000)/1000:X0=INT(X2+2962):RETURN
1421 X1=(Y0-80000.0)/10000.0
1422 X2=INT(X1*42*1000)/1000
1423 X2=X2+5180
1424 X2=INT(X2*X1*1000)/1000
1425 X0=INT(X2+29417):RETURN
1430 IFY0<4753.0THENX0=0:RETURN
1431 IFY0<18036.0THENX0=INT(Y0*.22-1045):GOTO1435
1432 IFY0<80028.0THENGOSUB1436:GOTO1435
1433 IFY0<132032.0THENGOSUB1441:GOTO1435
1434 X0=INT(Y0*.56-19561)
```

```
1435 X0=X0*B0%:RETURN
1436 X1=(Y0-17982.0)/10000.0
1437 X2=INT(X1*.34*1E3)/1E3:X2=X2-21.58
1438 X2=INT(X2*X1*1E3)/1E3:X2=X2+392
1439 X2=INT(X2*X1*1E3)/1E3:X2=X2+2200
1440 X2=INT(X2*X1*1E3)/1E3:X0=INT(X2+2911):RETURN
1441 X1=(Y0-79974.0)/10000.0
1442 X2=INT(X1*70*1E3)/1E3
1443 X2=X2+4900
1444 X2=INT(X2*X1*1E3)/1E3
1445 X0=INT(X2+26974):RETURN

READY.
```

Sachregister

www.ingramcontent.com/pod-product-compliance
Lightning Source LLC
LaVergne TN
LVHW081329011026
849161LV00013BB/2875